Kritik und Metaphysik

Kritik und Metaphysik
Studien

Heinz Heimsoeth
zum achtzigsten Geburtstag

Walter de Gruyter & Co.
vormals G. J. Göschen'sche Verlagshandlung · J. Guttentag, Verlagsbuchhandlung
Georg Reimer · Karl J. Trübner · Veit & Comp.

Berlin 1966

Gedruckt mit Unterstützung des Kultusministeriums des Landes Nordrhein-Westfalen

Herausgegeben

von

Friedrich Kaulbach und Joachim Ritter

Archiv-Nr. 36 55 661

Satz und Druck: Thormann & Goetsch, Berlin 44

Inhalt

I.

Yvon Belaval

Sur un point de comparaison entre Kant et Leibniz

Personne ne conteste l'influence sur Kant de Leibniz et de Wolff, et l'on distingue même, en ce qui concerne Leibniz, deux moments dans son influence: la première où elle s'exerce par les commentaires wolffiens, la seconde (1768—1770) où, à l'occasion des éditions de Raspe (1765) et de Dutens (1768), notre philosophe entre en contact direct avec les *Nouveaux Essais*, jusque là inédits, et reprend la *Correspondance avec Clarke*[1]. Il n'est guère de page, en tout cas il n'y a pas de section de la *Critique de la raison pure* où l'on n'entende le dialogue se poursuivre avec le leibnizianisme. C'est que — l'hommage à Wolff dans la *deuxième Préface* de cette *Critique* en témoigne — le leibnizianisme entretenait en Allemagne le goût et le sérieux de la métaphysique. Cependant, l'action de Leibniz n'est pas toujours délimitable, et cela pour plusieurs raisons: un grand esprit transforme tout ce qu'il éclaire; il lui arrive de réfracter un auteur à travers les préjugés d'un enseignement reçu, ou de le lire par rapport à quelque autre lecture — Crusius, Hume, par exemple — qui en modifie le sens. Surtout, Kant ne pouvait s'arrêter à Leibniz, parce qu'il est, lui, le penseur de génie qui apporte une solution, au moins provisoire, aux problèmes fondamentaux du XVIIIème siècle. Dégoûté du dogmatisme en faveur d'un certain scepticisme (Locke, Bayle, Newton, sans oublier l'importante Préface de Roger Cotes, qui ouvrira, en 1717, les polémiques sur la nature de la gravitation), le XVIIIème siècle veut s'en tenir aux phénomènes et il ne jure que par l'expérience: voilà donc condamnés l'usage ontologique de la «géométrie» — le règne des mathématiques est fini, proclament d'une seule voix Buffon et Diderot en 1748 — et l'ontologie elle-même, avec ses principes abstraits (de continuité, de raison suffisante, etc.) et ses prétentions mathématiciennes à trancher sur la divisibilité à l'infini de la matière ou sur la réalité des forces vives, autre «querelle de mots».

Dès lors, si être leibnizien c'était croire à une Création composée de monades, ou substances douées d'appétition et de perception, Kant n'a jamais été leibnizien. Néanmoins, tout en le contestant, il retient beaucoup de Leibniz: il suffit, pour s'en assurer, de lire l'admirable mise au point du Professeur Heinz Heim-

[1] Voir E. Cassirer: Kants Leben und Lehre, Berlin 1921, pp. 103—111.

soeth, qui a inspiré notre étude[2]. Cette contestation est multiforme. Elle a certainement une origine principale. C'est cette origine, à peu près inaperçue de Kant, tant il lui semblait naturel d'en accepter le principe, que nous allons tâcher de dégager avant de la suivre dans certaines de ses conséquences.

Elle consiste à négliger un des deux attributs essentiels de la monade: la *perceptio*. En cela, Kant suivait l'enseignement de Wolff qui (aux §§ 644 et 712 de sa *Psychologia)* avait exclu expressément de son système les monades perceptives, pour réserver le privilège de la représentation aux seules monades spirituelles. Ce sera aussi la thèse de Bilfinger. De même Canz professe-t-il à Tübingen que Leibniz n'avait pas besoin de supposer la perception ou, du moins, qu'il faut interpréter ce qu'il entendait par ce mot: or, selon Canz, l'auteur de la *Monadologie* voulait seulement dire que la connaissance parfaite que l'*on* aurait d'une monade entraînerait nécessairement la connaissance des autres[3], ce qui revient à enlever la perception à la monade pour l'attribuer à l'observateur des monades. On comprend bien que, traitant inductivement le problème du composé et du simple à partir du monde physique de Newton—Leibniz ne part pas du monde physique, mais, dès l'entendement divin, d'une notion beaucoup plus large, la Création — on devait aboutir, avec Wolff, à ces *atomi naturae* auxquels renvoie la Remarque sur la thèse de la deuxième antinomie (B. 470). En conséquence, il va de soi que l'on obtienne une *monadologia physica* dont les éléments dynamiques, sans perception, ont les uns sur les autres une action externe et physique. Mais cela n'est plus leibnizien, c'en est même la négation.

Rappelons, pour mieux le comprendre, quelques idées de Leibniz[4].

La monade est un miroir vivant: en tant que *miroir*, réceptive, en tant que *vivant*, active. Réceptivité et activité ne s'opposent pas, comme passion et action pour Descartes; au contraire, elles sont liées l'une à l'autre, la passion n'étant rien qu'une moindre action. Ainsi, la perception ne sera pas tableau inerte, mais guide de vie, et, dans les monades spirituelles, entendement et sensibilité seront de même nature, et non de nature opposée, comme le voudra Kant.

Expression de la multiplicité dans l'unité, la perception est tellement essentielle à la monade, que sa définition vaut pour la monade elle-même (N. E. III,

[2] Heinz Heimsoeth: Atom, Seele, Monade . . ., Ak. d. Wissenschaften und der Literatur in Mainz (Wiesbaden, 1960, pp. 261—389). Sur ce travail on consultera le compte-rendu de Friedrich Kaulbach: Atom und Individuum, Zeitschrift f. phil. Forschung, 1963, pp. 3—41.

[3] [Sigorgne]: Institutions leibnitiennes ou précis de la Monadologie, Lyon, M.DCC. LXVIII, pp. 62—64. Ces institutions résument les conférences que l'auteur aurait eues avec Canz en 1750.

[4] Plutôt que de multiplier les références, nous nous permettrons de renvoyer à nos ouvrages: Leibniz critique de Descartes, Paris 1960; Leibniz, initiation à sa philosophie, Paris, 1962.

vi, 24). Un miroir réfléchit les objets selon un *rapport réglé:* une *expression.* Il y a donc un rapport réglé entre les monades (multiplicité) et l'une quelconque d'entre elles (unité). Encore importe-t-il de préciser. Chaque unité substantielle *(Einheit)* est, en soi, différente de toute autre: la multiplicité de ces *Einheiten* est qualitative. Considérée comme du dehors *par une autre,* chaque unité substantielle devient une unité *(Einsheit)* dans une multiplicité d'*Einsheiten.* Qualité distincte par soi, elle est distinguée grâce aux autres, dans sa *comprésence* avec elles, comprésence ou *comperception* qui engendre la quantité intelligible avant d'être sensible — alors que Kant parle de *comparties*[5] parce qu'il part du sensible. D'un mot, la perception est une modification qualitative de la substance, à la fois active par soi et passive relativement aux autres.

L'expression de la multiplicité dans l'unité signifie qu'un ensemble se trouve en un rapport réglé avec une unité substantielle. Un ensemble, en tant que tel, est une *Gestalt,* une structure: une forme qualitative, que cette forme soit fondée sur le quantitatif, comme l'assure Kant, ou qu'elle le fonde, comme le croit Leibniz. Cela veut dire que le vivant est *informé,* consciemment ou non, d'une variation dont il n'est pas la source. Il la reçoit: il ne peut que la constater. Toutefois, le passif et l'actif ne se séparent pas. La seule action dont, en réponse, soit capable la substance, consiste à *réagir,* ce qui revient, selon Leibniz, à *éclaircir,* mais non pas à *constituer* par synthèses, ainsi que l'expliquera Kant, la structure du divers, qui a produit la réaction.

Insistons sur l'idée de structure qualitative. Des points identiques composent, selon leur distribution dans l'étendue, des *Gestalten* différentes: elles ne sont possibles *que* par l'étendue, puisque ces points sont identiques. Mais ce n'est pas ainsi qu'il faut l'entendre dans la monadologie, car les monades ne sont pas identiques, et leur lieu — leur *Situs* — décide de la notion complète de chacune, en sorte que leur ordre de comprésence dans l'espace (et non dans l'étendue sensible) doit se définir comme qualitatif, à la manière des couleurs du peintre sur une toile ou, mieux encore, des mots qui tissent le contexte d'un discours. Mais Kant ne l'entend pas de cette manière: il quantifie l'ordre. En effet, dans un espace newtonien, le lieu ne soutient plus avec les choses et, par conséquent, les substances, que des relations extrinsèques, il n'a plus rien à faire avec la définition de la monade, et, du coup, le principe des indiscernables cesse d'être valable (B. 338). Kant n'a pas accepté la conception purement qualitative — ou, si l'on préfère, combinatoire — de l'ordre, qui sous-tend la théorie leibnizienne de l'espace et du temps: dès la *Dissertation,* il la traduit en étendue et en durée (§ 15, Coroll.). Nous ne disons pas qu'il ait tort; nous disons que cela non plus n'est pas leibnizien.

Même avant la création, dans l'entendement divin, les essences existentiables observent l'ordre intelligible par lequel chacune est définie en sa notion complète

[5] Dans la Dissertation inaugurale, I § 2, iii. Le mot Compraesentia est commenté par Wolff, Ontologia, § 201.

et qui définit l'espace et le temps. Il ne s'agit donc pas d'étendue et de durée sensibles. Par conséquent, la perception n'est point, par nature, liée, comme chez Kant à une intuition esthétique. Les modifications modifiantes qu'elle est chez Leibniz ne sauraient s'expliquer, dans la monade inétendue, par quelque changement entre des parties de l'étendue, mais par la réception d'un message signifiant. Avant d'être un phénomène, la perception a un sens, et c'est pourquoi Leibniz en fait toujours le signe d'un plaisir ou d'un déplaisir — d'une perfection ou d'une imperfection —, alors que la *Critique de la raison pure* en fait, presque exclusivement, le phénomène dont s'occupe le physicien. Du même coup, les relations entre monades ne peuvent être qu'idéales, tandis que les *atomi naturae* interagissent par influx physique.

La concentration de la multiplicité infinie dans l'unité finie de la substance entraîne de la confusion. Cette confusion est réglée, sinon elle ne serait pas expressive. Elle exprime les ordres de l'espace et du temps qui, ensemble, commandent *perceptio* et *appetitio*. Ainsi, cette confusion est tension. Avec elle apparaît le sensible. Elle rend la perception à la fois intensive et représentative. Nous sommes aux antipodes de Kant qui part de l'esthétique au lieu d'y aboutir. Pour lui, la *perception* est une *Vorstellung mit Bewusstsein* (B. 377). Dans le débat qui ouvre les *Nouveaux Essais*, il estime, avec Locke, contradictoire l'idée d'une perception insensible (*Anthrop.*, Ak. VII, 135); il lui est aussi difficile de l'admettre que d'imaginer la monade assoupie par laquelle Leibniz définit arbitrairement la substance aux représentations obscures (Ak. II, 277); il réduit l'inconscient à l'oubli, loin d'y trouver le sens, caché mais dynamique, du passé et de l'avenir.

Dans la mesure variable où elle a la capacité d'éclaircir certaines de ses perceptions — sur le fond confus d'un ensemble qui exprime la totalité de l'univers — la substance découvre en elle de plus en plus d'idées et, de plus distinctement, leurs liens empiriques ou, s'il se peut, logiques: elle révèle sa nature de simple monade ou d'esprit. De la *mens momentanea* à Dieu, ou, en tout cas, au plus élevé des esprits, la perception s'éclaire par degrés continus, se dématérialise, d'abord en sentiment, puis en connaissance, explicite l'ordre du temps — la protension, la rétention — et, par là, chez les animaux, le jugement tout machinal de l'association, dans les esprits le jugement intellectuel. Il y a ici deux thèses. L'une consiste à appliquer à l'expression le principe de continuité, d'où il résulte que la sensibilité est un jugement implicite: on sait qu'une des réclamations fondamentales du kantisme est le refus d'intellectualiser ainsi les phénomènes. L'autre thèse maintient — aux risques d'une incohérence dans le système — la différence de nature entre les simples monades et les esprits: sans s'inspirer nécessairement de Leibniz ou du seul Leibniz, Kant, nous y reviendrons, accepte cette thèse.

Toutes les idées sont en moi, toutes les vérités aussi: l'inconscient, tel que l'exposent les *Nouveaux Essais*, renferme l'innéisme dynamique du *nisi intellectus ipse*, où il faut que l'expérience dégage les idées-tendances et les principes de la vérité contenus en notre substance. A ce problème la réponse de Kant est double. Avec son siècle, il proscrit l'innéisme: il ne croit ni aux idées innées de Descartes — celles que combat Locke — ni aux idées expressives de l'univers, soutenues par Leibniz; s'il croit, avec Leibniz, que tout commence *avec* l'expérience, c'est pour *constituer* les idées, et non pour les découvrir, *préformées*, à la lumière de la perception claire. Cependant, lui aussi, il défend le *nisi intellectus ipse* — *«das Denken ist zwar an sich kein Produkt der Sinne,»* ... B. 344 —, et les catégories, dont la Préface des *Nouveaux Essais* (P. V, p. 45) lui donnent une ébauche, offrent, pour ainsi dire, un innéisme expérimental qui ne reste pas sans rapports avec l'innéisme dynamique de Leibniz.

Cette conciliation kantienne de l'innéisme et de l'empirisme — de Leibniz et de Locke — n'atténue pas l'opposition radicale des deux auteurs sur l'activité du sujet. Pour Leibniz, cette activité ne peut être, en vertu de la théorie de la perception, qu'éclaircissante, discriminative, *analytique:* elle *constate* ce qu'elle a *reçu activement;* ce reçu est fondé sur une multiplicité *en soi,* dans un ordre choisi par Dieu, au delà des phénomènes. Pour Kant, cette activité s'applique à une multiplicité *pour nous,* celle de l'intuition sensible, celle des phénomènes, dont le fondement nous échappe; elle unifie, elle transforme la sensation en perception et, autant qu'il se peut, l'ensemble des perceptions en un monde scientifique; elle s'enrichit par *synthèses.*

Aussi bien voudrait-on, à partir de l'un et du multiple, définir la perception chez Kant, on devrait inverser la définition leibnizienne et dire que la perception est l'unité dans la multiplicité[6] — alors que cette inversion définit pour Leibniz l'harmonie, la relation, le genre, l'espèce, l'universel, le beau, le *vinculum substantiale,* bref tout rapport qui unit des termes[7]. Uniquement pensé (sauf pour le *vinculum substantiale,* s'il existait), ce rapport n'est pas constitué, mais reçu par l'esprit, fût-ce l'esprit divin auquel il est donné en un certain mécanisme métaphysique; la différence étant que, dans le Créateur, il a une réalité qu'il ne saurait avoir pour une créature réduite à l'exprimer en rapport idéal. Au contraire, chez Kant, le rapport est posé par l'activité synthétique et, par elle, imposé au divers de la sensibilité, quand elle constitue les *Erscheinungen,* ou au divers de l'Idée, quand elle produit le *Schein* de la raison. Incluse originairement dans l'activité synthétique — en une autre terminologie, dans la noèse et non dans le noème — l'unité unifiante du rapport est, en définitive, celle du *Ich denke* et, par suite, du *percevoir* (traduisant, chez Kant, *das Vorstellen,* plutôt que *das Wahrnehmen*) qui remplace la perception.

S'il est universel, le rapport qui fait, pour Leibniz, l'unité dans la multi-

[6] Cassirer, loc. cit. p. 105, opère spontanément l'inversion: «... eben diese Zusammenfassung aber ist nur dann vollziehbar, wenn wir jene allgemeine Möglichkeit das «Eine in Vielem» zu sehen, die wir mit dem Namen «Perzeption» oder «Bewußtsein» zu bezeichnen pflegen, schon zugrunde legen.»

[7] Voir dans L'Histoire de la Philosophie, Paris 1964, notre article: L'idée d'harmonie chez Leibniz.

plicité concerne le tout de la Création et devient le principe de l'harmonie universelle; est-il particulier? il désigne la liaison d'une monade dominante aux monades subordonnées avec lesquelles il forme le tout d'un organisme, ou bien, encore, il définit par ressemblance, un genre ou une espèce. Kant s'en souvient. Qu'en retient-il? Lorsque, dans la *Dissertation inaugurale*, après avoir rattaché l'unicité du monde à l'unicité de sa cause, Dieu (§ 17), il se demande si, réciproquement, on peut déduire de l'unicité de la cause la connexion des substances créées, il distingue (§ 22) entre l'harmonie universelle, qu'il accepte, et l'harmonie *singulariter stabilita* — occasionnalisme ou harmonie préétablie — qu'il rejette: c'est que la première institue entre les substances un commerce physique qui exclut l'action idéale par laquelle on veut soutenir la seconde. Dans la *Critique de la raison pure* il y a sans doute un écho des *Nouveaux Essais* (III, vi) dans le passage où Kant aborde les principes d'homogénéité, de spécification et de continuité (sans correspondence évidente avec les catégories) et où, même, il reprend la métaphore leibnizienne de «point de vue» (B. 685—686); mais il ne les aborde qu'au niveau de l'*idéation* rationelle, pour l'usage régulateur des idées de la raison pure, et non pas au niveau de la *perception*, réelle ou possible, où se constituent les phénomènes et où la métaphore du «point de vue» est utilisée par Leibniz, que ce soit entre essences existentiables ou entre monades existantes. Que reste-t-il de leibnizien? L'harmonie n'est jamais pour Kant un rapport donné, mais constitué: aussi n'est-elle pas une *expression*, même si elle fait l'unité d'une multiplicité. Sans que nous puissions pénétrer son mode d'action sur le monde, Dieu a établi semble-t-il, entre les substances matérielles, par un influx physique, une harmonie universelle. Mais est-ce toujours cet influx qui anime les êtres vivants? La *Critique de la faculté de juger* avouera (§ 65 et Rem.) que l'organisation de la Nature n'a rien d'analogique avec aucune causalité connue. En tout cas, cet influx ne saurait expliquer l'harmonie des substances pensantes. N'y a-t-il pas chez Kant une action ou une causalité idéale?

Nous voici renvoyés à une question débattue au moins depuis Benno Erdmann: la chose en soi kantienne ne serait-elle pas la monade? Pour nous, cette question se traduirait sous la forme suivante: la chose en soi est-elle douée de perception et d'appétition?

On voit d'emblée ce qui, dans la métaphysique de la chose en soi, oppose Kant à Leibniz. C'est que Leibniz a adopté la thèse de l'univocité de l'être: nous convenons avec Dieu dans les mêmes rapports; il n'est pas créateur des vérités éternelles, il obéit aux lois immuables de la logique incréée qui règlent aussi notre esprit; la déduction d'une *ontologie positive* est, par conséquent, légitime. Mais Kant récuse l'univocité de l'être, il opte pour l'analogie, ressemblance parfaite de deux rapports entre des termes tout à fait dissemblables (*Proleg.* § 58). Or, si l'on ne veut pas tomber dans l'anthropomorphisme, il ne faut évidemment pas transposer au monde intelligible les prédicats du monde sensible — comme le font, dans leurs rêves, les visionnaires. Il ne faut transposer que des prédicats ontologiques, c'est-à-dire des simples catégories — substance, cause, etc. — qui, alors, ne déterminent pas un concept absolument et en soi, mais, du moins, échappent aux conditions de la sensibilité: par exemple, en invoquant une causalité par la raison pour justifier la forme rationelle qui se rencontre dans le monde, on se borne à attribuer à Dieu la cause de cette forme, sans lui attribuer, par un usage transcendant, illégitime, de nos concepts, la raison elle-même *(Ibid.;* cf. K. U. § 90). En effet, un concept ne pourrait être déterminé que par l'application de la catégorie à l'intuition sensible, à laquelle, précisément, on s'efforce ici de ne pas rester attaché. Ainsi, l'analogie permet, non pas d'affirmer l'existence de substances intelligibles, mais de les déclarer non-impossibles; elle ne permet pas d'en déterminer le concept. Comme, à coup sûr ,la perception, pour Kant, est l'unification par le *Ich denke,* grâce aux catégories, du divers de la sensibilité, ne serait-ce pas faire un usage transcendant de ce concept, que de l'attribuer aux substances intelligibles? Aussi bien Kant s'en garde-t-il, même dans ses rêves de métaphysicien. Car déjà, dans les *Träume* de 1766, il raisonnait, à ce propos, comme il le fera dans les *Prolégomènes* et la *Critique de la faculté de juger.* Les successeurs de Leibniz n'ont accueilli qu'en souriant *(mit Gelächter)* l'idée d'une *Vorstellungskraft* dans les substances simples: cependant, celles-ci peuvent-elles être privées de tout état interne? (Ak. II, 328). Non. L'analogie n'autorise pas à accorder nos perceptions aux substances simples; en revanche, elle ne nous interdit pas de leur accorder un état *(Zustand)* ou une activité *(Thätigkeit)* interne. Par son refus de déterminer absolument et en soi le concept de la chose en soi, Kant renonce à l'ontologie positive. Pourtant, le maintien dans la chose en soi d'un état ou d'une activité interne n'a-t-il rien de monadologique?

Pour Kant comme pour Leibniz, le phénomène a un substrat: il est fondé. Faut-il préciser: bien fondé? On opterait alors pour la théorie leibnizienne de l'expression. Cette théorie présuppose non seulement l'univocité de l'être, mais encore l'entre-expression des monades. Il suffit donc de rejeter la perception monadique pour ne plus savoir si le phénomène est bien fondé. C'est ce qui arrive avec Wolff. C'est aussi ce qui arrive avec Kant.

Sur quoi les phénomènes sont-ils, bien ou mal, fondés? Pour les choses matérielles, Kant a cherché d'abord dans les *atomi naturae* de la monadologie physique, qui sont inétendus, actifs, mais dénués de perception. L'origine de la doctrine n'est pas difficile à retrouver, à travers Wolff (*Ontologia,* § 771 n.), dans le fameux article *De primae Philosophiae emendatione, et de Notione substantiae* (1694) où Leibniz, on le notera, ne développe point sa théorie de la substance, mais n'en donne qu'un avant-goût, par la notion de force. C'est donc la force qui fonde les phénomènes matériels. Quelle force? Le premier écrit de Kant répondait: les forces vives. Dans une perspective newtonienne, la réponse a été ensuite: l'attraction et la répulsion. De toute façon, Kant pensait par forces physiques. Et c'est bien encore ainsi qu'il devait penser en écrivant, au début de la *Critique de la raison pure* (B. 1), la phrase, si controversée depuis

Jacobi[8], sur l'éveil de notre faculté de connaître par on ne sait quels objets. On se rappelle que Newton n'a jamais pris parti sur la nature de la gravitation et que, sur cette question, tout le XVIIIème siècle se demandait si le monde n'était pas régi par des forces de natures très différentes, irréductibles à l'unité. Kant pouvait donc admettre qu'une force de nature inconnue éveillât notre faculté de connaître — fondant ainsi les phénomènes — sans cesser pour cela d'être une force physique et sans s'identifier à l'action idéale, inter-perceptive, des monades l'une sur l'autre.

Une autre force que celle des choses matérielles anime-t-elle les êtres vivants? Nous ignorons jusqu'où s'étend la vie. La matière elle-même n'est-elle pas animée? Kant se sent plus près de Maupertuis — et, par conséquent, de Leibniz — que des matérialistes; plutôt que les mécanicistes Hofmann et Boerhave, il choisirait le vitaliste Stahl *(Träume,* Ak. II, 330—331). Avec la vie s'impose un principe interne de spontanéité *(Ibid.,* 328) qui occupe *(einnehmen)* l'espace sans le remplir *(erfüllen):* l'âme est *présente* partout où elle sent, dans la totalité de l'organisme *(«Ich bin eben so unmittelbar in der Fingerspitze wie in dem Kopfe», Ibid.,* 324). Ce principe de vie ne ramène-t-il pas à l'*anima* traditionnelle — en termes leibniziens: à la monade brute? On ne perdra pas de vue que Kant procède par analogie (*Ibid.*, 323): en fait, il ne parvient pas à concevoir cette force vitale *(Ibid.,* 322, 323). A supposer que l'*anima* puisse être considérée comme une chose en soi du monde intelligible, elle se rapprocherait bien de la monade brute en ce qu'elle est inétendue, simple, active, spontanée, mais elle en différerait toujours en ce qu'elle demeure aveugle et n'implique ni perception ni, donc, entr'expression: sa force demeure physique, bien que non mécanique. Après la suppression de l'espace absolu, la *Critique de la faculté de juger* conservera, au fond, les même thèses. L'*anima* n'est pas la monade.

Et l'esprit? Toute *anima* n'est pas esprit, mais tout esprit est animé. Ainsi, le principe de vie porte à admettre l'existence du monde intelligible des esprits. Ces substances pensantes sont-elles les monades spirituelles? Alors elles doivent être douées de perception et d'appétition. Mais comme notre perception, pour Kant, exige le dualisme radical de la sensibilité et de l'entendement, il n'est pas plus possible de la concevoir sans sensibilité, que d'avoir une intuition pure du *Je*[9]: tout au plus, par analogie, en *rêveur éveillé,* accordera-t-on aux esprits des idées d'un autre ordre que les nôtres, sans aucune concomitance avec les nôtres, encore que l'on puisse rêver — toujours rêver —, entre eux et nous, d'une relation par symboles, dans l'image et dans le langage *(Ibid.,* 339). Dans le domaine de notre nécessaire ignorance, la pneumatologie, *(Ibid.,* 352) on n'a pas le droit de lier les esprits par l'entr'expression perceptive, l'harmonie préétablie ou, même, l'harmonie universelle: ce serait construire un système intellectuel, que Leibniz n'aurait pas lui-même construit s'il avait exploré la topique

[8] Voir Herbert Herring: Das Problem der Affektion bei Kant, Kantstudien, 1953, n° 67.

[9] Déjà dans Träume, ibid., 338.

transcendentale[10]. En bref, la perception attribuée à des esprits n'étant jamais pensée que de manière *négative*, on ne retrouve pas la perception de la monadologie leibnizienne. Par conséquent, l'appétition spirituelle ne peut être pensée, non plus, comme l'envers de cette perception.

Mais elle est pensée autrement. Kant n'hésite pas, cette fois, à l'octroyer *positivement* aux esprits. C'est que de cognitive elle devient morale. Dès *Les Rêves d'un visionnaire* est invoquée la règle de la volonté générale, dont chacun éprouve en soi la contrainte, sans mieux en saisir la nature que Newton ne démêlait la nature de la gravitation et de l'attraction *(Ibid., 335)*. Cette contrainte ressemble davantage à l'instinct divin de Rousseau[11] qu'à la volonté intellectuelle de Leibniz. En tout cas, de cette volonté morale on a la conscience positive; ce n'est plus par analogie, mais positivement, qu'il devient légitime de l'attribuer aux esprits; positivement, grâce à elle, on dépasse les phénomènes, en pressant le règne des fins. Comme le règne de la grâce pour Leibniz, il concerne, par opposition avec le règne de la nature, les seuls esprits dont la raison, par sa parfaite spontanéité, relève d'une causalité intelligible. Cependant, pour Leibniz, les esprits restent liés entre eux par la loi de l'entr'expression perceptive, en sorte, qu'ils ne peuvent jouir que de la liberté stoïcienne, tandis que, pour Kant, l'harmonie du règne des fins résulte de la convergence vers un même but de libres-arbitres qui s'accordent sans être réglés l'un sur l'autre. Le règne des fins selon Kant ne coïncide pas avec le règne de la grâce selon Leibniz.

Faut-il le répéter? L'influence sur Kant de Leibniz est incontestable. Mais Kant a été amené à refuser la perception à la monade, d'abord sous l'influence de Wolff, puis par les exigences de son propre système. Dès lors, dans ce système, la monadologie ne pouvait survivre que *partielle*, car une monadologie universelle implique que toutes les monades — brutes et spirituelles — soient unies par les lois, qui leur sont communes, de l'entr'expression perceptive: dans cette participation de toutes les monades à une harmonie expressive, Kant — se rappelant sans doute les premières lignes des *Nouveaux Essais* — ne voit que de l'idéalisme platonicien. En second lieu, même si l'on s'en tient aux seuls esprits, ne pouvait subsister chez Kant qu'une *monadologie négative* du point de vue de la *théorie de la connaissance*, puisqu'en abandonnant l'univocité de l'être l'esprit infini lui-même n'est plus connu que négativement. Pourtant, on aperçoit la possibilité d'une *monadologie positive* du point de vue de la *théorie morale* qui s'appuie sur la volonté et non sur la représentation. Ce n'est plus la monadologie de Leibniz.

[10] B. 326. Comparer avec Träume, ibid., 333.

[11] Sur l'influence immédiate de Rousseau, voir H. J. de Vleeschauwer: La Nachricht von der Einrichtung seiner Vorlesungen in dem winterhalben Jahre von 1765—1766 d'Immanuel Kant, Prétoria, 1965, p. 39.

Martial Gueroult

Die Struktur der zweiten Analogie der Erfahrung

Unser Ziel ist, die Struktur der *zweiten Analogie der Erfahrung* zu bestimmen, um festzustellen, inwieweit der Beweis, den Kant davon gibt, mit den kopernikanischen Grundsätzen der transzendentalen Methode übereinstimmt.

I

Einleitend wollen wir die Bedeutung des Ausdrucks *Analogie der Erfahrung* näher angeben und dieser Analogie selbst ihre Stellung zuweisen.

Zunächst hat dieser Ausdruck nichts zu tun mit dem, was Hume in den *Dialogues concerning Natural Religion* als *Analogie* bezeichnet, wenn er die Kausalfolgerung auf der Ähnlichkeit mit der Analogie einer gewissen Erscheinung, deren Ursache man nicht kennt, mit einer anderen Erscheinung, deren Ursache bekannt ist, aufbaut (Hume, *Dialogues*, 2. Aufl., London 1779, 2. Teil, S. 49—50 u. 57—58).

Nach Riehl käme diese Bezeichnung daher, daß die Kenntnis des Verhältnisses von Ursache zu Wirkung zwischen den phänomenalen Existenzen, ebenso wie dasjenige von Substanz und Accidenz oder der Gemeinschaft, nichts weiteres ist als eine Analogie mit einem logischen Verhältnis (in diesem Fall, dasjenige von Prinzip zu Konsequenz).

Zwar trifft es zu, daß für Kant eine Analogie zwischen beiden besteht, und Riehl vermag es, seine Auslegung auf folgende Stelle zu stützen: „Wir werden durch diese Grundsätze die Erscheinungen nur *nach einer Analogie mit der logischen und allgemeinen Einheit der Begriffe* zusammenzusetzen berechtigt werden, und daher uns in dem Grundsatz selbst zwar der Kategorie bedienen, in der Ausführung aber (der Anwendung auf Erscheinungen) das Schema derselben . . ., als restringierende Bedingung, unter dem Namen einer Formel des ersteren, zur Seite setzen." (Ak. B. III, 161 — Riehl, *Der philosophische Kritizismus*, B. I, 544—545).

Doch leitet die Analogie ihren Namen nicht daher ab. Zu Beginn drückt nämlich Kant deutlich aus, daß von allen Grundsätzen (den mathematischen wie den dynamischen) das gilt, was von den Analogien der Erfahrung geäußert wird: „Was aber *bei allen synthetischen Grundsätzen* erinnert ward, u. s. w. . ." (Ak. B. III, 161). Ferner hat er diese Bezeichnung selbst sehr klar gerechtfertigt und erläutert, als er, weiter oben, die konstitutive Funktion des mathematischen Grundsatzes mit der regulativen Funktion des dynamischen Grundsatzes vergleichend, die Analogie in der Mathematik der Analogie in der Philosophie, d. h. hier in der Physik, entgegenstellte (die Worte Philosophie und Philosoph haben hier ihren hergebrachten Sinn von Physik und Physiker, wenn er z. B. am Ende der ersten Analogie schreibt: „ein Philosoph wurde gefragt: wieviel wiegt der Rauch?"). Wo es in der mathematischen Analogie genügt, daß drei Glieder gegeben seien, damit man daraus auf das vierte schließen könne, so gestatten es uns in der physischen Analogie diese drei Glieder (vorausgesetzt daß sie gegeben sind) nicht, das vierte selbst zu bestimmen, sondern bloß, es mit Hilfe einer Regel in der Erfahrung zu suchen und es, dank eines gewissen Merkmals, aufzufinden. Infolgedessen stellt die Analogie der Kausalität folgende Proportion auf: die Ursache verhält sich zur Wirkung wie das Antezedenz zur Konsequenz. Wenn *b* gegeben ist, müßte ich also erforschen, welche Erscheinung *x* in der Erfahrung vorhanden ist, und, wenn ich das Dasein einer Erscheinung, das diesen Charakter besitzt, entdecke, werde ich daraus schließen, daß es die Ursache von *b* ist. Daher die Formel der *Analogie,* die eine *Regel* ausdrückt, d. h. die Notwendigkeit der Beziehung: „Alles was geschieht, setzt etwas voraus, worauf es nach einer Regel folgt" (1. Aufl.), und somit die *Regel der Forschung* liefert, sowie das Merkmal oder Kriterium, das es ermöglicht, dasjenige zu finden, was man sucht, nämlich die Erscheinung, die durch das Merkmal des notwendigen Antezedenz gekennzeichnet ist. „Demnach ist die Zeitfolge allerdings das einzige empirische Kriterium der Wirkung in Beziehung auf die Kausalität der Ursache die vorhergeht"; und die verschiedenen experimentellen Verfahren des Physikers kennen keinen anderen Zweck als, inmitten aller bestehenden Erscheinungen, diejenige, die unzweifelhaft das Merkmal des notwendigen Vorhergehens aufweist, herauszustellen.

Diese Regel drückt also eine notwendige Ordnung in der Folge der Erscheinungen in der Zeit aus. Für Kant heißt es, ihren Ursprung festzusetzen, sie rechtmäßig als Grundsatz der Möglichkeit der Erfahrung zu begründen und schließlich zu zeigen, wie es ihr tatsächlich gelingt, diese Funktion auszuüben.

II

Prüfen wir nun, welches die Struktur der kantischen Beweisführung ist, und welche Schwierigkeiten ihr innezuwohnen scheinen.

Diese Beweisführung enthält zwei Momente:

1. die Aufstellung einer den Grundsätzen der transzendentalen Methode entsprechenden Lösung;

2. die Beschreibung des Mechanismus, durch welchen diese Lösung tatsächlich stattfindet.

1. — Da all unsere Vorstellungen durch den inneren Sinn bedingt sind, liegen sie in der Zeit und aufeinanderfolgend; jede Apprehension einer Erscheinung ist successiv. Besteht aber diese Aufeinanderfolge auch im Objekt? Es müssen zwei Fälle auseinandergehalten werden: im ersten ist die Folge nur subjektiv, im zweiten findet sie auch im Objekt statt.

Die Apprehension eines Hauses vom Gipfel bis zu den Grundmauern besteht aus einer bloß subjektiven Folge, die Wahrnehmung eines den Fluß hinabtreibenden Schiffes aus einer objektiven Folge. Was begründet diese Scheidung? Es ist die Anwesenheit in der objektiven Folge der Notwendigkeit einer bestimmten Ordnung, die Abwesenheit dieser Notwendigkeit in der subjektiven Folge. Bei der Apprehension des den Fluß hinabtreibenden Schiffes ist es mir nicht möglich, die Einordnung der Folge umzukehren; im Fall der Apprehension des Hauses kann ich die Ordnung der Folge beliebig umkehren, von unten nach oben wie von oben nach unten gehen. Also ist die Unumkehrbarkeit das Kriterium der objektiven Folge, die Umkehrbarkeit das Kriterium der subjektiven Folge.

Wo läßt sich die Begründung der Notwendigkeit, die einer Succession ihren objektiven Charakter verleiht, finden? Es kann lediglich im Verstand sein. Vom Verstand allein rührt nämlich die Notwendigkeit her, und eben diese Notwendigkeit begründet die Objektivität der Vorstellungen. Der Ursprung der Notwendigkeit, welche die Folge objektiv gestaltet, wird demnach ein Begriff des Verstandes sein, welcher die Ordnung der Erscheinungen in der Zeit *a priori* notwendig bestimmt, dergestalt daß die eine jeweils der anderen, nach der Regel der Folge von Ursache und Wirkung, vorangeht. Da der Grundsatz der Kausalität, der aus dem reinen *a priori* Begriff der Ursache hervorgeht, eine Folge der Erscheinungen notwendig macht, begründet er also die Objektivität dieser Folge. Wenn wir also der notwendigen Ursache der Erscheinung in der Erfahrung nachforschen, dann suchen wir nichts anderes als die Notwendigkeit, die der Verstand in diese hineingelegt hat. Der Grundsatz der transzendentalen Methode, welche vom Subjekt zum Objekt geht und, nach dem kopernikanischen Schema, dieses von jenem abhängig macht, wird also hier genau beachtet und angewandt.

2. — Wir kommen nun zum Mechanismus, welcher in diesem Falle die Anwendung des Prinzips leitet. Kurz, *wie* soll man die Art und Weise verstehen, wie diese Synthese *a priori* nach der Kausalität durch den Verstand ausgeführt wird. Darüber belehrt uns eine sehr wichtige Stelle, die — wie ersichtlich sein wird — Probleme aufwirft (Ak. B. III, 173).

Der Verstand macht „die Vorstellung eines Gegenstandes überhaupt möglich. Dieses geschieht nun dadurch, daß er die Zeitordnung auf die Erscheinungen und deren Dasein überträgt, indem er jeder derselben als Folge eine, in Ansehung der vorhergehenden Erscheinungen, *a priori* bestimmte Stelle in der Zeit zuerkennt, ohne welche sie nicht mit der Zeit selbst, die allen ihren Teilen *a priori* ihre Stelle bestimmt, übereinkommen würde. Diese Bestimmung der Stelle kann nun nicht von dem Verhältnis der Erscheinungen gegen die absolute Zeit entlehnt werden(denn die ist kein Gegenstand der Wahrnehmung), sondern umgekehrt, *die Erscheinungen müssen einander ihre Stellen in der Zeit selbst bestimmen, und dieselbe in der Zeitordnung notwendig machen*, d. i. dasjenige, was da folgt, oder geschieht, muß nach einer allgemeinen Regel auf das, was im vorigen Zustande erhalten war, folgen, woraus eine Reihe der Erscheinungen wird, die vermittelst des Verstandes eben dieselbe Ordnung und stetigen Zusammenhang in der Reihe möglicher Wahrnehmungen hervorbringt, und notwendig macht, als sie in der Form der inneren Anschauung (der Zeit), darin alle Wahrnehmungen ihre Stelle haben müßten, *a priori* angetroffen werden." (Ak. B. III, 173—174).

Der Auszug ist *von größter Bedeutung*. — Um diese Bestimmung *a priori* der Ordnung der Existenzen in der Zeit begreiflich zu machen, nimmt Kant an, daß sich der Verstand *a priori* das Ganze dieser Existenzen in der Zeit selbst, wie in einer sie alle enthaltenden Sphäre, gibt, und so durch ihre gegenseitige Bestimmung innerhalb dieser Sphäre die jeweiligen Stellen erhält, die sie notwendigerweise einnehmen. Da diese Sphäre die Zeit ist, d. h. eine Form, in der sich alles notwendigerweise aneinanderreiht, können die Stellen, die so notwendigerweise bestimmt sind, nur Stellen in einer Folge sein. Dies gibt Kant zu verstehen, wenn er erklärt: „Dieses geschieht nun dadurch, daß er die Zeitordnung auf die Erscheinungen und deren Dasein überträgt, indem er jeder derselben als Folge eine, in Ansehung der vorhergehenden Erscheinungen, *a priori* bestimmte Stelle in der Zeit zuerkennt, *ohne welche sie nicht mit der Zeit selbst*, die allen ihren Teilen *a priori* ihre Stelle bestimmt, übereinkommen würde." Um mit dem Wesen der Zeit übereinstimmen zu können, muß die gegenseitige Bestimmung der Erscheinungen ihre Verteilung an gewissen Stellen einer Folge sein, da die Bestimmung dieser Stellen in einer Form stattfindet, die, da sie die Zeit ist, bloß aufeinanderfolgende Stellen enthält. So bestimmt der Verstand notwendigerweise eine notwendige Ordnung der Erscheinungen, die eine notwendige Ordnung ihrer Folge ist. Kurz, die reine Form des inneren Sinnes fordert, daß alle Dinge einander folgen, und der Verstand verlangt, kraft des Begriffes *a priori* der Ursache, daß sie in dieser bestimmten Ordnung (nach derjenigen der Ursache und Wirkung) und nicht in einer anderen folgen.

Diese Beweisführung bietet eine gewisse Anzahl Schwierigkeiten: 1. — Obschon behauptet wird, daß es der Verstand ist, der durch den Kausalgrundsatz den Existenzen in der Zeit eine notwendige Ordnung ihrer Folge vorschreibt, so scheint sich aus der Beweisführung zu ergeben, daß in Wirklichkeit nicht der Verstand selbst in diesem Falle wirkt, da es *die Erscheinungen selbst sind, welche sich einander ihre Stelle in der Zeit bestimmen* und dadurch die objektive Folge der Dinge, der Kausalität gemäß, hervorbringen. Daraus entsteht ein doppelter Einwand: 1.) in Wirklichkeit scheint der Verstand passiv zu sein, *da die Ordnung, von der angenommen wird, daß er sie den Erscheinungen in der Zeit, nach*

dem Verhältnis von Ursache zu Wirkung, vorschreibt, von der gegenseitigen Bestimmung der Erscheinungen herrührt; 2.) da andererseits diese Ordnung von der gegenseitigen Bestimmung der Erscheinungen, d. h. hier der Objekte, herkommt, so sind es *diese Objekte* (die Erscheinungen), die sie dem Subjekt aufzwingen, im Gegensatz zum kopernikanischen Grundsatz der *Kritik*, welcher verlangt, daß die Objekte durch das Subjekt bestimmt sind und nicht das Subjekt durch das Objekt.

Auf diesen ersten Einwand läßt sich aber leicht antworten. Da die Dinge, um die es hier geht, in der Tat Erscheinungen und nicht Dinge an sich sind, schließt ihre Beziehung zueinander, die im Gemüt ihre objektive Folge aufstellt, keineswegs eine Unterordnung des Subjektes unter die zwischen den Objekten festgesetzten Verbindungen in sich ein, da sich Objekte hier innerhalb des transzendentalen Subjektes befinden. Es handelt sich in diesem Falle darum, wie sich das Subjekt selbst zum Objekte erkennenden Subjekt macht, mittels der notwendigen Beziehung der Dinge zueinander, der Kausalität der Erscheinungen entsprechend, deren Möglichkeit es bedingt.

Die gegenseitige Bestimmung der phänomenalen Gegenstände in Hinsicht auf ihre notwendige Stelle in der Zeit findet andererseits nicht kraft des inneren Wesens dieser Dinge statt und ergibt sich nicht aus dem Begriff dieser Dinge, wie im intelligiblen monadologischen Mechanismus, wo sich die Substanzen, vermöge ihrer eigenen Natur, gegenseitig, ihrer logischen Unvereinbarkeit zufolge, vom Dasein ausschließen, und sich daher notwendigerweise nach einer Ordnung der Succession, die Leibniz mit der Zeit selbst identifiziert, einordnen; sie wird nur kraft der Synthesis eingeführt, die der Verstand in Hinsicht auf die Möglichkeit der Erfahrung den Dingen (d. i. den Erscheinungen) in der Zeit *vorschreiben* muß, und durch welche *sie mit dem Wesen der Zeit übereinstimmen müssen*, — wobei jede die Erfahrung konstituierende Synthese eine Synthese der Einbildungskraft sein muß, die der Verstand in der sinnlichen Anschauung und dem Wesen dieser Anschauung entsprechend bewirkt. Nicht also die den Erscheinungen eigene Wirkung zwingt den Verstand, sie gemäß einer bestimmten Ordnung der Folge aufzustellen; vielmehr zwingt sie der Verstand mit seinem Kausalbegriff zu dieser gegenseitigen Bestimmung.

Dies erhellt sofort ein Vergleich mit der *dritten Analogie*. Dieselbe begründet nämlich das objektive Zugleichsein der Erscheinungen, nicht ihre objektive Folge. Doch beruft sie sich auf dieselbe Bedingung wie die *zweite Analogie:* die Erscheinungen müssen einander ihre Stelle in der Zeit bestimmen. Führt aber derselbe Prozeß zu einem anderen Ergebnis, nämlich dem *Zugleichsein* und nicht der Folge, so geschieht dies, weil der Begriff, der die Synthesis beherrscht, in beiden Fällen verschieden und hier nicht mehr die Kausalität, sondern die wechselseitige Kausalität oder Gemeinschaft ist. Infolgedessen, während die Kausalität vorschreibt, daß sich die Erscheinungen derart einander bestimmen, daß das Einnehmen einer bestimmten Stelle alle anderen von dieser Stelle verweist, u. s. w., so schreibt im Gegenteil die Gemeinschaft vor, daß ihre gegenseitige Bestimmung sie alle in dieselbe Stelle der Zeit einschließt und daß sie demnach gleichzeitig sind.

Der Mechanismus, wodurch die Erscheinungen sich einander ihre Stelle hinsichtlich der Zeit bestimmen, entzieht also keineswegs dem Verstand seine aktive synthetische Funktion, und es ist wirklich „die Regel des Verstandes, durch welche allein das Dasein der Erscheinungen synthetische Einheit nach Zeitverhältnissen bekommen kann", die „jeder derselben ihre Stelle in der Zeit, mithin *a priori*, und gültig für alle und jede Zeit" bestimmt (Ak. B. III, 184).

2. — Ist diese Schwierigkeit aber aufgehoben, so enthüllt sich sofort eine andere. Damit diese gegenseitige Bestimmung der Erscheinungen nach der Zeitordnung, so wie sie durch die synthetische Regel der Kausalität angeordnet ist, stattfinden kann, muß man die Erscheinungen als innerhalb einer Sphäre, die ihre Ganzheit einschließt, zusammengegeben betrachten, denn die Verteilung ihrer Stellen in der Zeit führt ihre gegenseitige Bestimmung innerhalb ihrer Gesamtheit aus. Es muß also der notwendige Zusammenhang der Erscheinungen *in seiner Gesamtheit* vorausgesetzt werden. Dies ist aber eine Voraussetzung des Verstandes, welche dem Wesen der Sinnesanschauung widerstrebt, die fordert, daß die Reihe der phänomenalen Existenzen nach der notwendigen Kausalordnung niemals abgeschlossen ist. Zu behaupten, daß es eine solche gegebene und abgeschlossene Gesamtheit gäbe, ist die Sache der in der dritten Antinomie durch den dogmatischen Verstand aufgestellten These.

Es ist dies aber eine unannehmbare These, da sie die Verwandlung, in wirklich vorhandene Dinge, vornimmt, von Erscheinungen, die dies nicht sind, es aber nur, je nachdem wir eine Anschauung davon haben, sein können, d. h. innerhalb einer unbegrenzten Reihe. Nun ist aber die Gesamtheit der Glieder nie gegeben, wenn sie immer nur, je nachdem ihre Anschauung stattfindet, gegeben sind. Wie soll man es also begreifen, daß sie sich gegenseitig ihre Stelle in der Zeit bestimmen können? „Aller Zuwachs der empirischen Erkenntnis", sagt Kant, „... ist nichts als ... ein Fortgang in der Zeit ... die Teile desselben sind nur in der Zeit und durch die Synthesis derselben, sie aber nicht vor ihr gegeben. Um deswillen ist ein jeder Übergang in der Wahrnehmung zu etwas, was in der Zeit folgt, eine Bestimmung der Zeit durch die Erzeugung dieser Wahrnehmung" (Ak. B. III, 179—180). So werden Voraussetzungen, die nur die Dinge an sich betreffen könnten, auf die Erscheinungen übertragen. Handelt es sich um Erscheinungen und nicht um Dinge an sich, so „ist die empirische Synthesis und die Reihe der Bedingungen in der Erscheinung notwendig successiv und nur in der Zeit nacheinander gegeben; folglich konnte ich die absolute Totalität der Synthesis und der dadurch vorgestellten Reihe hier nicht eben so wohl als dort [wie im Falle der Dinge an sich] voraussetzen, weil dort alle Glieder der Reihe an sich gegeben sind, aber nur durch den successiven Regressus möglich sind, der nur dadurch gegeben ist, daß man ihn wirklich vollführt" (Ak. B. III, 344).

3. — Eine dritte Schwierigkeit hängt mit der vorigen zusammen. Damit die Erscheinungen sich einander ihre notwendige Stelle in der Form der Zeit bestimmen, in der Art, daß der Verstand sie nach der Kausalität in einer gewissen notwendigen Ordnung der Folge einordnen könne, müssen diese Erscheinungen schon in irgendeiner Weise, bevor sie sich einander bestimmen, vorhanden sein. Wenn nämlich ihre notwendige Ordnung in der Zeit sich aus der gegenseitigen Bestimmung ihrer Existenzen ergibt, so müssen letztere notwendigerweise vor dieser Bestimmung erkannt werden, d. h. vor der Ordnung, die daraus entsteht.

Wie sollte man aber begreifen, daß diese Dinge bestehen könnten, bevor sie eine Stelle in der Zeit einnähmen, und daß diese Stelle sich aus ihrer gegenseitigen Bestimmung *ergäbe*, wo sie doch nur *Erscheinungen* sind, die bloß in der Erfahrung bestehen können, d. h. unter der *vorhergehenden* Bedingung ihres notwendigen Zusammenhängens in der Zeit?

Da ja das Dasein der Erscheinungen selbst in der Erfahrung von ihrem notwendigen Zusammenhang in der Zeit abhängt, kann man sich nicht vorstellen, daß dieser Zusammenhang von ihrem Dasein und der Wirkung, die sie aufeinander ausüben, abhängt.

Darauf wird man antworten, daß es sich hier nicht um den Verstand, der die Realität der Erscheinungen bestimmt, handelt, sondern um den Verstand, der Existenzen, die er nicht ausmacht und die in ebendemselben Maße ohne ihn vorhanden sein könnten, eine Regel vorschreibt. Doch sind diese Existenzen nicht Dinge an sich, sie sind nur Erscheinungen und können als solche bloß in einer schon konstituierten Erfahrung gegeben werden, d. h. daß, wenn sie den Gesetzen, die die Erfahrung ermöglichen, unterworfen sind, man auf keinen Fall aus ihnen die Bedingung dieser Gesetze machen kann. Dies aber wird gerade aus ihnen gemacht, sobald man aus ihrer gegenseitigen Bestimmung ihrer Stellen in der Form der Zeit die notwendige Bedingung der möglichen Erfahrung der aufeinander der Kausalordnung gemäß in der Zeit folgenden Dinge herleitet.

Wären dagegen die in Frage kommenden Existenzen Dinge an sich, so würde die Schwierigkeit wegfallen, denn diese Dinge wären an und für sich von der notwendigen, sich aus ihrer gegenseitigen Bestimmung ergebenden Ordnung vollständig unabhängig. Dies ist genau Leibnizens Standpunkt. Da die miteinander unvereinbaren Substanzen nicht zugleich sein können und sich gegenseitig von der Existenz ausschließen, können sie nur nacheinander bestehen. Ihre Stelle in der Folge ergibt sich also aus ihrem gegenseitigen Bestimmungsverhältnis, und die Zeit kann objektiv als „l'ordre des possibles inconsistants qui ont néanmoins de la connexion" definiert werden. Wie aber soll man erklären, daß eine solche logische Ordnung sich als zeitliche Ordnung darstellt? Dadurch, wie Leibniz annimmt, daß wir, aus der Unkenntnis der inneren Gründe heraus, welche aus den einzelnen Dingen ihre notwendige Folge erklären, von dieser Ordnung ein unklares Bild haben, das die Zeit selbst als ein *ens imaginarium* konstituiert.

III

Dank dieser Zusammenstellung begreifen wir den Ursprung der kantischen Beweisführung, die Erläuterung ihrer Gliederung und die Schwierigkeiten, die sie enthält.

Sie besteht in der Anpassung an den Rahmen der transzendentalen Philosophie eines in der leibnizischen Monadologie verwendeten *modus explicandi*, wodurch die gegenseitige Bestimmung der Dinge zur Verteilung ihrer Existenzen in eine successive Reihe, in der jedes seine bestimmte Stelle einnimmt, führt. Doch sind bei Kant diese Dinge nicht mehr die Substanzen oder Monaden des Leibniz, wenn sie Kant auch weiterhin Substanzen nennt, es sind Erscheinungen, deren Dasein vollständig in der Sprache der empirischen Anschauung definiert wird. Somit tritt die leibnizische Welt und ihr monadologischer Mechanismus der gegenseitigen Bestimmung der Dinge in eine Newtonsche Welt ein, in der Zeit (wie der Raum) ein *sensorium commune sui generis* ist, nicht mehr zwar ein *sensorium Dei*, sondern *sensorium* des allgemeinen transzendentalen Subjekts. Infolgedessen bestimmen die Erscheinungen, so wie die leibnizischen Monaden, einander ihre Existenz nach einer notwendigen Ordnung. Da jedoch die Zeit ein auf die logischen Verhältnisse der Begriffe unreduzierbares *sensorium* ist, und die sich in dieser Weise ihre Existenzordnung bestimmenden Erscheinungen nur durch die Zeit selbst möglich sind, so kann die Reihe, die sich daraus ergibt, nicht, wie bei Leibniz, die Reihe der successiven Teile der Zeit selbst sein, sondern bloß eine Ordnung der Dinge in der Zeit, dem *Wesen* der Zeit entsprechend, welche Folge der Teile ist, und folglich mit sich bringt, daß die durch den Begriff bestimmte Ordnung eine Folge der Existenzen in der Zeit ist. An und für sich ist der Begriff der Ursache soweit davon entfernt, die Folge einzuschließen, daß er sie sogar ausschließt, da die Ursache, falls sie der Wirkung ganz und gar vorausginge, in dem Augenblick aufhören würde, eine Ursache zu sein, der dem Erscheinen der Wirkung vorangeht. Ursache und Wirkung bestehen also gleichzeitig (daher ihre Kontinuität). Aber die Beziehung der einen zur anderen bleibt immer in der Zeit bestimmbar, denn die Verknüpfung der Erscheinungen durch den Verstand findet hier nur in Anbetracht der Zeit statt.

Es wird daraus ersichtlich, daß die Gemeinschaft *(commercium)* der Substanzen, welche ihr Zugleichsein begründet, als Möglichkeitsbedingung der Kausalverknüpfung zwischen den Existenzen erscheint —, was bestätigt, daß das Ganze der Erscheinungen zur Gründung der Deduktion ihres Zusammenhanges nach der Kausalordnung erforderlich ist. Desgleichen begründet, bei Leibniz, die Gemeinschaft der Substanzen im Verstand Gottes ihre gegenseitige Bestimmung der Stelle ihrer Existenz in der Folge, so wie sie die gegenseitige Bestimmung der Stelle ihrer Existenz im Raum als „ordre des coexistants" begründet.

Schließlich ergibt sich, daß der Begriff des Zugleichseins, der die Synthese der Beharrlichkeit und der Folge mit sich bringt, zusammen mit der Natur des Ganzen der Welt, den letzten Grund der Analogien ausmacht; und Kant gibt dies sehr deutlich in einer Anmerkung zu den Analogien zu, indem er erklärt: „Die Einheit des Weltganzen, in welchem alle Erscheinungen verknüpft sein sollen, ist offenbar eine bloße Folgerung des *insgeheim angenommenen Grundsatzes* der Gemeinschaft aller Substanzen, die zugleich seien: denn, wären sie isoliert, so würden sie nicht als Teile ein Ganzes ausmachen, und wäre ihre Verknüpfung (Wechselwirkung des Mannigfaltigen) nicht schon um des Zugleichseins willen notwendig, so könnte man aus diesem, als einem bloß idealen Verhältnis, auf jene, als ein reales, nicht schließen" (Ak. B. III, 185).

Da jedenfalls die Ordnung der Dinge nach der Kausalität, die der Verstand gründet, auf die Zeitfolge, die die reine Form der Sinnesanschauung gründet, unreduzierbar ist, so verlangt die Anordnung der Erfahrung durch die Kausalität die Synthesis der gegenseitigen Bestimmung der phänomenalen Existenzen nach der Kausalität mit der Folge der Zeitteile. In dieser Weise stimmt die durch diese Bestimmung mittels des Begriffs erzeugte Ordnung mit dem Wesen der Zeit überein, und diese Ordnung wird zur notwendigen Verteilung der Dinge (oder Erscheinungen) auf die successiven Teile der Zeitform.

Daher rührt die außerordentliche Bedeutung der zweiten Analogie, obgleich sie unzertrennlich mit den zwei anderen verbunden und in einem gewissen Sinne durch die dritte bedingt ist, denn sie vereint die Existenzen mit dem Wesen der Zeit. Das Wesen der Zeit ist nämlich, einzig und allein, die Folge, weil die Mannigfaltigkeit der Zeit nur aus der Folge ihrer Teile besteht. In ihr allein liegt also ihr bestimmbarer Inhalt und sie allein macht demnach ihre formale Anschauung aus, sowie die *partes extra partes* die formale Anschauung des Raumes ausmachen. Zwar hat Kant geschrieben, die Zeit bestehe aus drei modi: *Beharrlichkeit, Folge, Zugleichsein,* denen die drei Analogien entsprechen; doch wenn er aufhört, die gewöhnliche Sprache zu gebrauchen, um die Dinge näher zu betrachten, so erklärt er, die Folge sei der einzige wirkliche modus der Zeit, da das Beständige nichts anderes sei als die Zeit selbst, insofern sie sich nicht verändert und jede Apprehension der Veränderung ermöglicht, und das Gleichzeitige auch kein modus der Zeit selbst sei, weil es in der Zeit keine gleichzeitigen Teile gäbe.

Das Zugleichsein bezieht sich auf die Zeit, nicht insofern es zum Mannigfaltigen der Zeit gehört, sondern insofern es in einem bestimmten Augenblick der Zeit ein Mannigfaltiges der der Mannigfaltigkeit der Zeit fremden Erscheinungen setzt. Was in der dritten Analogie abgeleitet wird, ist diese Ordnung der Koexistenz, die, bei Leibniz, die Realität des Raumes ausmacht, die aber, bei Kant, nur die Verteilung der im Raum bestehenden Erscheinungen ist, gemäß einer Übereinstimmung mit dem Wesen dieser reinen Form der Sinnlichkeit, die als formale Anschauung *partes extra partes* ist. Man versteht daher die Bedeutung des Kausalitätsbegriffs und korrelativ der Analogie, die er bestimmt, da sie allein die vom Verstand gedachten Existenzen dem Wesen der Zeit anpaßt.

Die Verwandlung der leibnizischen Substanzen in Erscheinungen hat hier noch weitere Folgen. Da die Dinge, die sich einander nach der Kausalfolge anordnen, phänomenale, in der Anschauung gegebene Existenzen sind, und nicht aus inneren Kräften bestehende Substanzen (Monaden), so kann die gegenseitige Bestimmung der Existenzen keineswegs auf Grund des Konfliktes zwischen ihren inneren Expansionskräften geschehen —, ein Konflikt, der sich durch ihre *jeweilige Beförderung zum Dasein* auflöst — sondern durch die Kraft des konstitutiven Verstandes, der notwendigerweise die Synthese der Erscheinungen mit der sinnlichen Form der Zeit herstellt, insofern diese Synthese durch die Möglichkeit der Erfahrung gefordert wird. Die gegenseitige Bestimmung der Existenzen entspringt also nicht dem inneren Wesen der Dinge, sie ist ihnen vielmehr von außen durch ein fremdes Prinzip aufgezwungen. Wo für Leibniz der Grundsatz des Besseren dasjenige war, was die Substanzen dazu bringt, ihre Widersprüche in einer Folge aufzuheben, wodurch ihre Existenzen sich nacheinander entfalten, so daß die Fülle der Vollständigkeit in der von Gott auserwählten Welt gesichert ist, ist es der Grundsatz der möglichen Erfahrung, der die gegenseitige Bestimmung der phänomenalen Existenzen vorschreibt. So setzt sich, in diesem Fall, ein gnoseologisches und transzendentales Prinzip an die Stelle des kosmologischen und metaphysischen. Es geht hier nicht mehr darum, den Grund der Dinge verständlich zu machen, sondern einzig, dem Wunsche Newtons gemäß, Grundsätze zu entdecken, die fähig wären, die Erscheinungen zu retten, wobei die Erscheinung die Erfahrung ist.

Dieses Übertragen der leibnizischen Begriffe in das Register der transzendentalen Philosophie erklärt zum großen Teil die Schwierigkeiten, denen wir begegnet sind.

Zumal erklärt die Übertragung der monadischen Substanzen in phänomenale Existenzen, daß die Erscheinungen, die nur in der Erfahrung bestehen und bestehen können, als Dinge betrachtet werden, deren gegenseitige Bestimmung eben *diese Erfahrung selbst ermöglicht*. Und daß der konstitutive Kausalitätsbegriff diese Bestimmung vorschreibt, ändert nichts an der Sache, da die Erscheinungen an sich nichtsdestoweniger eine bedingende und konstitutive Rolle übernehmen. Dadurch erklärt es sich ebenfalls, daß der Begriff der Gesamtheit der Erscheinungen stillschweigend, doch unzweifelhaft, in der Struktur der Beweisführung einbegriffen ist.

Abschließend möchten wir noch erwähnen, daß, wenn Kant in der Beweisführung seiner Analogie von einem von der Monadologie geerbten Schema beeinflußt wird, es selbstverständlich geschieht, um dieses von Grund auf zu zerstören. Wie es J. Vuillemin, in seinem schönen Buche *„Physique et Métaphysique Kantiennes“* treffend aufgewiesen hat, kommt Kant die Anregung, hier mehr denn je, von der zeitgenössischen Physik, vor allem derjenigen Newtons, her. Daher ist die systematische Übersetzung leibnizischer in kantische Begriffe bloß ihre systematische Widerlegung. So verwandeln sich die Substanzen, indem sie *substantiae phaenomenon* werden, in reine Relationen, im Raum erkennbar durch die Kräfte, die in gewissen Punkten dieses Raumes wirken (Anziehung — Zurückstoßung); sie verlieren jene wesentliche Realität, die sie, ohne Fenster aufs Äußere, absondert; die Gemeinschaft (commercium) der Substanzen wird eine empirische Gemeinschaft, in der sich der gegenseitige Einfluß der Erscheinungen fortdauernd im Raum auswirkt. Anstatt daß die Kräfte die Kausalität durch das unterirdische Spiel ihrer harmonischen Ausgleichung begründen, kommen sie als Prädikabilien von der Kausalität her —, indem die Kausalität der ursprüngliche Grundsatz der Möglichkeit der Erfahrung ist. Also geht man nicht mehr von den Kräften zur Kausalität, sondern von der Kausalität zu den wirklichen Kräften, die die Erfahrung als über die Wirkung der Ursache Rechenschaft ablegend *a priori* enthüllt.

Dies alles hindert aber nicht, daß, in dem Falle, die leibnizische Kosmologie der kantischen Beweisführung ihr leitendes Schema liefert. Daraus entstehen einige Verzerrungen in der Struktur der transzendentalen Philosophie und eine gewisse Schwierigkeit, sich genau an das kopernikanische Prinzip der Bestimmung des Objektes durch das Subjekt, das den Grund zu seiner Festsetzung ergibt, zu halten.

Ingeborg Heidemann

Die Funktion des Beispieles in der kritischen Philosophie

In Kants Brief an Lambert vom 31. Dezember 1765, in dem er seinen Plan einer grundlegenden Untersuchung zur Methode der Metaphysik mitteilt, findet sich eine eigentümliche Begründung, warum das vom Verleger voreilig angekündigte Werk nicht so bald erscheinen wird: „Ich bin gleichwohl von meinem ersten Vorsatze so ferne abgegangen: daß ich dieses Werk, als das Hauptziel aller dieser Aussichten noch ein wenig aussetzen will, und zwar darum, weil ich im Fortgange desselben merkte, daß es mir wohl an Beyspielen der Verkehrtheit im Urtheilen garnicht fehlete um meine Sätze von dem unrichtigen Verfahren zu illustriren, daß es aber gar sehr an solchen mangele, daran ich in concreto das eigenthümliche Verfahren zeigen könte." Kant hatte daher beschlossen, die metaphysischen Anfangsgründe der natürlichen und der praktischen Weltweisheit zuerst zu veröffentlichen, im wesentlichen, „um nicht etwa einer neuen philosophischen Proiektmacherey beschuldigt zu werden", im übrigen auch, um „die Hauptschrift nicht durch gar zu weitläuftige und doch unzulängliche Beyspiele" zu belasten[1].

Man wird diese Äußerung Kants nicht als eine technische Bemerkung beiseite stellen können, daß die Deutlichkeit der Darstellung einerseits durch Beispiele gefördert, andererseits aber, im Blick auf das systematische Ganze, gefährdet sein könnte. Es geht offenbar nicht um jene Erläuterungsbeispiele und Ausgangsbeispiele, die Kant zwar im Sinne einer didaktischen Forderung ausdrücklich anerkennt, denen aber keine systematische philosophische Bedeutung zukommt[2]. Es geht vielmehr darum, daß die Beispiele für die neue Methode der Metaphysik eine demonstrierende Funktion haben sollen. Sie sollen „Sätze illustrieren", „in concreto zeigen", den Vorwurf bloßer „Projektmacherei" widerlegen. Und so versteht auch Lambert in seinem Antwortschreiben vom 3. Februar 1766 die Bedeutung der Beispiele in der Philosophie nicht nur dahin, daß sich „eine ächte Methode am besten und sichersten durch Vorlegung wirklicher Beyspiele anpreist", sondern systematischer aus dem Unterschied des Abstrakten und des

[1] X, 56. Die Kantischen Schriften werden zitiert nach der Ausgabe der Königlich Preußischen Akademie der Wissenschaften, unter Angabe des Bandes und der Seitenzahl, bei der Kritik der reinen Vernunft unter Angabe der Originalpaginierung. Da eine Auseinandersetzung mit der Kantinterpretation nicht intendiert ist, beschränkt sich die Darstellung auf Kantische Werke.

[2] Vgl. Kr. d. r. V. A XVII ff.

Konkreten „mit allen Individualien“ und aus der Analogie zur Geometrie: „Beyspiele thun dabey eben den Dienst, den die Figuren in der Geometrie thun, weil auch diese eigentlich Beyspiele oder specielle Fälle sind.“[3]

Wenn den Beispielen in der kritischen Philosophie eine solche systematische Bedeutung zukäme wie den geometrischen Gestalten für die Sätze der Geometrie, so müßte sich eine Art Theorie des Beispieles für die Kantische Philosophie entwickeln lassen. Eine solche Theorie stößt aber auf erhebliche Schwierigkeiten. Sie resultieren nicht nur daraus, daß die Thematik des Beispieles in theoretischen Zusammenhängen eine andere ist als im Bereich des Praktischen und sich überdies in der Kritik des Geschmacks eine besondere Problemstellung für die exemplarische Darstellung ergibt. Sie sind vor allem darin begründet, daß Beispiele in der Tat „unzulänglich“, und zwar prinzipiell unzulänglich sind in Fragen der Metaphysik und daß die philosophische Methode sich von der mathematischen Methode eben darin wesentlich unterscheidet, daß sie das Allgemeine nicht im Besonderen aufzeigen kann. Wenn also im folgenden der Versuch gemacht werden soll, die Funktion des Beispieles in der kritischen Philosophie unter einem systematischen Aspekt zu erörtern, so ist wohl zunächst nachzuweisen, daß dem Beispiel in der transzendentalphilosophischen Grundlegung überhaupt eine entsprechende Bedeutung zukommt.

Eine systematische Bedeutung des Beispieles für die Transzendentalphilosophie meint nicht den Unterschied zwischen ästhetischer und logischer Deutlichkeit, wie er in der Vorrede zur ersten Auflage der *Kritik der reinen Vernunft* dargelegt wird. Der Vorzug der ästhetischen Deutlichkeit ist ihre Fülle und ihre Farbigkeit, ihr Nachteil, daß die „Hülfsmittel der Deutlichkeit“ den „Gliederbau des Systems verkleben und unkenntlich machen“[4]. So überläßt Kant selbst in so grundlegenden Fragen wie der Verwiesenheit der Kategorien auf die äußere Anschauung zum Nachweis ihrer objektiven Realität gegebenenfalls „die Beispiele davon dem Nachdenken des Lesers“[5]. Diese Sorglosigkeit wird allerdings eingeschränkt durch die Warnungen, sich nicht an falschen Beispielen zu orientieren, etwa den transzendentalen Unterschied zwischen Ding an sich und Erscheinung durch „bei weitem unzulängliche Beispiele“ wie die Rose und ihre Wahrnehmung zu erläutern oder davon auszugehen, „die Erfahrung böte unablässig Beispiele einer solchen Regelmäßigkeit der Erscheinungen dar“, daß der Begriff der Ursache daraus abgeleitet und seine objektive Gültigkeit im Ausgang von Beispielen belegt werden könnte[6]. Daß es keinen solchen Übergang von konkreten Sachverhalten zu apriorischen Begriffen und Sätzen gibt, versteht sich in der Transzendentalphilosophie von selbst. Beispiele im Sinne intuitiver Deutlichkeit sind keine intuitiven apodiktischen Beweise, und Demonstrationen im strengen Sinne hat nur die Mathematik, da sie ihre Erkenntnis aus der Konstruktion der Begriffe in der reinen Anschauung gewinnt. Insofern können Beispiele in der

[3] X, 67. [4] Kr. d. r. V. A XIX.
[5] Kr. d. r. V. B 293.
[6] Kr. d. r. V. B 45 / A 29 f., B 123 / A 91.

Philosophie keinesfalls die Forderung Lamberts erfüllen und „denselben Dienst tun" wie geometrische Konstruktionen. Für die *Kritik der reinen Vernunft* scheint vielmehr zu gelten, daß Beispiele als das je Besondere ablenken von der Erfassung des Allgemeinen, die „Richtigkeit und Präcision der Verstandeseinsicht" hindern, da sie „nur selten" die gesuchten „casus in terminis" sind, und der „einige und große Nutzen der Beispiele" darin besteht, der „Gängelwagen der Urtheilskraft" zu sein[7]. Beispiele tragen danach nichts zur philosophischen Erkenntnis bei, sie sind „nur in populärer Absicht nothwendig"[8].

Allerdings kommt ihnen im Zusammenhang der subjektiven Erkenntnis auch eine heuristische und beweisende Funktion zu: Beispiele machen das Allgemeine für den „gemeinen Verstand" überhaupt erst faßlich und anwendbar, und sie ermöglichen ihm, die Gültigkeit abstrakter Regeln in der konkreten Anwendung einzusehen, das heißt, an einem Erfahrungsfall zu entdecken und „einzuräumen", daß er jederzeit selbst dem Prinzip gemäß urteilt[9]. Eine besondere Wendung erfährt diese Bedeutung bekanntlich in der Ethik nicht nur im Zusammenhang der Kasuistik oder der sittlichen Erziehung, wie sie in der Methodenlehre der *Kritik der praktischen Vernunft* und der „ethischen Didaktik" der *Metaphysik der Sitten* dargestellt wird, sondern auch systematischer und damit weitaus problematischer im Zusammenhang eines Aufweises für das Sittengesetz überhaupt und als „Übergang von der gemeinen sittlichen Vernunfterkenntnis zur philosophischen" in der *Grundlegung zur Metaphysik der Sitten.* Unter diesem Gesichtspunkt aber muß die Frage entspringen, ob dem Beispiel nicht auch für die Erkenntnis des „spekulativen Verstandes" eine analoge Funktion zukommt.

Im Ausgang vom Erläuterungsbeispiel bestimmt sich das Verhältnis des Beispieles zu dem, „wofür" es ein Beispiel ist, als das Verhältnis des Besonderen und Konkreten zum Allgemeinen und Abstrakten. Nach einer Unterscheidung aus der *Metaphysik der Sitten,* die Kant jedoch nur selten sprachlich berücksichtigt, ist das „Beispiel" etwas anderes als das „Exempel". Während der Ausdruck „Exempel" den besonderen Fall einer praktischen Regel in bezug auf die „Thunlichkeit oder Unthunlichkeit einer Handlung" bezeichnet, ist das Beispiel „nur das Besondere (concretum), als unter dem Allgemeinen nach Begriffen (abstractum) enthalten vorgestellt, und blos theoretische Darstellung eines Begriffs"[10]. Sieht man dieses Verhältnis zwischen Besonderem und Allgemeinem im Hinblick auf die apriorischen Begriffe und Sätze unter dem Aspekt des Zufälligen und Notwendigen, so folgt daraus, daß die „Illustration" als „Entwickelung der Erfahrung"[11] nichts zur systematischen Philosophie beiträgt, weil die Apriorität der Prinzipen nur in einer transzendentalen Deduktion gerechtfertigt werden kann. Sieht man das Verhältnis zwischen den allgemeinen Sätzen der Meta-

[7] Kr. d. r. V. B 173 / A 134.
[8] Kr. d. r. V. A XVIII.
[9] Prolegomena, IV, 369 f.
[10] M. d. S. VI, 479 f. Anm.
[11] Kr. d. r. V. B 126 / A 94.

physik und ihrem konkreten Anwendungsbereich dagegen unter der Frage nach der objektiven Realität der Kategorien, Schemata und Grundsätze, so könnte das als solches zufällige Beispiel, da es der „Fall" der allgemeinen Regel ist, für die Transzendentalphilosophie eine analoge Bedeutung haben wie für die subjektive Einsicht: Der Verstand „versteht" das Gedachte an einem gegebenen Fall und räumt seine Richtigkeit ein — die Darstellung des Allgemeinen zeigt allererst den Sinn und die transzendentale Wahrheit der apriorischen Prinzipien und damit auch der Transzendentalphilosophie selbst auf und beweist so, daß es sich nicht um eine bloße „Projektmacherei" handelt.

Die Gegengründe für eine solche Bedeutung des Beispieles innerhalb der Philosophie liegen ebenso auf der Hand wie die Gründe, die für sie sprechen. So wird man nicht nur zugeben müssen, daß der Ausgang von einleuchtenden Beispielen kein Kriterium für die Richtigkeit der Theorie oder des Systems abgibt und umgekehrt eine philosophische Konzeption systematisch konsequent sein kann, auch wenn jedes angegebene Beispiel „falsch" oder irrelevant wäre — man wird auch erwägen müssen, ob es überhaupt möglich ist, das richtige Verfahren des Verstandes, der Vernunft oder der Urteilskraft „in concreto" zu zeigen. Philosophische Erkenntnis ist nach der *Kritik der reinen Vernunft* diskursiv, Erkenntnis aus Prinzipien, sie betrachtet das Besondere nur „im" Allgemeinen, und die reine Philosophie kann als „Gesetzgebung der menschlichen Vernunft"[12] nicht auf aposteriorische Quellen gestützt werden und daher auch nicht an ihnen verifiziert werden. „Aber es kann kein Beispiel woher anders, als aus der Erfahrung genommen werden, die niemals mehr als Phaenomena darbietet ..."[13] Das Verhältnis von Prinzip und Beispiel kennzeichnet nicht nur die Zuordnung von Abstraktem und Konkretem, sondern auch die Beziehung zwischen den apriorischen Bedingungen der Erfahrung und dieser Erfahrung als solcher. Jedes Beispiel ist, als der konkrete Fall, schon durch die Bedingungen der Erfahrung konstituiert, und es kann als das Konstituierte nicht die Richtigkeit einer philosophischen Theorie über die Bedingungen der Konstitution nachweisen. Die „theoretische Darstellung" des Begriffs stellt das Besondere bereits als „enthalten" unter dem Allgemeinen vor, sie ist daher entweder wiederum Begriff oder zumindest eine schon ausgelegte Wahrnehmung. Das Beispiel ist nicht der gleichsam neutrale Fall, das beliebige Konkretum, für das die Frage der Bestimmung erst entsteht, es muß, um überhaupt „Beispiel" zu sein, schon im Bezug zu einem anderen gedacht werden, und es ist aus diesem Bezug immer schon der korrespondierende, das heißt der interpretierte Fall. Setzt man aber voraus, daß der Ausdruck „Beispiel" bei Kant die empirische Anschauung als solche betrifft, so ist das entsprechende Allgemeine allein der empirische Begriff. „Die Realität unserer Begriffe darzuthun, werden immer Anschauungen erfordert. Sind es empirische Begriffe, so heißen die letzteren B e i s p i e l e. Sind jene reine Verstandesbegriffe, so werden die letzteren S c h e m a t a genannt." Den

[12] Kr. d. r. V. B 868 / A 840.
[13] Kr. d. r. V. B 338 / A 282 Anm.

reinen Begriffen der Vernunft schließlich kann „schlechterdings keine Anschauung angemessen gegeben werden".[14] Nach dieser thematischen Stelle aus der *Kritik der Urteilskraft* wäre also das Beispiel irrelevant für apriorische Begriffe. Für die empirischen Begriffe aber entsteht scheinbar kein Problem, da sie ja im Zusammenhang der Erfahrung gebildet und eigentlich nur „Wortbestimmungen" sind.

Andererseits aber sind Beispiele Ausgang für die philosophische Reflexion und Prinzipienbildung, und zwar nicht nur Beispiele aus Wissenschaften oder von sittlichen Urteilen, sondern der Philosoph ist auch gegebenenfalls „durch das Beispiel ... berechtigt, ja berufen", zum wenigsten subjektive Maximen und regulative Prinzipien der Vernunft anzunehmen[15]. Die Funktion des Beispieles kann auch für Kant in der Tat in Analogie zur Konstruktion mathematischer Begriffe gesehen werden, als Demonstration im Sinne einer „Vorzeigung des Objekts"[16]. Was nicht durch ein Beispiel aus der Erfahrung belegt werden kann, bleibt ein „gewagtes Abenteuer der Vernunft"[17]. Beispiele sind das notwendige Korrelat allgemeiner Begriffe und Sätze und das Entscheidungskriterium für die Frage, ob ein Gedanke „leer" ist, ob er Etwas oder Nichts meint, ob ihm objektive Realität zukommt[18]. Das gilt auch für die Kategorien. Das inhaltliche Verständnis und der Nachweis ihrer Gültigkeit sind daran gebunden, daß Beispiele in bezug auf die äußere Anschauung und Erfahrung vorgelegt werden können[19]. Auf diese Weise ergibt sich eine Begründungsverkettung von der Kategorie bzw. dem Schema bis zum Beispiel, in der nicht nur gleichsam bezeugt wird, daß es „der Fall ist", sondern auch, was der ursprüngliche Verstandesbegriff bedeutet und wie er anzuwenden ist. So drückt das Schema der Kausalität zwar die allgemeine Regel und die Möglichkeit der kategorialen Bestimmung aus — die Möglichkeit der Dinge nach diesem Schema aber kann „keine Vernunft sich ohne Beispiel begreiflich" machen[20]. Der Grundsatz des reinen Verstandes bestimmt das Schema näher, indem er die allgemeine Regel auf den Begriff der Veränderung bezieht. Veränderung, als die „Anschauung", die dem Begriff der Kausalität korrespondiert, wird wiederum dargestellt am Beispiel der Bewegung. Das Beispiel ist das Mittel zur Demonstration der reinen Verstandesbegriffe, die dem Darstellen in der Anatomie entspricht und bedeutet, daß „eine adäquat corre-

[14] Kr. d. U. V, 351.
[15] Kr. d. U. V, 379.
[16] Kr. d. U. V, 343.
[17] Kr. d. U. V, 419 Anm.
[18] Vgl. Kr. d. r. V. B 347 / A 290 f. und den Ausgang der Frage nach dem Beispiel, die gleichsam aus dem Ergebnis der Transzendentalphilosophie zurückfragt nach ihrem Entstehen. Das eigentliche Ziel dieser Frage, im Hinblick auf das Problem des lebendigen Daseins, das jedoch innerhalb der Thematik des Beispieles nicht zureichend behandelt werden kann, mag zur Erläuterung angemerkt werden als die These, daß die Geltung der Grundsätze des reinen Verstandes nicht am Bereich des von der reinen Anschauung Umgriffenen, sondern am Bereich der begriffenen „Beispiele" entschieden wird.
[19] Vgl. Kr. d. r. V. B 290 ff. u. B 742 f. / A 714 f.
[20] Kr. d. r. V. B 292.

spondirende Erfahrung untergelegt werden kann". Der Begriff der Ursache wird „gegeben" und realisiert „an der Undurchdringlichkeit, dem Stoße der Körper u. s. w.", und so kann er „an einem Beispiele gewiesen (demonstrirt, aufgezeigt) werden; und dieses muß geschehen können: widrigenfalls man nicht gewiß ist, ob der Gedanke nicht leer, d. i. ohne alles Object sei"[21].

Wenn die theoretische Darstellung eines Begriffes einerseits dem analytischen Urteil verglichen werden kann, sofern sie nur erläutert, was im Begriff enthalten ist, so fungiert sie andererseits als reale Definition. Wiederum ist selbstverständlich, daß die Philosophie ihre Begriffe nicht durch eine adäquate Anschauung definieren und wie die Mathematik eine Deckung von Gemeintem und Gegebenem erreichen kann. Wollte man in der Philosophie dem „glänzenden Beispiel" der Mathematik folgen, so könnte es sich nur um deklarierte „Projekte" handeln[22]. Nur die Mathematik hat Definitionen, die Philosophie muß sich mit Erklärungen begnügen. Erklären aber heißt in diesem Zusammenhang, nach einer Einfügung in Kants Handexemplar der *Kritik der reinen Vernunft*[23]: „etwas durch ein Beyspiel belegen". Wenn einerseits gilt, daß apriorische Begriffe — Substanz, Ursache, Recht, Billigkeit — „nur durch vielfältig zutreffende Beispiele vermuthlich, niemals aber apodiktisch gewiß gemacht werden" können[24], so gilt andererseits, daß sie ohne Beispiele überhaupt nicht gewiß sind. Und wenn eine populäre Philosophie „nicht weiter geht, als sie durch Tappen vermittelst der Beispiele kommen kann"[25], so „ist auch in der That sehr merkwürdig", daß die Allgemeine Metaphysik ohne Beispiele „unter lauter sinnleeren Begriffen unstät und schwankend herumtappe"[26]. Auch in der Durchführung der kritischen Philosophie betont Kant die Notwendigkeit des adäquaten Beispieles: Es sind die „Beispiele aus der körperlichen Natur", die den Verstand „belehren"[27], es ist der Mangel an Beispielen für die Ideen der Vernunft, der ihre objektive Realität ungewiß bleiben läßt[28], und es ist die Möglichkeit, moralische Begriffe zum Beispiel zu nehmen, die der Idee der Freiheit praktische Realität gibt[29]. Für die Transzendentalphilosophie als solche sind es

[21] Kr. d. U. V, 342 f. Entsprechend Kr. d. r. V. B 743 / A 715: „Den Begriff einer Ursache überhaupt kann ich auf keine Weise in der Anschauung darstellen, als an einem Beispiele, das mir Erfahrung an die Hand giebt, u. s. w."

[22] Vgl. Kr. d. r. V. B 740 ff. / A 712 ff. u. B 757 / A 729.

[23] Zu A 242; vgl. Akademie-Ausgabe XXIII, 47.

[24] Kr. d. r. V. B 756 f. / A 728.

[25] Grdlg. z. M. d. S. IV, 412.

[26] M. A. d. N. IV, 478.

[27] Ebd.; vgl. die Beispiele für synthetische Sätze Kr. d. r. V. B 4, B 17, B 64 / A 46 und für „neue Begriffe von Substanzen" usw. B 269 / A 222.

[28] Vgl. Kr. d. r. V. B 415. „Daher ist Freiheit nur eine Idee der Vernunft, deren objective Realität an sich zweifelhaft ist, Natur aber ein Verstandesbegriff, der seine Realität an Beispielen der Erfahrung beweiset und nothwendig beweisen muß." (Grdlg. z. M. d. S. IV, 455.)

[29] Vgl. Kr. d. r. V. B 597 / A 569. Die Tugend ist nur „dem Grade nach", nicht „der Species nach" indemonstrabel (Kr. d. U. V, 343).

die *Metaphysischen Anfangsgründe der Naturwissenschaft*, die systematisch die adäquaten Beispiele einbeziehen und den Einwand eines willkürlichen Systementwurfs widerlegen: „Und so thut eine abgesonderte Metaphysik der körperlichen Natur der a l l g e m e i n e n vortreffliche und unentbehrliche Dienste, indem sie Beispiele (Fälle in Concreto) herbeischafft, die Begriffe und Lehrsätze der letzteren (eigentlich der Transscendentalphilosophie) zu realisiren, d. i. einer bloßen Gedankenform Sinn und Bedeutung unterzulegen."[30]

In diesem Zusammenhang geht es nicht mehr darum, das neue Verfahren der Metaphysik in concreto zu zeigen, sondern um die objektive Realität der Transzendentalphilosophie selbst. Sofern die transzendentale Kritik, methodisch dem Beispiel der Naturwissenschaften in einer „Revolution der Denkungsart" folgend, als Kritik des Vermögens der Vernunft die Bedingungen der Möglichkeit der Erkenntnis überhaupt untersucht und das System reiner Prinzipien begründet, ist sie zugleich die Grundlegung aller Wissenschaft, die selbst „das Richtmaß, mithin selbst das Beispiel aller apodiktischen (philosophischen) Gewißheit sein soll"[31]. Wenn es aber darum geht, die objektive Realität der Transzendentalphilosophie, ihre Gültigkeit für Objekte zu belegen, so kann die Durchführung des Systems als ein „Experiment der reinen Vernunft"[32] mit sich selbst nicht genügen. Anders als bei dem Verfahren des Chemikers wird das wirkliche Objekt weder in der Analysis des Metaphysikers zerlegt, noch in seiner Synthesis erzeugt. Wie Anschauung und Begriff, Sinnlichkeit und Verstand, Gegebenes und Gedachtes notwendige und einander zugeordnete Bedingungen der Gegenstandserkenntnis sind, so müßten „Beispiele" und transzendentalphilosophische Prinzipien heterogene und einander ergänzende Bedingungen der philosophischen Erkenntnis sein. Dann aber kann es auch nicht genügen, das Beispiel nur als den immer schon konstituierten, unter dem Allgemeinen enthaltenen Fall der Regel aufzufassen. Beispiele könnten vielmehr auch in der Philosophie das „experimentale (technische) Mittel"[33] sein und die „Tunlichkeit oder Untunlichkeit" eines philosophischen Systems ausweisen. Wenn aber das Beispiel ein so wesentlicher Faktor der Erkenntnis wäre, so käme es darauf an, es nicht nur in den Beziehungen zu untersuchen, in denen es als Erläuterung und anschauliche Darstellung der Lehre fungiert, sondern in jenen Beziehungen, in denen es als ungleichartiges Moment deutlicher wird.

In der bisher behandelten Bedeutung steht das Beispiel als das einzelne Konkrete in Relation zum Abstrakten. Aber es ist diesem Abstrakten nicht

[30] M. A. d. N. IV, 478. Die Physik gibt jedoch — nach Prolegomena IV, 295 — „kein Beispiel von einer allgemeinen Naturwissenschaft in strenger Bedeutung, denn die muß Natur überhaupt . . . unter allgemeine Gesetze bringen".

[31] Kr. d. r. V. A XV.

[32] Kr. d. r. V. B XVIII Anm., B XXI Anm.

[33] Kant braucht diesen Ausdruck im Zusammenhang der „Bildung zur Tugend" (M. d. S. VI, 479) für das gute oder warnende Beispiel „an dem Lehrer selbst". Er ist hier auf die Durchführung des Experimentes bezogen, nicht auf die Erfahrung als „Lehrerin" und „Mutter des Scheins" (Kr. d. r. V. B 269 / A 222 u. B 375 / A 318).

adäquat. Der von Lambert so betonte Vorzug des Beispieles, daß es die ganze Fülle des Wirklichen „mit allen Individualien" umfaßt, besagt nichts anderes, als daß ein Gegenstand oder Sachverhalt, der zum Beispiel wird, immer mehr enthält, als er eigentlich belegen soll. Auch für empirische Begriffe ist es nicht möglich, das Beispiel als inhaltlich korrespondierende Anschauung zu verstehen, da nicht nur von bestimmten phänomenalen Charakteristica, sondern auch vom individuellen Dasein des jetzt und hier Seienden abstrahiert werden muß, um eine Adäquation zwischen dem allgemeinen Begriff und dem besonderen Gegenstand zu erreichen. Auch abgesehen davon, daß für empirische Begriffe noch ganz andere Maßstäbe der Entsprechung auftreten, insbesondere die Zweckbestimmung, der konkrete Fall ist niemals ein ursprüngliches Beispiel als ein anschauliches „Muster", an dem die Bestimmungen des Allgemeinen gleichsam abzulesen sind, er ist weder das „Urbild" noch das „Schema" oder die „Normalidee". Er ist aber auch keine nur symbolische Darstellung oder Repräsentation, sondern als dieses Wahrgenommene und Vorgestellte eines der vielen möglichen Dinge oder Sachverhalte, die mit demselben Wort bezeichnet werden bzw. unter die Einheit eines Begriffs subsumiert werden können. Das Beispiel ist nicht dasselbe wie die Anschauung, sondern der Ausdruck „Beispiel" bezieht sich auf die Möglichkeit, an einem Anschaulichen zu zeigen und zu belegen, wovon die Rede ist. Daher kann auch das einzelne Konkrete als Beispiel dienen im Hinblick auf je eine aller besonderen und allgemeinen Prädikationen, die anwendbar sind. Überträgt man dieses Verhältnis von Abstraktem und Konkretem auf philosophische Prinzipien und ihnen korrelierende Erfahrungen, so ergibt sich einerseits, daß das Beispiel die Mitteilbarkeit des Prinzips ermöglicht, andererseits aber, daß dieselbe Erfahrung zum Beleg für viele verschiedene Systeme werden kann. Das Beispiel ist in diesem Zusammenhang jedoch ein Kriterium dafür, daß ein Prinzip oder eine Theorie nicht unmöglich ist, wenn die Anwendung in einem besonderen Fall einsichtig ist.

Wie immer die Kriterien dieser Einsicht weiter bestimmt werden mögen, aus der Korrespondenz des besonderen Urteils mit dem allgemeinen, aus dem möglichen Nachvollzug in anderen Beispielen, aus der Überlegung, daß die aus einem Prinzip deduzierten Folgerungen mit den induktiven Schlüssen aus der Erfahrung zusammentreffen müssen — in der Kantischen Theorie beruht die Funktion des Beispieles nicht auf einer inhaltlichen Korrespondenz des Anschauungsgehaltes und der Bestimmung, sondern, und darin nicht anders als bei der Konstruktion des mathematischen Begriffs, auf der Identität des zugrunde liegenden Vorganges. Es ist dieselbe Handlung des Denkens als bestimmende Synthesis, die das Prinzip wie sein „Beispiel" ermöglicht. Typische Kantische Beispiele für diesen Zusammenhang sind die Apprehensionsakte beim Ziehen der Linie und der Wahrnehmung des Hauses oder der Akt der Aufmerksamkeit als Beleg für die Selbstaffektion[34]. Sie verlangen vom Leser einen Nachvollzug des Geschehens und dienen meist dazu, einsichtig zu machen, daß der Ursprung der Erkenntnis

[34] Vgl. Kr. d. r. V. B 154, B 162, B 156 Anm.

nicht im Objekt liegt. So betont Kant bei den dynamischen Grundsätzen, daß es darauf ankomme, „im Beispiele zu zeigen", daß die Ordnung der Vorstellungen nach dem Prinzip der Kausalität nicht in den Vorstellungen selbst oder in der Zufälligkeit ihrer Assoziation enthalten sein kann, sondern zurückgeht auf eine innere „Nötigung" durch die Verstandesregel[35]. Das Beispiel soll in seiner Relation zum Allgemeinen sozusagen über die empirische Bestimmung hinausweisen auf die zugrunde liegenden Quellen der Erkenntnis und die transzendentale Einheit der Apperzeption. Das demonstrative Moment, das „Beispielhafte" an ihm wäre demnach nicht, daß eine „adäquat korrespondierende" äußere Erscheinung beigebracht werden kann, sondern seine Wirkung in der Evidenz des Erlebens, daß wir so und nicht anders zu urteilen uns genötigt sehen. Einen Wert als Beleg für die reale Gültigkeit des am Beispiel Erfahrenen kann diese subjektive Überzeugung jedoch nur haben, wenn sie jederzeit realisierbar und mitteilbar ist, das heißt zugleich über die Besonderheit des einzelnen Falles und die Subjektivität hinausweist.

In einer zweiten, anderen Beziehung steht das Beispiel nicht in Relation zur Einheit des Allgemeinen, sondern zu der unausschöpfbaren Mannigfaltigkeit aller weiteren Fälle und Sachverhalte, in denen sich die Wortbedeutung oder die Regel erfüllt. Wenn das einzelne Konkrete einerseits immer mehr enthält als der empirische Begriff, so enthält es andererseits immer weniger, als zu einer adäquaten Darstellung erforderlich wäre, die vielmehr die gesamte Fülle möglicher korrespondierender Wahrnehmungen umgreifen müßte. Unter diesem Aspekt hat das Beispiel prinzipiell den Charakter einer beginnenden Aufzählung und damit eine hinweisende Funktion auf den gesamten Bereich, der dem Allgemeinen subsumiert werden kann. Die Funktion des Beispieles läßt sich hier so auffassen, daß ein Glied eines nicht vollendbaren disjunktiven Urteils in einer entsprechenden Anschauung gegeben ist. Das intentionale Moment bedeutet dann eine Tendenz zur Ergänzung, und zwar sowohl zur Schließung der Reihe als auch zum Offenhalten für immer andere Beispiele. In diesem Fall kann jedes einzelne Konkrete in allen seinen Bestimmungen gemeint sein als ein je individuell Existierendes, und es entsteht nicht die Forderung der Abstraktion, sondern die Aufforderung gleichsam zur weiteren Konkretion. Das Charakteristische des Beispieles in seiner Beziehung zu analogen Fällen liegt darin, daß die Intention als solche genügen kann und die Implikation weiterer möglicher Fälle dem gegebenen Beispiel einen repräsentativen Zug gibt. Allerdings entsteht in diesem Zusammenhang das Problem des Typischen und Exemplarischen, an dem sich die Urteilskraft orientieren kann. Im Verhältnis zu den hypothetischen Monogrammen der Einbildungskraft und den nicht ausführbaren Urbildern der Vernunft gesehen ist das Konkrete immer nur ein unvollständiges und abweichendes Nachbild, das einer Beurteilung und Interpretation unterworfen werden muß, ob und unter welchen Voraussetzungen es als Beispiel tauglich ist. Es hat jedoch den Vorzug empirischer Wahrheit und Deutlichkeit gegenüber den „Schattenbildern"

[35] Kr. d. r. V. B 241 f. / A 196 f.

der Ideale der Sinnlichkeit und den unerreichbaren Idealen der Vernunft und ist durch keine Fiktion zu ersetzen[36].

Eine grundlegende Bedeutung gewinnt die Beziehung des Beispieles auf analoge Fälle für die bestimmende Urteilskraft. Als einführendes, hinweisendes und übendes Mittel ist es unentbehrlich für die Praxis des Erkennens, die erfordert — wie in Kants Beispielen des Richters, des Arztes, des Politikers —, den konkreten Fall gegebenen Regeln zuzuordnen. Zwar betont Kant an dieser thematischen Stelle der *Kritik der reinen Vernunft*[37] mehr die Einschränkung auf Grund der mangelnden Adäquation und den bloßen Ausgleich bei einem Mangel am Talent der Urteilskraft, als deutlich zu machen, worin die entscheidende Funktion der Beispiele bzw. ihrer Folge und des gewohnheitsbildenden Nachvollzugs besteht: Das Beispiel tritt an die Stelle spezifischer Regeln für die Subsumtion. Das Vermögen der Unterscheidung, ob etwas unter eine Regel falle oder nicht, kann von der allgemeinen Logik keine Vorschrift erwarten, wie Kant sagt. Der Verstand kann immer nur Regeln vorschreiben, und wie immer sie auch spezifiziert werden mögen, jede Regel „erfordert eben darum, weil sie eine Regel ist, aufs neue eine Unterweisung der Urtheilskraft". Diese Unterweisung ist daher letztlich nicht anders als durch Beispiele möglich — die Urteilskraft kann nicht „belehrt", sie kann nur „geübt" werden. Auch abgesehen davon, daß dieser Zusammenhang für die Erkenntnis der sittlichen Relevanz gegebener Situationen und Maximen eine wesentliche Entsprechung hat und sich eine weitere Beziehung zum Problem der reflektierenden Urteilskraft ergibt, er betrifft auch die eigentliche Schwierigkeit eines Kriteriums für das Verfahren der Metaphysik. Sieht man diese Schwierigkeit innerhalb der Kantischen Philosophie unter dem Aspekt der „verborgenen Kunst" des Schematismus, so läßt sie sich dahin beschreiben, daß die transzendentalen Zeitbestimmungen nur formal sind, das Dasein der Erscheinungen nicht a priori erkannt werden kann und die apriorische Regel der Synthesis des Daseienden eben nicht — wie bei den mathematischen Grundsätzen — zugleich die „Anschauung a priori in jedem vorliegenden empirischen Beispiele geben, d. i. sie daraus zu Stande bringen kann"[38]. Reflektiert man darauf, daß empirische Prinzipien und „gewisse Grunderfahrungen" der Physik vorausgesetzt werden müssen[39], so entspringt das Problem einer Kritik der Urteilskraft im Hinblick auf die Mannigfaltigkeit der besonderen Gesetze und ihre Übereinstimmung mit den allgemeinen Erkenntnisbedingungen. Und erwägt man das Verhältnis der Allgemeinen Metaphysik zu den besonderen *Metaphysischen Anfangsgründen der Naturwissenschaft* und der *Metaphysik der Sitten*, so läßt sich diese Schwierigkeit dahin zusammenfassen, daß das Beispiel das je Besondere ist, sofern es als enthalten unter dem Allgemeinen gedacht ist — die Urteilskraft aber als das Vermögen, dieses Enthaltensein zu denken, ihrerseits

[36] Vgl. Kr. d. r. V. B 597 ff. / A 569 ff.
[37] Kr. d. r. V. B 171 ff. / A 132 ff.
[38] Kr. d. r. V. B 220 f. / A 178.
[39] Kr. d. r. V. B 212 f. / A 171 f.

auf Beispiele aus dem gegenwärtigen Stand einer nicht abzuschließenden Erfahrung verwiesen ist.

Mit der Entsprechung in der Bestimmung des Besonderen und des Allgemeinen und mit der hinweisenden Funktion auf analoge Fälle ist noch nicht erörtert, daß das Beispiel die Realität eines Begriffs oder eines Prinzips für das außer uns Seiende belegt. Die Rückverweisung auf die ursprüngliche Handlung der Synthesis führt nur auf die Subjektivität der Erkenntnisbedingungen und die Möglichkeit objektiv gültiger Sätze aus ihrem Bezug zur Einheit des Ich -denke und damit auf die Möglichkeit des Gegenstandes. Die Intention auf den Gesamtbereich entspricht einem unerfüllbaren Regressus, die Beziehung zum Schema empirischer Begriffe erklärt allenfalls die Möglichkeit der Einbildungskraft, in einer Vergegenwärtigung vorhergehender Erfahrungen die den wirklichen Beispielen entsprechende Vorstellung allgemein zu entwerfen, die Zeit als das „reine Bild" aller sinnlichen Gegenstände und die transzendentalen Schemata enthalten wiederum nur die im Subjekt gegründeten Relationen aller möglichen Erfahrung überhaupt, und das gegenständliche Urbild ist eine beispiellose Idee. Von allen wirklichen oder vermeinten Repräsentationen des Gegenständlichen gilt, daß sie nur „in Gedanken existieren", und dasselbe gilt von den Schemata der reinen sinnlichen Begriffe der Mathematik[40]. Die Evidenz mathematischer Beweise aus der Erzeugung des Objekts in der reinen Anschauung unterscheidet die mathematischen Gebilde insofern noch nicht von einer willkürlichen Synthesis, als die Frage nach der Existenz dieser Gegenstände und dem Gebrauch mathematischer Vernunfterkenntnis in der Erfahrung damit noch nicht gestellt ist und innerhalb der Mathematik auch nicht zu beantworten ist. Obwohl die apodiktische Geltung der reinen synthetischen Begriffe durch ihre transzendentale Begründung im Kantischen Sinne erwiesen ist, bleibt die Frage ihrer tatsächlichen Bedeutung und Realität solange offen, wie der Bezug auf die Wahrnehmung nicht aufgenommen ist. Denn Realität läßt sich nicht „in concreto denken"[41], ohne das aposteriorisch Gegebene, die Empfindung bzw. die Materie der Erfahrung, einzubeziehen.

Unter diesem Gesichtspunkt muß das Beispiel noch in einer dritten Beziehung gesehen werden, und damit unterscheidet es sich grundsätzlich von der mathematischen Konstruktion: im Bezug zum Gegenständlichen, zum Ding schlechthin. Es hat eine Verweisungsfunktion auf die Existenz von etwas überhaupt. Es ist nicht nur ein Beleg für die Wirklichkeit des in der Vorstellung Vorgestellten für das denkende Subjekt, es ist auch — sofern es ein „Beispiel" in der Kantischen Verwendung des Ausdrucks ist, d. h. im gegründeten Zusammenhang steht mit den Fakten der Erfahrung —, auf Grund der Widerständigkeit, die in der Wahrnehmung gegeben ist, ein Beweisgrund für die Existenz von außer uns Seiendem. Nun führt diese Bedeutung des Beispieles auf die Problematik der Widerlegung des Idealismus, der Subjektivität des Raumes und der transzendentalen Unter-

[40] Vgl. Kr. d. r. V. B 180 / A 140 f., B 298 f. / A 239 ff.
[41] Kr. d. r. V. B 270 / A 223.

scheidung von Ding an sich und Erscheinung. Unabhängig von diesen Problemzusammenhängen leuchtet jedoch ohne weiteres ein, daß die Existenz eines Gegenstandes nicht durch eine Implikation seines Seins im Begriff demonstriert wird, sondern einzig durch das Ding, den Gegenstand selbst, und daß der letzte und notwendige Erweis für die objektive Realität einer apriorischen Bestimmung die aposteriorische Erkenntnis des Objekts ist[42]. Wenn auch dieser Nachweis nicht jeweils im einzelnen geführt werden muß in einer Philosophie der Natur, deren Horizont durch den Begriff des Körpers als Gegenstand äußerer Sinne bestimmt ist, so wird die ontologische Bedeutung des Beispieles doch eindeutig klargestellt in der Frage der objektiven Realität der transzendentalen Ideen. Das Unbedingte ist nicht verständlich zu machen und nicht zu belegen in der realen Bedeutung eines Ansichseins, da Erfahrung „niemals ein Beispiel vollkommener systematischer Einheit"[43] darbietet und „uns kein Gesetz irgend einer empirischen Synthesis ein Beispiel oder dazu die mindeste Leitung giebt"[44]. „Alle vorgegebene Beispiele" für das Sein des Unbedingtnotwendigen, das den reinen Begriffen der Vernunft korrespondiert, können vor der transzendentalen Kritik nicht bestehen: Sie sind „ohne Ausnahme nur von Urtheilen, aber nicht von Dingen und deren Dasein hergenommen"[45]. Werden sie aber, zur Widerlegung der Idee der Vernunft, aus der Erfahrung des Daseins genommen, so ist zu erinnern, daß Beispiele nichts als Phaenomena sind.

Dieser Problemlage entsprechen die Aussagen über das Beispiel in der praktischen Philosophie. Beispiele für das, was sein soll, mögen fiktiv oder historisch sein, die praktische Realität des Ideals der Tugend kann durch die „Beispiele des Widerspiels" im menschlichen Dasein „nichts verlieren", und die Bedeutung des Sittengesetzes ist unabhängig davon, ob es je ein Beispiel gibt für die wirkliche reine Bestimmung des Willens[46]. Wenn auch dieses Gesetz auf das Vermögen der Freiheit leitet, so ist es doch keineswegs ein bloßes Beispiel für den Begriff der Vernunft, sondern das Faktum der Vernunft selbst, dessen absolute Geltung und objektive praktische Realität auch keiner Belege aus den Fakta der Erfahrung bedarf. Es ist zugleich das Gesetz für die praktische Urteilskraft, über die sittliche Zulässigkeit der Maximen zu entscheiden auf Grund der Übereinstimmung bzw. des Widerspruchs und Widerstreits im Denken und im Wollen. Der theoretische Aufweis schließt die psychologische Demonstration ein: Die innere Nötigung durch die Vernunft kann jederzeit deutlich werden im Beispiel der inneren Erfahrung an einem gegebenen oder gedachten Fall der Entscheidung, und die hinweisende Funktion auf die Existenz bezieht sich auf das Sein des Subjekts selbst und das Urbild der Vollkommenheit, das immer nur in der Vernunft gesucht werden darf, deren Begriff und Gesetz allenfalls durch einen „Schematism

[42] Vgl. Kr. d. r. V. B 626 ff. / A 598 ff., Kr. d. U. V, 401 f.
[43] Kr. d. r. V. B 709 / A 681.
[44] Kr. d. r. V. B 649 / A 621.
[45] Kr. d. r. V. B 621 / A 593.
[46] M. d. S. VI, 405, vgl. a. z. B. Kr. d. pr. V. V, 47, Grdlg. z. M. d. S. IV, 408.

der Analogie"[47] im Übergang vom Sinnlichen zum Übersinnlichen zu erläutern ist. Die Wirklichkeit der sittlichen Gesinnung aber können wir „in keinem Beispiel mit Gewißheit darthun"[48]. So muß jedes angebliche Vorbild, jede Maxime, jede Vorschrift des Rechts und des Ethos mit dem Sittengesetz verglichen bzw. aus ihm begründet werden. Selbst die besonderen Formulierungen des Kategorischen Imperativs sind nur Analogien, die die Reinheit der Idee der Vernunft eher gefährden als darstellen, die jedoch notwendig sind, um sie der Anschauung und dem Gefühl „näher zu bringen"[49] und weil der Mensch „ohne etwas, was er zum Beispiele im Erfahrungsfalle machen könnte, bei Hand zu haben, dem Gesetze einer reinen praktischen Vernunft nicht den Gebrauch in der Anwendung verschaffen könnte"[50]. Die absolute Distanz zwischen der Idee des Sittlichen, die von den Bedingungen der Zeitlichkeit abstrahiert, und der Wirklichkeit des menschlichen Lebens, zwischen Sittengesetz und konkreter Erfahrung verschärft jedoch auch die Frage, wie denn nun in der Metaphysik der Freiheit, „wo selbst die Beispiele uns verlassen"[51], demonstriert werden kann, daß sittliche Begriffe nicht „leere Hirngespinste" sind[52], was Tugend in concreto bedeutet und in welcher Weise das sittlich Gute in der Sinnenwelt praktisch erwirkt werden soll. Wenn allen Beispielen der Sittlichkeit „ihre Wahrhaftigkeit gestritten" würde, müßte die menschliche Tugend in der Tat zum „bloßen Hirngespinst" werden, und sie aus „allen Beispielen der Menschen gänzlich wegvernünfteln zu wollen", würde sie zum „leeren Namen" machen[53]. Wenn die Idee des Guten nicht in Personen als wirkend und die gute Gesinnung als wirklich vorgestellt würden, scheint es unrealistisch, „in der lebendigen Darstellung der moralischen Gesinnung an Beispielen die Reinigkeit des Willens bemerklich zu machen"[54] und darüber zu streiten, ob „mehr subjectiv bewegende Kraft einer Triebfeder" in den Beispielen edler und großartiger Handlungen liege oder in der reinen Achtung vor dem Gesetz, die durch Beispiele der Pflicht bewirkt werden soll[55].

Für die Frage nach der Funktion des Beispieles in der praktischen Philosophie wird man zunächst unterscheiden müssen zwischen Beispielen von Maximen,

[47] Die Religion innerhalb der Grenzen der bloßen Vernunft, VI, 64 f. Anm. Für die Bedeutung des Beispiels entspringt hier eine besondere Thematik (60 ff.): Das ursprüngliche Beispiel der Einheit von Leben und Lehre führt zu der Schwierigkeit, daß der Begriff des Beispiels auf das Erfahrbare festgelegt ist. Die personifizierte Idee des guten Prinzips läßt aber die „Distanz vom natürlichen Menschen ... so unendlich groß werden" (64), daß sie dem Sittengesetz adäquat, also nicht mehr Beispiel ist. Ist sie aber, als wirkliche Person, „Beispiel", so muß selbst das höchste Beispiel mit dem Sittengesetz verglichen werden (s. a. Grdlg. z. M. d. S. IV, 408 f.).

[48] Grdlg. z. M. d. S. IV, 419; vgl. a. z. B. 406 f.

[49] Grdlg. z. M. d. S. IV, 436.

[50] Kr. d. pr. V. V, 70.

[51] Grdlg. z. M. d. S. IV, 412; vgl. a. M. d. S. VI, 221, Kr. d. pr. V. V, 48, 120.

[52] Kr. d. r. V. B 839 / A 811.

[53] Kr. d. pr. V. V, 154.

[54] Kr. d. pr. V. V, 160.

[55] Kr. d. pr. V. V, 158 ff., 85.

Geboten und sittlichen Urteilen und dem Beispiel, Exempel oder Vorbild in Handlungen und Personen. Die methodische Bedeutung des Beispieles für die Grundlegung der Ethik ist im wesentlichen die des Ausgangsbeispieles, und zwar nicht als Nachweis für die „gemeine Menschenvernunft", sondern umgekehrt als Beispiele der Urteile dieser Vernunft und der von ihr als gültig gesetzten Gebote für die philosophische Reflexion, um das Rationale und das Empirische in der Analyse dieses Gegebenen zu unterscheiden. „Wir haben doch die Beispiele der moralisch urtheilenden Vernunft bei Hand."[56] Aber während es in der theoretischen Philosophie möglich war, die Vorstellung eines beliebigen Körpers zum Ausgang für die Isolierung der reinen Prinzipien der Sinnlichkeit und des Verstandes vom aposteriorisch Gegebenen zu nehmen, ist es im Praktischen notwendig, „in wiederholten Versuchen" sich der Ergebnisse zu versichern. Dieser Unterschied mag zurückgeführt werden auf den Unterschied zwischen den Wissenschaften, die zugrunde gelegt werden können, um die konkreten Fälle einzubeziehen — den Gewißheitscharakter der Naturwissenschaften, vor allem die überzeugende Demonstration ihrer Anwendbarkeit in der Technik, gegenüber den Wissenschaften vom Menschen und der menschlichen Gemeinschaft bzw. einer faktischen Rechtslehre und Tugendlehre[57]. Er mag zugleich als Beleg dafür gelten, daß die Beispiele für die praktische Realität der Vernunft auch bei Kant nur von „Urteilen", nicht aber von „Dingen" hergenommen sind, eine Konsequenz, die sich schon daraus ergibt, daß die Vernunft sich nach Kant niemals direkt auf die Anschauung, sondern auf den Verstand bezieht. Andererseits aber ist das Beispiel auch in der Ethik der besondere Fall in der Erscheinung, der als solcher im Bezug zur äußeren Anschauung steht und eine Wirkung auf das Gefühl hat, in seinem Verhältnis zum allgemeinen Prinzip und zur Idee des Guten. Unter diesem Gesichtspunkt ist es für die eingegrenzte Thematik des Beispieles nicht von so ausschlaggebender Bedeutung, ob der Existenzbezug auf das Sein des Subjekts oder das Sein des Guten an sich weist oder daß vom leiblichen Dasein des Menschen abstrahiert werden soll für die reine Vorstellung des Sittlichen. Im Rückgang auf die versuchte Interpretation des Beispieles im theoretischen Bereich — als Verweisungsfunktion auf die Spontaneität des Denkens, auf analoge Fälle in der Erfahrung und auf die Existenz des Gegenstandes als außer uns Seiendes — ergibt sich vielmehr eine besondere Bedeutung und Problematik in der praktischen Philosophie für die hinweisende Funktion auf analoge Fälle. Sie

[56] Kr. d. pr. V. V, 163. Die Analogie mit der Physik und der Hinweis auf das Verfahren der Chemie belegen, daß es hier nicht sosehr um die sittliche Erziehung geht, sondern um das Verfahren der Kritik selbst.

[57] Vgl. Kr. d. pr. V. V, 89 ff. die Gegenüberstellung zur Kr. d. r. V. und zum „Inhalt der Erkenntnis": „In Ansehung der theoretischen konnte das V e r m ö g e n e i n e s r e i n e n V e r n u n f t e r k e n n t n i s s e s a p r i o r i durch Beispiele aus Wissenschaften ... ganz leicht und evident bewiesen werden. Aber daß reine Vernunft ... für sich allein auch praktisch sei: das mußte man aus dem g e m e i n s t e n p r a k t i s c h e n V e r n u n f t g e b r a u c h e darthun können". Der oberste Grundsatz ist „beglaubigt", nicht „bewiesen" (91).

darf in bezug auf das Sittliche nicht als Nachahmung wirksam werden und daher nicht als praktische Regel intendiert sein. „Nachahmung findet im Sittlichen gar nicht statt, und Beispiele dienen nur zur Aufmunterung ...“[58] Die hinweisende Funktion des gegenwärtigen Beispieles auf andere, künftige Fälle, sofern sie über die Aufforderung zu einer weiteren Verwirklichung des Sittlichen als Nachfolge aus der eigenen Verantwortung und Entscheidung hinausgeht, würde eine bestimmte legale Handlung oder die Vielheit entsprechender Handlungen repräsentativ für das Sittliche machen und die assoziative Verweisung enthalten, so zu handeln, wie andere handeln. Sie würde zugleich bedeuten, daß die Ansprechbarkeit des Gefühls zum eigentlichen Kriterium für das Dasein des Guten wird und das ethische Beispiel die Erwartung ähnlicher Anmutungserlebnisse hervorruft, statt das Bewußtsein der eigenen Freiheit und die Achtung vor dem Gesetz in der Achtung vor der Person zu vermitteln. Das Beispiel als „Gängelwagen“ der praktischen Urteilskraft widerspricht vielleicht nicht der Legalität, es widerspricht jedoch eindeutig der Moralität.

Wenn die Beispiele des sittlichen Urteils nicht nur dem theoretischen Aufweis dienen, daß der Gedanke der Freiheit nicht „leer“ ist, vielmehr durch das Sittengesetz realisiert wird, wenn sie als Beispiele einer praktischen Philosophie auch den Sinn und die Bedeutung des Sittlichen für das Leben der Menschen demonstrieren sollen, so können sie diese Funktion nur erfüllen, wenn die sittliche Bestimmung als Akt des homo noumenon zugleich als der je besondere, konkrete Akt des homo phaenomenon in der Darstellung zum Ausdruck kommt. Die Beispiele des Sittlichen sind daher unter dem Aspekt des Exemplarischen ausgewählt. Sie sollen die praktische Freiheit des Willens an Widerständen hervorheben, die ästhetische Bindung, wie immer sie als Vorstufe des Sittlichen gelten darf und das Gemüt bewegen soll, um dem Gesetz „Eingang“ zu verschaffen, zurücktreten lassen und das Prinzip der Handlung und das reine Motiv einsichtig machen. Sie sollen zugleich die wirkliche Situation des Menschen beschreiben, die unrealistische „Schwärmerei“ verhindern und nicht nur den Sinn der Tugend, sondern auch ihre Erreichbarkeit deutlich zeigen, das heißt, als „lebendige Darstellung“[59] die Verweisung auf das Leben und die leibliche Existenz des Menschen enthalten. In diesem Zusammenhang aber entsteht das Problem jeder Ethik, daß die Beispiele nicht nur von einem bestimmten Ethos als geschichtlicher Gegebenheit abhängig sein könnten, sondern die Darstellung des konkreten Falles überhaupt erst etwas zum Beispiele „macht“, daß die sittlichen Begriffe nicht an der Erscheinung realisiert werden, sondern die Wirklichkeit unseres

[58] Grdlg. z. M. d. S. IV, 409. Die Achtung vor dem anderen muß interpretiert werden als Wirkung des Gesetzes, das „uns sein Beispiel vorhält“, sie ist Wirkung des eigenen Urteils der Vernunft, das durch das Verhalten anderer bzw. das Gefühl der Bewunderung angeregt ist. (Vgl. Kr. d. pr. V. V, 76 ff., 81.)

[59] Der Ausdruck hat bei Kant eine mehrfache Bedeutung: anschauliche, lebhafte Darstellung, Bezug auf das Lebensgefühl und damit Wirkung auf die Anteilnahme am Geschehen, auf das Leibliche und die Gewohnheitsbildung, und — weniger deutlich — die allgemeine Verweisung auf das wirkliche Leben.

Lebens durch das „Urbild“ der Vernunft notwendig idealisiert wird. Wenn die Beispiele des menschlichen Daseins nicht wiederum nur Urteile über das, was sein soll, sondern das wirkliche Verhalten der individuellen Person und die konkrete Fülle der Bezüge dieses Daseins betreffen, so stellt sich immer dieselbe Frage: wie die Freiheit als Ursprung des Sittlichen, die durch die Unterscheidung von Ding an sich und Erscheinung theoretisch möglich ist, in ihrer praktischen Realität für das Leben der Menschen überhaupt verständlich sein kann, wenn grundsätzlich offenbleibt, ob wir die Idee unserer Vernunft nicht einer inadäquaten Wirklichkeit unterlegt haben. Selbstverständlich läßt sich argumentieren, daß zwar die einzelnen Beispiele des Guten zufällig sind und ungewiß bleiben, wenn es kein Kriterium gibt außer der Evidenz des Gefühls, zwischen einem legalen Verhalten als bloßer Wirkung der Neigung und demselben Verhalten aus personaler Verantwortung zu unterscheiden, daß aber aus demselben Grund die Gesamtheit der Beispiele und ihre Verschiedenheit, und das heißt die Möglichkeit verantwortungsbewußter Entscheidung nicht geleugnet werden kann. Der Bezug des Beispieles auf die Existenz des Menschen in der Kantischen Ethik wird jedoch deutlicher, wenn man nicht von der Frage ausgeht, ob Tugend möglich und wirklich ist, sondern wie sie als wirklich zu denken ist: aus dem Verhältnis von „Pflicht“ und „Neigung“, dem Gebot der Vernunft und dem Streben nach Glück — aus einem Verhältnis, dessen Bezug auf das menschliche Dasein wohl unbezweifelbar bleibt. In der hermeneutischen Funktion des Beispieles für die Entdeckung der Freiheit durch ihr Gesetz, die Bestimmung der Pflicht und der Tugend überwiegt die Darstellung des Gegensatzes im Aspekt der Legalität, der Übereinstimmung des Denkens mit sich selbst. Das Vorbild für die „Kultur der Tugend“[60] aus dem Ideal der Vernunft, das praktische Ziel sittlichen Werdens und der personalen Moralität im „Spielraum“ der Pflicht[61] ist die freie Einstimmung der Zwecke im Leben der Menschen.

Der Versuch, eine systematische Funktion des Beispieles für die kritische Philosophie zu belegen, müßte — über die bereits zugrunde gelegten thematischen Stellen hinaus — seine Bestätigung und Ergänzung finden in der dritten *Kritik,* da der reflektierenden Urteilskraft nur das Besondere gegeben ist, „wozu sie das Allgemeine finden soll“[62]. Für die *Kritik der ästhetischen Urteilskraft*[63] zeigt sich diese Beziehung zwischen Beispiel und unbekanntem Prinzip bekanntlich in doppelter Hinsicht: beim Kunstwerk und beim Geschmacksurteil. Die exemplarische Darstellung des Genies bringt das „Unnennbare“ zum Ausdruck, sie eröffnet eine „neue Regel“, die aus „keinen vorhergehenden Principien oder Beispielen hat gefolgert werden können“, und teilt sie im ästhetischen Erleben

[60] Vgl. z. B. M. d. S. VI, 484 f. Die Selbstzucht kann „nur durch den Frohsinn ... exemplarisch werden“ (485).

[61] M. d. S. VI, 390, 411.

[62] Kr. d. U. V, 179.

[63] Es mag darauf hingewiesen werden, daß die umstrittene und jedenfalls von Grimm nicht belegte Beziehung zwischen „Spiel“ und „Beispiel“ nicht intendiert ist.

allgemein mit[64]. Aber das Werk ist selbst nur ein Beispiel für die Konkretisierung der ästhetischen Idee, und es ist nicht aus sich als die adäquate Darstellung, das Muster oder als größtmögliche Annäherung an das unbestimmbare Urbild ausgewiesen. Es unterliegt vielmehr jeweils einer „noch höhern Norm und eigener Beurtheilung"[65]. Das eigentliche Beispielhafte ist auch hier nicht der Inhalt oder die äußere Form, sondern der „Vorgang". Nur so kann es zugleich Vorbild sein für ein anderes Genie — Anstoß und Aufforderung zur Entdeckung der eigenen Möglichkeiten, indem es im anderen das „Gefühl seiner Originalität" wachruft[66]. Da dieser Vorgang im Spielraum der Freiheit jedoch nicht, wie bei der Erkenntnis und im Bereich des Sittlichen nach Prinzipien des Verstandes und der Vernunft bestimmt bzw. bestimmbar ist, wird der „modus", das Vormachen im Beispiel, zum einzigen Weg der Vermittlung des Ursprungs. Die Nachfolge des Genies ist jedoch von der Nachahmung der Schule zu unterscheiden, und Kant kennzeichnet die Funktion des Beispieles als Vorbild so, daß die Beziehung zum Ursprung deutlich wird: Nachfolge bedeutet, „aus denselben Quellen schöpfen" wie der Urheber des Werkes und seinem „Vorgänger" nur das Technische „ablernen"[67].

Entsprechend ist das einzelne Geschmacksurteil zu verstehen aus seinem Anspruch, ein Beispiel eines allgemeingültigen Urteils eines „Gemeinsinns", vielleicht auch eines höheren Prinzips der Vernunft, und eben daher von „exemplarischer Gültigkeit" zu sein[68]. Die Notwendigkeit, die im ästhetischen Urteil gedacht wird, beruht nicht auf dem Wohlgefallen am empirisch Gegebenen, aber auch nicht auf der objektiven Gültigkeit eines apriorisch bestimmten Begriffs. Sie gründet in der Beziehung zwischen dem einzelnen, subjektiven und als solchem zufälligen Erlebnis der Einhelligkeit und unbestimmten Zweckmäßigkeit im „Spiel der Erkenntniskräfte" und einer unbestimmten „idealischen Norm" bzw. einem allgemeinen Grund der günstigen Proportion der inneren Möglichkeiten, der notwendig eine entsprechende Gestimmtheit und ein in allen Menschen gleiches Lebensgefühl bewirken müßte. Die Notwendigkeit des ästhetischen Urteils ist daher nur „exemplarisch" — „eine Nothwendigkeit der Beistimmung a l l e r zu einem Urtheil, was als Beispiel einer allgemeinen Regel, die man nicht angeben kann, angesehen wird"[69]. Ob allerdings die gegebenen Urteile über das Schöne und die einzelnen Beispiele der Kunst tatsächlich den „Fall" der unbekannten Regel ausmachen, muß in concreto offenbleiben. Diese Frage kann auch in einer Kritik des Geschmacks als „Wissenschaft", die nur die Möglichkeit des ästhetischen Urteils untersucht, nicht entschieden werden, in einer Kritik des Geschmacks als „Kunst", welche die empirisch-psychologischen Regeln, „nach

[64] Kr. d. U. V, 317.
[65] Kr. d. U. V, 355.
[66] Kr. d. U. V, 318; vgl. a. 309.
[67] Kr. d. U. V, 283.
[68] Kr. d. U. V, 239 f.
[69] Kr. d. U. V, 237.

denen der Geschmack wirklich verfährt", zum Gegenstand hat, wiederum nur an Beispielen gezeigt und auseinandergesetzt werden[70].

Für die *Kritik der teleologischen Urteilskraft* läßt sich nicht mehr in gleicher Weise wie für die *Kritik der reinen Vernunft* die Thematik des Beispieles durch die Verkettung der Analogien verfolgen. Die grundlegende Bedeutung ist jedoch aus dem Text zu belegen: Die Beispiele der zweckmäßigen Einheit des Lebendigen — der Baum als Naturzweck, der „von sich selbst (obgleich in zwiefachem Sinne) Ursache und Wirkung ist"[71] — führen auf das regulative Prinzip der gesamten Natur als eines Systems der Zwecke, „und man ist durch das Beispiel, das die Natur an ihren organischen Producten giebt, berechtigt, ja berufen, von ihr und ihren Gesetzen nichts, als was im Ganzen zweckmäßig ist, zu erwarten"[72]. Und ohne auf die Problematik der *Kritik der Urteilskraft* als „Übergang" vom Naturbegriff zum Freiheitsbegriff und von der Verzweigung der Metaphysik in eine besondere Metaphysik der Natur und eine besondere Metaphysik der Freiheit zur architektonischen Einheit des Systems einzugehen, läßt sich vielleicht die Frage nach der Funktion des Beispieles im Aspekt der Einleitung zur dritten *Kritik* formal andeuten: Die Aufgabe, ein allgemeines Prinzip für die Urteilskraft vom Besonderen aus zu „finden", bedeutet, daß das Besondere weder als das abgesonderte Individuelle, noch als das Nichtunterschiedene, noch als das Allgemeine verstanden wird, sondern als das Besondere in seiner Beziehung zum Allgemeinen, das heißt als Beispiel. Prinzip und Beispiel sind korrelative Begriffe. Wenn Erklären im Zusammenhang gegebener Prinzipien heißt, „etwas durch ein Beispiel belegen", so heißt es im Zusammenhang gegebener Beispiele, „von einem Princip ableiten"[73]. In diesem Bezug aber bleibt das Besondere — die unendlichen Modifikationen des Daseienden und die Spezifikationen empirischer Regeln — als das Zufällige gesetzt, das Allgemeine als das Notwendige, die unbekannte Einheit und der Grund der systematischen Ordnung. Die Aufgabe, das Gesetz der Vermittlung zwischen dem Zufälligen und dem Notwendigen zu entdecken, kann daher — im Ausgang vom Zufälligen — nur gelöst werden, wenn die Beziehung selbst als notwendig verstanden wird und das Besondere als „ursprüngliches Beispiel" in seiner hinweisenden Funktion auf den Ursprung des zufälligen Daseins. Wie immer man diese hinweisende Funktion des Beispieles auf die Einheit des Seins interpretieren

[70] Kr. d. U. V, 286. Das Problem der Auswahl der Beispiele für das Schöne in der Kunst und der Natur kehrt hier selbstverständlich wieder als Divergenz gegebener Urteile, etwa über mathematische Formen, und der Kritik der Urteilskraft „anpassende" Beispiele (vgl. 232, 241, 252, 256, 314 ff.).

[71] Kr. d. U. V, 370 f.

[72] Kr. d. U. V, 379. Unter den zahlreichen Analogiebestimmungen für die Vernunft als organische Einheit vgl. besonders den Abschnitt über die Architektonik (Kr. d. r. V. B 860 ff. / A 832 ff.). Der berühmte Vergleich der zwei Stämme der Erkenntnis und ihrer „allgemeinen Wurzel" setzt hier nicht Anschauung und Begriff, sondern „das Rationale dem Empirischen entgegen", die cognitio ex principiis und die cognitio ex datis (B 863 f. / A 835 f.).

[73] Kr. d. U. V, 412.

mag, und wie immer sich die Frage stellt, ob die Kantische Philosophie nicht selbst nur ein Beispiel und „Richtmaß" ist für das „Urbild" der objektiven Philosophie[74], die Funktion des Beispieles bestimmt sich als Zweckentsprechung zur Einheit des Denkens, zu dem Prinzip, wofür es ein Beispiel ist. Wenn diese Entsprechung zwischen Prinzip und Beispiel nicht eine Willkür des Systementwurfs und nicht leere Übereinstimmung von Philosophie und Wissenschaftstheorie sein soll, sondern ein transzendentales Prinzip der Urteilskraft anzeigt, so darf die Funktion des Beispieles in der kritischen Philosophie wohl verstanden werden aus der Forderung nach der Entsprechung von Philosophie und Leben, systematisch aus der Notwendigkeit, das Wirkliche aus seiner Ermöglichung zu begreifen und die apriorischen Sätze der Philosophie an der konkreten Gegebenheit zu erfüllen.

[74] Vgl. Kr. d. r. V. B 866 / A 838.

Dieter Henrich

Zu Kants Begriff der Philosophie

Eine Edition und eine Fragestellung

I. Ein weiterer Entwurf Kants zum Jachmannprospekt

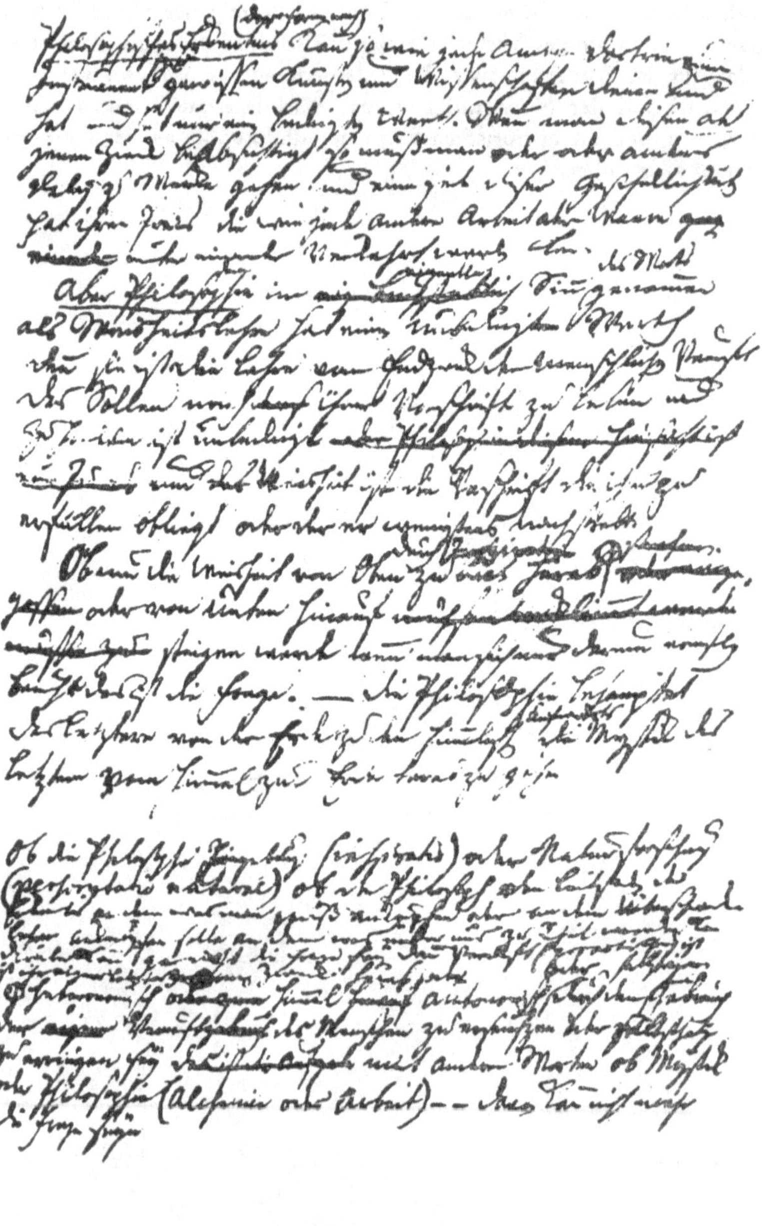

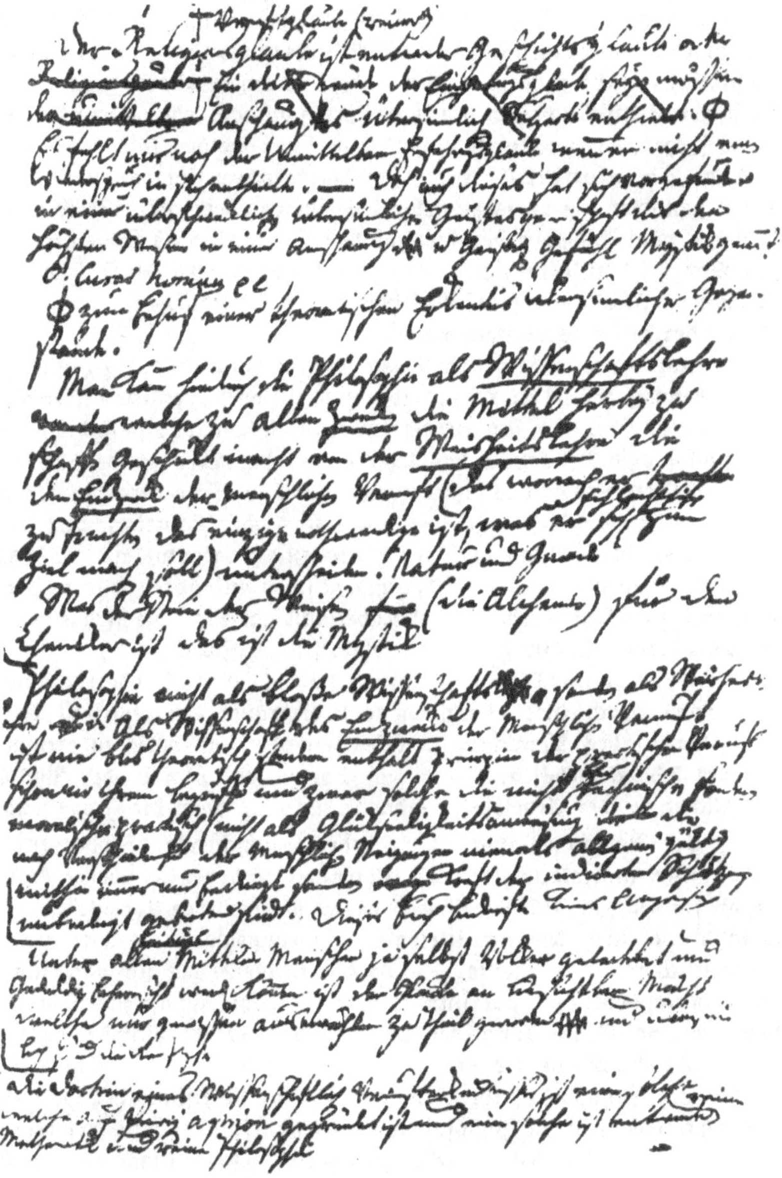

[1] Philosophisches Erkentnis (g(der Form nach)) kan̄ so wie jede andere Doctrin zum Instrument (gzu) gewissen Künsten und Wissenschaften dienen und hat nur einen bedingten Werth. Wen̄ man diesen oder jenen Zweck beabsichtigt so muß man oder aber anders dabey zu Werke gehen, und eine jede dieser Geschicklichkeiten hat ihren Preis die wie jede andere Arbeit oder Waare [gegen einander] unter einander verkehrt werden kan̄.

Aber Philosophie (gdem) im [eig. buchstablichen] (geigentlichen) Sin̄ (gdes Worts) genom̄en als Weisheitslehre hat einen unbedingten Werth den̄ sie ist die Lehre vom Endzweck der menschlichen Vernunft Das Sollen nach [vers.] ihrer Vorschrift zu leben und zu handeln ist unbedingt [Der Philosoph in dieser Hinsicht ist ein Ideal] und [das] Weisheit ist die Vorschrift die ihm zu erfüllen obliegt oder der er wenigstens nachstrebt.

Ob nun die Weisheit von Oben (gdurch Inspiration) zu uns herab* [(g...) oder eingegossen] oder von unten hinauf [mühsam erklim̄t werden müsse zu] steigen werde wen̄ man sich nur darum ernstlich bemüht das ist die Frage. — Die Philosophie behauptet das letztere von der Erde zu den Him̄elischen (gaufwärts) die Mystik das letztere vom Him̄el zur Erde herab zu gehen

Ob die Philosophie Eingebung (inspiratio) oder Naturforschung (perscrutatio naturae) ob der Philosoph den Leitfaden der Erkentnis an dem was man weiß anknüpfen oder an dem Überschwenklichen anknüpfen solle an dem was unter uns zu Theil werden kan̄ darüber kan̄ gar nicht die Frage seyn Den̄ Vernunft (practische) ist ihr eigener letzter [. . .] Zweck.

* Heteronomisch [oder zum] Him̄el [hinauf] (gherab oder) autonomisch (goder) durch den (gselbsteigenen) Gebrauch der [eigenen] Vernunft [gebrauch] des Menschen zu erseufzen oder selbsthätig zu erringen sey [das ist die Aufgabe] mit anderen Worten ob Mystik oder Philosophie (Alchemie oder Arbeit) — — davon kan̄ nicht mehr die Frage seyn

[2] Der Religionsglaube ist entweder Geschichtsglaube oder [Religionsglaube] (gVernunftglaube (reiner)) [Ein dritter würde der Eingebungs (g..) glaube seyn müssen der [unmittelbare] Anschauung des übersinnlichen Subjects enthielte.] ** Es fehlt nur noch der unmittelbare Erfahrungsglaube wen̄ er nicht einen Widerspruch in sich enthielte. — Doch auch dieses hat sich vorgefunden in einer überschwenklichen übersinnlichen Geistesgemeinschaft mit dem höchsten Wesen in einer Anschauung [der] und geistigen Gefühl Mystik genan̄t

O, Curas hominum etc. etc.

** zum Behuf einer theoretischen Erkentnis übersinnlicher Gegenstände.

Man kan̄ hiedurch die Philosophie als Wissenschaftslehre [von der] welche zu allen Zwecken die Mittel herbey zu schaffen geschickt macht von der Weisheitslehre die den Endzweck der menschlichen Vernunft (das wonach er [trachte] zu trachten das einzige nothwendige ist, was er sich (gschlechthin) zum Ziel machen soll) unterscheiden. Natur und Gnade

Was der Stein der Weisen [für] (die Alchemie) für den Chemiker ist das ist die Mystik

Philosophie nicht als bloße Wissenschafts [lehre,] sondern als Weisheitslehre d. i. Als Wissenschaft des Endzwecks der Menschlichen Vernunft ist nie blos theoretisch sondern enthält Principien der practischen Vernunft schon in ihrem Begriffe und zwar solche die nicht ([g] blos) technische sondern moralische practisch (nicht als Glückseeligkeitsanweisung [die . .] die nach Verschiedenheit der menschlichen Neigungen niemals allgemein gültig mithin im̄er nur bedingt sondern [wegen] Kraft der indirecten Schätzung unbedingt gebietend sind. Dieses Buch bedürfte keiner Anpreisung

Unter allen [([g] Leitungs)] Mitteln Menschen ja selbst Volker ge . . und geduldig beherrscht werden kön̄en ist der Glaube an unsichtbare Mächte welche nur gewissen Auserwählten zu Theil geworden [ist] und übersinnlich sind die Kräftigste.

Die Doctrin eines Wissenschaftlichen Vernunfterkentnisses ist eine solche welche auf Principien apriori gegründet ist und eine solche ist entweder ([g] reine) Mathematik und reine Philosophie

2 zum *aus* ein **3** und hat *Dittographie* **4** beabsichtigt, *ursprüngl.* bes. . *oder Federstrich?* **5** Geschicklichkeiten? **7** dem *übergeschrieben*, im *aus* in **9** Das? das? **14** strohmen? **17** *stattdessen:* erstere **18** *von hier ab bis zum Schluß engere Schrift* **20** weiß *aus* gewiß? **21** unter ? über? **22** ist *Dittographie* **29** *verschrieben* Religionsgaube **29** *unleserlich, vermutlich Federstrich* **30** *abgekürzt* Anschaug **33** dem? den? **34** der? des? **34** *abgekürzt* u **35** *nicht nachgewiesen, vgl. jedoch Ak. Ausg. XIX. S. 648.*, etc., *abgekürzt* e e **38** Zwecken *Sperrung wieder aufgehoben* **41** Natur und Gnade *g-Zusatz?* **44** *neuer Absatz durch rechtwinkeligen Strich gekennzeichnet* **50** *abgekürzt* weg. **51** Dieses Buch . . . Anpreisung *g-Zusatz* **52** *von hier bis zum Ende offensichtlich g-Zusatz* **52** *neuer Absatz durch rechtwinkeligen Strich gekennzeichnet* **52** gelenk[t]et? geknechtet? **54** *verschrieben* Auserwähten **56** *neuer Absatz durch rechtwinkeligen Strich gekennzeichnet*

1--58 *Transskription und Apparat nach den Prinzipien der Akademieausgabe.*

II. Erläuterungen

A. Zur Überlieferung des Textes

Unveröffentlichte Manuskripte Kants sind zur Seltenheit geworden. Vor beinahe einem Jahrhundert begann man damit, die erhaltenen Nachlaßstücke mit den Mitteln der Philologie zu erschließen und kritische Ausgaben der Werke bereitzustellen. Das geschah in einer Zeit, die Kants Denken hohes Ansehen und maßgebliche Bedeutung in der Bildungswelt hatte zuwachsen lassen. Unter solchen Umständen konnte ein Arbeitszusammenhang zustandekommen, der ostpreußische Heimatforscher ebenso einschloß wie Berliner Akademiemitglieder. Sammler und Bibliotheken halfen, von Kants zerstreuter Hinterlassenschaft wieder zusammenzutragen, was nicht früh schon verloren gegangen war. Damals entstanden sichere Grundlage und hoher Anspruch für alle Kantforschung und -interpretation, die unter den schwierigen Bedingungen einer veränderten Welt weitergegeben worden sind.

Das Textstück, das hier zum ersten Male publiziert werden kann, ist nicht erst jetzt aus dem Dunkel eines Magazins oder einer Familienkommode aufgetaucht. Es gehört zu einer der Manuskriptgruppen, welche schon zu Beginn des Jahrhunderts bekannt geworden sind, — zu den sogenannten ‚Hagenschen Papieren'. Wilhelm Dilthey hat im Jahre 1898 zuerst von ihnen berichtet.[1] Im selben Jahr waren sie der Preußischen Akademie zur Benutzung für die eben begonnene Kantausgabe zur Verfügung gestellt worden. Wesentliche Stücke aus ihrem Bestand haben im ‚Briefwechsel' und im Band der ‚Vorarbeiten' ihren richtigen Platz gefunden.[2] Der Besitzer, Geheimrat Dr. Ernst Hagen, hat die Originale nach fünfzehn Jahren Leihzeit zurückerbeten und sie schließlich, auf dringlich werdende Nachfragen hin, im Jahre 1919 auch erhalten. 1923 ist Dr. Hagen gestorben. Sein Sohn Gerhard Hagen, der damals in München-Solln wohnte, bot wenig später die Papiere der Bayerischen Staatsbibliothek an, die sie zu dem für die Zeit erheblichen Preis von 800 Goldmark erworben hat.[3] Die Bibliothek machte in den Münchener Neuesten Nachrichten Mitteilung von ihrem Kauf, im Jahre von Kants zweihundertstem Geburtstag.[4]

Seither sind die Hagenschen Papiere unter dem Titel ‚Kantiana' für jedermann leicht zugänglich gewesen. Der Umstand, daß sie bereits für die Kantausgabe benutzt worden sind, legte freilich die Vermutung nahe, daß sich nur Veröffentlichtes in ihnen finden werde. Bei der Vorbereitung des letzten Bandes der Nachlaßreihe ließ der Herausgeber eine Nachfrage auch nach München gehen. Im zerstörten München der Nachkriegszeit wurde sie aber irreführend beantwortet.[5] Das hatte zur Folge, daß zwar derjenige Teil der Hagenschen Sammlung, den Dilthey ehedem als den wichtigsten bezeichnet hatte, unter dem Titel ‚Zur Rezension von Eberhards Magazin' Aufnahme in Band XX der Akademieausgabe fand;[6] drei weitere kleine Manuskripte, die bisher niemals veröffentlicht worden sind, blieben aber weiterhin unerkannt unter den Kantiana verborgen. Wenigstens eines von ihnen ist mir bei der Suche nach der Hinterlassenschaft der Anfänge des Idealismus in die Hand gekommen.[7] Bedauerlicherweise sind zwei andere derzeit nicht an ihrem Ort. Man muß hoffen, daß sie sich bald wieder auffinden lassen.

Die Papiere der Familie Hagen stammen im Wesentlichen aus dem Nachlaß

[1] ‚Neue Kanthandschriften', Kantstudien III., 1899, S. 367/8; vgl. S. 260.
[2] Vgl. Brief 234, 560, 587, sowie Ak. Ausg. Bd. XX., S. 484.
[3] Laut Index der Kantiana in der Bayerischen Staatsbibliothek.
[4] Nr. 103 v. 18. IV. 1924, S. 2.
[5] Nach Mitteilung von Dr. habil. Lehmann. Ihm danke ich für eine private Einführung in die Probleme der Kantausgabe und für manche Hilfe, Hannelore Hegel für ihre Unterstützung bei der Textherstellung.
[6] S. 400—423, vgl. S. 484.
[7] Der Bayerischen Staatsbibliothek danke ich für die Genehmigung zur Publikation.

von Johann Schulz, Hofprediger und Professor der Mathematik in Königsberg, Kants Freund und von ihm autorisierter Kommentator seiner Schriften. Schulz war fünfzehn Jahre jünger als Kant. Noch in dessen letzten Lebensjahren war er wöchentlich Kants Gast an der Mittagstafel. Er überlebte ihn nur um ein Jahr, konnte aber noch (nach Hasses und Wasianskis übereinstimmendem Zeugnis) Kants Nachlaßwerk auf dessen Verwendbarkeit zum Druck hin begutachten.[8] Zu den Münchener Kantiana gehören nur einige seiner Vorlesungsmanuskripte, Exzerpte und Notizen zu einer Kantbibliographie, sowie eine Sammlung früher Kantschriften aus seinem Besitz.[9] Mehrere Kanttexte sind im Erbgang von Johann Schulz selbst bis zur Familie Hagen gelangt. Zu ihnen sind mit Sicherheit die Entwürfe zur Schrift gegen Eberhard und Briefe Kants an Schulz zu zählen. Es ist jedoch möglich, daß einige Kantmanuskripte auf anderem Weg zur Familie Hagen gelangt sind. Johann Schulz' Nachlaß ging nämlich an den Königsberger Kriegsrat Johann Christoph Link, der mütterlicherseits Urgroßvater von Dr. Ernst Hagen gewesen ist. Link stand selbst mit Kant im persönlichen Verkehr und erhielt Briefe von ihm, die in Hagens Papieren überkommen sind, — gewiß nicht vermittelt durch Johann Schulz.

Auf die Frage, welchen Weg der hier publizierte Text genommen hat, läßt sich keine sichere Antwort geben. Es ist eine Vorarbeit zu einem ‚Prospectus', den Kant der Arbeit seines Schülers Jachmann aus dem Jahre 1800 vorangestellt hat. Ein ‚loses Blatt' mit einem anderen Entwurf zum selben Text konnte bereits in der Akademieausgabe veröffentlicht werden.[10] Er gehört zum Besitz des Königsberger Prussia-Museums, der vermutlich zerstört und jedenfalls zur Zeit nicht zugänglich ist. August Warda hat ihn aber beim ersten Abdruck im Jahre 1899 sorgfältig erläutert, so daß er sich gut rekonstruieren läßt.[11] Auf diese Weise haben wir auch Kenntnis von der Herkunft des Königsberger Entwurfs: Er wurde von Kants Nachlaßverwalter, dem Diakon Wasianski, dem Königsberger Gerichts-Calculator Bornn geschenkt, zusammen mit drei weiteren Papieren, die alte Anschläge mit der Aufforderung zur Bezahlung des Kolleggelds und ökonomische Notizen, also ohne philosophisches Interesse sind.

Diese Umstände erlauben wenigstens eine Vermutung darüber, auf welche Weise der Münchener Entwurf erhalten geblieben ist: Unter den Hagenschen Papieren befinden sich neben den Linkbriefen einige, die keinesfalls von Kant selbst an Johann Schulz gelangt sein können: ein Memoirenzettel, ein Auszug aus einer Rezension und Notizen zur Metaphysik der Sitten. Es ist wahrschein-

[8] Vgl. Joh. Gottfried Hasse, ‚Letzte Äußerungen Kants ...', Königsberg 1804, ed. Buchenau und Lehmann, Berlin 1924, S. 24 A.; E. A. Ch. Wasianski, ‚Immanuel Kant in seinen letzten Lebensjahren', ed. Felix Groß, Berlin 1912, S. 294.

[9] Dilthey hat 1899 in den Kantstudien (vgl. Anm. 1) die interessante Anmerkung gemacht, daß die Familie Hagen nur einen Teil von Schulz' Nachlaß besitze. Sie wird durch den beschränkten Umfang des durch sie Überlieferten bestätigt. Welchen Weg andere Teile genommen haben mögen, ist derzeit unbekannt.

[10] Vgl. Bd. XXIII, S. 467/8.

[11] Vgl. Altpreußische Monatsschrift, neue Folge XXXVI, 1899, S. 337 ff.

lich, daß sie von Wasianski in gleicher Weise wie die Stücke des Prussia-Museums nach Kants Tod an einen seiner Freunde gegeben worden sind. Wir wissen, daß solche Autographen schon zu Kants Lebzeiten sehr begehrt gewesen sind. Der alte Lampe hat dafür, daß er einige zu vermitteln wußte, einen Prachtrock mit dem Adler des Zaren erhalten.[12] Es scheint, daß Wasianski bei seinen vielen Gaben so sorgfältig verfahren ist, wichtige Nachlaßstücke und vor allem das opus postumum nicht anzutasten, obgleich er dem Urteil von Schulz folgte und es nicht für eine Publikation geeignet hielt. Er gab den Freunden und Verehrern Kants nur solche Papiere, von deren Bedeutungslosigkeit er zu Recht überzeugt sein konnte. Ein Kriterium dafür war nach der Übung seiner Zeit erfüllt, wenn es sich um Vorarbeiten zu Werken handelte, die Kant noch zum Druck hatte bringen können. Der Prospectus zu Jachmanns Buch ist der vorletzte Text, der von Kants Hand erschienen ist. Entwürfe zu ihm hatten für Wasianski keinen anderen Wert als den von Reliquien. — Wir wissen nicht, ob es Johann Schulz selbst gewesen ist, der Handschriften auch aus der späten Zeit seines Freundes zu besitzen begehrte, oder ob Link sie von Wasianski erhalten hat. Sicher ist nur, daß beide Entwürfe niemals zusammen in Schulz' Besitz gewesen sind und daß sie vermutlich nach Kants Tod von Wasianski aus dessen Bureau entnommen und an verschiedene Freunde zum Andenken überlassen worden sind. Daraus folgt wiederum, daß man annehmen darf und muß, daß die letzte Fassung des ‚Prospectus' von Kant selbst vollendet worden ist. In Anbetracht der großen Schwierigkeiten, die Kant im Jahre 1800 bereits bei der Formulierung größerer Passagen hatte, ist diese Überlegung nicht gänzlich bedeutungslos. Denn der Text des Prospectus ist ziemlich flüssig geschrieben und unterscheidet sich darin wesentlich vom Stil gleichzeitiger Manuskripte und Briefe. A limine ist die Vermutung nicht auszuschließen, daß ihn Kant von einem kundigen Freund bearbeiten ließ.

B. Zur Entstehung des Textes

Neben dem Münchener und dem Königsberger Entwurf ist noch eine dritte Vorarbeit zum Jachmann-Prospectus überliefert, und zwar im Verband des opus postumum. Freilich ist sie nicht leicht zu erkennen und in der Ausgabe nicht als solche bezeichnet. Dennoch sind die Zeilen 2 bis 19 auf Seite 370 des zweiundzwanzigsten Bandes der Akademieausgabe offensichtlich der Beginn einer Fassung der Einleitung zum Prospekt.

So besitzen wir also drei Vorarbeiten zu einem Text, dessen endgültige Fassung nur fünf Absätze und drei Oktavseiten lang ist.

Diese dichte Überlieferung, die sich eindeutig auf ein schließlich vollendetes Textstück beziehen läßt, ist einer der Gründe für das Interesse, welches das hier

[12] Vgl. Hasse a. a. O. (Anm. 8) S. 41.

publizierte Autograph verdient: Es erlaubt uns, aus der letzten Zeit vor der Auflösung von Kants Gestaltungskraft ein klares Bild von seiner Produktionsweise zu erhalten.

Voraussetzung dafür ist, daß es gelingt, das Verhältnis der Texte zueinander sicher zu bestimmen. Es sei zunächst behauptet: Der Königsberger Entwurf repräsentiert die früheste der uns erhaltenen Konzeptionsstufen. Er kann somit ‚Text A' genannt werden. Ihm folgt die Passage aus dem zehnten Konvolut des opus postumum (Text B). Der hier publizierte Münchener Entwurf (Text C) steht der gedruckten Fassung (Text D) am nächsten, wenngleich er ihr nicht unmittelbar vorausgehen dürfte. Dies ist im Folgenden zu begründen:

Text A beginnt mit der These, daß Kants Kritik mit Mystik nichts gemein habe, sondern ihr ‚gerades Widerspiel' sei. Er führt aus, Erkenntnis könne nicht gelehrt, sondern nur erzeugt werden und der Fortschritt zum Übersinnlichen dürfe nicht zu dem widersprüchlichen Begriff einer übersinnlichen Erfahrung führen. Dieser Text bewegt sich ständig im Umkreis der Grundgedanken von Kants theoretischer Philosophie. Für jemanden, dem sie nicht bekannt und überzeugend geworden ist, kann er weder verständlich noch gar einleuchtend sein. So ist er auch für den Zweck ungeeignet, für den er doch bestimmt gewesen ist. Seine Bestimmung ergibt sich mit Gewißheit aus dem letzten Abschnitt, der bereits die Aufgabe einer Ankündigung von Jachmanns Schrift zu lösen versucht.[13]

Kant hat Text A offenbar zunächst verworfen und nach einem neuen Ansatz zum Prospekt gesucht. Es bedarf der Erklärung, warum er schließlich doch auf die letzten beiden Absätze von Text A zurückgekommen ist. Denn der gedruckte Text D entspricht der Sache nach in seinem vorletzten Absatz dem gesamten Text A mit der Ausnahme der letzten acht Zeilen, die dem letzten Absatz des Textes D zugrunde liegen.

Die *Texte B und C* sind offensichtlich nahe miteinander verwandt. Daß beide A voraussetzen, folgt daraus, daß sie motiviert sind durch dessen ersten Satz, der von Philosophie „in der eigentümlichen Bedeutung des Worts" gesprochen hatte. Beide unterscheiden nämlich Philosophie in diesem Sinne explizit von anderer Erkenntnis, die philosophisch genannt werden darf. Auch kann man sich nicht vorstellen, daß dieser Text geschrieben war, um dann zunächst zugunsten von Text A verworfen, schließlich aber doch in Text D aufgenommen zu werden. Dazu wird er der Aufgabe einer Einleitung für ein größeres Publikum um zu viel mehr gerecht als es Text A vermochte.

Dagegen läßt sich die Beziehung der Texte B und C zueinander nicht sogleich mit völliger Sicherheit bestimmen. Aber vieles spricht dafür, daß Text B dem Münchener Entwurf vorausgegangen ist, — so die äußere Verfassung der Manuskripte. Text B steht auf einem Foliobogen des Opus postumum und kann also nur beiläufig während der Arbeit an der Theorie der Materie niedergeschrieben

[13] Vgl. S. 48 unten, wo ein weiterer Grund für die Annahme genannt wird, Text A sei die früheste Fassung. Er reicht für sich allein zur Begründung aus.

worden sein. Text C muß hingegen in seinen ersten Passagen (Zeile 1—17) als der Ansatz zu einem vorläufigen Manuskript gelesen werden, das eine Vorform der Reinschrift anstrebt, die freilich mißlingt. Zumindest an einer Stelle (Zeile 3) findet sich eine Doppelschreibung. Sie kann leicht bei einer Abschrift entstehen, — ein Fehler, der allerdings bei Kant auch in anderem Zusammenhang häufig vorkommt. Text B enthält jedoch gar keine Indizien dafür, daß er eine Abschrift von C sein könnte. Schließlich spricht dafür, daß C auf B folgt, daß in C Sätze enthalten sind, die in B fehlen und die in D übernommen worden sind,[14] sowie der Umstand, daß die Reihe von A über B zu C und D auch die Reihe vom abstraktesten Text zur populären Fassung des Prospectus ist. Wenn feststeht, daß Text A deshalb aufgegeben wurde, weil er umständlich und reich an Voraussetzungen ist, so kann man nicht annehmen, daß Kant in Text C solche Formulierungen getilgt hat, die anschaulich und eingängig sind, um auf diese Weise zu Text B zu kommen.

Der Münchener Entwurf (Text C) bietet eine Reihe von Formulierungen, die in der endgültigen Fassung nicht benutzt worden sind. Die erste von ihnen, die auf den Text folgt, welcher auch der gedruckten Fassung zugrundeliegt, kann noch als eine Fortsetzung des Versuchs zur Reinschrift angesehen werden (Zeile 18 bis 43). Spätere Reflexionen sind jedoch offenbar als bloße Notizen für eine künftige Ausführung gemeint. Kant hat sie von den folgenden jeweils durch einen Winkelstrich am Rande abgetrennt.

Während der Niederschrift ist also der Faden des Gedankens gerissen. Kant war nicht imstande, vom neuen, populären Prolog aus einen Übergang zu der Darstellung der Gründe zu finden, welche die Mystik als Gegenteil der Philosophie erscheinen lassen. Nachdem ein erster, vielleicht gar mehrere Versuche gescheitert waren, den philosophischen Gehalt dieser These in Kants Fachsprache darzulegen (Text A), und nachdem sich auch die populäre Einleitung nicht in einem Zug zum Ganzen fügen wollte, begnügte sich Kant zunächst damit, eine Materialsammlung für eine günstigere Stunde der Konzeption bereitzustellen.

In *Text D,* dem gedruckten Prospekt, ist kein Gebrauch von ihr gemacht. Kant hat ihn vielmehr dadurch zustandegebracht, daß er die ersten drei Absätze von C mit einer Kurzfassung von Text A zusammengekoppelt hat. In dieser neuen Version von A sind alle besonderen Voraussetzungen der kritischen Philosophie ausgeräumt. Es bleibt nur die Evidenz, daß das Transzendente nicht als immanent vorgestellt werden kann, und der Gegensatz des Traumes der Mystik mit der wachen Arbeit der Naturforschung. Vor allem diese Wendung ist bei der Redaktion aus Text C in den vierten Absatz von Text D übernommen worden, der seinerseits ursprünglich aus Fassung A stammt. Dieser Umstand stellt allein schon sicher, daß Text A vor Text C niedergeschrieben worden sein muß.

[14] So die Wendung von dem bedingten Wert (Preis), ‚wie jede andere Waare oder Arbeit' ihn hat und von ‚vollendeten praktischen Philosophen' als ‚Ideal'.

Wir wissen nicht, welche Motive im Spiele gewesen sind, als sich Kant entschloß, sich seiner Aufgabe in der Weise zu entledigen, welche die Folge der Texte mit Sicherheit zu erschließen gestattet. Wahrscheinlich wurde er vom Verlagsplan des Verlegers Nicolovius bedrängt. Gewiß suchte er auch jede Ablenkung seiner schwindenden Kräfte vom unvollendeten ‚chef d'oeuvre' so gut wie möglich zu meiden. Dennoch besteht zwischen dem Gewicht des gedruckten Jachmann-Prospekts und der Mühe, die Kant auf seine Vorbereitung gewendet hat, ein auffälliges Mißverhältnis. Der vollendete Prospekt trägt Züge der Resignation. Kant ist es ebensowenig gelungen, seine Antwort (Absatz 4 und 5) der weit ausholenden Frage (Absatz 1 bis 3) gemäß ausfallen zu lassen wie die Reflexionen des Textes D in diese Antwort zu integrieren. Der Bruch zwischen den beiden Hälften des Prospekts bleibt nur mühsam verdeckt, wenn auch das Ziel einer populären Anrede an den Leser schließlich erreicht worden ist.

Zwei Schwierigkeiten haben Kant bei der Konzeption seiner vorletzten Druckvorlage behindert. Vermutlich sind sie nur Ausdruck ein und desselben Zustandes, die die Psychologie des Alters, die eben erst entsteht, einmal wird beschreiben können: Es gelang ihm nicht, längere Passagen übersichtlich zu gliedern und seine Feder nach einem Plane zu leiten, der sich über mehr als eine Seite durchhielt. Zugleich strömten ihm in jeden Satz Assoziationen aus der Gedankenwelt eines ganzen Lebens ein, die sich längst zum System verfestigt hatte. So mußte Kant sich darum mühen, bei der Sache zu bleiben, indem er gleichzeitig Gedanken fernhielt, welche die Niederschrift an jeder Stelle zu überfluten drohten, und doch ein Ganzes nicht aus dem Auge zu verlieren. Dabei wurde es schwer und schließlich unmöglich, dieses Ganze als einen Horizont auszuspannen, der leitend blieb für eine Niederschrift und sich nicht alsbald wieder in der thetischen Monumentalität vermeintlich abschließender Sätze verlor. Kant hat seinen Kampf gegen die Schwäche des Alters mit großer Tapferkeit bis zum Verfall seiner Kräfte geführt. Der Jachmannprospekt war sein letzter Sieg, seine Waffe und, wenn man will, seine List die Methode der Koppelung von Fragmenten des Gedankens.

Diese Beobachtungen erlauben, manches zu folgern. Es ist uns glaubhaft bezeugt, daß Kant sein großes Spätwerk für nahezu vollendet hielt.[15] Diese Meinung ist vielleicht weniger weit von der Wahrheit entfernt, als der wirkliche Zustand des opus postumum vermuten läßt. Der Wunsch, das Werk möge nach seinem Tode verbrannt werden, widerspricht ihr nur scheinbar.[16] Denn wenn es Kant auch für redigierbar hielt, so hatte er doch Grund, niemandem anders als dem Autor selbst die Redaktion zuzutrauen. Zwar wären weit größere Kräfte der Integration nötig gewesen, um aus den Bögen des opus postumum durch Koppelung, Redaktion und Harmonisierung ein lesbares Werk zu schaffen. Aber Kant durfte annehmen, daß es im Prinzip keine anderen Kräfte sein müßten als die, welche den Jachmann-Prospekt schließlich zustande gebracht haben. Er

[15] Vgl. Hasse und Wasianski a. a. O. (Anm. 8).
[16] Vgl. Wasianski a. a. O. (Anm. 8).

verfügte nicht mehr über sie, seit er Grund fand sich zu entschließen, die akademische Lehre aufzugeben. Dennoch ist es wichtig, den Arbeitsstil seines Alters zu kennen, um die Motive besser würdigen zu können, die ihn nicht dabei müde werden ließen, Formeln zu einem systematischen Entwurf als Titulatur und Einleitung für ein Werk niederzuschreiben, das gar nicht hätte abgeschlossen werden können. Sie müssen ihm als Ergänzungen einer Materialsammlung erschienen sein, die wenigstens die Vorstufe eines abschließbaren Werkes repräsentiert. Nur dieses Grades der Vollendung konnte er sich selbst noch fähig wissen.

Es ist möglich, daß der Schriftsteller Kant nur im Alter über Teilentwürfe, Materialsammlungen und Textkoppelung zum Werk fortgeschritten ist. Doch über Produktionsweisen verfügt man nicht frei wie über Mittel zu Zwecken. So ist es wahrscheinlicher, daß sich in den Mühen des Alters ein Arbeitsstil verrät, der in den Texten früherer Jahre verdeckt ist durch den Erfolg, zu dem er damals noch führte. Man muß sich vor Augen führen, daß die Dissertation von 1770 Kants erstes Werk zur theoretischen Philosophie gewesen ist. Vorher hatte er schon viele Jahre nach Büchern gelesen, deren Gliederung nicht die seine gewesen ist. Untersuchungen und Thesen zu Teilstücken der Metaphysik hatten sich hoch aufgetürmt, in seinem Bureau ebenso wie in seinem Kopf. Zudem war der literarische Stil des Essay die bevorzugte Mitteilungsform einer Zeit, welche die barocke Monumentalität von Wolff der Vergangenheit überlassen hatte. So hatte Kant kaum eine Möglichkeit, systematische Entwürfe und Gliederungen der Durchführung vorausgehen zu lassen. Sie mußten bereitliegendem Material abgerungen werden. Dies ist der richtige Kern in der von Vaihinger und Adickes entwickelten Methode, Kanttexte auf ihre ‚Schichten' hin zu interpretieren. Er berechtigt nur nicht zu den Unterstellungen, die Paton als ‚Patch-work-theory' überzeugend kritisiert hat.[17] Wenn es gelingt, im Blick auf vielerlei Entwürfe einen integrierten Text wirklich zustandezubringen, so ist er zwar schwerer zu überschauen als konstruierte Beweisgänge. Unausgeführte Gedanken spielen in höherem Grade in ihn hinein. Dafür ist er aber perspektiven- und beziehungsreicher als ein Werk, das auch in der Weise seiner Konzeption dem mos geometricus nahesteht, ohne etwa widersprüchlich sein zu müssen.

Der letzte dieser Texte ist die ‚Religion innerhalb der Grenzen der bloßen Vernunft'. Die ‚Metaphysik der Sitten' ist vom Stadium der Materialsammlung nicht mehr ganz losgekommen. Das Mißlingen des Manuskriptes zur Preisschrift ist der Vorbote der kommenden Schwierigkeiten gewesen. Das würde wohl noch deutlicher sein, wenn Kants Entwürfe und nicht nur Rinks Kompilation erhalten geblieben wären. Im ‚Streit der Fakultäten' hat Kant eine Form geschickt gewählt, die den verbliebenen Möglichkeiten seiner Kraft entgegenkam. Das gilt auch für die Anthropologie, welche im Unterschied zu allen anderen Büchern

[17] Proceedings of the Aristotelian Society, XXX, 1930; Kant's Metaphysic of Experience I, London 1936, S. 38 ff. Vgl. hierzu Gerhard Lehmann, Ein Reinschriftfragment zu Kants Abhandlung vom Ewigen Frieden, Berlin 1955, S. 10/11.

Kants dem Aufbau eines Kollegs folgen konnte. Danach geriet Kant in den ‚tantalischen Schmerz', den Tod früher als den Abschluß seines Werkes erwarten zu müssen, — bald wohl schon ohne Hoffnung.

Es wäre ein nützliches Unternehmen, eine Stilgeschichte von Kants literarischer Produktion zu schreiben.[18] Sie würde die Strukturen seines Denkprozesses, welche die Manuskripte des Alters erkennen lassen, bis weit zurück in seine Anfänge verfolgen und zeigen können, daß sie nicht in bloßen Zufällen und in den literarischen Gewohnheiten seiner Zeit begründet sind.

Die Philosophie Kants hätte nicht die Bedeutung gewinnen können, welche sie besitzt, hätte nicht die besondere Begabung des Denkers der Aufgabe entsprochen, welche sich aus der Lage der Philosophie in der Mitte des 18. Jahrhunderts ergab. Kant selbst hat sie zuerst überzeugend formuliert. Er gehörte nicht zu den Revolutionären aus mathematischer Folgerichtigkeit. Nur in seiner Jugend hat er saubere Deduktionen aufgebaut, — und sie sind nicht seine besten. Auch seinen größten Werken fehlt fast ganz die Konsequenz in der Exposition und der Durchführung von Motiven, die Hegels Logik ebenso wie der eben aufkommenden Form der Symphonie eigentümlich sind.

Ein Meister ist er darin, überkommene Thesen und Probleme einer Analyse zu unterziehen, die stets auf alle möglichen Folgerungen auch in weit entlegenen Gebieten reflektiert. Ein solches Verfahren kann nicht schnell zu Ergebnissen führen. Sind solche aber erreicht, so sind sie zugleich im Zusammenhang alles möglichen Wissens bestimmt und bestätigt. Einsicht erscheint nicht als Ableitung, sondern als vollendete Integration.

So muß eine Untersuchung von Kants Arbeitsstil schließlich zu seinem Begriff von Philosophie führen, für den eine angemessene Interpretation noch fehlt. Er kann aber nicht gleichgültig sein, wenn man verstehen will, was kantisches Denken eigentlich gewesen ist, — wie es möglich wurde und was es zu leisten vermag.

Unsere Erwägungen ergaben sich aus der formalen Analyse der Texte, denen der neue Entwurf zu Jachmann zugehört. Sie haben zugleich zu der Sache geführt, über die er spricht. Denn unter allen Texten, die uns von Kant erhalten sind, ist die Gruppe um den Jachmannprospekt die einzige, in der Kant seinen Begriff der Philosophie ausdrücklich zum Thema der Darstellung gemacht hat. Dem Zusammenhang, in dem dies geschah, muß nachgegangen werden.

III. Interpretationen

A. *Die Absicht des Textes*

Kant hatte gewünscht, mit der Kritik der reinen Vernunft die Philosophie auf eine sichere Heerstraße zu leiten. Was sie wirklich bewirkte, war alles andere

[18] Bemerkungen zu diesem Thema enthält die Abhandlung von Gerhard Lehmann (vgl. Anm. 17).

als dies und gleicht eher dem Aufbruch der Conquistadores. Nur wenig Zeit verging, bis Kant es nötig fand, sich nicht allein gegen die alte Metaphysik, sondern auch gegen eine neue Welt, die durch sein Werk ermutigt worden war, und die Anfänge der idealistischen Spekulation zu verteidigen. Neben Eberhard, Flatt und Schwab gewannen auch Jacobi und Schlosser samt den eigenen Schülern Reinhold und Fichte das Ohr des Publikums in einem Maße, das Kant um den Erfolg der kritischen Reform fürchten ließ. So mußte er, von der Lage bewogen und von seinen Anhängern gedrängt, die Vollendung des Systems verschieben und die Feder in den Dienst der Polemik stellen.

Noch wurde nirgends im Zusammenhang dargestellt, wie Kant sich in der geistigen Welt der Revolutionszeit zu orientieren suchte. Gewiß ist, daß er sich dabei derselben Begriffe bediente, die ihn bei der Selbstverständigung über die Notwendigkeit der Kritik Jahrzehnte zuvor geleitet hatten. Der Zeit, die das Schauspiel der politischen Revolution mit unvergeßlichem Enthusiasmus verfolgte, mochte er einen fruchtbaren Enthusiasmus des Denkens nicht zuzugestehen. Was sie, ähnlich begeistert, auf dem Markt der Bücher begrüßte, schien ihm das Symptom eines überspannten Seelenzustandes, also einer Krisis zu sein,[19] — fern jenes ‚Geistes der Gründlichkeit', den er an Wolff zu rühmen wußte und von dem er — zuletzt in ferner Zeit — den völligen Sieg der kritischen Wahrheit erwartete.[20] Hatte er zwischen alten Gegnern der Kritik und ihren jungen Nachfolgern zu wählen, so entschied er sich leicht für Mendelsohn und Garve. Mit ihm gemeinsam führten sie das Werk der Aufklärung der Begriffe weiter. Und wenn sie auch einer Kritik der Vernunft mißtrauten, so lehrten sie doch auch im Vertrauen auf ihre Macht und ohne Verfälschung der von Kant entdeckten Methode.

So hat Kant die Derivate des Wolffianismus mit größerer Achtung behandelt als die Lieblingsautoren der jüngeren Generation. Er hat ihren Scharfsinn nicht übersehen. Gleichwohl schienen ihm Motive und Ergebnisse ihres Unternehmens nicht in einem wesentlichen Bedürfnis oder einer unvermeidlichen Illusion der Vernunft begründet zu sein. Während die dogmatische Philosophie ein notwendiges Stadium auf dem Wege zur Einsicht bleibt, ist ihm alle Schwärmerei objektiv ein Fehler des Gedankens, der leicht durchschaut werden kann, subjektiv Indiz für Unreife und „eine gewisse Verstandesschwäche".

Diese Urteile korrespondieren den Erfahrungen, die Kant auf dem Wege seines Denkens gemacht hat und die in Begriffe eingegangen sind, mit denen sich die Kritik in ein Verhältnis zur historischen Philosophie bringen will. Wolffs System ist, nicht als Schule sondern als Gegner, der Lehrmeister seines Denkens gewesen. Noch in der Kritik der reinen Vernunft war Kant darum bemüht, die in ihm wirksame Wahrheit nach ihrem eigentlichen Zusammenhang darzustellen. Wenn er die Sätze der Wolffischen Philosophie auch allesamt für falsch hielt, so galten ihm doch die von ihr gebrauchten Begriffe zusammengenommen als der voll-

[19] Vgl. Anthropologie § 53; R. B. Jachmann, Immanuel Kant ed. Groß a. a. O. S. 170.
[20] Vgl. die erste, frühe Äußerung dieses Bewußtseins in Refl. 5015.

ständige Grundriß des Systems der Vernunft, deren richtiger Zusammenhang noch in der grundfalschen Projektion des Dogmatismus ermittelt werden kann.[21]

Was Kant ‚Mystik' nennt, ist ihm nur in einer Phase seiner Entwicklung zum System zu einer Versuchung geworden, — in der Zeit, die der endgültigen Formulierung der Raumtheorie vorausging. In dem berühmten Brief an Marcus Herz vom 21. Februar 1772 zeigt Kant, daß er dieser Versuchung Herr geworden ist, während die Dissertation von 1770 noch einige ihrer Spuren trägt.[22] Sie tritt dort ein, wo Gewißheiten, die nicht aus Vernunft begreiflich gemacht werden können, selbst als Grund von anderen Einsichten anerkannt werden müssen. Im Kantischen System geschieht dies an zwei Stellen, die für seinen Aufbau wesentlich sind: Im Falle der Anschauungsformen und im Falle des Bewußtseins vom moralischen Gesetz. Kant hat früh erkannt, was beiden gemeinsam ist, und beide Phänomene mit ein und demselben Begriff zu beschreiben versucht: mit dem des ‚Gefühls'. Insofern Gefühl Erkenntnisgrund mathematischer und moralischer Urteile ist, muß es sich freilich von nur subjektiven Zuständen des Gemüts unterscheiden. Es ist nur ‚phaenomenon, cuius ratio ignoratur'.[23] Wir können uns nicht dessen bewußt werden, was ihm zugrunde liegt. Doch können wir es bezeichnen: Raum und Sittlichkeit sind gleichermaßen Einheitsprinzipien einer Welt, die über alles hinausreicht, was mit den Sinnen zu fassen und mit dem Verstande zu erklären ist. Wenn wir uns ihrer vergewissern können, so nur durch eine unaufklärbare Teilhabe am Weltgrund selbst, — also durch eine intellektuelle Anschauung, die dem zugrunde liegt, was wir als ‚Gefühl' zu kennen glauben.

Kant ist der Versuchung, diesem Gedanken zu folgen, nie erlegen. Doch sie dauerte an, bis er für alle Begriffe, die einer Interpretation durch Gefühl und dunkle Anschauung zugänglich waren, eine bessere Deutung gefunden hatte, — auch noch in der Zeit nach den ‚Träumen eines Geistersehers', deren Existenz und polemische Heftigkeit ohne ihre Gegenwart kaum zu erklären sind. Aus besserer Einsicht in die Sache hat er sich gegen die Versuchung, die er ‚Mystik' nannte, zuerst in der Prinzipienlehre der Moral gefeit. Wenn ‚Freiheit' der Seinsgrund des sittlichen Bewußtseins ist, so kann sein Gesetz nicht ernstlich aus der anschauenden Hinnahme göttlicher Ordnung erklärt werden. Für die Raumtheorie leistet die gleiche Befreiung der Begriff von einer ‚Form der Rezeptivität', den die Dissertation noch nicht in voller Konsequenz kennt.

Daß Kant der Versuchung nicht nachgeben mußte, hat er aber nicht nur

[21] Unter dieser Voraussetzung hat Heinz Heimsoeth seine Untersuchung über ‚Chr. Wolffs Ontologie und die Prinzipienforschung I. Kants' geschrieben, vgl. Studien zur Philosophie Immanuel Kants, Köln 1956.

[22] Vor allem in ihrer Rede von der ‚lex insita' und dem Scholion zu § 22. Vgl. vor allem Refl. 4189, wo die Vorstellung des Raumes als die Wirkung von dem *Gefühl* der Allgegenwart bezeichnet wird, — eine wichtige Stelle, deren Interpretation in ihrem Zusammenhang und mit Rücksicht auf Reflexionen der gleichen Zeit durch die wenigen Andeutungen in unserem Zusammenhang nicht zu ersetzen ist.

[23] Ak. Ausg. XX., S. 147.

besserer Einsicht, sondern mehr noch dem konsequenten Streben nach ihr zu verdanken. Schon 1766 hat Kant die Träumereien der Metaphysiker als Produkte einer dichtenden Vernunft kritisiert, welche versucht, ihren angestammten Platz aufzugeben und sich blindlings in alle Abenteuer der Eroberung zu stürzen, so daß sie schließlich auch gegenüber den Träumereien von Geistersehern keine Grenzen mehr einräumen kann. 1772 hat er dann gesagt, daß die Lehre von der Anschauung Gottes der bloße ‚deus ex machina' ist und daß er Grillen und Hirngespinsten Vorschub gibt. Er hindert die philosophierende Vernunft an möglichem Fortschritt in der Einsicht und verbündet sie mit dem, was sie doch entbehrlich machen soll: die Subjektivität und Unfreiheit bloß geahnter Wahrheit.

So sind also die Begriffe, mit denen Kant ‚Mystik' kritisiert und die im Alter zu stereotypen Formeln erstarrt sind, mit eigener Erfahrung gesättigt.[24] Diese Erfahrung ist der Grund dafür, daß er sie ohne Bedenken auch für solche Lehren gebraucht, die sich nur aus der Moral-sense-Philosophie verstehen lassen und die mit jener pietistischen Inspirationstheologie wenig oder gar nichts zu tun haben, gegen die sich seine Religionsphilosophie unter dem gleichen Titel ‚Mystik' wendet. Dennoch waren die nicht ganz ohne Recht, welche vermuteten, daß Kants Bibelexegese aus praktischer Vernunft einer ‚Mystik' nahesteht. Sie gewahrten in Kants Lehre vom Faktum der Vernunft in der Gestalt des Moralgesetzes die Möglichkeit jener Versuchung, in die Kant selbst einst geraten war. Kants Abwehr ist aber nicht minder gut begründet: Die Form seiner Theorie der praktischen Vernunft war nur deshalb zustandegekommen, weil er sich gegen die Versuchung dieser Mystik gewappnet hatte.

Drei Lehren, die wenig miteinander verbindet, hat Kant unter dem Namen ‚Mystik' zusammengenommen: Inspirationstheologie, Moral-sense-Philosophie und Spinozismus. Er folgt einer auch in seiner Zeit lebendigen Tradition, wenn er sie auf Platon zurückleitet.[25] Im übrigen hat er sie aber jede für sich in besonderem Zusammenhang kritisiert; in der Religionsschrift als Illuminatismus, als Gefühlsphilosophie in der Schrift gegen Schlosser und als philosophische Quelle der Schwärmerei in einer Anmerkung der Schrift gegen Jacobi.[26] Daß noch weitere Aufklärung über ihr Wesen erforderlich sei, ist ihm wohl erst durch seinen Schüler Jachmann klargemacht worden.[27] Denn er hat die Schrift von Willmann, gegen die sich Jachmanns Werk, eingeführt durch Kants Prospec-

[24] Durch diesen Nachweis seien die Arbeiten ergänzt, deren Resultate hier im übrigen stets vorausgesetzt sind: Dietrich Mahnke, ‚Die Rationalisierung der Mystik bei Leibniz und Kant', Blätter für dt. Philosophie Bd. 13, 1939/40 S. 1—73; Hans Leisegang, ‚Kant und die Mystik', Philosophische Studien I, 1949, S. 4—28.

[25] Das geschieht vor allem in der Abhandlung ‚Von einem neuerdings erhobenen vornehmen Ton in der Philosophie'.

[26] Vgl. die ganze Abhdl. über den ‚vornehmen Ton', das dritte Stück der philosophischen Religionslehre und in ‚Was heißt sich im Denken orientieren?' die sechste Anmerkung der Abhandlung.

[27] Vgl. Leisegang a. a. O. (Anm. 24) S. 11.

tus, richtet, ihm zur öffentlichen Prüfung zugesandt, ohne in ihr ein Hindernis zu sehen, den Begleitbrief Willmanns in den ‚Streit der Fakultäten' aufzunehmen. Diese ungewöhnliche Ehrung, die Größeren begehrenswert erschienen wäre, hätte er keinem Autor gewährt, dessen Standpunkt ihm für die Kritik bedrohlich erschien. Willmanns kluge Darlegung von Kants Moralphilosophie schien ihm erheblicher als die von ihm vertretene These. Im Unterschied dazu war Jachmann davon überzeugt, daß der kritischen Philosophie von Mystik weiterhin Gefahr drohe. Der Vorwurf der Mystik gegen Kants Religionsphilosophie, verbunden mit der wirklichen Mystik, die er in den religionsphilosophischen Schriften des Kantschülers Fichte entdeckt hatte, bewogen ihn zu dieser durchaus angemessenen Beurteilung der Lage.

Wir wissen nicht, wie groß Kant selbst diese Gefahr schließlich eingeschätzt hat. Sein Text wendet sich, wenn überhaupt, so keineswegs primär gegen Fichte. Er ist kein Angriff, sondern die Abweisung einer Unterstellung, die Kant schon 1786 ‚kaum begreiflich' fand, zwischen Mystik und Kritik könne irgendeine Verwandtschaft bestehen. Dennoch enthält er programmatische Formulierungen über den Begriff der Philosophie, die in gleicher Prägnanz nirgends in Kants Werk zu finden sind. Sie kommen einer Abgrenzung gegen die idealistische Wesensbestimmung der Philosophie gleich, wenn sie auch nicht wissentlich, sondern nur in den Spuren der Sache zustandegekommen sind.

Ehe auf sie eingegangen werden kann, ist zu bemerken, daß der Prospectus nahezu kein neues Motiv in Kants Denken eingebracht hat. Schon der Aufsatz ‚Was heißt sich im Denken orientieren?' will die Rechte einer Vernunft, die im Dienste der Freiheit steht, gegen Jacobi einklagen, der die durch Spinoza und ihre Konsequenz erschreckte Vernunft unter die Vormacht des Gefühls zwingen wollte. In der Einleitung zur zweiten Auflage der Kritik der reinen und am Schluß der Kritik der praktischen Vernunft hat er sich erneut an seine durch Genialität im Denken beirrbare Zeit gewendet: Wissenschaft allein führt zur Weisheitslehre. Nur sie beugt den ‚Genieschwüngen' derer vor, welche ‚Adepten des Steins der Weisen' sind. Daß dies geschieht, hält Kant für ‚weit nötiger' als die Verfeinerung der rohen Urteile.[28] Diesen Gedanken hat Kant reproduziert, als er die philosophische Weisheitslehre der Weisheit der Mystik entgegenstellte.

Auch für alle anderen Wendungen des Prospectus, mit der interessanten Ausnahme der Zeilen 52 bis 55 des Münchener Entwurfs,[29] lassen sich andere Vorbilder nachweisen. So folgt der Gegensatz von Alchemie und Arbeit der ersten Seite der Schrift über den ‚vornehmen Ton', der Gegensatz von Aufstieg und Eingießung den folgenden Seiten derselben Schrift, die Dreiteilung des Religionsglaubens der Schrift über ‚die Religion innerhalb der Grenzen der bloßen Vernunft'.[30] Der Stil des Prospekts nimmt dort, wo er von dem spricht, ‚was die

[28] Vgl. K. d. pr. V. Orig. Ausg. S. 291.
[29] Vgl. jedoch Rel. i. d. Gr. d. bl. V. Orig. Ausg. S. 195.
[30] Vgl. vor allem die Einführung der mystischen Schriftauslegung als ‚noch eines dritten' in Rel. a. a. O. S. 164.

Frage sein könne', Wendungen der ‚Verkündigung ... eines Traktats zum ewigen Frieden in der Philosophie' wieder auf.[31]

Dennoch hat der Anlaß der Schrift, die Behauptung einer Gemeinsamkeit von Mystik und Kritik, Formulierungen hervorgetrieben, die nur hier zu finden sind. Der Begriff der Philosophie ist nicht nur als Wissenschaft, sondern nach ihrem Verfahren definiert. Sie ist der Mystik als ihrem Widerpart direkt entgegengesetzt. Der Methodenbegriff des Systems, das Kants Lebenswerk gewesen ist, tritt plastisch hervor im Kontrast mit seinem Gegenbild. Auf diese Weise gewinnt auch dies Gegenbild Schärfe und die Weite einer Bedeutung, die es aus dem engen Kreis der zunächst kritisierten Inspirationslehre löst. Formulierungen, die solches leisten, zeichnen den Münchener Entwurf vor den anderen drei Texten aus: Ob Mystik oder Philosophie, Alchemie oder Arbeit, das ist die Frage. Die Philosophie geht von der Erde zum Himmlischen aufwärts, die Mystik vom Himmel zur Erde herab.

B. *Die These des Textes*[32]

Der Lehrbegriff Kants ist der kritische Standpunkt eines Systems, dessen Ursprung, Umfang und damit Grenzen der Geltung unserer Erkenntnisse aus reiner Vernunft bestimmt. Dies System mißt unsere Vernunfterkenntnis nach ihrem *ganzen* Umfang aus und deckt die Architektonik der reinen Vernunft auf. Sein Methodenbegriff bestimmt sich in der Abgrenzung gegen den der Mathematik. Den Begriff der Philosophie bestimmen heißt jedoch mehr als Standpunkt, Systematik und Methode der Philosophie bezeichnen. Es meint, daß die philosophische Erkenntnis selbst philosophierend begriffen wird, daß zur Sprache kommt, was Philosophie selbst im Ganzen der Vernunft und der ihr möglichen Einsicht bedeutet.

In diesem Sinne hat Kant ‚Philosophie' kaum je zum Thema gemacht. Daß solches zu geschehen hat, ist eine Folge des Selbstbewußtseins alles Denkens, das seine Ursprünge auf Kant zurückleitet. Er selbst war noch einem Stil des Philosophierens verpflichtet, den sein Werk überholt hat. Schreibt er von Philosophie, so meist in einer Sprache, die sich um Eleganz müht und die Metaphern zum Leitfaden des Gedankens macht. Daß Philosophie aus einem Verständnis ihrer selbst zu ihren Sachen kommen könne, — das Gesetz des neuesten Denkens — liegt ihm so fern wie irgend möglich. Dennoch ist in der Metaphorik seiner Rede ein Verständnis eingeschlossen, das in der Zeit der Verteidigung der Kritik gegen ihre Widersacher hervortritt und im Entwurf zum Jachmannprospekt seinen konzentrierten Ausdruck findet.

Kant hat den Kritizismus präzise als eine ‚Maxime' definiert, — nämlich

[31] Vgl. den viertletzten Absatz der Schrift.

[32] Der folgende Abschnitt gibt in stark verkürzter und vereinfachter Form einen Gedankengang aus einer Vorlesung über ‚Kant und die Anfänge des Idealismus' wieder.

die, Mißtrauen gegen die Sätze der Metaphysik zu hegen.[33] Sie ist die Maxime, der Kant wirklich die Vollendung seines Werkes verdankt. Er ist aufgewachsen in einer Zeit, die im Zeichen eines Widerspiels zweier Schulen stand, in dem es nur eine Entscheidung für die eine oder die andere zu geben schien. Solche Entscheidung wurde jedoch erschwert durch das Bewußtsein, daß Philosophie bisher des sicheren Bodens entbehre. So wurde die Frage nach der eigentümlichen Methode der Philosophie zum aktuellen Thema der Jahrhundertmitte. Kant hat sie mit einer Konsequenz gestellt, die nur wenige in gleicher Weise einhielten: Früh schon war er überzeugt, daß die Wahrheit eine Vermittlung der Standpunkte des genetischen Rationalismus (Wolff) und des genetischen Empirismus (Locke) zulassen werde, und daß es nicht so sehr darauf ankomme, Fehler zu beheben als vielmehr die Quellen aufzuspüren und zu schließen, aus denen sie sich ergeben hatten.[34] Dabei müsse sich eine neue Form der Einsicht vorbereiten, welche die Metaphysik aus bloßem ‚Herumtappen' zu ‚sicherem Gang', von einem ‚Ozean ohne Grund und Ufer' ‚auf festen Boden und ein bestimmtes Gebiet' führen werde.

Gleichwohl sollte diese neue Philosophie nicht nur das Ende der alten sein. Indem Kant die Quellen ihrer Irrtümer aufsuchte, wollte er zugleich ihre Möglichkeit erklären. Sie war nicht, was ‚Mystik' ist, — bloßes Zerrbild der Vernunft —, sondern Vernunft selbst im Stadium vor der Vollendung der Einsicht. Kants Programm der kritischen Philosophie ist ebenso auf Zukunft wie auf Vergangenheit bezogen. Kommendes Denken ist immer zugleich auch Erkenntnis seiner Herkunft und eben darin Kritik. Somit ist Kants Lehre Aufklärung in einem ganz und gar wörtlichen Sinn: Sie räumt nicht Überlebtes beiseite und zwingt schlechthin Neues herbei, sondern sie bringt Licht in Bestehendes, — in Vernunft, deren Streit mit sich und dessen Möglichkeit und Sinn. Gleichwohl ist sie gerade darin Gründung von Einsicht und Hilfe für die einzige Revolution, der Kant das Wort geredet hat, — für die ‚Revolution der Denkungsart'.

Kants Urteil über die Lage der Philosophie in seiner Zeit und die Folgerungen, die er aus ihm gezogen hat, ließen ihn als Ergebnis der Kritik eine Theorie erwarten, welche sich von denen grundlegend unterscheiden sollte, die den unlösbaren Streit seiner Gegenwart bestimmten. Wenn beide genetische Theorien waren, die als Wahrheitsgrund ein einfaches Prinzip in Ansatz brachten, so versprach Kant sich den Frieden in der Philosophie nicht von einem dritten Theorem von ähnlicher linearer Verfassung. Eine Vernunft, die in sich selbst einen Streit mit guten Gründen hervorbringt, kann nicht so leicht zu überschauen sein. Kant rechnete damit, daß Vernunft vielgliedrig ist, und zwar auf eine Weise, die eine Tendenz, sich selbst verborgen zu sein, hervortreibt und auch zuletzt noch in ihrem Rechte bestätigt.[35]

[33] ‚Über eine Entdeckung, ...' zu Beginn des zweiten Abschnitts.

[34] Vgl. ‚Immanuel Kant, aus den Vorlesungen der Jahre 1762 bis 1764', ed. D. Irmscher S. 55.

[35] In Fortführung des Gedankens in Phil. Rundsch. III, 1955, S. 28 ff.

Diese Erwartung bildet sich ab in der Metaphorik seiner Rede über Vernunft in der Zeit der vollendeten Kritik. Kant gebraucht die Metaphern vom ‚Organismus' und vom ‚Gewölbe'. Beiden ist gemeinsam, nicht auf Einem aufzuruhen, sondern in der Wechselbeziehung ihrer Teile Bestand zu haben. Im Gebrauch für Kants Systembegriff verdient aber die Rede vom Gewölbe den Vorzug.[36] Denn es gibt kein Organ, von dem gesagt werden kann, daß Lebendiges auf es hin gewachsen sei. Das Gewölbe aber wird von einem Schlußstein getragen. Kant nennt ihn Freiheit.

Die Einsicht, daß Vernunft und mit ihr die Philosophie eine praktische Bestimmung haben, verdankt Kant seiner Begegnung mit Rousseau. Sie ist neben dem Begriff der Vernunft als dunklem, verzweigtem Gliederbau das zweite Moment, das zu seinem Begriff der Philosophie führt. Aber Freiheit ist der Vernunft nicht äußerlich zugeordnet wie eine Aufgabe, welche sie zu lösen hat. Zwar ragt das Gewölbe bis zum Schlußstein auf. Aber auch er gehört noch dem Gewölbe zu und trägt es sogar in einem ausgezeichneten Sinne. Freiheit ist für Kant der Begriff, welcher es erlaubt, den inneren Zusammenhang der Vernunft aufzuklären.

So kann man verstehen, wieso in Kants Begriff vom Verfahren der Philosophie Methodenbegriffe des Erkennens mit Begriffen der sittlichen Erfahrung verschmolzen werden konnten. Produkte ihrer Verbindung sind die Reden von ‚Überschritt', ‚Aufstieg' und ‚Arbeit'.[37] Von ihr sagt Kant im Münchener Entwurf, daß sie ‚automatisch' durch selbsteigenen Gebrauch der Vernunft Weisheit erlange. So definiert ‚Autonomie', der Grundbegriff der Moral, den Begriff des Ganges philosophischer Einsicht.[38] Im dunklen Gliederbau unserer Vernunft verfängt sich alles Wissen, ehe es die Frage nach seinem Ursprung stellt und dabei aufmerksam wird auf seine Bestimmung. Kritische Philosophie durchleuchtet die Architektonik ihres Gewölbes und bringt seinen Schlußstein in den Blick. Doch Freiheit muß ergriffen, nicht nur gewahrt werden. Daß dies ohne Beirrung geschehe, ermöglicht die von Illusion und Fatalismus gereinigte Metaphysik. Metaphysik wiederum ist nicht nur Sache der Wissenschaft, sondern Bedürfnis des Menschen und als solche geheimes Motiv des Dogmatismus. So vollenden sich in ihr die Freiheit selbst ebenso wie ihre Kritik, — im ‚praktisch-dogmatischen Überschritt zum Übersinnlichen', der dem Weg vom Wissen der Freiheit zur Kenntnis der Freiheit, die von sich selber weiß, gleichkommt. Das Ziel des

[36] Die Metapher vom ‚organisierten Körper' der Vernunft (K. d. r. V. B. XXXVIII) wird dann gebrochen, wenn Kant der Vernunft eine ‚Zweckbestimmung' zuschreibt. Dann ist nämlich die Bedingung der Wechselbeziehung aller Teile nicht mehr erfüllt. Das Gewölbe hat das Ausgezeichnete, daß man ihm ein ‚Ziel' zusprechen kann, das zugleich ein tragender Teil ist wie alle seine anderen.

[37] Es ist bemerkenswert, daß Kant den Begriff der ‚Arbeit', den er kaum analysiert hat, zum Methodenbegriff des Systems steigert und ihm eine Bedeutung gibt, welche Hegels ‚Anstrengung des Begriffs' in jeder Weise gleichkommt. — Vgl. nur ‚Anthropologie ...' Orig. Ausg. S. 232.

[38] Vgl. Text C, Zeile 23/24.

Weges der Philosophie ist der Gang in den Grund der Vernunft, — Aufklärung der Freiheit.

Kant hat selbst vom ‚Zirkel' der Vernunft gesprochen.[39] Diese Rede ist uns als die Programmformel des Idealismus vertraut. Kant hat sie jedoch nicht auf das Ganze seiner Philosophie bezogen wissen wollen. Er zielte mit ihr auf den Kreis der Postulate der Freiheit. Ist aber Kants Verständnis der Vernunft ausdrücklich gemacht, so ist es nicht ohne Sinn, ihr eine weitere Bedeutung zu geben. Wenn Freiheit das Gefüge der Vernunft trägt, so ist sie auch dort gegenwärtig, wo nur Vorgestalten der Wahrheit erschienen sind. Und wenn Freiheit die ‚Zweck'bestimmung der Vernunft ist, so regt sie sich schon, wo Einsicht beginnt. Der Weg des Denkens ist Fortschritt zu ihr, aus ihr und in ihr zugleich.

Der Idealismus hat daraus gefolgert, daß Philosophie von Freiheit auszugehen habe wie von ihrem Prinzip. Man kann sagen, daß Kant aus verwandter Einsicht die entgegengesetzte Folgerung gezogen hat: Weil Vernunft eine ist im Wesen der Freiheit, kann der Weg der Philosophie nur Arbeit und Aufstieg sein. Der Gegensatz beider Begriffe ist direkt, aber er ist alles andere als Beziehungslosigkeit.

Viele Jahrzehnte der Bemühung um die Geschichte des Idealismus haben die Kluft zwischen Kant und seinen Nachfolgern nicht schließen können. Vor dem Brückenschlag muß man das Eigentümliche der Ufer kennen und die Stelle finden, an der ein Gedanke der Vermittlung tragfähig werden kann. Das letzte Zeugnis, welches Kant seiner Zeit über den Sinn der Kritik gegeben hat, kann uns bei unserer Suche helfen.

[39] Vgl. ‚Preisschrift über die Fortschritte ...' Ak. Ausg. Bd. XX, S. 300, wo Kant für das System der Postulate Hegels Metapher von dem Kreis gebraucht, der in sich selbst zurückkehrt.

Friedrich Kaulbach

Weltorientierung, Weltkenntnis und pragmatische Vernunft bei Kant

An einer berühmten Stelle im Vorwort zu den Prolegomena entwirft Kant für die Leistung seiner eigenen Vernunftkritik ein Bild: Er spricht davon, daß es dieser Kritik nicht darum gehe, das Schiff der Metaphysik, „um es in Sicherheit zu bringen", auf den Strand des Skeptizismus zu setzen, wie es bei Hume geschah, sondern „ihm einen Piloten zu geben, der nach sicheren Prinzipien der Steuermannskunst, die aus der Kenntnis des Globus gezogen sind, mit einer vollständigen Seekarte und einem Kompaß versehen, das Schiff sicher führen könne, wohin es ihm gut dünkt"[1]. Ich möchte dieses eindrucksvolle Bild in der Weise ernst nehmen, daß ich wesentliche Leistungen der philosophischen Vernunft aus dem Umkreis seiner Bildlogik deuten möchte. So leitet es die Phantasie an, den Bewegungscharakter des philosophischen Denkens zu verstehen, indem es einsehen lehrt, daß dieses Denken über die Grenzen der Erfahrung hinausgegangen und in der Fahrt auf der hohen See des Unbedingten begriffen ist. Die menschliche Vernunft hat die Erbschaft einer Naturanlage übernommen, über alles Begrenzte, Bedingte und Einzelne zur absoluten umfassenden Einheit hinauszugehen: Es gibt eine metaphysische Naturanlage. Vertraut man sich ihr blind an, wie es im Falle des Dogmatismus geschieht, dann ist die Fahrt des metaphysischen Denkens gefährdet: sein Schiff gerät in den Strudel der Antinomien und muß scheitern. Um das metaphysische Denken vor diesem Schicksal zu bewahren, ist es nötig, sein Schiff mit einem Kapitän zu versehen, der sich nicht nur getrieben durch blinden metaphysischen Naturinstinkt auf die Fahrt wagt, sondern der sehend, mit Wissenschaft vorgeht. Er macht aus der Metaphysik als Naturanlage eine Metaphysik als Wissenschaft. Es ist dem metaphysischen Denken nicht vorzuwerfen, daß es über die Grenzen der Erfahrung überhaupt hinausgeht, um Absolutes zu denken: Das Schiff der Metaphysik soll ja gerade nicht auf dem Strand des Skeptizismus liegen bleiben. Was es dagegen zum Scheitern bringt, ist die blinde und unwissentliche Weise seines Vorgehens: ist insbesondere die Unkenntnis des Weges, auf welchem es allein möglich ist, die Grenzen der Erfahrung zu überschreiten und auf den Ozean des Unbedingten hinauszufahren. Der Pilot, welcher hier gebraucht wird, um das Schiff sicher führen zu können, „wohin es ihm gut dünkt", muß dessen Leistungs-

[1] Prolegomena, Vorwort. IV, S. 262. (Es wird durchgehend nach der Akademie-Ausgabe zitiert.)

kraft genau kennen und vor allem zur sicheren Bestimmung seines Weges mit einer vollständigen Seekarte und einem Kompaß versehen sein: d. h. er muß sich orientieren können. Die Aufgabe der Orientierung schließt ein, daß man einen Plan, eine Karte des Ganzen hat, innerhalb dessen man seinen eigenen Stand zu bestimmen vermag und den Weg sich vorzeichnen kann, auf dem man zu seinen gewählten Zielen hinkommen kann. In der Logik dieses Bildes kommen also die wesentlichen Bestimmungen vor: daß sich das philosophische Denken in einer Bewegung, in einem Hinausgehen über gewisse Grenzen befindet, daß es einen selbst gewählten Weg in methodischer Bewußtheit zu gehen hat, daß es den Plan des ganzen Gebietes, innerhalb dessen dieser Weg verläuft, überschaut und jederzeit seinen eigenen Stand innerhalb dieses Ganzen zu bestimmen vermag: Bewegung, Stand, Weg erweisen sich auf diese Weise als Bestimmungen, welche zum Gesamtbilde desjenigen Verfahrens gehören, das als „Orientierung" angesprochen wird. Wenn ich im folgenden das Wesen der Orientierung in einem Zusammenhang mit Weltkenntnis und pragmatischer Vernunft betrachte, so werden daher wesentliche zu ihr gehörende Charaktere, wie derjenige des Standes bzw. Standpunktes, der Bewegung und des Weges, sowie auch der Erfahrung der Vernunft mit sich selbst und an sich selbst zur Sprache kommen müssen. In diesem Aufsatz habe ich vor, den Begriff von Orientierung, den Kant selbst vorwiegend in metaphysischer Absicht gekennzeichnet hat, auch als charakteristische Leistung desjenigen Denkens zu erweisen, das als eigentümlich „pragmatische" Vernunft hervorgehen wird.

I.

Man kann einen neueren Stil in der Betrachtung des Kantischen Werkes von einem älteren auch unter dem Gesichtspunkt unterscheiden, daß jetzt Bereiche des Kantischen Denkens als wesentlich und geradezu bestimmend anerkannt und studiert werden, die man in der früheren Kant-Forschung besonders unter dem Einfluß der wissenschaftstheoretischen Werke der Neukantianer aus dem Zentrum heraus an den Rand verwies, wenn man ihnen überhaupt Beachtung schenkte. Heimsoeth, der jüngst mit einer Abhandlung wertvolle Schritte in der Erörterung des „inoffiziellen Denkens" Kants gegangen ist, weist in eine derartige Richtung im Zeichen des Titels: Kants „Weltverständnis".[2] In Frage kommt dabei vor allem ein Erfahrungsbereich, der von Kant im Zeichen der Anthropologie in pragmatischer Absicht einerseits und der physischen Geographie andererseits aufgeschlossen wurde. Ich möchte diesen Bereich derjenigen Weise von Vernunft zuordnen, die sich im folgenden als pragmatische Ver-

[2] H. Heimsoeth, „Astronomisches und Theologisches in Kants Weltverständnis". Abhandlung der Mainzer Akademie der Wissenschaften. Wiesbaden 1963. Heimsoeth hat die weltorientierende Vernunft bei Kant auch in den astronomischen und theologischen Erfahrungsbereich hinein verfolgt.

nunft herausstellen soll. Daß es sich dabei um Erfahrung von Tatsachen der Menschenwelt und der Naturwelt handelt, wird von Kant dadurch systematisch motiviert, daß jeweils in diesen beiden Gebieten verschiedene Richtungen der sinnlichen Anschauung in Anspruch genommen werden: Ist es der „innere" Sinn, welcher in der Anthropologie zum Zuge kommt, so ist es der „äußere" Sinn, der in der Geographie bestimmend ist. Es ist eine Erfahrung ganz besonderer Art, welche hier in Anspruch genommen wird: in beiden Gebieten geht es nicht um eine Erfahrung in dem Stile, wie sie in der Kritik der reinen Vernunft begründet wird. Die anthropologische und geographische Erfahrung führt nicht zur Erkenntnis von Naturgesetzen, sondern zur Kenntnis von der Welt. Welt ist der „Schauplatz, auf dem wir alle Erfahrungen anstellen werden"[3]. Weltkenntnis und Welterfahrung werden im Umgang mit Menschen und durch Reisen gewonnen. Kant selbst wollte in seinen Vorlesungen über Anthropologie einerseits und physische Geographie andererseits seine Hörer durch eine Art von Unterweisung für das richtige Kennenlernen von Menschen und Natur vorbereiten. „Wenn man demnach von diesem oder jenem sagt, er *kenne die Welt:* so versteht man darunter dies, daß er den *Menschen* und die *Natur* kenne."[4]

Die vorbereitende Unterweisung, welche Kant seinen Hörern gegenüber leisten will, geschieht nun in der Weise, daß er nach seinen eigenen Worten erst das Ganze, innerhalb dessen die selbständigen Erfahrungen des Einzelnen zu erfolgen haben, in der Idee, d. i. in der Vorstellung umreißt und entwirft. „So

[3] Einleitung in die physische Geographie, Bd. IX, S. 158:
Kant nimmt mit diesem Denken und Sprechen Anteil an einer Bewegung der Aufklärung, die durch Titel wie: „Philosophie für das Leben" (z. B. Garve), „Philosophie des gesunden Menschenverstandes" (Mendelssohn) sich charakterisiert. Das sapere aude wird Devise. Für Kant spielt auch Rousseau eine wichtige Rolle, dem er die Einsicht in den Eigenwert der unmittelbaren und einfachen, durch keine Skepsis und intellektuelle Raffinesse fehlgeleiteten sittlichen Erfahrung verdankt. Auf die Spannung zwischen dem auf hohem Kothurn einhergehenden Stil der Schule („Philosophie nach der Schule") und dem der kultivierten Sprachform der Gesellschaft („Philosophie für die Welt") hat Kant immer hingewiesen: Sie war für ihn selbst ein beunruhigendes Problem, das zu lösen er sich nur in der Weise zutraute, daß er in seinen großen schweren Werken der Schule das Ihrige gab, während er sich in den kleineren Schriften der vor- und nachkritischen Zeit vom Schulzwang löste und die Sprache der Gesellschaft sprach. Für ihn mußte die Frage des Sprechens und der Mitteilung eine ethische Seite gewinnen, insofern Mitteilung dieselbe Gesinnung verlangt, welche im kategorischen Imperativ gefordert wird; die gute Gesinnung schließt aus, daß man sich von der sittlichen Gemeinschaft, dem Reich der Geister, auch sprachlich absondert und sich in ein „privates" Dasein des Handelns, Denkens und Sprechens wegstiehlt. Man könnte den kategorischen Imperativ für die Sprache so variieren: Spreche so, daß der Stil deiner Rede Prinzip für eine allgemeine Natureinrichtung sein könnte, in der alle so sprechen müssen, wie du sprechen willst. Kant sah sich als Autor in die Spannung zwischen dem Kommunikationsethos einerseits und der Verantwortung vor der schweren Sache der Philosophie andererseits versetzt, die eine der Allgemeinheit und dem gesunden Menschenverstand unzugängliche, einsame Disziplin des Denkens und Sprechens verlangt.

[4] IX, S. 158.

ist also auch unsere gegenwärtige Vorbereitung eine *Idee von der Kenntnis der Welt.*" Welt wird nicht als ein Aggregat, als eine bloße Zusammenstellung vieler empirischer Einzelheiten in die Vorstellung aufgenommen, sondern ihr eignet ein architektonischer Charakter, sie ist System. Wo Architektonik bestimmt, da wird das „Mannigfaltige aus dem Ganzen abgeleitet". Dieses Ganze wird als die Welt, als „Schauplatz" künftiger Erfahrungen vorgestellt. Wenn wir durch eine Unterweisung solcher Art vorbereitet sind, „so haben wir bereits ein Ganzes, einen Inbegriff von Kenntnissen, die uns den Menschen kennen lehren. Nun sind wir imstande, jeder gemachten Erfahrung ihre Klasse und ihre Stelle in derselben anzuweisen."

Wenn Kant selbst betont, daß er in der „gegenwärtigen Vorbereitung" eine „Idee von der Kenntnis der Welt" zu geben unternimmt, so heißt das: er entwirft in der Vorstellung den Umriß und den allgemeinen Verlauf der Linien, welche das betrachtete Feld artikulieren. Es handelt sich um eine objektive Betrachtung, insofern dasjenige, was hier ins Auge gefaßt wird, als ein Aufbau von Dingen vom Standpunkt des objektiv vorstellenden Denkens beschrieben wird. Die Unternehmung, in welcher Weltkenntnis begründet wird, nimmt aber zugleich auch eine gedankliche Wendung zum Subjekt: sie wendet sich der Subjektivität zu. Im Grunde genommen geht es bei der Weltkenntnis nicht nur darum, jede neue Erfahrung in dem für die Vorstellung entworfenen System von Naturwelt und Menschenwelt unterzubringen und ihr eine Stelle zuzuweisen: vielmehr zielt der Gedanke darauf ab, die Stellung, den Stand des menschlichen Subjekts selbst gegenüber den Mitmenschen und der Natur zu bestimmen. Die Welt ist der Schauplatz, auf dem „das Spiel unserer Geschicklichkeit vor sich geht". In ihr müssen wir unsere Erfahrungen sammeln und sie auch wieder anwenden. Wir müssen betrachtend von ihr ausgehen und uns handelnd zu ihr zurückwenden: das bedeutet aber, daß wir unsere Möglichkeiten und Grenzen, sowie unseren Stand gegenüber der Welt begriffen haben müssen. „Damit aber das in Ausübung *könne* gebracht werden, wovon der Verstand sagt, daß es geschehen *soll:* so muß man die Beschaffenheit des Subjekts kennen, ohne welches das erstere unmöglich wird."[5]

Wenn es sich in Anthropologie und physischer Geographie also darum handelt, Welterfahrung und Weltkenntnis in Gang zu bringen, dann sind die hierzu gehörigen Überlegungen auf eine andere Ebene des Denkens zu verweisen, als diejenige ist, auf der Transzendentalphilosophie und Metaphysik ihre Stelle finden. So geht es z. B. im Bereich der Weltkenntnis darum, unseren Stand den Dingen gegenüber in derjenigen Weise anzusprechen und zu begreifen, wie sie sich aus dem Bedürfnis unserer pragmatischen Vernunft her ergibt; es kommt darauf an, „Erfahrungen" zu sammeln, um auf Grund dieser Erfahrungen unser Leben so führen zu können, wie es unsere Lebensziele und Zwecke verlangen. In der Transzendentalphilosophie und der auf ihr aufbauenden Metaphysik jedoch

[5] IX, S. 158.

geht es darum, Antworten auf Fragen zu finden, die sich mit den Möglichkeiten und Grenzen unseres Wissens und der Motivation unserer Handlungen, mit der Freiheit und der letzten umfassenden Vernunfteinheit befassen. Trotz dieses Unterschiedes der Aufgaben aber ist die Wendung zur Subjektivität beiden Wegen des Denkens: dem pragmatischen wie auch dem transzendentalphilosophischen gemeinsam. Darüber soll im folgenden Abschnitt mehr gesagt werden: Für jetzt möge festgestellt werden, daß Kant diejenige philosophische Leistung, in welcher nicht bloß ein System von Objekten vorgestellt wird, sondern in erster Linie das Stand-nehmen des Subjekts selbst gegenüber den Objekten und dem Ganzen zum Bewußtsein kommt, das als Welt die einzelnen Objekte umgreift, für die „Orientierung im Denken" voraussetzt.

In einer Erörterung über das Wesen der Orientierung[6] geht Kant von der Alltagssprache aus: Danach kommt es bei der Orientierung im geographischen Sinne darauf an, daß ich jeweils von meinem Standpunkte, den ich irgendwo an einem Punkte der Erde einnehme, die vier Himmelsrichtungen bestimmen kann. Damit werde ich an die Subjektivität verwiesen. Ich kann mich geographisch „bei allen objektiven Datis am Himmel doch nur durch einen *subjektiven* Unterscheidungsgrund" orientieren, da ich immer von je meinem Standort ausgehen und imstande sein muß, von ihm aus das „Gefühl" der Raumrichtungen, insbesondere des Unterschiedes von links und rechts zu empfinden[7]. Auch wenn ich den geographischen Begriff des Sich-Orientierens erweitere und an diejenige Form der Orientierung denke, welche Kant als „mathematische" bezeichnet, ergibt sich diese Wendung bzw. Rückwendung zur Subjektivität. Zunächst ist der Blick freilich auf Objekte im Raume und deren Beziehung gerichtet: so wenn ich mich in einem dunklen Zimmer, dessen Gegenstände ich nicht zu sehen vermag, zu orientieren habe, wobei ich aus früherer Erfahrung nur die gegenseitige Lage der darin stehenden Dinge kenne. Erkenne ich nämlich etwa durch Betasten einen einzigen in diesem Zimmer befindlichen Gegenstand wieder, so ist es mir von ihm ausgehend möglich, auf Grund der Kenntnis der räumlichen Relationen anderer Dinge zu diesem Gegenstande deren Lage auszumachen. Dabei aber muß ich ebenso wie im vorhergehenden Falle *meinen eigenen Stand gegenüber diesen Gegenständen* einbeziehen: von ihm aus nämlich muß ich die räumliche Relation der übrigen Gegenstände zu meinem angefaßten Gegenstand bestimmen können, ebenso wie ich im vorigen Falle die Erfahrung von „links" und „rechts" je von meinem Standort aus in Anspruch nehme. Auch hier „hilft mir offenbar nichts als das Bestimmungsvermögen der Lagen nach einem *subjektiven* Unterscheidungsgrunde", zumal da ich die Objekte, deren Stelle ich finden soll, gar nicht sehe. Auch die Orientierung im Denken nun, welche als dritte Weise des Orientierens von Kant betrachtet wird, zeigt dieselbe Wendung zur Subjektivität der Vernunft. Da es sich in der Philosophie darum handelt, über die Grenzen der Erfahrung hinaus zu denken und

[6] Was heißt: sich im Denken orientieren? VIII, S. 131 ff.

[7] VIII, S. 134/35.

das Feld der objektiven Erscheinungen, also das eigentliche Feld der theoretischen Erkenntnis zu überschreiten, so kann nur noch ein subjektiver Unterscheidungsgrund den rechten Weg finden und bestimmen. Die Vernunft muß ihren eigenen Stand in diesem Raume bestimmen und von diesem ihrem Stande aus vernünftige Impulse geltend machen, die in ganz bestimmte Richtungen weisen. Kant spricht in diesem Falle davon, daß das subjektive Mittel, welches hier in Frage kommt, kein anderes sei als „das Gefühl des der Vernunft eigenen *Bedürfnisses*".[8] Was es mit diesem Bedürfnis der Vernunft auf sich hat, wird später noch erörtert werden. Zunächst mag noch einmal ins Auge gefaßt werden, worin die subjektive Wendung in der Leistung des Orientierens im Denken besteht: darin nämlich, daß nicht nur die Objekte im vor-stellenden Denken intendiert werden, sondern daß jeweils unser Stand diesen Objekten und der Bühne gegenüber, auf der sie auftreten, bestimmt wird.

Solche Überlegungen zum Wesen der Orientierung, wie sie Kant in dem zitierten Aufsatz angestellt hat, beziehen sich auf den Bereich des transzendentalphilosophisch-metaphysischen Denkens: aber wie der Blick auf anthropologische und physisch-geographische Gedankengänge gezeigt hat, ist von Orientierung durchaus auch im Bereiche der Weltkenntnis zu sprechen, zumal auch das hier ins Werk gesetzte Denken die Wendung zur Subjektivität vollzieht. Über die Besonderheit des Weges, den das Denken dieser pragmatischen Vernunft, der es auf Weltkenntnis und Lebensführung ankommt, im Verlaufe ihres Sich-selbst-Orientierens geht, mag jetzt einiges gesagt werden.

So mag zunächst daran erinnert werden, daß es sich in diesem Felde um eine besondere Art der Erfahrung handelt. „Die Erfahrungen der Natur und des Menschen machen zusammen die Welterkenntnis aus ... Freilich Erfahrungen im strengsten Sinne gibt es nicht, sondern nur Wahrnehmungen, die zusammengenommen die Erfahrung ausmachen würden. Wir nehmen jenen Ausdruck hier auch wirklich nur, als den gewöhnlichen, in der Bedeutung von Wahrnehmungen."[9] Ob Kant hier Recht hat, wenn er den im Bereich der Weltkenntnis zuständigen Erfahrungsbegriff einfach nur auf die Leistung des Wahrnehmens reduziert, möge einmal dahingestellt bleiben. Im Folgenden wird sich ein Zug an dieser Erfahrung herausstellen, der ihr einen großen Vorsprung gegenüber der bloßen Wahrnehmung verleiht. Es möge vorläufig festgehalten werden, daß Kenntnis des Menschen und der Natur nicht gleichbedeutend mit der Er-kenntnis von Mensch und Natur ist und daß eine gedankliche Beschäftigung mit der Welt vom Standpunkt des pragmatischen Denkens aus keine Erfahrung im Sinne einer Erkenntnis etwa der Naturgesetze leisten kann und leisten soll. Weltkenntnis kann sich nicht auf dem Boden der Erfahrung im strengen Sinne der theoretischen Vernunft etablieren: infolgedessen gibt es in ihrem Bereiche, in welchem das pragmatische Denken bestimmend ist, auch keine im Sinne der

[8] VIII, S. 136; vgl. meinen Aufsatz: Der Begriff des Standpunktes im Zusammenhang des Kantischen Denkens, Arch. f. Philos. Jg. XII (1963), S. 14 ff.

[9] IX, S. 157.

objektiven Realität geschehende Bestimmung des Erfahrungsgegenstandes. Dafür aber nimmt die im Sinne der pragmatischen Vernunft geschehende Erfahrung eine Dimension der gedanklichen Bewegung und Entwicklung in Anspruch, in welche die theoretische Objekterfahrung nicht vorzudringen vermag. Anders gesagt: die im Sinne der pragmatischen Vernunft geschehende Natur- und Menschenerfahrung besteht wesentlich zugleich auch in einer Orientierung des Denkens. Das ist so zu verstehen:

Kant gibt zwei Quellen an, aus welchen wir Weltkenntnis und Welterfahrung im pragmatischen Sinne zu schöpfen vermögen: Die eine Quelle ist die des Umgangs mit Menschen, während die andere das Reisen ist. Kant selbst hat sich für das Letztere einen Ersatz, nämlich die Reisebeschreibung erwählt. Aus der Begegnung mit Menschen z. B. gewinnt man Erfahrungen über die Natur des Menschen, man verschafft sich Einblick in die Eitelkeit, Lügenhaftigkeit und Ehrsucht unserer Gattung. Man gewinnt Kenntnis darüber, wie sich die Menschen demjenigen gegenüberstellen, was ihr Zweck und ihre Aufgabe ist. So bildet sich eine Kenntnis der Menschen heraus: ein großer Besitz von Lebenserfahrungen steht uns zur Verfügung und ist unserm Vorstellen jederzeit präsent. Die Präsenz der Erfahrungen von Mensch und Natur in der Vorstellung entspricht einem bestimmten Zu-stand, zu dem wir auf dem Wege der Reifung unserer Erfahrungen gekommen sind: Kant spricht von der „Erfahrenheit“[10]. Um zur Erfahrenheit zu kommen, dazu muß man einen weiten Weg gegangen sein, was einschließt, daß man auch ein genügend reifes Alter gewonnen hat. Es bedarf des Fundaments der Erfahrenheit; der Weg zu diesem Fundament der Erfahrenheit muß gegangen worden sein, wenn man beim Sprechen und Denken

[10] II, S. 312. Die Tradition des Wortes geht offenbar auf Paracelsus zurück, dem es darauf ankam, daß der Arzt im tätigen Umgang mit der Physis der Menschen in den Stand der „erfarenheit und geübten practic“ komme, so daß die Dreiheit von „erfarung, wissen und kunst“ bestimmend wird: E. Metzke, Coincidentia oppositorium. Gesammelte Studien zur Philosophiegeschichte, hrsg. v. K. Gründer. Witten (Ruhr) 1961, S. 31 ff. Auch bei Aristoteles wird ἐμπειρία im Zusammenhang mit dem Beispiel des Arztes diskutiert (Met. 981 a 8 ff.). Die „Erfahrung“ allein sei freilich nur dazu dienlich, sich im Besonderen (καθ'ἕκαστον), dem „daß“ auszukennen: demgegenüber praktiziere die „Techne“ und ihr Denken, also ihre „pragmatische“ Vernunft aus der Erkenntnis des καθόλου. Der durch Techne „sich mehr Auskennende“ (σοφώτερος) weiß die „Ursachen“. Techne wird hier im Sinne pragmatischer Wissenschaft verstanden, die sich nicht von Natur aus ergibt, sondern künstlich d. h. methodisch vorgeht. Das dabei eingesetzte Wissen müsse jedoch „Erfahrung“ enthalten, weil es sonst keinen Effekt für die Behandlung des Einzelnen abgeben könnte. Der Arzt heile nicht den Menschen, sondern Sokrates oder Kallias. „Erfahrung“ stellt den Kontakt des Wissens mit dem „Besonderen“ her, sie gehört, Kantisch gesprochen, zur pragmatisch verstandenen „Urteilskraft“. Die ἐμπειρία des Aristoteles ist mehr im pragmatischen Sinne der Erfahrenheit zu verstehen als in demjenigen der „Empirie“ der neuzeitlichen Erfahrungswissenschaft. Vgl. auch Ethic. Nicom. 1142 a 16 ff., wo der pragmatische Einschlag von Metaphysik und Physik dadurch betont wird, daß sie als auf Erfahrenheit beruhend angesprochen werden: im Gegensatz zur Mathematik.

über das Leben und die Welt nicht nur „vernünftelnd", sondern vernünftig vorgehen will.

Die Erfahrenheit, welche im Bereich des Denkens der pragmatischen Vernunft ins Spiel kommt, besteht — so ergibt sich also — nicht nur in der Möglichkeit des Verfügens über erfahrene Inhalte des Vorstellens, sondern schließt auch einen Weg ein, den die individuelle Vernunft dessen, der Erfahrenheit beansprucht, gegangen sein muß; mit einem Wort: sie schließt eine Geschichte ein. Nur derjenige gewinnt den Zustand der Erfahrenheit, der den Weg dieser Geschichte gegangen ist und infolgedessen auch den Stand gewonnen hat, von dem aus es ihm möglich wird, angemessen über die Welt zu urteilen. Die pragmatische Vernunft hat Interesse an der Erfahrenheit, sie hat das Bedürfnis, das Leben überlegen beurteilen zu können und die verschiedensten Erscheinungen von Natur und Menschenwelt in einem Zusammenhang denken zu können, der freilich nicht theoretisch sein kann. So schließt die Erfahrenheit zugleich auch immer ein Bewußtsein des eigenen Standes ein, der durch Geschichte gewonnen worden ist und der den Erfahrenen jeweils in den Stand setzt, sein Leben angemessen zu führen und die Welt richtig zu beurteilen. Nicht also bloß der der Vorstellung präsente Erfahrungsbesitz, sondern auch zugleich der subjektive Stand den Dingen gegenüber wird bei der Ausbildung der Erfahrenheit bewußt: das heißt, daß es sich hier zugleich auch immer um eine Orientierung in der Welt handelt, die die pragmatische Vernunft leistet. Zu dem Bilde des Orientierens gehört, daß es sich um einen Weg handelt, der zum Stande der Erfahrenheit hinführt, daß auf diesem Wege Stationen vorkommen, die jeweils verschiedene Reifegrade der Erfahrenheit darstellen. Weiterhin gehört hierzu, daß sich von jedem Stande aus ein gewisser Horizont, eine gewisse Perspektive ergibt, welche den Blick auf vorgestellte Gegenstände eröffnet. So ergibt sich auch von hier aus ein bestimmtes Verhältnis zwischen der Vorstellungspräsenz und jeweils dem Stande, der einem bestimmten begrenzten Vorstellungshorizont angemessen ist. Da derjenige, der sich auf dem Wege der Erfahrenheit befindet, zugleich auch immer auf sich, seinen eigenen Stand zurückblicken muß, wendet er sein Denken von den Objekten zurück zu sich, zu seiner eigenen Subjektivität: Er bestimmt seinen Stand, seine Subjektivität gegenüber den Dingen der Welt: er orientiert sich.

II.

Es gibt also eine Orientierung im Denken der pragmatischen Vernunft, die eine Geschichte einschließt und sich auf einem Wege befindet, der zur Erfahrenheit von Welt und Leben führt.

Kant hat es als seine Aufgabe als akademischer Lehrer angesehen, auch die Jugend auf den Weg des pragmatischen Weltdenkens hinzuführen. In Überlegungen, die er im Hinblick auf die Erfüllung dieser Aufgabe selbst anstellt, zeigt sich seine Einsicht in den lebensgeschichtlichen Charakter, welcher der

Entwicklung der pragmatischen Vernunft eigentümlich ist. Er sieht die schwierige Aufgabe, daß er als akademischer Lehrer nicht nur den Vorstellungskreis der Jugend zu bereichern hat, sondern daß es zugleich auch den subjektiven Stand, den die jungen Hörer auf dem Wege zur Erfahrenheit des Lebens einnehmen, zu berücksichtigen gilt. So ist der Satz zu verstehen, mit dem er die Nachricht von der Einrichtung seiner Vorlesungen im Winter-Halbjahr von 1765—66 einleitet: „Alle Unterweisung der Jugend hat dieses Beschwerliche an sich, daß man genötigt ist, mit der Einsicht den Jahren vorzueilen, und, ohne die Reife des Verstandes abzuwarten, solche Erkenntnisse erteilen soll, die nach der natürlichen Ordnung nur von einer geübteren und versuchten Vernunft könnten begriffen werden." Die versuchte Vernunft: das ist diejenige, welche bereits auf dem Wege zur Erfahrenheit fortgeschritten ist. Kant selbst glaubt, daß die Antizipation späterer Erfahrungsstufen, die man bei der akademischen Jugend unternehmen muß, nur in der Weise gerechtfertigt ist, daß man an der Stelle der den jungen Menschen fehlenden Erfahrenheit wenigstens „historische Kenntnisse" vermittelt, um sie vor der Gefahr des bloßen „Vernünftelns" zu bewahren[11].

Im Vorhergehenden war von der pragmatischen Vernunft die Rede: Es ist in diesem Aufsatz darum zu tun, dieses Denken als einen besonderen und eigentümlichen Charakter der Vernunft zu erweisen und sie im Rahmen Kantischer Voraussetzungen sowohl von der theoretischen wie auch der praktischen reinen Vernunft zu unterscheiden.

Wie sich nun im Vorhergehenden herausgestellt hat, ist die Vernunft in ihrer pragmatischen Form durch solche Leistungen und Zustände wie Weltkenntnis, Erfahrenheit und Bewegung des vernünftigen Subjekts im Sinne jeweils einer Geschichte bestimmt. Es ist weiterhin im Bereiche dieser Vernunft wie auch in den andern von ihr unterschiedenen geschwisterlichen Weisen vernünftigen Denkens die Rückwendung zur Subjektivität, das Bewußtsein des eigenen Standes gegenüber der Menschenwelt und der Natur wesentlich. Es wird nicht nur Objektives vorgestellt. Vielmehr wird diese Vorstellung zugleich auch als einem bestimmten Stande geschichtlicher Entwicklung und einer bestimmten Perspektive angemessen erkannt. Der Weg, den die Vernunft auch in ihrer Form pragmatischen Denkens geht, ist ein Weg der Aufklärung. Kant will in Anthropologie und physischer Geographie eine philosophische Reflexion anstellen, in der diese pragmatische Vernunft sich selbst klar wird.

Da es nun im Bereiche der pragmatischen Vernunft darauf ankommt, Weltkenntnis zu gewinnen, um sich richtig zu verhalten, schließt diese Vernunft auch eine Erfahrung des Zweckes ein, dem Verhalten und Handeln unterworfen sind. Dieser Zweck ist der Mensch selbst. Die im Menschen mit sittlichen Ansprüchen hervortretende Menschheit zu erkennen und ihr nach allen Regeln der Weltkenntnis und Weltklugheit zur Entwicklung zu verhelfen,

[11] II, S. 305, 312.

gehört mit zum Programm der pragmatischen Vernunft: so geht pragmatische Vernunft unmittelbar in reine praktische Vernunft über. Wie der Politiker, dessen Handeln zunächst dem Bereich der pragmatischen Vernunft angehört, die Kenntnis der Zwecke, denen er dient, aus den Erfahrungen seiner praktischen Vernunft gewinnen muß, so gilt das für jedes Handeln und Verhalten unter Menschen. Pragmatische Vernunft schließt also auch Kenntnis der Zwecke ein: sie enthält sittliche Erkenntnisse, wobei es ihr allerdings nicht liegt, ihre sittlich-praktischen Einsichten in die Sprache einer metaphysischen Vorstellungswelt zu bringen, um dadurch dem systematischen Anliegen der erkennenden Vernunft zu dienen, wie es sich als die Aufgabe der praktischen Vernunft erweist. Die pragmatische Vernunft hat vielmehr eine andere Vorstellungswelt, deren Inhalte Kant eben in Anthropologie und physischer Geographie auseinanderzubreiten versucht. Es gehört zum Wesen der Vernunft überhaupt, sich in der Doppelseitigkeit von objektiver Vorstellung einerseits und subjektivem Standbewußtsein andererseits zu bewähren: aber in der pragmatischen Vernunft beschäftigt sich das vorstellende Bewußtsein mit demjenigen, was der Weltlauf zeigt, was die Menschen in ihrem Umgang an Möglichkeiten, Vorzügen und Schwächen aufweisen. Es sucht nach den Ansatzpunkten, von denen aus man im Weltgetriebe Aufklärung zu leisten und Vernunft zu realisieren vermag. Demgemäß wird auch die Subjektivität, der eigene Stand gegenüber der Welt, nicht als Stand dessen bestimmt, der sich die Dinge zu Gegenständen theoretischer Erkenntnis macht oder dem es um die Fundierung der Gesinnung in einem absoluten Sittengesetz zu tun ist: vielmehr versteht sich das Subjekt der pragmatischen Vernunft als Instanz, die unmittelbare sittliche Grunderfahrungen gewonnen, den Selbstzweckcharakter im andern Menschen eingesehen hat und vom Standpunkt seiner Welterfahrenheit die Möglichkeiten beurteilen kann, wie man sich verhalten soll, um uns selbst und die andern Menschen zur Erfüllung unserer Aufgabe in der Welt und unserer Zwecke in den Stand zu setzen. „Alle Fortschritte in der Kultur, wodurch der Mensch seine Schule macht, haben das Ziel, diese erworbenen Kenntnisse und Geschicklichkeiten zum Gebrauch für die Welt anzuwenden; aber der wichtigste Gegenstand in derselben, auf den er jene verwenden kann, ist der *Mensch:* weil er sein eigener letzter Zweck ist. — Ihn also seiner species nach als mit Vernunft begabtes Erdenwesen zu erkennen, verdient besonders *Weltkenntnis* genannt zu werden, ob er gleich nur einen Teil der Erdgeschöpfe ausmacht."[12] Im Bereich des Denkens der pragmatischen Vernunft also liegen auch Erwägungen über die Ausbildung von Fertigkeiten z. B. pädagogischer oder politischer Art. Sie gibt Fingerzeige für die Kunst, Menschen zu führen. Auf diese Weise wird die Vorstellungswelt jener Wissenschaft, die es mit der Natur des Menschen zu tun hat, also der Anthropologie, auf die Sprache der pragmatischen Vernunft gebracht, sie wird also in „pragmatischer Absicht" zur Sprache gebracht.

[12] VII, S. 119.

Der Unterschied zwischen pragmatischer Vernunft und denjenigen Denkabsichten sowohl der theoretischen wie auch der praktischen Vernunft, die auf metaphysische Vorstellungen abzielen, hat auch eine sprachphilosophische Seite: pragmatische Vernunft muß vorwiegend in der Atmosphäre der Menschengemeinschaft sprechen und wirken; daher muß sie den Stil auch gesellschaftlicher Politesse annehmen, wenn sie sich mitteilen will. Mitteilung dient ihrerseits wieder der Gemeinschaft und der Öffentlichkeit, die jeweils eine geschichtliche Erscheinung der höchsten Allgemeinheit des praktischen Vernunftzusammenhanges ist.

Eine Stelle aus einem Briefe Kants vom 30. August 1789 an Friedr. Heinrich Jacobi ist in dieser Hinsicht aufschlußreich. Aus diesem Brief geht hervor, daß ihm der Graf von Windisch-Grätz eine Abhandlung zur Kunst, Menschen zu regieren, übersandt hat. Kant läßt seine größte Hochachtung für „sein Talent als Philosoph in Verbindung mit der edelsten Denkungsart eines Weltbürgers" übermitteln. Es heißt: „In der letztgenannten Schrift ist es mir erfreulich, den Herrn Grafen von selbst und zu gleicher Zeit, was ich auf eine schulgerechte Art zu bewirken suchte, mit der Klarheit und Annehmlichkeit des Vortrages, die den Mann von der großen Welt auszeichnet, bearbeiten zu sehen."

Da jetzt der Charakter der pragmatischen Vernunft skizziert worden ist, mag noch einmal ein Blick auf das Orientierungswesen dieser Vernunft geworfen werden: Es möge nämlich gefragt werden, in welcher Weise pragmatische Vernunft die Leistung des Orientierens modifiziert. Kant hat, wie schon betont wurde, Orientierung vorwiegend im Bereich des metaphysischen Vorstellens charakterisiert. Nach seiner Überlegung spielt beim Orientieren der Rückgang auf die Subjektivität eine entscheidende Rolle. Die „Orientierung im Denken" geht zwar nicht wie etwa die geographische oder mathematische vom subjektiven Gefühl des Links und Rechts aus, sondern von dem, was Kant als „Bedürfnis der Vernunft" bezeichnet. Die Vernunft hat ein Bedürfnis nach absoluter umfassender Welteinheit und danach, diese Welt von einem unendlichen Intellekt regiert zu wissen. Wie das Raumgefühl im Bereich der geographischen Orientierung zu einer Kenntnis der räumlichen Richtungen kommen läßt, so zeigt das Denken ein Gefühl für diejenige Richtung, die über die Grenzen der bloßen Erfahrung hinausführt. Wie nun der geographisch sich Orientierende einen Stand im Raume einnimmt, den er bestimmen muß, so behauptet auch derjenige, der sich im Denken orientiert, einen Stand und stellt diesen seinen Stand in Rückwendung zu seiner Subjektivität fest. Diesem Stande entspricht ein Horizont einer Welt von Vorstellungen. Diese Vorstellungen allerdings, die vom Standpunkt des Bedürfnisses der Vernunft her zur Geltung kommen, können keine objektive Realität beanspruchen: zwar haben sie Ideencharakter und sind Objekte besonderer Art, insofern sie vor-gestellt werden. Aber dieser ganz allgemeine Objektcharakter besteht eben darin, daß sie bloße Vorstellungen sind. So eignet ihnen nicht die objektive Gewißheit beweisbarer Aussagen, sondern nur jene Sicherheit, die dem subjektiven Verhalten des „Glaubens" entspricht. Es ist freilich ein vernünftiger d. i. der vernünftigen Mitteilung im Dialog fähiger Glaube, um den es hier geht.

Will man diese Erörterungen der Orientierung auf den Fall der pragmatischen Vernunft übertragen, so ist auch hier von einem Bedürfnis des Denkens, und zwar des pragmatisch bestimmten Denkens zu sprechen. Worin würde dieses Bedürfnis bestehen? Das pragmatische Denken wäre nicht Vernunft, wenn es nicht auf seine Weise es am Ende auf eine generelle Einheit, auf einen Durchblick durch die Wege des Weltlaufes abgesehen hätte. Das Interesse der pragmatischen Vernunft geht also auch über die Grenze der hier zuständigen Erfahrungsbestände hinaus zum Horizont eines Ganzen, Umfassenden. Die Orientierung legt die Stellung der jeweils diesen Übergang vollziehenden pragmatischen Vernunft jedesmal fest und zeigt, an welchem Punkt sie angekommen sein muß, um gewisse Ausblicke und Perspektiven zu haben. In der Vorrede zur Anthropologie kennzeichnet Kant dieses Interesse der pragmatischen Vernunft: sie will den Menschen „seiner species nach als mit Vernunft begabtes Erdwesen" erkennen. Es ist ihr also darum zu tun, die natürliche Vernünftigkeit des Menschen nachzuweisen, um eine Handhabe für eine auf Vernunftzusammenhang sich berufende Übersicht über den Lauf der Welt und über die Geschichte des Menschen zu gewinnen.

In der ersten geschichtsphilosophischen Abhandlung: „Idee zu einer allgemeinen Geschichte in weltbürgerlicher Absicht" erfüllt Kant dieses Bedürfnis der Vernunft auf der Ebene der philosophischen Systematik[13]. Hier beruft er sich auf eine allgemeine „Naturabsicht", welche z. B. den Menschen als ein Vernunftwesen ausgestattet hat und den Menschen in seiner Geschichte auch dazu anleitet, nicht völlig regellose Irrwege und unberechenbare Sprünge zu tun, sondern einen vernünftig überschaubaren Zweckzusammenhang einzuhalten. Auch pragmatische Vernunft orientiert sich also schließlich an ihrer eigenen Subjektivität, ihrem Bedürfnis nach umfassender Einheit: man könnte Kantisch geradezu von einem reinen pragmatischen Vernunftglauben sprechen, den man zum Orientierungspunkt zu machen hätte. Wie der „spekulative Denker auf seinen Vernunftstreifereien im Felde übersinnlicher Gegenstände" sich an diesem Wegweiser oder Kompaß des reinen Vernunftglaubens zu orientieren hat, so muß nach Kants eigener Aussage auch der Mensch „gemeiner, doch moralisch gesunder Vernunft" seinen Weg des pragmatischen Weltbegreifens an der subjektiven Gewißheit des Vernunftglaubens orientieren.

Wollte man den subjektiven Charakter dieses Vernunftglaubens in objektive Vorstellungsinhalte umfälschen, so würde man sich auf den Weg der dogmatischen Philosophie begeben. Aber Kant wehrt sich auch im Namen von Vernunft und vernünftigem Anspruch auf allgemeine Mitteilbarkeit auf der anderen Seite dagegen, gegenüber solchen „Gegenständen" wie Gott eine unmittelbare Anschauung ins Spiel zu bringen. Diese würde im Vernunftzusammenhang jedesmal einen Sprung bedeuten. So Jacobi, der eine Konzeption von Glauben im Sinne dieser unmittelbaren Anschauung ausgebildet hat: Er hat Lessing gegen-

[13] VIII, S. 15 ff.

über von einem Sprung, den man jederzeit zu vollziehen habe, gesprochen[14]. Der Sprung läßt sich, wie Kierkegaard mit Recht betont, nicht mitteilen und in objektiver Weise dozieren. Auch Kierkegaard orientiert sich an der Subjektivität: er verlangt ein subjektives, nicht ein objektives Sprechen über Unbedingtes. Aber die Subjektivität ist hier zur absoluten Privatheit geworden, sie ist nicht wie bei Kant der Standpunkt, der sich als Anwalt einer Gott und Welt umfassenden und einigenden gemeinsamen Vernunft begreift. Wo Gemeinsamkeit der Vernunft und Mitteilung aufgegeben wird, da drohen, wie Kant in einer Analyse des hier wirkenden Mechanismus zeigt, schlimme politische Konsequenzen: dort nämlich, wo sich der Einzelne aus dem Bande der Vernunft, welche auch die Gesellschaft zusammenhält, herausreißt, um seine eigene Unbedingtheit für sich zu haben, wo er „dem Gesetze nicht unterworfen sein will, das sie (Vernunft, d. Verf.) sich selbst gibt", muß er sich unter „das Joch der Gesetze beugen", die ihm ein anderer gibt; denn ohne „irgendein Gesetz kann gar nichts, selbst nicht der größte Unsinn, sein Spiel lange treiben."[15] Bei Jacobi z. B. wird die Unmittelbarkeit des Anschauungsanspruches etwa in dem Satze behauptet, daß es die Aufgabe des Denkers sei, „Dasein zu enthüllen" und nicht zu „erklären"[16].

III.

Die Vernunft greift jeweils in den Situationen, in denen sie einer zunächst unbegriffenen, ungeordneten und einheitslosen Mannigfaltigkeit gegenübersteht, auf ihre eigene, in ihr selbst liegende einigende Kraft zurück. Sie überschreitet und umgreift diese Mannigfaltigkeit. Die Bewegung dieses Überganges leistet zugleich auch die Einigung des bisher Ungeeinigten. Die Bewegung des Einigens selbst ist ein subjektiver Prozeß, der nicht gegenständlich begriffen werden kann. Aber aus ihr resultiert jeweils eine zusammenhängende objektive Vorstellungs-

[14] Die Hauptschriften zum Pantheismusstreit, hrsg. v. H. Scholz, Berlin 1916, S. 84.

[15] VIII, S. 145.

[16] Dem entspricht z. B., wenn Jaspers betont, daß die Notwendigkeit der „Transzendenz" nicht bewiesen, sondern nur: „gezeigt" werden könne. Nur ist hier die Terminologie anders: denn Dasein ist für Jaspers gerade das gegenständliche Sein, welches er selbst wie auch Jacobi transzendieren möchte. „Daß die Welt in sich keinen Halt hat, sondern als solche im beständigen Ruin ist, kann in der Tat nur *gezeigt*, nicht bewiesen werden ..." (Philosophie I. Bd.: „Philosophische Weltorientierung". Berlin 1932, S. 40). Die Subjektivität des Transzendierens charakterisiert dementsprechend Jaspers auch dadurch, daß er sie gegen das gegenständliche Wissen abhebt, daß er sie als eine „Bewußtseinshaltung" charakterisiert (ebenda: S. 37). Für Kant ist jedoch die Bewegung der Transzendenz kein Sprung, kein salto mortale aus der Welt des Vernunftzusammenhanges heraus, sondern ein Übergang in konkretere und leistungsfähigere Einheitsbewegungen der Vernunft: dieser Übergang führt zwar von einem Standpunkt zum andern, er kann nicht durch logisches Folgern geschehen, aber aus ihm resultiert ein allgemein mitteilbarer vernünftiger Zusammenhang.

welt: sofern es sich um Gegenstände handelt, die noch innerhalb des Bereiches möglicher Erfahrung auftreten, haben sie objektive Realität im Sinne der theoretischen Vernunft. Darüber hinaus aber führt die einigende, einholende Bewegung der Vernunft zu solchen Zusammenhängen vorgestellter Gegenstände, die nicht in ein und derselben Reihe mit den Gegenständen möglicher Erfahrung aufgestellt werden können, sondern nur etwa in praktischer oder pragmatischer Absicht ansprechbar sind.

Jede Weise von Erfahrung, mag sie in der wissenschaftlichen Wahrnehmung oder auch in der Form der pragmatischen Vernunft im Umgang mit Menschen sich ereignen, bedeutet für die Vernunft eine Herausforderung zu jeweils einer angemessenen Bewegung des Einigens und des Stiftens von Zusammenhang. Auch im Bereich der pragmatischen Vernunft ist das der Fall, indem an die Vernünftigkeit der menschlichen Naturanlage pragmatisch vernünftig geglaubt wird. Um sich in dieser Weise orientieren zu können, muß die pragmatische Vernunft einen geschichtlichen Weg gegangen sein, der sie von untergeordneten Auffassungen z. B. der Menschennatur zu einem Stande hingeführt hat, von dem aus ihr die Vernünftigkeit des Menschen einsichtig wird. Es ist ein kontinuierlicher Weg, den die Vernunft hier von einem Stand zu einem andern geht, statt daß sie im Sinne der unmittelbaren Anschauung zu springen hätte. Dieser Weg führt sie etwa von einer Perspektive, in der ihr der Mensch als Objekt bloß statistischer Betrachtungen und Berechnungen erscheint, hinaus zu einem Standpunkt, von dem aus er sich als ein Produkt der freien bildenden Natur, aber noch immer als tierisches Dasein erweist: er führt weiter auch darüber hinaus, um endlich den Menschen als ein Wesen einsehen zu lehren, welches sich selbst Zwecke zu setzen vermag.

Aus dem zur Eigenart der pragmatischen Vernunft Gesagten resultiert, daß hier eine besondere Auffassung vom Sein aktualisiert wird, insofern es sich hier um eine eigentümliche Leistung des Einigens der Wirklichkeit, des Herstellens und Erfahrens von Einheit und damit auch des Prädizierens (Ist-Sagens) geht. Dabei begegnet derjenige Seinsbegriff, der sich im Sprechen der Lebenssprache ausbildet. Das bedeutet, daß die Welt der pragmatischen Vernunft mit demjenigen eine enge Verwandtschaft zeigt, was z. B. Husserl unter der „Lebenswelt" verstanden hat[17]. Kant hat nun zwar keine Methode vorgezeichnet, welcher folgend das philosophische Denken einen Begriff der Welt der pragmatischen Vernunft gewinnen könnte: das ist von seinem Blickpunkt aus verständlich, da das Wesen der Methode für ihn zu der eigentlichen „Wissenschaft" und nicht zur „Kenntnis" der Welt zu passen scheint. Aber er ist z. B. in seiner Anthropologie doch einem bestimmten philosophischen Wege gefolgt, den man etwa so kennzeichnen könnte: er hat die Charaktere der menschlichen Natur beschrieben, hat die menschliche Subjektivität mit den Augen einer Art von

[17] Husserl, „Die Krisis der europäischen Wissenschaft und die transzendentale Phaenomenologie", Haag 1954, S. 105 ff.

pragmatischer Anschauung betrachtet und den Menschen und sein Verhalten zur Welt so gezeichnet, daß der vom pragmatischen Denken angeleitete Wille zum Handeln Ansatzpunkte des Eingreifens in die Menschenwelt zu finden vermag. Dabei hat er das pragmatische Denken, welches selbst die Menschenerfahrung in Gang bringt, auf deren Basis die anthropologische Theorie erfolgte, durch Bestimmungen wie Weltkenntnis, Erfahrenheit, pragmatische Absicht, aus sich und anderen zu machen, was die Pflicht gebietet und was möglich ist, zu kennzeichnen versucht: wie sich herausgestellt hat, wird dabei auch die Leistung einer Art von Weltorientierung sichtbar. Wenn Husserl den Kantischen Beitrag zur Analyse der „Lebenswelt" in Kants Ausgang von der sinnlichen Anschauung und in der damit verbundenen Würdigung der Leiberfahrung beschlossen sieht, so weist er wohl auf einen für diese ganze Fragestellung sehr wesentlichen Ansatz Kants hin. Die Analyse der pragmatischen Vernunft muß auch die räumlich-leibliche Orientierung, von der im Vorhergehenden bereits die Rede war, einbeziehen[18]. Aber die Kantinterpretation Husserls ist doch einseitig, da sie im Zusammenhang des Weges steht, auf dem Husserl selbst zum Begriff der Lebenswelt vorzudringen versucht: er versucht nämlich die Lebenswelt als eine Art von Fundament darzutun, auf dem die Wissenschaft sich erst aufzurichten hat. Geht man diesen Weg, so erliegt man leicht der Gefahr, die sogenannte Lebenswelt vorwiegend unter dem Aspekt ihrer späteren Verwissenschaftlichung zu sehen und sie entweder rationalistisch als die noch verworrene Vorstufe der späteren deutlichen Begriffsbildung oder intuitionistisch als das erfüllte Leben zu deuten, welches bestimmt ist, von der Wissenschaft getötet, in seine Bestandteile zerlegt zu werden und dem Erkanntwerden Farbe und Ursprünglichkeit zu opfern. Sofern man berechtigt ist, die pragmatische Vernunft mit dem in der „Lebenswelt" wirksamen Denken in Verbindung zu bringen, so ist zu sagen, daß Kant hier gegenüber dem Husserlschen Ansatz im bedeutenden Vorteil ist: wie sich nämlich aus den vorhergehenden methodischen Bemerkungen ergibt, gibt Kant eine konkrete Charakteristik des Feldes, auf dem sich pragmatische Vernunft entfaltet. Die Weltkenntnis z. B. schließt den Weg von Erfahrungen ein, welche man im Umgang mit Menschen und auf Reisen oder durch Lektüre von Reisebeschreibungen gemacht hat: dazu gehört das Leben in der Gemeinschaft, die sprachliche Kommunikation; dazu gehört auch, daß ein geschichtlicher Weg des Reifens der individuellen, welterfahrenden Vernunft gegangen wird, der in den Stand sittlicher Grunderfahrungen versetzt. Auch das geschichtliche Leben, in dem die Leistungen der Kultur auftreten, gehört nach Kant mit auf den Schauplatz der Welt, mit der pragmatische Vernunft zu tun hat.

Am Schluß möge im Anschluß an die von der pragmatischen Vernunft geleistete Weltorientierung noch ein wesentlicher Charakterzug dieser Vernunft

[18] Das wäre in einer über diesen Aufsatz hinausgehenden Theorie der pragmatischen Vernunft zu leisten. Vgl. mein Buch: „Der philosophische Begriff der Bewegung", Köln-Graz 1965, S. 216 f. Ebenso meinen Aufsatz: „Leibbewußtsein und Welterfahrung beim frühen und späten Kant", Kant-Studien, Bd. 54, H. 4 (1963), S. 464 ff.

deutlich gemacht werden. Wenn nämlich betont wurde, daß diese Vernunft den Weg zu immer weiteren Standpunkten und Maßstäben der Weltbeurteilung geht, indem sie sich orientiert, so resultiert daraus: daß diese Orientierung zugleich auch immer eine Umorientierung sein muß. Jeder neu gewonnene Maßstab nämlich hat zur Folge, daß bisher Verborgenes aufgedeckt und bisherige Irrtümer und Irrmeinungen entlarvt und korrigierbar werden. Die Orientierung, welche die pragmatische Vernunft leistet, ist eine ständige Umorientierung und Entlarvung. Dem entspricht, daß auch der Weg der theoretischen Vernunft das Ziel hat, daß die Vernunft sich selbst richtig versteht, sich über sich selbst keine Illusionen macht, also sich als wahrhaftig zeigt[19].

In der theoretischen Philosophie hat die Orientierung im Denken zur Folge, daß die Vernunft nicht mehr versucht, ihre subjektiven Ideen für objektive Realität zu halten und auszugeben. Sie belügt nicht mehr sich selbst und andere. Auch die pragmatische Vernunft leistet eine Orientierung, deren Ergebnis Entlarvung und Kritik menschlichen Verhaltens ist[20]. Die Anthropologie, welche die Erfahrungen der pragmatischen Vernunft am Menschen „wissenschaftlich" darstellt, weiß aber nicht nur das scheinhafte und lügenhafte Verhalten der Menschen hell zu beleuchten, sondern vermag auch hierfür eine Erklärung aus der Kenntnis der Natur des Menschen zu geben. Auch in diesem Punkte gibt es wieder eine Entsprechung zur theoretischen Vernunft, in deren Bereich transzendentale Dialektik zu berichten weiß, daß die Täuschungen und Illusionen der dogmatischen Vernunft nicht etwa zufällige Irrwege einzelner Philosophen, sondern in der Natur der menschlichen Vernunft selbst angelegt sind.

[19] Krüger weist mit Recht darauf hin, daß die Wahrhaftigkeit eine zentrale Rolle auch in der Tugendlehre Kants spielt (G. Krüger, „Philosophie und Moral in der Kantischen Kritik", Tübingen 1931, S. 135 ff.). Mit Recht bringt Krüger die Einschätzung dieser Tugend in Zusammenhang mit dem Rousseau-Erlebnis Kants. Allerdings dürfte die Begegnung mit Rousseau in dieser Hinsicht nur bestärkend für das eigentliche und wahre Motiv der Hochschätzung dieser Tugend gewesen sein: Das wahre Motiv hierfür ist in der prinzipiellen Auffassung Kants vom Wesen der Vernunft überhaupt begründet, daß sie nämlich auf dem Wege eines immer besseren und reineren Verständnisses ihrer selbst sei.

Neuerdings ist die Schätzung der Wahrhaftigkeit belegbar auch durch die Herder-Nachschriften: „Wert der Wahrheitsliebe: 1. sie ist der Grund aller Tugend, das erste Gesetz der Natur. Sei wahrhaft! Ein Grund 2. der Tugend gegen andere, da wenn alles wahrhaft wäre, seine Unwahrheit aufgedeckt (würde) ..." (Immanuel Kant, Aus den Vorlesungen der Jahre 1762—1764 auf Grund der Nachschriften Joh. G. Herders, hrsg. von H. D. Irmscher, Köln 1964. Ergänz.Hefte zu den Kant-Studien, Heft 88, S. 149).

[20] Von hier aus gesehen führt auch eine Verbindung zur Methode der Menschenentlarvung in der Literaturgattung des Essays. Die Hochschätzung, die Kant z. B. gegenüber Bacon hegte, ist deutlich schon am Motto der Vernunftkritik zu erkennen.

Gerhard Lehmann

Diaconus Wasianski. Unveröffentlichte Briefe

Ehregott Andreas Christoph Wasianski (1755—1831) veröffentlichte in Kants Todesjahr eine Schrift: Immanuel Kant in seinen letzten Lebensjahren. Ein Beitrag zur Kenntnis seines Charakters und häuslichen Lebens aus dem täglichen Umgang mit ihm[1]. Chamberlain nennt sie ein „unvergleichliches kleines Buch[2]"; für K. Fischer ist dieses Buch „ganz wertlos"[3].

Man braucht nicht zu fragen, wer hier im Recht ist. Gewiß hat Wasianskis Darstellung keinen künstlerischen Wert, ist keine umfassende Biographie, dringt nicht in das Wesen von Kants Alterserkrankung ein[4] — doch ist das auch Hufeland nicht gelungen[5], und man erwartet nichts derartiges. Wasianski gibt einen schlichten Bericht; was er schreibt, trägt den Stempel der Wahrhaftigkeit, und hält der Nachprüfung stand[6]. Wasianski hatte keinen schriftstellerischen Ehrgeiz; wenn er von sich spricht, dann nur im Hinblick auf Kant. Von 1790, als Kant seinen häuslichen Mittagstisch einrichtete, bis zum Todestage (12. II.) 1804, war er mit Kant eng verbunden. Diese Verbindung bestand aber auch noch darüber hinaus, denn Kant hatte ihn zum Testamentsvollstrecker eingesetzt: es ist eine Nachgeschichte zu Kants Leben, von der die folgenden Briefe handeln.

Als sein Buch erschien — ein anderes hat er nicht verfaßt, obzwar eine Menge deutscher und lateinischer Gedichte —, war Wasianski Diaconus an der Tragheimschen Kirche in Königsberg. Geboren (am 3. Juli 1755) als Sohn eines Lehrers an der Kneiphofschen Domschule, studierte er an der Albertina 8 Jahre Naturwissenschaften und Medizin, sowie Theologie. 1780 erhielt er an der Tragheimschen Kirche das Kantorat, wurde 1786 Diaconatsadjunct und 1808

[1] Die Arbeit erschien als dritter Band des 1804 von Nicolovius veranlaßten Sammelwerks: Immanuel Kant. Wir zitieren nach der Ausgabe von F. Groß, Berlin o. J. (1912), S. 213-306.

[2] H. St. Chamberlain, Immanuel Kant, 2. Aufl. München 1908, S. 466.

[3] K. Fischer, Geschichte d. Phil., 3. Bd., 3. Aufl. München 1882, S. 40 (In den späteren Auflagen getilgt).

[4] Vgl. XXII 788 f. (die römischen Ziffern bezeichnen die Bände der Akademieausgabe).

[5] Vgl. XIII 475.

[6] Was man von Wasianskis Tadlern, z. B. F. W. Schubert, nicht immer behaupten kann. Zur Kontrolle seiner Angaben außer den anderen zeitgenössischen Quellen, dem Briefwechsel Kants und dem op. postumum, besonders das im Ganzen noch unveröffentlichte Konvolut L der von Reicke gesammelten Losen Blätter, zu denen auch die Mittagsbücher gehören. Vgl. XXIII 514.

Pfarreradjunct. Er starb 76jährig, nach 50jähriger Tätigkeit in seiner Gemeinde[7].

Wasianski war musikalisch und technisch begabt; beides verband sich in eigenartiger Weise: er verbesserte den aus dem Anfang des 16. Jahrhunderts stammenden Bogenflügel (Nürnberger Geigenwerk, Geigenklavier), dessen Saiten vermittelst eines Geigenbogens gestrichen wurden[8] (1790). Kant hat sich das Instrument im Herbst 1795 vorspielen lassen[9]; er mochte es allerdings nur in voller Stärke genießen[10]. Als der Physiker Ernst Chladni (1756—1827), berühmt durch seine Entdeckung der Klangfiguren, in Königsberg war, besuchte er beide, Wasianski und Kant — ein Zeichen dafür, daß Wasianski nicht nur als Prediger, sondern auch als Naturwissenschaftler in seiner Vaterstadt Ansehen genoß: die physikalisch-ökonomische Gesellschaft, zu deren Sitzungen er manchen Beitrag geliefert hatte, wählte ihn 1814 in den Vorstand[11].

Die anderen Daten sind bekannt: daß Wasianski Anfang der 70er Jahre bei Kant hörte und sein Amanuensis wurde, 1780 die Universität verließ, zehn Jahre später „auf der Hochzeit eines der hiesigen Professoren" (Pörschke) mit ihm zusammentraf, von Kant eingeladen und einer seiner regelmäßigen Tischgäste wurde. Im Spätherbst 1801 bat ihn Kant, sein Vermögen zu verwalten und ernannte ihn zum Testamentsvollstrecker („Constituire ich den Herrn Diaconus Wasianski zum Curator funeris und executor testamenti"[12]). Zwei Jahre danach gab er ihm Generalvollmacht — seine Unterschrift war „der letzte Federstrich, den Kants Hand gemacht hat"[13]. Nach Kants Tode besorgte er Leichenfeier und Begräbnis[14].

Bevor wir uns der Überlieferung der nachfolgenden Briefe Wasianskis und

[7] Zur Biographie Wasianskis siehe L. Rhesa, Kurzgefaßte Nachrichten von allen seit 1775 an den evangelischen Kirchen in Ostpreußen angestellten Predigern, Königsberg 1834, S. 5; P. Czygan, Wasianski's Handexemplar seiner Schrift: Immanuel Kant in seinen letzten Lebensjahren (Sitzungsberichte der Altertumsgesellschaft Prussia für das 47. Vereinsjahr 1891-2, 17. Heft, Königsberg 1892, S. 109—140; hier weitere Literatur der damaligen Zeit); K. Vorländer, Die ältesten Kant-Biographien, Berlin 1918, S. 24 ff. Natürlich beschäftigt sich V. auch in seinen beiden Kantdarstellungen (1921, 1924) mit der Person Wasianskis.

[8] Siehe F. Zander, Der Wasianski'sche Bogenflügel, Altpreußische Monatsschrift Bd. XX 1883, S. 492—496, Sitzung der Altertumsgesellschaft Prussia vom 21. IV. 1882. Z. hat den Klang des Instruments noch selbst gehört. — Vgl. ferner XIII 417 ff.

[9] Vgl. Wasianski a.a.O. 276. In der Wiener Logik (1794—96 datiert) findet sich XXIV 915_{7-13} ein Passus, der sich auf den Bogenflügel beziehen könnte: „Man kann auch einen Begriff a priori factitium haben, deßen materialien zwar die Erfahrung gegeben, der Begriff indeßen selbst ist gemacht worden ... So verhält es sich mit dem, der ein neues Instrument erfindet."

[10] Wasianski S. 277.

[11] Czygan, a.a.O. S. 111.

[12] XII 386, Testamentsnachtrag vom 14. XII. 1801.

[13] Wasianski, a.a.O. S. 292.

[14] Siehe dazu Warda, Immanuel Kants letzte Ehrung, Königsberg 1924.

der erhaltenen Antworten, die sich insgesamt auf die Durchführung von Kants letztem Willen beziehen, zuwenden, ist noch kurz auf die Empfänger einzugehen — nämlich auf Kants kurländische Verwandtschaft, Nachkommen seines am 22. Februar 1800 gestorbenen jüngeren Bruders Johann Heinrich: Amalia Charlotta (geb. 1775), verheiratet mit dem Sekretär *Carl Wilhelm Rickmann*, Minna (geb. 1779), verheiratet mit dem Pfarrer, späteren Probst *Carl Christoph Schoen*, Friedrich Wilhelm Kant (geb. 1781) — er war Kaufmann in Mitau und ist 1847 in Riga gestorben —, Henriette (geb. 1783), verheiratet mit dem Zollinspektor *Friedrich Stuard*. Ihnen allen standen, wie auch den Königsberger Verwandten, die gleichen Erbanteile („Erbportionen") zu. Davon handeln die Briefe ausführlich[15]. Wobei übrigens zu beachten ist, daß Kurland nicht nur Zollausland war, sondern auch eine andere Zeitrechnung hatte[16].

Die ersten beiden Briefe sind an Rickmann gerichtet und von dessen Hand abgeschrieben. Von den beiden Daten: 7. Februar 1804 und 17. Februar 1804, ist das erste falsch, denn Wasianski schildert darin seine Vorbereitungen für Kants Begräbnis. Im zweiten Briefe gibt er einen Überblick über Vermögen, Inventar und Testament Kants —, das aber noch nicht in der Abschrift des Senats vorliegt —, geht dann genauer auf Kants Ableben und auf die Begräbnisvorbereitungen ein, wobei er auch von seinem Plan, über Kants „häusliche Verhältnisse etwas zur Publizität kommen zu lassen", berichtet.

Die nächsten beiden Briefe (23. II. und 30. III. 1804) sind von Rickmanns Hand, ohne Angabe des Empfängers. Sie sind wohl an Kants Neffen gerichtet. Sicher ist das nicht; da aber aus dem Briefe vom 30. III. hervorgeht, daß Stuard nicht der Empfänger sein kann, käme nur noch Pfarrer Schoen in Betracht. Aus dessen Nachlaß stammen freilich alle vorliegenden Briefe. Doch ist es unwahrscheinlich, daß er der Adressat ist, weil die Ausdrucksweise, in der hier über die Transferierung des Geldes gesprochen wird, viel eher auf einen Geschäftsmann, wie es Friedrich Kant war, als auf einen Pfarrer schließen läßt[17]. Dann hätte allerdings Friedrich Kant damals — 22jährig — schon verheiratet gewesen sein müssen. Darüber ließ sich nichts ermitteln.

Das nächste Schriftstück (vom 27. IV. 1804) ist ein von Wasianski geschriebenes Zirkular an alle Kurländischen Erben, in welchem diesen — die ihn nun endlich zum Bevollmächtigten in den Erbangelegenheiten ernannt hatten (er habe sich „dem Befehle derselben" gefügt) — die Form der Geldüberweisung genau beschrieben und darauf hingewiesen wird, daß sich Kants Vermögen unter

[15] Vgl. XIII 567 f., sowie Vorländer, Immanuel Kant, der Mann und das Werk II, Leipzig 1924, S. 340.

[16] Bei den Datierungen Wasianskis findet sich öfter: N. St. (neuen Stils) bzw. kommt im Text auch vor A. St. (alten Stils).

[17] Siehe besonders den Passus Rickmanns: „Bey Ihrer beyderseitigen Bekanntschaft und Connexion in Libau, und vielleicht gar in Königsberg, muß es Jedem von Ihnen leicht seyn, dort ein tüchtiges Subject zum Bevollmächtigten aufzufinden . . ." Der Mitgemeinte ist natürlich Stuard.

seiner Administration um $^{1}/_{5}$ vermehrt habe[18]. Auch wird ersichtlich, daß Wasianskis Buch über Kant zu diesem Zeitpunkt noch nicht beendet ist.

Nach einem, hier nicht wiedergegebenen, Briefchen von der Hand Stuards, dessen Empfänger nicht genannt ist — offenbar ein Begleitschreiben oder Teil eines solchen zur zurückgesandten, von Stuard unterschriebenen Vollmacht (wahrscheinlich an Rickmann) mit dem Datum des 29. August 1804 — folgen vier Briefe Wasianskis an den Pfarrer Schoen: vom 14. März 1806, 21. Juni 1806, 29. Januar 1807 und 20. Februar 1807, die z. T. von zeitgeschichtlicher Bedeutung sind, und auch Angaben zur Frühgeschichte des Nachlaßwerkes enthalten.

Da Wasianski nicht ruhig sein konnte, solange er ein Geschäft noch vor sich hatte, wie er im Briefe vom 21. Juni 1806 schreibt, hat er auch von den inzwischen erfolgten Todesfällen (Lampes und Kants jüngster Schwester) sofort Nachricht gegeben und die entsprechenden Zahlungsänderungen veranlaßt. Schlicht und eindrucksvoll wie Wasianskis Schilderung der letzten Tage Kants, ist auch seine Beschreibung des Todes von Kants Schwester (am 28. Januar 1807). Lampe, dessen Entlassung zu den aufregendsten Ereignissen des Jahres 1802 gehört hatte und von Wasianski in seinem Buche ausführlich beschrieben worden war, ist 73jährig in Insterburg an Entkräftung gestorben: seine Witwe, die nach dem ersten Testament 200 Gulden erhalten hätte, war jetzt auf die Unterstützung von Kants Verwandten angewiesen, um die sich Wasianski auch treulich bemüht. —

Kants Biographie ist nunmehr erschienen und in der (Neuen) Allgemeinen Deutschen Bibliothek gehässig besprochen: wie Wasianski vermutet, von Nicolai selbst, was er dann im Briefe vom 21. VI. 1806 widerruft („... bin ich mit Sicherheit belehrt, daß nicht Herr Nicolai der Verfaßer der Rezension ... ist"). Doch hat Adickes anhand der Chiffre nachweisen können, daß er sich darin täuschen ließ[19]. In beiden Briefen weist Wasianski mit Genugtuung darauf hin, daß ihn ein Herr von Kotzebue, „den ich garnicht kenne", im Freimüthigen[20] „mit seiner Unterschrift vertheidiget" habe.

Wie Borowski, Jachmann und Hasse[21], hatte auch Wasianski in seiner Kantbiographie über das nachgelassene Werk Kants, an dem dieser bis zum Februar 1803 gearbeitet hatte, berichtet. Er war es, der das Manuskript dem Hofprediger Schulz zur Beurteilung vorlegte[22]. Als Schulz von einer Herausgabe abriet, ging es nicht — wie die übrigen Handschriften Kants — in den Besitz von Gensichen

[18] Zur Jurisdiktion des v. Lesgewangschen Stifts vgl. X 389 ff. und XXIII 491 ff. sowie die dazugehörigen Erläuterungen.

[19] E. Adickes, Kants opus postumum, Berlin 1920, S. 5.

[20] „Der Freimüthige oder Ernst und Scherz", die von Kotzebue und Merkel herausgegebene Zeitschrift.

[21] Letzte Äußerungen Kant's von einem seiner Tischgenossen, Johann Gottfried Hasse, Königsberg 1804, jetzt in: Der alte Kant, Berlin und Leipzig 1925, S. 24.

[22] Wasianski, a.a.O. S. 294.

über, sondern wurde den Verwandten, also dem Pastor Schoen, überlassen. Darauf nimmt unser Briefwechsel Bezug. Aus dem Briefe vom 14. März 1806 geht hervor, daß Schoen die Absicht hatte, das Manuskript zu bearbeiten; im Briefe vom 21. Juni wird eines Aufrufes von Buchholz (vom 11. April 1805) gedacht, der „mit einer unnachahmlichen Kraftsprache die Herausgabe (des Nachlaßwerkes) im Namen Europas und der Menschheit, also auch der Hindus und Otaheiter" gefordert habe.

Schoen hat nicht nur eine Gegenerklärung gegen Buchholz aufgesetzt, in der er zum Schluß auch auf Nicolais Kantverunglimpfungen hinweist, sondern er hatte wohl auch die beste Absicht, das opus postumum zu redigieren[23]. Natürlich ist er damit nicht weit gekommen; nach seinem Tode (1854) fand man das Manuskript in seiner Bibliothek unter Büchern vergraben. Und es beginnt nun die Odyssee des Nachlaßwerkes, denn Dr. Haensell, ein Enkel Schoens, der es veräußern wollte, pflegte es auf seinen zahlreichen Reisen mitzunehmen.

Er nimmt auch, neben einer Reihe anderer Papiere, die Wasianskibriefe an sich und vermacht sie 1906 der Preußischen Akademie unter der Bedingung, daß sie in den „Kantstudien" zur Veröffentlichung gelangten. Dazu kam es jedoch nicht. Vaihinger, der um diese Zeit seine Philosophie des Als Ob zum Druck vorbereitete[24], schickte die Materialien nach 10 Jahren unbenutzt zurück: „Ich hätte ... den Ausweg ergreifen können, die Manuskripte durch einen Anderen ... veröffentlichen zu lassen, aber einerseits wußte ich keine dazu geeignete Persönlichkeit, andererseits suchte ich auch nicht ernstlich nach einer solchen, da ich doch Anstand nahm, die Manuskripte einem Fremden anzuvertrauen. Auch schien es mir zweifelhaft, ob ich das mir selbst zugestandene Recht der Veröffentlichung resp. Bearbeitung einem Anderen übertragen dürfte. So blieb die Sache liegen."[25]

Im gleichen Jahre (1916) begann E. Adickes mit den Vorarbeiten zu seinem Buch über Kants opus postumum. Da Schoens Nachlaß außer unseren Briefen auch die Abschriften bzw. Auszüge Schoens aus dem opus postumum enthielt[26], nahm er die Materialien an sich, und brachte im ersten Teil seines Buches aus den beiden Briefen Wasianskis an Schoen einige, sich auf das Nachlaßwerk beziehende Stellen zum Abdruck[27].

Von hier aus sind die Papiere dann in den Besitz von P. Menzer gelangt, dem Bearbeiter des Kantischen Briefwechsels. Der überaus wertvolle 4. Band des Briefwechsels (Bd. XIII: Anmerkungen mit Ergänzungen und Register) gibt in den Erläuterungen zu Nr. 4 der „Handschriftlichen Erklärungen Kants"[28] aus

[23] Vgl. XXII 755—758.

[24] Die erste Auflage der Philosophie des Als Ob erschien 1911 ohne Nennung des Autors, die zweite dann 1913.

[25] H. Vaihinger in einem Briefe an B. Erdmann vom 8. 2. 1916.

[26] XXII 755 ff.

[27] Vgl. Adickes, a. a. O. S. 6 ff.

[28] Es handelt sich dabei um Kants Testament XII 382—390.

Wasianskis Brief an Schoen vom 29. I. 1807 den über den Tod von Kants Schwester handelnden Abschnitt, „da wir so wenige Nachrichten über Kants nächste Verwandte haben"[29]. Vielleicht hat Menzer die Wasianski-Briefe zum Zwecke einer späteren Veröffentlichung in oder außer der Akademieausgabe zurück behalten. Jedenfalls gab er sie mir vor seinem Tode, und ich habe ihn in diesem Sinne verstanden. Die wenigen bei Menzer und Adickes abgedruckten Sätze vermitteln ja kein rechtes Bild von den Briefen selbst. Deren wissenschaftlicher Wert ist nicht groß, gewiß. Aber durch ihren Gegenstand bilden sie ein Ganzes: man erhält durch sie nicht nur bestimmtere Vorstellungen von Kants Kurländischen Verwandten, sondern auch von der damaligen Zeit. Besonders den letzten Brief Wasianskis (vom 20. 2. 1807), auf den wir nicht einzugehen brauchten, weil er für sich selbst spricht, und der uns mitten in die damaligen Kriegswirren hineinversetzt, wird man nicht ohne Erschütterung aus der Hand legen.

Nicht zuletzt vermitteln sie uns auch ein treffliches Bild von Wasianskis Charakter.

Abschrift.

Hochedelgeborner Herr,
Insonders Hochzuehrender Herr Kreis-Sekretär.

Vielleicht wird Ew. Hochedelgebornen durch Dero Frau Schwiegermutter, der Frau Pastorinn Kant, an welcher ich vor einiger Zeit so dreust war, zu schreiben, das Verhältniß bekannt seyn, in welchem ich mit Herr Profeßor Kant stehe, nämlich, daß ich das Glück gehabt habe, seit langer Zeit sein ausgezeichneter Freund zu seyn, und er mir im Leben sein Vermögen, die Besorgung seiner häuslichen Angelegenheiten, und überhaupt alles mit dem vollsten Zutrauen anvertrauet hat. Auch noch über die Grentzen seines Lebens hat er dieses Zutrauen ausgedehnt, und mich zu seinem Curator funeris und Executor Testamenti ernannt. In dieser Qualität habe ich die Ehre, Ihnen seinen erfolgten Tod, der ein sanftes Hinschlummern war, ergebenst anzuzeigen. Einliegende Billete werden Ihnen das Nähere sagen. Ich werde die Eröfnung des Testaments beschleunigen, und darüber sogleich vorläufige Nachricht ertheilen, und die Abschriften an Dero Familie von Seiten des akademischen Senats, bey dem seine letztwillige Dispositionen niedergelegt sind, an die Intereßenten gelangen laßen, und im Fall, woran ich gar nicht zweifle, Dero Frau Gemahlin an dem Nachlaß participiret, Dero Verhaltungsbefehle erwarten.

[29] Siehe XIII 568.

So wie ich vernehme wird die Solennitaet den Klopstockschen Leichenzug vielleicht übertreffen. Die studierende Jugend hat mir ihren Plan zur Approbation vorgelegt, den ich recht gut finde. Sie wird am Begräbnißtage, den ich noch nicht bestimmt habe, mit 5 Chören Musick eine auf gedruckten Zetteln bekannt gemachte Tour nehmen, auf derselben werden die gesammten Landes Kollegien und UnterKollegien sich anschließen, dann wird die Leiche in der akademischen oder Domkirche niedergesetzt, die Dilettanten und Sängerinn eines musikalischen Instituts eine Cantate aufführen, einer von den hiesigen jungen Studierenden eine Rede halten, und denn die Leiche ins Profeßor-Gewölbe gesetzt werden. Ob, und wie viel von diesem Plan in Erfüllung gehen wird, werde ich künftig vielleicht zu referieren die Ehre haben. Ich empfehle mich mit dem Wunsche, daß Gott die Ihrigen erhalte, und Sie mit denselben lange und froh vereint durch's Leben gehen, und wenn Ihre und derselben Stunde schlägt, so sey Ihr Ende so sanft, so schmerzlos wie des Vollendeten, deßen Verlust ich mit nie gekannter Empfindung bedaure. Ich habe die Ehre mich hochachtungsvoll zu unterzeichnen

Ew: Hochedelgebornen

ergebener

Wasianski.

Königsberg
d. 7. Febr: 1804
mit erster abgehender Post.

Prediger bey der Tragheimschen Kirche.

Abschrift.

Hochedelgeborner Herr,
Insonders Hochzuehrender Herr Kreis-Sekretär!

Vermuthlich werden Ew. Hochedelgebornen meinen Brief worin ich Denenselben den Tod des Herrn P. Kant zu melden die Ehre hatte, erhalten haben. Ich halte es für Pflicht, sobald als möglich, auch bey den jetzt so dringenden Geschäften, denenselben von dem Vermögen des Verstorbenen und seinen Dispositionen über daßelbe nach seinem Tode vorläufige Eröfnung zu machen. Schon seit langer Zeit hat mir Herr P. Kant Alles anvertraut, und ein Zutrauen auf mich gesetzt, das nicht unbegrentzter seyn kann, und wenn ich es gleich nicht in dem Grade verdiene, so glaube ich mich doch desselben nicht unwürdig ge-

macht zu haben. Ich habe gethan, was ein Freund am andern thun muß, und werde auch nach dem Tode des Unvergeßlichen mich seines Zutrauens würdig machen.

Als dem ältesten Schwiegersohn des Herrn Bruders des Verstorbenen, werde ich, zur Vermeidung einer vielfachen, Zeit raubenden, Correspondenz mich stets an Ew. Hochedelgebornen wenden, in der Hofnung, daß dieselben den übrigen resp. Intereßenten die gehörige Notize zukommen laßen werden.

Das Vermögen des Herrn P. Kant bestand, in dem Augenblick seines Todes, in folgenden Papieren:

1.)	Ein Wechsel vom Handlungshause Green Motherby et de Drusinna	— 21 500 —
2.)	Eine Obligation auf Garbenimken	— 18 000 —
3.)	Eine Obligation auf die Zuckerraffinerie	— 6 000 —
4.)	dito	— 6 000 —
		— 51 500 —
5.)	Baares Geld über	— 500 —
	Summa	52 000 —
	Sein Haus ist schuldenfrey, kostete ihm 6000 fl., und der Bau 2000 — wenn beym Verkauf dieselbe Summe herauskommt	— 8 000 —
	Summa Summarum:	— 60 000 —

Seine Mobilien sind, wie man sie bey einem unverheyratheten Philosophen, der den Luxus verachtete, vermuthen kann, von sehr wenigem Belange, und durch den vieljährigen Gebrauch beynahe zerstört. Also circa 60 000 fl. oder 20 000 rthl. wäre sein Nachlaß; wenn aus der Meublen-Auction die Begräbnißkosten sollten bestritten werden: welches aber wohl nicht möglich ist, wenn seine Sachen nicht als Reliquien des großen Mannes, oder als Sachen, die ein pretium affectionis haben, bezahlt würden. Von seinem Vermögen gehen, laut Testament und zwey Nachträgen zu demselben, auch zwey schriftlichen, den Landesgesetzen gemäße, eigenhändig hinterlaßene, Vermächtnissen — so viel ich mich aus der am Mittwoche vollzogenen Publication deßelben erinnere — denn die Abschriften sind noch nicht ausgefertigt — 13 250 fl. ab; die übrigen 46 750 fallen an seine hiesige Schwesterkinder und seine Kurländische Brüderkinder zu gleichen Theilen. Da hier gerade 4 Schwesterkinder, und in Kurland 4 Brüderkinder sind, so trift auf jedem der achte Theil. Dieser Theil wird aber, laut Testament, nicht gleich ganz ausgezahlt. Ein Capital von 100 rth. jährlicher Intereßen, für seine leibliche Schwester, die noch lebt, und ein anderes, das jährlich 40 Rthl. giebt, als Pension für seinen entlaßenen ehemaligen Bedienten, bleibt zurück. Nach dem Absterben dieser beyden pensionirten Personen fallen diese Capitalien zu gleichen Theilen an seine Schwester- und Bruder-Kinder. Ich darf es nicht erinnern, daß diese unvollkommene Anzeige, ohne vorliegendem

Testamente, nur eine vorläufige Uebersicht seyn soll — daß Begräbnißkosten, Theilungsgebühren, Collateral Stempelbogen, Detractgelder, und die wenigen Schulden, als einige 80 Rthl. Lohn, das die Dienstbothinn hat stehen laßen, Beytrag zur Feuerkasse, u. d.gl., eine obgleich nicht bedeutende, Änderung machen werden. Die Abschriften des letzten Willens sollen bald von Seiten des Senats erfolgen. Das kleine Inventarium der vorhandenen Sachen ist schon aufgenommen. Die Versiegelung hat HE. P. Kant, im Zutrauen auf mich, verbeten. So lange dieser Mann, den die Welt ehrt, und zu dessen Leiche die ganze Stadt zu Tausenden täglich wallfahret, noch so viel körperliche Kraft hatte, daß er noch sicher allein gehen konnte, war er mit seinem sehr treuen Bedienten, der ganz für ihn geschaffen war, und seiner Dienstbothinn allein im Hause; da er aber aus Schwäche einige Fälle in der Stube gemacht hatte, so beredete ich ihn, seine Schwester ins Haus zu nehmen, die eine Friseurwittwe ist. Am 8. October wurde er durch einen Zufall, eine Art von Schlagfluß, befallen, von dem er sich zwar etwas, aber nicht ganz erholt hatte, seit dieser Zeit mußte stets Jemand bey ihm wachen, sein Bedienter eine Nacht, und sein Schwestersohn, der Schumacher Kroehnert, in der zweyten, ein Mann in bittrer Armuth, ob durch seine Schuld, mag ich nicht entscheiden. Ich gab ihm für jede Nacht einen halben Preußischen Thaler, damit er seine Familie nicht dürfte darben laßen. So übergab ich den Herrn Profeßor in seiner Schwäche seinen nächsten Blutsfreunden; weil sie theils die nächste Verpflichtung dazu hatten, theils auch Zeugen seiner Behandlung von meiner Seite seyn konnten, da ich nicht nöthig hatte, Zeugen zu scheuen. Ich denke über seine häusliche Verhältniße etwas zur Publizität kommen zu laßen, um denen, die von ihm nähere Umstände zu wissen verlangen, ein Genüge zu leisten. Seine Hülle wird sehr spät der Erde übergeben werden, nämlich Montag den 27. Februar. N. St., oder 15. A. St., weil die Zurüstungen der Universität so viel Zeit rauben. Alle Collegien werden folgen, und jeder Oberstaab der Regimenter. Ein mit schwarzem Manchester beschlagener Sarg wird seine Hülle einschließen. Statt des sonst vergoldeten Wapens wird eine Idee von mir ausgeführt werden: nämlich, eine Urne höchst fein lakirt auf Blech, in der Farbe des Serpentinsteins, mit zwey vergoldeten Griffen, Schlangen im Zirkel, als Symbole der Ewigkeit; auf diese Urne kommt mit edelgeschwungenen Buchstaben die kurze Inschrift, „Cineres mortales immortalis Immanuelis Kantii"; am Fußende ein lakirtes blechenes Medaillon, mit der Inschrift, „Orbi datus d. XXII Apr. 1724, ereptus d. XII Febr. 1804. — Vielleicht erreicht dieser Brief Ew. Hochedelgebornen noch vor diesem Tage.

In dem Briefe, den ich ehedeß von Dero Frau Schwiegermutter mit den erforderlichen Familien-Nachrichten erhielt, wird der Demoiselle Henriette Kant beym HE. Pastor in Baldon erwähnt. Ich habe zwar einen Brief gefunden, in dem Herr Inspector Stuard seine Verlobung mit ihr meldet, von der Hochzeit aber ist mir nichts bekannt; dahero durfte ich an Herrn Stuard nicht schreiben: doch, glaube ich, wird die Nachricht ihm durch Ew. Hochedelgebornen, vermittelst der beygelegten Billete, geworden seyn. Ich ersuche Ew. Hochedelgebor-

nen ergebenst, nach erhaltener Abschrift mir Dero Willensmeynung, über die Vollziehung des Testaments und Auseinandersetzung der Erben, wissen zu laßen, und hauptsächlich, ob ich die Capitalien zur Ueberschickung aufkündigen soll.

Der Wechsel ist am Neujahr auf ein Jahr prolongiret, und die ingrossirten Gelder müssen halbjährlich aufgekündiget werden. Endlich ersuche ich Ew. Hochedelgebornen, von dem Inhalte dieses Briefes den übrigen Geschwistern Dero Frau Gemahlinn Notize zu geben; jedoch gütigst hinzuzufügen, daß das darin Enthaltene nur unvollkommene vorläufige Nachricht ist. Der Mangel an Zeit, und die Länge des Briefes, so wie die späte Nachtzeit, in der er geschrieben, werden den Mangel an Zusammenhang entschuldigen, den ich selbst empfinde. Ich rechne auf gütige Nachsicht, und bin mit der ergebensten Hochachtung

Ew. Hochedelgebornen

ergebener Diener
Wasianski.

Königsberg
d. 17. Febr. 1804.

Roth-Pommusch, am 23. Februar. 1804.

*S. T.**

Auch ich habe, mittelst Schreibens des Diaconus Wasiansky, die Anzeige von dem Ableben des Herrn Profeßors Kant, sowie noch einen zweyten Brief, der unter andern auch vorläufige Nachrichten über seine letzte Willensverordnung etc. etc. enthält, erhalten. Beyde Zuschriften bekam ich zu gleicher Zeit, und habe sie auch schon beantwortet. Von demselben folgen richtige Abschriften, zu Ihrer nähern Information, mein Theuerster, hiebey —. Da der Herr Diaconus, wie Sie in seinem zweyten Schreiben zu bemercken belieben werden, mit mir einen directen Briefwechsel über diese Sache zu unterhalten wünscht: so habe ich von ihm über Manches, das zur Bestimmung der weitern Maasregeln mir zweckdienlich geschienen, nähere Erkundigung einziehen zu müßen geglaubt, und auch bey ihm angefragt: ob er nicht zum Bevollmächtigten der hiesigen Erben sich wolle constituiren laßen? Das Zutrauen, welches der seelige Oncle in ihm gesetzt, sowie das unpartheiische Intereße, das er, als Vollzieher des Testaments, für die Erben, rechtlicher Verpflichtung gemäß, haben muß, — scheinen, meiner unmaßgeblichen Meynung nach, ihn am beßten dazu zu qualificiren. Sobald ich von ihm die Beantwortung meines Schreibens erhalte, werde ich nicht anstehn,

* *Sine Titulo*

Ihnen alles getreulich zu referiren, und von Ihnen entweder Ihre Zustimmung, oder einen anderweitigen Vorschlag in dieser Hinsicht erwarten —. Sie werden finden, daß die Erbportion jedes Erben deductis deducendis circa 1100 Rthl. und etwas darüber betragen möchte. Bey einer so geringfügigen Summe von hieraus einen Bevollmächtigten nach Koenigsberg zu schicken, scheint mir ein sehr kostspieliges Unternehmen zu seyn. Ich für mein Theil könnte ohnehin diesem Geschäft mich um so weniger unterziehen, da ich Roth-Pommusch, das verkauft ist, auf Johannis verlaßen, und wahrscheinlich, wenn ich nicht ein eben solches Engagement oder eine gute Arrende attrapire, nach Mitau ziehen werde, um mich und die Meinigen durch die Praxis aurea zu ernähren; mithin also eine so weite Reise und ein wahrscheinlich langwieriger Aufenthalt in Koenigsberg meiner Familie zu nachtheilig werden möchte. Ihre Meynung das Geld ohne Abzug, und also auf einem andern als dem rechtlichen Wege, herauszuziehen, scheint mir wegen dem Risico, das man dabey hat, mißlich; doch werde ich Ihnen darüber meine Meynung, sobald ich von Wasianski, bey dem ich auch angefragt: „welchen Kosten wir uns bey Heraushebung der Gelder zu unterziehen hätten"? — Antwort erhalte, schreiben —. Ich glaube der Abzug ist nur 10 Procent.*

So wenig ich auch Ihre Sache en détail kenne, so bin ich doch immer der Hofnung gewesen, daß Sie felix Poßeßor bleiben würden; um so angenehmer ist's mir, daß ich durch Ihre Äußerung in dieser angenehmen Hofnung bestärkt worden, — und ich wünsche Ihnen schon im Voraus von Herzen Glück dazu, sowie nach überstandenen Stürmen ein ruhiges und zufriednes Leben!

Leben Sie wohl, mein Theuerster! Von meiner Lotte die herzlichsten Grüße und Küße an Ihre Gattinn; ich aber werde jederzeit mit freundschaftlicher Hochschätzung seyn

Ihr

*ergebenster Fr: u. Dr:***
Rickmann.

* Dahinter: *Alb.?* (Albertusthaler?)
** *Freund und Diener*

Roth-Pommusch, am 30. März. 1804.

S. T.

Wahrscheinlich werden Sie wohl schon, mein Theuerster, von Stuard, meiner Bitte gemäß, die an ihn von mir gesandte Abschrift des an mich eingegangenen Wasianskischen Briefes, vom 20. März N. St., deßen Inhalt unter andern auch unser gemeinschaftliches Intereße betrift, erhalten haben —?

Der Ehrenmann will die Vollmacht, aus mancherley ihm wichtig scheinenden Gründen, nicht annehmen. Es versteht sich von selbst, daß er nur bevollmächtigt werden könnte, die Sache dort für uns zu reguliren, und mit dem Gelde nach unsrer Instruction zu verfahren; übrigens aber immer verpflichtet blieb, die General-Rechnung mit den erforderlichen Belegen uns zur Genehmigung vorzulegen, wie es denn auch wohl immer der Fall seyn müßte, wenn wir uns nicht der Discretion des zu constituirenden Bevollmächtigten Preis geben wollen: mithin wäre also diese Bedenklichkeit um so unzureichender, da die Stuard bereits verehelicht, und daher in rechtlicher Hinsicht majoren ist, auch nie zu einer Pupillen-Behörde — welches er aber freilich nicht wißen konnte — untergeben gewesen, und solchem nach sämmtliche hiesige resp. Erben frey und ohne irgend eine Rücksicht in der Sache zu handeln volle Befugniß haben. Wichtiger für ihn scheinen die Bedencklichkeiten bey diesem Geschäft in Betref der Koenigsbergschen Erb-Intereßenten, und der wenigen Discretion dieser Leute zu seyn; daher ich ihm seine rationes dubitandi in Ansehnung unsrer wohl benehmen, aber eben wegen der resp. Königsberger auch nicht weiter in ihn dringen werde —.

Den Vorschlag des Herrn Diaconus, „mich zum Bevollmächtigten der hiesigen Erben constituiren zu laßen, und in Gemäßheit deßen das Weitere zu besorgen", — muß ich aus mancherley zureichenden Gründen, und besonders wegen meiner gänzlichen Unbekanntschaft in Koenigsberg, der scheinbaren Unmöglichkeit, dort irgend eine Connexion erlangen zu können, und der weiten Entfernung von da, gänzlich von mir ablehnen. Sie, mein Theuerster, oder Stuard qualificiren Sich, andere Rücksichten unanerwogen, auch schon wegen der vorangeführten weit beßer hierzu als meine Wenigkeit. Bey Ihrer beyderseitigen Bekanntschaft und Connexion in Libau, und vielleicht gar in Koenigsberg, muß es Jedem von Ihnen leicht seyn, dort ein tüchtiges Subject zum Bevollmächtigten aufzufinden. Alle gegenseitige Nachrichten und Erkundigungen sind schneller und leichter zu geben und einzuziehen; und hiernächst auch Ihr Plan, das Geld ohne Abzug, und also durch Hülfe von Kaufleuten, herauszubekommen, nur dann ausführbar, wenn Einer von Ihnen die Sache dirigirt. Ich bitte Sie daher solchemnach ergebenst, mit Stuard deshalb zu conveniren, und mir gelegentlich darüber das Weitere wißen zu laßen —. Uebrigens versteht es sich von selbst, daß alle Kosten, die der hiesige Bevollmächtigte haben könnte, bis auf die kleinsten gemeinschaftlich getragen werden müßen.

Aus der Abschrift des Wasianskischen Briefes werden Sie ersehen haben, daß die Detractgelder nur 10 p. c. sind. Wenn man das Geld ohne Abzug heraus-

ziehen könnte, wäre es eine gar schöne Sache; nur müßte der Plan von geübten Sachverständigen, und dennoch sehr vorsichtig, angelegt und ausgeführt werden: damit der Fiscus mit seinen Argus-Augen ihn nicht durchschaut, und mit seinem eisernen Arm ihn nicht vernichte —. Durch Handlungshäuser ist, meines unmaßgeblichen Dafürhaltens, wohl der sicherste Weg.

Wir empfehlen uns Ihnen beyderseits aufs freundschaftlichste, und ich bin jederzeit

Ihr

ergebenster Fr: u. Dr:
Rickmann.

Den sämtlichen respektiven
Curländischen Erben
des verstorbenen HE. P. Kant.

Ich bin durch das Zutrauen, daß dieselbe in mich setzen zwar äußerst beschämt, werde aber auch keinen Augenblick anstehen, mich dem Befehle Derselben zu fügen, und es mit dem grösten Vergnügen zugeben, daß eine Vollmacht auf mich zu Regulirung der Erbschaft aus gefertiget werde; jedoch nur unter der Einzigen Bedingung, daß von keinem Honorario unter welcher Gestalt und auf welche feine und schonende Art dasselbe auch immer übermacht werden möchte, nie die Rede mehr sey.

Ich entwerfe hiezu folgenden Plan. Es wird eine Vollmacht auf mich, den Diaconus Ehregott Andreas Christoph Wasianski, von allen Vier Erbinteressenten eigenhändig unterschrieben, nach dortiger Form ausgestellet. Ich übersende von der v. Lesgewangschen Jurisdiktion ein offizielles Zeugniß, daß die Belege in natura existiren. Von den hiesigen Erben unterschreibt Einer die Summe, wie viel er auf sein Antheil erhalten. Da Acht Erbinteressenten sind, so geht die massa dividenda in 8 gleiche Theile. Jeder Curländische Erbe erhält, den Detrackt von 10 p. c. abgerechnet, dann eben so viel. Ich erhalte nach vorhergegangener Anzeige des Quantums die Quittungen von Jedem vor Absendung des Geldes. Spedire das Geld durch das Handlungshaus Friedrich Conrad Jacobi an das mir, von jedem Erben angezeigte Handlungshaus in Curland. Nach erhaltenem Gelde erhalte ich die General Decharge meiner Funktion von jedem besonders. Die Vollmacht erstreckt sich zugleich auf gleiche Befugniß beym Tode der Mad. Theurin und des Lampe, auf gleiche Art, wenn Umstände nicht eine Aenderung machen, zu verfahren. Sollte dieser Vorschlag von allen resp. Erbinteressenten genehmiget werden, so erwarte ich diese Vollmacht vor dem 17 Sept. N. St. d. J. An diesem Tage gehen die ersten Gelder, und den 1 Jan. 1805 die letzten ein.

Daß bey der Unbekanntschaft mit dem Grade des Zutrauens den die resp. Erben in mich setzen meine anfängliche Weigerung etwas Entschuldigung verdiene, werden Dieselbe selbst einsehen, so wie, wenn die Versicherung desselben keine bloße Aeußerung der Höflichkeit und Feinheit ist, und Sie es sich alle gefallen laßen, daß beyde Funktionen eines Rechnungsablegers und Abnehmers in einer Person vereinigt werden können; so muß ich es mir zur Ehre rechnen, von denselben damit beehrt zu seyn. Bloße Versicherungen strenger Redlichkeit kan auch ein unredlicher Mann geben. Glauben also die resp. Erben, daß HE. P. Kant sich in meiner Person, nach einer genauen Prüfung und vieljährigem täglichem Umgange, nicht geirrt habe. Nehmen Sie es als einen Beweis meiner guten Administration seines Vermögens an: daß in den letzten Sechs Jahren sein baares Geld, bey vermehrten Ausgaben und verminderten Einkünften um ein Fünftheil vermehrt worden, so glaube ich dieses, obgleich außerordentlichen Zutrauens derselben, nicht ganz unwürdig zu seyn. Bey meinen jetzt so sehr gehäuften Geschäften, da ich eine Geschichte der letzten Lebensjahre Kants noch überdem auf dringendes Anrathen des Publikums und meiner Freunde bearbeite glaube ich in der Maaßregel: dieses Blatt circuliren zu laßen, Entschuldigung zu finden. HE. Kant hat freylich noch nie an mich geschrieben und seinen Empfangschein über das Testament nicht eingeschickt. Sollte dieser einer andern Gesinnung seyn, als die übrigen drey Interessenten, so habe ich nichts dawider, wenn er seine Vollmacht einem andern überträgt. So groß das Zutrauen der resp. Erben in Curland gegen mich seyn mag, so soll es doch nicht die Verehrung und Hochachtung übertreffen, mit welcher ich die Ehre habe zu seyn

der resp. Erben
des HE. P. Kant
ergebenster Diener
Wasianski.
Exc. Test.

Königsberg
d. 27. April. N. St.
1804.

Sehr Werthgeschätzter Herr
Bruder.

Gestern d. 13. März N. St. kam die Frau des ehemaligen Bedienten des verstorbenen HE. P. Kant, Martin Lampe aus Insterburg an, und überbrachte mir einen Todtenschein von dem dortigen Prediger dem HE. Diac. Bauer, nach welchem Lampe am 7. Febr. an der Entkräftung im 73 Lebensjahre mit Tode abgegangen ist. Ich eile mit der nächsten Post, Ihnen diesen Todesfall und die mit demselben verbundene Theilung der zum Pensionsfond für den verstorbenen Lampe ausgesetzten Tausend Thaler anzuzeigen. Ich ging sogleich zu HE. Conrad Jacobi und gab demselben den Landschaftsschein von 1000 Rthl. gegen Empfangschein mit der Bitte, solange derselbe 2 p. c. Agio gilt umzusetzen, denn nach der Nachfrage nach Landschaftsscheine gelten dieselben bald 2, bald 1½ p. c. Ich ersuche Sie hiemit ergebenst so bald als möglich eine Anzeige davon den resp. Miterben zu machen mir von denselben das Haus anzuzeigen, an welches HE. Jacobi die nach Curland fallende 500 Rthl. nebst Agio und Zinsen a 4 p. c. v. 1 Jan. 6 an dieselbe auszuzahlen habe. Mit der nächsten Post geht also nach erhaltener Anweisung das Geld an jeden mit 125 Rthl. nebst Agio und Zinsen ab. Die hiesigen Erben offeriren sich etwas der dürftigen Wittwe des Lampe zu geben, sollte eine Kleinigkeit der Curl. resp. Erben derselben gleichfalls zum Begräbniß, da Lampe nur 2 Jahre die Pension genossen, bestimmt werden, so will ich gerne die Besorgung des Auszahlens übernehmen. Sollten Sie es genehmigen, so könte ich die kleine mir jetzt entfallene Summe der Auslagen für übersandte Schriften, wofür HE P. S. Graewel bis jetzt nichts entrichtet hat, von dem Ihnen zufallenden Quanto abziehen. Wie weit sind Sie mein Theurer mit der Bearbeitung des Manuskripts gekommen? Ist aus demselben noch Etwas, und Was zu machen? oder qualifizirt es sich blos als Reliqvie des großen Mannes für die acad. Bibliothek?

HE Nicolai (höchst wahrscheinlich) ein abgesagter Todfeind Kants, den auch der Tod nicht einmal versöhnen konte, hat in der A. D. Bibliothek, die, wie man sagt ihr (Gott gebe seliges) Ende mit dem Jahre 1806. erreicht hat, aus Neid und Haß gegen den großen Man alle seine Biographen, die es sich nur beikommen ließen E t w a s Gutes von Kant zu sagen, an den Pranger gestellt; besonders aber mich, der ich die sonst unbemerkten Züge seines edlen Herzens genauer zu beobachten Gelegenheit gehabt habe, und sie blos durch Anführung der Thatsachen, ohne eben viele Resultate daraus zu ziehen, angeführt habe, nicht sowohl in Absicht aufs Materiale und Formale der Schrift, welches doch nur für den Rezensenten gehört, als vielmehr auf meinen Character losgezogen. Polemick ist mir von je her verhaßt gewesen, und meine Ueberzeugung, daß ich Kants Freund und nicht sein Kammerdiener wie HE. Nicolai behauptet, gewesen bin, und als Freund ohne Wegwerfung Kant seine letzten Leiden durch freundschaftlichen Beistand erleichtert habe, überhebt mich der Selbstvertheidigung. HE v. Kotzebue, den ich gar nicht kenne, hat mich im neuesten Stück des

Freimüthigen gerechtfertiget. Besser, daß es ein Anderer als ich gethan habe. In der Zeitschrift Borussia habe ich auf besondere Aufforderung der Redaction einen kleinen Aufsatz über Kants Familie und seine ersten Jugendjahre, von denen kein Biograph etwas, oder mit Wahrheit gesagt hat, einrücken lassen, wobei ich die, in Abschrift an Sie abgesandte Familienurkunde**, benutzt habe. Die andern Umstände sind theils aus Erzählungen Kants, theils seiner noch lebenden Schwester genommen.*

Die hiesigen Erben, die immer Geld nöthig haben, wünschen die Auszahlung je eher, je lieber, ich habe, theils um 2 p. c. Agio für die Landschaftsscheine zu erhalten, theils um noch die 4 p. c. Zinsen für die Curl. resp. Erben nicht zu verliehren, sie bis auf Antwort aus Curland vertröstet. Da sie aber das volle Recht haben, gleich nach dem Tode des Lampe ihren Antheil zu fordern, so müssen die Curl. Erben Sich doch den kleinen Verlust einiger Groschen gefallen lassen, wen Ihr Capital, im Fall die hiesigen auf schnelle Auszahlung bestehen, bis zur Abholung steril liegt. Denn in die Banque die 500 Rthl. zu geben belohnt für die kurze Zeit nicht der Mühe und der Kosten des Stempelbogens. Ich erwarte baldige Antwort, und bin mit der vollkommensten Hochachtung gegen Dero Fr. Gemahlin

und
Ew. HochEhrwürden
Dero
ergebenster Diener
Wasianski.

Königsberg
d. 14. März N. St.
1806.

Sehr werther Freund.

Sogleich nach erhaltenem Todtenschein aus Insterburg über das Absterben des Lampe, machte ich Ihnen denselben mit der ersten Post bekant. Ich dehnte jenes frühere Übereinkommen unter uns: mich an Sie als Repräsentanten der resp. Kantschen Erben, als den von mir am wenigsten entfernten zu wenden, auch auf diese Vertheilung aus, und befolgte die damals beobachtete Observanz, bey Übersendung des Geldes durch fremde Hände ins Ausland, mir die Quittungen über dasselbe im Voraus zu erbitten. Ich vermerckte in meinem Schreiben,

* In der Handschrift: *Redacteur*

** Diese *in Abschrift abgesandte Familienurkunde* befindet sich im Besitz der Deutschen Akademie der Wissenschaften zu Berlin (Akademie-Archiv).

daß die hiesigen Erben auf augenblickliche Umsetzung des Pfandbriefes von 1000 Rthl. und schleunige Auszahlung ihres Antheils drängen, so wie, daß die Hälfte, als Antheil der resp. Curl. Erben bereit und bei HE Jacobi steril liege. Nach erhaltenem Briefe von Ihnen zahlte HE Jacobi die 11 Rthl. an Sternberg aus und wollte das Geld übersenden. Ich äusserte aber gegen ihn den Wunsch, daß er, da Sie mir Hofnung machten, a Dato Ihres Briefes nach 4 Wochen die Quittungen zu verschaffen, er mit der Übersendung so lange anstehen möchte. Allein diese Quittungen sind bis jetzt noch nicht erfolgt. Durch eine frühere Verlegenheit in die mich HE Friedr. Kant durch Verzögerung des Scheines über die Übersendung des Kantschen Testamentes setzte, behutsam gemacht, widerrief ich meinen Wunsch nicht, und in der Überzeugung das Meine mit möglichster Schnelligkeit gethan zu haben, ließ ich die Sache auf sich beruhen, indem ich glaubte, eben dadurch die resp. Curl. Erben desto eher zur Übersendung der Quittungen zu vermögen. Da ich aber aus dero gütigen Zuschrift vom $^{4}/_{16}$ Mai abnehme, daß Sie diese meine Absicht nicht vermuthet haben, so gehe ich von der Regel ab, daß Geld ohne Quittung ins Ausland abzusenden, indem ich von des edlen Kants edlen Abkömmlingen keine Erschwerungen des mir vom Verstorbenen aufgetragenen Geschäftes vermuthe, mit der heutigen, als der nächsten Post nach erhaltenem Briefe von Ihnen, das Geld durch HE Jacobi, an das von Ihnen mir angewiesene Haus Harmsen u. Söhne in Liebau abzusenden. Die dem HE Jacobi von Ihnen aufgetragene Disposition über Ihren Antheil geht heute gleichfals in Erfüllung. Mit derselben heutigen Post übermacht derselbe, die der Wittwe Lampe gütigst accordirte Summe von 10 Rthl. von den Curl. Erben so wie 1 Frid'or und 1 Alb. Thaler von dem hiesigen nach Insterburg. Durch meine Schuld wünschte ich nicht auch nur einen Augenblick die Auszahlung verzögert zu wissen, so wie ich auch glaube Ihrer Anweisung gemäß Alles gethan zu haben; bitte aber auch von Ihrer Seite gütigst die Quittungen zu besorgen.

Ich kan nie ruhig seyn, wenn ich nur Ein Geschäfte vor mir habe. Auch bei Übersendung der ersten Summe habe ich nicht Einen Tag gezögert. Derselbe Neujahrstag, an dem der Motherbysche Wechsel fällig war, war auch der Auszahlungstag an HE Jacobi und meine Rechnung war, bey gehäuften Festarbeiten, auf den Tag berechnet, und geschlossen. Von Ihrer Billigkeit und Güte erwarte ich die Lossprechung von aller Schuld des Aufschubs. So viel hiervon. —

Später bin ich mit Sicherheit belehrt, daß nicht Herr Nicolai (dem Kant seine Schriften nicht in den Verlag geben wollte und der daher sein Widersacher wurde) sondern HE Friedrich Buchholz, derselbe, der mit einer unnachahmlichen Kraftsprache die Herausgabe im Namen Europas und der Menschheit, also auch der Hindus und Otaheiter des Manuscripts forderte, das Sie in Händen haben, der Verfaßer der Rezension in der allgemeinen deutschen Bibliothek ist. Sie hat allgemeinen Unwillen erregt und HE v. Kotzebue, den ich gar nicht kenne, hat mich in dem Freymüthigen mit seiner Unterschrift vertheidiget.*

* In der Handschrift: *das Manuscript* (mit Adickes).

Leben Sie, Theurer mit Ihrer lieben Gattin, der ich mich Sie zu empfehlen bitte, und die Ihnen neue Vaterfreuden geschenkt hat, glücklich, glücklicher, als wir hier leben, bei denen der Preis der nothwendigsten Bedürfniße seit der Zeit meiner 19jährigen häuslichen Einrichtung um 75 p. c. gestiegen. Brod, Fleisch, Holz, besonders Butter sind ¾ im Preise gestiegen und die Blockade unserer Häfen macht sie immer mehr steigen. Butter von der der Stein à 32 ℔ sonst 9—11 fl. kostete galt im Winter 50 fl. und jetzt in der wohlfeilsten Zeit 32 fl. Gott behüte jeden Theologen vor dem Unglück, Prediger in einer großen Stadt zu werden, deren Loos der jetzige Geist des Zeitalters und die Vernachläßigung nicht allein des äussern Cultus, sondern aller Religion, so traurig macht. Heyl Ihnen, daß Sie die Schätze der Natur aus der ersten Hand dieser freygebigen Mutter erhalten, die wir erst aus der Hand schändlicher Wucherer entgegen nehmen müßen. Gott laße Ihr Glück an der Hand Ihrer Gattin und der Natur von langer Dauer seyn, einen aufrichtigen Antheil daran nimt

Ihr

aufrichtiger Freund
Wasianski.

Königsberg
d. 21. Junii 1806.

Sehr werthgeschätzter Freund
und Bruder

Meiner Pflicht gemäß habe ich die Ehre Ihnen den gestern Abends um 6 Uhr an der Brustwassersucht und Entkräftung erfolgten Tod Ihrer Tante, der Madame Theurin hiedurch ergebenst anzuzeigen. Am vorigen Montage d. 26 ließ sie mich eiligst zu sich bitten, um mir anzuzeigen, daß sie sich dem Tode nahe fühlte und mir noch das letzte Lebewohl sagen wollte. Ich verweilte lange bey ihrem Sterbebette, fand sie im vollsten Bewußtseyn ihrer selbst, unterhielt mich mit ihr auf eine angenehme und lehrreiche Art, denn sie dachte an die ihr nahe bevorstehende Veränderung mit einer Heiterkeit, die nur denjenigen, der seine Religion durch Ausübung in ihrer Kraft kent, in diesem entscheidenden und wichtigen Augenblicke nicht verläßt. Mit einem herzlichen Händedruck und aufrichtigem Dank für meine Achtung und Zuneigung zu ihr, die sie als eine würdige Schwester des großen Kants mir abdrang, schieden wir gerührt von einander und den folgenden Mittwoch d. 28 schlummerte sie sanft hinüber.

Dieser jetzt erfolgte Todesfall legt mir die letzte Pflicht als Testamentsvollzieher unseres Kants auf, das zu ihrer lebenslänglichen Pension aufbehaltene

Capital von 2500 rthl dem Testamente Kants gemäß unter seine 8 Erben zu vertheilen. Es kommen von dieser Summe 1250 rthl nach Kurland und auf jeden 312½ rthl und zwar in Landschaftsscheinen, die im heutigen Dato 2 p. c. Agio stehen und nach der Schlacht bey Auerstedt mit 2 p. c. Damno in Cours waren. Mit den dabey befindlichen Coupons wird zugleich der Zinsenbetrag vom 1. Jan bis zum Tage der Absendung jedem Erben zu Theil. In diesen Pfandbriefen von 1250 rthl ist bereits das Antheil für die resp. Kurl. Erben an HE Conrad Jacobi ausgezahlt, und ich bin dadurch vor aller Schuld einer etwannigen Verzögerung der Auszahlung gesichert. Wenn es Ihnen lästig werden sollte; so wie bisher bei den übrigen beyden Zahlungen, den Todesfall der Madame Theurin den übrigen resp. Erben anzudeuten und in meinem Namen sich eine General Quittung und völlige Decharge von meinem Testamentsvollzieher-Geschäfte zu erbitten, so erwarte ich hierüber mit umgehender Post Ihre bestimte Erklärung, und werde es mit der grösten Eile selbst thun. Ein Stillschweigen von Ihrer Seite soll mir aber eine Antwort seyn, daß Sie, wie Sie Sich Selbst anheischig zu machen beliebten, dieses Geschäfte nach wie vor zu über nehmen die Güte haben werden.

Unsere bisherige Verbindung naht sich ihrem Ende, mein Wunsch bey demselben ist, daß es mit dem Beyfalle der resp. Erben gekrönt wäre und meine Bitte, daß Sie mit allen die Sie die Ihrigen nennen nicht vergeßen den alten Freund Kants, der auch hochachtungsvoll sich nennt den*

N. S. Ich erbitte mir den
Namen des Hauses, wo das
Geld addressirt werden soll.

Ihrigen
Wasianski.

Königsberg
d. 29 Jan. N. St.
1807.

* In der Handschrift: *seinem*

*Sehr Werthgeschätzter Freund
und Bruder.*

Der Feind ist vor unsern Thoren 70,000 Russen wollen die Stadt vertheidigen, mehr als 20,000 liegen in der Stadt, die Wälle sind mit Kanonen besetzt alle Landstraßen wimmeln von Truppen, und die Anzahl der Marodeurs ist unzählich 3 bis 9 werden täglich erschoßen, diese kritische Lage macht es mir bedenklich auf dem Wege, den Sie mir gütigst vorschlugen das Geld an Sie für alle Erben, wozu ich nicht bevollmächtiget bin, zu übersenden. Ich habe es nicht wagen dörfen, da man sagt, der Feind ziehe sich nach Memel um die Russen von ihrem Vaterlande abzuschneiden, an einen, obgleich sichern und wohlhabenden Man die ganze Summe ohne Einwilligung der übrigen Erben zu übermachen. Ich überschicke Ihnen demnach die Quittung über das Ganze, behalte die Ihrige, und mache Herrn Jacobi den Auftrag Ihr Quantum ungesäumt an das von Ihnen mir angewiesene Haus, nemlich an Herrn Postsecretair Sternberg abgehen zu laßen. Mit derselben Post schreibe ich zu gleich an jeden resp. Erben, und erbitte mir eine bestimmte Anweisung und vorläufige Quittung, wohin ich das Geld auf Gefahr der Erben überschicken kan. Ich bin wie ein Schiffer ohne Schif im Sturm dem Untergange hingegeben, meine schöne Kirche, sowie die meisten der Stadt sind Lazarethe, deren es jetzt hier 32 giebt, in welchen nach der Schlacht bey Prß. Eylau 17,000 waren zu denen noch 8000 hinzu kamen 50,000 Leichen liegen noch bey Eylau und Schmoditten unbegraben. Die Schlacht die d. 8 und 9 geliefert wurde übertrifl an Todte alle die je geliefert worden. Marengo Austerlitz und Jena haben bey weiten nicht so viel Todte und Bleßirte gehabt. Die Russen und Preußen haben das Schlachtfeld behauptet, aber vor Entkräflung, da kein Pferd mehr fortging und kein Fußgänger mehr stehen konte, die Vortheile des wenig entscheidenden Sieges nicht verfolgen können. Die Theurung ist aufs höchste gestiegen und es ist kein Brod bey den Beckern zu bekommen. Man fürchtet für die Zukunfl Hungersnoth. Soviel von unserer Lage, und den Gründen warum ich ohne Handschrifl der übrigen Erben nicht alles Geld schicken kan. Leben Sie glücklicher als wir und bedauern Sie den, der mit ganzer Seele sich nennt

*Ihren
Freund und Bruder
Wasianski.*

*Königsberg
d. 20 Febr. 1807.*

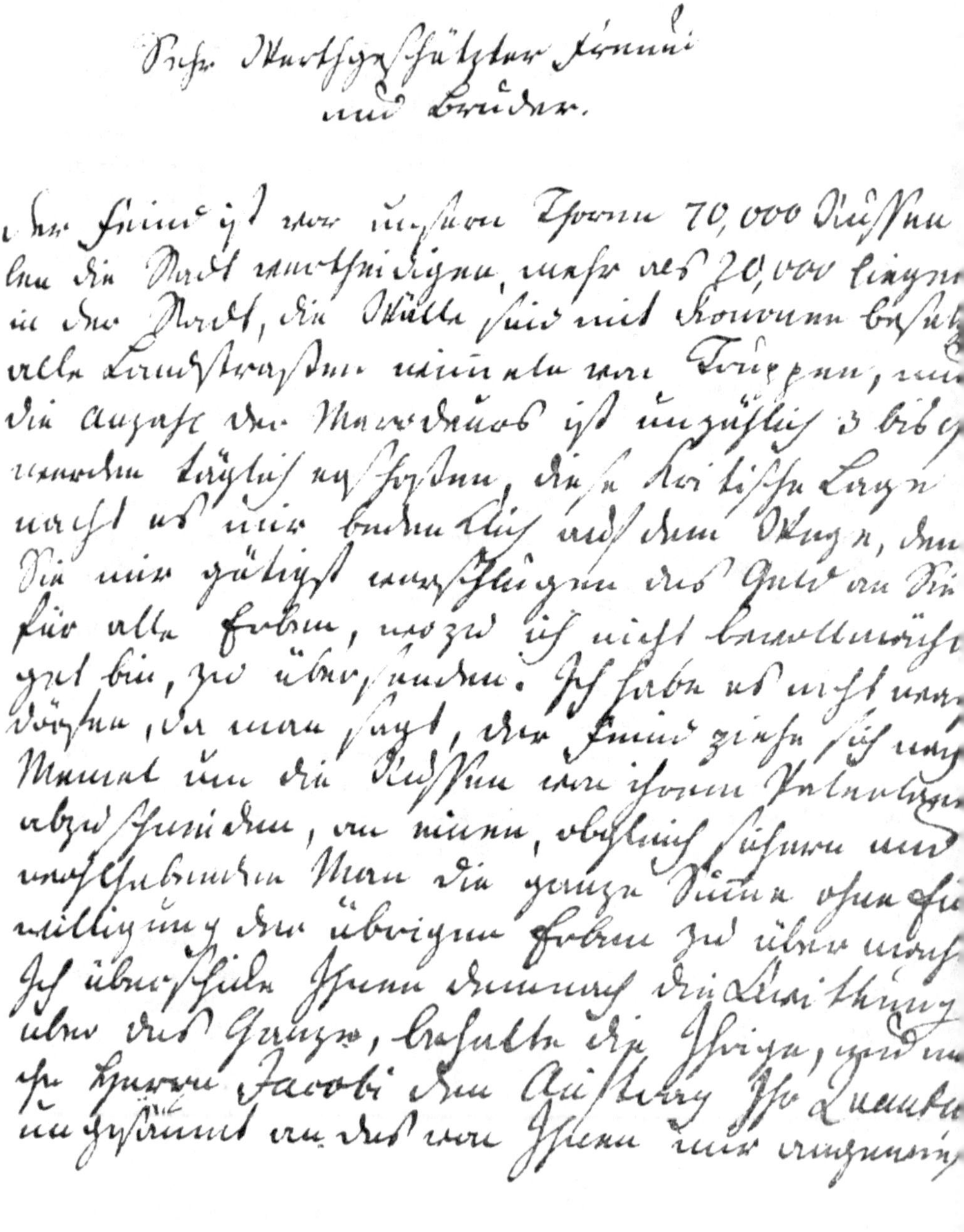

an Hand, nemlich an Herrn Postsecretair Stern-
berg abgehen zu lassen. Mit demselben Post schrei-
be ich zu gleich an Jachm. resp. [illegible], und erbitte
mir eine bestimmte Anweisung u. [illegible]
Quittung, wohin ich das Geld aus Geschäfte der Er-
ben übersenden kann. Ich bin noch ein Schiffbrü-
chen Schiff im Sturm dem Untergange hingege-
ben, meine schöne Kirche, sowie die meisten
der Stadt sind Lazarethe, denn es giebt hier
32 [illegible], in welchen nach der Schlacht bey Pr. Ey-
lau 17,000 [illegible] zu denen noch 8000
hinzu kommen. 50,000 Leichen liegen noch bey
Eylau u. Schmoditten unbegraben. Die Schlacht
die d. 8 u. 9 geliefert wurde übertrifft an [illegible]
te alle die je geliefert worden. Marengo
Austerlitz u. Jena haben bey weitem nicht
so viel Todte u. Blessirte gehabt. Die Russen
und Franzosen haben das Schlachtfeld behaup-
tet, aber vor Entkräftung, da kein Theil
mehr fortging und keiner sich zum [illegible]
stehen konnte, die Vortheile des wenig entschei-

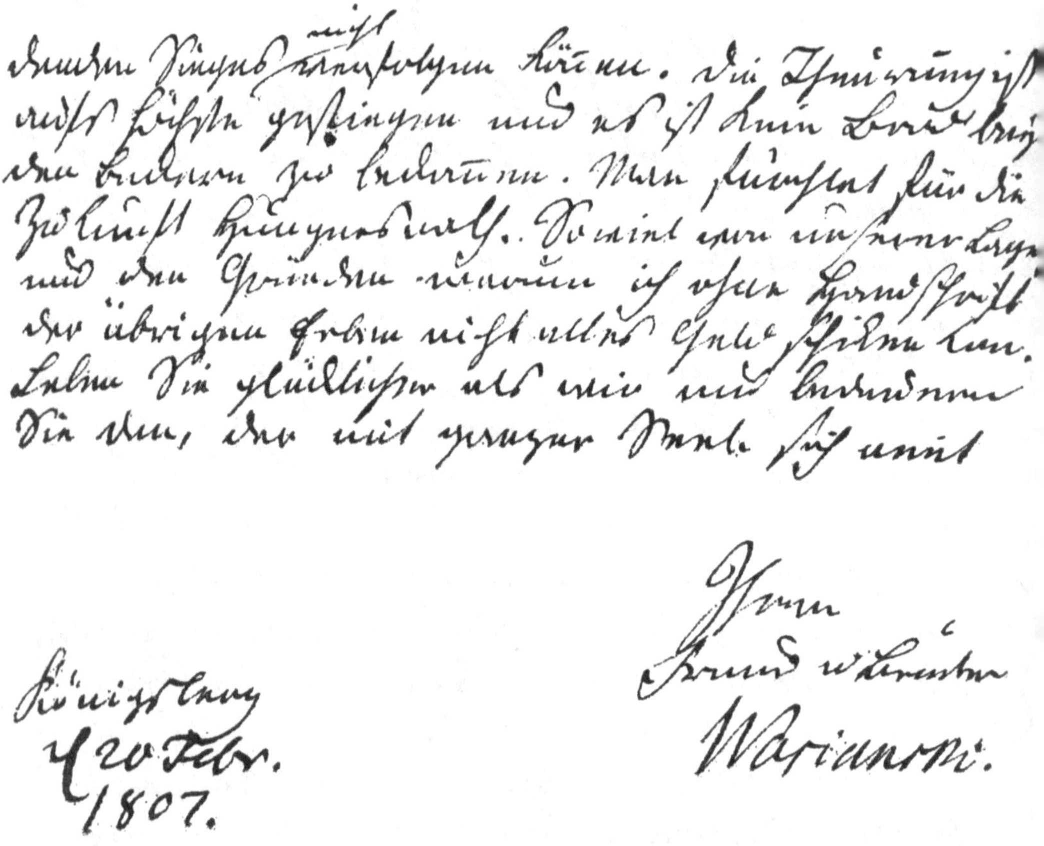
denken dürfen nicht verfolgen können. die Theürung ist
aufs höchste gestiegen und es ist kein Brod bey
den Bäckern zu bekommen. Mein Wunsch ist für die
Zukunft [illegible]. So wird man unsere Lage
und den Gründen warum ich ohne [illegible]
der übrigen Erben nicht alles Gute schildern kan.
Leben Sie glücklicher als wir und bedauern
Sie den, der mit ewiger Dank. sich nennt

Ihren
Freund u. Verehrer
Wasianski.

Königsberg
d. 20 Febr.
1807.

Gottfried Martin

Kants Auseinandersetzung mit der Bestimmung der Phänomene durch Leibniz und Wolff als verworrene Vorstellungen

Kant erhebt gegen Leibniz und Wolff den Vorwurf, daß sie fälschlicherweise die Phänomene nur als verworrene Vorstellungen bestimmt haben. In diesem Sinne sagt er in der Kritik der reinen Vernunft (A 264 B 320): „Leibniz nahm die Erscheinungen als Dinge an sich selbst, mithin für intelligibilia, d. i. Gegenstände des reinen Verstandes (ob er gleich wegen der Verworrenheit ihrer Vorstellungen dieselben mit dem Namen der Phänomene belegte)." An anderen Stellen bezeichnet er dies als eine Leibniz-Wolffsche These[1]. Die früheste Stelle, an der ich den Vorwurf gesehen habe, befindet sich in der Dissertation von 1770, und ist dort allein gegen Wolff gerichtet: „Vereor autem, ne Ille Wolffius per hoc inter sensitiva et intellectualia discrimen, quod ipsi non est nisi logicum, nobilissimum illud antiquitatis de phaenomenorum et nooumenorum indole disserendi institutum, magno philosophiae detrimento, totum forsitan aboleverit, animosque ad ipsorum indagatione ad logicas saepenumero minutias averterit."[2]

Kant geht also davon aus, daß Leibniz und in seinem Gefolge Wolff die Lehre der Alten über den Unterschied zwischen den Phänomenen und den Noumenen wieder aufgenommen haben, und dies ist unzweifelhaft richtig. Er sagt weiter, daß sie versucht haben, den Unterschied zwischen den Phänomenen und den Noumenen ontologisch zu explizieren, und auch dies wird man als richtig gelten lassen können. Er sagt schließlich, daß Leibniz und Wolff diesen Unterschied dahin bestimmt haben, daß es von den Dingen an sich eine cognitio distincta gibt, während es von den Phänomenen nur eine cognitio confusa geben kann. Diese ontologische Explikation hält Kant für einen Fehler und zwar für einen der größten Fehler bei Leibniz und Wolff.

Man liest diesen Vorwurf zunächst mit nicht geringem Erstaunen und stellt sich schließlich zwei Fragen: ist dieser Vorwurf historisch berechtigt? Haben Leibniz und Wolff das Phänomen als eine cognitio confusa bestimmt? Ist darüberhinaus der Vorwurf sachlich berechtigt? Ist es ein Fehlgriff, Phänomenon und Noumenon dadurch zu unterscheiden, daß man das eine als eine cognitio distincta, das andere als eine cognitio confusa bestimmt? Man wird, wie ich glaube, beide Fragen bejahen können. Historisch gesehen haben Leibniz und

[1] Kant, I., Kritik der reinen Vernunft, A 44/B 61, Ges. Werke, Akademie-Ausgabe Berlin 1910, Bd. IV, S. 44 und Bd. III, S. 66.

[2] Kant, I., Ges. Werke, Akademie-Ausgabe Bd. II, S. 395.

Wolff das Phänomenon in der Tat als eine cognitio confusa bestimmt, und diese ihre Bestimmung war, ontologisch gesehen, ein Fehlgriff.

Wir verfolgen zunächst das logische Problem der Unterscheidung von cognitio distincta und confusa. Leibniz eröffnet die Diskussion mit den Meditationes de cognitione, veritate et ideis, die 1684 in den Acta Eruditorum erschienen sind. Daß Kant die Meditationes kannte, ergibt sich aus seiner Erwähnung der dort diskutierten Begriffe der notio deceptrix[3] und des motus celerrimus[4]. Leibniz gibt in den Meditationes einen dreistufigen Aufbau. Eine notio ist entweder eine notio obscura oder eine notio clara. Eine notio clara ist entweder eine notio confusa oder eine notio distincta. Eine notio distincta ist entweder eine notio inadaequata oder eine notio adaequata[5]. Wie sich aus dem Anfang der Meditationes ergibt, hat Leibniz die Absicht, die unzureichenden Bestimmungen von Descartes zu klären und auszubauen. Descartes hat zwar die notio clara et distincta als Wahrheitskriterium bestimmt, aber er hat den Begriff der notio clara et distincta selber keineswegs klar und deutlich bestimmt, und so erscheint bei Wolff gerade der cartesische Begriff der notio clara et distincta als Beispiel für eine notio confusa[6].

Wolff baut die dreistufige Gliederung von Leibniz zu einer vierstufigen Gliederung aus. Eine notio ist entweder eine notio obscura oder eine notio clara. Eine notio clara ist entweder eine notio confusa oder eine notio distincta. Eine notio distincta ist entweder eine notio incompleta oder eine notio completa. Eine notio completa ist entweder eine notio inadaequata oder eine notio adaequata[7]. Diese mehrstufige Gliederung in dieser Form ist in der Wolffischen Schule wieder aufgegeben worden. Jedenfalls bringt Meier in seiner Logik, die Kant seinen Logikvorlesungen zu Grunde legte, die volle Gliederung nicht mehr. In seiner Logikvorlesung notiert Kant zu Meiers Definition der deutlichen Vorstellung: „formaliter werden sie unterschieden in obscuras et claras, in confusas et distinctas, completas et incompletas, adaequatas et inadaequatas."[8] Kant dürfte dabei seinen Studenten angegeben haben, daß die volle Gliederung sich bei Wolff findet.

Uns kommt es in dieser Gliederung auf das Gegensatzpaar notio confusa und notio distincta an, das sich sowohl bei Leibniz wie bei Wolff findet. Leibniz definiert: „clara ergo cognitio est, cum habeo unde rem repraesentatam agnoscere possim."[9] Eine klare Vorstellung ist verworren, wenn ich den Gegenstand zwar klar und sicher wiedererkennen kann, wenn ich aber die zu seiner Wiedererkennung notwendigen Merkmale nicht aufzählen kann: „confusa, cum scilicet

[3] Kant, I., loc. cit., S. 32 und Leibniz, Opera philosophica quae extant latina, gallica, germanica omnia. Ed. Erdmann, Berlin 1840, Neudruck Scientia Aalen 1959, S. 81 a.
[4] Kant, I., loc. cit., S. 32 und Leibniz, ed. Erdmann, S. 80 a.
[5] Leibniz, ed. Erdmann, S. 79 a.
[6] Wolff, Chr., Logica, Frankfurt-Leipzig 1740, §§ 80, 88, 92, 95.
[7] Wolff, Chr., op. cit., § 88 ff.
[8] Kant, I., Ges. Werke (Reflexion Nr. 1678), Akademie-Ausgabe Bd. XVI, S. 79.
[9] Leibniz, ed. Erdmann, S. 79 a.

non possum notas ad rem ab aliis discernendam sufficientes separatim enumerare."[10] Eine klare Vorstellung ist dann auch noch deutlich, wenn ich genügend Merkmale aufzählen kann, die eine sichere Identifizierung des Gegenstandes ermöglichen. Leibniz gibt als Beispiel die Kennzeichnung des Goldes durch die Goldscheider[11]. Habe ich von einem Gegenstand eine deutliche Vorstellung, so bedeutet dies, daß ich eine Nominaldefinition habe, denn eine Nominaldefinition enthält eben die zur Identifizierung hinreichenden Merkmale[12]. Wolff gibt folgende Definition: „notio clara, quam habemus, distincta est, si notas, quas nobis sistit, distinguere valemus; confusa vero est, si eas distinguere non possumus"[13].

Welche Vorstellungen sind nach diesen Bestimmungen deutlich und welche sind verworren? Leibniz gibt als Beispiel Farben, Gerüche, Geschmäcke und andere Gegenstände der Sinne[14]. Als besonderes Beispiel erscheint die Vorstellung „Rot". Wir können sie zwar mit Sicherheit wiedererkennen, aber wir können keine begrifflichen Merkmale davon angeben, wir können sie auch nicht definieren. Wir können deshalb einem Blinden die Vorstellung „Rot" nicht vermitteln, insbesondere nicht durch eine Definition, ebenso wie wir sie auch einem anderen nicht vermitteln können. Wir können vielmehr auch den Anderen nur vor das Rot führen, damit er selber das Rot sieht.

Als Beispiel für deutliche Vorstellungen gibt Leibniz die Zahlen, die Ausdehnungen, die Figuren, aber auch Vorstellungen wie Hoffnung und Furcht. Von ihnen allen gibt es Nominaldefinitionen[15]. Wolff schließt sich auch in den Beispielen wesentlich an Leibniz an, er gibt als Beispiel für eine verworrene Vorstellung wiederum „Rot", und als Beispiel für eine deutliche Vorstellung das Dreieck, wenigstens dann, wenn wir seine Definition vor Augen haben[16].

Kant nimmt diese Unterscheidung sowohl in den frühen als auch in den kritischen Schriften auf. In den späteren Jahren lehnt er die sprachlich unschöne Formulierung ab, er schlägt vor, anstatt „verworren" „undeutlich" zu sagen und also nicht zwischen einer deutlichen und einer verworrenen, sondern zwischen einer deutlichen und einer undeutlichen Vorstellung zu unterscheiden[17].

In der Sache kann man sagen, daß Kant in seiner vorkritischen Periode diese Begriffslehre von Leibniz und Wolff vollkommen übernimmt, und daß er sie später in weiten Stücken beibehält. Im Sinne dieser Begriffslehre sind zunächst alle Begriffe verworren gegeben, und es ist die eigentliche Aufgabe der Philosophie, die verworrenen Begriffe zu deutlichen Begriffen zu klären. An dieser Auffassung hält Kant in den vorkritischen Schriften in aller Form fest[18].

[10] ibid.
[11] Leibniz, loc. cit., S. 79 b.
[12] ibid.
[13] Wolff, Chr., Logica, loc. cit., § 88.
[14] Leibniz, loc. cit., S. 79 a.
[15] Leibniz, loc. cit., S. 79 b.
[16] Wolff, loc. cit., § 88 ff.
[17] Kant, I., Ges. Werke, Akademie-Ausgabe Bd. VIII, S. 138.
[18] Kant, I., Ges. Werke, Akademie-Ausgabe, etwa Bd. II, S. 299 und Bd. XX, S. 278.

Soweit er in den kritischen Schriften daran festhält, dürfte er in erster Linie analytische Urteile im Auge haben[19].

Kant wendet sich von der allgemeinen Leibniz-Wolffischen Begriffslehre ab und beginnt damit seinen eignen Boden zu gewinnen, als er erkennt, daß eine Reihe von fundamentalen Vorstellungen nicht die Struktur von Begriffen haben können. Eine der ersten Vorstellungen, bei der Kant diese Erkenntnis gewinnt, dürfte die Vorstellung des Schönen sein. Auf Grund der gegebenen Definition kann die Vorstellung des Schönen auf dem Boden der Leibniz-Wolffischen Urteilstheorie gar nichts anderes sein als ein verworrener Begriff. Ich kenne zwar weder bei Leibniz noch bei Wolff eine Stelle, wo ausdrücklich bestimmt wird, ob die Vorstellung des Schönen eine notio confusa oder eine notio distincta ist. Man wird aber doch Kant Recht geben müssen, wenn er annimmt, daß von Leibniz und Wolff her die Vorstellung des Schönen als ein verworrener Begriff bestimmt werden müßte[20]. Dann wäre es freilich die Aufgabe der Philosophie, diese Vorstellung zu einer notio distincta zu erheben, und dies wird schwer möglich sein, denn es würde eine Definition des Schönen voraussetzen. Dies ist aber nach Kant nicht möglich. Die Bestimmung des Schönen als einer notio confusa ist aber nach Kant grundsätzlich falsch, weil die Vorstellung des Schönen kein Begriff, sondern weil sie ein Gefühl ist[21]. Mit dieser abschließenden Feststellung der Kritik der Urteilskraft hebt Kant den entcheidenden Punkt klar heraus.

Dieselbe Entscheidung trifft Kant nun auch bei dem Problem, das für ihn das wichtigste und der Ausgangspunkt der Überlegung gewesen ist, beim Problem der Zeit. Hier ist zunächst die Frage zu stellen, ob die Zeit eine notio confusa oder eine notio clara ist. Diese Frage dürfte der Ausgangspunkt für Kant gewesen sein, sie verliert aber dann ihren Sinn, als Kant zu der Überzeugung kommt, daß die Zeit überhaupt kein Begriff, sondern daß sie eine reine Anschauung ist.

Auch hier ist mir keine Stelle bekannt, an der Leibniz oder an der Wolff ausdrücklich sagen, daß die Zeit eine notio clara oder daß sie eine notio confusa ist. (Damit will ich freilich keineswegs sagen, daß nicht doch in den Riesenwerken von Leibniz und Wolff irgendwo eine Stelle existiert, an der dies ausdrücklich gesagt ist). Dieses Problem hängt auch hier wieder an der Frage nach einer möglichen Definition. Nun geben zwar sowohl Leibniz als auch Wolff ausdrücklich Definitionen der Zeit. So schreibt Leibniz an Clarke: „comme le Temps est un ordre de Successions"[22]. Wolff gibt in der *Ontologie* folgende Definition der Zeit: „Temporis definitio: Tempus adeo est ordo successivorum in serie continua"[23]. Wolff bezieht sich in der Erläuterung dieser Definition ausdrücklich

[19] Kant, I., Kritik der reinen Vernunft A 6/B 9 und A 77/B 103.

[20] Kant, I., Kritik der Urteilskraft § 15, Akademie-Ausgabe Bd. V, S. 228.

[21] Kant, I., loc. cit., S. 229.

[22] Leibniz, ed. Erdmann, S. 752 a.

[23] Wolff, Chr., Philosophia sive Ontologia, Frankfurt/Leipzig 1736, § 572.

auf die Definition von Leibniz im 3. Brief an Clarke und auf eine analoge Definition im Brief an Remond[24].

Aber Kant hat schon früh erkannt, und vielleicht ist hier ein wichtiger Ansatzpunkt seiner gedanklichen Entwicklung, daß diese Definition der Zeit ebenso wie die entsprechende Definition des Raumes, eine Zirkeldefinition ist. Der in der Definition auftretende Begriff des Nacheinander setzt in Wirklichkeit den zu definierenden Begriff der Zeit schon voraus[25]. Nicht anders liegt es beim Begriff des Raumes. Auch hier setzt der in der Definition auftretende Begriff des Nebeneinander den Begriff des Raumes schon voraus[26]. Wenn dem so ist, wenn es also keine Definition des Raumes und der Zeit gibt, dann folgt, daß für Leibniz und Wolff der Begriff der Zeit als eine notio confusa bestimmt werden muß, genauer gesagt, bestimmt werden müßte.

So etwa dürfte Kant die Probleme gesehen haben, als er im Jahre 1764 die Untersuchung über die Deutlichkeit der Grundsätze der natürlichen Theologie und Moral schrieb. Die dort gegebene Diskussion der Zeit ist so instruktiv, daß ich sie im Ganzen zitieren möchte: „In der Mathematik fange ich mit der Erklärung meines Objekts, z. E. Eines Triangels, Zirkels u. s. w., an, in der Metaphysik muß ich niemals damit anfangen, und es ist so weit gefehlt, daß die Definition hier das erste sei, was ich von dem Dinge erkenne, daß sie vielmehr fast jederzeit das letzte ist. Nämlich in der Mathematik habe ich eher gar keinen Begriff von meinem Gegenstande, bis die Definition ihn giebt; in der Metaphysik habe ich einen Begriff, der mir schon gegeben worden, obzwar verworren, ich soll den deutlichen, ausführlichen und bestimmten davon aufsuchen. Wie kann ich denn davon anfangen? Augustinus sagte: Ich weiß wohl, was die Zeit sei, aber wenn mich jemand frägt, weiß ichs nicht. Hier müssen viel Handlungen der Entwicklung dunkler Ideen, der Vergleichung, Unterordnung und Einschränkung vor sich gehen, und ich getraue mir zu sagen: daß, ob man gleich viel Wahres und Scharfsinniges von der Zeit gesagt hat, dennoch die Realerklärung derselben niemals gegeben worden; denn was die Namenserklärung anlangt, so hilft sie uns wenig oder nichts, denn auch ohne sie versteht man dieses Wort genug, um es nicht zu verwechseln. Hätte man so viel richtige Definitionen als in den Büchern unter diesen Namen vorkommen, mit welcher Sicherheit würde man nicht schließen und Folgerungen daraus ableiten können! Allein die Erfahrung lehrt das Gegentheil.“[27]

Mir erscheint es außerordentlich wichtig, daß Kant bei allem beginnenden Gegensatz doch noch ganz auf dem Boden der Metaphysik und Logik von Leibniz und Wolff steht. Der Gegensatz ist bereits deutlich. Bei den „vielen Definitionen, die in den Büchern unter diesen Namen vorkommen“ dürfte Kant etwa an die Definitionen in der *Ontologie* von Wolff und in der Metaphysik

[24] Wolff, Chr., loc. cit., § 572 ff.

[25] Kant, I., De mundi . . ., § 14, Akademie-Ausgabe Bd. II, S 399.

[26] Kant, I., loc. cit., § 15, Akademie-Ausgabe Bd. II, S. 402

[27] Kant, I., loc. cit., S. 283/4.

von Baumgarten gedacht haben. Dort beginnt in der Tat jede philosophische Erörterung eines Gegenstandes mit einer Definition, und wir haben soeben die Definition der Zeit aus der *Ontologie* von Wolff schon herangezogen. Gleichwohl behält aber Kant sowohl in der Aufgabenstellung als auch in der Methode der Logik und der Metaphysik die Position von Leibniz und Wolff bei. Alle Aufgaben der Metaphysik werden mir in der Form von verworrenen Begriffen gegeben, ich soll diese verworrenen Begriffe deutlich, ausführlich und bestimmt machen, und dies offenbar in einer analytischen Arbeit. Charakteristisch ist auch, daß Kant hier das Problem am Begriff der Zeit erörtert. Die Quelle für das von Kant gegebene Augustinuswort über die Zeit ist vermutlich Wolff, der in der *Ontologie* bei der Erörterung der Zeit dies Wort zitiert[28]. Bis jetzt ist jedenfalls keine Stelle in Kants Werken bekannt, die darauf schließen läßt, daß Kant Augustin im Original gelesen hätte.

Der entschiedene Durchbruch zur kritischen Haltung in diesem Problembereich erfolgt 1770 in der Dissertation. Dort spricht Kant mit aller Deutlichkeit aus, daß die Zeit überhaupt kein Begriff, also auch kein verworrener Begriff, daß sie vielmehr eine Anschauung ist[29]. In Bezug auf die Zeit und übrigens auch in Bezug auf den Raum[30] wird also die Auseinandersetzung mit ihrer Bestimmung als verworrene Begriffe durch die grundsätzliche Verschiebung von Begriffen zu Anschauungen berührt. Hier bleibt also die historische Fragestellung schwierig. Dagegen gibt es bei Wolff eine Stelle, an der er ausdrücklich die Phänomene im Ganzen als verworren perzipiert bezeichnet. Er sagt im § 225 der *Cosmologia:* „Phänomenon dicitur, quicquid sensui obvium confuse percipitur". Dabei griff Wolff ausdrücklich auf die Bestimmung von Goclenius in seinem philosophischen Wörterbuch zurück: „Goclenius in Lexico philosophico: Phaenomenon, inquit, est per se manifestum sensibus. Sensus autem rem non clare percipit sed confuse. Addit Phänomenon esse, quod apparet ad sensum: quo ipso evidentius ad confusam perceptionem restringit"[31]. Wolff gibt dann im § 226 die extensio und die continuitas als Beispiele für Phänomene in dem soeben erklärten Sinne und sagt ausdrücklich, daß extensio und continuitas verworren perzipiert werden: „utraque vero confuse percipitur"[32]. Wolff bestimmt schließlich noch materia und vis motrix als Phänomene, weil sie verworren perzipiert werden, und weist ausdrücklich darauf hin, daß schon Leibniz materia und vis motrix als Phänomene bestimmt hat[33]. So weit ich weiß, findet sich eine solche ausdrückliche Bestimmung der Phänomene nur bei Wolff und nicht bei Leibniz. Es wird dann verständlich, daß der erste Angriff Kants gegen die ontologische Bestimmung der Phänomene als verworrene Begriffe an der oben bereits angegebenen Stelle der Dissertation sich gegen Wolff richtet. So

[28] Wolff, Chr., Ontologia, loc. cit., § 586, S. 451.
[29] Kant, I., De mundi . . ., § 14, 3, Akademie-Ausgabe Bd. II, S. 399.
[30] Kant, I., loc. cit., § 15, 3, Akademie-Ausgabe Bd. II, S. 402.
[31] Wolff,Chr., Cosmologia, Frankfurt/Leipzig 1731, § 225, S. 173.
[32] Wolff, Chr., loc. cit., § 226.
[33] Wolff, Chr., loc. cit., §§ 299, 300.

muß denn der Angriff Kants sowohl in Bezug auf die allgemeine Bestimmung der Phänomene als auch in Bezug auf eine Reihe der wichtigsten konkreten Phänomene als textlich wohl begründet gelten.

Dasselbe zeigt sich noch einmal in dem neuerlichen Aufgreifen des Problems in der Streitschrift gegen Eberhard[34]. Auch Eberhard war natürlich der scharfe Angriff Kants gegen diese ontologische Bestimmung der Phänomene aufgefallen, aber auch Eberhard selbst muß einräumen, daß auf dem Boden der Leibniz-Wolffischen Logik und Metaphysik die Phänomene in der Tat als verworrene Vorstellungen bestimmt werden müssen[35].

In der Frage des sachlichen Rechtes des Kantischen Angriffs macht sich nun ein allerdings systematischer Standpunkt geltend. Die Polemik Kants beruht letzten Endes auf der Überzeugung, daß die Phänomene, und daß insbesondere Raum und Zeit, keine verworrenen Begriffe sind, weil sie überhaupt keine Begriffe, sondern weil sie Anschauungen sind. Hier deckt nun Kant in der Tat eine entscheidende Differenz auf. Für Leibniz — und in seinem Gefolge auch für Wolff — liegen alle Vorstellungen gewissermaßen auf einer Ebene, sie haben alle in dieser Hinsicht die gleiche Struktur. Dies ist der Punkt, um den es eigentlich geht. In seiner Unterscheidung zwischen Anschauung und Begriff will Kant doch in erster Linie zeigen, daß Anschauungen etwas ganz anderes sind als Begriffe.

Diese systematische Frage ist nun nicht leicht zu entscheiden. Ob die Grundvorstellungen des Raumes und der Zeit wirklich reine Anschauungen sind, darüber ist zu Kants Zeiten lebhaft gestritten worden, und darüber wird auch in unserer Zeit lebhaft gestritten, ohne daß einer der vorgetragenen Standpunkte allgemeine Anerkennung gefunden hätte. Dabei ist allgemein anerkannt, daß der Begriff der Gesamtheit aller Begriffe eine Reihe von diffizilen Strukturproblemen enthält, die es als mißlich erscheinen lassen, die Gesamtheit aller Begriffe als in einer Ebene liegend zu beschreiben. So beziehen sich Begriffe wie Substantiv und Verb ihrerseits auf solche Begriffe wie Baum, Stein, atmen, wachsen und der Begriff Wort bezieht sich sowohl auf Substantiv und Verbum wie auf Stein und wachsen. Es müssen also verhältnismäßig komplizierte Schichtungsverhältnisse vorliegen. Von solchen Problemen her erscheint die Kantische Differenzierung zwischen Begriffen und Anschauungen als sachlich wohlbegründet.

So kommt man zu dem Ergebnis, daß Kants Angriff auf die Leibniz-Wolffische Bestimmung der Phänomene als verworrene Begriffe in historischer Hinsicht wohlberechtigt, daß er aber auch in systematischer Hinsicht wohlbegründet ist.

[34] Kant, I., Streitschrift, bes. Akademie-Ausgabe Bd. VIII, S. 218.

[35] J. A. Eberhard, Über den wesentlichen Unterschied der Erkenntnis durch die Sinne und durch den Verstand. In: Philosophisches Magazin, ed. Eberhard, Halle 1788/89, Bd. I, S. 303.

Takiyettin Mengüşoğlu

Der Begriff des Menschen bei Kant

I.

Das historische Gedankengut eines Denkers, zu welchem Sachgebiet es auch gehören mag, kann sinnvoll und fruchtbar nur von den Ergebnissen der gegenwärtigen Forschung her untersucht werden. In diesem Sinne soll hier die Auffassung Kants vom Menschen dargestellt werden.

Wir sind heute im Besitz einer philosophischen Disziplin, die sich philosophische Anthropologie nennt. Sie wird von verschiedenen Seiten und unter voneinander abweichenden Gesichtspunkten in Angriff genommen. Diese vielseitige Inangriffnahme klafft auseinander: 1. Der Mensch ist ein „Mängelwesen"; d. h. er ist ein durch „Organprimitivismus" charakterisiertes und entwicklungsmäßig retardiertes Wesen, das seine Mängel durch Rationalisierung und Ethisierung seines Verhaltens kompensiert (A. Gehlen). 2. Der Mensch ist kein animal rationale, sondern ein animal symbolicum; er lebt in einer Welt von Symbolen, wie Sprache, Mythos, Religion, Kunst, Geschichte und Wissenschaft (E. Cassirer). 3. Der Mensch ist Schöpfer und Geschöpf der Kultur. „Neben Natur und Gott, oder besser: Zwischen ihnen, oberhalb der Natur, aber unterhalb Gottes, liegt ein drittes, liegt das Reich des Menschen: die Kultur"[1] (M. Landmann). Ein ähnliches Bild hat schon Pascal gebraucht: Der Mensch ist die Brücke zwischen der Gottheit und der Tierheit. —

Diese divergierenden Auffassungen vom Menschen konvergieren in einem Punkte: in dem Wesensunterschied zwischen Mensch und Tier, auf den alle diese Versuche hinauslaufen.

Bei Max Scheler führt die Herausstellung des Wesensunterschiedes zwischen Mensch und Tier zu einer „ontisch" dualen Auffassung vom Menschen: der Mensch als Geistwesen und als biologisches Wesen, oder — wie Scheler später gesagt hat — als psychovitales Wesen. Der Mensch als biologisches Wesen unterscheidet sich nicht vom Tier. „Da es keinen biologischen Wesensbegriff Mensch gibt, so liegt die einzige Wesensgrenze und die einzig in Frage kommende Wertgrenze zwischen den irdischen Wesen, die Leben an sich zeigen, überhaupt nicht zwischen Mensch und Tier, die vielmehr systematisch und genetisch einen kontinuierlichen Übergang darstellen, sondern sie liegt zwischen Person und Orga-

[1] Michael Landmann, Der Mensch als Schöpfer und Geschöpf der Kultur, München/Basel 1961, S. 234.

nismus, zwischen Geistwesen und Lebewesen. Damit ist wenigstens das Problem ‚der Stellung des Menschen im All' ... klar umschrieben ..."[2]

Diese in Schelers Ethik vorweggenommene Anschauung findet ihre Explikation in der kleinen Schrift „Die Stellung des Menschen im Kosmos". Diese weithin bekannte Schrift hat die neueren Bemühungen um das anthropologische Problem erst recht eigentlich in Fluß gebracht.

Was ist nun der Mensch? Nach Scheler ist der Mensch ontisch und nicht nur für eine gnoseologische Betrachtungsweise ein duales Wesen. Das Menschenwesen umgreift zwar alle Seinsbereiche, aber der Mensch ist wie durch einen Schnitt in zwei ganz heterogene Bereiche geteilt: er ist auf der einen Seite ein psychovitales, naturgesetzlich bedingtes, auf der anderen Seite ein geistiges, freies Wesen. Zwischen beiden Bereichen gibt es keinen ursprünglichen Zusammenhang, auch nicht den des Geschichtetseins. Denn der Geist hat mit Leib und Seele nicht das geringste zu tun. Er kann ohne Leib-Seele existieren, wie es bei Gott der Fall ist. Dagegen gibt es zwischen Leib und Seele eine enge Beziehung, sogar eine Art Identität; sie sind verschiedene Seiten ein und derselben Sache, nämlich des Lebens. Soweit ist auch der Mensch ein Tier, und zwar ein höher entwickeltes Tier.

Was den Menschen zum Menschen macht, ist der Geist. Denn erst durch den Geist und sein Aktzentrum (Person) wird der Mensch zu einem freien, autonomen Wesen. Geist besitzen heißt dann: frei sein, unabhängig sein vom Organischen und auch von der organisch bedingten Intelligenz, gegenüber dem umweltgebundenen tierischen Dasein „weltoffen-sein", objektiv sein, überhaupt nicht verhaftet sein. Als Träger des Geistes hat der Mensch eine „Welt", während das Tier als nur psychovitales Wesen eine Umwelt hat, welche es „wie eine Schnecke ihr Haus als Struktur überall hinträgt, wohin es geht."[3]

II.

Von hier aus gesehen hat Kant zur Anthropologie Wesentliches und Unentbehrliches beigetragen, das für die anthropologische Forschung und für den Stand der Dinge richtungweisend ist. Die Anthropologie als philosophische Wissenschaft ist ja bestrebt, den Menschen zu erkennen; zu erkennen, was er ist, wie er sich in seinem Wesenskern von den übrigen Lebewesen abhebt. Das ist aber von Anbeginn Kants philosophisches Anliegen gewesen.

Für Kant ist ein und dasselbe Wesen Mensch ein doppelseitiges Wesen; einmal ist der Mensch ein Naturwesen, zum anderen ist er ein Vernunftwesen. Als Naturwesen steht der Mensch, wie alles raumzeitliche Natursein, unter den Kausal- und überhaupt unter den Naturgesetzen. Als Vernunftwesen steht er

[2] Max Scheler, Der Formalismus in der Ethik und die materiale Wertethik; Halle [3]1927, S. 299 f.

[3] Max Scheler, Die Stellung des Menschen im Kosmos; Darmstadt 1928, S. 38.

aber unter den Vernunftgesetzen. Unter den Vernunftgesetzen stehen, heißt dann Mensch sein, frei sein, autonom sein, sich selbst Gesetze geben. Unter den Naturgesetzen stehen, heißt heteronom sein.

Damit hat Kant den Menschen in zwei heterogene Bereiche aufgeteilt, in einen autonomen und in einen heteronomen Bereich. Das ist aber keine ontologische Dualität, wie es bei Schelers Auffassung vom Menschen der Fall ist, sondern eine gnoseologische Dualität, was noch zu zeigen sein wird. Eine solche Dualität ist für Kants Auffassung vom Menschen wie überhaupt für Anthropologie eine conditio sine qua non. Denn von einer Anthropologie kann nur dann die Rede sein, wenn sich der Mensch mindestens zu einem Teil als autonomes Wesen herausstellt. Denn sonst haben wir es nicht mit einer Anthropologie, sondern mit einer „Zoologie“ zu tun; oder wir haben höchstens eine darwinistische Entwicklungspsychologie vor uns, die zwischen Mensch und Tier bloß einen Gradunterschied anerkennt, wie hoch dieser auch sein mag. Das ändert am Wesen der Sache jedoch nichts.

Diese gnoseologische Dualität bedeutet ein Analogon der sehr oft mißverstandenen Aufteilung des Seienden in zwei Bereiche, in den des Dinges an sich und in den der Erscheinung. Diese Dualität, die ihren Ausdruck im Vorwort der K. d. r. V. findet, ist weit entfernt, eine bloß erkenntnistheoretische zu sein; sie ist zugleich eine anthropologische. Hier legt Kant den Grundstein seiner Auffassung vom Menschen. Die Aufteilung geschieht nämlich um der Autonomie, um der Freiheit des Menschen willen. Kant drückt sich in folgender Weise aus: um die Freiheit und Autonomie des Menschen zu retten, müssen wir eine solche gnoseologische Aufteilung des Seienden überhaupt unternehmen. Ohne Annahme einer Ding-an-sich-Sphäre wäre die Erscheinung ein leerer Schein. „Denn sonst würde der ungereimte Satz daraus folgen, daß Erscheinung ohne etwas wäre, was da erscheint.“

III.

Kants duale Auffassung vom Menschen ist immer mißverstanden worden, als ob auch er, wie es Descartes und Scheler getan haben, den Menschen ontisch aufteilen wollte. Das ist aber keineswegs der Fall. Descartes ging von zwei Substanzen aus, deren Vorgänge parallel verlaufen; Scheler, der den Menschen seinsmäßig in zwei heterogene Sphären aufteilt, spricht von einem Geist, der existieren soll, ohne mit der Leib-Seele-Einheit in Beziehung zu stehen. Kants Aufteilung ist aber keine ontische, sondern eine gnoseologische, d. h. von der Erkenntnis her vorgenommene Aufteilung des Menschenwesens. Er sagt fast wörtlich so: Es gibt bloß zwei Standpunkte, von denen aus der Mensch betrachtet wird. Einmal stehen wir auf einem Standpunkt, wo wir den Menschen als Naturwesen, als Erscheinung, als homo phainomenon betrachten. Von diesem Standpunkt aus erscheint uns der Mensch unfrei, heteronom, gebunden, weil er, wie jeder Naturgegenstand, den Naturgesetzen unterworfen ist. Begeben wir uns aber auf einen anderen Standpunkt, von dem aus der Mensch als Vernunftwesen, als homo noumenon betrachtet wird, so erscheint er als freies und autonomes Wesen, weil er so nicht unter Naturgesetzen, sondern unter Vernunftgesetzen steht. Es sind also bloß zweierlei Betrachtungsweisen, die ein und denselben Menschen einmal als Naturwesen oder als Sinnenwesen, das andere Mal als Vernunftwesen oder als homo noumenon, als intelligibles Wesen ansehen. Es bedeutet also diese Aufteilung, wie wir sehen, keine ontische, seinsmäßige Auseinanderreißung des Menschenwesens, sondern eine methodologische Aufteilung. Deshalb nennen wir die Kantsche Dualität gegenüber der Descartesschen und der Schelerschen eine „gnoseologische" Dualität; denn gnoseologisch und methodisch ist die Aufteilung berechtigt. —

Bei Kant geht es um die Autonomie, um die Freiheit des Menschen. Die Autonomie ist eben derjenige Faktor, der den Wesensunterschied zwischen Mensch und Tier ausmacht. Um die Autonomie, um die Freiheit des Menschen aufzuzeigen, geht Kant von seiner dualen Auffassung aus, die aber das einheitliche Sein des Menschen nicht antastet. Sie ist deshalb metaphysisch die harmloseste Dualitätstheorie vom Menschen. Seine darauf beruhende Auffassung vom Menschen ist eine in die Tiefe gehende, eine ausgesprochen anthropologische. Man darf Kant ruhig den Begründer der philosophischen Anthropologie nennen. Sein Interesse galt primär dem Problem des Menschlichen, im heutigen Sinne dem des Anthropologischen, wie denn die K. d. p. V. vor der K. d. r. V. den Primat hat.

Daß Kants Interesse primär dem Menschlichen gilt, und daß der Kantsche Beitrag zur Anthropologie den Phänomenen und dem heutigen Stand der Forschung näher steht und weit fundamentaler ist als der Schelersche, wird sich im Laufe unserer Ausführungen klar herausstellen. Aber Kants Auffassung vom Menschen, seine Anthropologie, wird nicht in der Schrift behandelt, die diesen Titel trägt, sondern in seinen Schriften, die das Problem des Ethos, der Geschichts-, der Rechts- und Erziehungsphilosophie erörtern, während seine Schrift „Anthropologie in pragmatischer Hinsicht" das eigentliche Problem nicht berührt. Denn diese Schrift ist im heutigen Sinne eine praktische Psychologie, die nach der damals herrschenden Vermögenspsychologie die menschlichen Fähigkeiten — eingeteilt in niedere und höhere Erkenntnisvermögen — und die Volkscharaktere, also Probleme der Völkerpsychologie behandelt; außerdem gibt sie praktische Ratschläge. Sie hat also mit der Anthropologie im heutigen Sinne nur wenig Berührungspunkte.

Daß Kant den „anthropologischen" Problemen einen Primat zubilligt, zeigt eine oft zitierte Stelle, wo er den drei traditionellen philosophischen Fragen eine vierte hinzufügt. Diese allgemein bekannten Fragen, die ihren Ursprung schon in der antiken Philosophie haben, sind folgende: „1) Was kann ich wissen? 2) Was soll ich tun? 3) Was darf ich hoffen? 4) Was ist der Mensch? Die erste Frage beantwortet die Metaphysik, die zweite die Moral, die dritte die Religion, und die vierte die Anthropologie. Im Grunde könnte man aber alles dieses zur Anthropologie rechnen, weil sich die drei ersten Fragen auf die letzte beziehen."[4]

Die angeführten Fragen zeigen deutlich, daß das Problem des Menschen bei Kant schwer ins Gewicht fällt, und daß er der Anthropologie eine Schlüsselstellung einräumt. Seine Erörterungen, die den Unterschied zwischen Mensch und Tier betreffen, beruhen auf der Breite der Phänomenanalyse vom Menschen und tragen zu dem heutigen Stande der Forschung wichtige Erkenntnisse bei, wie noch gezeigt werden wird.

IV.

Was ist nun der Mensch bei Kant?

Die Charakterisierung des Menschen als eines vernünftigen Wesens „liegt schon in der Gestalt und Organisation seiner Hand, seiner Finger und Fingerspitzen, deren teils Bau, teils zartes Gefühl ihn nicht für Eine Art der Handhabung der Sachen, sondern unbestimmt für alle, mithin für den Gebrauch der Vernunft geschickt gemacht und dadurch die technische oder Geschicklichkeitsanlage seiner Gattung als eines vernünftigen Tiers bezeichnet hat."[5]

Ein wesentlicher Unterschied zwischen Mensch und Tier liegt in der Vorstellung des Ich: „Daß der Mensch in seiner Vorstellung das Ich haben kann, erhebt ihn unendlich über alle andere auf Erden lebende Wesen. Dadurch ist er eine Person und vermöge der Einheit des Bewußtseins bei allen Veränderungen, die ihm zustoßen mögen, eine und dieselbe Person, d. i. ein von Sachen, dergleichen die vernunftlosen Tiere sind, mit denen man nach Belieben schalten und walten kann, durch Rang und Würde ganz unterschiedenes Wesen; selbst wenn er das Ich noch nicht sprechen kann: weil er es doch in Gedanken hat: wie es alle Sprachen, wenn sie in der ersten Person reden, doch denken müssen, ob sie zwar diese Ichheit nicht durch ein besonderes Wort ausdrücken."[6]

Während das Tier in den Tag hineinlebt, besitzt der Mensch das Vermögen, das das Vergangene vorsätzlich vergegenwärtigt, das das Künftige vorstellt; das erstere verwirklicht sein Erinnerungsvermögen, das zweite sein Vorhersehungsvermögen oder „sie heißen Erinnerungs- und Divinationsvermögen der Respizienz und Prospizienz — wenn man sich diese Ausdrücke erlauben darf."[7] Für Nietzsche ist auch das Nichtvergessen, das Sicherinnern ein Wesensmoment, das zum menschlichen Sein gehört, während das Tier „sofort vergißt" und dieses Vergessen macht das Tier glücklich. Der Mensch fragt das Tier: „warum redest du mir nicht von deinem Glücke und siehst mich nur an? Das Tier will auch ant-

[4] Kant, Werke [hg. von Ernst Cassirer, 10 Bde. und 1 Erg.band, Berlin 1922/23] Bd. 8, S. 343 f.
[5] Bd. 8, S. 217 f.
[6] Bd. 8, S. 11.
[7] Bd. 8, S. 69.

worten und sagen, das kommt daher, daß ich immer gleich vergesse, was ich sagen wollte." — Der Mensch hat eben das Vergessen verlernt; „er wundert sich aber auch über sich selbst, das Vergessen nicht lernen zu können und immerfort am Vergangnen zu hängen."[8]

Der Mensch ist im Hinblick auf seine Naturausstattung, verglichen mit dem Tier, ein „schutzloses Wesen", d. h. er ist von Natur aus mangelhaft ausgestattet. Er hat von Natur her keine fertigen Fähigkeiten oder Kräfte mitbekommen; er kommt also mit unfertigen, rohen Anlagen auf die Welt. Denn „die Natur hat gewollt, daß der Mensch alles, was über die mechanische Anordnung seines tierischen Daseins geht, gänzlich aus sich selbst herausbringe und keiner anderen Glückseligkeit oder Vollkommenheit teilhaftig werde, als die er sich selbst, frei von Instinkt, durch eigene Vernunft verschafft hat."[9]

„Die Natur tut nämlich nichts überflüssig und ist im Gebrauche der Mittel zu ihren Zwecken nicht verschwenderisch. Da sie dem Menschen Vernunft und darauf sich gründende Freiheit des Willens gab, so war das schon eine klare Anzeige ihrer Absicht in Ansehung seiner Ausstattung. Er sollte nämlich nun nicht durch Instinkt geleitet oder durch anerschaffene Kenntnis versorgt und unterrichtet sein; er sollte vielmehr alles aus sich selbst herausbringen. Die Erfindung seiner Nahrungsmittel, seiner Bedeckung, seiner äußeren Sicherheit und Verteidigung, (wozu sie ihm weder die Hörner des Stiers, noch die Klauen des Löwen, noch das Gebiß des Hundes, sondern bloß Hände gab,) alle Ergötzlichkeit, die das Leben angenehm machen kann, selbst seine Einsicht und Klugheit, und sogar die Gutartigkeit seines Willens sollten gänzlich sein eigen Werk sein"[10]; denn der Mensch ist von Natur aus weder gut noch böse; er hat nur die Keime des Guten wie des Bösen; es ist seine Aufgabe, das Gute zu entwickeln, das Böse zu zügeln; denn ausrotten kann er es nicht.

Die Natur „scheint sich hier in ihrer größten Sparsamkeit selbst gefallen zu haben, und ihre tierische Ausstattung so knapp, so genau auf das höchste Bedürfnis einer anfänglichen Existenz abgemessen zu haben, als wollte sie: der Mensch sollte, wenn er sich aus der größten Rohigkeit dereinst zur größten Geschicklichkeit, innerer Vollkommenheit der Denkungsart und (so viel es auf Erden möglich ist) dadurch zur Glückseligkeit emporgearbeitet haben würde, hievon das Verdienst ganz allein haben und es sich selbst nur verdanken dürfen; gleich als habe sie es mehr auf seine vernünftige Selbstschätzung als auf sein Wohlbefinden angelegt."[11] Denn „die Vorsehung hat gewollt, daß der Mensch das Gute aus sich selbst herausbringen soll, und spricht, so zu sagen, zum Menschen ‚Gehe in die Welt' — so etwa könnte der Schöpfer den Menschen anreden! — ‚ich habe dich ausgerüstet mit allen Anlagen ... Dir kömmt es zu,

[8] Friedrich Nietzsche, Unzeitgemäße Betrachtungen, Werke Musarion Bd. 6, S. 232.
[9] Kant, Bd. 4, S. 153.
[10] Bd. 4, S. 153 f.
[11] Bd. 4, S. 154.

sie zu entwickeln, und so hängt dein eignes Glück und Unglück von dir selbst ab'."[12]

„Denn in diesem Gange der menschlichen Angelegenheit ist ein ganzes Heer von Mühseligkeiten, die den Menschen erwarten. Es scheint aber der Natur darum gar nicht zu tun gewesen zu sein, daß er wohllebe; sondern daß er sich soweit hervorarbeite, um sich durch sein Verhalten des Lebens und des Wohlbefindens würdig zu machen. Befremdend bleibt es immer hiebei, daß die älteren Generationen nur scheinen um der späteren willen ihr mühseliges Geschäfte zu treiben, nämlich diesen eine Stufe zu bereiten, von der diese das Bauwerk, welches die Natur zur Absicht hat, höher bringen könnten; und daß doch nun die Spätesten das Glück haben sollen, in dem Gebäude zu wohnen, woran eine lange Reihe ihrer Vorfahren (zwar freilich ohne ihre Absicht) gearbeitet hatten, ohne doch selbst an dem Glück, das sie vorbereiteten, Anteil nehmen zu können[13]. Allein so rätselhaft dieses auch ist, so notwendig ist es doch zugleich, wenn man einmal annimmt, eine Tiergattung soll Vernunft haben, und als Klasse vernünftiger Wesen, die insgesamt sterben, deren Gattung aber unsterblich ist, dennoch zu einer Vollständigkeit der Entwicklung ihrer Anlagen gelangen."[14]

Daraus folgt, daß der Mensch ein Reich „der Möglichkeiten" ist — wofür man heute, seit Scheler, den Begriff Plastizität geprägt hat —, das heißt, der Mensch bringt von Natur aus eine Mannigfaltigkeit von Anlagen mit; diese sind aber eben bloße Anlagen; ihre Entfaltung ist Sache des Menschen; er ist für sie verantwortlich, sowohl als Individuum wie als Gattung. Die Natur dagegen hat das Tier mit allen möglichen Mitteln, sogar mit fertigen Fähigkeiten versehen, durch die es sich ohne besondere Mühe in seiner Existenz erhalten kann: „Ein Tier ist schon alles durch seinen Instinkt; eine fremde Vernunft hat bereits alles für dasselbe besorgt. Der Mensch aber braucht eigene Vernunft. Er hat keinen Instinkt, und muß sich selbst den Plan seines Verhaltens machen. Weil er aber nicht sogleich imstande ist, dieses zu tun, sondern roh auf die Welt kommt: so müssen es andere für ihn tun."[15]

Eben deshalb, und um seine Anlagen zur Entfaltung zu bringen, bedarf der Mensch der Wartung, der Erziehung, des Suchens nach einer Idee seiner Bestimmung, des Lernens, des Arbeitens, der Überlieferung des schon von früheren Generationen Geleisteten und einer sozialen Ordnung, einer Gemeinschaft, wofür man den Begriff Staat geprägt hat.

Wartung gilt als das Vorstadium der Erziehung. „Unter Wartung nämlich versteht man die Vorsorge der Eltern, daß die Kinder keinen schädlichen Gebrauch von ihren Kräften"[16] und Fähigkeiten machen. Das Tier, das von Natur

[12] Bd. 8, S. 461.
[13] Das ist eben das, was später von Hegel „List der Vernunft" genannt wurde.
[14] Bd. 4, S. 154.
[15] Bd. 8, S. 457.
[16] Bd. 8, S. 457.

mit „fertigen" Kräften und Fähigkeiten ausgestattet ist, gebraucht seine Kräfte richtig; sie funktionieren richtig, gleich nachdem das Tier zur Welt gekommen ist. Daher brauchen Tiere „keine Wartung, höchstens Futter, Erwärmung und Anführung, oder einen gewissen Schutz in ihrem Anfangsstadium".[17] Die Natur hat für das Tier alles besorgt, was es für seine Existenz braucht; sie schützt es vor dem ihm Schädlichen: „Sollte ein Tier z. E. gleich wenn es auf die Welt kommt, schreien, wie die Kinder es tun: so würde es unfehlbar der Raub der Wölfe und anderer wilden Tiere werden, die es durch sein Geschrei herbeigelockt."[18]

Da der Mensch im Vergleich zum Tier mit unfertigen Anlagen auf die Welt kommt, da er ein ständiger „Zögling und Lehrling" ist, braucht er Erziehung, bestehend aus Zucht, Unterweisung und Bildung. Denn „der Mensch kann nur Mensch werden durch Erziehung. Er ist nichts, als was die Erziehung aus ihm macht."[19] „Da die Erziehung aber, teils den Menschen einiges lehrt, teils einiges auch nur bei ihm entwickelt", so ist man nicht in der Lage abzugrenzen, „wie weit bei ihm die Naturanlagen gehen"[20] und was die Erziehung bei ihm leistet[21]. Demnach steckt „hinter der Edukation ... das große Geheimnis der Vollkommenheit"[22] der Idee der menschlichen Natur. Denn allein durch die Erziehung kann der Mensch erlangen, was seine Bestimmung von ihm erheischt.

Damit der Mensch aber zu seiner Bestimmung gelange, muß er die Idee seiner Bestimmung suchen, einen Begriff seiner Erziehung bilden; denn beide sind nicht fertig da. In der Menschheit liegen zwar „viele Keime ..., und nun ist es unsere Sache, die Naturanlagen proportionierlich zu entwickeln, und die Menschheit aus ihren Keimen zu entfalten, und zu machen, daß der Mensch seine Bestimmung erreiche. Die Tiere erfüllen diese von selbst, und ohne daß sie sie kennen. Der Mensch muß erst suchen, sie zu erreichen; dieses kann aber nicht geschehen, wenn er nicht einmal einen Begriff von seiner Bestimmung hat."[23]

Aber für die Entwicklung der Naturanlagen beim Menschen ist nicht nur die Erziehung, ihr Begriff, ihre Idee wichtig, sondern auch ihre „Art" von großer Bedeutung; denn je nach der „Art" und Idee der Erziehung wird der Mensch nach einer bestimmten Richtung geprägt.

Kant sucht diesen Gedanken durch ein Beispiel zu illustrieren, das er der Pflanzenwelt entnimmt. Er vergleicht die Art der Erziehung mit der Aufzucht der Pflanzen. Er sagt, wenn man die Aurikeln aus der Wurzel zieht, so bekommt man sie alle nur von ein und derselben Farbe, „wenn man dagegen

[17] ebd.
[18] ebd.
[19] Bd. 8, S. 459.
[20] ebd.
[21] Diese Gedanken von Kant zeigen zugleich, wie tief er die Dinge gesehen hat. Das Abgrenzungsproblem der Erbanlagen und der Erziehung steht noch heute ungelöst da.
[22] Bd. 8, S. 460.
[23] Bd. 8, S. 460 f.

aber ihren Samen aussäet: so bekommt man sie von ganz andren und verschiedensten Farben. Die Natur hat also doch die Keime in sie gelegt, und es kömmt nur auf das gehörige Säen und Verpflanzen an, um diese in ihnen zu entwickeln. So auch bei dem Menschen!"[24]

Der Mensch ist dasjenige Wesen, das des Lernens bedarf, „weil die Entwickelung der Naturanlagen bei dem Menschen nicht von selbst geschieht"[25]. So ist seine Entwicklung an den Lernprozeß gebunden, der zunächst in Form von Wartung und Erziehung verläuft, bis der Mensch in die Lage kommt, ihn selbständig fortzuführen. Deshalb braucht der Mensch Wartung und Bildung, die in sich Zucht und Unterweisung begreifen. „Diese braucht, soviel man weiß, kein Tier. Denn keins derselben lernt etwas von den Alten."[26] Der Mensch ist aber darauf angewiesen; er ist ein ständiger „Lehrling"; und er muß bis zu seinem letzten Atemzug lernen, seine Erfahrungen und die der anderen zu sammeln und auszuwerten. —

Da das Tier von anderen Tieren nicht zu lernen braucht, so ist jedes Tier auf sich selber angewiesen. Seine Leistungen sind, wenn auch nicht mit der Geburt voll entwickelt, ihm von Natur aus gleichsam fertig mitgegeben. Daher braucht das Tier nicht eigens dafür zu sorgen, daß das Gelernte einer kommenden Generation überliefert wird. Weil dem Tiere auch seine Bestimmung von Natur mitgegeben ist, so braucht es nicht dergleichen Leistungen zu vollziehen.

Der Mensch aber muß das von früheren Generationen Geleistete den kommenden überliefern, ohne sich dessen bewußt sein zu müssen. Diese Überlieferung findet in den sich überlappenden Generationen fast simultan statt. Denn von Kindheit an lernt der Mensch immer von anderen; er kann nie durch sich allein bestehen. Schon die Form der Wartung, der Erziehung und des Lernens ist ein solches Aufgeben und Aufnehmen des Geleisteten. Es gibt keine Generation, keine Menschengruppe, die auf sich allein angewiesen ist. Jede Generation, jede Menschengruppe steht in ständigem Geben und Aufnehmen des von der Menschheit im ganzen, nicht nur vom eigenen Volke, Geleisteten. Erst dadurch ist es möglich, daß eine Generation die andere erzieht, „daß eine Generation ihre Erfahrungen und Kenntnisse der folgenden überliefert, diese wieder etwas hinzu tut, und es so der folgenden übergibt"[27]; und nur dadurch kann die Erziehung und das Wissen überhaupt einen Schritt vorwärts tun und den Menschen zu seiner Bestimmung führen.

Aber dazu hat der Mensch es nötig zu arbeiten; denn das Geleistete steht ihm ohne eigene Tätigkeit nicht zur Verfügung. Er muß sich aktiv mit dem Vorhandenen auseinandersetzen, um bestimmte Inhalte abzubauen oder aufzugeben, andere aufzunehmen und zu bewahren. Daß der Mensch der Erziehung bedarf, daß er dadurch Einsicht mit Wissen gewinnt, und daß er ein lernendes,

[24] Bd. 8, S. 460.
[25] Bd. 8, S. 462.
[26] Bd. 8, S. 458.
[27] Bd. 8, S. 461 f.

suchendes, forschendes, ideenbewußtes Wesen ist, hätte ja gar keinen Sinn, wenn er nicht fähig wäre, Erworbenes zu überliefern, Überliefertes zu erwerben. —

Das alles setzt voraus, daß er arbeiten muß. Ein Wesen, für dessen Existenz die Natur keine Sorge getragen hat, muß sich alles selbst besorgen und mühselig erringen, was sein Dasein sicherstellen kann. Deshalb sagt Kant: „der Mensch ist das einzige Tier, das arbeiten muß"[28]. Aber das Arbeiten ist kein leeres Sich-anstrengen, sondern es ist geleitet von Zielen und Absichten. Erst diese Ziele und Zwecke machen ein bestimmt gerichtetes Arbeiten möglich.

So muß der Mensch durch viele, mühselige Vorbereitungen erst dahinkommen, „daß er etwas zu seinem Unterhalte genießen kann. Die Frage, ob der Himmel nicht gütiger für uns würde gesorgt haben, wenn er uns alles, schon bereitet, hätte vorfinden lassen, so, daß wir gar nicht arbeiten dürften? ist gewiß mit nein zu beantworten: denn der Mensch verlangt Geschäfte, auch solche, die einen gewissen Zwang mit sich führen. Eben so falsch ist die Vorstellung, daß wenn Adam und Eva nur im Paradiese geblieben wären, sie da nichts würden getan, als zusammengesessen, arkadische Lieder gesungen, und die Schönheit der Natur betrachtet haben. Die Langeweile würde sie gewiß eben so gut, als andere Menschen, in einer ähnlichen Lage, gemartert haben."[29] Die Arbeit bringt den Menschen in die Lage, daß er sich selbst vergißt, indem die Arbeit ihn erfüllt; und die beste Ruhe, sagt Kant, ist die Ruhe nach der Arbeit. —

V.

Der Mensch bedarf der Wartung, der Erziehung, einer Idee seiner Bestimmung, der Überlieferung seiner Errungenschaften, des Lernens und des Arbeitens. Das setzt voraus, daß er in der Lage ist, Gemeinschaften und Staaten zu bilden, die für die Ausführung und Realisierung derselben eintreten. Denn der Mensch kann jene Aufgaben als kurzlebiges Individuum nicht bewerkstelligen, wohl aber als Gattung in Gestalt der verschiedenen Gemeinschaften und Staaten, in denen die Gattung zur Erscheinung kommt.

Wie aber muß der Mensch von Natur beschaffen sein, damit er eine Gemeinschaft bilden und seine Naturanlagen entwickeln kann? Die Antwort darauf lautet: er soll ein disharmonisches Wesen sein, d. h. er muß mit einer Doppelnatur ausgestattet sein; einerseits soll er ein Vernunftwesen, andererseits ein Naturwesen sein. Dafür prägt Kant den Begriff Antagonismus: „das Mittel, dessen sich die Natur bedient, die Entwickelung aller ihrer Anlagen zustande zu bringen, ist der Antagonism derselben in der Gesellschaft, sofern dieser doch am Ende die Ursache einer gesetzmäßigen Ordnung derselben wird. Ich verstehe hier unter dem Antagonism die ungesellige Geselligkeit der Menschen, d. i. den Hang derselben in Gesellschaft zu treten, der doch mit einem durch-

[28] Bd. 8, S. 483.
[29] Bd. 8, S. 483.

gängigen Widerstande, welcher diese Gesellschaft beständig zu trennen droht, verbunden ist. Hiezu liegt die Anlage offenbar in der menschlichen Natur. Der Mensch hat eine Neigung, sich zu vergesellschaften, weil er in einem solchen Zustande sich mehr als Mensch ... fühlt. Er hat aber auch einen großen Hang, sich zu vereinzeln (isolieren); weil er in sich zugleich die ungesellige Eigenschaft antrifft, alles bloß nach seinem Sinne richten zu wollen und daher allerwärts Widerstand erwartet, so wie er von sich selbst weiß, daß er seinerseits zum Widerstande gegen andere geneigt ist. Dieser Widerstand ist es nun, welcher alle Kräfte des Menschen erweckt, ihn dahin bringt, seinen Hang zur Faulheit zu überwinden, und, getrieben durch Ehrsucht, Herrschsucht oder Habsucht, sich einen Rang unter seinen Mitgenossen zu verschaffen, die er nicht wohl leiden, von denen er aber auch nicht lassen kann ..."[30]

Ohne solche antagonistischen, disharmonischen Eigenschaften würden die Menschen ihre Naturanlagen nicht entfalten können; würden alle ihre „Talente auf ewig in ihren Keimen verborgen bleiben; die Menschen, gutartig wie die Schafe, die sie weiden, würden ihrem Dasein kaum einen größeren Wert verschaffen als dieses ihr Hausvieh hat"[31]. Der Mensch soll also der Natur dankbar sein, daß sie ihn mit einer nicht zu befriedigenden „Begierde zum Haben" oder „zum Herrschen" ausgestattet hat. Denn „ohne sie würden alle vortreffliche Naturanlagen in der Menschheit ewig unentwickelt schlummern. Der Mensch will Eintracht; aber die Natur weiß besser, was für seine Gattung gut ist; sie will Zwietracht"[32].

Der Mensch „will gemächlich und vergnügt leben; die Natur will aber, er soll aus der Lässigkeit und untätigen Genügsamkeit hinaus, sich in Arbeit und Mühseligkeiten stürzen, um dagegen auch Mittel auszufinden, sich klüglich wiederum aus den letztern herauszuziehen. Die natürlichen Triebfedern dazu, die Quellen der Ungeselligkeit und des durchgängigen Widerstandes, woraus so viele Übel entspringen, die aber doch auch wieder zur neuen Anpassung der Kräfte, mithin zu mehrerer Entwickelung der Naturanlagen antreiben, verraten also wohl die Anordnung eines weisen Schöpfers und nicht etwa die Hand eines bösartigen Geistes, der in seine herrliche Anstalt gepfuscht oder sie neidischer Weise verderbt habe"[33].

Der Antagonismus hat sein Fundament in der Doppelnatur menschlichen Seins: Der Mensch ist einerseits ein Vernunftwesen, andererseits ein Naturwesen. Als Naturwesen oder Sinnenwesen hat der Mensch verschiedene Neigungen, wie bereits erwähnt wurde; hier kennt seine äußere Freiheit keine Grenzen. Als Vernunftwesen sind aber seiner Freiheit Grenzen gesetzt; das führt ihn zu einer „gesetzmäßigen Ordnung".

Der Antagonismus beschränkt sich nicht nur auf Individuen, sondern er

[30] Bd. 4, S. 155.
[31] Bd. 4, S. 155 f.
[32] Bd. 4, S. 156.
[33] Bd. 4, S. 156.

herrscht auch zwischen den aus Individuen bestehenden Körperschaften und Gemeinschaften. Deshalb ist „das größte Problem für die Menschengattung, zu dessen Auflösung die Natur ihn zwingt, ... die Erreichung einer allgemein das Recht verwaltenden“[34] Gemeinschaft, also des Staates. Nur eine solche Gemeinschaft ist in der Lage, die grenzenlose Freiheit und den durchgängigen Antagonismus ihrer Glieder einzuschränken, damit sie mit der Freiheit anderer zusammenbestehen kann.

Andererseits liegt es in der Absicht der Natur, die Anlagen der Menschheit zu entwickeln. Diese Absicht kann weder in einem untätigen, widerstreitlosen Zustand, noch in einer grenzenlosen, wilden Freiheit realisiert werden. Untätigkeit und das Fehlen des Antagonismus bringen den Menschen auf das Niveau seiner Haustiere; im Zustand unbegrenzter, wilder Freiheit hingegen könnten die Menschen nicht lange nebeneinander bestehen. „Allein in einem solchen Gehege, als bürgerliche Vereinigung ist, tun ebendieselben Neigungen hernach die beste Würkung; so wie Bäume in einem Walde eben dadurch, daß ein jeder dem andren Luft und Sonne zu benehmen sucht, einander nötigen, beides über sich zu suchen, und dadurch einen schönen geraden Wuchs bekommen; statt daß die, welche in Freiheit und voneinander abgesondert ihre Äste nach Wohlgefallen treiben, krüppelig, schief und krumm wachsen. Alle Kultur und Kunst, welche die Menschheit zieret, die schönste gesellschaftliche Ordnung, sind Früchte der Ungeselligkeit, die durch sich selbst genötigt wird, sich zu disziplinieren und so, durch abgedrungene Kunst, die Keime der Natur vollständig zu entwickeln.“[35]

Die Auflösung des Problems der Gemeinschaft, da „Gemeinschaft“ unter komplexen Wertdeterminationen und sozial-kulturellen Bedingungen steht, ist das schwierigste Problem, das es überhaupt gibt. Denn der Mensch als solcher ist der Kampfplatz zweier Determinationen, einer naturkausalen und einer vernünftigen. Dem entspricht seine Doppelnatur. Als Naturwesen, als homo phainomenon ist er ein Tier; wenn er unter anderen Menschen lebt, bedarf er einer Führung, wie Kant es ausdrückt, eines Herrn. Denn der Mensch als Naturwesen „mißbraucht gewiß seine Freiheit in Ansehung anderer seinesgleichen“[36]; obwohl er aber als Vernunftwesen seiner Freiheit Schranken zu setzen wünscht, „so verleitet ihn doch seine selbstsüchtige tierische Neigung, wo er darf, sich selbst auszunehmen“[37].

„Er bedarf also einen Herrn, der ihm den eigenen Willen breche und ihn nötige, einem allgemeingültigen Willen, dabei jeder frei sein kann, zu gehorchen. Wo nimmt er aber diesen Herrn her? Nirgend anders, als aus der Menschengattung.“[38] Aber dieser ist ebenso ein Mensch, der auch mit derselben Doppelnatur ausgestattet ist. Er wird auch seine Freiheit mißbrauchen, wie es jeder

[34] ebd.
[35] Bd. 4, S. 157.
[36] ebd.
[37] ebd.
[38] ebd.

andere Mensch tut. Der Mensch, der Oberhaupt einer Gemeinschaft werden soll, muß gerecht sein. Aber existieren die Bedingungen für die Realität eines solchen Wesens? Diese Aufgabe ist schwer, „die schwerste unter allen; ja, ihre vollkommene Auflösung ist unmöglich; aus so krummem Holze, als woraus der Mensch gemacht ist, kann nichts ganz Gerades gezimmert werden. Nur die Annäherung zu dieser Idee ist uns von der Natur auferlegt."[39]. Um dies von Natur auferlegte Ziel zu erreichen, ist der Mensch gezwungen, drei Begriffe zu erfüllen: 1. den Begriff einer möglichen Verfassung; 2. den einer Erfahrenheit, die über große „Weltläufe" verfügt; 3. den eines guten Willens. Es ist nicht leicht, diese drei Momente gleichzeitig beieinander zu finden oder zu haben.

Damit ist aber das Problem durchaus noch nicht gelöst. Denn jeder Staat ist ein Individuum, verhält sich wie ein Individuum gegenüber seinesgleichen. Jeder Staat ist, wie das Individuum, mit Herrsch- und Habsucht behaftet, die ihn mit anderen Staaten in Streit und Krieg ziehen. Solche Streitigkeiten können nach Kant nur vermieden werden, wenn alle Staaten in einen Völkerbund treten, worin jeder Staat seine Rechte und seine Souveränität genießt, wie groß oder klein er auch sein mag.

Hier taucht eine echte Aporie auf. Einerseits soll der Mensch vorbeugende Maßnahmen treffen, andererseits darf das den Menschen nicht untätig machen, d. h. sein Antagonismus darf nicht beseitigt werden. Darauf, wie das möglich ist, gibt Kant keine Antwort. Aber es ist wohl kaum möglich, darauf eine bestimmte und präzise Antwort zu geben. Denn wenn die Zwietracht, der Antagonismus, in der menschlichen Natur begründet ist, besteht wohl kaum ein Grund, mit Optimismus die Verwirklichung jenes Zustandes zu erwarten. Lassen wir den optimistischen Glauben an die Verwirklichung, bzw. die Lösung der Aporie dahingestellt.

Wir bemerken folgendes dazu: Solange das zwischen den Staaten und Individuen obwaltende Verhältnis nicht durch die höheren Werte wie Gerechtigkeit und Recht determiniert wird, sondern durch niedere Werte und Interessen, die eindeutige Korrelate von Besitz- und Geltungsstreben sind, und die der ökonomisch-materiellen Sphäre angehören, ist es unmöglich, zu einem streit- und krieglosen Zustand zu gelangen. Institutionen wie der Völkerbund oder die Vereinten Nationen sind sicher von großem Nutzen. Sie schlichten oder verhindern Krieg und Streit bis zu einem gewissen Grade, wenn nicht gerade Weltmächte die Betroffenen sind; aber sie sind weit entfernt davon, Krieg und Streit aus der Welt zu schaffen.

Dazu bedürfte es einer biopsychischen Mutation, infolge derer die menschliche Natur eine totale Änderung erführe, so daß der Mensch — kantisch ausgedrückt — seinen Naturteil (seinen phainomenalen Teil) einbüßte und nur im Besitz seines Vernunftteiles bliebe. Nur dann würden seine Handlungen und Tätigkeiten, ob als Individuum oder Staat, von den höheren Werten determiniert

[39] Bd. 4, S. 158.

werden. Das würde aber den Antagonismus aufheben und den Menschen zur Untätigkeit verdammen, was nicht Kants Meinung sein kann. Die Aporie bleibt ungelöst bestehen. —

Kants Idee eines Völkerbundes ist und bleibt großartig und weitschauend, obgleich die menschliche Natur deren totale Verwirklichung nicht zuzulassen scheint. Schon deren partielle Verwirklichung, die eine Eingrenzung und Milderung der Streitigkeiten zur Folge hätte, wäre von großer Bedeutung für die Menschheit, die in unserem Zeitalter mehr als je bedroht ist.

Es ist ein genialer Zug Kants, als erster Philosoph in der Geschichte des abendländischen Denkens das Problem des Völkerbundes, das mit dem Problem des ewigen Friedens in Beziehung steht, in das Zentrum des anthropologischen Denkens gerückt zu haben. Keine Anthropologie unserer Zeit hat dieses Problem ernst genommen, geschweige denn behandelt. Dieses Problem bleibt freilich allen Denkern verborgen, die den Menschen als bloßes „Geistwesen", als „Mängelwesen", als „animal symbolicum" oder als „Kulturschöpfer" ansehen; es geht nur denen auf, für die der „Mensch" — obgleich *auch* das radikal Böse — die Würde und Autonomie besitzt, von der Idee seiner Bestimmung auszugehen, die sein Tun ausrichten soll; wobei die Idee seiner Bestimmung nichts anderes bedeutet als die Achtung des Menschen vor sich selbst und vor der Menschheit.

Unsere Ausführungen haben klar und deutlich herausgestellt, daß Kant nicht von irgendeinem Begriff des Menschen, ob dieser nun psychologischer, metaphysischer oder biologischer Herkunft sei, ausgeht, sondern von den menschlichen Tätigkeiten, wie Wartung, Erziehung, Arbeit usw., die es vermögen, die Naturanlagen des Menschen zu entwickeln. Der Mensch ist von Natur ein unbestimmtes Wesen; er muß selber die Idee seiner Bestimmung konzipieren, und er soll sie selbst verwirklichen. Auch Nietzsche bringt das zum Ausdruck, wenn er sagt, „daß der Mensch das noch nicht festgestellte Tier ist"[40]; er ist offen für jede Richtung, die ihm gegeben werden kann.

Von hier aus gesehen ist die Kantsche Auffassung vom Menschen weit phänomengerechter und fundierter als irgend eine andere. —

[40] Friedrich Nietzsche, Jenseits von Gut und Böse, Werke Musarion Bd. 15, S. 83.

P. Josef Schmucker

Die Originalität des ontotheologischen Argumentes Kants gegenüber verwandten Gedankengängen bei Leibniz und in der Schulphilosophie der Zeit

Daß Kants „Einzig möglicher Beweisgrund", wie er ihn vor allem in der bekannten Abhandlung von 1762 entwickelte, aber auch noch ein Jahrzehnt später mit einer gewissen Befriedigung als „seinen ontotheologischen Beweis" in Anspruch nimmt[1], eine wichtige Rolle spielt in seiner metaphysischen Entwicklung bis hin zur Kr. d. r. V., wird heute allgemein zugegeben[2]. In der Interpretation jedoch gehen die Meinungen z. T. noch weit auseinander[3]. Dem Verständnis seines wirklichen Gedankenganges dürfte nicht wenig die Klärung der Frage dienen, wie sich derselbe zu ähnlich lautenden Argumentationen Leibniz' und der zeitgenössischen Schulphilosophie verhalte.

G. Tonelli hat in seinem jüngsten Werk über die Entwicklung Kants neben letzterem auf eine Reihe von Philosophen hingewiesen, die er als strikte Vorläufer Kants in dieser Hinsicht anspricht und die in der Tat dessen Argument in einer Weise vorwegzunehmen scheinen, daß die These des Verfassers von der „scarsa originalità" desselben gerechtfertigt erscheinen könnte[4]. Gegen diese Auffassung sprechen allerdings folgende Tatsachen: einmal, daß, wie Kl. Reich in der Einleitung zu seiner Neuausgabe der Kantischen Abhandlung anmerkt, dem Philosophen dieses Jugendwerk durch Moses Mendelssohns Rezension in den Literaturbriefen den ersten literarischen Ruhm eingebracht hat und daß es die Zeitgenossen in ihm den kommenden Schöpfer eines neuen metaphysischen Systems erblicken ließ[5]; ferner, daß Kant selbst in der Einleitung und im Schlußabschnitt der Abhandlung sowie am Ende ihres ersten Teiles in einer Weise von

[1] KGS, XVII, 624 (4647).

[2] Vgl. H. Heimsoeth, Studien zur Philosophie I. Kants (Köln 1956), S. 19 ff; D. Henrich, Der ontologische Gottesbeweis (Tüb. 1960), S. 179 ff; Klaus Reich, Einleitung zur Neuausgabe von I. Kant, Der einzig mögliche Beweisgrund zu einer Demonstration des Daseins Gottes (Hamburg 1963).

[3] Vgl. G. Tonelli, Elementi metodologici e metafisici in Kant dal 1745 al 1768 (Torino 1959), S. 138 f; sowie des Verf. Aufsatz in den Kantstudien 1963 (IV) S. 445 ff; andererseits Kl. Reich, Kants Einzig möglicher Beweisgrund (Lpzg. 1937), sowie D. Henrich, op. cit. S. 144 ff., 184 ff.

[4] Tonelli, op. cit. S. 139: Ed è .. di scarsa originalità, in quanto trova stretti precedenti nella Scuola.

[5] Kl. Reich, I. Kant, Der einzig mögliche Beweisgrund ..., Einleitung des Herausgebers, S. VII f.

diesem seinem neuen Argument spricht, daß es sich schlecht zusammenreimen läßt mit der Annahme, es handle sich dabei lediglich um eine andere Formulierung eines bereits der Tradition geläufigen Gedankens[6]. Damit ist unser Problem in seinem allgemeinen Sinn umschrieben.

Zum Beweis seiner These von der „scarsa originalità" zitiert Tonelli außer Leibniz vor allem Wedel, Crusius, Wolff und Baumeister, denen man aber noch G. A. Baumgarten hinzufügen müßte, dessen Metaphysica Kant seit 1756 als Handbuch für seine Vorlesungen benützte[7]. Sieht man jedoch von Leibniz und Baumgarten ab, deren Konzeption in der Tat, wie wir sehen werden, mit der Kantischen vergleichbar ist, scheinen mir die vom Verfasser angeführten Gedankengänge der Genannten die Originalität Kants eher zu unterstreichen als sie in Frage zu stellen. Denn sie haben alle (außer Leibniz und Baumgarten) die sogenannte *äußere* Möglichkeit der Wesenheiten im Auge, d. h. ihre notwendige Beziehung auf eine Ursache, die sie verwirklichen kann und die letztlich eine nichtkontingent existierende sein muß[8]; nicht aber jene innere oder schlechterdings und absolut so genannte, die in der logischen Vereinbarkeit ihrer Merkmale besteht und von der Kant einzig und allein sprechen will[9]. Die Nichtbeachtung dieses Unterschiedes ist auch der Grund, warum der Verfasser das Kantische Argument in seinem entscheidenden Schritt von den bloßen Möglichkeiten zu dem absolut notwendigen Dasein in die Nähe des Wolffschen Kontingenzbeweises rücken und die These aufstellen kann, Kant habe auf den Spuren Wedels in sein apriorisches Argument eine Schlußfolgerung eingebaut, die für Wolff und seine Schule einen Teil des aposteriorischen ausmache[10].

Es ist aber kein Zweifel, daß der Kantische Ansatz demgegenüber etwas grundsätzlich Neues darstellt, das in seiner Eigenart und Bedeutung gut von J. Geyser gekennzeichnet wurde: „Man sieht hier (im EmBg) klar die Anwendung des Prinzips vom zureichenden Grund, insofern für Kant nicht nur die Wirklichkeit, sondern auch schon die innere Möglichkeit aller Wesenheiten einen Realgrund haben muß und dieser kein anderer als Gott selbst sein kann. Kants Darlegungen verraten deutlich die Bedeutung des Problems, ob die Wesenheiten einen Sachgrund haben, für die Begründung der Metaphysik und der wissenschaftlichen Gotteslehre. Läßt sich nämlich einsehen, daß nicht erst das Dasein, sondern schon das reine Sosein der Wesenheiten ohne ein seinen Grund bildendes Urseiendes unmöglich ist, so steht vor uns der Ausblick auf einen nicht auf das Kausalgesetz gestützten Beweis für das Dasein und die unendliche Natur Got-

[6] KGS, II, 65 ff; 90 f; 161 ff.

[7] KGS, I, 503; 582.

[8] Cf. Tonelli, op. cit. S. 161 ff (Anm. 79: Leibniz; 80: Wedel; 81: Crusius; 86: Wolff und Baumeister).

[9] KGS, II, 78: „Übrigens bemerke ich, daß hier jederzeit von keiner anderen Möglichkeit oder Unmöglichkeit, als der inneren oder schlechterdings und absolute so genannten die Rede sein wird".

[10] Tonelli, op. cit. S. 162 f (Anm. 86).

tes."[11] Damit ist das Neue und Andersartige bezeichnet gegenüber den ähnlich klingenden Formulierungen Wedels, Baumeisters, Crusius', Wolffs und anderer, deren Möglichkeitsbeweis sich naturgemäß in wesentlichen Punkten mit dem Kontingenzargument deckt.

Sehr viel ernster jedoch stellt sich das Problem der Originalität Kants von Leibniz und Baumgarten her. Was den ersteren angeht, so sind es vor allem jene Stellen seiner Monadologie, auf die Henrich in diesem Zusammenhang hingewiesen hat[12], die aber auch in anderen Werken des Philosophen, wie z. B. in seiner Théodicée, ihre Parallelen haben und keinesfalls als episodisch in seinem Denken betrachtet werden können. Jedoch sind die Gedankengänge, die als Vorläufer des Kantischen Arguments in Frage kommen, nirgends sonst bei Leibniz mit solcher Geschlossenheit und Präzision entwickelt, wie in den nn. 43 bis 46 der erstgenannten Schrift[13]. (43) „Denn es ist wahr, daß in Gott nicht nur die

[11] Joseph Geyser, Das Prinzip vom zureichenden Grund (Regensburg 1929), S. 105.

[12] Henrich, op. cit. S. 46 und Anm. 2.

[13] Die von Tonelli (op. cit. S. 161, Anm. 79) angeführte Leibniz'sche Stelle ist ebensowenig wie die folgende aus Fr. W. Wedels Commentatio philosophica de principio rationis sufficientis eine echte Parallele zum Kantischen Argument, obwohl beide hier die These vertreten, „che l' esistenza di Dio è necessaria a fondare la possibilità stessa delle cose". Denn in beiden Fällen haben wir nur eine, allerdings bemerkenswerte, Vertiefung jenes Aspektes der Möglichkeiten, den man in der Schulsprache gewöhnlich als possibilitas externa bezeichnet, insofern von den Genannten gezeigt wird, daß diese sogenannte „externa" auch wesentlich eine interna ist. Leibniz geht hier aus von der Definition des ens a se „l'être qui doit exister parce qu'il est possible". Diese Definition vorausgesetzt, argumentiert er, kann man die Existenz Gottes nur in Abrede stellen dadurch, daß man seine Möglichkeit negiert. Wenn aber das ens a se unmöglich wäre, dann wären es notwendig auch alle entia ab alio, „puisqu'ils ne sont enfin que par *l'être de soi;* ainsi rien ne scauroit exister. Ce raisonnenment nous conduit à une autre importante proposition modale ...: Si l'être nécessaire n'est point, il n'y a point d'être possible". Im Grunde hat Wedel in den von Tonelli zitierten §§ 99, 101, 102 diesen Leibniz'schen Gedanken nur ausführlicher entwickelt und dadurch deutlicher gemacht, wodurch nun aber auch sein Unterschied zum Kantischen Ansatz noch schärfer hervortritt. § 102. Quodcumque vero continet rationem omnium possibilium existendi, in eo etiam aliquid adest, quod eorundem rationem possibilitatis continet essendi; ergo in Deo aliquid adest quod omnium possibilium rationem possibilitatis continet. Ergo in Deo aliquid est quod continet rationem possibilium essendi ultimam et primam, quod non nisi eius essentia esse potest. Der Aspekt der Möglichkeiten, von dem Leibniz wie Wedel ausgehen, ist offensichtlich die Möglichkeit zu *existieren,* wodurch allein sie entia genannt werden können, ein Aspekt, den vor allem Wolff in seiner Ontologie herausgearbeitet hat (Ontol. P. I[a], c. 3, §§ 132 ff). Die Wesenheit wird hier formal als objektive Möglichkeit des Existierens betrachtet und deshalb auch die non contradictio der Merkmale primär als Bedingung der Möglichkeit des Existierens. Ihre damit implizierte Hinordnung auf die Existenz ist aber nur möglich, wenn die letztere selber möglich ist; das ist aber nicht der Fall, wenn nicht eine causa existiert, die jene Möglichkeit realisieren kann, also eine causa fiendi derselben und zwar eine solche, deren Dasein nur mehr in ihrer eigenen Möglichkeit gründet, d. h. ein absolut notwendiges Dasein. So ergibt sich, daß der letzte Grund der Möglichkeiten, insofern sie als possibilitates

Quelle der Existenz liegt, sondern auch der Wesenheiten, insofern sie real sind, oder von dem, was es an Realem in der Möglichkeit gibt. Gerade deswegen ist der göttliche Intellekt der Ort der ewigen Wahrheiten oder der Ideen, von denen sie abhängen, und gäbe es ohne ihn nichts Reales in den Möglichkeiten, und nicht nur nichts Existierendes, sondern nicht einmal etwas Mögliches." (44) „Denn wenn es Realität in den Wesenheiten oder Möglichkeiten gibt, oder aber in den ewigen Wahrheiten, so muß diese Realität fundiert sein in einem Existierenden und Aktuellen, und folgerichtig in der Existenz eines notwendig Seienden, in welchem das Wesen die Existenz einschließt, oder in welchem es genügt, möglich zu sein, um wirklich zu sein." (45) „So hat allein Gott (oder das notwendig Seiende) diesen Vorzug, daß es nicht anders als existieren kann, wenn es möglich ist. Und weil nichts die Möglichkeit dessen hindern kann, das keinerlei Schranke, keinerlei Verneinung und folglich keinen Widerspruch in sich schließt, so genügt dies allein, um die Existenz Gottes apriori zu beweisen. Wir haben sie auch bewiesen durch die Realität der ewigen Wahrheiten. Wir haben sie aber auch aposteriori bewiesen (nämlich in den vorausgehenden Abschnitten nn. 38 bis 41), weil die kontingenten Dinge existieren, welche ihren letzten und zureichenden Grund nur in einem notwendig Seienden haben können, das den Grund seiner Existenz in sich selber hat."

Die Ähnlichkeit mit dem Gedankengang Kants, der auch von dem *Realen* der Möglichkeiten auf das absolut notwendige Dasein schließt, ist auf den ersten Blick in der Tat verblüffend, sodaß man geneigt ist, der These Tonellis von dessen mangelnder Originalität wenigstens im Hinblick auf Leibniz ohne Einschränkung zuzustimmen. Jedoch ergeben sich bei näherem Zusehen doch sehr erhebliche Unterschiede, sodaß sich der Kantische Ansatz trotz aller terminologischen Übereinstimmung als ein wesentlich anderer erweist.

Diese Andersartigkeit liegt offenbar in der Richtung, die Henrich andeutet, wenn er sagt, bei Leibniz bilde Gott den Grund des *Formalen*, bei Kant des *Materialen* in den Sätzen über die Möglichkeit der Dinge[14], wobei allerdings zu betonen ist, daß bei beiden nicht eigentlich von den *Sätzen* über die Möglichkeit der Dinge, sondern von dieser selbst die Rede ist, allerdings sofern sie auch als Denkliches, als möglicher Gegenstand des Denkens erscheint. Wenn Henrich auf den Spuren von Kl. Reich den Ausgangspunkt der Kantischen Argumentation

essendi betrachtet werden, paradoxerweise eine reine Möglichkeit ist, nämlich die Möglichkeit des Wesens Gottes, weil diese ihr eigenes Dasein notwendig begründet. Es ist also m. a. W. der Beweis aus den Möglichkeiten der Dinge hier bei Leibniz und Wedel ein solcher aus dem *Wesen* des kontingent Seienden als possibile esse und damit ein ins Wesenhafte vertieftes Kontingenzargument. Demgegenüber ist, wie Geyser richtig gesehen hat, der Ansatz Kants, der ausgeht von der Denklichkeit objektiver Gehalte nach dem Prinzip des Widerspruchs als dem Grundlegenden der Möglichkeiten, von dem auch das Existieren-können abhängt, von grundsätzlich anderer Art.

[14] Henrich, op. cit. S. 46, Anm. 2.

an das mögliche menschliche Denken im Sinn des aktuellen Denkvollzugs bindet[15], so widerspricht dem schon die ausdrückliche Feststellung Kants, sein Argument setze weder die eigene Existenz noch die von anderen Geistern noch die der körperlichen Welt voraus[16]. Davon abgesehen, dürfte Henrich den grundlegenden Unterschied zwischen beiden Ansätzen richtig kennzeichnen: für Leibniz liegt der entscheidende Ausgangspunkt des Schlusses in jenem Aspekt der Wesenheiten oder Möglichkeiten, der bei Kant zu einem reinen Formalprinzip abgewandelt wird, nämlich in den logischen Beziehungen zwischen ihren konstitutiven Elementen gemäß dem Widerspruchsprinzip. Diese Beziehungen werden von dem ersteren als absolut notwendig und daher als unabtrennbar von ihren Inhalten gedacht, sodaß für ihn die Wesenheiten zu ewig gültigen Urbildern werden, die allen wirklichen Dingen metaphysisch vorausliegen und ihr Sosein notwendig bestimmen, wie der Philosoph es in seiner Théodicée von den göttlichen Ideen sagt, die praktisch mit den ewigen Wahrheiten zusammenfallen[17]. Diese ihre notwendige Realgültigkeit, aber auch ihr Angelegtsein, ja aktives Hintendieren auf das Verwirklichtwerden, wie es nach Leibniz in dem Möglichen als einem Möglichen *zu sein* mitgedacht wird[18], ist das „Reale" der Wesenheiten oder Möglichkeiten[19], das nach ihm einen zureichenden Grund in einem notwendig Existierenden verlangt und an dem folglich diese besondere Form des Gottesbeweises ansetzt.

Vergleicht man damit den Standpunkt Kants, wie er ihn bereits in seiner Habilitationsschrift entwickelt, also zu einer Zeit, da sich seine Abhängigkeit von Leibniz am deutlichsten zeigen müßte, so stößt man auf grundlegende Unterschiede: fürs erste anerkennt er jene ewigen, aller Wirklichkeit als exemplarisches Sein vorausgehenden notwendigen Wesenheiten nicht: „Obwohl man nämlich die Wesenheiten (die in der inneren Möglichkeit bestehen) gewöhnlich als absolut notwendig bezeichnet, würde es doch richtiger heißen müssen, daß sie den Dingen absolut notwendig zukommen. Denn die Wesenheit des Dreiecks, die in der Zusammenfügung dreier Seiten besteht, ist nicht an sich notwendig; welcher Mensch mit gesundem Sinn wollte nämlich behaupten, es sei in sich notwendig, daß drei Seiten immer als verbunden gedacht werden? Aber ich gebe ohne weiteres zu, daß dies für ein Dreieck notwendig ist, d. h. *wenn* man ein

[15] Ibid. S. 146: „*Wenn* Denken möglich sein soll, dann muß irgend etwas Denkbares dem Denken vorgegeben sein. Aber Kant kennt keinen Grund, aus dem folgt, daß Denken notwendig ist".

[16] KGS, II, 91. Der intentionale Gehalt des Denkaktes kann durchaus eine absolute Seinsnotwendigkeit ausdrücken, wie das Kant vom Identitäts- und Widerspruchsprinzip immer anerkannt hat.

[17] „Toute idée distincte est par la même conforme avec son objet; et il n'y en a que de distinctes en Dieu: outre que d'abord l'objet n'existe nulle part, et quand il existera, il sera formé sur cette idée". Théodicée, I B § 192, cf § 184, 189, 335.

[18] Cf. Heimsoeth, Studien, S. 19, bes. Anm. 39: „possibilitas exigit existentiam".

[19] „... des essences, en tant que réelles, ou de ce qu'il y a de réel dans la possibilité". Monadologie, n. 43.

Dreieck denkt, muß man notwendig drei Seiten denken, was nichts anderes bedeutet als zu sagen: wenn etwas ist, ist es"[20]. Damit hat Kant bereits zu Beginn seiner Lehrtätigkeit eindeutig Stellung genommen gegen jene Metaphysik der ewigen Wahrheiten und notwendigen Wesenheiten, die seit Augustin weithin das christliche Philosophieren bestimmte und auch noch bei Leibniz in voller Stärke wirksam ist.

In der neueren Scholastik hat sich vor allem die Löwener Schule unter Führung von Card. Mercier gegen diese Auffassung gewandt und zwar in einer Kant durchaus analogen Weise: „Um zusammenzufassen: keine mögliche Wesenheit ist notwendig in sich selbst in einem absoluten Sinn. Das einzige wirklich Notwendige ist, daß, wenn die Existenz einer gegebenen Wesenheit, sei es in der Natur oder im menschlichen Geiste, gesetzt ist, dann zwischen den Elementen, die sie konstituieren, notwendige Beziehungen der Vereinbarkeit oder Unvereinbarkeit entspringen: mit einem Wort, die Notwendigkeit der Möglichkeiten ist eine bedingte Notwendigkeit von Beziehungen."[21] Zwischen beiden Standpunkten ist offenbar nur der Unterschied, daß Kant noch hinter die bloß im Geiste „existierenden" Möglichkeiten zurückgeht und ihren Ursprung mit in Betracht zieht, der als eine Zusammensetzung ursprünglich gegebener einfacher Denkinhalte vorgestellt werden kann: „Wie es aber geschehe, daß dem Denken die Begriffe der Seiten, des zu umschließenden Raumes und der übrigen Elemente (des Dreiecks) zur Verfügung stehen, d. h. daß es, allgemein gesprochen, überhaupt etwas gibt, was gedacht werden kann, woraus dann durch die Tätigkeit des Verbindens, Begrenzens, Bestimmens jeder beliebige Begriff eines denkbaren Dinges entspringen kann . . ."[22] Das Prinzip aber, nach dem aus den dem Geiste zur Verfügung stehenden inhaltlichen Elementen (wie den genannten des Dreiecks) Begriffe möglicher d. h. denkbarer Dinge gebildet werden können, ist das Widerspruchsprinzip, das nichts anderes bedeutet als die Wesensdefinition des Unmöglichen[23]: „Da die Möglichkeit einzig und allein in dem Nichtwiderspruch gewisser miteinander verbundener Begriffe besteht und so der Begriff der Möglichkeit aus der Vergleichung entspringt, in jeder Vergleichung aber das, was verglichen werden soll, zur Verfügung stehen muß, und wenn überhaupt nichts gegeben ist, keine Vergleichung, und was dieser entspricht, kein Begriff der Möglichkeit statthaben kann . . ."[24]

Ohne Zweifel fällt für Kant das Mögliche mit dem *Denklichen* zusammen, aber nicht mit dem aktuell Gedachten, sondern mit dem möglichen Inhalt eines Gedankens, ganz unabhängig davon, ob er jemals tatsächlich gedacht wird oder

[20] KGS I, 395.

[21] Mercier, Métaphysique Générale (7ièm Ed., Louvain 1923), p. 44: „bref, la nécessité des possibles est une nécessité conditionelle de rapports".

[22] KGS, I, 395 f.

[23] Ibid. S. 391.

[24] Ibid. S. 395.

nicht[25]. Aber diese Denkbarkeit nach dem Prinzip des Widerspruchs, dieses „Logische" ist für ihn, auch in der weiteren Entwicklung, niemals ein *bloß* Logisches, d. h. nur für die Denkordnung Gültiges, sondern als solches auch immer eine letzte und absolute Bedingung der *realen* Möglichkeit wenigstens in dem Sinn, daß Undenklichkeit oder logischer Widerspruch auch eine schlechthinnige Unmöglichkeit des Seins besagt; freilich später nicht mehr, wie in den fünfziger und sechziger Jahren noch, in dem, daß die Denklichkeit nach dem Widerspruchsprinzip als solche bereits positiv die reale Möglichkeit selber bedeutet. Damals also decken sich für ihn logische Denkbarkeit und reale Möglichkeit des Seins noch, ohne Zweifel ein Erbe des Rationalismus, durch das er trotz allem Leibniz wiederum nahesteht.

So kommt Kant folgerichtig zu seiner Unterscheidung zwischen dem Formalen oder Logischen und dem Materialen, d. h. Inhaltlichen, der Möglichkeiten, welch letzteres er auch als das *Reale* derselben bezeichnet[26], Reales, nicht im Sinn des Existierenden oder Aktuellen, sondern in dem einer positiven Soseinsbestimmung (im Gegensatz zur „Negation" als der entsprechenden negativen), die als solche einen möglichen Gegenstand des Denkens, ein „Denkliches" bildet[27]. Dabei erweist sich die *„non repugnantia"* als das kontradiktorische Gegenteil des Unmöglichen oder Undenklichen schon durch seine negative Form als ein reines d. h. leeres Formalprinzip, das noch keinerlei Inhalt und, als logische Bedingung der Denkbarkeit überhaupt, keine besondere metaphysische Problematik einschließt, sodaß erst die ihm als materiales Korrelat gegenüberstehenden elementaren Inhalte und ihre Gegebenheit als das metaphysisch Problematische in den Möglichkeiten erscheinen (während die Wesensbetrachtung Leibniz' vom Notwendigen als dem konträren Gegensatz des Unmöglichen ausgeht und damit bereits das Inhaltliche in allgemeinster Form impliziert, womit die Notwendigkeit der Wesensbeziehungen selbst zum metaphysischen Brennpunkt der Möglichkeiten wird). Nachdem Kant die Hypostasierung dieser Wesensbeziehungen zu einem der Wirklichkeit vorgängigen absolut Notwendigen und damit auch einschlußweise die Möglichkeit des ideologischen Gottesbeweises im traditionellen Sinn abgelehnt hatte, blieb ihm folgerichtig als Ansatzpunkt eines solchen nur mehr das Gegebensein der letzten einfachen Denkinhalte, die nicht nichts sind und auch nicht ein bloßes Produkt unserer Phantasie, sondern als ein objektiv Gültiges vom Denken vorgefunden werden. Als solche aber können sie — und das ist der Grundgedanke des Kantischen ontotheologischen Schlusses — nur gegeben sein durch ein *Existierendes*, und zwar letztlich allein durch ein *notwendig* Existierendes: „. . . so folgt, daß nichts als möglich gedacht wer-

[25] Cf. KGS, XVII, 241 (3706): „Es hindert auch dieses nicht, daß ich ein dergleichen möglich Ding nur gedenke; denn es ist an sich selber immer etwas, obgleich es niemand gedenkt, und das Prädikat kommt ihm an sich selbst zu, obgleich es niemand damit verbindet".

[26] KGS, I, 395 Z. 13,16.

[27] Vgl. dazu Heimsoeth, Studien, S. 52 f.

den kann, wenn nicht alles, was es in jedem möglichen Begriff an Realem gibt, existiert und zwar absolut notwendig existiert; denn wenn man davon abgeht, dann bleibt überhaupt nichts Mögliches mehr, sondern nur mehr Unmögliches."[28]

Damit haben wir den ersten und grundlegenden Unterschied zu Leibniz gekennzeichnet. Der zweite hängt mit diesem zusammen und liegt in der formalen Struktur jenes Schlusses selber. Bei Leibniz war es die Realgültigkeit oder Seinsmächtigkeit der als causa exemplaris gedachten ewigen Wahrheiten bzw. notwendigen Wesenheiten, die als zureichenden Grund ein Realexistierendes verlangte, das nicht weniger notwendig und ewig in seiner Existenz sein konnte als diese Wesenheiten selber in ihrer Realgültigkeit. Bei Kant haben wir einen formal anderen Gedankengang: das Existierende, durch das die Inhalte des Denklichen gegeben werden, muß ein notwendig Existierendes sein, weil sonst alle innere Möglichkeit der Dinge selbst verschwände und damit die reine Unmöglichkeit übrig bliebe; denn daß das Inhaltliche der Möglichkeiten nicht durch ein kontingent Existierendes gegeben sein kann, liegt auf der Hand, da sie ja als Möglichkeiten des Seins der kontingenten Existenz metaphysisch vorausgehen und sie erst ermöglichen[29]. Die Aufhebung aller Möglichkeit aber — das ist offenbar der Sinn der ganzen Begründung — ist unmöglich. Das ist freilich noch nicht der ganze Gottesbeweis: dieser erreicht sein Ziel erst durch einen zweiten Gedankenschritt, durch den ausgeschlossen wird, daß diese Inhalte aller Möglichkeiten in mehreren verschiedenen Seienden notwendig existieren; dieses sei unmöglich, weil die absolute Notwendigkeit den Negationen und Privationen, durch die ihr Wesen bestimmt wäre, nicht ebenso zukommen könnte wie ihren „Realitäten". Folglich, schließt Kant, ist es zur absoluten Notwendigkeit ihrer Existenz unabdingbar, „ut absque omni limitatione existant, h. e. ens constituant infinitum"[30]. Bei ihm ist also der eigentliche Grund, auf ein notwendig Existierendes zu schließen, nicht die notwendige Gültigkeit und die damit gegebene Seinsmächtigkeit der ewigen Wahrheiten und Wesenheiten, sondern die Aufhebung der Möglichkeit des Möglichen. D. h. wir haben hier bereits in ursprunghafter Prägnanz jenen Beweisgrund, mit dem er in der Abhandlung von 1762 glaubte, den Schlüssel zum Verstehen des notwendigen Daseins selbst in Händen zu haben: weil das Gegenteil des absolut notwendigen Daseins die absolute Aufhebung aller Möglichkeit und Denklichkeit und damit die schlechthinnige Unmöglichkeit zur Folge hätte, das Gegenteil des schlechthin Unmöglichen aber absolut notwendig ist.

In logischem Zusammenhang damit aber steht noch ein dritter wesentlicher Unterschied zwischen der Kantischen und der Leibniz'schen Position: in dem Gedanken, daß ohne das notwendige Dasein jegliche Möglichkeit aufgehoben und nur mehr die reine Unmöglichkeit übrig bliebe, ist wesentlich auch der enthalten, daß die Möglichkeit des absoluten Daseins selbst diesem nicht meta-

[28] KGS, I, 395.
[29] Cf. ibid. Z. 29 f.
[30] KGS, I, 395, Z. 21 f.

physisch vorangehen, sondern nur durch es und mit ihm selber gegeben sein kann, wie es ausdrücklich in der Prop. VII formuliert wird: „Es gibt ein Seiendes dessen Existenz seiner eigenen Möglichkeit und der aller Dinge vorausgeht und das deshalb, wie man sagt, absolut notwendig existiert ... Gott ist unter allen Seienden das einzige, in dem die Existenz früher als die Möglichkeit oder, wenn man will, identisch mit ihr ist, so daß von ihm keinerlei Begriff übrig bleibt, sobald man von seiner Existenz Abstand genommen hat."[31] Bei Leibniz dagegen finden wir entschieden den gegenteiligen Standpunkt vertreten; denn er definiert geradezu das absolut Notwendige als jenes, das kraft seiner Möglichkeit existiert, das durch seinen Möglichkeitsbegriff als notwendig existierend bestimmt wird. Hier zeigt sich die letzte Konsequenz jener Metaphysik der ewigen Wahrheiten und notwendigen Wesenheiten: sie wird als Grund auch noch dem absolut notwendigen Dasein metaphysisch übergeordnet, während bei Kant sich die nüchterne und realistische Sicht durchsetzt, daß Möglichkeiten bzw. ihre Realgehalte nur durch ein Daseiendes begründet werden können, und da die Möglichkeit bei den kontingent existierenden Dingen dem Dasein in der Tat metaphysisch vorausgeht, letztlich nur mehr durch ein Daseiendes, dem keinerlei Möglichkeit, auch nicht die eigene mehr, sachlich (als Grund) übergeordnet ist.

In diesem Sinn setzt er sich mit der diesbezüglichen Leibniz'schen Auffassung, mit der sich die Wolffs und im wesentlichen auch die Baumgartens deckt, ausdrücklich in seiner Prop. VI auseinander: daß etwas den Grund seines Daseins in sich selber d. h. in seiner Möglichkeit habe, sei absurd. Wenn jene Autoren sich auf den Begriff Gottes berufen und sagen, durch ihn sei seine Existenz bestimmt, so geschehe damit im Grunde nichts anderes als daß sie sich einen solchen Begriff von Gott ausdenken, der die Existenz als notwendiges Merkmal enthält, wie etwa den der omnitudo realitatis. Das sei aber zunächst nur ein willkürlich gebildeter Begriff, von dem nicht feststeht, ob er auch wahr und objektiv gültig ist: notionem entis cuiusdam nobis formantes, quod Deum appellamus, eo modo illam determinavimus, ut existentia ipsi inclusa sit. Si vera igitur praeconcepta notio, verum quoque illum existere. Das ist nach Kants damaliger Auffassung der entscheidende Einwand gegen das Cartesianische Argument, wie Leibniz, Wolff und Baumgarten und andere es vertraten[32].

Das notwendige Dasein ist infolgedessen grundsätzlich anders zu definieren als bei Leibniz: weil es die Notwendigkeit seiner Existenz nicht aus einem dieser metaphysisch vorausgehenden Grund haben kann, so muß es eben von solcher Art sein, daß es die Möglichkeit seines Gegenteils durch sich selbst absolut ausschließt, d. h. daß seine Nichtexistenz etwas schlechterdings Unmögliches oder Undenkliches ist. Diese Unmöglichkeit seiner Nichtexistenz ist jedoch nicht ein Seinsgrund derselben, der ihr metaphysisch voranginge (eine ratio antecedenter determinans), sondern lediglich ein Erkenntnisgrund der Absolutheit des Daseins,

[31] Ibid. S. 395 f.
[32] Ibid. S. 394 f.

der ja auch von einem von dem zu Erkennenden logisch Abhängigen genommen sein kann: für die Seinsordnung selbst ist es schlechthin die Art dieser notwendigen Existenz selbst, die ebenso absolut das Begründetsein wie das Nichtseinkönnen ausschließt: existit; hoc vero de eodem et dixisse ex concepisse sufficit[33].

Damit glauben wir die wesentlichsten Unterschiede zwischen der Konzeption Leibniz' und Kants namhaft gemacht zu haben. Man sieht, sie sind tiefgreifend und von grundsätzlicher Art. So gelangen wir zur Schlußfolgerung, daß auch von Leibniz her, allem unmittelbaren Eindruck zum Trotz, die Originalität der Kantischen Beweisführung keineswegs in Frage gestellt werden kann.

Kant sagt in der Einleitung zu seinem EmBg von 1762: „Was ich hier liefere, ist auch nur der Beweisgrund zu einer Demonstration, ein mühsam gesammeltes Baugerät, welches der Prüfung des Kenners vor Augen gelegt ist ..." Bei der Frage, woher er dieses Baugerät zu seinem Gottesbeweis vor allem bezogen haben mag, wird man nach dem Gesagten kaum an Leibniz denken. In der Tat braucht man auch in diesem Fall nicht in die Ferne zu schweifen, denn die wesentlichen Stücke finden wir unverkennbar in dem Handbuch des „Herrn Professor Baumgarten" wieder, nach welchem Kant bereits 1756 über Metaphysik gelesen hat und das er in seiner Ankündigung für das SS. dieses Jahres als „das nützlichste und gründlichste unter allen Handbüchern seiner Art" bezeichnet[34]. Vergleicht man die grundlegenden Paragraphen des 1. Teiles desselben über das Possibile (§ 7 ff), mit dem Baumgarten bezeichnenderweise seine ontologischen Ausführungen beginnt, über das Necessarium et Contingens (§ 101 ff), das Reale et Negativum (§ 135 ff), das Finitum et Infinitum (§ 246 ff), sowie das, was er zu Beginn des 3. Teiles über die existentia Dei sagt (§ 803 ff), dann findet man deutlich jenes charakteristische Begriffsmaterial vor, mit dem Kant offensichtlich arbeitet und das man bei Leibniz in dieser Form nicht findet, wohl aber zu einem guten Teil bei Wolff[35].

Da ist vor allem die Bestimmung des possibile vom impossibile her als das non impossibile bzw. das non contradictorium. Wenn Kant in Prop. III die Formel des Widerspruchsprinzips als Definition des impossibile auffaßt und diese Auffassung begründet: quidquid enim sibi contradicit, s. quod simul esse ac non esse concipitur, vocatur impossibile, so ist das in der Tat nichts anderes als das in § 7 von Baumgarten Gesagte[36]. Dabei enthält dieser Paragraph noch zwei weitere Elemente, die für den Kantischen Gedankengang bezeichnend sind: einmal, daß der Autor hier das Widersprechende oder innerlich Unmögliche als *irrepraesentabile* d. h. als das, was keinen Inhalt eines Gedankens bilden

[33] Ibid. S. 394, Z. 20—21.

[34] Ibid. S. 503 und 582.

[35] Cf. Chr. Wolff, Ontologia, Pars I, Sect. 2, cap. 1, cap. 3, Pars II, Sect. 2, cap. 3. (Vgl. dazu Heimsoeth, Studien, I. Christian Wolffs Ontologie u. die Prinzipienforschung I. Kants).

[36] „Nihil negativum, irrepraesentabile, impossibile, repugnans, (absurdum), contradicitionem involvens, implicans, contradictorium, est A et non-A, seu, praedicatorum contradictoriorum nullum est subiectum, seu, nihil est, et non est. O = A + non-A."

kann, charakterisiert, was bei Kant dann als das „Undenkliche“ erscheint. Als weiteres Element dieses § 7 wird für die Argumentation Kants von Bedeutung die Gleichsetzung des Widersprechenden mit dem *nihil negativum*, dem schlechthinnigen Nichts, weil es alle Denklichkeit und damit alle Möglichkeit überhaupt aufhebt; denn wenn man bedenkt, daß Baumgarten überdies in § 136 als ens mere negativum definiert, cui nulla inesset realitas, hinc nec possibilitas, nec rationalitas ... nec perfectio, realitates, dann versteht man, daß Kant dadurch angeregt werden konnte, das nihil negativum und damit auch das irrepraesentabile und impossibile nicht einfach als gleichsinnig mit dem Widersprechenden, sondern als ein Generisches, Übergeordnetes zu fassen, das auch auf eine andere Art als die des Widerspruchs resultieren konnte, nämlich durch die Unmöglichkeit, daß überhaupt irgendwelche „Realitäten“ oder denklichen Inhalte gegeben werden.

Vom Begriff des Unmöglichen aus gewinnt nun Baumgarten — und hier folgt Kant offenbar genau den Fußstapfen seines Autors — den Begriff des Möglichen im folgenden § 8: Nonnihil est aliquid: repraesentabile, quidquid non involvit contradictionem, quidquid non est A et non-A, est possibile. Damit ist das possibile definiert durch die non repugnantia der Merkmale, was genau dem Formalprinzip der Möglichkeit bei Kant entspricht (Prop. VII). Gemäß der obigen Erweiterung des Begriffes des Undenklichen und damit Unmöglichen ist jedoch der Nichtwiderspruch nicht die einzige Bedingung der Möglichkeit, sondern darüber hinaus gilt die andere, daß überhaupt solche Prädikate oder Merkmale, die sich widersprechen oder nicht widersprechen können, zur Verfügung stehen, daß denkliche Inhalte oder Data dem Denken überhaupt gegeben werden. Im übrigen fand Kant den Gedanken, daß die Elemente der Wesenheiten bzw. der Möglichkeiten als solche bereits die Frage nach ihrem Grund auferlegten, auch bereits bei seinem Autor. Dieser antwortet in der Einleitung zur 3. Auflage seines Kompendiums (1749), die Universalität des Prinzips vom zureichenden Grund verteidigend, auf den Einwand, daß man dann auch den Wesenheiten selber einen Grund zuschreiben müßte: Habent in essentialibus eas constituentibus, uti totum in partibus, et haec iterum essentialia, si non habent rationem sui sufficientem internam in eo, cuius sunt essentialia, habent tamen eandem extra ens de quo quaeritur, certe tandem in intellectu summo [37]. Dem entspricht § 812, daß in Gott, in dem die „größte innere Möglichkeit“ sei, zugleich die größte äußere bestehe, insofern in ihm die größten und fruchtbarsten Gründe die größten und fruchtbarsten Wirkungen (rationata) haben „in omni mundorum omnium possibilium nexu“.

Daraus erhellt, daß in der Baumgarten'schen Metaphysik selbst die unmittelbaren Anregungen liegen der für die Kantische Argumentation so fundamentalen Unterscheidung zwischen dem Formalen und dem Materialen der Möglichkeit. Aber auch daß dieses letztere als das *Reale* derselben bezeichnet wird, hat

[37] KGS, XVII, 17, Z. 33—39.

in Baumgarten seine unmittelbare Quelle und zugleich seine authentische Erklärung, § 36: Quae determinando ponuntur in aliquo (notae et praedicata) sunt determinationes, altera positiva et affirmativa, quae si vere sit, est realitas, altera negativa, quae si vere sit, est negatio, wobei diese Bestimmungen im folgenden Paragraphen ausdrücklich als determinationes possibilis bezeichnet werden[38].

Von diesen Voraussetzungen bei Baumgarten aus hätte Kant ein Argument für das Dasein Gottes aufstellen können, das von dem Gegebensein des Materialen der Möglichkeiten als den einfachsten Inhalten des Denkens auf einen absoluten göttlichen Intellekt, der dieses Denkliche ursprünglich denkt, als zureichenden Grund schließt. Damit hätten wir eine sicherlich bedeutsame Modifizierung des oben angeführten Schlusses von Leibniz, d. h. eine besondere Abwandlung des ideologischen Argumentes vor uns, wie sie tatsächlich in Baumgartens Einleitung zur 3. Auflage angedeutet wird. Kant geht jedoch diesen einfachen Weg des Gottesbeweises nicht, vermutlich deshalb, weil er nach seiner Überzeugung das metaphysische Wesen Gottes, d. h. seine absolute Notwendigkeit und seine notwendige Einzigkeit und Unendlichkeit zu wenig eindeutig und zwingend, zu wenig „geometrisch" bestimmte[39]. So strebt er von der bezeichneten Basis und der für ihn evidenten Voraussetzung aus, daß das Reale der Möglichkeiten nur durch ein Existierendes gegeben sein kann, ein streng ontologisches, d. h. in reinen Seinsbegriffen sich bewegendes Argument an, durch das allein er jenes Ziel vollkommen erreichen zu können glaubte. Der Hebel dieses Schlusses aber ist jener allgemeine Grundsatz, der in der Ontologie (und Ethik) Baumgartens (wie auch Wolffs) fundamentale Bedeutung hat: Necessarium est cuius oppositum est impossibile (§ 101). Cuius oppositum in se impossibile est, est illud necessarium in se (metaphysice, intrinsecus, absolute, geometrice, logice) (§ 102). Um aber diesen Hebel an der Gegebenheit des Realen der Möglichkeiten ansetzen zu können zu einem Schluß auf ein absolut notwendiges Dasein, mußte er von diesem, also von ihrem Materialen aus zu einem Unmöglichkeitsbegriff gelangen, der so unbedingt war wie der sich vom Formalen her ergebende des Widerspruchs: diesen aber gewinnt er durch die Erweiterung des Baumgartenschen Begriffes des nihil negativum durch das Nichtgegebensein-können von objektiven Denkinhalten, das eine ebenso radikale oder noch radikalere Verneinung aller Möglichkeit, also auch des impossibile und irrepraesentabile, bedeutet als die Vernichtung des Denklichen durch den Widerspruch.

Aber auch für den weiteren Schluß vom notwendig Existierenden auf die Unendlichkeit (und Einzigkeit) seines Wesens fand er das Begriffsmaterial in Baumgartens Metaphysik, nämlich in deren Abschnitt über „Finitum et infinitum", vor allem in §§ 248—258, in denen auch die Gründe dargelegt werden,

[38] Vgl. dazu § 135 ff.
[39] cf. KGS, II, 91; 155.

warum die absolute Notwendigkeit den Einschränkungen des Wesens nicht ebenso zukommen kann wie den „Realitäten".

Aus dem Vorausgehenden ist deutlich geworden, daß Kant die begrifflichen Elemente seines ontotheologischen Argumentes weitgehend dem von ihm so geschätzten Kompendium Baumgartens entnommen hat. Hier stellt sich also noch einmal, und zwar mit gesteigerter Dringlichkeit, die Frage nach der Originalität des Kantischen Gedankenganges, zumal ja Baumgartens Metaphysica selbst, wie gesagt, in dem erwähnten Vorwort zur 3. Auflage und in dem entsprechenden § 812 wenigstens einschlußweise einen Gottesbeweis aus dem Materialen oder Inhaltlichen der Möglichkeiten enthält. Aber der hier nahegelegte Schluß auf einen zureichenden Grund der Elemente der Wesenheiten steht trotz nicht zu übersehender Unterschiede doch der obigen Leibniz'schen Argumentation sehr nahe und wenn Kant nichts getan hätte als ihn weiter zu entwickeln, dann könnte man seine Originalität nicht nur gegenüber Baumgarten, sondern auch gegenüber Leibniz mit Recht in Frage stellen. Aber gerade der Vergleich seiner Gedankenführung mit der Baumgartens offenbart am schärfsten und deutlichsten das Charakteristische seines eigenen Standpunktes und ermöglicht eine klare Antwort auf die Frage der Originalität seiner Konzeption.

Es sind bei Kant vor allem zwei Elemente, die unmittelbar über das Baumgarten'sche Gedankengut hinausgehen: nämlich einmal, daß das Materiale oder Reale der Möglichkeiten nur in oder durch ein Existierendes gegeben sein kann, sodaß von dem Gegebensein dieses Realen als möglicher Denkinhalte unmittelbar auf ein Existierendes als seinen Grund geschlossen werden muß. Das zweite Moment ist dann jene Erweiterung des Begriffes des absoluten Nichts der Unmöglichkeit, von dem oben die Rede war: die Aufhebung des Realen der Möglichkeiten durch die Aufhebung ihres Grundes bedeutet ein womöglich noch radikaleres Nichts im Sinne der Unmöglichkeit des Seins und des Denklichen als die Aufhebung des Inhaltlichen durch den Widerspruch, sodaß dessen Gegenteil ebenso denknotwendig wird (die Möglichkeit und ihr Grund) wie das des Widersprechenden. Dazu kommt als dritter Unterschied, daß nach Kant die Unendlichkeit (und Einzigkeit) des göttlichen Wesens nur von der absoluten Existenz her gewonnen werden kann, nicht aber durch die bloße Wesens- oder Möglichkeitsbetrachtung, welch letzteres ja grundsätzlich durch seine Charakterisierung des notwendig Existierenden in Prop. VI und VII ausgeschlossen wurde[40].

Von hier aus aber wird das Gemeinsame dieser drei genannten Unterschiede zu Baumgarten bzw. Leibniz und Wolff faßbar und damit zugleich der Kernpunkt des Standpunktes, von dem aus Kant seinen Beweis führt: es ist die Anerkennung des grundsätzlichen metaphysischen Vorranges des Existentiellen vor dem Essentiellen. Während für die Genannten das letztere, das Wesenhafte oder das Possibile, das Urprinzip des Seins ist, das aller Existenz, auch der

[40] KGS, I, 394 f.

absolut notwendigen, übergeordnet ist (als Grund), was naturgemäß zur Anerkennung des traditionellen ontologischen Argumentes als eines apriorisch-genetischen führt, haben wir bei Kant den umgekehrten Standpunkt, der ihn nicht nur den ontologischen Gottesbeweis aus dem Möglichkeitsbegriff Gottes ablehnen läßt, sondern auch sein Argument aus den Möglichkeiten der Dinge wesentlich modifiziert. Als unmittelbare Konsequenz dieses Standpunktes ergibt sich sein von dem der Genannten grundverschiedener metaphysischer Gottesbegriff: der des Daseins, das seiner eigenen Möglichkeit vorausgeht oder mit ihr identisch ist (Prop. VII); als weitere die Negierung der notwendigen Wesenheiten als einer der Aktualität vorgängigen selbständigen metaphysischen Größe von absoluter Gültigkeit; ferner die These, daß das Gegebensein des Materialen der Möglichkeiten nur denkbar ist durch ein Existierendes, und schließlich, daß durch die Negierung des absolut notwendigen Daseins alles Inhaltliche derselben aufgehoben und damit die schlechthinnige Unmöglichkeit übrig bliebe.

Diese Grundthese des unbedingten metaphysischen Vorranges des Existentiellen vor dem Essentiellen mit den daraus sich ergebenden Konsequenzen erweist nicht nur überzeugend die Originalität des ontotheologischen Arguments Kants im Verhältnis zu Leibniz und Baumgarten, sondern stellt auch diesen gegenüber eine grundsätzliche Neuorientierung des Philosophierens am Beginn seiner Lehrtätigkeit dar, die sich auch in vielen anderen Thesen der Nova Dilucidatio wie auch der Schriften von 1762 auswirkt[41], in deren konsequenter Weiterverfolgung ihm aber auch wesentliche Voraussetzungen seines ontotheologischen Argumentes selbst fragwürdig werden[42].

[41] So in der Nov. Dil. neben bereits genannten die scharfe Unterscheidung zwischen Erkenntnis- und Seinsgrund und die Einschränkung der Gültigkeit des letzteren auf den Bereich des Kontingenten; die Ablehnung des Baumgarten'schen principium consequentiae, daß alles eine Folge haben müsse, für die Daseinsordnung (rationata existendi) sowie des Leibniz'schen principium indiscernibilium; ferner die Ergänzung der allgemeinen ontologischen Prinzipien der Identität bzw. des Widerspruchs und des Grundes durch die beiden der successio und coexistentia, welche das Verhältnis der existierenden Substanzen zueinander bestimmen, mit ihren vielfältigen metaphysischen Konsequenzen.

[42] So mit zunehmender Betonung der Erfahrung die Gleichsetzung von Nichtwidersprechendem und realer Möglichkeit; die Anerkennung bloß möglicher, nicht realisierter Welten außerhalb der existierenden; die These, daß notwendig Daseiendes nur als ein einziges, unbegrenztes denkbar ist.

Giorgio Tonelli

Die Voraussetzungen zur Kantischen Urteilstafel in der Logik des 18. Jahrhunderts[1]

Die Entstehung der Kantischen Urteilstafel ist eine der traditionellen Hauptfragen der Kantforschung, besonders in Verbindung mit der anderen Hauptfrage der Entstehung der Kategorientafel. H. J. DE VLEESCHAUWER hat die betreffenden Kontroversen zusammengefaßt[2], und selbst eine Lösung vorgeschlagen. KANT hätte nicht einfach die Kategorientafel von der Urteilstafel abgeleitet, vielmehr beide gleichzeitig entwickelt (S. 232). Die Urteilstafel wurde, wie KANT selbst behauptet, aus der entsprechenden logischen Überlieferung gewonnen: im allgemeinen hätte KANT die damals geläufigen Einteilungen der Urteilsformen dadurch verändert, daß er jeder allgemeinen Urteilsart, zwei Urteilsformen enthaltend, eine dritte hinzugefügt hätte (S. 244). Durch die Vergleichung einiger Einteilungen der Urteilsformen, von MELANCHTHON bis BAUMGARTEN, kommt DE VLEESCHAUWER zu dem Schluß, daß KANT nicht die Einteilung eines bestimmten Autors angenommen, sondern seine eigene Urteilstafel durch eine selektive Verschmelzung jener Einteilungen aufgebaut hätte (S. 244 ff.). Die von DE VLEESCHAUWER aufgeführten Materialien sind aber zu knapp, um irgendeine Lösung des Problems zu rechtfertigen. Wir haben deshalb eine eingehendere Untersuchung unternommen, in deren Laufe wir die wichtigsten deutschen Lehrbücher der Logik vom Anfang des 18. Jhdts., fast die sämtlichen deutschen Lehrbücher der Logik zwischen 1725 und 1777 (einschließlich), und die wichtigsten ausländischen Lehrbücher der Logik zwischen 1700 und 1777 in Hinsicht auf unsere Frage durchgesehen haben[3]. Von diesen

[1] Wir haben schon einen Aufsatz über dasselbe Thema veröffentlicht: *L'origine della tavola dei giudizi e del problema della deduzione delle categorie in Kant*, „Filosofia" VII, 1956; dort wurden aber nur 6 Autoren in dieser Hinsicht studiert; die gegenwärtige Fassung darf also als ein fast vollständig neuer Beitrag gelten, der jedenfalls zu einem neuen Schluß kommt.

[2] H. J. DE VLEESCHAUWER, *La déduction transcendentale dans l'oeuvre de Kant*, I vol., Antwerpen-Paris-'s Gravenhagen 1934, S. 217—48.

[3] Vgl. W. RISSE, *Bibliographia logica*, Bd. I, Hildesheim 1965. Wir beziehen uns auf dieses Werk für genauere Angaben über alle von uns summarisch vermittelten Data, wie die verschiedenen Ausgaben einiger Werke und Ähnliches. Wir haben es für überflüssig gehalten, unsere Untersuchung auf das XVII. Jhdt. zu erweitern; KANT dürfte zwar auch einige Lehrbücher aus jener Zeit kennen (vgl. G. TONELLI, *Das Wiederaufleben der deutsch-aristotelischen Terminologie bei Kant während der Entstehung der „Kritik der reinen Vernunft"*, „Archiv für Begriffsgeschichte", IX, 1964); da es

Lehrbüchern werden wir hier selbstverständlich nur jene anführen, die der Einteilung der Urteilsarten eine gewisse Aufmerksamkeit schenken. Erst nach deren Vergleichung mit der Kantischen Urteilstafel werden wir die allgemeineren Fragen wieder erwägen.

*

Die 1681 erschienene Logik von Chr. WEISE erlebte bis 1719 sieben Ausgaben und darf deshalb als ein sehr verbreitetes Handbuch gelten[4]. Die *enunciationes* (Sätze, Urteile) werden von WEISE so eingeteilt: 1. *affirmativa* und *negativa* (S. 7); *universalis, particularis, indefinita, singularis* (S. 18); 3. *categorica* und *hypothetica* (S. 23); es folgen noch im wesentlichen 4. die *enunciatio absoluta* und *modalis* (die *modalis* wird weiter in *necessaria, contingens, possibilis* und *impossibilis* eingeteilt) (S. 42); 5. die *enunciationes exponibiles*, die in *exclusivae, exceptivae, restrictivae* und *comparativae* eingeteilt werden (S. 52).

Die 1691 erschienene, dann bis 1719 häufig wieder gedruckte Logik von Chr. THOMASIUS ist bekanntlich in ihrer Zeit sehr einflußreich gewesen[5]; sie ist u. a. durch ihre Knappheit und Einfachheit gekennzeichnet, die auch die Behandlung unseres Problems beherrschen.

Die Sätze sind nach THOMASIUS 1. entweder kategorisch oder hypothetisch (S. 177 bis 178); 2. entweder bejahend oder verneinend; 3. allgemein, einzeln, unbestimmt, besonders (S. 179); 4. notwendig, zufällig, unmöglich; die letzten drei Formen betreffen die Modalität eines Satzes (S. 180). BUDDE, einer der wichtigsten Thomasianer, beschränkt sich in seiner Aufzählung der Urteilsformen (1703)[6] sogar nur auf die 1. *qualitas: affirmatio-negatio*, und 2. *quantitas: universalis, particularis, singularis* (S. 109).

Mit RÜDIGER kam die *logica artificialis* unter den Thomasianern wieder zu Ehren; von ihm stammt die Richtung, die dann zu einem A. F. HOFFMANN und zu einem CRUSIUS führen sollte; die Urteilsformen werden trotzdem von ihm sehr einfach eingeteilt (1706)[7], erstens als Arten der *veritas enunciativa*, die, der Quantität nach, entweder allgemein oder besonders sein kann (S. 99); folgt die *enunciatio modalis*, die entweder *demonstrativa* oder *probabiliter vera* bzw. *falsa* sein kann (S. 105); RÜDIGER nennt auch die restriktiven, reduplikativen und komparativen Sätze (S. 108 ff.). Die Einteilung der Urteilsarten wird von RÜDIGER nicht nach einem einheitlichen Gesichtspunkt durchgeführt.

WOLFF veröffentlichte 1713 seine deutsche Logik, der erst 1728 die lateinische folgte[8]; wir beziehen uns auf die letzte, die die endgültige Gestalt des wolffischen Denkens enthält. WOLFF unterscheidet: 1. die bejahenden und die verneinenden Urteile

aber unmöglich ist festzustellen, was er in diesem Gebiete eigentlich kannte, und da die Materialien aus dem XVIII. Jhdt., die unsere Frage betreffen, außerordentlich reich sind, haben wir uns auf die letzteren beschränkt; es ist übrigens unwahrscheinlich, daß KANT sich in Bezug auf eine in seiner Zeit so allgemein besprochene Frage an ältere Lehrbücher gewendet hat.

[4] Wir zitieren aus: Chr. WEISIUS, *Doctrina logica*, Lipsiae 1711.

[5] Wir zitieren aus: Chr. THOMASIUS, *Einleitung in die Vernunfft-Lehre*, Halle 1699.

[6] Wir zitieren aus: Io. Fr. BUDDEUS, *Institutiones philosophiae eclecticae*, Halae Sax. 1709, Bd. I, *Elementa philosophiae instrumentalis*.

[7] Wir zitieren aus: A. RÜDIGER, *Philosophia pragmatica* ..., Lipsiae 1723, Bd. I. Das Werk ist zum ersten Male 1706—07 u. d. T. *Philosophia synthetica*, dann 1711 und 1717 u. d. T. *Institutiones Eruditionis* erschienen. Eine letzte Ausgabe als *Philosophia pragmatica* erschien 1729 (diese Werke werden von RISSE nicht angegeben).

[8] Chr. WOLFF, *Vernünfftige Gedancken von den Kräfften des menschlichen Verstandes*, Halle 1713 (dann noch oft aufgelegt); *Philosophia rationalis siva Logica*, Francofurti et Lipsiae 1728 (id.).

(§ 204); 2. die kategorischen und die hypothetischen Sätze (die ersteren legen einem Subjekt *essentialia* oder *attributa* bei, die letzteren *modi* und *relationes)* (§§ 215—18); die einzelnen, allgemeinen und besonderen Urteile (§§ 241—43); die beweisbaren und unbeweisbaren Sätze (§§ 262—63); die theoretischen und praktischen Sätze (§ 265); die einfachen und zusammengesetzten Sätze (§ 314); letztere sind entweder kopulativ oder disjunktiv (§§ 315—16). Der Wolffianer THÜMMIG (1725)[9] kannte dagegen nur 1. bejahende, verneinende, unendliche, und 2. allgemeine und besondere Urteile (S. 12 bis 13).

Der katholische Aristoteliker DEDELLEY (1728)[10] bot keine systematische Einteilung dar. Eine *propositio* kann seiner Meinung nach eine Quantität und eine Qualität haben, kann entweder wahr oder falsch sein, kann notwendig, unmöglich, zufällig sein (S. 157—160).

Der Eklektiker HEINECCIUS (1728)[11] unterscheidet 1. die bejahenden und verneinenden, und 2. die allgemeinen, besonderen und einzelnen Urteile. 3. die modalen Sätze betreffen die Notwendigkeit, Zufälligkeit und Unmöglichkeit. 4. Es gibt auch exponible Sätze (S. 91 ff.).

1727 und 1732 erschienen die Lehrbücher der Logik der beiden bedeutendsten Eklektiker jener Zeit, HOLLMANN und DARJES. Der erste[12] kannte 1. bejahende, verneinende und unendliche, 2. allgemeine, besondere und einzelne Urteile; 3. dann, in Bezug auf den *modus praedicandi,* die Möglichkeit, Unmöglichkeit, Notwendigkeit und Zufälligkeit (S. 119—35). In seiner ausführlicheren Logik von 1746[13] war die Einteilung etwas anders ausgeführt: HOLLMANN unterschied mehrere *classes* von Urteilen bzw. Sätzen und zwar I. in Bezug *ad ideas ipsas, ex quibus judicia nostra oriantur,* die unmittelbaren und die mittelbaren Urteile. In den unmittelbaren Urteilen ist es unmöglich, den Begriff des Subjekts ohne den des Prädikats zu denken; sie sind entweder a) *judicia experientia cognita,* oder b) Definitionen und Axiome (§§ 75—78). II. In Bezug auf den *modus praedicandi* gibt es 1. bejahende, verneinende und unendliche Urteile (§§ 86—88); 2. allgemeine, besondere, unbestimmte und einzelne Urteile (§§ 89—92); 3. unbedingte und modale Urteile. Die modalen Sätze betreffen A) einerseits die Möglichkeit, Unmöglichkeit und Zufälligkeit, und B) können andererseits entweder *divisae* oder *compositae* sein; die *compositae* können entweder a) *explicite* (kopulative, konditionelle oder hypothetische, disjunktive Sätze) oder b) *implicite compositae* sein (komparative, exzeptive, exklusive Sätze) (§§ 93—97).

DARJES (1732)[14] unterscheidet 1. die *qualitas (affirmativa, negativa, infinita)* und 2. die *quantitas (universalis, particularis, singularis)* der Urteile (§§ 146—150). 3. Ein Satz ist dann entweder einfach oder zusammengesetzt; dies betrifft die *quidditas* bzw. *quaeitas* eines Satzes. Die zusammengesetzten Sätze sind entweder *purae* oder *impurae;*

[9] Wir zitieren aus: Lud. Phil. THÜMMIG, *Institutiones philosophiae wolffianae,* Francof. & Lipsiae 1729, Bd. I.

[10] Das Werk von Jac. DEDELLEY erschien zum ersten Male u. d. T. *Introductio ad Dialecticam,* dann als *Summulae logicae ... sive Dialectica ... minor ... Ex Organo, Principiisque Aristotelis Stagiritae;* wir zitieren aus der Ausg. Ingolstadii 1751. Das Werk erlebte bis 1763 7 Auflagen.

[11] Wir zitieren aus: Jo. Gottl. HEINECCIUS, *Elementa philosophiae rationalis et moralis,* Francof. et Lipsiae 1738.

[12] Wir zitieren aus Sam. Chr. HOLLMANN, *In universam philosophiam introductio,* Vitembergae 1734, Bd. I.

[13] Wir zitieren aus: Sam. Chr. HOLLMANN, *Logica,* Goettingae 1764.

[14] J. G. DARJES, *Introductio in Artem inveniendi seu logicam,* Jenae 1732, *Analytica* (Siehe auch: *Via ad Veritatem,* Jena 1764, wo dieselbe Einteilung wiederholt wird — §§ CXII—CXVI —; andere Einteilungen sind: *propositio perfecta* und *criptica, vera* und *falsa, primitiva* und *derivativa, theoretica* und *practica* — §§ CIII—CVII).

die ersteren sind entweder *congregative* (kopulativ-konditionell) oder *segregative purae* (adversativ und disjunktiv-diskretiv); die letzteren sind entweder modal (notwendig, zufällig, möglich, unmöglich) oder exponibel; die exponiblen Sätze sind dann entweder exzeptiv (exklusiv — exzeptiv *stricto sensu*) oder restriktiv (reduplikativ — spezifikativ) (§§ 156—169).

Die Handbücher von HOLLMANN und DARJES waren sehr verbreitet und erlebten mehrere Ausgaben (bis 1767 bzw. 1776).

Der RÜDIGER-Schüler FABRICIUS veröffentlichte 1733 eine Logik[15], die die folgende Einteilung enthält: 1. einfache (reine, kategorische) und zusammengesetzte (hypothetische) Sätze (S. 166); 2. bejahende, verneinende, unbestimmte Sätze (die letzten sind solche, bei denen man nicht gleich versteht, ob sie bejahend oder verneinend sind) — Qualität — (S. 167); 3. allgemeine, besondere, unbestimmte, einzelne Sätze — Quantität — (S. 170); 4. notwendige, zufällige, mögliche, unmögliche Sätze — Modalität — (S. 173). Andere Unterscheidungen folgen: theoretische und praktische, zusammengesetzte und exponible Sätze, disjunktive, hypothetische, beschränkte Sätze (S. 174 ff.).

Ausführlich und nicht leicht zu übersehen ist die Einteilung des Wolffianers REUSCH (1734)[16]. Er unterscheidet hauptsächlich: 1. die Quantität — allgemein, besonders, unbestimmt, einzeln — (§§ 355 ff.); 2. die Qualität — bejahend, verneinend *(de extremo negato*[17], unendlich) §§ 362 ff. —; 3. die Modalität (*propositio modalis*) — notwendig, zufällig, unmöglich, möglich —; die nicht modalen Sätze heißen *absolutae* (§§ 376 ff.); 4. *propositiones exponibiles (explicabiles) — exclusivae, exceptivae, restrictivae (limitativae, reduplicativae)* (§§ 391 ff.), *comparativae* (§§ 421 ff.), *inceptivae, desitivae, continuativae* (§§ 427), *exhibitivae* (§§ 428 ff.) —; 5. die *propositiones* können dann entweder einfach oder zusammengesetzt sein; die letzten sind *conditionales (hypotheticae), caussales, copulativae, disjunctivae, relativae, adversativae, occupativae* und *illativae;* die einfachen Sätze heißen kategorische, aber dieser Terminus gilt, wie REUSCH bemerkt, für einige Autoren nur für diejenigen Sätze, die den hypothetischen entgegengesetzt sind (§§ 439 ff.). Die Einfachheit oder Zusammensetzung eines Satzes betrifft dessen *quidditas (quaeitas)* (§ 450). 6. Es gibt dann erweisbare und unerweisbare (§ 452), 7. theoretische und praktische Sätze (§ 453). Die Grundarten der Sätze sind jedenfalls die *quaeitas,* die *qualitas* und die *quantitas* (§ 450).

Der Eklektiker WINKLER[18] (1735) unterscheidet 1. die Quantität der Sätze — allgemein, besonders, einzeln; die allgemeinen Sätze sind unbedingt, die bedingten *propositiones* können *exceptivae, indeterminatae, determinatae, exclusivae, restrictivae, reduplicativae, specificativae* sein; die *specificativae* sind entweder kategorisch oder hypothetisch; 2. die Qualität — bejahend, verneinend —; 3. die Modalität — notwendig, zufällig, möglich, unmöglich —. Die Sätze sind auch 4. entweder einfach oder zusammengesetzt; die letzten sind entweder kopulativ oder disjunktiv (S. 628 ff.).

Der Wolffianer BAUMEISTER (1735)[19] lieferte eine systematisch aufgegliederte

[15] Wir zitieren aus: Joh. And. FABRICIUS, *Vernunftlehre*, Leipzig u. Nordhausen 1758.

[16] Wir zitieren aus: Jo. Pet. REUSCH, *Systema Logicum*, Jenae 1741.

[17] Die *propositiones de extremo negato* sind diejenigen, wo die Verneinung „afficit copulam minus principalem propositionis incidentis, cuius terminus respicit omnes atque istos a se disiungit": z. B.: „Deus reprobat omnes, qui non sunt penitentes". Diese Sätze gehören, mit den unendlichen, zu den verneinenden Sätzen (§ 365).

[18] Joh. Heinr. WINKLER veröffentlichte ein Werk mit dem Titel *Institutiones philosophia wolffianae*, Lipsiae 1735, aber schon in der 2. Ausg. wurde der Titel in *Institutiones philosophiae universae*, Lipsiae 1742, verändert. Wir zitieren aus der 3. Ausg., Lipsiae 1762, worin er sich als Schüler RÜDIGERs und A. F. MÜLLERs bekennt, ohne jedoch ihnen wesentlich zu folgen.

[19] Wir zitieren aus: Fried. Chr. BAUMEISTER, *Institutiones philosophiae rationalis*

Einteilung; er kennt 1. die Qualität: bejahende und verneinende Urteile (§§ 188 ff., § 195, §§ 207 ff.); 2. die *quaeitas:* einfache (kategorische) und zusammengesetzte Sätze; die letzten sind hypothetisch, disjunktiv, kopulativ (§§ 195—200); zur *quaeitas* gehört auch die Modalität: notwendig, zufällig, möglich, unmöglich (§ 201); einige Sätze heißen *exponibiles (propositiones exclusivae, exceptivae, restrictivae, comparativae)* (§§ 202 ff.); 3. die Quantität: allgemein, besonders (§§ 209 ff.). 4. *Quoad objectum*, ist ein Satz entweder theoretisch oder praktisch; 5. *quoad evidentiam*, entweder erweisbar oder unerweisbar (§§ 219 ff.).

Der schweizerische Eklektiker BREITINGER (1736)[20] kennt 1. die Qualität der Sätze — bejahend, verneinend, unendlich —; 2. die Quantität — allgemein, besonders, einzeln (S. 41—43) —; 3. er unterscheidet die einfachen von den zusammengesetzten Sätzen; die letzten sind kopulativ, hypothetisch, kausal, relativ (S. 50 ff., 55 ff.).

1737 erschien die sehr wichtige Logik des RÜDIGER-Schülers A. F. HOFFMANN[21], der hauptsächlich die 1. Qualität — bejahend, verneinend — (§ 449) und die 2. Quantität der Sätze — allgemein, besonders, unbestimmt, einzeln — (§ 474) unterscheidet. Das Interessante bei ihm ist aber, daß er auf die Qualität der Sätze auch eine andere Unterscheidung bezieht (als Art der Verknüpfung zwischen Subjekt und Prädikat), die der *propositiones existentiales non logicae*, wo das Prädikat *pars extra partem* des Subjekts ist; diese Sätze können allerdings, wenn man dies will, in *propositiones existentiales logicae* verwandelt werden, wo das Prädikat *pars intra partes* des Subjekts ist (§ 459). Nun, die *propositiones existentiales non logicae* werden in folgender Weise eingeteilt: A) Kausalsätze, entweder physisch oder moralisch; B) Existentialsätze, a) metaphysisch (Substanz und Akzidens als Teile eines *totum essentiale)*, b) quantitativ (wo das Subjekt ein *totum integrale*, das Prädikat eine *pars integralis* dieses *totum* ist), c) relativ (Beziehungen wie z. B. Untertan-König, oben-unten) (§ 460).

Der DARJES-Schüler CORVINUS, der sich aber auf WOLFF beruft, veröffentlichte 1739 seine Logik[22]. Er unterscheidet in den Sätzen 1. die Quantität: *singularis-communis (communis* ist entweder allgemein oder besonders), auch bestimmt-unbestimmt (§§ 373 bis 380); 2. die Qualität: bejahend-verneinend (§§ 393—397); 3. den *modus propositionis:* notwendig-zufällig (§§ 421—423); 4. die *quaeitas:* einfach-zusammengesetzt (§§ 429 bis 430); zu den letzteren gehören die hypothetischen Sätze (die den kategorischen entgegengesetzt sind), zu denen auch die kausalen gehören (§ 432), die disjunktiven (§ 444), die kopulativen (§ 451), die exklusiven (§ 456), die reduplikativen (restriktiven, limitativen) (§ 461—462), die komparativen (§ 467) Sätze. Es gibt dann auch andere Einteilungen, wie nach beweisbaren und unbeweisbaren, theoretischen und praktischen Sätzen.

1747 erschien die epochale Logik von CRUSIUS, der als HOFFMANN-Schüler die Richtung RÜDIGERs fortsetzte[23]. CRUSIUS teilte die Sätze nach acht Gesichtspunkten ein (§ 221). I) Materie, nach der Verschiedenheit der Ideen, die die Sätze ausmachen. Man unterscheidet erstens die Urteile des Verstandes von den „Willensmeynungen", die „einen Wunsch, Befehlen, Verbieten u. d. g. ausdrücken". Die Urteile des Verstandes werden weiter in Nominalsätze, „wenn wir eine Idee mit einem Worte verbinden, z. E. der erste Kayser hieß Augustus"; Idealsätze, „wenn das Verhältnis bloßer Ideen betrachtet wird, z. E. die physicalische Ausdehnung setzet wirkliche Theile voraus"; und Real-

methodo Wolffii conscriptae, Vitembergae 1749[12]. Dieses Handbuch war eines der verbreitetsten seiner Zeit.

20 Wir zitieren aus: Joh. Jac. BREITINGER, *Artis cogitandi principia*, Turici 1751.

21 Ad. Fr. HOFFMANN, *Vernunft-Lehre*, Leipzig 1737, I. Theil.

22 Wir zitieren aus: Chr. Jo. Ant. CORVINUS, *Institutiones philosophiae rationalis*, Jenae 1747.

23 Chr. Aug. CRUSIUS, *Weg zur Gewißheit und Zuverläßigkeit der menschlichen Erkenntniß*, Leipzig 1747; Neudruck in: Chr. Aug. CRUSIUS, *Die philosophischen Hauptwerke*, hrsg. v. G. TONELLI, Bd. III, Hildesheim 1965.

sätze eingeteilt, „wenn man darinnen von existirenden Objecten redet, welche man auch als existirend betrachtet", z. B. „es giebt unkörperliche Substanzen" (§ 222). II) Art des Verhältnisses zwischen Subjekt und Prädikat: 1. relativische Sätze (Subjekt und Prädikat sind *relata*, z. B. „ein Effect setzet eine Ursache voraus"); 2. nicht relativische Sätze: A) existential a) der äußerlichen Abstraktion (Subjekt und Prädikat werden als äußerlich subordinierte Begriffe betrachtet, wie in den „Willensmeynungen", in den Nominalsätzen, oder in einem Satz wie: „wenn die Hähne krähen, so wird sich das Wetter ändern"); b) der metaphysischen Abstraktion (metaphysisches Subjekt und *accidens praedicamentale* oder wesentliche Eigenschaft); c) der mathematischen Abstraktion *(Totum integrale* — Teil, z. B.: „die Thiere haben einen Kopf, das Dreyeck hat Seiten"); d) der qualitativischen Abstraktion (wo das Prädikat ein Teil des Subjekts ist, aber nicht der Größe, sondern dem Wesen nach; es ist aber auch keine wesentliche Eigenschaft des Subjekts; z. B.: „eine vernünftige Seele hat die Fähigkeit zu reden"); e) der logikalischen Abstraktion, entweder an sich (Beziehung zwischen dem Individuum und seiner Art, zwischen einer Art und ihrer Gattung, wo die Kopula „ist" in eigentlichem Sinne gilt) oder im allgemeinen (da alle anderen Existentialsätze sich in Sätze der logikalischen Abstraktion durch die Kopula „ist" verwandeln lassen, z. B. statt des Satzes „der Mensch ist etwas, das Vernunft hat" — metaphysische Abstraktion — der Satz „der Mensch ist ein vernünftiges Geschöpf". CRUSIUS betont die Tatsache, daß in diesen Fällen die logische Beziehung zwischen Subjekt und Prädikat nur auf die Ausdrucksweise beschränkt ist, und daß in Wirklichkeit zwischen ihnen ein nicht logisches Verhältniß besteht) (§ 223; vgl. §§ 133—34); B) kausal, a) der idealen Kausalität (das Subjekt ist der Erkenntniß-Grund des Prädikats), b) der realen Kausalität (§ 224). III) Ob das Verhältniß zwischen Subjekt und Prädikat sei, oder nicht sei: Qualität: 1. bejahend, 2. verneinend, 3. unendlich (Wo „die darinnen befindliche Verneinungsidee die *Copulam* nicht afficiret") (§§ 225—27). IV) Grad der Bejahung oder Verneinung: Modalität; A) Grad der Subordination, 1. wesentlich („es ist dem Menschen wesentlich, daß er Vernunft hat"); 2. natürlich („es ist dem Menschen natürlich, daß er fünf Finger hat"); 3. zufällig („es ist dem Menschen zufällig, daß er gelehrt ist"); B) Grad der Verschiedenheit, 4. bloss möglich („es ist in Ansehung der menschlichen Natur an sich betrachtet bloss möglich, daß sie ohne alle moralische Unvollkommenheit sey"); 5. widernatürlich („eine Länge von sechs Ellen ist dem Menschen widernatürlich"); 6. unmöglich („ein einfaches Subject aus nichts hervor zu bringen, ist dem Menschen unmöglich") (§ 228). — Es gibt dann auch die Weite der Proposition 1. allgemein, 2. besonders, 3. einzeln, 4. unbestimmt; die Weite wird von CRUSIUS als eine „merkwürdige Art der nicht völlig bestimmten Modalität von Propositionen" bezeichnet (§§ 229—33). V) Zusammensetzung: die Sätze sind entweder A) einfach, oder B) zusammengesetzt (§ 234); die letzten sind es a) in Ansehung des Subjekts: 1. hypothetische, 2. koordinierte, 3. exzeptive und exklusive, 4. extensive, 5. reduplikative, explikative, spezifikative und determinative Sätze (§§ 235—42); b) in Ansehung der Prädikats: 1. disjunktive, 2. reduplikative, explikative, determinative Sätze (§ 243). Die hypothetischen, reduplikativen, explikativen, spezifikativen, exzeptiven, exklusiven und determinativen Sätze heißen auch restringierte Sätze (§§ 244—45). VI) Gewißheit: a) gewiß, b) wahrscheinlich, 1. zuverlässig, 2. bloss möglich (§ 246). VII) Ausdruck: a) kryptisch, b) ordentlich (§ 247). VIII) Verhältnis von Sätzen untereinander: a) gleichgeltend, b) nicht gleichgeltend, 1. subordiniert, 2. opponiert, 3. sie gehen einander gar nicht an (§§ 248—50).

Der unabhängige Wolffianer KNUTZEN, KANTs Lehrer, teilte 1747[24] die Sätze ein nach 1. Qualität — bejahend, verneinend, unendlich —; 2. Quantität — allgemein, besonders, einzeln (§§ 134 ff.) —; 3. einfach und zusammengesetzt; zu den zusammengesetzten Sätzen gehören u. a. die kopulativen und die hypothetischen Sätze (denen die

[24] M. KNUTZEN, *Elementa philosophiae rationalis seu logicae ... mathematica methodo ... demonstrata*, Regiomonti et Lipsiae 1747.

kategorischen Sätze, wo „praedicatum de subjecto absolute enuntiatur", entgegengesetzt sind) (§§ 152 ff.). Die Modalsätze (notwendig, zufällig, möglich, unmöglich) sind eine Unterart der zusammengesetzten Sätze (§ 162, *Schol. 2*); 4. erweisbar, unerweisbar (§ 166); 5. theoretisch, praktisch (§ 167).

Der katholische Philosoph WEIS (1747)[25] unterscheidet in den Sätzen 1. eine Form — bejahend, verneinend —; 2. eine Qualität — wahr, falsch —; 3. eine Quantität — besonders, einzeln, allgemein —; 4. *ex parte materiae seu objecti,* eine Notwendigkeit und eine Zufälligkeit (wenn das Attribut an sich notwendigerweise oder nicht notwendigerweise mit dem Subjekt verbunden ist); 5. *ex parte modi praedicandi,* eine Notwendigkeit, eine Zufälligkeit, eine Möglichkeit, eine Unmöglichkeit; 6. *ex parte materiae, ex qua,* die a) einfachen, und die b) zusammengesetzten Sätze. Die letzten sind: reduplikativ, konditionell, disjunktiv, relativ, exklusiv (S. 688—694).

SCHWARZ (1748)[26] kennt nur die 1. Qualität — bejahend, verneinend —, 2. die Quantität — allgemein, besonders, einzeln —, und 3. die *quaeitas* oder *quidditas* eines Satzes. In dieser Hinsicht ist ein Satz entweder einfach (kategorisch), oder zusammengesetzt (S. 70—85).

Der Wolffianer BOEHM (1749)[27] ist der einzige vor KANT, der eine tabellarische Darstellung der Urteilsformen lieferte (§ 104):

- Propositio
  - quae
    - simplex
      - pura
      - modalis
    - composita
      - expressa
        - hypothetica
        - disjunctiva
        - copulativa
      - exponibilis
        - comparativa
        - exclusiva
        - exceptiva
        - restrictiva
  - qualis
    - infinita
    - finita
      - affirmativa
      - negativa
  - quanta
    - indefinita
    - definita
      - universalis
      - particularis
      - singularis

[25] Ud. WEIS, *Liber de emendatione intellectus humani,* Kaufbeurae 1747.
[26] Gott. SCHWARZ, *Elementa logica theoretica,* Osnabrugi 1748.
[27] A. BOEHM, *Logica,* Francof. ad Moenum 1749.

Der unabhängige Wolffianer G. F. MEIER veröffentlichte 1752 sowohl sein grösseres wie sein kleineres Lehrbuch der Logik[28]; das letzte wurde von KANT als Textbuch für seine Logikkollegien benutzt. MEIER nahm folgende Einteilung an: 1. Qualität — bejahend, verneinend, unendlich — (§ 294); 2. Bedingung oder *hypothesis* (als Grund der Wahrheit der Urteile), a) entweder zureichend oder unzureichend, b) entweder innerlich oder äußerlich, c) entweder schlechterdings notwendig oder zufällig (§§ 297 bis 298); 3. Quantität — einzeln, gemein (— allgemein, besonders —) (§ 301); 4. einfache und zusammengesetzte Urteile (§ 304). MEIER erwähnt noch 5. die hypothetischen (§ 305) und die disjunktiven Urteile (§ 307); 6. die unreinen (modalen) Urteile (den reinen entgegengesetzt) (§ 309); 7. die exponiblen Urteile (§ 310); 8. die theoretischen und praktischen Urteile (§ 312); 9. die erweisbaren und unerweisbaren Urteile (§ 313)[29].

GESNER (1756)[30] bietet folgende Einteilung der *propositiones* dar: I) *Quae?* — einfach und zusammengesetzt (kopulativ, disjunktiv u. s. w.) —; II) *Qualis?* — bejahend, verneinend, unendlich —; III) *Quanta?* — allgemein, besonders, einzeln —; IV) entweder kategorisch oder hypothetisch; V) *modalis (fieri potest, non potest, necesse est, contingit, evenit)* (S. 356—57). Es folgt eine Besprechung der exponiblen Sätze (S. 358).

REIMARUS (1756)[31] kennt hauptsächlich 1. die Qualität — bejahend, unbestimmt, verneinend (unendlich), geradeverneinend —; und 2. die Quantität der Urteile — allgemein, besonders, einzeln — (S. 155—57). Das Übrige in der Einteilung von REIMARUS ist von minderer Wichtigkeit.

Der dänische Professor GUNNER (1756)[32] bietet eine nicht sehr systematische Einteilung dar. Er kennt die Qualität eines Satzes (§ 81) — bejahend, verneinend (§ 84) —; ein Satz kann auch entweder *singularis* oder *communis* (allgemein, besonders, unbestimmt) sein (§ 82—83). — Andere Unterschiede sind: entweder wahr oder falsch (§ 85); entweder notwendig oder zufällig (§ 86); entweder einfach oder zusammengesetzt *(quaeitas)* (§ 89). Zu den zusammengesetzten Sätzen gehören zweifellos die hypothetischen (entweder kausal oder konditionell) (§ 90); die kopulativen, die disjunktiven, die exponiblen, die exklusiven und exceptiven Sätze (§§ 92—98); vielleicht als selbständig wird die *propositio modalis* betrachtet (notwendig, unmöglich, zufällig, möglich) (§ 102).

Es folgen die Einteilungen von zwei katholischen Philosophen, CARTIER und OSTERRIEDER. Der erste (1756)[33] unterscheidet in den Urteilen I) die Materie, die 1. *simplex*, 2. *complexa*, a) *explicativa*, b) *determinativa*, und 3. *composita* sein kann. Die letzte ist entweder a) *explicita* (kopulativ, disjunktiv, konditionell, kausal, relativ, diskretiv), oder b) *exponibilis* (exklusiv, exzeptiv, komparativ, inzeptiv, desitiv); II) die Form, die entweder 1. absolut oder 2. modal (notwendig, zufällig, möglich, unmöglich) sein kann (S. 56 ff.). OSTERRIEDER (1760)[34] kennt auch I) die Materie, die aber in den modalen Sätzen die Notwendigkeit, Zufälligkeit, Möglichkeit und Unmöglichkeit betrifft. Eine andere Einteilung der Materie nach ist: *identica, legitima, mediata, immediata.* II) Die Form, die entweder bejahend oder verneinend, entweder *ordinata* oder *inordinata (indirecta)*, entweder einfach (katego-

[28] Ge. Fred. MEIER, *Vernunftlehre*, Halle 1752; *Auszug aus der Vernunftlehre*, Halle 1752. Wir zitieren aus dem *Auszug*.

[29] Vgl. *Vernunftlehre*, S. 496 ff.

[30] Wir zitieren aus: Joh. Matth. GESNER, *Primae lineae isagoges in eruditionem universalem*, Lipsiae 1784. Dieses Werk wurde von KANT in seinen Logikvorlesungen zitiert: vgl. KANTs *Gesammelte Schriften*, Bd. XXIV, S. 74, l.4 *(Logik Blomberg*, 1771).

[31] Wir zitieren aus: H. S. REIMARUS, *Die Vernunftlehre*, Hamburg und Kiel 1790.

[32] Jo. Ern. GUNNER, *Ars heuristica intellectualis*, Lipsiae 1756.

[33] G. CARTIER, *Philosophia eclectica*, Augustae Vind. et Wirceburgi 1756.

[34] H. OSTERRIEDER, *Logica critica, sive Ars universae sapientiae studium rite instituendi*, Augustae Vind. 1760.

risch) oder zusammengesetzt (kopulativ, disjunktiv, kausal, konditionell u. s. w.) sein kann (S. 161 ff.). Diese sind die Haupteinteilungen; OSTERRIEDER erwähnt aber auch die Quantität (allgemein, besonders, einzeln) und die Qualität (wahr und falsch) (S. 168 bis 171). Die Einteilung OSTERRIEDERs ist der von WEIS sehr ähnlich.

Die Einteilung von BAUMGARTEN (1761)[35] ist sehr rhapsodisch. Er erwähnt nacheinander hauptsächlich die Qualität der Sätze (bejahend, verneinend) (§ 127) und die kriptischen Sätze (§ 128); die bestimmten und unbestimmten Sätze (§ 134); die bestimmten Sätze sind entweder einzeln oder gemein (besonders, allgemein), was die Quantität eines Satzes ausmacht (§§ 135—143). Die hypothetischen und kategorischen Sätze, die zusammengesetzten und einfachen Sätze (§ 150), die disjunktiven Sätze (§ 152) und die *modi* der Sätze (notwendig, zufällig) (§ 160) werden ebenfalls erwähnt.

Der katholische Wiener Professor DALHAM (1762)[36] unterscheidet I) bejahende und verneinende Urteile (§ 114); II) allgemeine, besondere und einzelne Urteile (§§ 119 bis 127); III) A) einfache, und B) zusammengesetzte Urteile; die letzten sind entweder a) *explicite* (konjunktiv, disjunktiv, hypothetisch, kausal, diskretiv[37], reduplikativ[38], relativ) (§§ 128—37), oder 2. *implicite* zusammengesetzt; und diese sind sowohl 1. exponibel (exklusiv, komparativ) wie 2. [modal:] notwendig, zufällig, möglich, unmöglich (§§ 136—40).

Der Benediktiner BECK (1763)[39] erwähnt die wahren und falschen Sätze (§ 165), die Qualität (bejahend, verneinend, unendlich) (§§ 166—68), die Quantität (unbestimmt und bestimmt — allgemein, besonders, einzeln) (§§ 168—73), die kriptischen Sätze (§ 176), die kategorischen und hypothetischen (§ 179), die einfachen und zusammengesetzten (§ 182), die kopulativen und disjunktiven Sätze (§ 183).

Die Einteilung des Eklektikers TÖNNIES (1763)[40] ist ziemlich primitiv; er kennt eigene und gemeine (besondere, allgemeine), theoretische und praktische, bejahende und verneinende (S. 50—51), kopulative, disjunktive, konditionelle und kausale Sätze (S. 81).

LAMBERT unterschied in seinem berühmten Werk (1764)[41] die „besonderen Arten der Sätze" (§ 121), „ihrer Form nach" (§ 139). I) Die einfachen Sätze werden „durch ihre bloße äußerliche Form erkannt (§ 131), und sie können A) in Absicht auf die Kopula entweder bejahend oder verneinend (§ 121), und B) in Absicht auf das Subjekt entweder allgemein oder besonders sein (§ 122) (woraus vier „specialere Arten" entstehen; allgemein bejahend, allgemein verneinend, besonders bejahend, besonders verneinend; diese vier Arten werden wie gewöhnlich mit A, E, I, O bezeichnet — §§ 123 ff.). II) Die zusammengesetzten Sätze sind 1. die bedingten (hypothetischen), denen gegenüber die einfachen kategorisch heißen (§ 131), 2. die kopulativen und die disjunktiven (§ 133). III) Eine weitere Einteilung unterscheidet zwischen den möglichen, den wirklichen und den notwendigen Sätzen, mit ihren Gegensätzen (§ 137).

FORMEY (1766)[42] unterscheidet 1. die bejahenden, die verneinenden und die unendlichen Urteile (S. 10—14); 2. die kategorischen und die hypothetischen Urteile

[35] A. G. BAUMGARTEN, *Acroasis logica*, Halae 1761.

[36] Flor. DALHAM, *De ratione recte cogitandi, loquendi et intelligendi*, Augustae Vind. 1762.

[37] Z. B.: „Caelum, non animum mutant, qui trans mare currunt".

[38] Z. B.: „Philosophus, qua philosophus ratiocinatur".

[39] Dom. BECK, *Philosophia rationalis systematice adornata*, Salisburgi 1763, I.

[40] Joh. Heinr. TÖNNIES, *Begriff der Seelenlehre oder Psychologi* [sic], Kiel [1763].

[41] Joh. Heinr. LAMBERT, *Neues Organon*, Leipzig 1764, Bd. I (auch in: *Philosophische Schriften*, her. v. H. W. ARNDT, Hildesheim 1965, Bd. I).

[42] J. H. S. FORMEY, *Entwurf aller Wissenschaften zum Gebrauche der Jünglinge*, II Th., Berlin 1766 (deutsche Übersetzung des nicht mehr ermittelbaren Werkes *Abrégé des Sciences à l'usage des Enfans*, 8 voll., 1764—78).

(S. 32); 3. die allgemeinen, die besonderen und die einzelnen Sätze (S. 40). Diese letzte Unterscheidung wird auf die Theorie der Einteilung der Dinge nach Arten und Gattungen gegründet (S. 37—40).

Der Jesuit STORCHENAU (1769)[43] nannte 1. die *propositiones modales* (notwendig und zufällig, möglich und unmöglich), 2. die *propositiones simplices et compositae* (die letzten sind: hypothetisch, kausal, kopulativ, disjunktiv) (S. 109), 3. die Qualität (bejahend, verneinend) (S. 111), 4. die Quantität (allgemein, besonders, einzeln) (S. 113).

Der Jesuitenpater STATTLER (1769) gab folgende Einteilung[44] *(De diversitate judiciorum, horumque varietate in specie):* A) Materie, I) Qualität (entweder bestimmt oder unbestimmt), II) Quantität (allgemein, besonders, einzeln) — und daher die vier komponierten Urteilsarten AEIO — (§§ 181, 183, 187, 189); B) Form, I) einzeln, II) zusammengesetzt (kopulativ, disjunktiv, hypothetisch, kausal, exponibel, modal — notwendig, zufällig, möglich, unmöglich —, exklusiv, exzeptiv, komparativ) (§§ 202 bis 216).

Der unabhängige Crusianer SCHMID, Professor in Leipzig, bot eine verhältnismäßig selbständige Einteilung dar (1769)[45]. Als Urteilsarten kennt er I) die Verhältnissätze (willkürliche Verbindungen von Begriffen) und II) die Sätze, die aus Begriffen bestehen, „welche ... durch die Natur selbst verbunden sind", nämlich: A) Darinnensein a) äußerlich (Raum und Zeit), b) wesentlich (z. B.: alle Körper haben eine Figur), c) mathematisch, d) physikalisch (z. B.: der menschliche Körper besteht aus einfachen Substanzen), e) logisch (z. B.: der Körper ist ein wesentlicher Teil des Menschen); B) Grundverbindungen, a) Entstehungsart (Ursache und Wirkung), b) Überzeugungsgründe (S. 227). Alle Urteile, die eine Verbindung von Begriffen enthalten, sind bejahend; sonst sind sie verneinend (S. 228). — Nach dem Verhältnis zwischen Subjekt und Prädikat sind die Urteile entweder a) vollkommen gewiß, oder b) zweifelhaft (S. 230; vgl. S. 250). — SCHMID kennt auch die Modalität der Sätze (S. 232—33), und die Unterscheidung zwischen einfachen und zusammengesetzten Sätzen (S. 239—40).

Ein anderer CRUSIUS-Schüler, Joh. Pet. And. MÜLLER (1769)[46], gibt eine sehr ausführliche und systematische Einteilung, die der von CRUSIUS bis auf wenige Einzelheiten parallel läuft (S. 42—48). Das Interessante bei ihm ist, daß er bei der II. Einteilung, „Was die Copul betrifft" (die der II. Einteilung von CRUSIUS „nach der Art des Verhältnisses zwischen Subjekt und Prädikat" entspricht), behauptet: „so giebt es eben soviel Arten von Sätzen, als wir Subordinationen der Begriffe angegeben haben" (S. 43; vgl. S. 22 ff.). Die Symmetrie zwischen Einteilung der Begriffe und Einteilung der Sätze wird also von MÜLLER wenigstens zum Teil mit Nachdruck behauptet.

Der HOLLMANN-Schüler FEDER (1769)[47] bot folgende Einteilung der „Arten der Sätze" dar: I) nach den einzelnen Stücken eines Urteils, und deren Verhältnis aufeinander, A) Quantität (allgemein, partikulär, individuell), B) Qualität (bejahend, verneinend), C) entweder einfach oder zusammengesetzt (S. 173), D) entweder anschauend (indemonstrabel) oder demonstrativ, E) entweder „liegt im Prädicat ... völlig der nemliche Begriff, welcher im Subjecte vorgestellt wird, oder nicht" (S. 174), F) entweder kategorisch oder synkategorisch (hypothetisch, disjunktiv, Vergleichungs-, Einschränkungs-, Ausnahms-, Ausschliessungssätze, die kopulativen und Kausalsätze, die modalen

[43] Sig. STORCHENAU, *Institutiones Logicae,* Vindobonae 1769. Dieses Werk erlebte fünf weitere Ausgaben, lateinisch oder deutsch, bis 1775.

[44] B. STATTLER S. J., *Philosophia methodo scientiis propria explanata,* I, *Logica,* Augustae Vind. 1769.

[45] Chr. Fried. SCHMID, *Die Vernunftlehre,* Leipzig 1769.

[46] Joh. Pet. And. MÜLLER, *Von dem menschlichen Verstande und den nothwendigen Vernunftwahrheiten die man den zufälligen entgegen setzt,* Halle 1769.

[47] Wir zitieren aus: Joh. Ge. Heinr. FEDER, *Logik und Metaphysik,* Göttingen und Gotha 1770 (5 Ausgaben bis 1775).

Sätze — notwendig, zufällig —), G) theoretische und praktische Sätze (175). II) In Ansehung des Ausdruckes: A) bestimmt, B) unbestimmt (versteckte, unvollkommene, unvollständige Sätze) (S. 176). III) In Beziehung auf andere Sätze, A) gleichgültig, B) unterschiedenen Inhalts (kontradiktorisch, konträr, u. s. w.) (S. 176—77).

Der Eklektiker FERBER (1770)[48] unterscheidet hauptsächlich die Qualität (bejahend, verneinend), die Quantität (allgemein, besonders, einzeln) der Urteile (S. 281), und die Modalsätze (Notwendigkeit, Unmöglichkeit, Zufälligkeit, Möglichkeit) (S. 292 bis 293, 297).

Der Jesuitenpater BURKHAEUSER (1770)[49] lieferte eine nicht sehr systematische Einteilung, deren Hauptzüge sind: I) entweder A) unendlich oder B) endlich — allgemein (bestimmt, unbestimmt), einzeln, besonders — (S. 76), II) entweder bejahend oder verneinend; III) entweder hypothetisch oder unbedingt (S. 80); IV) entweder A) einfach oder B) zusammengesetzt (S. 81) — entweder kopulativ oder disjunktiv; kausal, exklusiv — (S. 81); V) modal — notwendig, möglich, unmöglich, zufällig — (S. 84).

Der Eklektiker ULRICH (1772)[50] unterscheidet hauptsächlich I) die Qualität — bejahend, verneinend, unendlich (das jedoch an sich bejahend ist) (S. 100); II) die Quantität — entweder allgemein oder besonders, entweder bestimmt oder unbestimmt (S. 101); III) entweder A) einfach, oder B) zusammengesetzt (exponibel) (S. 103); das letzte entweder hypothetisch oder disjunktiv (S. 103); IV) Modalsätze — entweder notwendig oder zufällig (S. 104). Einige andere Urteilstypen folgen.

Ein anderer Eklektiker, der Hallesche Professor SCHÜTZ (1773)[51], unterscheidet hauptsächlich I) die Qualität — bejahend, verneinend; II) die Quantität — allgemein, besonders (S. 46); und III) die kategorischen, hypothetischen und disjunktiven Urteile (S. 47)[52].

Der Jesuitenpater ZALLINGER (1773)[53], ein von NEWTON beeinflußter Eklektiker, betrachtet hauptsächlich eine *propositio* I) entweder in Bezug *ad obiectum, quod attingit* — wahr, falsch —, oder II) *in se ipsa*, und zwar A) der Materie nach, a) Qualität — bejahend, verneinend —; b) Quantität — einzeln, besonders, allgemein, unbestimmt —; B) der Form nach, a) einfach 1. unbedingt, 2. modal — unmöglich, notwendig, möglich, zufällig —; b) zusammengesetzt (S. 39—40), und zwar 1. hypothetisch (S. 64) (als dem kategorischen Satz entgegengesetzt, S. 45), b) disjunktiv, c) kopulativ (S. 67), wozu sowohl die kausalen (S. 71) wie die exponiblen Sätze — exklusiv, exzeptiv, reduplikativ — (S. 72) gehören.

Der katholische Philosoph HORVATH (1774)[54] unterscheidet in den Sätzen: A) die Qualität I) bejahend, verneinend, II) wahr, falsch, III) gewiß, ungewiß, wahrscheinlich, zweifelhaft, IV) einfach, zusammengesetzt (hypothetisch, kopulativ, disjunktiv); B) die Quantität (allgemein, besonders, einzeln, unbestimmt) (S. 36—41).

Der Eklektiker HENNINGS (1774)[55] unterscheidet vornehmlich in den Sätzen I) die

[48] Joh. C. Chr. FERBER, *Vernunftlehre*, Helmstädt und Magdeburg 1770.

[49] Wir zitieren aus: N. BURKHAEUSER, *Institutiones Logicae*, Wirceburgi 1771.

[50] Joh. Aug. Heinr. ULRICH, *Erster Umriss einer Anleitung zu den philosophischen Wissenschaften*, Jena 1772, Bd. I.

[51] Chr. Gottfr. SCHÜTZ, *Grundsätze der Logik*, Lemgo 1773.

[52] Dasselbe in Chr. Gottfr. SCHÜTZ, *Lehrbuch zur Bildung des Verstandes und des Geschmacks*, Halle 1776, S. 40 ff.

[53] J. ZALLINGER, *Interpretatio naturae, seu Philosophia newtoniana methodo exposita*, Bd. I, Augustae Vind. 1773.

[54] Wir zitieren aus: Jo. Bapt. HORVATH, *Institutiones logicae et metaphysicae*, Augustae Vind. 1788.

[55] Ju. Chr. HENNINGS, *Kritisch-historisches Lehrbuch der theoretischen Philosophie*, Leipzig 1774, I.

Größe — allgemein, besonders — (S. 159); II) die Beschaffenheit — bejahend, verneinend — (S. 160 ff.); III) entweder A) einfach oder B) zusammengesetzt *(propositiones exponibiles):* a) „Man hat dabei theils auf die verschiedenen Stücke zu sehen, die sie in sich fassen" (— *propositiones exhibitivae; propositiones conditionales* — S. 167 bis 168); b) „theils aber auf deren Abtheilung acht zu geben", wodurch man die „Art und Weise der Verbindung" bestimmt: Modalsätze — notwendig, zufällig — (S. 166).

Der katholische Philosoph ROESSER (1775)[56] unterscheidet hauptsächlich I) die Qualität — bejahend, verneinend — II) die Quantität — allgemein, besonders —, III) die kategorischen, hypothetischen und disjunktiven Sätze (S. 31—34). Ferner behandelt er u. a. die exponiblen Sätze (S. 61).

Sehr bemerkenswert ist, daß FEDER in seiner lateinischen Logik (1777)[57] (die von der schon erwähnten deutschen in vielen Einzelheiten abweicht), und zwar in der Sektion *„De judiciorum, quique iis nituntur, conceptuum quorundam generibus universalissimis, eorumque principiis et caussis"* (Log. P. I., Cap. II, Sect. IV), mitten in der Besprechung der Urteilsarten folgende Argumente behandelt: *de caussis, de existentia, de essentiali, naturali et accidente, de unitate, de rerum generibus et speciebus,* u. a. m.; wodurch Urteilsarten und metaphysische Hauptbegriffe zusammen besprochen werden, ohne daß jedoch ein genauer systematischer Zusammenhang zwischen ihnen aufgestellt würde.

*

Die Logik wurde im 18. Jhdt. außerhalb Deutschlands sehr wenig gepflegt. Es gibt deshalb ganz wenige ausländische Lehrbücher jener Zeit, die auch in Deutschland bekannt waren.

Vor allem soll die *Logique de Port-Royal* (1662) erwähnt werden, von der zwischen 1700 und 1775 noch 23 Auflagen erschienen. ARNAULD[58] unterscheidet I) *la forme de la proposition,* A) Qualität — bejahend, verneinend —, B) Quantität — allgemein, besonders, einzeln —; II) *la matière* — wahr, falsch — (II. P., Ch. III); III) die Sätze sind außerdem A) einfach, a) ganz einfach, b) *complexes* („il y a plusieurs propositions qui n'ont proprement qu'un sujet et qu'un attribut; mais dont le sujet et l'attribut est un terme complexe"), und zwar 1. in Bezug auf das Subjekt, 2. in Bezug auf das Attribut, 3. in Bezug auf beide (Ch. V) 4. in Bezug auf die Kopula; zu den letzteren gehören die modalen Sätze — möglich, zufällig, unmöglich, notwendig — (Ch. VII); B) *composées* („celles qui ont ou un double sujet ou un double attribut"), und zwar 1. „où la composition est expressément marquée", kopulativ, disjunktiv, konditionell, kausal, relativ, diskretiv — (Ch. IX), 2. „où elle est plus cachée", bzw. exponible Sätze (Ch. IX) — exklusiv, exzeptiv, komparativ, inzeptiv (und desitiv) — (Ch. X).

LECLERC (1678)[59] unterscheidet I) der Quantität nach: allgemeine und besondere, II) der Qualität nach: bejahende und verneinende Urteile, wobei auch die zusammengesetzten Formen AEIO zur Erscheinung kommen (P. II, Cap. II). Es gibt außerdem III) einfache und zusammengesetzte (kopulative, disjunktive, konditionelle, kausale, relative, diskretive) Urteile (Cap. IV); zusammengesetzt sind auch die exponiblen Urteile (exklusiv, exzeptiv, komparativ, inzeptiv, desitiv) (Cap. V); komplexe Urteile, sowohl der Materie (im Subjekt oder im Prädikat) wie der Form (modale Urteile: möglich, zufällig, unmöglich, notwendig) nach (Cap. VI).

Die Logik von WALLIS (1687)[60] hatte noch drei Ausgaben im 18. Jhdt. (1702, 1715,

[56] Col. ROESSER, *Institutiones Logicae,* Wirceburgi 1775.

[57] Jo. Ge. Heinr. FEDER, *Institutiones logicae et metaphysicae,* Göttingae 1777.

[58] Wir zitieren aus: A. ARNAULD, *Logique de Port-Royal,* ed. JOURDAIN, Paris 1874.

[59] Wir zitieren aus: J. LECLERC (CLERICUS), *Logica sive ars ratiocinandi,* Lipsiae 1710 (ein sehr verbreitetes Lehrbuch).

[60] Wir zitieren aus: Joh. WALLIS, *Opera mathematica,* Oxoniae, Bd. III, 1699, II T.

1729). WALLIS nennt I) die Qualität — bejahend, verneinend, unendlich — (S. 120, 124, 135); hinzu kommen noch die *propositio indicativa* („Jubent quidem aliquid, aut Prohibent, sed nihil Asserunt; nihil vel Affirmant, vel Negant") und die *propositio potentialis* oder *suppositiva* (z. B. „Si Sol ortus est; Quando Sol ortus est") (S. 120—121); II) die Quantität — allgemein, besonders, einzeln — (S. 125, 134); III) die Modalität — notwendig, zufällig, möglich, unmöglich — (S. 133); IV) entweder a) einfache, oder b) zusammengesetzte Sätze; zu den letzten gehören die exklusiven, exzeptiven, reduplikativen, hypothetischen, kopulativen, disjunktiven Sätze, u. a. m. (S. 136 ff.); die einfachen Sätze, als den hypothetischen entgegengesetzt, heißen kategorisch (S. 121).

'S GRAVESANDE (1737)[61] hält sich an die *Logique de Port-Royal.* Er unterscheidet I) die Quantität — allgemein, besonders, einfach —, II) die Qualität — bejahend, verneinend — (§§ 413—19); III) die Sätze sind auch A) einfach [a) schlechthin]; b) *complexes* 1. *dans la matière* (Unterarten 1 bis 3 der *propositions complexes* der *Logique de Port-Royal),* 2. *dans la forme* (in Bezug auf die Kopula); zu diesen gehören die *propositions modales* — notwendig, zufällig, möglich, unmöglich — (§§ 425—31); B) *composées* 1. „la composition est exprimée clairement" — kopulativ, disjunktiv, konditionell, kausal, reduplikativ, relativ, diskretiv — 2. exponibel — exklusiv, exzeptiv, komparativ, inzeptiv, desitiv — (§§ 438—44).

Auch GENOVESI (1745)[62] folgte hauptsächlich der *Logique de Port-Royal.* Er unterscheidet I) die *materia enunciationis* — *simplex, complexa, composita,* mit den meisten der von ARNAULD aufgezählten Unterarten (L. II, Cap. XIV, §§ 3 ff.); II) die Form a) *absoluta,* b) *modalis* — notwendig, zufällig, möglich, unmöglich — (*Ibid.* § 8); III) die Quantität — unbestimmt, allgemein, besonders, einzeln —, wobei auch von der Bejahung und der Verneinung die Rede ist (Cap. XV, §§ 1 ff.).

Die wichtigste englische Logik des 18. Jhdts. ist die von DUNCAN (1748)[63], in der der Verfasser folgende Urteilsarten erwähnt: 1. bejahend und verneinend (S. 155 ff.), 2. allgemein und besonders (aber auch einzeln) (S. 161 ff.), 3. unbedingt und konditionell (S. 167 ff.), 4. einfach und zusammengesetzt (kopulativ und disjunktiv) (S. 172 ff.), 5. erweisbar und unerweisbar (S. 176 ff.), 6. theoretisch und praktisch (S. 185 ff.).

VERNEIUS (1751)[64] unterscheidet I) die Materie A) notwendig, zufällig, unmöglich, B) einfach, zusammengesetzt (kopulativ, disjunktiv, konditionell, kausal, relativ, diskretiv), exponibel (exklusiv, komparativ, inzeptiv, desitiv, kontinuativ) (S. 136—40); II) die Form — bejahend, verneinend — (S. 142 ff.); III) die Quantität — allgemein, besonders, einzeln, unbestimmt — (S. 144).

HUTCHESON (1759)[65] teilt die Sätze I) *ratione formae (qualitatis)* — bejahend, verneinend —; II) *ratione materiae* — wahr, falsch —; III) *ratione quantitatis* — allgemein, besonders, einzeln, unbestimmt — (S. 27); IV) *ratione substantiae* — kategorisch, hypothetisch —, (S. 29) ein.

Der Abbé DE LA CHAPELLE gab in der *Encyclopédie* (Bd. XIII, 1765, *Art.* „Proposition") eine eigene Einteilung: I) Materie (notwendig und zufällig) und Form (die Kopula betreffend); II) Quantität — allgemein, besonders (die einzelnen und unbestimmten Sätze werden auf die allgemeinen zurückgeführt) —, wobei auch die vier zusammengesetzten Arten AEIO erscheinen; III) Qualität 1. bejahend, verneinend; 2. wahr, falsch; 3. gewiß, ungewiß; 4. evident und dunkel; IV) 1. einfach; 2. komplex

61 Wir zitieren aus: G. J.'S GRAVESANDE, *Introduction à la philosophie,* Leide 1747.

62 Wir zitieren aus: A. GENOVESI, *Elementorum artis logicocriticae libri V,* Neapoli 1749 (13 Ausgaben bis 1778; eine Ausgabe in Köln, 1753).

63 Wir zitieren aus: W. DUNCAN, *The elements of Logic,* London 1787 (9 Ausgaben bis 1776).

64 A. A. VERNEIUS, *De re logica,* Romae 1751 (6 Ausgaben bis 1769).

65 Wir zitieren aus: Fr. HUTCHESON, *Logicae compendium,* Argentorati 1771 (4 Ausgaben bis 1778).

a) in der Materie (Subjekt und Prädikat), b) in der Form (in der Kopula); 3. zusammengesetzt a) [offen]: kopulativ, disjunktiv, konditionell, kausal, relativ, diskretiv, b) versteckt: exklusiv, exzeptiv, komparativ, inzeptiv (und desitiv); diese letzten Arten stammen aus der *Logique de Port Royal.*

Wir übergehen die bekannte Logik von CROUSAZ[66], da die darin enthaltene Einteilung zu wenig systematisch ist.

*

Die Urteilstafel KANTs erscheint zum ersten Male sowohl in den *Enzyklopädievorlesungen* (1777—80)[67] wie in der *Metaphysik Pölitz A* (1778—80)[68], in beiden Aufzählungen fehlen aber die unendlichen Urteile, und die diesen entsprechende Kategorie der Limitation; in beiden gehen die Qualitätsformen den Quantitätsformen vor. In der *Metaphysik Pölitz A* scheint die Modalität nicht dieselbe Wichtigkeit wie die anderen drei Haupttitel zu haben; sie wird eher als Anhang angeführt. Frühere weitgehende Versuche einer Einteilung der Urteilsformen sind im *Nachlass* nicht vorhanden; wo dagegen ähnliche Versuche in Bezug auf die Kategorien ziemlich häufig sind, wie auch Anknüpfungen der Einteilung der Kategorien an verschiedene Einteilungen der Urteile nicht fehlen. Während es möglich ist, durch jene vorläufigen Aufzählungen der Kategorien die Entstehung der Kategorientafel zu verfolgen, ist es dagegen ganz unmöglich, durch die kargen gelegentlichen Äußerungen über die Urteile die Entstehung der Urteilstafel zu rekonstruieren. Man hat schließlich den Eindruck, daß die Bearbeitung der Kategorien der führende Prozeß ist, und daß die Urteilstafel nach 1777 fast plötzlich entsteht, durch einen erst damals entdeckten besonderen Parallelismus mit den Kategorien; es ist aber damit nicht gesagt, daß die damals angenommenen Urteilsformen keine Rückwirkung auf die Kategorien gehabt haben: so könnte KANT einen anfänglich unvollständigen Parallelismus durch einige Veränderungen in der Kategorientafel vervollkommnet haben[69]. Zwei Kantische Einteilungen der Urteilsarten, aus den Jahren 1771 und 1772, sind jedoch in den Nachschriften seiner Logikvorlesungen erhalten. In der *Logik Blomberg* (1771) unterscheidet KANT erstens die Materie (die Subjekt und Prädikat betrifft)

[66] J. P. de CROUSAZ, *La logique,* Lausanne et Genève, 1741, Bd. V, S. 15 ff., 28 ff., 258 ff., 289 ff., 303 ff. Die Ausgabe von 1741 ist die ausführlichste (6 Bde.). Das Werk war das erste Mal 1712 in 2 Bden. erschienen.

[67] I. KANT, *Vorlesungen,* Bd. I, 1, *Vorlesungen über philosophische Enzyklopädie,* Berlin 1961, S. 61 (Für die Datierung, siehe unseren Bericht, „Filosofia", XIII, 1962, S. 513).

[68] M. HEINZE, *Vorlesungen Kants über Metaphysik aus drei Semestern,* „Abhandlungen der philologisch-historischen Classe der Königl. Sächsischen Gesellschaft der Wissenschaften", XIV, 1894, S. 523. (Zusammenfassung der *Ontologie* der *Metaphysik Pölitz A,* vgl. G. TONELLI, *Bibliografia degli appunti dei corsi universitari tenuti da Kant, finora pubblicati, e della letteratura pertinente,* „Giornale critico della filosofia italiana", 1959).

[69] Wir werden diesen Prozess in einem sich jetzt in Vorbereitung befindenden Werke über die Entwicklung KANTs von 1769 bis 1780 darstellen. Zum Ursprung der Kantischen Kategorien siehe: G. TONELLI, *La tradizione delle categorie aristoteliche nella filosofia moderna sino a Kant,* „Studi Urbinati", XXXII B, 1958.

der Urteile[70]; es folgen die Urteilsarten der Quantität, die nur allgemein und besonders sind, da die einzelnen Urteile auf die allgemeinen zurückgeführt werden[71]; die allgemeinen bejahenden, die allgemeinen verneinenden, die besonderen bejahenden und die besonderen verneinenden Urteile werden aufgezählt (AEIO)[72]; die Bejahung und die Verneinung betreffen die Qualität der Urteile[73]. Alle Urteile sind auch entweder problematisch oder assertorisch (entscheidend): „Ein *problematisches* Urtheil ist ein solches, in welchem ich das Verhältniss zweier Begriffe *unbestimmt* nur *betrachte*, aber nicht *setze*, ich erwäge bey demselben etwas als gegeben zur Untersuchung, was so es würcklich wäre, daraus folgen würde"[74]. Es folgt die Einteilung nach hypothetischen und disjunktiven Urteilen: „Dasjenige Urteil nun, wodurch das Verhältniss der Verknüpfung zweier Urtheile mit einander angezeigt wird, heisst ein Hypothetisches Urtheil. Dasjenige Urtheil aber, in welchem das Verhältniss des Wiederstreits zweier Urtheile angezeigt wird, heisst ein *Disjunctives* Urtheil. man nennt nemlich diejenige Urtheile, wo man sich das Verhältniss zweier Urtheile mit einander denckt, Verhaltniss Urtheile (relative), diese Urtheile nun betrachten das Verhältniss eines Urtheils zum anderen, entweder der Verknüpfung nach, und alsdenn sind sie Hypothetische Urtheile, oder dem Widerstreit nach, und sind sie sodan disjunctive Urtheile. Bey den ersteren findet man immer das Verhältniss des Grundes zu den Folgen"[75]. KANT erwähnt auch die exponiblen Urteile[76], und, der *quaeitas* nach (die mit der *qualitas* und *quantitas* zusammen erwähnt wird), die reinen und die modalen Urteile[77]. Weiter, die erweislichen und unerweislichen Urteile[78], die analytische (identische) und die synthetische Form der Urteile[79], die intuitiven und diskursiven[80], die theoretischen und praktischen Urteile[81]. An anderen Stellen der Logik, außerhalb der Besprechung der Einteilung der Urteile, werden noch weitere Urteilsarten erwähnt: ein Satz kann wahr sein, falsch

[70] KANTS *Gesammelte Schriften*, Bd. XXIV (*Vorlesungen* Bd. I, hrsg. für die Akademie zu Göttingen durch G. LEHMANN), S. 274, l. 26 ff. (erscheint demnächst. Wir sind Herrn Prof. Dr. G. LEHMANN dafür sehr dankbar, daß er uns vor dem Erscheinen des Bandes die Benutzung der Bogen ermöglicht hat).

[71] *Ibid.*, S. 275, l. 21 ff.; 35 ff.: „ein einzelnes Urtheil muss entweder gantz bejahend, oder gantz verneinend seyn. mehr findet dabey nicht statt, denn es gehört zum allgemeinen Urtheil, und also sind jede einzelne Urtheile allgemein".

[72] *Ibid.*, S. 275, l. 21 ff.; S. 276, l. 3 ff.

[73] *Ibid.*, S. 276, l. 3 ff.

[74] *Ibid.*, S. 276, l. 15 ff. KANT bemerkt zwar, a. a. O. S. 275, l. 6 ff., „jedes Urtheil ist nun bestimmt"; unbestimmte Urteile bestehen nur, insofern sie nicht als gesetzt betrachtet werden.

[75] *Ibid.*, S. 276, l. 27 ff.

[76] *Ibid.*, S. 277, l. 24 ff.

[77] *Ibid.*, S. 277, l. 29 ff.

[78] *Ibid.*, S. 278, l. 13 ff.

[79] *Ibid.*, S. 278, l. 36 ff.

[80] *Ibid.*, S. 279, l. 28 ff.

[81] *Ibid.*, S. 278, l. 4 ff.; S. 280, l. 8 ff.

oder willkürlich sein[82]; dem hypothetischen wird das kategorische Urteil entgegengesetzt[83]; auch apodiktische Urteile als dogmatische Urteile a priori der Mathematik, werden erwähnt[84]. Die *Logik Philippi* (1772) enthält noch eine Einteilung, die mit der früheren wesentlich übereinstimmend ist. Bei der Unterscheidung zwischen Materie und Form, wird die letztere auf die Bejahung bzw. Verneinung bezogen[85]; die unendlichen Sätze werden von dieser Einteilung der Form ausgeschlossen, da bei ihnen nicht die Kopula, sondern das Prädikat verneint wird[86]. Bejahung und Verneinung betreffen die Qualität[87], die Quantität kann entweder allgemein oder besonders sein; die einzelnen Urteile werden auf die allgemeinen zurückgeführt[88]. „Judicium modale ist wo das Prädikat dem Subject unter einer besondern Bestimmung zugeschrieben wird. Z. E. Alle Menschen sind natürlicherweise sterblich. Ihm wird contradistinguirt das Urtheil, welches keine solche Bestimmung hat"[89]. „Die Urtheile sind entweder einfache oder zusammengesetzte. Ein einfaches Urtheil ist wo ich nur ein Subject mit einem Prädicat vergleiche, ein zusammengesetztes hingegen, wo ich 2 Prädikate mit einem Subject oder 2 Subjecte mit einem Prädikat vergleiche. Die leztern heissen Judicia copulativa"[90]. Es gibt ferner ordentliche (wo ein Begriff mit einem anderen verglichen wird), und außerordentliche Urteile (wo ein Urteil mit einem anderen verglichen wird); die letzteren sind entweder hypothetisch (konditionell) oder disjunktiv[91]. Eine weitere Einteilung unterscheidet zwischen den problematischen („in welchen ich das Verhältniss des Prädikats zum Subjekt nur erwäge") und den assertorischen Urteilen („in welchen ich es sezze")[92]. „Problematisch" wird anderwo zu „entscheidend" (assertorisch) entgegengesetzt, wie „skeptisch" zu „dogmatisch"[93]. Es folgen die exponiblen Urteile[94], die theoretischen und praktischen[95], und die erweislichen und unerweislichen Urteile[96]. Eine letzte Einteilung in empirische und diskursive Urteile wird auf LOCKE zurückgeführt[97]. Diese beiden Kantischen Einteilungen aus den Jahren 1771 und 1772 stimmen mit keiner der bei anderen Autoren zu findenden überein, und dürfen also als

[82] *Ibid.*, S. 226, l. 5 ff.
[83] *Ibid.*, S. 285, l. 8 ff. (in der Besprechung der hypothetischen und disjunktiven Schlüsse).
[84] *Ibid.*, S. 206, l. 31—33
[85] *Ibid.*, S. 461, l. 22 ff.
[86] *Ibid.*, S. 461, l. 35 ff.
[87] *Ibid.*, S. 462, l. 18—19.
[88] *Ibid.*, S. 462, l. 17 ff., S. 463, l. 5 ff.
[89] *Ibid.*, S. 463, l. 20 ff.
[90] *Ibid.*, S. 463, l. 31 ff.
[91] *Ibid.*, S. 464, l. 1 ff.
[92] *Ibid.*, S. 464, l. 34 ff.
[93] *Ibid.*, S. 398, l. 37 ff. Vgl. *Logik Blomberg*, S. 212, l. 7—9.
[94] *Ibid.*, S. 465, l. 1 ff.
[95] *Ibid.*, S. 466, l. 1 ff.; 468, l. 6 ff.
[96] *Ibid.*, S. 466, l. 6 ff.; 468, l. 11 ff.
[97] *Ibid.*, S. 467, l. 11 ff.

eine persönliche Stellungnahme KANTs zu dem Problem betrachtet werden, ohne jedoch besonders originell zu sein. Für die meisten ihrer Einzelheiten wird von KANT eine genügende Begründung angegeben, die ihre Entstehung leicht verständlich macht. Ihre Verwandtschaft mit der späteren Urteilstafel ist, bis auf einige Einzelheiten, gering, oder jedenfalls nicht größer, als die der Einteilungen von anderen Autoren. Das heißt, daß sie uns sehr wenig dazu helfen, die Entstehung der endgültigen Urteilstafel zu verstehen; diese hat KANT also nur durch eine völlig neue Prüfung des Problems zustande gebracht.

Das Wichtigste, das die Kantischen Einteilungen der frühen 70er Jahre in Bezug auf die endgültige Urteilstafel aufweisen, ist das Auftauchen der assertorischen und problematischen (und, außerhalb der Einteilungen, der apodiktischen) Urteile; diese ergeben sich aus einer damals für KANT sehr wichtigen Frage, nämlich der Stellungnahme zum Gegensatz Dogmatismus-Skeptizismus[98]. Wie es auch vom Ursprung dieser Termini bezeugt wird (siehe unten), waren die problematischen Urteile diejenigen, die der skeptischen Einstellung entsprachen (oder die, die in den Gebieten gelten, wo nur eine solche erlaubt ist), und die assertorischen Urteile diejenigen, die einer dogmatischen Einstellung entsprachen (oder die, die in einem dogmatisch zu behandelnden Gebiet gefällt werden); die apodiktischen Urteile waren die dogmatischen Urteile a priori. Die problematischen Urteile entsprachen einigermaßen den unbestimmten Urteilen der Qualität (die in achtzehn der zu Beginn erwähnten Lehrbücher vorkommen), wie auch aus ihrer Besprechung in der *Logik Blomberg* erhellt.

Wie hat aber KANT seine endgültige Urteilstafel aufgestellt? Hat er eine der schon vorhandenen Einteilungen übernommen, oder eine eigene aufgebaut? KANTs Urteilstafel stimmt, wie gesagt, mit keiner der von uns untersuchten Einteilungen überein; und da KANT nirgends diese seine Einteilung den vorgefundenen gegenüber genügend begründet, ist wohl anzunehmen, daß die Einteilung von ihm selbst hauptsächlich auf der Grundlage der schon aufgestellten Kategorien durchgeführt worden ist. Wir dürfen aber versuchen, durch eine Vergleichung seiner Einteilung mit den schon vorhandenen die Bedingungen und die Weite seiner freien Umgestaltung der Urteilsformen festzustellen.

*

KANT erklärt in der *Kr. d. r. V.*, daß er in seiner Urteilstafel „nur auf die blosse Verstandesform ... Acht geben wird" (B 95). Die Meinungen über das, was in einem Urteile „Form" und was „Materie" sei, sind aber bei den Autoren, die diese Termini brauchen, sehr verschieden (siehe WEIS, CARTIER, OSTERRIEDER, STATTLER, ZALLINGER, ARNAULD, GENOVESI, VERNEIUS, HUTCHESON). Der einzige, der als „Form" vier Einteilungen bezeichnet, die

[98] Siehe G. TONELLI, *Kant und die antiken Skeptiker*, demnächst in: *Entwicklungsstudien zur Kantischen Philosophie. Von einer Tagung in Köln, Okt. 1965, her. v.* H. HEIMSOETH, Verlag Olms, Hildesheim.

der Kantischen einigermaßen entsprechen, ist LAMBERT; von ihm dürfte also wohl dieser Gebrauch bei KANT stammen[99].

Die Qualität betrifft für die meisten Autoren die bejahenden und die verneinenden, für viele auch die unendlichen Urteile[100]; dreiunddreißig der genannten Autoren lehnen allerdings die unendlichen Urteile ab, sechzehn nehmen sie an[101]; nur ganz wenige (HOFFMANN, OSTERRIEDER, HORVATH, WALLIS, DE LA CHAPELLE) schreiben der Qualität auch andere Einteilungsarten zu. Die Qualität erscheint auch immer (ausgenommen bei GENOVESI) als selbständiger Titel[102]. Es ist also klar, daß KANT die Qualitätsformen nach dem häufigsten Gebrauch bestimmte, und zwar anfänglich als nur die Bejahung und die Verneinung enthaltend. Erst später, wahrscheinlich um der Symmetrie willen (damit unter jedem Titel drei Kategorien stehen), hat er auch die unendlichen Urteile eingeführt (was er in der *Kr. d. r. V.* besonders zu begründen versucht — B 97).

Auch die Quantität erscheint mit wenigen Ausnahmen (CRUSIUS, MÜLLER) als selbständiger Titel; für zehn Autoren wird sie nur in allgemeine und besondere Urteile eingeteilt[103]; zweiundvierzig Autoren nehmen dagegen eine Einteilung in allgemeine, besondere und einzelne Urteile vor, von fünfzehn von diesen wird eine vierte Art, die unbestimmten Urteile[104], von neun eine weitere Aufgliederung angenommen[105] (die eine Spur, die *judicia communia,* in der *Kr. d. r. V.* gelassen hat — B 96). In diesem Falle ist KANT der Mehrheit der Autoren gefolgt, seiner Stellung in den Vorlesungen der frühen 70er Jahre zum Trotz — was es daher wahrscheinlich macht, daß dabei die drei schon bestimmten Quantitätskategorien die führende Rolle gespielt haben.

Die Schwierigkeiten fangen mit den Urteilen der Relation an. Der Terminus „Relation" erscheint nicht vor KANT in Bezug auf die entsprechenden Urteilsarten. (KANT hatte jedoch schon in der *Logik Blomberg* den Terminus „Relation" auf die hypothetischen und disjunktiven Urteile bezogen.) Für neunund-

[99] Vielleicht auch von CRUSIUS, der als Materie die Urteile des Verstandes und des Willens bezeichnet; die übrigen Einteilungen könnte man dann als zur Form gehörig interpretieren.

[100] Nur WEIS und OSTERRIEDER betrachten als Qualität die Wahrheit bzw. Falschheit der Urteile; die Bejahung bzw. Verneinung gehört zur „Form". Es fehlt aber nicht an Autoren, die bei der Bejahung und Verneinung die Qualität nicht erwähnen, oder die diese Urteilsarten anders bezeichnen (VERNEIUS).

[101] Nur bei BOEHM ist die Einteilung der drei Qualitätsarten weiter gegliedert.

[102] Nur von CARTIER werden Bejahung und Verneinung nicht erwähnt.

[103] Diese Autoren betrachten die einzelnen Urteile als zu den allgemeinen gehörig, da bei den einzelnen Urteilen das Prädikat auf das ganze Subjekt bezogen wird, und nicht, wie bei den besonderen Urteilen, nur auf einen Teil des Subjekts (*„einige* Menschen ...").

[104] Hinzu kommt ULRICH, der die unbestimmten Urteile, aber nicht die einzelnen annimmt.

[105] Meistens entweder als einzeln-gemein (besonders, allgemein), oder als bestimmt-unbestimmt (allgemein, besonders, einzeln).

zwanzig Autoren erscheinen diese, gewöhnlich mit anderen Urteilsarten zusammen, in der breiteren Abteilung der einfachen und zusammengesetzten Urteile, die in sieben Lehrbüchern *Quidditas* bzw. *Quaeitas* genannt wird; von diesen Autoren erwähnen nur sechs die kategorischen, die hypothetischen und die disjunktiven Urteile[106]; vierzehn erwähnen nur die hypothetischen und die disjunktiven Urteile, zwei nur die kategorischen und die hypothetischen, vier nur die hypothetischen. Für zehn Autoren gehören kategorische und hypothetische Urteile zu einer selbständigen Abteilung, zu der keine anderen Urteilsarten gehören (WEISE, THOMASIUS, WOLFF, BAUMGARTEN, BECK, FORMEY, BURKHAEUSER, DUNCAN, GESNER, HUTCHESON); vier von ihnen erwähnen auch die disjunktiven Urteile, die aber zu den zusammengesetzten gehören (BAUMGARTEN, BECK, BURKHAEUSER, DUNCAN). Für G. F. MEIER besteht eine selbständige Abteilung, die die hypothetischen und die disjunktiven Urteile enthält. Nur für SCHÜTZ (1773) und ROESSER (1775) besteht eine selbständige Abteilung, die sowohl die kategorischen und die hypothetischen wie die disjunktiven Urteile (und nur diese) enthält. Für FEDER stehen die kategorischen und die synkategorischen Urteile für sich; aber die letzten enthalten sowohl die hypothetischen und die disjunktiven, wie die kopulativen, kausalen und modalen Urteile.

KANT ist also in diesem Falle der Meinung der Mehrheit nicht gefolgt. Er ist zweifellos von den Relationskategorien ausgegangen, die in den *Enzyklopädievorlesungen* „a) der Begriff der Substanz und des Akzidenz, b) Grund und Folge, c) des Ganzen und des Teils" sind[107]. (Die erste Quantitätskategorie heißt dagegen „omnitudo", und entspricht aller Wahrscheinlichkeit nach dem damals geläufigen Begriff des *totum integrale*, während „Ganzes und Teil" offensichtlich dem *totum essentiale* entsprechen; erst später ist stattdessen die Kategorie der Gemeinschaft bzw. Wechselwirkung eingeführt worden)[108]. Diese drei Paare von Begriffen spielen im *Nachlass* zwischen 1768 und 1777 eine zentrale Rolle. Es geht jedoch über die Grenze dieser Spezialuntersuchung hinaus, den Prozeß zu verfolgen, der zur Aufstellung des Parallelismus zwischen Relationskategorien und Urteilsformen der Relation, genauer zur Auswahl von drei den Relationskategorien entsprechenden Urteilsformen, geführt hat. Es sei nur folgendes bemerkt: KANT hat die verhältnismäßig verbreiteten „kausalen Urteile", die von dreizehn Autoren unter den zusammengesetzten angeführt werden, ausgelassen, trotz ihrer Verwandtschaft mit der Kategorie der Kausalität; es ist vielleicht in dieser Hinsicht bezeichnend, daß CORVINUS und GUNNER die kausalen Urteile auf die hypothetischen zurückführen, und daß FEDER sie von den zusam-

[106] Oder gleichbedeutende Ausdrücke, bei denen absolut (unbedingt) statt kategorisch, konditionell statt hypothetisch gesetzt wird.

[107] KANT, *Vorlesungen*, a. a. O.

[108] Diese Ersetzung wurde nicht ohne Schwierigkeiten vollzogen: siehe die entsprechenden Rechtfertigungen in der *Kr. d. r. V.*, B 98—99, 111—12. Der wahrscheinliche Grund der Ersetzung wird B 111 angegeben.

mengesetzten trennt und, mit den hypothetischen, disjunktiven usw. zusammen, zu den synkategorischen zählt. KANT hatte schon, der Lehre G. F. MEIERS folgend, in den Logikvorlesungen der frühen 70er Jahre die hypothetischen und disjunktiven Urteile in einer selbständigen Abteilung angeführt; zu diesen hat er dann noch die kategorischen Urteile hinzugefügt, die, mit den hypothetischen zusammen, für mehrere Autoren eine eigene Abteilung bildeten (und die in der *Logik Blomberg* auch erwähnt werden); von SCHÜTZ und ROESSER dürfte KANT dabei wahrscheinlich nicht abhängig sein, weil deren Lehrbücher nicht bedeutend genug sind, um die Hypothese eines Einflusses auf KANT zu rechtfertigen. Es sei jedoch hervorgehoben, daß in dem wichtigen Lehrbuch von ULRICH die hypothetischen und disjunktiven Urteile allein eine besondere Unterabteilung der zusammengesetzten Urteile bilden. Bei LAMBERT erscheinen die kategorischen, die hypothetischen und die disjunktiven Urteile nur mit den kopulativen zusammen; bei STORCHENAU die hypothetischen und die disjunktiven nur mit den kausalen zusammen! Nebst der gewöhnlichen Beziehung oder eher Entgegensetzung der kategorischen und der hypothetischen Urteile (die auch für viele Autoren gilt, die die ersteren zu den einfachen, die letzteren zu den zusammengesetzten zählen) darf man also behaupten, daß in KANTs Milieu, obwohl nicht so verbreitet, doch auch eine Beziehung zwischen den hypothetischen und den disjunktiven Urteilen bestand.

Das Problem der Urteilsformen der Modalität ist anders gestaltet. „Modalität" ist, in dieser Hinsicht, ein sehr verbreiteter Terminus. Für vierundzwanzig Autoren bildet die Modalität eine unabhängige Abteilung[109], für zwölf gehört sie zur Abteilung der einfachen und zusammengesetzten Urteile; bei HOLLMANN wird dagegen die letztere auf die erstere zurückgeführt. Vierundzwanzig Autoren erwähnen die vier Arten notwendig, zufällig, möglich, unmöglich, drei nur notwendig, zufällig, unmöglich, fünf nur notwendig und zufällig. CRUSIUS und MÜLLER kennen sechs Arten (wesentlich, natürlich, zufällig, bloß möglich, widernatürlich, unmöglich), ebenfalls LAMBERT (möglich, wirklich, notwendig und ihre Gegensätze)[110].

KANT hat, der Mehrheit der Autoren folgend, die Modalität als selbständige Abteilung aufgenommen. Die Sonderstellung der Modalität in der *Metaphysik Pölitz A* ist noch einigermaßen in der *Kr. d. r. V.* erhalten: die Modalität ist „eine ganz besondere Funktion", da sie „nichts zum Inhalte des Urtheils beiträgt ... sondern nur den Werth der Copula in Beziehung auf das Denken überhaupt angeht" (B 99—100); diese Bemerkung scheint von ARNAULD oder

[109] Für CRUSIUS und MÜLLER gehört allerdings zu dieser Abteilung auch die „Weite" bzw. Quantität. Von RÜDIGER wird die Modalität auf die erwiesene bzw. wahrscheinliche Wahrheit oder Falschheit bezogen.

[110] Das „Natürliche" von CRUSIUS und MÜLLER ist von dem „Wirklichen" bei LAMBERT ganz verschieden; zu dem „Wirklichen" von LAMBERT gehört dagegen wahrscheinlich das „evenit" von GESNER. Zur Geschichte der Termini Möglichkeit, Notwendigkeit u. s. w. siehe: H. SCHEPERS, *Möglichkeit und Kontingenz. Zur Geschichte der philosophischen Terminologie vor Leibniz*, „Filosofia", XIV, 1963.

'S GRAVESANDE zu stammen[111]. Jedoch heißen die Modalitätsurteile bei KANT: „problematisch, assertorisch, apodiktisch", denen sowohl in der *Metaphysik Pölitz A* wie in den *Enzyklopädievorlesungen* die drei Kategorien „Möglichkeit, Wirklichkeit, Notwendigkeit" (ohne Gegenstücke) entsprechen[112]. In den *Enzyklopädievorlesungen* werden allerdings die drei Urteilsformen so ausgedeutet, daß sie bloß als andere Namen für möglich, wirklich, notwendig zu verstehen sind. KANT hat sich also an LAMBERT gehalten, unter Auslassung der drei Gegenstücke; er hatte jedenfalls schon im *Nachlass* 1769—77 Grundbegriffe wie Notwendigkeit, Zufälligkeit, Möglichkeit, Unmöglichkeit, Wirklichkeit (Existenz, Dasein) überall verwendet; eine der Wirklichkeit entsprechende Urteilsform fand er nur bei LAMBERT; unter Auslassung von Zufälligkeit und Unmöglichkeit hat er dann die parallelen Modalitätsurteile und -kategorien bestimmt (Die zwei ausgelassenen Grundbegriffe erscheinen jedoch wieder in der *Kr. d. r. V.* als Gegenstücke zu den Modalitätskategorien, wo aber die „Wirklichkeit" als „Dasein" erscheint, dem das „Nichtsein" entgegengesetzt wird.) Es erschien ihm aber unangebracht, dieselben Termini für die Modalitätsurteile und -kategorien zu verwenden, zumal da die ersteren nur das Logische betreffen (B 101)[113]; er hat daher die drei Termini „problematisch, assertorisch, apodiktisch" eingeführt. Problematische und assertorische Urteile hatte KANT schon in den Logikvorlesungen von 1771 und 1772 erwähnt, aber nicht in Beziehung zu den modalen Urteilen. „Assertorisch" ist überhaupt der philosophischen Tradition als *terminus technicus* fremd; „assertion", „assertivement" im französischen, „assertion", assertively", „assertive" im englischen Sprachgebrauch aber waren als „behaupteter Satz", „zur Behauptung gehörig", „dogmatischer Satz", „dogmatisch" schon im 17. Jhdt. geläufig[114]. „Apodiktisch" heißt in der Logik des 17. Jhdts. „zur notwendigen Wahrheit gehörend", „demonstrativus"[115]. Dieser

[111] Das Gleiche wurde jedoch auch von manchen deutschen Logikern, obwohl nicht mit demselben Nachdruck zum Ausdruck gebracht: vgl. REUSCH, *Op. cit.*, § 374 (der sich dabei auf die *Logique de Port-Royal* bezieht).

[112] HEINZE, a. a. O., KANT, *Vorlesungen*, a. a. O.

[113] Der Unterschied zwischen logischer und ontologischer Möglichkeit u. s. w. wird z. B. auch von LAMBERT hervorgehoben: vgl. LAMBERT, *Op. cit.*, I, § 137: „Da aber diese Begriffe in die Ontologie gehören, und nicht bloss von der äusserlichen Form der Erkenntniss abhangen, so werden wir sie auch nur in so weit hier mitnehmen, als die Form der Erkenntniss selbsten Anlass dazu geben wird."

[114] Vgl. RICHELET, *Assertion:* „Terme *Dogmatique*. Proposition qu'on établit & qu'on soutient"; FURETIÈRE, *Assertion:* „Terme dogmatique. Proposition qu'on établit, & qu'on soutient vraye"; TRÉVOUX, *Assertion:* „Terme didactique. Proposition qu'on établit, & qu'on soutient vraie", *Assertivement:* „Avec assertion"; OXFORD DICTIONARY, S. *Assertively, Assertive.*

[115] Joach. JUNGIUS, *Logica Hamburgensis* [1681], hrsg. v. R. W. MEYER, Hamburg 1957, S. 195, *Logicae liber IV sive Logica Specialis, L. I, De Logica Apodictica, Cap. I, De natura Apodicticae,* § 1: „Ex *Specialis Logicae* partibus dignitate antecedit ea, quae in *Vero necessario,* sive in *Vero proprie dicto* versatur, hoc est, quae per *Apodixin,* sive demonstrationem ad *scientiam* nos deducit, ideoque et *Apodictica*

Gebrauch von „apodiktisch" ist noch im 18. Jhdt. erhalten, z. B. bei OSTERRIEDER, BAUMGARTEN, HENNINGS, ZALLINGER[116]. Auch ein *syllogismus apodicticus* war bekannt[117]. KANT selbst hatte in der *Logik Blomberg* (1771) den Terminus „apodiktisch" als mit „a priori" gleichbedeutend verwendet (wobei auch von apodiktischen Urteilen die Rede war); die apodiktische Gewißheit war die Gewißheit, die sich auf eine Demonstration stützte; die apodiktischen Urteile waren die dogmatischen Urteile a priori der Mathematik[118]. „Problema", als Satzart ist ebenfalls ein sehr verbreiteter Terminus in der Logik, und zwar in mehreren Bedeutungen, von denen die eine, als *propositio dubia,* der Kantischen zweifellos verwandt ist[119]. Französisch „problématique" erscheint

et Epistemonica merito appellatur". J. HOEKER, *Clavis philosophica continens dilucidas graecorum terminorum Explicationes* ..., Tubingae 1613: Art. „'Αποδεικτικὴ, 'Επιστήμη, Demonstrativa scientia. Est habitus, confectus ex veris, primis, immediatis notionibus, prioris & causis conclusionis ...". Art. „'Αποδεικτικόν, *Demonstrativum, quid designet hic terminus*".

116 OSTERRIEDER, *Op. cit.*, S. 468 „Demonstratio, graece ἀπόδειξις"; „argumentatio demonstrativa sive apodictica". A. G. BAUMGARTEN, *Sciagraphia encyclopaedica,* Halae Magd. 1768, § 114: die *Logica utens* heisst *apodictica* als *„scientia scientiarum sive scientia demonstrandi"; Acroasis logica, cit.*, Cap. XIII, *„De convincendo: Apodictica"*, § 491: „Convincere est certum aliquem reddere; hinc certus redditur strictius, *strictius* et *complete* (plene) *convincitur"*. Just. Chr. HENNINGS, *Praktische Logik,* Jena 1764, S. 277: die „völlig genuine Gründe" werden „principia apodictica" genannt. ZALLINGER, *Op. cit.*, I, S. 111 ff. *„De resolutione Apodictica"*.

117 Z. B. WALLIS, *Op. cit.*, S. 180: „Syllogismus *Apodicticus* sive Demonstrativus ...; talis appellari consuevit Syllogismus qui ex certis principiis certam inferit conclusionem: Adeoque non tantum probabilem conjecturam, sed absolutam certitudinem rei probatae facit." CORVINUS, *Op. cit.*, § 684.

118 KANTS *Gesammelte Schriften,* Bd. XXIV, S. 206, l. 31—33, S. 226, l. 17—18.

119 Z. B. JUNGIUS, *Op. cit.*, S. 229—30: „§ 7. *Problema* sive *problematica propositio* est principalis propositio, quae fieri aliquid posse, aut exhiberi, aut inveniri pronuntiat, ut *Datum syllogismum in Cesare ad primam figuram reducere licet* ..."; „§ 8. *Problema* proprie *quaestionem* significat, cujus solutio per demonstrationem expetitur, unde factum ut per metonymiam quasi materiae idem nominis *propositioni* per Demonstrationem inventae sit relictum". REUSCH, *Op. cit.*, § 459: „... ut *problema* dicerent *latissime* quamcunque propositionem, per modum quaestionis in medium quasi proiectam seu prolatam, ut eius probatio quaeretur, aut de illa in partem disputatur. Hoc sensu *problemata* vocant *theologica, juridica, medica* et *philosophica* propositiones, quae in hisce disciplinis non demonstrari possunt, sed in utramque partem disputantur". Es gibt aber auch eine andere Bedeutung, § 458: *„Problema* aliquando quaestionem significat, qua operatio continetur producenda." CRUSIUS, *Op. cit.*, § 43: „Es ist also eine *Aufgabe* (problema) eine Art von Gedanken, darinnen ein Zweck, welchen man suchet, noch in einer undeterminierten Idee gedacht, und die Art und Weise gesuchet wird, wie er *determinate* bewerkstelliget werden kann". BAUMEISTER, *Op. cit.*, § 222: *„Problema* dicitur propositio practica demonstrabilis, sive, est propositio practica, ex pluribus definitionibus deducta. *Schol.* Vox *problematis* alias duplici potissimum sensu sumitur, 1. pro quaestione, qua operatio aliqua continetur producenda ... 2. Vox *problematis* significat quoque propositionem & quaestionem dubiam, de qua in utramque partem disputari

manchmal als Bezeichnung der skeptischen Urteilsweise, und ist schon im 17. Jhdt. als „ce dont on peut soutenir le pour et le contre" geläufig, was auch für englisch „problematic", „problematicall" gilt[120]. „Assertorisch" und „apodiktisch" sind also in der Tradition der Einteilung der Urteile völlig unbekannt, „problematisch" ist erst von KANT in diesem Zusammenhang verwendet worden. „Problematisch" und „assertorisch" stammen zweifellos aus dem Gegensatz zwischen skeptischer und dogmatischer Denkweise, der für KANT in den 70er Jahren so wichtig war.

*

Der Parallelismus zwischen den herkömmlichen Urteilsformen und den Kategorien (auf den KANT vielleicht durch die erwähnten Lehren von J. P. A. MÜLLER und FEDER aufmerksam gemacht wurde) entstand also hauptsächlich in den Gebieten der Qualität und der Quantität, auch in dem der Modalität, hier mit besonderer Anlehnung an LAMBERT. Die Korrespondenz zwischen Relationsurteilen und -kategorien erscheint dagegen als eine persönliche Konstruktion KANTs. Es war tatsächlich nicht schwer, eine Symmetrie zwischen der Qualität der Urteile (Bejahung und Verneinung) und dem herkömmlichen ontologischen Grundbegriff der Qualität (mit ihren Grundelementen, Realität und Negation)[121] festzustellen; dasselbe gilt für die Quantität der Urteile, deren drei gewöhnlichen Unterabteilungen die drei Quantitätskategorien entsprachen, die schon von WOLFF als von der Quantität abhängig betrachtet wurden[122]; wie auch für die

potest, e. g. *num anima a parentibus propagatur.*" Diese Abstammung des Terminus „problematisch" wird von KANT selbst in der *Logik Philippi* (1772) bestätigt: vgl. KANTS *Gesammelte Schriften*, Bd. XXIV, S. 399, l. 3—5: „Dogmatisch urtheilen ist entscheidend urtheilen, problematisch urtheilen heisst da man Aufgaben giebt". „Aufgabe" ist aber der deutsche Terminus technicus für *Problema*.

120 F. DE LA MOTHE LE VAYER, *Cinq dialogues faits à l'imitation des anciens*, Francfort 1716, I, *De la philosophie sceptique*, S. 15 „Là nous verrions qu'il n'y a rien de si constant, certain & arresté en un lieu, dont l'opposite ne soit encore plus opiniatrement tenu ailleurs ... Car qu'y a-t-il que l'esprit humain ne mette en controverse & ne rende problematique" (Dieses Werk wurde von L. M. KAHLE neu herausgegeben, Berlin 1744); A. F. BOUREAU DESLANDES, *Histoire critique de la philosophie*, Amsterdam 1755, Bd. II, S. 370: „Ce n'est que dans les matières de science, dans les choses problématiques qu'il *[der Skeptiker]* hésite & qu'il refuse de prendre parti. Il sent alors les bornes étroites de la raison ..."; RICHELET, *Problématique:* „... Probable. Sur quoi on peut disputer de part et d'autre"; FURETIÈRE, *Problématique:* „Qui est incert, douteux. Ce qui peut se soûtenir, se deffendre dans l'affirmative et dans la négative"; TRÉVOUX, *Problématique:* „... Synonyme d'incertain, douteux. On applique cette épithète à tout ce dont on peut soutenir le pour & le contre"; OXFORD DICTIONARY, siehe *Problematic, Problematicall*.

121 Daß Realität und Negation zur Qualität gehören, erhellt besonders aus CRUSIUS, *Entwurf der notwendigen Vernunftwahrheiten*, Leipzig 1745 *(Die philos. Hauptschriften*, Bd. II, Hildesheim 1964), §§ 17, 26. „Positiv" und „reell" sind in der deutschen Philosophie des 18. Jhdts. Synonima.

122 Chr. WOLFF, *Philosophia prima sive Ontologia* [1736], hrsg. v. ECOLE, Hildesheim 1962, §§ 328, 331, 341. Vgl. z. B. STATTLER, *Op. cit.*, II, *Ontologia* (1769),

drei Urteilsarten und ontologischen Begriffe Möglichkeit, Wirklichkeit, Notwendigkeit. KANT hat nun durch die Aufstellung der Korrespondenz zwischen Relationsurteilen und -kategorien den Parallelismus vervollständigt. Die anderen Urteilsarten hat KANT entweder ausgelassen oder als nebensächlich betrachtet. (Nur vier Abteilungen, die den Kantischen einigermaßen entsprechen, wurden von THOMASIUS, REUSCH, CORVINUS, STORCHENAU, LAMBERT, WALLIS, VERNEIUS anerkannt; andere, wie DARJES, KNUTZEN, BOEHM, DALHAM, HENNINGS nahmen drei Hauptformen an, allerdings kann dabei die letzte leicht in zwei verschiedene Formen aufgespalten werden). Die „Wahrheit und Falschheit" nimmt KANT mit der seltenen „Wahrscheinlichkeit" unter den Modalitätsformen auf[123], was für manche Logiker unannehmbar, für LAMBERT aber ganz richtig gewesen wäre[124]. In KANTs *Logik*[125] werden aber, nebst den „vier Hauptmomenten" der Quantität, Qualität, Relation und Modalität (§ 20), auch die exponiblen Urteile (§ 31) (die jedoch nicht als zur Logik, sondern zur Grammatik gehörig betrachtet werden), die theoretischen und praktischen (§ 32), die indemonstrablen und demonstrablen Urteile (§ 33) u. s. w. (darunter auch das Problem, in einem anderen Sinne als beim problematischen Urteil — § 38) erwähnt. Die Abteilung einfach-zusammengesetzt fehlt dagegen, obwohl KANT anerkennt, daß einige von seinen Urteilsformen zusammengesetzt sind (vgl. z. B. *Kr. d. r. V.*, B 98—99) (man könnte auch annehmen, daß wegen der von einigen Logikern anerkannten Gleichsetzung der kategorischen mit den einfachen Urteilen (REUSCH, BAUMEISTER, SCHWARZ) diese Einteilung in die Formen der Relation aufgenommen wird); manche Arten der zusammengesetzten und nicht exponiblen Urteile sind deshalb auch ausgefallen (wie die kopulativen, reduplikativen, relativen, diskretiven Sätze u. s. w.), wofür KANT keine besondere Begründung angibt.

*

KANT hat also seine Urteilstafel relativ frei aufgestellt; bei der Qualität und der Quantität richtet er sich im Wesentlichen nach der Majorität der Logiker; für die Relation und Modalität hat er die Lehren von MEIER und LAMBERT umgestaltet und mit eigenen Elementen kombiniert; die allgemeine Aufstellung entspricht am besten der von LAMBERT (vier Hauptabteilungen, die als zur Form gehörig gelten). KANT hat also teilweise die Tradition berücksichtigt, teilweise sie in Anlehnung an MEIER und LAMBERT und durch eigene Lehren verändert. Seine Urteilstafel darf deshalb als einigermaßen originell gelten. Man darf gleichzeitig nicht außer Acht lassen, daß wenigstens in Deutschland

De quantitate, § 141, wo vom *unum metaphysicum*, vom *totum metaphysicum* und von den *plura metaphysica* die Rede ist.

[123] Vgl. KANT, *Vorlesungen*, a. a. O.; *Kr. d. r. V.*, B 101.

[124] LAMBERT, *Op. cit.*, I, §§ 106, 232.

[125] KANT, *Gesammelte Schriften, Preuss. Ak.-Ausg.*, Bd. IX, Berlin und Leipzig 1923.

die Frage der Einteilung der Urteilsarten, obwohl sie von fast allen Logikern mehr oder weniger eingehend behandelt wurde, im 18. Jhdt. kein Streitapfel war; ein jeder Logiker dürfte sie nach dem eigenen Gutdünken entschieden haben, da die herrschenden Schulen keine einheitlichen Lehren in dieser Hinsicht aufwiesen (mit Ausnahme der crusischen Richtung), und klare Dependenzen nur in seltenen Fällen vorkamen. Dieses Problem war also sozusagen ein neutrales Terrain von sekundärer Bedeutung, wo jede Stellungnahme im allgemeinen keine ausgesprochen polemische Bedeutung hatte.

Herman J. de Vleeschauwer
Logica genuina ou le Purisme logique
Kant et Geulincx

Pour donner la poignée de main d'admiration et d'amitié à notre cher Collègue, Heinz Heimsoeth, à l'occasion de son quatre-vingtième anniversaire, nous ne pouvons mieux faire que nous replonger dans l'ambiance historique de l'ouvrage rédigé par lui il y a plus de cinquante ans, notamment *Die Methode der Erkenntnis bei Descartes und Leibniz*[1]. En 1662, Geulincx publia la *Logica suis fundamentis quibus hactenus collapsa fuerat restituta*[2]. Un siècle plus tard à peu près, en 1755, Kant inaugurait à Königsberg un cours de logique en tant que *Privatdozent* quelque peu malchanceux[3], et trente ans après cela, en 1781 et 1787, il publia les deux premières éditions de la *Kritik der reinen Vernunft*. Ces ouvrages de Geulincx et de Kant si différents que, pour les rapprocher, il faudrait probablement en fausser le sens et la lettre, ont néanmoins un point commun: une sorte de purisme logique. Autrement dit, l'exigence d'une *logica genuina* s'y fait jour, et leur idéal puriste est si voisin et si ressemblant qu'il vaut la peine de les confronter. C'est ce que je me propose de faire dans les pages qui suivent.

Il n'y a sans doute pas de lecteurs de la *Kritik der reinen Vernunft* qui ne se souviennent du célèbre passage qui ouvre la préface de la seconde édition, où Kant prend un air presque solennel pour nous dire, en guise d'entrée en matière, que la logique n'a guère fait de progrès depuis l'*Organon* d'Aristote. Et en développant cette thèse, il refuse d'entériner comme progrès, développement ou accroissement la coutume qui s'etait introduite dans la logique de son temps et qui consiste à gonfler cette logique de matières étrangères hétéroclites, sans rapports directs avec elle, tels de problèmes psychologiques comme l'étude de nos facultés de connaître, de problèmes métaphysiques comme celui de l'origine de notre connaissance, de problèmes comme ceux des causes et des remèdes de nos préjugés. Un tel procédé de contrebande ne s'explique, dit-il, que par l'ignorance de la vraie nature de la logique, et loin de développer ou d'accroître la logique, on ne parvient qu'à la dénaturer et la ravaler. Les limites territoriales

[1] deux volumes, Giessen, 1911—1914.

[2] Leyde, H. Verbiest, 1622.

[3] Cf. E. Arnoldt: *Kritische Exkurse im Gebiete der Kantforschung*, dans *Gesammelte Schriften*, ed. O. Schöndorffer, t. V, pp. 177 sq.

de la logique s'imposent par sa définition même: la science des règles formelles de la pensée[4].

Kant ne manque pas de réaffirmer cette opinion et cette critique chaque fois que l'occasion s'en présente pour lui. Elle réapparaît à l'entrée de la *Logique transcendentale*, où il recuse *expressis verbis* comme une impropriété de la logique moderne la discussion des rapports entre la raison et la sensibilité, des jeux de l'imagination, des lois de la mémoire, de la puissance des habitudes, des tendances et des sources de nos préjugés[5]. Dans le même ordre d'idées, il rejette sous l'étiquette de logique appliquée les *excursus* d'ordre psychologique. Dans la *Logik* publiée par Jäsche, il se souvient encore des erreurs commises par les mêmes logiciens modernes qu'il venait de viser dans la préface de la *Kritik der reinen Vernunft*[6], et il ajoute encore les *excursus* d'esthétique à la liste déjà longue de la *Kritik*[7]. Il ne se souvenait plus sans doute que, au début de sa propre carrière, il avait expliqué et justifié le choix de la petite *Vernunftlehre* de Meier comme manuel de base exactement par les mêmes considérations qu'il condamne ici[8]. La logique appliquée n'est pas à proprement parler une logique à cause des digressions psychologiques dont elle se rend coupable[9]. Quelques pages plus loin, il rabroue la métaphysique pour avoir forcé la logique à entamer la question des sources du connaître[10]. Dans la transcription du même cours provenant des papiers du Comte Dohna et publié par A. Kowalewski, il s'en prend encore une fois à l'esthétique, à la psychologie et à la grammaire[11]. Il revient plus d'une fois sur le besoin d'une épuration de la logique contaminée par des matières étrangères à la matière strictement logique et sur l'impropriété d'introduire dans la logique des problèmes qui ressortent visiblement à d'autres disciplines[12].

Kant revendique donc une logique pure, débarrassée des scories hétéroclites dont le traitement scolastique l'a chargée au cours des temps. Il plaide pour ce que Geulincx appelle une *logica genuina*[13] et se prononce pour une logique, laquelle, selon de l'expression de la *Logique de Port Royal*, se renferme dans

[4] *Kritik der reinen Vernunft, (Vorrede* B), t. III, pp. 7—8. Je cite les oeuvres de Kant dans l'édition de Berlin.
[5] *Kritik der reinen Vernunft*, t. III, p. 76.
[6] *Logik*, t. IX, p. 14.
[7] *Logik*, t. IX, p. 15.
[8] *Nachricht über seine Vorlesungen*, t. II, pp. 310—311. Cf. H. J. de Vleeschauwer: *Deux cents ans après. La Nachricht über seine Vorlesungen de Kant*, Pretoria, 1965, pp. 30 sq. *Communications of the University of South Africa*, Série C, Nr. 57.
[9] *Logik*, t. IX, p. 18.
[10] *Logik*, t. IX, pp. 33—34.
[11] *Die philosophischen Hauptvorlesungen I. Kants*, ed. A. Kowalewski. München, 1924, p. 393 et p. 394.
[12] *Reflexionen zur Logik*, t. XVI, Nos 1599, 1620 et 1628, respectivement pp. 29—30, 39—42 et 43—46.
[13] A. Geulincx, *Oratio II, Opera philosophica*, ed. Land, t. I, p. 164, 1. 6. Je cite Geulincx dans cette édition.

le logique[14]. Il dénonce comme sources principales de l'impureté logique l'insertion et la discussion de questions psychologiques et métaphysiques. Le point de vue kantien ne présente guère de difficultés de doctrine ou d'exégèse. En elle-même, la question est parfaitement claire. Mais ce qui est beaucoup moins clair, c'est l'infidélité répétée à mettre en pratique ce même programme puriste si bien équilibré en théorie, mais, apparemment, perdu de vue sans cesse lors de la rédaction, c'est-à-dire, au moment où il aurait fallu précisément s'en souvenir plus que jamais pour ne pas s'exposer à des reproches de négligence et d'inconséquence. Il suffit, en effet, de parcourir les différentes transcriptions de la logique pour s'apercevoir dans quelle mesure elle trahit l'idéal théorique et combien de fois Kant a donné asile à des procédés qu'il condamne si sévèrement chez ses confrères. Certes, on pourrait invoquer à la rigueur comme excuse sinon comme explication que Kant avait à se conformer au manuel de Meier, lequel était un bon exemple comment il ne faut pas construire la logique pour répondre à l'appel puriste[15]. Mais on comprend d'autant moins pourquoi Kant défend alors dans la *Nachricht über seine Vorlesungen* le choix de ce manuel en invoquant comme avantages les anomalies théoriquement recusées ici.

Le purisme logique révèle chez Kant (comme chez tous ses autres tenants d'ailleurs) une sourde hostilité contre la logique des auditoires et de ses alluvions de librairie. Il n'en désigne aucune nommément, mais condamne cette logique en bloc, peut-être parce que le mal était si géneralement répandu pour qu'il fut inutile de mettre l'une ou l'autre de ces logiques en évidence. Il s'élève contre les fallacieuses promesses de progrès par lesquelles l'Ecole recommande ses coupables procédés. Au surplus, ces mêmes procédés sont encore entâchés d'une autre nuisance: ils empêchent notamment la supputation exacte de l'état réel de la logique. La vraie logique n'a pas fait de progrès depuis Aristote! Voilà la vérité, et la logique impropre de l'Ecole dérobe cette leçon de l'histoire à nos regards. Il faut bien se rendre à l'évidence que l'on fausse la fonction et la position réelles de la logique, lorsqu'on cherche à l'agrémenter par des articles de contrebande dans le but de parer à l'aridité ou d'en neutraliser l'ennui par des attraits douteux. Les avantages ne compensent pas les inconvénients[16]. Ajoutons encore une des réflexions par laquelles la *Logique de Port Royal* eut à se défendre contre des incriminations identiques au XVIIe siècle, lorsqu'elle mit en vedette les effets de publicité pour une discipline peu engageante par elle-même et qui doit pouvoir compter sur ces agréments pour gagner les faveurs du public[17].

[14] *La Logique ou l'Art de penser*. La première édition est de 1662. J'emploie la septième édition (Paris, 1738), la seule que j'ai ici à ma disposition. Cf. p. 20.

[15] Notamment G. F. Meier: *Auszug aus der Vernunftlehre*. Halle, 1752. On la trouve reproduite au bas des pages du t. XVI des oeuvres de Kant contenant les *Reflexionen zur Logik*.

[16] *L'Art de penser*, pp. 19—20. Kant, *Kritik der reinen Vernunft* t. III, p. 7 parle aussi d'élégance.

[17] *L'Art de penser*, p. 19.

Kant n'a pas inventé le purisme logique. Celui-ci ne rentrait même pas dans le programme critique proprement dit. C'était pour le criticisme un petit problème adventice. D'autre part, il ne serait pas moins exagéré de croire que le purisme était commun au cours du XVIIe et XVIIIe siècle. Néanmoins, nous rencontrons au XVIIe siècle divers essais de construire une logique génuine principalement parmi les cartésiens, tous épris plus ou moins de la méthode cartésienne et de ce fait opposés aux procédés constructifs de la logique formelle du péripatétisme scolaire. Si les Jansénistes, A. Arnauld et P. Nicole, font exception à cette règle dans leur *Art de Penser* (le vrai titre de la *Logique de Port Royal)*, il convient cependant de remarquer, comment leurs réactions contre certaines critiques puristes cachent mal l'hésitation doctrinale dans la défense de leur position. Ils se contentent d'aligner des arguments de convenance pratique et de publicité. Une réfutation basée sur des pareils arguments est purement pragmatique et, ce pragmatisme mis à part, ressemble étrangement à un aveu[18].

Le péripatétisme renouvelé par la Scolastique espagnole avait réussi à résorber en majeure partie le ramisme et le philippisme de l'université catholique aussi bien que protestante, au moment où la méthode cartésienne commençait à agiter les milieux logiques[19]. En dehors des enceintes universitaires, la conquête du monde mécanique poursuivit sans relâche sa marche triomphante de Copernic à Newton et Descartes en marquait une étape importante. Cette conquête se répercuta dans les milieux philosophiques par la poursuite plus assidue et plus acharnée d'une méthode et d'une logique scientifiques, dominées par les deux exigences de rigueur et de capacité inventive. La pénétration de cette méthode dans les universités se heurtait sans doute à des résistances de la part de la tradition scolastique, mais cette dernière s'évanouit progressivement dans l'espace d'une génération après la mort de Descartes[20].

Nous n'avons aucune envie de prétendre que le cartésianisme a provoqué

[18] *L'Art de penser, Deuxième Discours*, pp. 19—20.

[19] Cf. pour toute cette question les ouvrages suivants: J. Bohatec: *Die Kartesianische Scholastik in der Philosophie und reformierten Theologie des 17ten Jahrhunderts*, Leipzig, 1912; E. Weber: *Die philosophische Scholastik des deutschen Protestantismus im Zeitalter der Orthodoxie 1907;* K. Eschweiler: *Die Philosophie der spanischen Spätscholastik auf den deutschen Universitäten des 17ten Jahrhunderts.* Münster, 1928; P. Petersen: *Geschichte der aristotelischen Philosophie im protestantischen Deutschland*, Leipzig, 1921; E. Lewalter: *Spanisch-Jesuitische und Deutsch-Lutherische Metaphysik des 17ten Jahrhunderts.* Hamburg, 1935; Max Wundt: *Die deutsche Schulmetaphysik des 17ten Jahrhunderts, Tübingen*, 1939; H. Leube: *Kalvinismus und Luthertum im Zeitalter der Orthodoxie, Aalen, 1965.*

[20] Il faut toujours recourir à l'ancien ouvrage de Fr. Bouillier: *Histoize de la philosophie cartésienne*, 3e éd. 2 vol. Paris, 1868 et de G. Monchamp: *Histoire du cartésianisme en Belgique.* Bruxelles, 1888. Voir maintenant l'ouvrage collectif: *Descartes et le cartésianisme hollandais*, Amsterdam 1950 et C. Thyssen-Schoute: *Het nederlandsch Cartesianisme*, Amsterdam, 1954. Le vol. 2 de l'ouvrage de P. Dibon sera consacré à cette période de la Scolastique hollandaise.

une révolution logique. Il entamait des positions plutôt qu'il n'en conquiert. En effet, il y avait trop de méthode et trop peu de logique dans l'oeuvre cartésienne elle-même[21]. On se contenta de préférence d'introduire certains éléments cartésiens dans le cadre du système logique en vigueur. Les nombreuses *Logica vetus et nova* illustrent dans leur titre même cette cohabitation tolérante d'éléments logiques de provenance aussi diverse et de dosages très inégaux[22]. La même logique s'était montrée assez éclectique à l'égard des tentatives rénovatrices du XVIe siècle. Elle se préparait, en maugréant, à s'ouvrir à un éclectisme nouveau connexe aux tendances scientifiques du moment. Mais le sens de l'ordre, de l'unité et de l'autonomie se confondait si bien avec les démarches logiques de la pensée cartésienne que le premier éclectisme dû aux tendances logiques du XVIe siècle parut tout de suite suspect auprès de ceux qui se laissèrent gagner par cette pensée scientifique et que l'on appella pour cette raison les Cartésiens[23].

En somme, je ne suis peut-être pas très loin de la vérité en prétendant qu'il n'existe pas et qu'il n'a jamais existé à proprement parler une logique cartésienne à cette époque, mais qu'il exista incontestablement un style de penser cartésien, aisément reconnaissable et que le travail logique de nos Cartésiens consistait précisément à traduire ce style cartésien en une logique systématiquement élaborée selon le paradigme de la logique classique. Régis[24] et la *Logique de Port Royal* d'Arnauld et de Nicole en France, Clauberg[25], Geulincx et, en passant bien d'autres, la remarquable logique de Roetenbeck[26] dans les régions du Nord, voulurent combler la lacune occasionnée par l'absence d'une logique «moderne» en parlant du style propre aux démarches naturelles de la pensée cartésienne. Il va de soi que tous ces essais logiques ne vont pas se distinguer par une égale rigueur: les unes — et la *Logique de Port Royal* en est assurément l'exemple le plus renommé — se contentèrent d'un éclectisme plus ou moins voîlé en s'étayant sur un fond cartésien, tandis que les autres, plus rigoureux que les précédents, revendiquaient une logique plus consciente d'elle-même et plus sobre dans ses admissions étrangères. Cette revendication consiste à ramener la logique à elle-même et à l'élaborer strictement sur la base de principes proprement logiques. C'est ce que j'appelle le purisme logique et avec raison, puisque l'épuration de la logique constituait clairement leur principal souci. Et si toutes ces logiques, accessibles aux tendances cartésiennes, n'élèvent pas cette épuration à la hauteur d'un véritable canon proprement logique, il y en eut une cependant

[21] Cf. H. J. de Vleeschauwer: *Les Plans d'études au XVIIe siècle.* T. I: *Le Plan de Descartes.* Pretoria, 1962, pp. 39—42.

[22] Je signale à titre d'exemples J. Clauberg: *Logica vetus et nova quadripartita.* Amsterdam, 1654 et Roetenbeck: *Logica vetus et nova.* Frankfurt, 1703.

[23] C'est ce que J. Bohatec a essayé de mettre en lumière avec bonheur, op. cit. surtout le chap. 2, pp. 72—102.

[24] S. Régis: *Système général de Philosophie contenant la Logique, la Metaphysique, la Physique et la Morale selon les principes de Descartes.* Paris, 1690.

[25] Cf. la note 22.

[26] Cf la note 22.

qui fit de l'épuration logique son drapeau, sa consigne et son programme. Je veux parler de la *Logica suis fundamentis restituta* de Geulincx.

L'idée d'une logique génuine n'est pas entrée dans l'esprit de Geulincx à la manière d'une intuition soudaine. Certes, elle éclate soudainement pour le public non avisé et non averti dans les années 1662—1663. Mais, lorsqu'elle parût en public en 1662, l'idée puriste était déjà vieille de dix ans. Même aujourd'hui, l'évolution de la pensée de Geulincx n'est pas même une *quaestio disputata;* c'est une question complètement vierge. J'en ai amorcé l'étude dans un article italien assez long dont je suis encore satisfait en gros mais qui subira tout de même certaines retouches, lorsque je reviendrai sur le problème dans le dernier tome de ma réédition des oeuvres de Geulincx[27]. L'idéal du purisme logique éclate sans doute brusquement à Leyde, mais il fut conçu néanmoins avant 1652, c'est-à-dire à l'époque où il enseignait en sous-ordre la philosophie à la Pédagogie du Lys de l'université de Louvain. Démis au mois de mars 1662 de ses maigres fonctions de répétiteur à l'université de Leyde, il signa au mois d'août suivant la dédicace de sa *Logica restituta* et fut chargé au mois d'octobre de la même année d'un cours élémentaire de logique. Au moment de prendre possession de cette chaire, subalterne une fois de plus, il prononça l'adresse inaugurale connue sous le nom *d'Oratio II* sur la nécessité d'écarter tous les *parerga* de l'enseignement de la science[28]. Dans la bouche de Geulincx — le texte s'en porte garant — le terme science a la même valeur que la logique. L'année suivante, il publia le *Methodus inveniendi argumenta* dans lequel il isole la théorie de l'argumentation de la logique[29]. Nous rencontrons encore la théorie de la *logica genuina* dans la *Logica restituta* et dans *l'Oratio II*, harangue prononcée et rédigée spécialement à cet effet.

Quoiqu'il ne renferme rien qui ait trait strictement au thème de la *logica genuina*, le *Methodus* nous permet cependant de tirer deux conclusions importantes qui l'affectent directement. Elles s'appuyent sur un membre de phrase que Geulincx y ajoute *calamo currente* lors de la réédition des *Saturnalia*[30]. Dans la première édition, il avait dit qu'il ne convient pas de traiter la logique

[27] H. J. de Vleeschauwer: *L'Opera di Arnold Geulincx. Bibliografia-Evoluzione,* dans *Filosofia*, 1958. Aussi séparément dans la série *Studi e Ricerche di Storia della Filosofia,* no 25. Turin, 1958, 55 pp.

[28] *Oratio II: De removendis parerga et nitore conciliando disciplinis.* Ce discours fut tenu le 14 octobre 1662 et fut publié en annexe aux *Saturnalia* lors de la réédition de cet ouvrage en 1665. Cf. la note 30 ci-dessous. J'ai étudié les discours de Geulincx dans une communication à l'Académie royale flamande des Sciences de Belgique sous le titre: *De Orationes van Arnold Geulincx.* Anvers, 1942, 47 pp.

[29] *Methodus inveniendi argumenta quae Solertia quibusdam dicitur.* Leyde, 1663.

[30] *Saturnalia seu Questiones quodlibeticae in utramque partem disputatae.* La première édition est celle d'Anvers, 1653, la seconde celle de Leyde, 1665. Cet ouvrage est introduit par *l'Oratio I* ayant pour thème: *Actio in Seductores Genios: Pantominum praecipue, Mangonem et Dogmatistam, qui omnes ad Philosophiae tribunal citantur, fraudis, seductionis et stellionatûs rei aguntur.* Cf. Geulincx, *Opera philosophica,* t. I, p. 11.

comme une rhapsodie — l'expression reviendra dans *l'Oratio II*[31], — mais que, au contraire, il faut la traiter *more geometrico* afin de lui procurer le maximum d'évidence[32]. Geulincx ajoute dans la deuxième édition: *Vide libellum meum, quem inscripsi Methodum inveniendi Argumenta seu Solertia*[33]. Nous pouvons conclure de ce texte surajouté — et cela ne manque pas d'avoir son importance — que l'idée du purisme logique remonte à la phase louvaniste de sa pensée, comme nous venons de le dire, et, ensuite, que l'exposition *more geometrico* est le meilleur moyen dont nous disposons pour réaliser ce travail d'épuration[34]. Nous comprenons alors fort bien pour quelle raison le *Methodus* pouvait prétendre restituer la logique à elle-même[35]. Néanmoins, nous comprenons moins pour quelle autre raison il n'ait pas saisi l'occasion de la *Logica restituta* pour relever le même avantage et imposer le même devoir. Comme l'*Oratio II* n'était pas publiée au moment où la *Logica restituta* vit le jour — elle ne le sera qu'en 1665 — Geulincx a pu penser peut-être qu'il n'y avait lieu de renvoyer à un discours dont le souvenir s'était dissipé sans doute dans l'intervalle de trois ans.

A qui s'adresse la critique faite par Geulincx à la logique régnante? On serait enclin de penser, vu les circonstances, qu'il tenait à s'en prendre à la logique officielle de Burgersdyck qui servait alors de support à l'enseignement de cette discipline dans les universités neerlandaises et à faire ainsi une démonstration de novateur. Je ne suis pas de cet avis. Conçu à Louvain, le purisme logique doit avoir un adversaire à Louvain même, s'il y en eut un, ou, du moins, une logique suffisamment classique dans les Pays Bas méridionaux, répondant à l'image qu'il nous en trace dans l'*Oratio II* pour faire d'une antipathie passagère une position philosophique immuable. Or, il existe en réalité un manuel qui répond à ce signalement: la *Dialectica* du père Jésuite du Trieu, vieux d'un quart de siècle et qui en était à sa cinquième édition au moment où Geulincx lançait son premier avertissement dans les *Saturnalia*[36]. Au surplus, les rapports entre l'université louvaniste et les Jésuites d'en face étaient assez tendus au point même que l'Ordre triomphant à l'époque baroque avait développé sa maison de Liège en véritable université pour pouvoir lutter de plein pied contre l'institution officielle brabançonne, dont il jugeait trop molle la participation dans la campagne romaine contre le Jansénisme. En quoi il n'avait pas tort! Et nous en arrivons ainsi à la situation un peu paradoxale qu'une position logique s'enchaîne dans les méandres inextricables de la Contreréforme.

En effet, les Jésuites avaient ébauché au XVIe siècle une première Contreréforme basée sur une tactique de concessions au monde, à l'humanisme et à

[31] *Oratio II*, *Opera*, t. I, p. 153 et pp. 155—156. Cf. infra, p. 169, sq.
[32] *Opera*, t. I, p. 42.
[33] *Opera*, t. I, p. 42, en note.
[34] H. J. de Vleeschauwer: *More geometrico demonstratum*. Pretoria, 1961, pp. 37—51.
[35] *Opera*, t. II, p. 3.
[36] Anvers, 1630.

la science dans le but de reconquérir le terrain religieux perdu et de refaire l'unité de l'Eglise. Le néo-humanisme, la pédagogie de la *Ratio studiorum* et le laxisme moliniste en furent les principales manifestations. Comme elle n'avait réussi cette *reconquista*, il naquit une seconde Contreréforme, toute d'intériorité, qui proposait d'atteindre le même but par le renflouement de la vie chrétienne et par des concessions de plus en plus substantielles à l'idéologie de la Réforme, surtout dans sa forme calviniste, en somme la Réforme française émigrée à Genève. Les étapes de plus en plus radicalisantes de cette marche sont marquées par le dévotionarisme de Saint François de Sales, la spiritualité de l'*Oratoire*, fondée par le Cardinal de Bérulle qui fut à la base du départ de Descartes en Hollande et le Jansénisme né à Louvain même et qui y avait succédé au bajanisme, son prédécesseur en hérésie. Il va de soi que le laxisme moliniste fait figure d'adversaire et que la doctrine augustinienne, sévère jusqu'au *decretum horribile* de la prédestination, devait constituer l'attrait principal[37].

Au moment où Geulincx accéda à Louvain au primariat de la Pédagogie du Lys — c'était en 1652 — il était clair que cette seconde Contreréforme serait réduite en peu de temps à s'incliner devant le triomphe de la première, celle des Jésuites. D'ailleurs, Geulincx allait être une des premières victimes de ce triomphe par sa démission forcée et par son départ pour la Hollande[38]. Comme le manuel de l'adversaire était en passe de devenir classique dans les Pays Bas méridionaux, Geulincx était bien inspiré lorsqu'il s'en prit à lui, surtout qu'il pouvait aisément passer pour le prototype d'une logique tel qu'il fallait ne pas la construire. Le père Jésuite pouvait donc servir de cible à une dialectique puriste, puisqu'il renfermait à profusion les quatres catégories de *parerga* poursuivis par Geulincx dans l'*Oratio II*.

Nous devons chercher le programme puriste de Geulincx dans la préface et non dans le corps de la *Logica restituta*. Ce programme s'y trouve exposé d'une manière trop succincte encore pour que l'on puisse en saisir la portée[39]. Cette préface se réfère à deux problèmes: d'abord, la place qu'occupe la logique dans le corps des sciences et principalement par rapport à la métaphysique; ensuite, à l'idée de sa *logica genuina*[40]. Une discipline comme la logique doit satisfaire à deux exigences: d'abord, à manquer de *praesupposita*

[37] Je m'en suis expliqué plus longuement dans ma récente publication: *Le Problème du Suicide dans la Morale de Geulincx*. Pretoria, 1965, pp. 66—69.

[38] Il s'agit d'une *quaestio disputata* que l'on ne parviendra jamais à résoudre avec une certitude absolue, faute de documents. L'inanité des autres motifs allégués m'incline à adopter la raison confessionnelle. En tout cas, c'est la version que Geulincx en a fourni lui-même sans doute au théologien Heidanus de Leyde. Une lettre de théologiens de Leyde aux Etats provinciaux de Hollande découverte par l'historien A. Eekhof et publiée par lui dans le *Nederlandsch Archief voor Kerkgeschiedenis*, NS., XV, pp. 1—24, en fait foi.

[39] *Logica restituta, Opera*, t. I, pp. 170—173.

[40] J'en ai traité dans mon travail sur les Plans d'etude au XVIIe Siècle (cf. ci-dessus note 21), t. II: *Le Plan de Geulincx*. Pretoria, 1964.

qui lui tiennent lieu de fondements; ensuite, à écarter impitoyablement toutes les espèces de *parerga* extralogiques, quelque soit leur provenance. La logique repose sur une présupposition unique: la pensée humaine dans son organisation déterminée. Le *quomodo* de cette organisation n'est pas en soi un problème logique, mais un problème psychologico-métaphysique, dont la logique n'a pas à connaître. Et il invoque à l'appui de cette assertion la distinction entre la science de l'être, expliquant des faits et la science de devoir être posant des normes. S'il écarte de la logique l'étude de la conformation de la pensée, il ne prétend nullement l'écarter de la science en général à la manière d'un pseudo-problème. Non, il l'écarte seulement de la logique, parce que son problème n'a pas de caractère normatif. Puisque la logique demande comment la pensée doit être, c'est aux seuls problèmes de correction et de vérité qu'elle donne asile. Le purisme logique est donc dirigé originellement contre la métaphysique et la psychologie qui menacent de l'envahir à cause du voisinage trop naturel de leurs objets[41]. La fameuse diatribe contre la métaphysique et contre ses incursions dans la structure logique, que nous rencontrons dans le corps de la *Logica restituta*, s'inspire de la même prise de position principielle[42]. Son programme consiste donc à restituer à la logique les fondements propres dont elle s'est écartée au cours des temps[43]. A vrai dire, Geulincx ne se trouvait pas complètement isolé à Leyde avec un pareil programme. Le physicien cartésien de Raey avait déjà stigmatisé l'immixtion inopportune de la métaphysique dans les autres disciplines philosophiques[44] et J. Clauberg, son élève, en avait fait l'objet d'un travail spécial que Geulincx n'a pu ignorer et dont le titre traduit suffisamment le contenu[45].

La préface de la *Logica restituta* se contente donc de poser la question de principe sans entrer dans des détails. Mais en quoi consistait alors le programme positif d'épuration que poursuit Geulincx? Il est vain de le demander à la *Logica restituta.* Il faut s'adresser dans ce but à la leçon inaugurale connue sous le nom d'*Oratio II* dont il a été question plus haut[46]. L'*Oratio II* est spécialement destinée à s'en occuper. Les discours de Geulincx, au nombre de trois, poursuivent tous un but très précis dans son esprit. L'orateur y soutient toujours le penseur. Si ces discours ne se distinguent pas par un talent oratoire de premier ordre, l'auteur y dépose tout le capital critique et polémique dont il ne voulait pas encombrer ses oeuvres systématiques. En 1652, l'*Oratio I* signifiait publiquement son adieu à l'Ecole en récapitulant ses erreurs et en optant pour une révi-

[41] *Logica restituta, Opera,* t. I, pp. 171—172.

[42] *Logica restituta, Opera,* t. I, pp. 385—386.

[43] *Ego igitur conatus sum, quod Titulus Libelli promisit, ejectis omnibus alienis, quae jam totam fere Logicam occupaverant, eam sibi restituere. Opera,* t. I. p. 172.

[44] J. de Raey: *Clavis philosophiae naturalis* 2 éd., Amsterdam, 1677, pp. 220—222. La première édition est de 1654.

[45] J. Clauberg: *De logicae ac aliis disciplinis, quae cum vulgo confundi assolet distinctione.* Groningue, 1646 (le chapitre 12).

[46] Cf. supra, p. 164 sq.

sion des études supérieures basée sur le plan cartésien[47]. En 1662, il monte dans la chaire de logique par l'*Oratio II*, consacrée à faire voir comment la logique de l'Ecole est infestée d'hors-d'oeuvres qui l'étranglent et qui menacent son autonomie[48]. Et lorsqu'il fut promu à l'extraordinariat en 1665, il opposa un rationalisme idéaliste d'inspiration platonicienne au rationalisme d'Aristote[49].

La seconde harangue, le véritable manifeste du purisme logique, possède des rapports étroits avec la première. Deux fois, Geulincx prend conscience d'être un réformateur, mais la seconde fois dans des termes mesurés qui évitent le verbiage insensé de la première. Toutefois, il ne faut pas se laisser leurrer par cette moderation apparente. Elle existe dans les termes, mais elle est compensée par un indéniable raidissement de la pensée elle-même. Les historiens modernes qui ont effleuré la question apprécient diversément la tendance rénovatrice qui s'y fait jour. Alors que Theobald Ziegler y découvrit un des plus remarquables spécimens du travail logique au XVIIe siècle[50], nous voyons que Dunin Borkowski, historien du spinozisme et un des plus solides connaisseurs du dossier philosophique du XVIIe siècle dans les Pays Bas, tient l'*opus* logique de Geulincx pour quelconque[51]. Il a été visiblement inspiré dans ce jugement par H. Ritter, un des premiers historiens qui a saisi convenablement l'originalité de Geulincx dans l'évolution de la philosophie de son temps[52]. Pour nous, il importe peu que Geulincx se soit fait illusion ou non sur la portée de son oeuvre. Il n'était pas moins convaincu de faire oeuvre de réformateur. Le thème concerne l'ordre à observer dans la science, étant entendu que par la science, il entend la logique, dans laquelle il s'attaque expressément au *tenor tradendi*[53].

Geulincx dirige sa verve critique contre tout le lot de *parerga* qui déparent la logique. Le ramisme et le philippisme avaient capitulé devant l'humanisme avec leur tendance invétérée de confondre l'art de bien parler avec celui de bien penser, croyant qu'il existe une parfaite correspondance entre les lois formelles de la pensée et de son expression par le langage. Il s'en prend aussi à Descartes, logicien honteux autant que scientiste heureux, dont la méthode ne sépare pas suffisamment la science formelle logique de sa métaphysique et de sa physique. Il s'élève avant tout contre le péripatétisme de la Contreréforme qui étouffe la logique sous un fatras de psychologie et de métaphysique. Tous les *parerga* grammaticaux, scientifiques, psychologiques et métaphysiques dénaturent la logique. Ces différents *parerga* se parent de noms un peu curieux à la suite d'une vieille coutume de l'humanisme décadent dont Geulincx n'a jamais pu se défaire complètement. Reconnaissons cependant que les étiquettes de l'*Oratio II*

[47] *Oratio I, Opera*, t. I, pp. 11—66.
[48] *Oratio II, Opera*, t. I, pp. 151—164.
[49] *Oratio III, Opera*, t. II, pp. 125—136.
[50] Th. Ziegler; *Lehrbuch der Logik auf positivistischer Grundlage*. Halle, 1920, p. 101
[51] Dunin-Borkowski: *Spinoza und seine Zeit*, t. III (1935), pp. 148—155.
[52] H. Ritter; *Geschichte der Philosophie*, t. VII, p. 106.
[53] *Oratio II, Opera*, t. I, p. 152.

restent beaucoup plus près des choses qu'elles sont appelées à exprimer que toute la mythologie créée tout exprès dans l'*Oratio I*[54].

Quels sont ces séducteurs qui, au nombre de quatre, corrompent la logique? Ce sont le *prologus,* la *prognosis,* la *rhapsodie* et l'*anomalie.* Sous le nom de *prologus,* Geulincx poursuit les chapitres introductifs, les *praeambula logicae* qui définissent la logique (si elle est une science ou un art), qui énumèrent les différentes espèces de logique (théorique ou pratique, naturelle ou artificielle) et qui en fixent les grandes divisions[55]. Il ne rejette pas ces questions comme superfétatoires ou extralogiques, mais il critique l'endroit où elles sont traitées en logique. Il s'en prend donc à l'ordre didactique. En effet, des questions de ce genre ne sont intelligibles qu'après avoir acquis une intelligence parfaite de la logique, de sorte que le *tenor docendi* idéal doit être l'inverse du *tenor* usuel. Au surplus, les questions que pose le *prologus* ne sont pas des questions qui ressortissent à la logique ou que celle-ci ait à résoudre en vertu de sa nature de «science formelle des lois de la raison». Geulincx projetait de créer pour des questions de ce genre une discipline spéciale, *cui nomen non est*[56] et qu'il appelle quelquefois *encyclopédie* dans la suite. A cette encyclopédie incombe le devoir de définir, de circonscrire, et de fixer la place systématique de la logique dans l'ensemble du système des sciences. Il s'agit donc d'une science *quae de ipsis disciplinis agit*[57]. Sans vouloir pousser le purisme aussi loin que Geulincx, l'avenir lui a donné raison, puisqu'il avait en vue d'une manière encore embryonnaire la discipline que nous avons appelée depuis lors l'encyclopédie d'une science.

La seconde catégorie de questions que la *logica genuina* doit sacrifier impitoyablement est connue sous le nom de *prognosis,* débattue à son tour à l'entrée de la logique selon le *tenor docendi* usuel[58]. Cette partie explique des choses utiles à connaître avant d'entamer la logique. Il entend par là des questions comme l'origine et les sources de l'entendement, de ses activités élémentaires, de sa nature et de sa distinction d'avec la sensibilité et la volonté. Elles ne sont pas à leur place dans la logique. La logique n'est pas un cours sommaire de psychologie métaphysique. Geulincx ne ravale pas ces questions au rang de *nugae* — elles sont importantes — mais elles doivent être renvoyées à leur place naturelle et non à la logique.

La rhapsodie fut la seule défectuosité dont il avait été question dans l'*Oratio I*[59]. Sous le couvert de rhapsodie, Geulincx s'en prend à la tenue littéraire de l'exposition de la logique. Et il précise qu'elle doive faire usage d'un langage simple, réaliste et *ad rem* sans emprunter à la littérature toute la floraison des

[54] *Oratio II, Opera,* t. I, p. 153.
[55] *Oratio II, Opera,* t. I, pp. 153—155.
[56] *Oratio II, Opera,* t. I, p. 154.
[57] *Oratio II, Opera,* t. I, p. 154.
[58] *Oratio II, Opera,* t. I, p. 155.
[59] *Oratio II, Opera,* t. I, pp. 155—156.

figures de style et de rhétorique dont la littérature use et abuse. La *logica genuina* évitera donc d'illustrer ses exposés par des citations poétiques, des digressions historiques ou anecdotiques, par le rappel de fables et d'adages, etc. Il ne va pas jusqu'à défendre l'emploi d'exemples, mais il recommande de ne pas les chercher dans des reminiscences historiques et bibliques.

Enfin, sous le nom d'anomalie, Geulincx poursuit l'erreur principale de la logique scolastique[60]. Je dis bien la principale, parce qu'elle ne dénote pas simplement une erreur de rédaction, mais aussi une confusion dans la conception de la logique. La grammaire traite des mots; la métaphysique traite des choses. Aucune des deux ne traite des pensées[61]. Dès lors, la *logica genuina* doit écarter toute question grammaticale et métaphysique. Les questions de langage et les relations des choses, par exemple, celles de cause et effet, ne font pas partie d'une logique auto-suffisante, consciente de sa nature, de ses fondements et de ses frontières propres.

Tel est le programme théorique ou plutôt le bilan négatif de la *logica genuina*, autrement dit du purisme logique de Geulincx. Le purisme est en effet un programme purement négatif. Qu'en est il advenu dans la pratique? Ou, en d'autres mots, la *Logica restituta* a-t-elle entendu l'appel de son auteur? Je crains que, pour Geulincx comme pour tout le monde (Kant y compris), les réalités ont été plus fortes que les intentions, et il arrive quelquefois que Geulincx ait parfaitement conscience de ses propres anomalies sous ce rapport. Il affirme bien dans le *Methodus* d'être resté fidèle à l'idéal puriste esquissé dans l'*Oratio II*[62], mais il était moins fier peu de mois auparavant dans la *Logica restituta* ellemême. Il y reconnait, en effet, que certaines expositions ne le satisfont point, qu'il aurait préféré de formuler certaines autres différemment. Il attribue ces imperfections à l'absence de modèles et de traditions, à la dureté des temps et surtout aux conditions déplorables auxquelles la rédaction et l'impression ont dû faire face. La première raison alléguée n'a aucune valeur pour quelqu'un qui tend délibérément à se faire novateur comme Geulincx. Je ne puis deviner à quoi Geulincx pourrait bien faire allusion en invoquant des temps durs. Quant à la dernière raison, je reconnais que l'imprimeur Verbiest composait déjà une partie, lorsque Geulincx en était encore à rédiger la suivante, et j'admets que cela n'est pas un procédé très favorable à l'unité de l'ensemble. Tous les auteurs le savent et Geulincx devait le savoir d'avance. Il ajoute que ce procédé l'obligeait à grossir sans cesse l'étendue. Je me demande bien pourquoi[63]. Je me demande même sérieusement, si l'ensemble de ces raisons externes alléguées ne servant qu'à masquer des raisons internes, tenant en échec le beau programme esquissé.

Parmi ces raisons internes, il faut sans doute donner une place à part au

[60] *Oratio II, Opera*, t. I, pp. 156—160.
[61] *Oratio II, Opera*, t. I, p. 157.
[62] *Methodus, Opera*, t. II, p. 3.
[63] *Logica restituta, Opera*, t. I, p. 173.

duel qui devait se livrer dans son esprit à la veille de son accession à une chaire de logique, entre les avantages attachés à une exposition plus ou moins respectueuse de la facture traditionelle de la logique et le désir d'une refonte complète qui en aurait fait une opération scientifiquement plus acceptable. Un pareil duel conduit naturellement à un *modus vivendi* entre les *nova* et les *vetera*, non à la position carrée, dont le programme fait état. D'autre part, je pense que Ritter a raison de relever que le poids d'une tradition séculaire est trop forte pour que l'on puisse la rejeter d'un seul coup et que ce poids ait empêché Geulincx de donner sa pleine mesure[64]. Je voudrais y ajouter de ma part encore que le purisme logique existe toujours sous la forme de certaines formules impératives bien plus que dans des directives positives et pratiques en vue de la construction effective du manuel. Si Geulincx désirait que son manuel fusse *schulfähig*, il n'avait pas le choix: il devait composer avec la tradition, et il composa, non sans avertir quelquefois le lecteur qu'il doit être préparé à penser plus loin que le texte même[65]. Il n'est pas rare de voir Geulincx confesser ingénûment qu'il avait voulu dire autre chose qu'il ne dit, mais qu'il s'en est gardé pour ne pas s'écarter des voies de l'Ecole[66]. Quelques soient les motifs et les excuses, retenons que la *Logica restituta* est un compromis et ne s'est conformée qu'en partie à son programme.

D'ailleurs, un tel programme était-il réalisable? Il est permis de poser la question. Certains *excursus* métaphysiques ou psychologiques semblent pratiquement inévitables. Malgré ses déclarations emphatiques que le langage ait à se conformer à la raison et non vice versa, nous nous apercevons qu'une bonne partie des infidélités commises au détriment du programme concernent précisément les *excursus grammaticaux*[67]. Presque tout le premier livre de la *Logica restituta* constitue un défi à son purisme. Le programe était trop idéaliste pour que la réalité puisse s'y conformer. Les chapitres consacrés au substantif et à l'adjectif, à l'homonymie et la synonymie auraient dû être écartés pour répondre à ses propres exigences[68]. Il a beau protester contre l'arsenal de l'ontologie scolastique, il ne traite pas moins de l'acte et de la puissance, de la matière et de la forme, des genres et des espèces, des accidents, de tout et de la partie[69]. Comment concilier avec le purisme si fièrement proclamé le fait que les principes de l'ontologie précèdent les principes logiques dans le *Methodus*[70]? De toutes apparences, Mango semble bien avoir passé par là!

Tout un lot d'historiens de la philosophie ont adressé ce reproche à la logique

[64] H. Ritter, op cit. (cf. la note 52, ci-dessus), t. VII, p. 161.
[65] *Logica restituta, Opera*, t. I, p. 184.
[66] *Logica restituta, Opera*, t. I. p. 184.
[67] Dans la *Disputatio philosophica continens responsionem ad objectiones quas Nonnemo proposuit. Opera*, t. II, p. 483, le numéro XV.
[68] *Logica restituta, Opera*, t. I. pp. 182—186, 218—221, 157—159.
[69] La protestation se trouve dans *Logica restituta, Opera*, t. I, p. 157; les infidélités respectivement pp. 189—192, 192—194, 194—195, 208—211.
[70] *Methodus, Opera*, t. II, pp. 6—7.

geulingienne — entre autres Brücker, Paquot, H. Ritter, Damiron, Dunin Borkowski[71], mais vraisemblablement les contemporains ne se sont pas heurtés aux insuffisances notoires de la logique geulingienne. Ainsi, la *Logique de Port Royal* n'entame pas la discussion de la logique elle-même, mais s'élève contre les prétentions du programme puriste. En effet, à partir de la seconde édition, Arnauld et Nicole ont inséré un *Deuxième Discours*[72] pour répondre à certaines critiques adressées à l'*Art de penser*. Ces critiques n'ont probablement pas Geulincx pour auteur, mais la nature de leur riposte est telle, que l'incriminateur de l'oeuvre de Port Royal doit avoir soutenu et défendu un purisme qui ressemble à celui de Geulincx comme deux gouttes d'eau. Les auteurs de Port Royal évoquent les raisons qui militent contre un purisme louable en théorie, mais impraticable, et s'ils auraient visé Geulincx en personne, ils n'auraient pas dû changer quoi que ce soit à leur *pro domo*. Leur *Discours* demande de l'indulgence et de la compréhension pour les «anomalies» et la *prognosis* poursuivies par Geulincx. Ce qui ne manque pas de piquant d'ailleurs, vu que leur *Premier Discours* venait de condamner cette *prognosis*[73].

Le purisme logique repose sur une tendance rationaliste assez radicale. Geulincx ramène tout à deux choses: à Dieu et à la raison. La métaphysique ramène tout à Dieu et à la raison, la logique tout à la raison. Il ne faut pas en conclure que la logique soit inutile, croyant qu'il est superflu d'en étudier les formes et les conditions parce que la pensée coïncide avec la raison[74]. Comme la raison est le reflet de Dieu, la logique est le reflet de la raison[75]. La fin la plus élevée de la logique consiste dans son adéquation à la raison. Et comme elle se rapproche le plus près de la raison grâce à son objet, la logique est aussi la science fondamentale appelée à conduire toutes les autres[76]. Mais précisément à cause de sa position rationnelle éminente, elle peut se passer de toutes suppositions autres que la raison et une pareille logique est une *logica genuina*[77].

Lorsque nous confrontons, pour conclure, le purisme de Geulincx avec celui de Kant, nous ne pouvons pas ne pas remarquer leur complet parallélisme. Le devoir de débarasser la logique de tous les *parerga* qui l'encombrent se retrouve en chacun d'eux. Les *parerga* métaphysiques, psychologiques et anthropologiques de Kant rejoignent ceux de Geulincx. Que Kant y ait ajouté des *parerga* esthétiques provient seulement de son ambiance culturelle nouvelle. L'*Aufklärung* avait passé par là, alors que l'horizon geulingien se reserre encore étroitement

[71] J. Brucker *Hist.* 1742, IV, 2, 703; Paquot: *Mémoires pour servir à l'histoire littéraire des Pays Bas*, Louvain, 1768, t. XIII, pp. 69—73; H. Ritter op. cit. p. 104; J. Damiron: *Essai sur l'histoire de la Philosophie en France au 17e siècle.* Paris, 1846, t. II, p. 157; Dunin Borkowski, op. cit. t. III, p. 154.

[72] *L'Art de penser* (cf. la note 14 ci-dessus) pp. 11—29.

[73] *L'Art de penser*, p. 12 sous l'appellation de *prolégomènes*.

[74] *Oratio II*, *Opera*, t. I, p. 161.

[75] *Oratio II*, *Opera*, t. I, p. 162.

[76] *Oratio II*, *Opera*, t. I, p. 163.

[77] *Oratio II*, *Opera*, t. I, p. 164.

dans les limites de la philosophie proprement dite. Nous retrouvons chez nos deux penseurs que, loin de constituer progrès ou innovations heureuses, ces *parerga* dénaturent, corrompent et faussent la logique. Le champ de la *logica genuina* est circonscrit pour l'un comme pour l'autre par les termes mêmes de la définition de la logique comme la science des règles formelles de la pensée. Il y a donc une correspondance parfaite entre les textes de Geulincx et celui de la préface de la *Kritik der reinen Vernunft*. Toutefois, lorsque Kant revient sur la question dans les paragraphes introductifs de l'*Analytique des concepts*, il écarte de la logique tous les éléments dérivés d'une confrontation des facultés hégémoniques — qu'on me permettre de me servir ici d'un terme de la vieille psychologie (les sens, l'imagination, la mémoire et l'entendement) — avec la raison, nous sommes obligés de reconnaître que cette confrontation n'a pas d'équivalent chez Geulincx, à moins d'en faire le développement plus détaillé de l'emprunt fait par la logique à la psychologie, ce qui n'est pas impossible et en tout cas ne manquerait pas de pertinence.

Nous ne pouvons pas nous empêcher de reconnaître que Kant est resté fidèle au programme de la Préface au moins dans la *Kritik der reinen Vernunft*, surtout parce que cette *Kritik* ne s'intéresse pas beaucoup à la logique formelle sauf quelques rappels de peu d'importance. Mais nous ne pouvons pas nous empêcher non plus de constater que chaque fois que Kant s'est appliquée à cette logique *qualitate qua*, il la développe, tout comme Geulincx d'ailleurs, en dépit de la position puriste. La *Logik* ne développe pas une *logica genuina*, pas plus que la *Logica restituta*. Le défaut est peut-être plus grave pour Geulincx que pour Kant, parce que le purisme était pour Geulincx un véritable programme, alors qu'il ne constituait pour Kant que tout au plus un incident. Mais à l'instar de Geulincx, la position kantienne repose aussi sur l'identité de la pensée et de la raison, l'une étant l'activité de l'autre, ce qui constitue d'ailleurs la base de son autonomie absolue. Ils ont rêvé tous les deux par conséquent le même rêve d'une logique pure, génuine, débarrassée de tout le fatras dont la tradition scolaire l'avait chargée. Cela vaudrait la peine de rechercher par quelle chaîne d'intermédiaires le programme logique du XVIIe siècle ait pu passer à Kant à un siècle d'intervalle. C'est un autre travail que nous ne pouvons entreprendre aujourd'hui dans l'espace limité qui nous a été concédé. Terminons par une remarque finale, notamment que nous n'avons pas voulu dire plus que ce que nous avons dit expressément et qu'il n'y a donc pas lieu de chercher autre chose.

Hans Blumenberg
Die essentielle Vieldeutigkeit des ästhetischen Gegenstandes

Das Verhängnis jeder Kunsttheorie ist in dem Gemeinplatz ausgesprochen, über den Geschmack ließe sich nicht streiten. Weshalb eigentlich nicht? Weil vorausgesetzt wird, daß ein Streit über bestimmte bzw. bestimmbare Gegenstände seinen Sinn nur darin haben könne, die eindeutige Bestimmtheit des Gegenstandes auch zur Form des Resultates der Auseinandersetzung über den Gegenstand werden zu lassen. Immer also sucht die Ästhetik aus ihrem Dilemma herauszukommen, indem sie sich die theoretische Objektivierung zum wenn nicht erreichbaren, so doch näherungsweise erstrebbaren Modell setzt. So hat Kant die subjektive Allgemeinheit des ästhetischen Urteils als die einzige Möglichkeit gesehen, das ästhetische Gegenstandsverhältnis davor zu bewahren, zu einer völlig unverbindlichen Relation der absoluten Individualität zu werden. Diese Intention als solche muß jede Philosophie der Kunst teilen; nur ist die Frage, ob der Weg Kants der einzig mögliche ist.

Liegt die ästhetische Subjektivität wirklich nur und primär bei den Subjekten, oder ist der ästhetische Gegenstand seinerseits und essentiell vieldeutig, und zwar so, daß diese Vieldeutigkeit nicht seine Defizienz gegenüber dem theoretischen Gegenstand ausmacht, sondern seine ästhetische Funktion erst ermöglicht? Vieldeutigkeit ist geradezu der Index, unter dem die Gegenständlichkeit des Ästhetischen sich ausweist. Es ist keineswegs selbstverständlich, daß das durch den Dichter oder bildenden Künstler hervorgebrachte Werk eine eigene ästhetische Gegenständlichkeit besitzen muß. Gemeint ist natürlich nicht diejenige physische raumzeitliche Objektivität, die mich ein Gemälde ergreifen und forttragen, den Malgrund oder die Farben chemisch untersuchen, seine Größenangaben nachprüfen läßt. Sondern gemeint ist, daß ein solches Werk auch eine rein vermittelnde oder verweisende, nicht selbst unmittelbar gegenständliche Bedeutung haben kann, indem es z. B. an erlebbare Situationen gegenüber der Natur oder aus der inneren Erfahrungswelt des Menschen erinnert oder, wie auch gern gesagt worden ist, etwas noch nicht Gesehenes, aber prinzipiell Sichtbares, sichtbar macht bzw. mit einem Akzent versieht. Oder die Funktion des Werkes kann darin bestehen, Gedanken mitzuteilen, sie am Modell der Anschaulichkeit deutlicher oder eindrucksvoller nahezubringen.

Etwas ganz anderes ist es, wenn ein moderner Autor fordert, der Dichter dürfe niemals einen Gedanken äußern, sondern einen Gegenstand, und das heiße, daß er noch den Gedanken die Haltung eines Gegenstandes einnehmen lassen müsse. Das aber bedeutet, daß der Gedanke nicht einfach nur in ein passendes Medium der Anschaulichkeit übersetzt ist, um diesem Medium jederzeit wieder entnommen werden zu können und in seine Ausgangsidentität zurückzukehren — freilich nur in der Sphäre eines anderen Subjektes —, sondern es heißt, daß der Gedanke endgültig und irreversibel Gegenstand geworden ist, daß er für jeden Rezipienten etwas anderes und eigenes bedeuten wird, daß er endgültig aus der Eindeutigkeit seiner Herkunft verloren gegangen ist in die Vieldeutigkeit einer ihm immanenten Geschichte.

Der ästhetische Gegenstand stellt seinen absoluten Anspruch, die Bezugsfähigkeit des Subjektes auf sich zu konzentrieren und endgültig ohne Weiterverweisung bei sich aufzufangen, gerade durch die Ausschaltung alles Gedanklichen, Semantischen, Intentionalen. Vielleicht läßt sich das am besten am Beispiel der Allegorie demonstrieren. Der zeitgenössische Verfasser eines Theaterstücks notiert sich folgenden Einfall: „Feriengäste sitzen in einer Pension, und dann erscheint eine Maurerkolonne, die allmählich die Fenster und zuletzt die Türen zumauert. Keiner der Gäste ... wird den Raum verlassen. Zuerst ignorieren sie den Vorgang, dann werden sie unruhig, dann versuchen sie ihn komisch zu nehmen, dann geraten sie in Panik, und zum Schluß sind sie wie gelähmt. Die Maurer stellte ich mir harmlos gemütlich, aber unbeirrbar vor. Sie beriefen sich gegenüber den Gästen auf einen Auftrag des abwesenden Wirtes." Auf den ersten Blick ist man geneigt, das eine Allegorie zu nennen; aber bei der Verifikation dieser Figur zeigt sich, daß etwas fehlt, was die klassische Allegorie auszeichnet, nämlich, daß sie immer schon weiß, was sie darstellt, daß ihr Verweisungsbezug durch dieses Vorwissen Eindeutigkeit beansprucht, und daß das Verständnis nicht ruhen darf, ehe es nicht diesen eindeutigen Bezug aufgedeckt bzw. nachvollzogen hat. Die moderne Allegorie von der Art der zitierten geht weder von einer abstrakten Formulierung eines Inhaltes aus noch tendiert sie auf eine solche Faßbarkeit. Zwar muß die Möglichkeit ihrer Dechiffrierung immer im Hintergrund stehen, aber sie kann nicht realisiert werden, oder sie darf, ja sie muß sogar Vieldeutigkeit zulassen, d. h. die Nichtkorrigierbarkeit einer jeweils gegebenen Deutung durch eine andere, evidentere. Der schon zitierte Autor eines modernen Bühnenstückes notiert sich weiter: „Ich konnte sicher sein, daß es auf die Frage 'Wer oder was sind die Maurer?' eine Menge Antworten gab. Wenn man einmal eine solche Modellsituation gefunden hat, braucht man sich keine Gedanken zu machen. Das tun dann die anderen ... Das würde sich auch nicht ändern, wenn ich mich selbst für eine bestimmte Deutung entschied." Diese Art von Allegorie ist also nicht eine Fiktion, die für eine vorgegebene bzw. dahinterstehende Bedeutung eintritt, um dieser Bedeutung als Vehikel zu dienen, um sie eingängiger, prägnanter, ablesbarer, transportabler zu machen. Sondern diese Allegorie beansprucht für sich selbst die Charaktere einer letzten Gegebenheit, die zwar immer Deutungen provoziert, diese Deutungen aber durch ihre Ablösbarkeit bzw. ihre Interferenz entkräftet, in der Schwebe läßt, aufhebt, nicht zur Endgültigkeit gelangen läßt. Diese Gegebenheit dessen, was ursprünglich ein Zeichen für anderes war, geht selbst in die Gegebenheitsweise jenes anderen über, verdinglicht sich, gewinnt jene innere Konsistenz, in der sie selbst perspektivisch erfaßbar wird, Aspekte darbietet, die sich auf einen Pol von Gegebenheit beziehen lassen. Diese Aspekte, deren Realisierung bzw. Vollstreckung in jedem Falle den Titel „Kommentar" tragen könnte, haben ihren Realitätsbewußtsein stiftenden Sinn aber nur und gerade in ihrer Pluralität, in der Potentialität ihrer Implikationen, einem Reichtum, dessen Mitpräsenz sich sofort verflüchtigt, wenn eine dieser Möglichkeiten nicht mehr ästhetisch, sondern theoretisch realisiert und bis in die volle Explikation hinein vollzogen wird. Daraus ergibt sich der paradoxe Sachverhalt bei moderner Kunst, nicht nur bei der bildenden Kunst, sondern auch etwa in der Lyrik (Eliot, The Waste Land; Ezra Pound, Cantos), daß ihre Produkte geradezu nach dem Kommentar schreien, daß aber jeder Kommentar zerstörerisch auf ihren Realitätsmodus wirkt. Diese Paradoxie ist symptomatisch für die Essentialität der Vieldeutigkeit des ästhetischen Gegenstandes.

Der Perspektivismus, den der Roman seit Balzac in seine Erzähltechnik, in sein Darstellungssystem selbst einbeziehen konnte, aber doch mit der Fixierung des Lesers auf die jeweils ins Spiel gebrachte Perspektive, wird in der Lyrik oder im Werk der bildenden Kunst gleichsam als Netz besetzbarer Variablen in den Raum um das Werk hinausprojiziert.

Gehen wir von unserem Beispiel der Allegorie noch einen Schritt zurück, so stoßen wir auf eine Theorie der Phantasie selbst, die nicht mehr originär schöpferisch ist, sondern die sich als Organ in einem Raume des Vorfindbaren bewegt, der nicht identisch ist mit dem Raum der empirischen Realität, aber auch nichts zu tun hat mit dem der Phantasie traditionell ganz fremden Bereich des sogenannten Idealen. Dadurch bekommen die Produkte der Phantasie einen eigenen Charakter der Objektivität, der für das phantasierende Subjekt selbst überraschend angetroffenen Solidität. Das gibt der Vieldeutigkeit des ästhetischen Gegenstandes jene Sanktion, die er benötigt, damit Vieldeutigkeit nicht gleichgesetzt werden kann mit dem Mangel an Verbindlichkeit und Klarheit dessen, der zu wenig gesehen, zu wenig hingesehen, nur halbe Arbeit in der Deskription des Geschaffenen geleistet hätte. Obwohl also die Phantasie gerade in der Neuzeit als schöpferisch, als erfinderisch entdeckt und definiert worden ist, scheint sie zu erfahren, daß sich ihr etwas zeigt, wenn sie eine bestimmte Einstellung bezieht. Man sieht leicht, daß man hier mit der klassischen Differenzierung des Subjektiven und des Objektiven nicht mehr weiterkommt, daß gerade das, was man als im höchsten Grade subjektiv bezeichnen müßte, insofern Charaktere der Objektivität annimmt, als es der Verfügung und willkürlichen Bestimmung gerade des Produzierenden entzogen ist.

Die objektive Faktizität im Raum der Phantasie läßt zumindest die Konvention zu, daß dieser Raum intersubjektiv zugänglich sei und daß die Identität des Subjekts, das ihn betreten und in ihm seine Erfahrungen gemacht hat, zufällig sei. Ein moderner Lyriker schreibt in der Vorrede zu seinen ausgewählten Gedichten an den Leser: „Wenn auf den Seiten dieses Buches irgendein glücklicher Vers gelingt, möge mir der Leser die Unhöflichkeit verzeihen, daß ich diesen zuerst usurpiert habe. Unsere Spielereien unterscheiden sich wenig; trivial und zufällig ist der Umstand, daß du der Leser dieser Übungen bist und ich ihr Verfasser bin." Die Zufälligkeit der Zuordnung von Verfasser und Leser beruht gerade auf der vermeintlichen Unabhängigkeit der Werkstücke von der Subjektivität ihres Autors: sie werden nicht erfunden, sondern vorgefunden, sie haben innere Notwendigkeit ihres So-und-nicht-Andersseins, sie liegen sozusagen auf dem Wege, und es ist ein pures Faktum, wer sie findet. Sie sind dem Subjekt des Lesers daher genauso fremd oder vertraut, wie dem des Autors, und diese Konvention bzw. Fiktion gibt die Chance, daß das Verhältnis des Rezipienten zum ästhetischen Gegenstand genauso authentisch, so hoffnungsvoll im Gelingen des deutenden Zugriffs sein kann, wie das des Autors. Ihre Stellen sind vertauschbar. Der Autor entschuldigt sich dafür, daß er diese Gegenstände sich angeeignet und sie als die seinigen ausgegeben hat. Wir haben es nicht mit einer rhetorischen Bescheidenheitsformel des Autors zu tun, sondern mit einem sehr genau erwogenen Versuch, den Realitätsgrad seiner ästhetischen Produkte mit Hilfe der Fiktion einer Intersubjektivität, einer Vertauschbarkeit der Positionen, zu steigern. Der Unterschied von Produktionsästhetik und Rezeptionsästhetik soll aus der Welt geschafft werden. Die ästhetische Interpretation löst sich nicht nur von der psychologischen Fragestellung nach dem, was der Autor mit seinem Werk gewollt hat, sondern auch von der historisch objektivierten Problemstellung, die sein Wollen in den Horizont dessen stellt, was dem Rezipienten seines Werkes zugetraut werden konnte, mit anderen Worten: was er mit seinem Werk gewollt haben konnte. Der Wille des Autors, als eindeutig bestimmter vorgestellt, ist von vornherein inadäquat der essentiellen Vieldeutigkeit und Unbestimmtheit dessen, was als ästhetisch ansprechender Gegenstand existiert. Noch die romantische Idee von der Selbstaufhebung des Kunstwerkes durch die Implikation, daß erst der ihm kongeniale Kritiker seine Realisierung vollendet, führt zu einer einseitigen Akzentuierung, wenn nicht Mystifizierung der Rezeptionsästhetik im strengsten Sinne, indem der Kritiker hier zu dem von der Natur disponierten Exponenten eines Publikums wird, an dessen Fähigkeit zum Allgemeinen nicht mehr geglaubt werden kann, weil die ästhetische Sonderstellung des Genies aus der Sphäre der Produktion in die der Rezeption transponiert ist. Aber das Genie der Rezeption schafft den Widerspruch einer Pluralität von absoluten Integrationen, die sich je auf ihre Legitimation durch Genie berufen können. Vieldeutigkeit des ästhetischen Gegenstandes ist hier systemwidriges Faktum.

Nun könnte man einwenden, dieser Konzeption widerspreche aufs entschiedenste das Phänomen der Ausschaltung der Perspektive in der modernen Malerei. Aber, ganz im Gegenteil, dieser Vorgang bestätigt gerade, daß die technische Festlegung des Betrachters auf einen vom Künstler gewählten Aspekt das auszuschaltende Ärgernis ist. Die Hereinnahme einer Pluralität als Gleichzeitigkeit von Aspekten in das Bild selbst (Picasso) bzw. die Durchbrechung der Erwartungsstruktur in der Plastik (Archipenko, Moore) bestätigen, daß der ästhetische Gegenstand dem Betrachter die Wahl des Deutungsstandpunktes nicht mehr aufzwingen, sondern offenlassen soll, und daß er sich gerade darin zu einem neuen Realitätsgrad verdichtet. Die Verachtung der Erzeugung von Illusion, die mit der Technik der Perspektive und mit der Befriedigung der raumtypischen Erwartung verbunden war, beruht auf der Geringschätzung des Verzichtes für das ästhetische Werk, selbst und seinerseits das Letzte, der absolute Bezugspol der ästhetischen Relation zu sein. Das moderne Bild, die moderne Plastik wollen nicht Gebrauchsanweisungen für Illusionen, Eröffnungen der Sichtbarkeit für anderes sein; sie wollen selbst das und nichts weiter als das sein, als was sie sich darstellen.

Um auf den Ausgangspunkt zurückzukommen: die Pluralität der ästhetischen Interpretationen ist nicht eine Form des Verunglückens der gesollten Einstellung und Rezeption; sie scheint vielmehr die einzige Form zu sein, in der eine Äußerung des „Geschmacks" überhaupt einen Sinn hat. Nur wenn man sich der Vorstellung hingibt, ein Mensch besitze seine Individualität als einen Merkmalsbestand unabhängig davon, ob er überhaupt mit anderen Menschen in Austausch, in Vergleich, in Widerspruch tritt, nur dann kann man glauben, es gäbe „Geschmack" als je isoliert sich ausbildenden ästhetischen Gegenstandsbezug, als eine in die Individualität eingeschlossene Sphäre ästhetischer Formulierbarkeit. Dagegen gibt es so etwas wie ein ästhetisches „Urteil" im Sinne der isolierten Endgültigkeit dieser logischen Kategorisierung eigentlich nicht; formuliert wird die ästhetische Erfahrung doch nur, um sich mit anderen zu messen, um sich gegen andere zu behaupten, aber dies im Sinne einer pluralistischen Versicherung der Relevanz des Gegenstandes, nicht primär der „Richtigkeit" der eigenen Position. Daß der Geschmack sich mitteilen läßt, ist die eigentliche Grundform seiner „Allgemeinheit". Die Verständigung über den Geschmack scheint vergebens zu sein, wenn man als das Ideal und Ziel die objektive Identität eines Resultates ansieht, wie in der theoretischen Praxis. Der mögliche Austausch (l'échange possible [Valéry]), ist der Sinn jeder ästhetischen Behauptung, die in dem Augenblick, in dem sie zur identischen Meinung aller möglichen Partner dieses Austausches geworden wäre, nicht nur ihren intersubjektiven Sinn verloren hätte, sondern den Gegenstand zur „erledigten Sache" zusammensinken ließe.

Wir haben heute einen ästhetischen Pluralismus in der Dimension der Zeit, den ästhetischen Historismus, durch den es uns selbstverständlich ist, daß der Geschmack sich geschichtlich wandelt und daß die gewandelten Urteile jeweils in ihrem Sinnhorizont fundiert und legitimiert sind; aber wir haben kein System der gleichzeitigen Pluralität des ästhetischen Gegenstandsbezuges, d. h. keine Rechtfertigung dieses Zustandes, der zumeist mit einem „schlechten Gewissen" toleriert wird. Die Unübersehbarkeit des ästhetischen Gegenstandes ist seine eigentliche „Qualität", in der Weise, daß sich die ästhetische Erfahrung um ihn nicht drücken kann, so wie in der empirischen Realität bestimmte Grunderfahrungen nicht ausgelassen werden können. Das mag man akute Dringlichkeit, unausschlagbare Relevanz oder wie immer sonst nennen — die Nötigung zum Eintreten in den Potentialitätshorizont der ästhetischen Stellungnahme ist das wesentliche Kriterium der ästhetischen Gegenständlichkeit.

Paul Valéry hat dies in seinem Dialog „Eupalinos“ dargestellt an der schicksalhaften Rolle jenes von Sokrates am Meeresstrand aufgefundenen 'objet ambigu', an dessen Erinnerung der im Hades auf sein Leben reflektierende Sokrates eine Vieldeutigkeit gewahr wird, deren Übersehenhaben ihm nun als die anstößige Faktizität seiner Entscheidung für ein Philosophenleben aufgeht. Dieses „zweifelhafteste Ding von der Welt“ ist zwar ein Naturprodukt; aber indem es in der Zone zwischen Meer und Land einer unübersehbaren Vielfalt von einwirkenden Faktoren über unendliche Zeit ausgesetzt war, hat seine Form den paradoxen Status der vollendeten Unbestimmtheit erreicht, dem der Künstler nur auf dem Gipfel einer unendlichen Anstrengung nahezukommen vermag. Diese Gegebenheit widersetzt sich der traditionellen Ontologie seit der Antike, die die Frage nach der natürlichen oder künstlichen Herkunft eines Gegenstandes immer für entscheidbar halten mußte und das Künstliche von vornherein als sekundär gegenüber dem Natürlichen auffaßte. Erst in einer Natur, deren Grundkräfte als Evolution und Erosion bestimmbar geworden sind, bestimmt der paradoxe Sachverhalt der erwarteten Überraschung des Niegesehenen die Einstellung, der auf der Seite der Kunst die Grundbegriffe von Erfindung und Konstruktion adäquat gegenüberstehen. Der Sokrates im Dialog Valérys gelangt nicht zur ästhetischen Einstellung gegenüber dem objet ambigu, weil er auf der Frage, auf der Definition, auf der Klassifikation des Gegenstandes besteht — darin hat er sich zum Philosophen entschieden. Die ästhetische Einstellung läßt die Unbestimmtheit stehen, sie erreicht den ihr spezifischen Genuß durch einen Verzicht, durch den Verzicht auf die theoretische Neugier, die letztlich immer Eindeutigkeit der Bestimmtheit ihrer Gegenstände fordert und fordern muß. Die ästhetische Einstellung leistet weniger, weil sie mehr aushält, weil sie den Gegenstand für sich stark sein läßt und ihn nicht in den an ihn gestellten Fragen in seiner Objektivierung aufgehen läßt.

Gerda Freiin von Bredow

Wesensgestalten der Sittlichkeit

Erwägungen über das Sein sittlicher Werte am Beispiel der „Wahrhaftigkeit“ und des Wertgegensatzes von „Demut“ und „Stolz, Hochgesinntheit“

Wahrhaftigkeit oder Demut sind sittliche Tugenden; sie sollen aber nur als „sittliche Werte“ betrachtet werden. Von den anthropologischen Aussagen, die im Tugendbegriff eingeschlossen sind (Willensfreiheit, Kraft der Person, das für gut und recht Erkannte zu tun), wird nicht weiter die Rede sein. Wir wollen Wesensgestalten menschlicher Sittlichkeit beschreiben, um von der Wertphänomenologie aus zu Aussagen über das Sein dieser Wesensgestalten zu gelangen. Wir werden also nach dem Sein sittlicher Werte fragen. Wir werden nicht von der Theorie eines „idealen Seins“ (wie N. Hartmann es konzipierte) ausgehen, sondern — analog zu der klassischen Formel des Universalienproblems — fragen: Welche Argumente sprechen für ein „ideales Sein“ v o r der Realität und ohne sie? Welche Argumente sprechen für ein Sein der sittlichen Norm i n der Realität und welche dafür, daß die „sittlichen Werte“, die in den Wertanalysen beschrieben werden, als solche die Erzeugnisse unseres Interpretierens sind?

Es soll vorausgesetzt werden, daß wir bestimmte Verhaltensweisen im menschlichen Leben für sittlich geboten, bzw. für lobwürdig halten, daß wir sie im konkreten Leben fordern, erwarten von Menschen, die wir achten, und daß wir Verstöße gegen solche Forderungen bei uns selber mit schlechtem Gewissen, bei anderen Personen mit Mißbilligung sehen. Diese Voraussetzung enthält aber keine Entscheidung darüber, ob das „Gute“ in der Vielzahl mannigfaltiger sittlicher Werte eines nur teilweise erkannten Wertreiches v o r bestehe, oder ob seine typischen Wesensgestalten nur als Erscheinungen des Guten i m konkreten Leben (in rebus) zu denken seien, oder ob sie nur Abstraktionen sind, n a c h träglich herausgezogen aus komplexen Realverhältnissen. Es ist zwar nicht undenkbar, daß die „Tugenden“ (oder die sittlichen Werte) auf solche Weise zu *begrifflicher* Fassung gekommen wären: Man hat mit Abstraktionen von gegebenem, für gut befundenem menschlichen Verhalten die Forderung verbunden, daß „so“ gehandelt werden solle, weil man entsprechende Wiederholung wünscht. Dann wären die sittlichen Werte, wie wir sie als reine Wesensgestalten des sittlich Guten begreifen und anschauen, nur begriffliche oder geistig anschauliche Fassungen unserer Vernunft, zwar nicht ohne jeden Bezug zur absoluten Wahrheit des sittlich Guten, für sich betrachtet aber ohne unsern

Geist nichts „Seiendes", „in mente" „post rem", abstrakte „Vorbilder" anstelle der konkreten Vorbilder ethischer Heroen. Doch wenn vielleicht auch die Genese der Tugendbilder, der „sittlichen Werte" in unserm Erfassen so zu verstehen wäre, so müßte daraus nicht gefolgert werden, daß sie nichts weiter seien als die Erzeugnisse unseres Denkens. Der von uns hier vorgeschlagene Name „Wesensgestalten des Sittlichen" soll an die Auffassung erinnern, daß die sittlichen Werte für die ethische Wirklichkeit, d. h. das moralische Verhalten des Menschen, konstitutiv sind, und daß die Möglichkeit der Abstraktion darauf beruht, daß die Wesenszüge in der Wirklichkeit *enthalten* sind.

Wenn Wertanalysen versucht werden, ist eine reale Fundierung der zu beschreibenden Wesenheiten vorausgesetzt. Das kann nicht heißen, daß die Realität menschlichen Verhaltens schon immer so sei, wohl aber, daß sie so sein könne und so sein solle. Hier ist der Sachverhalt prinzipiell anders als bei dem „universale in re", er ist auch komplizierter. Denn Sittlichkeit kann sich niemals bloß „in re" zeigen, weil sie für jeden, der überhaupt ihrer Erkenntnis fähig ist, zugleich den unbedingten Anspruch enthält, ohne Rücksicht auf persönlichen Nutzen oder Schaden, Bequemlichkeit oder Vergnügen, Schmerz oder Lust, das zu tun, was man für gut und recht erkannt hat. In dieser Weise besteht der Anspruch also *vor* der Realität, denn sie wird an ihm gemessen. Die Frage lautet, ob dieser Anspruch inhaltlich bestimmt werden kann, d. h. ob er als solcher in Wesensgestalten differenziert ist oder nicht. Von der Polemik des Aristoteles her könnte man annehmen, daß bei Platon durch die unfaßbare Erhabenheit der Idee des Guten die Möglichkeit zu differenzierter Bestimmung des Sittlichen für den Menschen verstellt sei. Aber es gibt bei Platon eine Differenzierung der Tugenden und umfangreiche Erörterungen über sie, wenn auch ohne systematischen Abschluß. Die Unterordnung der Ideen unter die überbegriffliche Idee des Guten kann die von Aristoteles[1] bezeichnete Schwierigkeit überwinden. Wenn man diesen methodischen Ansatz weiter verfolgt, scheint es wohl gerechtfertigt, mit N. Hartmann eine gewisse Rückwendung zum Platonismus in der Wertethik zu vollziehen, ohne auf eine eingehende Orientierung an der aristotelischen Ethik zu verzichten. Aber das „ideale Sein", so wie es N. Hartmann konzipierte, ist ontologisch schwächer als das „reale Sein"; insofern steht diese Auffassung doch im Gegensatz zur platonischen Philosophie. Die Unterschiede sind groß auch dort, wo man einen Nachklang platonischer Mythen vermuten möchte. Wenn das von A. Riehl stammende Bild eines Sternenhimmels der Werte[2] auch an den Mythos der 2. Sokratesrede im „Phaidros" gemahnt, so

[1] Nik. Ethik I 4.

[2] Vgl. Alois Riehl, Zur Einführung in die Philosophie der Gegenwart, Leipzig 1908³, „Probleme der Lebensanschauung" S. 187—188: „Werte schaffen heißt nicht Werte erfinden, oder beliebig ersinnen. Werte werden nicht anders geschaffen, als wissenschaftliche Erkenntnisse geschaffen werden; man erfindet sie nicht, sie werden *entdeckt*. Wie die Gestirne, jene fernen Sonnen, nacheinander aufleuchten aus dem Dunkel der Nacht, so treten die Werte nach und nach in den Gesichtskreis des

ist der Gedanke einer absoluten Mannigfaltigkeit der Inbilder doch nicht mit der urplatonischen, im Neuplatonismus nur verstärkten Konzeption des Einen Guten vereinbar. Das „ideale Sein der Werte" wäre dann der Existenz von vielen Göttern zu vergleichen, die nicht in einer Hierarchie geordnet sind. Wie bei solchem Polytheismus liegen Last und Gefahr der Wahl des Dienstes auf dem Menschen, und die Würde seiner Freiheit zeigt sich mit ihrem tragischen Schatten: der notwendigen Schuld gegen den einen oder den anderen Gott (oder Wert).

Ein ethischer Polytheismus (wenn so zu sagen erlaubt ist) hat wohl in gewissen Phänomenen eine Grundlage, aber deshalb braucht er noch nicht die volle Wahrheit der Sittlichkeit zu sein. Vielleicht ist die Einheitsmetaphysik des sogenannten Neuplatonismus, recht verstanden, eine tragfähigere Konzeption. Die zeugende Einheit muß den Gehalt der aus ihr abkünftigen Mannigfaltigkeit in sich haben. Dieser Gedanke gilt auch für die kantische Ethik, deren Formalismus von der materialen Wertethik so scharf gerügt wurde. Denn die reine Form des Sittengesetzes nach Kant setzt notwendig einen Gehalt voraus, dessen Evidenz geistig angeschaut werden kann, der aber nicht immer mitgedacht wird, wenn man sich nur an die Form hält. Es ist das „Faktum" des Sittengesetzes, die Würde der Menschheit aufgrund des unbezweifelbaren *Wertes* der Vernunft. Es ist längst nachgewiesen, daß Kant „Materie" nicht mit Gehalt überhaupt gleichgesetzt hat; aber er hat wohl die deutliche Bestimmung des Gehaltes nicht als Aufgabe der Ethik angesehen. — Aristoteles dagegen richtete sich auf die Differenzierung des menschlichen Guten, wie sie sich ihm im lebendigen zeitgenössischen Ethos zeigte; aber auch dabei geht es nicht ohne die scheinbar selbstverständliche Orientierung an dem Besten, das als unbezweifelte, aber nicht auf den vollen Begriff gebrachte, notwendige Norm immer schon das Urteil bestimmt.

Für den Phänomenologen sittlicher Werte ist die Problemlage heute nicht grundsätzlich anders. Er orientiert sich an dem lebendigen Ethos, das in seinen Blick kommt, aber er kann auch über die Grenzen seiner Zeit hinausgehen, wenn ihm ein Zeugnis begegnet, aus dem die lebendige Norm einer andern Epoche leuchtet, die aus den Augen verloren wurde, doch keineswegs überholt ist. So kann der theoretische Ethiker auch die praktische Aufgabe haben, eine allzu bequeme, simplifizierte Moral seiner eigenen Zeit aus der Enge ihrer Verkrustung aufzurütteln und den größeren Anspruch des Guten zu zeigen. Aber auch er hat nicht das Ganze explizit vor seinen Augen, gleichwohl meint er, daß das, was er sehen kann, wesentlicher Teil des Ganzen sei, welches er — irgendwie — voraussetzt. In dieser Situation ist der Schluß auf das Bestehen apriorischer Wertgehalte, die an aufweisbaren sittlichen Phänomenen erscheinen, nicht illegitim. Aber welche ontologische Interpretation ihnen angemessen sei, das ist schwer zu entscheiden. Die folgenden Wertanalysen sollen exemplarisch dazu dienen, in der Sache selbst liegende Lösungsmöglichkeiten zu erwägen.

Menschen, und wer sie zuerst sah, zuerst erlebte und vorlebte, der ist ihr Schöpfer. ... Ohne Werte wäre unsere Lebensfahrt ohne Kompaß und auch die Sterne fehlten, um danach zu steuern."

Wahrhaftigkeit

Wahrhaftigkeit ist die Zuwendung des ganzen Menschen zur Wahrheit. Gelegentlich gebraucht man auch die Worte „wahr" und „Wahrheit" zur Charakterisierung der auf sie gerichteten menschlichen Haltung. Als Gegensätze stehen Wahrheit und Lüge einander gegenüber, und entsprechend bezeichnen der „Wahre" und der „Falsche" die moralisch positiven und negativen Typen. Aber diese Sprechweise hat in sich die Gefahr der Vereinfachung; es scheint, daß der „Wahre" ebendamit daß er die Wahrheit sagt, wahr ist, und daß der „Falsche" falsch ist, da er Falsches sagt. Aber man kann moralisch „falsch" und unwahrhaftig sein, obwohl man Wahres sagt (wenn man auf diese Weise andre irreführen will). Und man kann Unwahres sagen und doch ganz wahrhaftig sein, man irrt sich nur. — Wer wahrhaftig ist, wird darum doch nicht immer und überall das aussprechen, was er für wahr hält. Aber es wird immer vorausgesetzt, daß sich der Wahrhaftige in den Grenzen seines Könnens um das Wissen der Wahrheit bemüht. Doch ebendies wird auch der Falsche, der Lügner tun müssen, denn man muß von der Sache wissen, wenn man erfolgreich und zweckmäßig lügen will! Also wird das Streben nach Erkenntnis der Sache auf weite Strecken hin dem Guten und dem Bösen gemeinsam sein! Von Wahrhaftigkeit im engeren Sinne wird man erst sprechen, wo es sich nicht um die Erkenntnis, sondern um die Mitteilung der Wahrheit handelt. Sie betrifft insofern wesentlich das Verhalten gegen *andere* Personen. Es gibt zwar auch so etwas wie Wahrhaftigkeit gegen sich selbst, ebenso wie ihr negatives Gegenteil, den Selbstbetrug; aber dort zeigt sich doch nicht das volle Phänomen, da „ich" und „mich" zu eng miteinander liiert sind, als daß ein Part den andern zum vollen Gegenüber haben könnte. Das vor sich selbst Zugeben einer nicht genehmen Wahrheit ist oft bloß die Kapitulation vor der erkannten Unmöglichkeit, den erwünschten Selbstbetrug zu erreichen. Aber bei psychisch Gesunden ist wohl das Wissen ausschlaggebend, daß das Annehmen der Wahrheit nützlich ist. — Der vor sich selbst Wahrhaftige wird sich von vornherein um die Wahrheit bemühen. Das eigentliche Feld der Wahrhaftigkeit ist aber das Gebiet der *Mitteilung* an andere Personen. Hier kann man vorläufig sagen: Der Wahrhaftige wird das sagen, was er selbst für wahr ansieht, oder er wird sich gar nicht äußern. Es handelt sich um Mitteilung an *andere;* dafür ist es erforderlich, daß der Partner, der die Mitteilung aufnehmen soll, ihren Sinn verstehen kann. Also wird sich die Mitteilung nicht einfach nach dem Denken des Sprechenden formen dürfen, sondern nur in der steten Rücksichtnahme auf den Hörenden.

Aber man könnte hier einwenden, daß ja schon im Wesen der Sprache der Zug zum Allgemeinverständlichen enthalten ist, daß jedes Sprechen unter den Gesetzen dieses Hinausgreifens aus der Privatsphäre steht. So könnte die Wahrhaftigkeit bereits dann erfüllt sein, wenn man die genaue Entsprechung zu dem im eigenen Denken gemeinten Gehalt sucht. Dann wäre eine ausdrückliche Rücksicht auf andre Personen unnötig und der Sache nicht angemessen. Man kann das Gebot der Wahrhaftigkeit im Wesen der Sprache, des Wortes, begründen. Denn hier ist eine feste Zuordnung von äußerem Zeichen und geistigem Gehalt vorgegeben. Das Wort ist nicht Privatwort eines Einzelnen, sondern vernehmbarer Sinn; das Sprechen hat wegen seiner immanenten Bedeutungsordnung eine potentielle Allgemeinverständlichkeit. Dieser potentiellen Allgemeinverständlichkeit von Sprache entspricht die potentielle Erfaßbarkeit eines jeden Gehaltes, der sich in ihr ausdrücken läßt.

Unwahrhaftigkeit ist dem Wesen des Wortes zuwider; sie verkehrt den Sinn des Sprechens. Darum ist der Unwahrhaftige in seinem Innern gespalten: Einerseits hat er die Wahrheit in seinem Innern gegenwärtig, er weiß sie und denkt sie; andererseits denkt und spricht er was diesem Wissen widerspricht. Es ist keineswegs so, daß beim Lügner bloß „Außen" und „Innen" nicht im Einklang wären, daß das Eine gedacht, das Andre gesagt würde. Die Lüge verlangt vielmehr ein Nebeneinander von Wahrheit und Unwahrheit derselben Sache im Denken des Lügners. Freilich wird der „geschicktere" Lügner seine innere Gespaltenheit nicht klar bewußt zur Kenntnis nehmen, damit er glaubwürdiger erscheine; er wird die innere Gleichzeitigkeit von Wahrheit und Unwahrheit in seinem Bewußtsein in ein Nacheinander zu verwandeln suchen. Insofern wird seine Haltung treffend als ein Schillern, Oszillieren gekennzeichnet; Stehen kann man nur in der Wahrheit[3]. Die Forderung der Übereinstimmung zwischen dem als wahr Gedachten und dem, was ausgesprochen wird, betrifft den ganzen Sinnzusammenhang, nicht nur die einzelnen Sätze; es ist ja bekannt, daß bloße Auslassungen einen Bericht entscheidend verfälschen können. Die Wahrhaftigkeit zeigt sich nicht an den Bruchstücken, sondern am Ganzen dessen, was da Wort wird.

Das Gebot der Wahrhaftigkeit ergibt sich aus dem Wesen des erkennenden und sprechenden Geistes, der inneren Zuordnung von Sprechen und Gehalt, wie sie sich in der vorfindlichen Bedeutung der Worte und Sätze zeigt. Wenn sich dies so verhält, dann ist der sittliche Wert der Wahrhaftigkeit aber kein außerordentlicher, sondern ein fundamentaler, eine selbstverständliche Voraussetzung für das moralische Leben. Das Gebot der Wahrhaftigkeit müßte absolut gelten und selbstverständlich sein, man sollte keinerlei Diskussionsstoff darin finden. Und doch gibt es die Problematik um die Erlaubtheit wissentlich unwahrer Aussagen in Konfliktsituationen!

Man kann diese Problematik nicht mit dem Hinweis auf die moralische Schwäche der Menschen erledigen, denn an ihr leiden gerade diejenigen, die ein waches Gewissen und den Willen haben, das Gute zu tun! Doch unsre bisherigen Erwägungen sind methodisch unvollständig, weil wir zwar den Bezug zu andern Personen, der im Wesen der Sprache impliziert ist, zur Kenntnis nahmen, dabei jedoch absahen von der Tatsache, daß ebendiese Personen als solche wesentlich *mehr* sind als nur Empfänger sprachlicher Mitteilungen.

[3] Bei diesen Überlegungen folge ich der Anregung aus einem Diskussionsbeitrag von P. Wilhelm *Nolde* C. ss. R.

Es ist also kein neuer Gedanke, wenn wir uns dem Menschen zuwenden, der das Wort aufnimmt. Erst wenn dieser immanente Bezug voll berücksichtigt ist, läßt sich sagen, ob Wahrhaftigkeit vielleicht eine absolute sittliche Forderung ist, und ob ein Verstoß gegen sie immer und überall sittlich schlecht ist. Wenn die Wahrhaftigkeit sich wesentlich auf Mitteilung bezieht, dann gehört die Rücksicht auf den Partner und die besondern Bedingungen, die er für das Verstehen mitbringt, unbedingt zu ihr. Der Sinn einer Mitteilung ist auch mehr als der objektive Gehalt des Gesagten oder Geschriebenen; er steht in einem weiteren Zusammenhang, der nicht bloß weitere Fakten, sondern auch bestimmte Bewertungen einschließt. Die sogenannte „objektive Wahrheit" ist dort, wo sie gesucht und erkannt wird, durch ein Absehen von vorgegebenen Wertschätzungen ermöglicht. Im konkreten Leben wird sie alsbald in den Rahmen solcher Wertungen zurückgenommen und in gewissem Sinne subjektiviert als „Wahrheit für mich". Daher sind durchaus Situationen möglich, in denen der Partner die Wahrheit des Mitgeteilten nicht so auffassen kann, wie der Mitteilende sie sieht. Es kann z. B. sein, daß der Partner existentiell so schwer betroffen ist, daß er das Mitgeteilte nicht innerlich annehmen kann. Es kann sein, daß der Partner die mitgeteilte Wahrheit mit Sicherheit zum Verwirklichen böser Absichten gebrauchen wird (wenn etwa der Aufenthalt eines ungerecht Verfolgten bekannt würde). Wenn die Wahrhaftigkeit absolut fordert, daß die Mitteilung enthalte, was der Mitteilende selbst für wahr ansieht, dann müssen sich hier Konflikte ergeben. Man kann nicht immer die Antwort auf eine direkte Frage umgehen; der Ausweg, den Partner bzw. Gegner auf andre Gedanken abzulenken, läßt sich auch nicht leicht finden. Man wird also dann sagen müssen, was man selbst für unwahr hält, wenn man die schlimmen Konsequenzen einer wahren Aussage vermeiden will.

Nun könnte man sagen, daß es nicht die Schuld des Mitteilenden sei, wenn er den Ausweg der Notlüge wählen muß; sicher hätte er lieber geschwiegen, wenn nicht sein Schweigen die Gefahr vergrößern würde. Also handelte er nicht aus freiem Entschluß, sondern gezwungen! Aber seine Spontaneität war beansprucht, und er fühlt sich auch für seine Notlüge verantwortlich, die er als das kleinere Übel gewählt hat. Die Notlüge wird also als Übel gesehen, der Verstoß gegen das Gebot der Wahrhaftigkeit erscheint moralisch schlecht, auch wenn er unvermeidlich ist. Ist das vielleicht nur ein unkritisches Vorurteil? Aber dann wäre es sehr eingewurzelt. Es muß nach seinen Gründen gefragt werden. Die Lüge, auch die Notlüge, verstößt gegen den Sinn des Sprechens, und die innere Gespaltenheit, die notwendig zum Akt des Lügens gehört, kennzeichnet eine Perversion. Auch wenn die Wahrhaftigkeit die Berücksichtigung der anderen Person als ganzer einschließen soll, kann daraus nicht die Erlaubnis oder gar ein Gebot abgeleitet werden, unter gewissen Umständen zu lügen! In Konfliktsituationen kann es aber *notwendig* werden, daß man lügt. Die philosophische Tradition hat allerdings zum großen Teil eine andre Auffassung vertreten und darauf bestanden, daß die Lüge moralisch verwerflich ist. Ähnlich sagt auch

N. Hartmann[4] „Der Wahrhaftigkeitswert mit seiner spezifischen sittlichen Forderung läßt durchaus keine ‚Ausnahmen' zu ... Kein Zweck kann das Mittel bewußter Täuschung heiligen — nämlich in dem Sinne heiligen, daß es aufhörte, moralisches Vergehen zu sein." Aber Hartmann zieht daraus nicht den Schluß, daß man niemals eine Notlüge gebrauchen dürfe, sondern daß es „im Wesen solcher sittlichen Konflikte" liege, „daß *in ihnen Wert gegen Wert steht,* und daß es *nicht möglich ist aus ihnen hervorzugehen, ohne schuldig zu werden.*" Die Werte in „ihrer reinen Idealität" stehen hier nicht im Konflikt, er ist „nur durch die Struktur der Situation gegeben." Hartmann warnt vor dem Versuch, theoretisch eine allgemeine Lösung zu suchen. Aber es stellt sich gerade hier die theoretische Frage, *was* eigentlich der Wert ist, wenn das sittlich Richtige unter Umständen nur mit Verletzung eines sittlichen Wertes getan werden kann (wenn etwa der Arzt einem Kranken absichtlich ein falsches Bild seines Zustandes gibt, um diesen Zustand nicht zu verschlimmern, sondern das Mögliche zur Heilung und Linderung zu tun). Die Wesensgestalt der Wahrhaftigkeit schließt jedes bewußte Sagen der Unwahrheit strikte aus, aber ihr Anspruch ist offenbar nicht der des *absolut* Guten selbst. (In dieser negativen Abgrenzung ist freilich keine inhaltliche Aussage über das absolut Gute enthalten.)

Sicherlich ist bei dieser Problematik die Struktur der Situation des Konfliktes zu berücksichtigen. In vielen Fällen kann man darauf verweisen, daß tatsächlich schon irgend ein menschliches Verschulden vorhergegangen ist; das sittlich Gute ist offenbar nicht das private Gute jedes Einzelnen, zu seiner vollen Verwirklichung erfordert es die gute Intention aller miteinander in Beziehung stehenden Personen. Aber mit dieser Feststellung ist noch nicht die ganze Problematik erfaßt, denn nicht immer ist ein Kranker schuld daran, daß er in seiner Krankheit der vollen Wahrheit nicht begegnen kann; es sind auch andre Fälle denkbar, in denen keiner der Beteiligten den Konflikt durch sein moralisches Versagen verschuldet hat.

Es zeigt sich jedenfalls, daß eine Wesensgestalt des Sittlichen, die Wahrhaftigkeit, trotz ihrer inneren Evidenz nicht absolut ist, sie hat nicht losgelöst für sich einen unbedingten Anspruch auf Realisation. Man kann versuchen, dies Phänomen im Sinne eines ethischen Polytheismus zu deuten, aber ein solcher Ausweg ist wohl nicht zwingend.

Demut und Stolz, Hochgesinntheit

Bei diesen Werten handelt es sich offenbar um einen konträren Gegensatz. Um ihn richtig zu interpretieren, wollen wir zunächst einen Blick auf das vormoralische Verhalten von Tieren und Menschen werfen. Denn die Analogien solchen Gebarens bestimmen leicht (möglicherweise auch unter der Nachwirkung von Nietzsches „Genealogie der Moral") ohne unser Wissen die ethischen Vor-

[4] Ethik, Kap. 50 b).

stellungen von Stolz und Demut. Darin liegt ein Anlaß zu gefährlichen Mißverständnissen. Die Wesensgestalt des Sittlichen ist niemals mit einem biologisch zu interpretierenden Verhaltensschema identisch, was freilich nichts über die Genese personaler Haltungen aussagt, die sich vielleicht auf solchen Vorstufen aufbauend entwickelt haben mögen.

Der vital Starke verhält sich „stolz" als überlegener Sieger. Seines Ranges sicher verschmäht er es, den Niedrigen und Schwachen zu bekämpfen. Er braucht keine Bestätigung seiner Stellung wie der Eitle; er weiß, was er sich „schuldig" ist. Sein „Stolz" ist auch ein Mittel, um seine Stellung zu behaupten: er „imponiert".

Der vital Schwache und Unterlegene ist „demütig". Darin liegt für ihn die einzige Chance, er erreicht damit, daß er geduldet wird. Die Verhaltensforschung hat deutlich gezeigt, wie die Demutsgebärden bei bestimmten Arten biologisch äußerst sinnvoll sind. Bei Wölfen und Hunden bietet der Unterlegene dem Gegner „demütig" den Hals mit der Schlagader dar und löst durch diese Gebärde beim Sieger eine Beißhemmung aus, so daß dieser ihn nicht töten kann, obwohl er es möchte. Mit Unterwürfigkeit zeigt der Schwache, daß er sich unterlegen fühlt, er „demütigt sich", ordnet sich dem Willen des Starken unter und erreicht dadurch eine gewisse Sicherheit. Solches Verhalten ist biologisch sinnvoll, wenn die Gegner die Gebärden instinktiv richtig verstehen; wenn sie zu verschiedenen Arten gehören, kann das Mißverstehen zum Tode des Schwächeren führen, wie z. B. bei Truthahn und Pfau.

Eine analoge Zweckmäßigkeit besteht bei Menschen nur insoweit, als die Schonung des „Demütigen" mit einiger Gewißheit zu erwarten ist, sei es daß die „Demut" unmittelbar die Aggression des Gegners befriedet, sei es daß sie ihm als Zeichen seines Triumpfes stärkeren Genuß bringt als die Vernichtung des Besiegten. — Es ist kein Zufall, daß Demutsgebärden unter Menschen als Verstoß gegen die menschliche Würde empfunden werden können; das ist auch ethisch richtig, wenn für „Schwäche" oder „Stärke" relativ niedere Werte den Ausschlag geben, etwa Geld oder Sozialprestige. Die verächtlichen Bilder, mit denen solches Verhalten gekennzeichnet wird, stammen deutlich aus dem untermenschlichen Bereich.

Das Vorstellungsbild vom Stolz ist positiver gefärbt, hier scheint eine größere Nähe zu sein zwischen dem biologisch bestimmten Verhalten und dem eigentlich personalen, das zu sittlichem Wert tendiert. Unter Menschen ist das stolze Bewußtsein des eigenen Ranges nicht bloß ein Gefühl des eigenen Wertes, sondern auch dessen, was man sich schuldig ist. Wer stolz ist, „ist sich zu gut dafür", etwas Gemeines zu tun oder zu dulden. Im Stolz liegt eine Haltung der Abwehr gegen das Niedrige und Gemeine (also gegen bestimmte Formen auch von sittlicher Minderwertigkeit), aber es ist kein kämpferisches, sondern ein verächtliches Abwehren. Zum Kampf verlangt der Stolze einen Gegner von Rang, und er wird ihn nicht mit allen Mitteln bekämpfen, sondern nur mit denen, die er für angemessen hält. Der Stolze ist zwar nicht der Gegner des Bösen in jeder

Form, aber er „hält auf sich" und auf die Werte, die von „seinesgleichen" gefordert und vorausgesetzt werden, z. B. daß man ein gegebenes Wort hält, oder daß man eine übernommene Aufgabe erfüllt, auch wenn man dabei zugrundegeht.

Solchem Stolz kommt im sozialen Verhalten der Menschen sicher ein höherer Wert zu als der bis jetzt sichtbar gewordenen „Demut". Er hat eine positive Bedeutung in der ethischen Entwicklung der Menschheit, er führt zum Bewußtsein der eigenen Verantwortlichkeit und der Verpflichtung gegenüber der Gruppe von „seinesgleichen" und deren Leitwerten. Aber er ist noch kein reiner sittlicher Wert; denn der Stolze schaut auf sich und seinesgleichen, aber er stellt sich damit noch nicht der absoluten Forderung des Guten. Darum entsteht mit dem stärkeren Erwachen zur persönlichen Verantwortung auch die steigende Gefahr unmoralischer Perversion des Stolzes. Wenn erst noch die Gruppenmoral (der „Elite") eine feste Orientierung gab, stellt nun der Stolze seine eigene Norm auf. Damit wendet er sich ab von einer Achtung gebietenden Instanz außer sich und gerät in einen eigensüchtigen, unvernünftigen „Stolz", der entweder abstoßend oder lächerlich wirkt. Das sittlich Wertvolle in der Haltung des Stolzen kann nur bestehen, wenn der Stolze auch zu dienen weiß.

Diese Haltung verwirklicht sich in der Hochgesinntheit (Magnanimitas, Megalopsychia). „Sich selbst für großer Dinge würdig halten, indem man ihrer würdig ist", so formulierte Aristoteles[5]. Sie „drängt das Gemüt dazu, Großes in rechter Weise in Angriff zu nehmen", sagt Thomas[6]. Es ist der hochgemute Sinn des Menschen, der seiner Gaben bewußt sich voll einsetzt, wenn ein hohes Gut, das nur schwer zugänglich, zu erlangen ist. Auch der Hochgesinnte hält Abstand von dem Niedrigen und Kleinlichen wie der Stolze, er verplempert sich nicht an Geringes, aber er setzt sich ganz ein, wenn er eine große Aufgabe sieht. Diese Tugend ist nach Aristoteles Gipfel sittlichen Wertes, „Schmuck" der Tugenden[7], der sie also voraussetzt und ihnen den höchsten Glanz verleiht. So zeigt sich ein Ideal der Antike.

Auch bei Thomas erfährt es seine Würdigung, aber es wird überformt und ergänzt von einem Gegenbild her, für das die klassische Antike keine positive Wertung hatte, nämlich von der Demut! Diesen Wert hat die christliche Ethik ins Licht gehoben, manchmal mit einer gewissen Einseitigkeit, welche die Grenzen gegen eine amoralische soziale „Demutshaltung" verschwimmen läßt. Das Verhaltensbild christlicher Demut sieht etwa so aus: Sich selbst gering achten, mit seinem Anspruch zurücktreten, bereit sein, fremdes Verdienst anzuerkennen, aber für sich selbst kein Lob wünschen, vielmehr abwehren mit dem Hinweis auf die Mängel des eigenen Tuns. Die Wesensgestalt der Hochgesinntheit scheint in striktem Gegensatz dazu zu stehen. Man sieht überhaupt nicht, wie solche Demut eine Wesensgestalt des Sittlichen sein könnte. Thomas deutet aber eine

[5] Nik. Ethik, 1123 b 2.
[6] STh II-II 161, 1 c.
[7] Nik. Ethik, 1124 a 1 s.

Synthese an. Sie läßt sich nur dann verstehen, wenn man sich nicht an den Äußerungen der Demut orientiert, sondern an deren innerem Grunde, d. h. an dem, was die Gesinnung begründet. Denn manche Äußerungen mögen wunderlich erscheinen — wenn sie nicht gar als „unwürdig" abgelehnt werden! Zwar wird auch der Hochgesinnte sich vor dem Heiligen beugen; aber es erscheint falsch und unrecht, sich vor Menschen zu demütigen, die nicht durch ihr Verdienst zu hohem sozialem Rang gekommen sind und die vielleicht nicht recht haben. Doch Thomas sagt selbst, daß es eine schlechte Weise von „Demut" gäbe, bei der der Mensch seine Würde wegwirft und sich dem Vieh gleichmacht[8]. Bei den äußeren Akten der Demut sei darauf zu achten, daß sie nicht Anlaß zum Bösen werden[9].

Die Wesensgestalt der Demut liegt in der Haltung des Aufschauens[10] zum Heiligen; Thomas sagt Unterwürfigkeit vor Gott (subiectio ad deum), aus dieser ergibt sich auch das Verhalten zu andern Menschen: Um Gottes willen demütigt sich der Mensch und unterwirft sich auch andern[11]. Das setzt voraus, daß in den Menschen etwas Heiliges sei. Thomas umschreibt es mit den Worten „das, was Gottes ist"[12]. Damit ist ausgeschlossen, daß das Menschlich-allzu-Menschliche in der Person des Andern fälschlich zum Gegenstand der Verehrung gemacht werde, aber der Andre ist ja als Person auch immer mehr als dies. Ohne den ausdrücklichen Rückbezug auf den absolut Heiligen („das, was Gottes ist") wird allerdings das Heilige im Menschen, das Kant als unbedingte Würde der Person sah, nicht ein Gegenstand so vorbehaltloser Unterordnung sein können, wie es in der christlichen Demut gemeint ist. Diese richtet sich offenbar nicht allein auf den andern Mitmenschen, sondern geht eigentlich über ihn hinaus auf Gott. Darin kann die Gefahr einer Perversion liegen, nämlich die Nichtbeachtung des konkreten Menschen, so wie er wirklich ist. Aber dann wäre gerade das verfehlt, was den eigentlichen Grund für die Demut ausmacht: die *Einheit* der heilig-unheiligen Person, die — durch die demütige Haltung des ihr entgegentretenden Menschen — in ihrer existentiellen Relation auf den absolut Heiligen (d. h. im innersten Grund ihrer Existenz) angesprochen ist. So zeigt sich im demütigen Verhalten ein stiller und doch sehr hoher Anspruch an den andern Menschen.

Aber dieser Anspruch ist keine laute Forderung. Wenn der Demütige sich „um Gottes willen" auch einem andern Menschen unterwirft, bringt er den Anspruch Gottes zum Ausdruck, ohne ihn zu dem seinigen zu machen. Er sieht bei sich selbst deutlich das Zurückbleiben hinter dem Anspruch des Absoluten.

Sofern der Mensch aber bei sich selbst nur das Versagen, das Zurückbleiben

[8] STh II-II 161, 1 ad 1.
[9] Ibid. 3 ad 3.
[10] Vgl. N. Hartmann, Ethik, Kap. 53 a).
[11] STh II-II 161,1 ad 5.
[12] II-II 161,3 c.

hinter dem als gut Erkannten ansieht, wird er in Kleinmut sinken. Das kann nicht sittlich gut sein. Daß eine solche Demut verfehlt wäre, ist offensichtlich, denn bei der Person des Andern ist ja die existentielle Relation zum Heiligen im Blick, die *Einheit* des Heilig-Unheiligen im Menschen, doch bei sich selbst sieht der Demütige als solcher nicht auf das, was ihm Wert verleiht. Darum wird demütiges Verhalten allein diesem innersten Grund seiner Person nicht gerecht. Es ist also die Synthese von Demut und Hochgesinntheit notwendig. Thomas sagt: Es gibt inbezug auf das Erstreben eines hohen, schwer erreichbaren Gutes eine zwiefache Tugend, eine zügelnde, die das Gemüt davor bewahrt, vermessen hoch hinaus zu streben, das ist Sache der Demut. Die andre dagegen stärkt das Gemüt gegen die kleinmütige Verzweiflung, das ist die Hochgesinntheit[13]. Demut und Hochgesinntheit kommen darin überein, daß sich der Mensch durch sie in diesem Bereich nach rechter Vernunft verhält. So ergänzen sie einander, wenn sie auch äußerlich entgegengesetzt erscheinen. „Hochgesinntheit und Demut sind nicht einander entgegengesetzt, obwohl sie zu Gegenteiligem hinzuneigen scheinen."[14] Sie gehören als Tugenden zusammen. Nicht ohne Grund spricht Thomas in den Quaestionen 129 und 161 von beiden, wenn auch q 129 der Hochgesinntheit, q 161 der Demut gewidmet ist.

Die rechte Hochgesinntheit des Menschen bezieht sich auf das, was ihm von Gott gegeben ist. Auch der wahrhaft Demütige soll den hohen Sinn haben, Großes zu unternehmen, und im Dienste dieses Großen auch Ansehen und Ehre sehen[15]. „Die Hochgesinntheit bewirkt also, daß der Mensch sich großer Dinge für würdig hält in Anbetracht der ihm von Gott verliehenen Gaben ... z. B. daß er vollkommene Werke der Tugend erstrebt."[16] Nicht im selbstgenugsamen Vertrauen auf die eigene Kraft, sondern wegen der göttlichen Gabe ist der hohe Einsatz zu wagen!

Es bedarf wohl kaum des ausdrücklichen Hinweises, daß dieses Verständnis der Hochgesinntheit sich von dem aristotelischen unterscheidet. Auch Thomas sieht deutlich, daß bei Aristoteles das Ethos im Menschen zentriert ist ohne eine religiöse Verankerung, aber es enthält Gültiges auch für den Christen. In einer längeren historischen Entwicklung, deren Erbe Thomas ist, wurde es möglich, den Wertcharakter der antiken Tugend in der christlichen Aneignung zu bewahren und d. h. zugleich tiefer zu begründen.

Wenn man die Wesensgestalt der Demut und der Hochgesinntheit je für sich allein betrachtet, wird man ihre Vereinbarkeit kaum ganz erkennen können. Ohne die anthropologische Unterscheidung zwischen dem, was Gottes Gabe im Menschen ist, und der menschlichen Schwäche[17], scheinen diese Haltungen sich gegenseitig fast auszuschließen. Es ist darum konsequent, daß N. Hartmann

[13] II-II 161,1 c.
[14] II-II 129,3 ad 4.
[15] Vgl. II-II 161,2 ad 2 und 129,2 ad 3.
[16] II-II 129,3 ad 4.
[17] Vgl. II-II 129,3 ad 4.

erklärt, „alle demütige Haltung nach außen“ sei „im Grunde ein falsches Ethos“[18], während Thomas zwar verlangt, daß sie mit rechter Vernunft geübt werde, grundsätzlich aber das Äußerliche als legitim, weil zum Wesen gehörig, ansieht. Wenn ein Mensch vor einem andern demütig ist, so verhält er sich nicht würdelos gegen seinesgleichen, sondern er demütigt sich in seiner eigenen, ihm wohlbekannten Schwäche vor dem, „was Gottes ist“, in dem andern Menschen. Mit der anthropologischen Unterscheidung kann aber auch die Vortrefflichkeit eines Menschen, ohne Anlaß zu einem falschen Stolz zu geben, zur Ehre Gottes den andern Menschen dienen und nützen[19].

Das anthropologische Fundament von Demut und Hochgesinntheit ist nicht ein äußerer Bereich des Verhaltens, sondern die innere Konstitution des menschlichen Seins, dessen Würde auf der existentiellen Relation zum absolut Heiligen beruht. Es ist der Vorrang der *Relation* (religio!), der das neue, christliche Wesensbild demütiger Hochgesinntheit hervorbringt, wie es Thomas deutlich gemacht hat. Es scheint aber, daß dieses Wesensbild nicht ablösbar von einer spezifisch christlichen Religiosität ist.

Andrerseits ist auch an den reinen Wesensgestalten von Stolz und Demut, die in ihren Äußerungen durch Mißverständnisse gefährdet bleiben, sichtbar, daß sie einander nicht ausschließen sollten. N. Hartmann sagt deshalb: „Stolz ohne Demut ist immer auf der Kippe nach Hochmut und Eitelkeit zu, Demut ohne Stolz nach Selbsterniedrigung, Würdelosigkeit oder Heuchelei zu. Beide sind für sich labil, ohne Gegengewicht. Erst zusammen, in der Synthese, werden sie stabil, gewinnen Halt an einander.“[20] Bei diesem Hinweis kommt noch nicht zum Ausdruck, daß in solcher Synthese mehr liegt als ein bloßer Schutz gegen die Perversion der einzelnen Tugenden, welche in der Synthese einander im rechten Maß halten. Wenn Hartmann dann aber sagt, daß die beiden Momente (nämlich Stolz und Demut) „gänzlich nach innen gebunden und auf den Maßstab absoluter Wertideale eingeschränkt sind“[21], scheint in dem Bild der Synthese eine Verkürzung einzutreten, die ihr den praktischen Charakter nimmt. Muß sittlicher Wert sich nicht auch irgendwie am äußeren Verhalten zeigen? Die Einschränkung war schon vorher bei der Beschreibung der Demut eingeleitet, als es hieß, sie *dürfe* nicht „Haltung nach außen“ sein[22]. In dieser These liegt einerseits die Distanzierung gegen das christliche Ideal, andererseits jedoch die Forderung einer reinen Innerlichkeit dieses Ethos. Wird damit aber nicht der

[18] Ethik, Kap. 53 b).

[19] Vgl. II-II 131,1 c „... Circa excellentiam autem hominis duo sunt attendenda: Primo quidem, quod id secundum quod homo excellit, non habet homo a se ipso, sed est quasi quiddam divinum in eo. Et ideo ex hoc non debetur principaliter sibi honor sed deo. Secundo considerandum est, quod id in quo homo excellit, datur homini a deo, ut ex eo aliis prosit.“

[20] Ethik, Kap. 53 b).

[21] Ebd.

[22] Ebd.

methodische Boden der Wertanalyse verlassen? Verschwindet dadurch nicht die Wert*gestalt?*

Die Zurücknahme in die Innerlichkeit hat offenbar auch den Sinn, ein „absolutes Wertideal" von Demut und Stolz nicht zum Ziel der ethischen Intention werden zu lassen. Das bewußte Intendieren von Demut oder Stolz führt ja zur Pose oder zu schlimmeren Perversionen. Anders als bei der Gerechtigkeit oder der Wahrhaftigkeit ist hier eine direkte moralische Bemühung unmöglich, die moralische Intention muß das rechte Verhalten gegenüber einem bestimmten *Sach*verhalt erstreben, nicht ein bestimmtes Bild eigener Haltung realisieren wollen. Die Konkretheit bedingt eine Hinwendung zu dem hier und jetzt gegebenen *Gegenstand,* vor dem sich Stolz oder Demut zu realisieren haben. Reine Innerlichkeit schließt freilich nicht die Konkretheit moralischer Entscheidung aus, aber wenn die vorher so differenzierten Wertgestalten nicht nach außen treten, werden sie tatsächlich zu bloßen „Momenten" der moralischen Grundhaltung.

Eine solche innerliche Synthese von Demut und Stolz könnte man schon in der Achtung vor dem Sittengesetz finden, wie Kant sie charakterisiert hat. Die Achtung „ist die Sittlichkeit selbst, subjektiv als Triebfeder betrachtet"[23]. Doch „ist die Herabsetzung der Ansprüche der moralischen Selbstschätzung, d. i. die Demütigung auf der sinnlichen Seite, eine Erhebung der moralischen, d. i. der praktischen Schätzung des Gesetzes selbst, auf der intellektuellen"[24]. Sofern es ein Zwang für das sinnlich-afficierte Subjekt ist, der „bloß durch Gesetzgebung der *eigenen* Vernunft ausgeübt wird, enthält es" (das Gefühl) „auch *Erhebung* ..."[25]. Diesen Zusammenhängen genauer nachzugehen, ist freilich hier nicht der Ort.

Offenbar führt diese Erwägung von dem analytischen Ansatz der Wertethik hin zur Einheit sittlicher Grundgesinnung, Grundhaltung, die in den verschiedenen Manifestationen des menschlichen Guten ein und dieselbe bleibt.

Ausblick

Von einem solchen Befund aus läßt sich auf die Frage nach dem Recht eines ethischen Polytheismus zwar keine direkte Antwort geben, aber die Analyse selbst zeigt doch Gesichtspunkte, die über die Abgrenzung der Werte gegeneinander hinausführen. Im Theoretischen ist das geistige Erschauen eines sittlichen Wertes als Wesensgestalt deutlicher als im Praktischen. Die reine Wertanalyse kann zu einer Explikation des Guten gelangen; aber durch eine — von der Methode aus naheliegende — Objektivierung dieser Gestalten kann das zur Aufsplitterung des Guten werden. Die Wertbetrachtung selbst führt dar-

[23] KpV Ak. Ausg. V S. 76.
[24] Ebd. S. 79.
[25] Ebd. S. 80.

über hinaus, wenn sie die Notwendigkeit von Synthesen erwägt. Aber die Explikation und die daraus folgende Vereinzelung der Werte in der Theorie ist nicht etwas grundsätzlich Neues, sie findet sich ansatzweise schon in der Praxis. Denn bei unsern sittlichen Intentionen nehmen wir eingeschlossenerweise auch Stellung zu bestimmten sittlichen Werten, freilich ist das noch kein pharisäisches Streben nach sittlichen Werten für die eigene Person.

Wir haben im moralisch relevanten Verhalten auch ein Wissen von der *Besonderheit* des sittlich Guten, das wir zu tun haben. So können die sittlichen Werte in der Intention miteingeschlossen sein. Das kann die negative Form haben, daß man den Unwert vermeiden will: „Nicht lügen! Nicht ungerecht sein! Nicht feige sein!" In solchen Verbotstafeln, die je nach der persönlichen Veranlagung verschiedenen Inhalt haben, ist die positive Intention des entsprechenden Wertes eingeschlossen, ohne daß er das eigentliche Ziel der Intention wäre. Das Ziel ist ein konkreter wertvoller Sachverhalt, den man nicht verfehlen möchte. Die Verbotstafeln sind Warnungen vor Abwegen, die wegen persönlicher Schwächen oder Neigungen naheliegen. Es gibt aber auch die positive Form dessen, daß der sittliche Wert in der Intention miteingeschlossen ist; das ist beim moralischen Vorsatz der Fall. Hier wird ein sittlicher Wert ausdrücklich angeschaut und in die eigene Intention aufgenommen. Man kann sich z. B. vornehmen, höflich zu sein oder wahrhaftig oder geduldig oder gerecht. Aber solch ein Vorsatz ist ja noch nicht das Handeln! So ist auch der geistig erschaute und im Vorsatz als Ziel angenommene sittliche Wert nicht das praktische Ziel im Handeln.

Um den Vorsatz zu verwirklichen, muß das Verhalten am Sachverhalt der jeweiligen Situation orientiert sein, damit das vorgesetzte Gute in seiner konkreten Komplikation gesucht wird. Würde stattdessen nur auf die reine, im Vorsatz geschaute Wertgestalt hingeblickt, so verfehlte man die gegebene sittliche Aufgabe. Denn die Intention des moralischen Handelns muß auf ein Gut und nicht auf ihren eigenen sittlichen Wert gerichtet sein. Wie das von Hartmann übernommene, kräftige Bild Max Schelers sagt, liegt der sittliche Wert „auf dem Rücken des Aktes". Auch kann durch die Verabsolutierung einer Wesensgestalt, eines sittlichen Wertes, das mögliche Gute der Situation verfehlt werden. So würde derjenige, der *nur* unbedingt wahrhaftig sein will, unter Umständen bei der Mitteilung seiner Wahrheit scheitern, da er die personalen Voraussetzungen für das volle Verständnis des mitzuteilenden Sinnes nicht beachtet. Er hat zwar „die Wahrheit gesagt" ohne jede Täuschungsabsicht, doch er ist schuld an einem folgenschweren Mißverständnis und einer falschen Meinung. Trotzdem kann man nicht sagen, daß das Aufspüren der besonderen persönlichen Lage des Partners und das Ernstnehmen seiner Not als solches zur Wesensgestalt der Wahrhaftigkeit gehöre. Die moralische Intention im wirklichen praktischen Verhalten wird sich von einem einfachen Vorsatz *unterscheiden* müssen, um die Komplikation der Sache nicht zu verfehlen. Wenn also beim moralischen Handeln nicht der sittliche Wert explicite in seiner Wesensgestalt, sondern der Sachverhalt der gegebenen Situation die Intention formt, kann das nicht bedeuten, daß ein solches Handeln normfrei sein Gesetz irgendwie von der Sache selbst nehme. Auch bei einer solchen Interpretation wäre doch eine Norm vorausgesetzt, die im *Sinn* der Sache enthalten ist. Wie aber, wenn die Sache einen guten und einen bösen Sinn oder noch mehr verschiedene Sinnbezüge enthalten kann? Das „moralische Handeln" ist dann eine Entscheidung gegenüber diesen verschiedenen Möglichkeiten, es sieht die Sache mit ihren Verflechtungen unter der Forderung des „Guten". Das ergibt aber notwendig die Frage: Wie verhält sich dies im sittlichen Handeln normgebende Gute zu den differenzierten Wesensgestalten des Sittlichen?

Offenbar kann dies Verhältnis sehr verschieden sein, es lassen sich die Extremfälle völliger *Deckung* einer Wesensgestalt (eines Wertes) mit dem Guten und deutlicher *Verschiedenheit* zwischen den aktuellen Werten und dem Guten denken: a) Das Gute kann hier und jetzt mit einer bestimmten Wesensgestalt des Sittlichen identisch erscheinen. Wenn es z. B. notwendig ist, Zeugnis abzulegen, ist Wahrhaftigkeit gefordert; es scheint, daß darin schon alles enthalten sei. Der Zeuge wird vor möglichen Einschüchterungsversuchen oder massiven Drohungen tapfer standhalten müssen, aber es scheint, daß es nicht eigentlich auf Tapferkeit ankomme, denn *wenn* er wahrhaftig ist, dann wird er auch standhalten! — Wenn Wahrhaftigkeit so als das hier und jetzt Gute gesehen wird, ist sie damit aber nicht zum Absoluten gemacht. Denn ihre Identität mit dem „Guten" ist keine totale, sondern eine partiale, nämlich durch das „hier und jetzt" eingeschränkte. — Wenn ein hochangesehener Mann den kleinlichen Angriff eines Gegners nicht abwehrt, sondern nach dem von ihm selbst gemachten Fehler sucht und um Entschuldigung bittet, obwohl er „das nicht nötig hätte", dann ist das Gute hier und jetzt die schlichte Demut. Aber sie wird nicht als das einzig Gültige verwirklicht, sondern um des Guten willen, das hier und jetzt offenbar als Demut erscheint. b) Auf der andern Seite kennen wir Konfliktfälle, bei denen das schmerzlich gesuchte Gute sicherlich etwas Anderes ist als die reine Wesensgestalt *eines* sittlichen Wertes, z. B. bei der Notlüge. Es ist hier keineswegs so, daß die Person, gleichsam als übergeordnete Instanz, den Streitfall zu entscheiden hätte; sie steht vielmehr vor einer Aufgabe, der sie nicht ausweichen kann, für deren Lösung sie die Orientierung an dem Guten nach bestem Wissen und Gewissen sucht. Auch wenn sie es nicht findet, wenn sie im „tragischen Konflikt" nicht schuldlos bleiben kann, empfindet sie diese Schuld schmerzlich; es gibt anscheinend keine befriedigende Lösung.

Dies Phänomen des schmerzlichen Unbefriedigtseins wäre kein Argument für einen ethischen Polytheismus, insofern es das Leiden an den einander aufhebenden Absolutheitsansprüchen solcher „Götter" und ein Ausschauen nach einer hierarchischen Ordnung im Teilhaben an *dem* Guten bezeugt. Aber es kann ebensowenig zur Stütze einer These dienen, die die Werte zu bloßen Abstraktionen erklären möchte. Wenn auch der Konflikt die Nichtidentität der einzelnen Werte mit dem Guten erweist, so bezeugt doch die von der Person schmerzlich empfundene Schuld den echten sittlichen Anspruch ebendieser Werte.

Wenn wir nun im Gegensatz zu diesen extremen Positionen sagen möchten, daß *die sittlichen Werte Erscheinungen des Guten* sind, so geben wir damit nur eine Bezeichnung des Befundes. Doch soll „Erscheinung" hier im genauen Sinne verstanden werden: Es wird ja *in* der Erscheinung das Erscheinende gesehen, also im sittlichen Werte das Gute; aber das Erscheinende ist immer *mehr* als die Erscheinung und also niemals mit ihr identisch. Es kann bei der Erscheinung auch ihre Nichtidentität mit dem Erscheinenden ins Auge fallen; wird die Verschiedenheit vergessen, so kann die Erscheinung „trügen". Ein verabsolutierter sittlicher Wert könnte so zur trügenden Erscheinung des Guten werden; Beispiele dafür geben gewisse moralische Fanatiker, etwa der Wahrhaftigkeit oder der Gerechtigkeit usw. Ein genauerer Begriff der „Erscheinung" ergibt sich aus ihren Bedingungen. Bei den Wesensgestalten des Sittlichen sind dies die verschiedenen Bereiche möglichen Verhaltens, die für den Menschen typisch sind (das aristotelische „peri ti" einer jeden Tugend); sie haben jeder eine besondre Weise des Guten. Man wird nicht bestreiten, daß es diese typischen Bereiche im menschlichen Leben wirklich gibt, die Typen treten aber selten rein auf, wir haben meist mit verschiedenen Kombinationen und Abwandlungen zu tun. Aber diese Seite ist nur der eine Aspekt der Sittlichkeit, denn die Person des Handelnden steht grundsätzlich über dieser Differenzierung, sie ist potentiell zugleich in allen möglichen andern Verhaltensbereichen. Dies gilt nicht allein deswegen, weil ihre Lebenslage sich entsprechend ändert, sondern weil die Person als erkennnendes Wesen prinzipiell über ihre aktuelle Lage hinaus ist. Sie muß in ihre Grundhaltung einbeziehen, was sie als ihre Möglichkeiten — wenn auch nicht explicite — weiß. Sie ist als Person, als identischer Vollzieher ihrer Akte, notwendig mehr als ihr jeweiliger Akt. Um ihre übergreifende Identität zur personalen Ganzheit zu gestalten, muß die Person ihre Grundhaltung auf das Gute überhaupt ausrichten. Dabei haben die Erscheinungen des Guten eine vermittelnde Funktion. Aber sie werden in der Grundhaltung zu bloßen Momenten einer überwesentlichen Einheit.

Horst Fuhrmans

Das Gott-Welt-Verhältnis in Schellings positiver Philosophie

Die systematische Nachsuche nach Nachschriften der Schellingschen Münchner Kollegs (1827—41) hat so glückliche Ergebnisse gehabt, daß Schellings Weg von 1827—1836 überaus klar in unseren Blick tritt[1], in etwa aber auch der Weg von 1836—42[2]. Ich habe von daher einiges in den Kantstudien zu Schellings Spätwerk zu sagen versucht, dann aber in der Festschrift für Manfred Schröter[3]. Das dort Gesagte soll hier aufgenommen und ein kleines Stück — mehr kann es nicht sein — weitergeführt werden. Was sich mir allem zuvor dabei immer mehr aufdrängt, ist die *überwältigende Kontinuität* des Schellingschen Philosophierens. Nicht als wenn es darin nicht Wandlungen gegeben hätte — es gab sie natürlich — bedeutsame Wandlungen sogar (Identitätsphilosophie 1801—06, alles Vorhergehende fasse ich nur als Weg zum eigenen System); 1809—21 Philosophie der Weltalter; 1821—54 Positive Philosophie); was aber fundamental ist, ist, daß Phase neben Phase nicht als ein Unverbundenes steht: sie sind vielmehr tief miteinander verbunden, indem in allen drei Phasen meiner Meinung nach ein *einziges* Problem immer tiefer durchdacht worden ist und zu immer neuen Fassungen gezwungen hat: das Verhältnis von Gott und Welt. Je mehr man Schellings Philosophieren durchdenkt, desto frappierender sieht man, wie stetig und konsequent und wie ganz ohne Sprunghaftigkeit Schelling darin seinen Weg gegangen ist.

Dieses Philosophieren war immer als „Weltanschauungsphilosophie" gemeint. Nie ging es darin um Einzelnes, sondern immer um das Sein im Ganzen, sodaß Einzelprobleme darin zweitrangig waren. Eigentlich ging es immer darum, Welt vom Göttlichen her zu verstehen, endliches Sein vom Absoluten her. Dar-

[1] In meinem Besitz sind inzwischen eine Nachschrift vom S. S. 1827/28 (die im Besitz von Gerbrand Dekker befindlichen Nachschriften eröffnen uns das S. S. 1828, das W. S. 1828/9 und das S. S. 1829 — im W. S. 1829/30 hat Schelling nicht gelesen), vom S. S. 1830, vom W. S. 1831/32, vom S. S. 1832, vom W. S. 1832/33, vom S. S. 1833, vom W. S. 1833/34, vom S. S. 1834 und vom W. S. 1835/36.

[2] Vgl. die Veröffentlichung von M. Kaktanek, Schellings Seinslehre und Kierkegaard, München 1962, S. 85 ff über die Mittermaier-Nachschrift, die ich ganz kenne. Schellings erstes Berliner Kolleg ist uns ziemlich genau gegeben bei H. E. G. Paulus, Die endlich offenbar gewordene positive Philosophie der Offenbarung, Darmstadt 1843.

[3] Der Gottesbegriff der Schellingschen positiven Philosophie, Schellingstudien München 1965, S. 9 ff.

um ist Schellings Systembeginn immer der gleiche gewesen: immer begann er (und er hat solches entscheidend von Spinoza übernommen, aber auch Plotin dürfte eine Rolle gespielt haben, nicht minder die Weise, wie das Alte Testament begann) seine eigenen philosophischen Entwürfe mit dem Absoluten, und seit 1801 wurde das Absolute auch immer gleich gefaßt (und solches hatte Schelling nicht minder von Spinoza übernommen, der darin die „Spaltung" bei Descartes hatte zu überwinden versucht): als die Einheit der großen Seinsbereiche des Realen und des Idealen. Gott — der Ur-sprung alles Seienden — muß *beide* Seinsbereiche in sich bergen, sollen beide Rang haben. Aber führend ist für Schelling auch immer die Kategorie geblieben, die er erstmals 1801 — darin Spinoza überschreitend — angewandt hat, um weltliches Sein vom Göttlichen her zu begreifen: Welt ist *explicatio Dei.* Welt kommt aus einem Geschehen, darin *in* Gott zunächst Verborgenes, Unentfaltetes aus-gebreitet wird. Welt ist sozusagen die „Breite" (Aus-breite) des Göttlichen. Sie kommt aus einem Vorgang der Ent-wicklung. Von daher hat Welt nach Schelling Rang und Würde, ja mehr: hat sie unmittelbar Bedeutung und zwar Bedeutung für *Gott selbst.* In der Welt als der ex-plicatio von zuvor nur Implicativem hat Gott etwas, was er ohne sie nicht haben kann: seine zuvor unentfaltete Fülle *als* entfaltete.

Diese Sicht bestimmt den Entwurf von 1801 ff., nicht minder den von 1809 ff. — bestimmt also Identitätsphilosophie und Weltalterphilosophie[4]. Der Unterschied zwischen beiden Philosophieen ist eigentlich „nur" dieser, daß explicatio 1801 ff. statisch gefaßt ist, 1809 ff. dynamisch. 1801 ff. ist explicatio im Anschluß an Spinoza als ein ewig Geschehenes gefaßt: Welt hat danach nie angefangen, sondern ist ewig mitgesetzt, weil Welt als explicatio Dei *so* sinnerfüllend ist für Gott selbst, daß sie eigentlich nie nicht sein, sondern je immer schon nur von Gott mitgewollt sein kann, wobei das Ganze so statisch gefaßt war, daß das Werden und Vergehen der einzelnen Formträger (die einzelne Rose z. B.) belanglos war, waren doch die Formen selbst „ewig" und das in allem Wandel des Einzelnen Durchhaltende. Geschichte wurde als belanglos abgetan.

Schellings Entwurf von 1809 ff. hat solches grundlegend geändert: er hat explicatio darin nicht als ewig Geschehnes gefaßt, sondern als einen großen Proceß, als den großen Proceß sich folgender „Weltalter", deren Grundphasen („Äonen") *diese* sind, daß weltliches Sein zunächst in Gott ruht (Äon der Vergangenheit), dann entfaltet wird zu Welt (Äon der Gegenwart), um schließlich entfaltet zurückzukehren zu Gott (Äon der Zukunft). Dies: wie weltliches Sein aus Gott hervorgeht und nach langem Weg dann wieder zu ihm zurückkehrt, ist der große Kreis, den weltliches Sein vollzieht.

Schellings Philosophieren gewann darin die hohe Lebendigkeit zurück, die seinem Denken um 1797—1801 zu eigen gewesen und die durch den Einfluß Spinozas 1801 ff. zurückgedrängt worden war, eine Lebendigkeit, die Schelling

[4] Vgl. mein Buch über Schellings Philosophie der Weltalter, 1954.

dann niemehr aufgegeben hat. Die Idee des Processes hat seit 1809 ff. wieder sein Fascinosum zurückgewonnen und bis zu Schellings Tod behalten[5].

Das Weltaltersystem ist bekanntlich nie vollendet worden — die Öffentlichkeit hat mehr als einen Torso (die Freiheitsschrift von 1809 und die Schrift gegen Jacobi 1812) nie zu Schellings Lebzeiten kennen gelernt. Schelling ist 1812 in ein langes Schweigen gegangen, das erst 1827 gebrochen worden ist durch seine wiederaufgenommene Vorlesungstätigkeit in München. Dieser Wiederbeginn begann dabei mit der Ankündigung, daß er über das „System der Weltalter" lesen werde, faktisch war das damit Begonnene der Beginn der *positiven* Philosophie Schellings, von der nicht minder zu seinen Lebzeiten nichts veröffentlicht worden ist. Bis heute in ihrer Interpretation umstritten, sehe ich sie *so*, daß darin das 1809 ff. Konzipierte weitgehendst festgehalten, ja weitergeführt worden ist (zu einer Philosophie der Mythologie und der Offenbarung). Aber an einer entscheidenden Stelle hat Schelling aus dem 1814 (in einem seiner „Weltalter"-Entwürfe) Erreichten fundamentale Konsequenzen gezogen, die tief an die Fundamente des Ganzen griffen und Anlaß zu einer Neufassung und zur Auseinandersetzung mit Hegel geworden sind.

Schellings Philosophie von 1801 an ist zumeist — und Schellings lässige Formulierungen waren daran nicht unschuldig — als Pantheismus interpretiert worden. Wäre das wahr, dann wäre das System von 1801 ff. das System eines statischen (Welt ist Gott), das von 1809 ff. das eines dynamischen Pantheismus (Welt ist der werdende, zu sich selbst kommende Gott), und dann wäre das System von 1809 noch „fragwürdiger" als das von 1801, indem es das Göttliche nicht nur mit dem weltlichen Sein identifiziert, sondern sogar einem Prozeß ausliefert. Vom Theistischen her hätte sich darin sozusagen ein noch größerer „Verrat" am Göttlichen vollzogen. Ich kann solche Interpretation nur ablehnen: Schellings Philosophie war nie Pantheismus, sondern von Anfang an explicativer „Theismus", darin Gott als Ur-schoß, als ens implicans immer von Welt als dem ens explicatum geschieden wurde (und so hat Schelling auch Spinoza immer gesehen), und Schellings Weg war von da aus her gerade *nicht* der immer größere „Verrat" am Göttlichen, vielmehr genau umgekehrt: seine immer größere Erhellung und Abhebung vom weltlichen Sein zu eigener und klarer Transcendenz. Und *diese* Erhellung (der Hegelschen „Nacht, in der alle Kühe schwarz sind"), hat die immer neuen Wandlungen der Schellingschen Philosophie herbeigeführt. Genau gesagt: in Schellings Denken war (wie in vielen Denkern der christlichen Zeit) von Anfang an Plotin und das Denken der Bibel miteinander verbunden. Aber wenn darin anfangs Plotins Bythos den Primat hatte, so neigte sich alles bei Schelling immer mehr dem „lebendigen" Gott der beiden Testamente zu. Wie ich glaube, war das Absolute schon in der Identitätsphilosophie mehr oder weniger personal gefaßt. Aber das absolute Sein war von Schelling nicht näher durchdacht worden. Da alles „ewiger" Vorgang war, war

[5] wobei Schelling freilich erst in der Spätzeit begriff, daß „Proceß" nicht schon Geschichte i. e. S. ist.

alles in „ewigen" Verhältnissen geblieben. Die Weltalterphilosophie hat hier schon ungemein geändert. Die Geschichte des Seins war nun entscheidend Prozeß: Geschehen in Phasen. Von da aus hatte Schelling nicht gezögert, auch von einer „Entwicklung" Gottes zu sprechen. Gott war danach „im Anfang" nicht schon „fertig", will sagen: um sich wissende Person, er war ein „werdender" Gott und konnte es nach Schelling nicht anders sein. Idealistische Sicht (vgl. Fichte) kannte kein „von Anfang" an fertiges Bewußtsein. Solches war erst möglich in einem status secundus, darin das Ich durch Setzung eines Nicht-Ich am Nicht-Ich zu sich selbst kommt. Das hatte alles bei Schelling bestimmt: Faßte man das Sein im Ganzen als Prozeß, als Entwicklungsgeschehen, so ist Gott im Anfang, im „anfänglichen Anfang", sozusagen im aller-aller-ersten Sein, wo alles noch *ganz und gar ruht* und implicativ ist, nur erst Ich an sich: sinnendes Sein. Aber in einem (wenigstens logisch) nachfolgenden Akt ließ Schelling dann die Mächte des „Realen" und „Idealen" in Gott aufbrechen und daraus eine ganze Welt erstehen: die Welt der Ideen. Und *sie* brachten nach Schellings Ansicht Gott das Wichtigste seines Seins: an ihnen und durch sie begriff Gott sich, kam Gott zu sich selbst, „wurde" er Person als um sich wissendes Sein. Aus solchem Aufbrechen der Ideen leitete Schelling dann 1811 ff. die Setzung der Welt ab: die in Gott aufgebrochenen Ideen riefen (nach Schelling) Gott an, „muteten" ihm zu, ihnen doch über ihr nur ideales Sein hinaus auch *reales* zu geben, ein Anruf, dem sich Gott (nach Schelling) nur zu bereit geöffnet hat, sodaß er über die ideale Welt hinaus die reale setzte: Welt als die wesenhafte Realisierung von zuvor (nur) Idealem, wobei Schelling auch 1811 ff. diese Realisation als für Gott selbst ungemein Beglückendes faßte: schenkte sie doch Gott real, was er ohne ihre Setzung nur ideal besitzt. Ja, indem nun explicatio als großer Prozeß gefaßt wurde, konnte Schelling Welt und ihre Geschichte als den großen Prozeß der (nicht pantheistisch gemeinten) „Verwirklichung" Gottes fassen. Welt und ihre Geschichte hatten nun unmittelbar Sinn für Gott selbst. Sie beschenkten Gott selbst, da er durch sie seine zuvor nur implicative Fülle als entfaltete empfing.

Die ganze Art aber, wie Schelling nun Sein im Ganzen als großen Entwicklungsprozeß faßte, hatte ungemeine Konsequenzen, die erst langsam bei Schelling hervortraten. Schellings Gott ist 1809 ff. ein „werdender" Gott (niemand kann das bestreiten). Aber Gottes entscheidendes Werden vollzieht sich nach dem Schelling von 1811 ff. nicht in der Welt, sondern in einem *vorweltlichen* Geschehen. Gott ist schon *vor* dem Sein der Welt das Fundamentale geworden: Person als um sich selbst wissendes Sein[6]. Ja, gerade daraus, daß Gott solches schon vor allem Sein der Welt geworden ist, wurde für Schelling 1811 ff. Welt. Sie ist nicht der „Abfall der Idee" oder gar ein Sichhineinstürzen Gottes in die Welt und ihre Geschichte, damit Gott darin zu sich selbst kommt. Solches hat

[6] Was zugleich heißt: Personwerdung Gottes als „Verwirklichung" Gottes ist überhaupt nur *ein* Thema des ganzen Processes, nicht das alleinige (vgl. mein Weltalterbuch S. 297 ff.).

Gott „nicht nötig". Welt ist vielmehr souveräne und freie, bewußte Setzung des zu sich selbst zuvor gekommenen Gottes[7]!

Und hier ist nun die Stelle, wo sich der Einsatz des späten Schelling vollzogen und wo er seine Weltalterphilosophie grundlegend geändert hat. Schelling ließ im Grunde das Ganze der Weltalterphilosophie intakt und behielt die wesentlichen Strukturen bei. Gott blieb wie schon 1801 ff. im anfänglichen Sein die „absolute Indifferenz". Wie 1809 ff. war er nicht schon von Anfang an wissendes Sein, sondern wurde es erst in einem status secundus: durch den Aufbruch der Ideen in ihm. Aber — und das ist nun das Entscheidende und alles Bestimmende: wenn Schelling um 1811 ff. von daher alles kontinuierlich weitergeführt hatte (daß die aufgebrochenen Ideen Gott anrufen und er sich nur zu willig ihrem Anruf öffnet und sie real setzt, schenkt ihre „Realisierung" ihm doch hohe Bereicherung, die er ohne die Realisation nicht besitzt), *so zerbrach er 1827 ff. seinen Entwurf an dieser Stelle* — und damit alle weiterführende „Dialektik" — und rückte die These in die Mitte seiner Spätphilosophie (und sie ist die eigentliche Kernthese der positiven Philosophie, von der her alles seine neue Akzentuierung erhielt): kommt Gott *vor* aller Setzung der Welt zu sich selbst, und ist *dieses* „Werden" Gottes sein eigentliches Werden — kommt er doch darin entscheidend „zu sich selbst": dann *braucht Gott Welt nicht*, von Wesen her nicht. Wirklich Fundamentales kann ihr Sein ihm nicht mehr schenken, besitzt er solches doch schon *vor* allem Sein der Welt. Ist Bewußtwerdung des Ich mit allem Idealismus Kerngeschehen alles geistigen Seins, so ist Gott schon vor allem Sein der Welt dieses Bedeutsamste geistiger Existenz. Welt muß von Gott her nicht sein. So wurde die These von 1801 ff. und 1809 ff.: daß Gott Welt „irgendwie" braucht, daß sie ihm Bedeutsames schenkt, im Spätwerk ganz aufgegeben zu der Gegenthese: Gott braucht Welt entscheidend *nicht*. Er, von sich aus, hat sie nicht „nötig". Für ihn ist sie nicht not-wendig. Sie braucht ihm keine „Not zu wenden". Denn es gibt keine für ihn zu wendende Not. Gott braucht Welt nicht als Feld seiner „Verwirklichung". Von Schelling nun immer neu und höchst pointiert *so* formuliert: ob er die Ideen, die in ihm in statu secundo aufgebrochen sind, nun auch real setzt oder in ihrer Idealität beläßt: ihm selbst verschlägt's nichts! Ihre Setzung oder Nichtsetzung ist für ihn *gleich gültig* und damit „gleichgültig". Für sein tiefstes Sein: daß er Person ist bzw. „wird" liegt an ihrer „Realisierung" nichts. Das hat er ohne ihre Realisation. Anders: Gott braucht zwar Welt, aber ihm genügt „nur ideale" Welt. Schon an ihr kommt er zu sich selbst, wobei Schelling dem allen nun — und das sicher in der Front gegen Hegel — die pointierte Fassung gegeben hat: Gott ist schon vor dem Sein der Welt *absoluter Geist,* ist es im wörtlichsten Sinne. Er ist als Seiendes, das der Welt nicht bedarf, ens *absolutissimum. Seiendes,* das von allem Zwang und aller Nötigung und Not-wendigkeit *„gelöst"* ist (ab-solutum). So ist es und so *muß* es sein, sagt nun Schelling. Soll Gott wirklich ens absolutissimum sein, so muß Philosophie das endlich ganz und gar

[7] Vgl. Weltalterentwurf von 1814 S. W. VIII, 281 ff.

ernstnehmen, und Gott von aller Nötigung, allem Drang und allem Zwang, allem Geneigtsein zu ... etc., *lösen*. Gott ist dann vom Wesen her von allem Zwang und aller Notwendigkeit *freier Geist*. Absolutes Sein ist los-gelöstes, ist von Wesen *freies* Sein. Jede Philosophie, die Welt daraus ableitet, daß Gott (das Absolute!) sie „irgendwie" braucht, nötig hat, daß sie ihm irgend etwas schenken soll und könnte, was er ohne sie nicht zu haben vermag, verfehlt das Absolute. Wahre Philosophie muß das Absolute wirklich das Absolute sein lassen, das von Wesen her Voll-kommene und Voll-endete: Seiendes, das je immer schon und vor aller Welt und unabhängig von ihr ins Volle „gekommen" ist und sein „volles Ende" erreicht hat. Das Vollendete muß von Wesen her, d. h. von Ewigkeit her Vollendetes sein und nicht Seiendes, das erst durch Welt und ihre Geschichte solche Voll-endung erlangt. Schellings Grundidee (und er hat sie nicht ohne Pathos immer wieder herausgestellt): anders kann niemand das Absolute wollen, wenn er das „Absolute" wirklich als Ab-solutes versteht. So nun Schellings Formulierung, in der er sich von der Weltalterkonzeption löst: gibt es in Gott schon den Prozeß der Entstehung der Welt der Ideen, so kann es für ihn „selbst ... nur *völlig [!!] gleichgültig* sein, ob die Momente des Prozesses etwa bloß logische sind [und bleiben] oder auch reelle sind; er lernt sie ... nicht erst dadurch kennen, daß er sie als voneinander abgesetzte verwirklicht" (S. W. XIII. 286). Von Gott her gibt es wesenhaft keine „Nötigung, aus sich herauszugehen". Gewiß ist „Gott ... nicht Gott ... ohne die Welt" (a. a. O. 250). Aber man verfälscht diesen Satz, wenn man ihn deutet: ohne *reale* Welt. Ideale Welt allein genügt ihm. Er kennt auch ohne reale Welt sich selbst in der Fülle seiner Möglichkeiten und Ab-Gründe. Darum kann „der Erfolg dieses Actus [der Weltsetzung] für Gott selbst doch eigentlich und letzthin ohne Resultat sein ... da er sich auch *ohne* diesen Actus, in seinem *ersten* sich Innewerden [schon], wo er die Gestalten zuerst [= zum ersten Mal] von sich ... unterscheidet, in der ganzen Vollständigkeit seines Seins erblickt"[8]

[8] Ähnlich schon im W. S. 1827/28: Warum ist Welt? „er hat [sie] ... für sich nicht nötig. Er ist seines [Seins auch so] ... sicher. Für wen ist denn diese Selbstdarstellung [explicatio], diese Offenbarung? Für ihn selbst nicht. Er hat nicht nötig sich einen Spiegel zu verschaffen, in dem er sich beschaut ..." (N. 27/28 S. 271) bzw. diesen Spiegel hat er bereits vor dem Sein der Welt durch das Reich der Ideen; hat er ihn so auch nicht „sofort" — in statu primo, so doch in statu secundo. Ja, Gott verbleibt eigentlichen „keinen Augenblick in dieser Ewigkeit [des völlig unaufgeschlossenen Seins], indem sich ihm die Möglichkeit [einer Welt „von Anfang an"] ... darstellt. Es stellt sich ihm dar als eine vollkommene Möglichkeit, weil es für ihn die erste Möglichkeit ... ist, und die Einsamkeit seines Seins durchbricht und Er so darin den ersten Gegenstand seiner Ergötzung sieht, womit er sich beschäftigt" (N. 27/28, S. 363). „Alle Dinge waren als ideale Vorstellungen, gleichsam als Visionen des göttlichen Bewußtseins" schon vor Welt da. Und solches genügt für Gott; es *ist* schon Erfüllung. Vgl. eine späte Formulierung Schellings (wohl erst aus der Berliner Zeit): „Gott ist nicht Gott ohne die Welt, heißt in neuerer Zeit so viel: er ist nicht ...absoluter Geist, ohne durch die Natur ... hindurchgegangen zu sein ... Aber Gott ist schon *vor* der Welt Herr der Welt, Herr nämlich, sie zu setzen oder nicht

(a. a. O. 277). Gott ist Geist vor allem Sein der Welt, dem Schelling nun — gegen Hegel — die pointierte Wendung im Spätwerk gab: Geist ist nicht (wie Hegel anzunehmen meint), Seiendes, das sich aussprechen kann, manifestieren kann und will, sondern Geist ist, was sich selbst *behalten* kann, was Herr ist seiner selbst, was Verfügung hat über sich; in Schellings nun immer wieder herausgestellter Formulierung (und ihre Pointe gegen Hegel ist unübersehbar): Geist ist jenes, was „sich äußern und *nicht* äußern kann". Dies also, daß Geist sich behalten kann, daß er sich nicht äußern muß, daß Geist von Wesen her *freier* Geist ist — das ist Mitte des Schellingschen Spätwerks geworden. Alle seine Vorlesungen haben solches immer neu in die Mitte gerückt. So im W. S.

zu setzen. Der ... welcher Schöpfer sein *kann,* ist ... [schon] der wirkliche Gott ...; denn er ist schon wirklich Gott als Herr der bloßen Potenzen, und würde als der eine Welt setzen *könnende* ... [schon] Gott sein, wenn auch [reale] Welt nie existierte, d. h. wenn er jene Potenzen auf immer als Möglichkeiten bei sich behielte" (S. W. XIII, 291). Schon der Aufbruch der Ideen in Gott befreit ihn aus dem „nichtwissenden" Sein des ungegliederten Seins. Schelling hat darum in der Spätzeit (aber auch schon 1814 S. W. VIII, 290) sehr betont: wenn man Gott als weltfreien Gott wolle, so bedürfe man notwendig des Philosophems des Ideenreiches in Gott, bedürfe man eines *vor*weltlichen Raumes, in dem sich das (notwendige) „Zu-sich-kommen Gottes" vollziehe. „Soll die Welt nicht als eine Emanation der bloßen göttlichen Natur, sondern als frei gesetzte Schöpfung des göttlichen Willens erscheinen, so wird schlechterdings gefordert, daß zwischen dem seiner Natur nach ewigen Sein Gottes und der Tat, durch welche ... die Welt gesetzt wird, etwas in der Mitte sei" (XIII, 292). Echte Tat kommt immer aus Überlegungen (vgl. „nisi volitum, quod non cognitum"), aus einer zuvor concipierten „Idee"; nur kopfloses Handeln ist „besinnunglos". Taten aus Freiheit kommen aus Überlegen. Echte Tat „existiert" zuvor immer „ideal", ehe sie sich umsetzt ins Reale. Darum ist es ein dringendes Postulat für Gott als den absoluten Geist, „daß wir zwischen dem an sich ewigen Sein Gottes und der Schöpfungstat [das Reich der Ideen] ... annehmen müssen, um diese als den freiesten Entschluß zu begreifen" (a. a. O. 303). Solche Formulierungen gibt es bei Schelling schon vom W. S. 1827/8 an. So im W. S. 1831/32: „Zu dem Begriff der freien Schöpfung wird besonders Eins erfordert, daß zwischen dem seiner Natur nach ewigen Sein Gottes und zwischen der Tat, durch welche die Welt entstanden, etwas in der Mitte sei. Ohne ein solches Mittel könnte die Welt nur als eine unmittelbare Emanation der Gottheit gedacht werden". „Unstreitig stand es in der Macht Gottes, diese Möglichkeit bei sich zu behalten ...". Ganz ähnlich formulierte Schelling im S. S. 1833: „Es gibt keine [freie] Schöpfung wenn nicht zwischen ihr und der absoluten Ewigkeit etwas in der Mitte liegt. Insofern bietet jene Urmöglichkeit den Gegenstand dar, mit welchem das göttliche Bewußtsein beschäftigt war *vor* der Schöpfung ... Alles, was wir *frei* vollbringen, muß erst in unsern Gedanken sein, ehe es in der Wirklichkeit ist. Soll die Welt nicht als eine notwendige Emanation, sondern als freie Schöpfung erklärt werden, so gehört dazu, daß diese Welt im göttlichen Gedanken oder zunächst in der göttlichen Imagination bereits dagewesen ist, ehe sie durch göttlichen Entschluß in die Wirklichkeit hervortrat. Wir müssen es als zu dieser Vorstellung von einer freien Schöpfung [passend] betrachten, daß ... Gott alle seine Werke bekannt sind von Ewigkeit her" (N. 33 S. 144). An diesem zentralen Gedanken scheitert, wie mir scheint, jeder Versuch, Schelling als Vertreter eines dynamischen Pantheismus zu interpretieren, wonach Gott (erst) in der Welt zu sich kommt. Gott hat diesen „historischen Curs" nicht nötig.

1831/32: „Denn Geist nennen wir im Allgemeinen, was frei ist, sich zu äußern oder *nicht* zu äußern, sich erkennbar zu machen oder *nicht* erkennbar zu machen. Ein Körper ist keineswegs frei, sich zu äußern oder nicht zu äußern. Er *muß* sich äußern. Aber der Geist äußert sich nur, wenn er sich äußern *will*. Bei dem Menschen ist Freiheit eine relative. Schon die Bedürftigkeit seiner Natur nötigt ihn, sich zu äußern. Aber der absolute Geist ist notwendig auch der *schlechthin Bedürfnislose* . . ., er ist frei sich zu äußern oder nicht zu äußern." (N. 31/32, S. 93), „zu wirken oder nicht zu wirken" (Paulus S. 472). Gott besitzt ohne Welt sein eigenes Sein und alles Wichtige, was ihm eigen sein muß. So heißt es nun bei Schelling immer wieder sehr betont: Gott ist schon vor und unabhängig von Welt „der vollkommene, der in sich beschlossene, sich selbst genügende, nichts außer sich bedürfende und damit „absolute Geist" (S. W. XIII. 250). „Der vollkommene und nur darin auch absolute freie Geist . . ., der nach *keinem* außer sich strebend oder gezogen, keines außer sich bedürftig, sondern in sich beschlossen und vollendet . . . ist" (a. a. O.). Er ist von Wesen her Seiendes, das sich selbst genügt, ja, das Einzige, was sich genügt. Alles endliche Sein ist voller Bedürfnisse und Nöte, voll unerfüllter Potenzen. Gott ist actus purus, Sein ohne alle Potenz. Er ist reine Wirklichkeit.

Und dann fast hymnisch: „Er ist der durch sich selbst, durch seine Natur *Einsame* (solitarius)", jener, der *ganz* bei sich und allein bleiben kann, ist er doch Fülle und Seligkeit an sich selbst. Er ist „los, ledig und frei, . . . in diesem Sinne der *absolute* . . .; denn absolut sein heißt dem Sprachgebrauch gemäß . . .: ganz frei von jeder Beziehung oder Verbindung sein" (a. a. O. 260/61).

Es ist unübersehbar und des Staunens wert: Der Gott des Aristoteles, dieser Gott, den Aristoteles unbekümmert um Welt von Ewigkeit her in der reinen Noesis leben läßt, ist hier nach langer Wanderung Schellings bei ihm wiedererstanden und neu gefeiert und von da aus ist die Auseinandersetzung mit Hegel begonnen worden: ist Gott wirklich absoluter Geist, so muß man vor *seinem* Sein mit aller „logischen", will sagen: dialektischen Philosophie aufhören, mit all jenen Versuchen, aus einer Dialektik des Absoluten Welt und Geschichte ableiten zu wollen (daß der Geist sich „realisieren" müsse, manifestieren etc.), Philosophie muß sich angesichts des Absoluten von Grund auf zu einer „geschichtlichen" Philosophie bekennen, zu einer Philosophie, die nicht apriori über das Absolute verfügen will, die vielmehr gewillt ist, a posteriori den „Wegen Gottes nachzugehen", will sagen: der Geschichte seiner in Freiheit gesetzten Tat-sachen. Echte Philosophie kann um des Absoluten willen nur „positive" Philosophie sein: Philosophie, die nach-denkt (im wörtlichsten, zeitlichsten Sinn) dem vom Absoluten „Gesetzten", um es nachdenkend (im üblichen Sinne) zu erschließen. Echte Philosophie kann im weitesten Sinne nur Philosophie der Offenbarung sein, Philosophie, die geduldig dem sich Zug um Zug offen-barmachenden Absoluten nachgeht. Echte Philosophie muß sich der Verzauberung eines „Systems der Notwendigkeit", und sei es eine noch so „heilige" Notwendigkeit, darin sich „von selbst" eins aus dem anderen „notwendig" und von Sinn her ergibt, entschlagen und sich zum einen „System der Freiheit" bekennen, das in der Freiheit des Absoluten gründet, eines Absoluten, das sich äußern und nicht äußern, so oder auch anders äußern kann, was aber heißt: echte Philosophie muß nach Schelling, nimmt sie das Absolute wirklich *als* Absolutes ernst, auch auf das Wichtigste, ja Kostbarste verzichten, was ihr anliegt: auf ein Begründenwollen von Welt vom Absoluten her. Solches ist wesenhaft unmöglich. Echte Philosophie muß sich um des Absoluten willen zu der Wahrheit (die nicht ohne leise Bitterkeit ist) bekennen, daß Welt für Gott nur *gleichgültig* sein kann, Seiendes, das er nicht braucht ... Die große Verführung, die seit Spinoza jedes „System der Notwendigkeit" ausgeübt hat, muß aufgegeben werden.

Man kann es nicht übersehen: es ist ein neuer Ton in Schellings Reden: dieses Pathos des Absoluten, aber zugleich — man sieht es nicht ohne Erschrecken — dieses Preisgeben von Welt, wobei es gerade die Größe seiner voraufgehenden Entwürfe gewesen war, daß sie Welt von da her so sehr gefeiert hatten. Aber der späte Schelling ist hier unerbittlich gewesen, und von hier aus hat er alles Philosophieren der Kritik unterworfen: es habe fast nie Gott als Absolutes erreicht: nicht Plato mit seiner ungeklärten Methexis, nicht Plotin mit seinem „überströmenden" Bythos; nicht Böhme mit seiner seltsamen „Gottgebärung", vor allem nicht Spinoza, aber auch nicht Leibniz — und nicht zuletzt: er selbst! Alle diese Systeme seien „negative" Systeme gewesen — sein eigenes eingeschlossen: sie seien „negativ" gewesen der Freiheit des Absoluten gegenüber. Von daher hat Schelling bekanntlich nicht gezögert, von 1827 an in seinen Vorlesungen sein eigenes Philosophieren zu kritisieren, wobei freilich (aus hier nicht zu erörternden Gründen) nicht seine einstige Weltalterphilosophie mitvorgelegt wurde, vielmehr nur sein Philosophieren bis 1806[9]. Aber mitgemeint waren sicher auch die Weltalterentwürfe, wenn Schelling z. B. im W. S. 1832/33 formulierte: In seinem früheren Philosophieren sei das Absolute immer *so* gefaßt worden, daß es ihm sozusagen „natürlicher" gewesen sei, Welt zu setzen als *nicht* zu setzen. Wenn aber das: „Was fehlte hier also zur Freiheit und zu einem [wahrhaft] geschichtlichen Anfang? — Hier ist es notwendig, mit aller Schärfe zu unterscheiden und sich nicht täuschen zu lassen. Dieses „natürlich" schließt [gewiß] nicht alle Freiheit aus. Aber es ist doch nicht in *jeder Hinsicht* reine und *vollkommene* Freiheit — eine solche ist nur da, wo es für mich selbst *vollkommen gleichgültig* [gleich gültig] ist, welches von beiden ich tue. Die höchste Ursache ... soll [aber] eine in *diesem Sinne* freie sein, ut perinde sit, ob sie etwas außer sich ... setzt; daß dieses relativ auf *sie* völlig gleich sei" (N. 32/33, S. 131). Nimmt man irgendein Bedürfnis in Gott an, und sei es auch nur das geringste, irgend eine Not-wendigkeit, d. h. eine Not, die zu wenden wäre, so hat man das Absolute in seiner Absolutheit nicht erfaßt. Solches geschah aber in den einstigen Entwürfen. Immer gab es da eine, wenn auch noch so

[9] Vgl. Kantstudien Bd. 47 (1955/56) S. 384, dort auch Schellings Kritik vom W. S. 1827/28.

geringe, „Bedürftigkeit" Gottes, die ihn nach Welt verlangen ließ, eine „Not", die das Sein der Welt zu wenden vermochte. Welt und ihre Setzung war hier Gott nicht völlig gleichgültig, sondern er gewann etwas durch ihr Sein. Wenn aber das, dann waren diese Entwürfe nicht ins Rechte gekommen.

Im W. S. 1833/34 hat Schelling noch ein wenig schärfer formuliert: Nie sei in seinen einstigen Entwürfen das Absolute wirklich als Ab-solutes gedacht worden, denn sicher ist, daß wir „nur das System wahrhaft wollen können, welches die Freiheit [des Absoluten] in *unbedingtem* Sinne behauptet. Was ist [aber] Freiheit im unbedingten Sinn? — Wenn ich mich in dem Fall befinde, irgendetwas tun zu wollen oder nicht zu wollen, so scheine ich mir allerdings schon dadurch frei zu sein, daß die Wahl bei *mir* ist. Denken Sie sich aber den Fall *so,* daß mit meiner Handlung ein *unschätzbarer* Lebensgewinn verbunden sei, sogar ein Gewinn für mein besseres Selbst: wenn ein solcher Preis auf eine Handlung gesetzt ist, wäre es nicht unnatürlich, wenn ich mich *nicht* zu dieser Handlung entschlösse? — Zwar bin ich nicht gezwungen, aber dennoch wird es mir *natürlich* sein, die Handlung nicht zu unterlassen. Nun haben wir uns ja [in der früheren Philosophie] ausgedrückt, „Gott sei es natürlich", Welt zu setzen. — „Eine *unbedingte* Freiheit sehe ich nur da, wo es [völlig] gleichgültig ist, ob ich etwas tue oder nicht tue. Nun könnte es aber wohl sein, daß ich für die erste Ursache eine *solche* Freiheit verlange, die nur bei einer *vollkommenen* Gleichgültigkeit hinsichtlich ihrer selbst stattfände. Erst darin könnte ich die *wahre* Freiheit der ersten Ursache zu sehen meinen, und wenn wir einmal ein System wollen können, das die Freiheit der höchsten Ursache behauptet, so können wir [nur] ... ein System wollen, das die *unmittelbare, unbedingte* Freiheit will. Es ist uns erlaubt, zu sagen: die höchste Ursache wollen wir in *dem* Sinne, ut perinde sit, ob es etwas außer sich setzt oder nicht. So ist es aber klar, daß *diese Freiheit* in dem eben dargelegten Systeme *nicht* ist."[10] Nur wenn das Absolute *so* gefaßt wird, daß Setzung der Welt „unbeschadet seiner selbst sein und *nicht* sein kann, dann werden wir es als *absolut frei* betrachten."

Schellings eigenes System bedarf darum nach Schelling neuer Fassung. Es selbst und mit ihr alle Philosophie bedarf der Reform um des Absoluten willen. „Die wahre Reform wird erst *die* sein, welche an Stelle des ungeschichtlichen [mit irgendeiner Dialektik des Absoluten arbeitenden] das wahrhaft geschichtliche System aufstellt" (N. 32/33 S. 13), ein System echter Freiheit. „Die Welt als eine frei gesetzte wollen und demnach einen *freien* Geist als Setzenden der Welt: dies muß die Philosophie entschieden aussprechen ... Damit [aber] dieser Geist ... wirklich frei sei, jenes Sein zu setzten oder *nicht* zu setzen, zu diesem

[10] Die Nachschrift von Bernhard Fuchs (vgl. dazu mein Buch „Schellings letzte Philosophie" S. 312 und: Blätter f. deutsche Philosophie 1940, S. 265 ff) setzt noch hinzu: Nur da ist „unbedingte Freiheit, wo es einerlei und vollkommen gleichgültig ist, ob ich etwas tue oder nicht tue. Wenn ich z. B. einen Spaziergang aus der Stadt machen will — ohne alle Nebenabsichten — so liegt doch nichts daran, ob ich links oder rechts um sie herumgehe ..."

Ende muß er eben vollkommener Geist sein, d. h. *in sich beschlossen und vollendet . . .*" (N. 31/32, S. 93). In einer anderen Formulierung Schellings, die bald höchstes Gewicht bekam: Gott muß von Wesen her *Herr* sein und als Sein *vor* aller Welt Sein in absoluter *Herr-lichkeit.* Kein Drang darf ihn bedrängen. Keine Notwendigkeit ihn zu einem bestimmten Handeln veranlassen wollen. Dann wäre Gott nicht absoluter Herr seiner selbst und seines Tuns: Herr seiner Entschlüsse. An Gottes Herr-lichkeit muß echter Philosophie alles gelegen sein[11].

Ich bin der Meinung, daß hier die Mitte des Schellingschen Spätwerks liegt: dieses späte Philosophieren ist der leidenschaftliche, ja pathetische Kampf um die Absolutheit des absoluten Geistes. Um dessentwillen ist die Weltalterphilosophie geändert worden, so sehr auch Wesentliches davon geblieben ist. Geht man den Vorlesungen Schellings in den Münchner Jahren nach, so erfährt man erst wirklich, wie wesentlich ihm das genannte Anliegen war. Die ganzen Vorlesungen sind im Weg der Münchner Jahre nicht sonderlich geändert worden — aber es gab immer neue Einschübe, neue Formulierungen, „Ausflüge" Schellings, um sein eigentliches Anliegen weiter zu nuancieren und klarer herauszustellen.

Ich muß es mir im Rahmen dieses Aufsatzes versagen, im Einzelnen den Gründen nachzugehen, aus denen heraus sich Schelling so geändert hat. Es gibt der möglichen Antworten viele. Nahe läge es, anzunehmen, daß der einstige Theologe Schelling wieder ins Theologische zurückgekehrt ist, daß das Pathos Gottes bzw. des Absoluten ihn überfallen hat, wonach Theo-logie primär Aussage sein muß (Logos) über GOTT; mag dann aus allem anderen werden, was immer. Nahe läge auch, darauf hinzuweisen, daß der späte Schelling weitere Nähe zum Christlichen gesucht hat. Solches war sicher im Spiel. Aber ich glaube, anderes war bedeutsamer. Allem zuvor dies, daß Welt für den späten Schelling ihren Rang, ja ihren großen Mythos verloren hatte[12], jenes, was in den Jahren 1801 ff. so groß gewesen war, aber auch — wenn auch in leise gewandelter Form — in der Weltalterphilosophie. Denn wenn sich Schelling auch in dieser Phase der „Nachtseite" des Seins zugewandt hatte, so kann doch niemand übersehen, daß solches nicht zuletzt sich aus romantischer Faszination ereignet hatte, darin Böhmes große Welt alles bestimmte.

Aber mitten in solch neuem Unterwegssein ist dann Caroline gestorben. Manch „Romantisches" ist da bei Schelling abgebröckelt und hat allem anderen Akzent gegeben. Vor allem sind aber dann die schweren unfruchtbaren Jahre von 1814 ab gekommen, in denen Schelling die Vollendung seiner „Weltalter" nicht gelang, diese Jahre, die die eigentlich schweren Schellings gewesen sind — was sich jedem, der sich mit Schellings Briefen dieser Zeit beschäftigt, mühelos erschließt. In jenen Jahren ist viel in Schelling zerbrochen — wie sehr, das zeigt nicht zuletzt die mühsame Diktion der Spätphilosophie, jenes formelhafte Den-

[11] Vgl. dazu meinen Aufsatz in den Schellingstudien 1965. Er zeigt, wie weit Schelling sein Ringen um die Freiheit Gottes vorgetrieben hat.

[12] Vgl. mein Buch „Schellings letzte Philosophie", S. 207 ff, 228 ff.

ken, das schon in Erlangen so verheerend begann. Welt hatte für Schelling ihren Glanz verloren — zu solchem paßt nur zu sehr, daß die Spätphilosophie den 1809 so großen Mythos des „Realen" wieder aufgegeben hat, dieses Faszinierende seines damaligen „Real-Idealismus", der das „Reale" nicht als das Gegengeistige faßte, sondern als die große, allem Werdenden Dynamik gebende Macht, ohne die Seiendes nicht wahrhaft lebendig zu sein vermag. Solches verkündet die Spätphilosophie nicht mehr, so wenig, wie sie Welt noch als Beglückendes für Gott faßt (obwohl Ansätze dazu nicht *völlig* aufgegeben sind)[13]. Die Spätphilosophie ist kaum noch „Welt"-Philosophie. Sie grübelt — und es begann schon 1811 — fast nur noch um Gottes Sein und seiner Erhellung gilt fast die ganze denkerische Arbeit. Alles war nun einzig darauf gezielt, die absolute Absolutheit endlich zu gewinnen, so daß die Entwicklung des göttlichen Seins in den „Weltaltern" nicht mehr gültig bleiben konnte ... Aber neben solchem gab es natürlich noch andere Gründe: allen zuvor war Hegels Aufstieg bedeutsam: 1812 das Erscheinen des 1. Bandes der „Logik", dann aber vor allem 1817 das Erscheinen der „Encyklopädie". Grübelte Schelling über einem neuen Gesamtentwurf, ohne daß er ihm gelang, so mußte er nun sehen, wie der einstige Freund jetzt einen solchen vorlegte. Aber hier begann auch Schellings Anstoß: grübelte er seit längerem um ein umfassenderes System aller „Weltalter", das aus göttlicher Freiheit beginnen und in Gott enden sollte, wollte auch er einen alles verbindenden Zusammenhang dieses großen Prozeß des Seins, aber aus Freiheit und Entschluß, so sah er in Hegels „Encyklopädie", wie hier ein ungemein dialektischer Kopf wieder alles in eine einzige, umfassende Dialektik zu fassen versuchte: in eine Dialektik des absoluten Geistes bzw. der Idee. Aber je tiefer Schelling darüber nachsann — und er tat es sicher mit dem wachen Blick des Gegners — desto mehr schien ihm klar, daß hier ein Denken nicht zur Klarheit gekommen war. Im Gegenteil, der einstige Freund, der *ihm* 1807 vorgeworfen hatte, sein Absolutes sei unerhellt („Die Nacht, in der alle Kühe schwarz sind"), schien seinerseits in einer „Nacht" seines Absoluten geblieben zu sein. Da wurde zwar oft vom absoluten Geist gesprochen, von einem „Sichentlassen der Idee", einem „Sichentschließen", aber war dieser „absolute Geist" wirklich *absoluter* Geist? War er nicht auf Welt hin drängendes Sein, das sich manifestieren will und muß als alles bestimmende Idee? Da wurde beim Übergang der „Logik" zur Naturphilosophie zwar vom „Sichentlassen der Idee" gesprochen (und meinte das Ganze nicht im Tiefsten den „Übergang" des Absoluten zur Setzung von Welt?), aber gab es hier wirklich Freiheit, war das Absolute überhaupt Person? Absoluter, von allem Zwang losgelöster Geist? Doch offenbar nicht. Hier war — so schien es Schelling — nicht nur vieles ungeklärt; hier schien eindeutig nach Spinoza ein zweites großes „System der Not-

[13] In der Welt wird nach dem späten Schelling nicht Gott als Person, aber Welt bringt die Entfaltung der göttlichen *Personen* — eine Idee, die Schellings späten Entwurf sehr bestimmt.

wendigkeit" zu erstehen, das alles aus der Notwendigkeit der Idee zu begreifen versuchte. Und von daher dürfte Schelling bald seine Aufgabe gesehen haben: es galt die einstige „Weltalter"-Philosophie (das „System der Weltalter") nicht zuletzt gegen Hegel klar und eindeutig als „System der Freiheit" aufzubauen; eine große positive Philosophie, die sich (endlich) positiv zur absoluten Freiheit des Absoluten bekannte und alles von *daher* darzustellen versuchte.

So ist, wie ich glaube, Hegels „Encyklopädie" zur entscheidenden Frage an Schelling geworden[14] und Anlaß zu dem höchst Überraschenden, daß er seit 1827 sich zu allen jenen Denkern bekannt hat, die um die Personalität des Göttlichen gerungen und sie gegen Spinozas Denken geltend gemacht haben: zu Jacobi, Hamann, und nicht minder zu Friedrich Schlegel[15].

Alles konzentrierte sich nun bei Schelling auf dieses neue Anliegen, dem seine ganze denkerische Arbeit dann von 1827 bis zu seinem Tode gegolten hat. Großes wurde dabei geopfert (— oder hatte seine Bedeutsamkeit verloren): der Ausbau des um 1809 ff. concipierten umfassenden Systems des „Real-Idealismus", das gegen Hegels „Monismus des Idealen" so bedeutsam hätte sein und so gültig neben ihm seinen Platz hätte einnehmen können. Lang Verdrängtes

[14] Schellings Angriff gegen Hegel ist primär immer von dem in der „Logik" und „Encyklopädie" Gesagten ausgegangen. Dabei hat Schelling Hegel nicht dynamischen Pantheismus vorgeworfen, sondern Ungeklärtheit der Position. Gemeint war damit etwa das 1812 in der „Logik" Gesagte: „So wird noch mehr der absolute Geist, der als die konkrete und letzte und höchste Wahrheit alles Seins sich ergibt, erkannt als am Ende der Entwicklung sich mit Freiheit entäußernd und sich zur Gestalt einer Welt sich entschließend, welche alles *das* enthält, was in die Entwicklung, die jenem Resultat vorangegangen, fiel ..." (1812, S. 9). Dabei hat Schelling wohl keine Klärung darin gefunden, wenn Hegel in der 2. Auflage formuliert hat (sie erschien erst nach Hegels Tod 1833): „So wird nicht mehr der absolute Geist, der als die letzte ... Wahrheit des Seins sich ergibt, erkannt als am Ende der Entwicklung sich mit Freiheit [!!] entäußernd und sich zur Gestalt eines unmittelbaren Seins entlassend — zur Schöpfung einer Welt sich entschließend, welche alles das erhält ..." usw. (1833, S. 58). Schelling bemängelte dann vor allem die ihm nicht minder unklaren Formulierungen Hegels in der „Encyklopädie" beim Übergang von der „Logik" zur Naturphilosophie: „Die absolute Freiheit der Idee aber ist, ..." (vgl. Ausgabe Pöggeler, Nicolin S. 196/7. Hegels Änderung von der Auflage von 1817 zu der von 1827 und 1830 ist hier gering). Es muß im Übrigen offengelassen werden, wann Schelling Hegels „Encyklopädie" wirklich gelesen hat (erst um 1821?). In Erlangen nahm Schelling erstmals im August 1822 Stellung gegen Hegel. Was er dabei wirklich gesagt hat, ist uns verschlossen (vgl. S. W. X, 161). In München sagte Schelling anfangs (W. S. 1827/28) gegen Hegel fast nichts. Die Stellungnahme gegen Hegel begann so i. e. S. erst nach Hegels Tod, im W. S. 1832/33, wo Schelling schon ein Großteil dessen sagte, was heute in S. W. X. 126 ff. vorliegt. Ein Mitschreiber von Schellings Kolleg vom W. S. 1831/32 weiß übrigens am 10. 1. 1832 zu berichten, Schelling habe von einem „berühmten Lehrer" gesprochen und Hegel damit gemeint. Der Mitschreiber notiert dabei: „Hegel ... dessen kurz vor diesem Vortrag erfolgten Tod Schelling beklagte" (N. S. 31/32, S. 145).

[15] Genaueres darüber werde ich an anderer Stelle vorlegen.

hätte dann endlich seine Rehabilitierung finden können. Ist doch im Weg des abendländischen Denkens, fast von seinen Anfängen an, der *eine* Pol des Seins immer wieder als minderwertig, ja als nicht-ig abgedrängt und diskreditiert worden: der Pol des „Realen", des Materiellen, des „Sinnlichen". Es begann schon bei Plato, wo die große „Entdeckung" des Geistes alles andere überstrahlte, aber auch bei Aristoteles kam es nicht zu klarer Würdigung, und dann verlor sich bald alles, bei Philo, Plotin, Origenes, Augustinus, den mittelalterlichen augustinistischen Philosophen und Theologen, bei Descartes bis hin zu Fichte. Der Ausbau der Weltalterphilosophie unter Festhaltung der wichtigen Conception des Gesamt-real-idealen Seins hätte gerade in der Abhebung gegen Hegel der Zeit viel schenken können. Aber Schelling, den so Problemoffenen und sich darum immer wieder wandelnden, riß nur das Eine hin: eine Philosophie des Absoluten. Das schien Hegel gegenüber aufgegeben und im Ringen der Zeit.

Indem Schelling aber sich in diese neue Problematik immer tiefer einbohrte, mußte sein Denken notwendig zu ganz Wesenhaftem vorstoßen: das Verhältnis von Gott und Welt war neu zu überdenken. Es konnte offenbar nicht mehr *so* gefaßt werden, wie es in der Identitätsphilosophie und Weltalterphilosophie gefaßt war. Dazu sei abschließend ein kurzes Wort gesagt.

Wenn Gott wesenhaft ens absolutissimum sein soll, dann bleibt offenbar nur dies, daß Welt in ihrem Sein oder Nichtsein für *ihn völlig gleichgültig* ist. An diesem harten Wort war dann offenbar nicht vorbeizukommen — und Schelling hat es denn auch immer neu formuliert. Der große Bezug Gottes zur Welt, der in Identitäts- und Weltalterphilosophie so bezwingend und faszinierend gefaßt worden war, daß Gott sich expliciert, um *sich* das Explicierte zu schenken — war dann aufzugeben. Mochte Welt immer noch als explicatio gefaßt werden (und der späte Schelling hat es nie aufgegeben), so konnte diese explicatio *nicht* explicatio für *Gott selbst* sein. Gott braucht Welt nicht. Welt war damit zunächst preisgegeben — preisgegeben und „geopfert" vor der „Logik" des Absoluten. Tieferhin: wenn es vom Begriff des Absoluten her abgelehnt werden muß, Welt in ihrem Sein vom Absoluten her Sinn zu geben: war dann „absoluter" Sinn des weltlichen Seins überhaupt noch möglich? War Welt dann nicht von Grund auf „un-sinniges" Sein? Wie eine Antinomie schien alles — und die Theologie hat seit längerem darum gewußt: will philosophisches Denken der Welt Rang geben, womöglich vom Absoluten her, so ist solches offenbar nur durch einen „Verrat" am Absoluten als Absoluten möglich. Und umgekehrt: will man das Absolute als ens absolutissimum, so ist eine Preisgabe des weltlichen Seins offenbar nicht zu umgehen. Schelling war solches nicht verborgen, und wenn er bis dahin immer Welt Rang gegeben hatte, — aber nicht, ohne dem Göttlichen nahezutreten, so war er nun gewillt, ganz dem Absoluten zu geben, was ihm zu gebühren schien, mochte Welt dabei auch frag-würdig werden. Denn wenn Gott Welt nicht „braucht" und nicht notwendig haben *darf*, ja, wenn Gott schon an sich und vor aller Welt seliger, um sich wissender Geist ist: *Warum ist dann überhaupt Welt?* Warum blieb Gott dann nicht allein, in seiner allesgenügenden Seligkeit, da nur er ist und sonst nichts, sondern warum entschloß er sich „eines Tages" dazu, daß neben und „außer" ihm Welt sein solle? Warum schien es ihm — um alles zu verschärfen — gut, daß neben ihm als dem Absoluten noch *Endliches* sei? In Schellings berühmt gewordener Formulierung: „So treibt alles zur letzten verzweiflungsvollen Frage: *Warum ist überhaupt etwas* [sc. außer dem Absoluten!], *warum nicht nichts?*" (S. W. XIII. 7). Warum ist überhaupt weltliches Sein? Das ist zu einer fundamentalen Frage der positiven Philosophie Schellings geworden — und von seinem ganzen Ansatz her konnte Schelling nicht zögern zu sagen: fragt Philosophie so, so kann sie nicht ohne weiteres hoffen, darauf eine Antwort zu finden. Denn Person ist Geheimnis, Sein in sich selbst, das apriori nicht durchschaubar ist, Seiendes, dem es freisteht, sich zu äußern oder nicht zu äußern, so oder so zu äußern. Nur die Ent-schließungen der Person er-schließen sie. Und auch das nicht ohne weiteres. Denn alle Tat-Sachen aus Freiheit sind viel-deutig, und es ist oft nicht klar, wie sie „gemeint" sind. Es gibt auch vorläufig Gemeintes, ja bewußt Ver-stelltes. Gewiß ist jede Tat schon irgendwie Offen-barung, Offenbarmachen von Person. Aber vieles offenbart sich in seinem eigentlichen Sinn erst nach vielen Tat-Sachen und nach langem Geschehen. Genauer gesagt: bei menschlicher Person kann man manches zuvor „ahnen", denn endliches Sein hat Bedürfnisse, steht in Not-wendigkeiten, die bestimmtes Handeln nahe-legen. Das Absolute aber ist absolut, ist ge-löst und frei von allen Bedürfnissen. So ist das Absolute auch absolutes Geheimnis und sein faktisches Handeln souveräner als alles menschliche Handeln insgesamt. Philosophie ist darum nur möglich, wenn sie „geschichtlich" ist, „positive" Philosophie ist: wenn sie bereit ist, in langem Weg (Geschichte) den Wegen Gottes nachzugehen und dem „Gesetzten" nachzudenken.

Von Welt und ihrem Sinn her gefragt, heißt das aber: Welt *ist*. Das ist unbestreitbare Tat-Sache. Gott gefiel es offenbar, da er erwog, ob Welt sein solle oder nicht, daß sie *sei*. Aber der Sinn ihres Seins ist uns damit nicht schon offenbar. Ihn sucht vielmehr die Philosophie; sie ist Suche nach dem Sinn des weltlichen Seins, eines Sinnes, den sie nicht o. w. weiß. Philosophie ist darum nach Schelling nur als Philo-sophie möglich, als *Suche*. Aber indem sich Philosophie auf die Suche nach diesem Sinn macht, ist ihr nach Schelling etwas vorgegeben, von dem her sie lebt: echte Philosophie *glaubt* an diesen Sinn, glaubt um dessentwillen an ihn, weil sie glaubt, daß Welt nicht aus Zufall und Irrationalem gekommen ist, sondern gesetzt durch ein sinnbestimmtes Wesen: gesetzt vom absoluten Geist. Auch wenn Philosophie den Sinn nicht findet, glaubt sie doch, daß es ihn gibt[16].

Nur von daher ist ihr Werk möglich . . .

[16] Vgl. „Es liegt in der Natur des freien Geistes überhaupt, nur durch seine Äußerungen erkennbar zu sein und zwar durch seine freie Äußerung. Auch vom Menschen sagt man: wer weiß, was in ihm ist. Vorzugsweise liegt es aber in der Natur des schlechthin freien Geistes, nur durch seine freien Äußerungen erkennbar zu sein" (N. 32/33 S. 42). „Die Erfahrung, welcher die positive Philo-sophie zugeht, ist nicht nur eine gewisse, sondern die gesamte Erfahrung von Anfang bis zu Ende . . .; die ganze positive Philo-sophie . . . ist nichts anderes als der fortgehende, immer wachsende, mit jedem Schritt sich verstärkende Erweis des wirklich existierenden Gottes, und weil das Reich der Wirklichkeit, in welchem er sich bewegt, kein vollendetes und abgeschlossenes ist . . . , ist doch in der Geschichte noch Bewegung und unablässiges Fortschreiten — weil insofern das Reich der Wirklichkeit nicht ein abgeschlossenes, sondern ein seiner Vollendung entgegengehendes [!!] ist, so ist auch der Beweis *nie* abgeschlossen, und darum auch diese Wissenschaft nur Philo-sophie" (S. W. XIII, 131). Sie beginnt dabei mit einer fundamentalen Voraussetzung: „Es gibt [gäbe] keine Weisheit für den Menschen, wenn im objektiven Gang der Dinge keine ist. Die erste Voraussetzung der Philo-sophie als *Streben* nach Weisheit ist also, daß . . . in dem Sein, in der Welt selbst Weisheit sei". Der Mensch muß sich nach Schelling der These einer aus reinem Zufall gekommenen Welt versagen." Ich verlange [da ich nach Sinn verlange und ihn geradezu „fordern" muß] ein mit Weisheit, Voraussicht, Freiheit gesetzes Sein" (a. a. O. 203). Daran hängt geradezu der mögliche Sinn unseres Seins, das sonst dem Sinnlosen ausgeliefert ist. Schelling hätte im Übrigen wohl tief dem Wort des Buches der Weisheit zugestimmt — es hätte geradezu Ausgangspunkt seines Denkens über die Welt sein können: „Herr, Du liebst alles, was Du geschaffen . . . Hättest Du es nicht geliebt [verachtet], Du hättest es nicht geschaffen . . ." (Weisheit 11, 24).

Erich Heintel

Sokratisches Wissen und praktischer Primat

Es ist nicht uninteressant, festzustellen, daß die „Monade" bei Leibniz ebenso von der Usia des Aristoteles wie vom Ich der neuzeitlichen Transzendentalphilosophie her bestimmt und zu begreifen ist. In beiden Hinsichten ist sie *eigentliche* Einheit, im ersten Sinn zum Unterschied von bloßem Aggregat, im zweiten Sinn zum Unterschied von einer bloß aggregathaft verstandenen Identität der Persönlichkeit, etwa im Sinne des Perzeptionenbündels bei Hume. Daher bezeichnet Leibniz die Monade ebenso als Entelechie (vom Aristotelismus her) wie als Ich (von der neuzeitlichen Transzendentalphilosophie her). Als Entelechie repräsentiert sie jenes Allgemeine, das bei Aristoteles als unteilbares Eidos (atomon eidos) keineswegs nur logische, sondern auch ontologische Relevanz besitzt. In diesem Sinne spricht Leibniz von der Monade auch als dem „formalen Atom". Diese Art des Repräsentierens ist nur perzeptiv zum Unterschied von der apperzipierenden Monade, die vom neuzeitlichen Ich her verstanden ist. Durch die Apperzeption ist die Monade Mensch als sich wissende und motivierende Monade vor allen übrigen Monaden ausgezeichnet. Ich werde im weiteren diese letzteren Monaden als nur *naturische* Monaden bezeichnen.

Sieht man einmal von den bedeutenden Motiven ab, die Hegel von Kant und der Transzendentalphilosophie her empfängt, dann läßt sich sagen, daß auch bei ihm dieses aristotelische Erbe Leibnizens durchaus anzutreffen ist. So unterscheidet Hegel die unmittelbare In-sich-Reflektiertheit des Organismus von der sich wissenden und motivierenden In-sich-Reflektiertheit des Menschen. Beides ist für ihn „Begriff", so wie bei Leibniz unter den allgemeinen Begriff von Perzeption überhaupt: Perzeption und Apperzeption fallen. Der nur perzipierenden Monade entspricht bei Hegel die unmittelbare In-sich-Reflektiertheit (In-sich-Vermitteltheit) des Begriffs, der apperzipierenden die sich wissende und motivierende In-sich-Reflektiertheit (In-sich-Vermitteltheit). Letztere nennt Hegel auch den „existierenden Begriff". Von ihm möchte ich als „daseienden Begriff" das unterscheiden, was ich bei Leibniz als naturische Monade eingeführt habe. Es bildet einen bemerkenswerten Unterschied im Repräsentieren des (bloß) daseienden und des (auch) existierenden Begriffs, daß der erstere „nur" *ein* Allgemeines (seine natürliche Art, species, Eidos), der letztere in dieser seiner „Art" nur *jeweils* ein Allgemeines „ausdrückt", tatsächlich also in vielen allgemeinen Bezügen sich selbstbestimmend steht. Gewissermaßen ist der Mensch von Natur aus das „pluralistische" Geschöpf, bei dem es so schwer ist, sein

„Wesen“ (seinen Wesensbegriff als τὸ τί ἦν εἶναι) zu bestimmen, weil er zwar wie jedes andere Tier nur *ein* Eidos von Natur aus repräsentiert, auf *dieses* von Natur aus aber nicht festgelegt und nicht festzulegen ist. Die „Ewigkeit“ des Eidos im Ganzen der ewigen Ordnung der Physis mußte daher (sieht man allenfalls von der Einsicht in den Wandel der „Arten“ ab) durch nichts so sehr infrage gestellt werden als durch diesen im Freiheitsgedanken zum Bewußtsein kommenden, gewissermaßen natürlichen Pluralismus des Menschen, von dem her schließlich alles natürliche Eidos (in seiner ontologisch relevanten Allgemeinheit) und alle „wesentliche“ Bindung in der Beliebigkeit und der Willkür der sich in der Schwebe bloß möglichen Handelns verstehenden Subjektivität vernichtet wurde; in der Tat freilich glücklicherweise *nur* in der Theorie.

Läßt sich nun von hier aus etwas zur Grundproblematik aller „Ethik“ ausmachen? Wenn wir nämlich (wie Aristoteles und der Aristotelismus) von der Eigenart des menschlichen Geschöpfes ausgehen, dann wird man die sittliche Selbstverwirklichung (und in ihr die Verbindlichkeit des Sittlichen) von dieser Eigenart her in Sicht zu bringen suchen. Ist die „Vollkommenheit“ der naturischen Monade maßgebend von ihrem Eidos her bestimmt, dann muß die „Vollkommenheit“ des Menschen gerade von dem spezifischen Unterschied seiner Art Monadizität (also zugleich im Unterschied und in Analogie zu ihr) entwickelt und begriffen werden. Nun liegt aber diese spezifische Eigenart des Menschen zuletzt in seiner Freiheit: seine „Vollkommenheit“ ist nicht durch ein Eidos wesensbegrifflich ein für allemal vorgegeben, sondern erst im sich selbstbestimmenden Handeln „spezifisch“ zu verwirklichen. Die „Menschlichkeit“ erweist sich als ebenso ontologisch relevantes wie für das Handeln verbindliches Allgemeines, sie ist ebenso vorgegeben wie aufgegeben. So entsteht die Frage: was soll ich tun, um in dieser nicht abzuweisenden Aufgabe „menschlich“ zu bestehen. Diese kann sich nicht darin erfüllen, nur zu überleben, d. h. Individuum und Art zu erhalten, da diese Aufgabe in der „Natur“ ohnehin und in bestimmter Hinsicht mit größerer Gewährleistung des Erfolgs gesichert erscheint. Der wissend vorweggenommene Tod (das absolute Ende der natürlich-individuellen Repräsentation) unterstreicht außerdem noch die Sinnlosigkeit der spezifisch menschlichen Eigenart des Individuums Mensch unter dem Gesichtspunkt der bloßen („ersten“) Natur, die keinen Unterschied zwischen Artrepräsentation und individuellem Schicksal des Einzelwesens macht, vielmehr dieses in oft unglaublich verschwenderischer Weise für die Erhaltung des Allgemeinen (der „Art“) zum Opfer bringt. Hier liegt übrigens auch der Grund dafür, daß der Sinn von „Unsterblichkeit“ für den existierenden Begriff ein durchaus anderer ist und sein muß wie für jede naturische Monade.

Die Frage: was soll ich tun? kann daher ebenso als Ausdruck der „natürlichen“ Ratlosigkeit wie der „übernatürlichen“ Bestimmung des existierenden Begriffs verstanden werden. Im letzteren Sinne ist sie gewissermaßen an den Anfang der Verwirklichung der „spezifischen Vollkommenheit“ des Menschen als Menschen gestellt, die im Zeichen der Freiheit steht. Insofern ist er dadurch gekennzeichnet, daß er „von Anfang an" ebenso aus der „natürlichen" Fraglosigkeit der Natur in die Sinnfrage an die Natur herausgetreten wie in diesem Heraustreten in die spezifische Chance seiner Art Geschöpflichkeit eingetreten ist. In diesem Sinne aber ist der Mensch tatsächlich „von Natur aus (d. h. nur als „erste" Natur) böse", wie Hegel sagt, und damit wiederum enthüllt sich seine spezifische Selbstverwirklichung als eine „sittliche Aufgabe", nämlich die eigentlich erfüllende Leistung seiner Freiheit auf seine Art „Vollkommenheit" hin. (Mit diesen Ausführungen ist das, was im Christentum „Sünde" heißt, keineswegs in Sicht gebracht, wenn man auch sicher keinen haltbaren Begriff der „Sünde" erreichen wird, ohne das Gesagte zu berücksichtigen.)

Aus dem Unterschied und der Analogie zur natürlichen Vollkommenheit ergibt sich von hier aus ein Gedanke, der die spezifisch menschliche „Vollkommenheit" im Unterschied zur naturischen Monade aus Freiheit und doch in Analogie zu ihr diese Freiheit so gebunden versteht, als hätte sie zum Fundament ein vorgegebenes unverfügbares „Eidos", das, wie es Maß und Garant natürlicher Vollkommenheit ist, auch die Freiheit als sittliche Selbstverwirklichung inhaltlich (alle Fraglichkeit aufhebend) bestimmen soll. In der Verbindlichkeit des Sittlichen als der spezifisch menschlichen „Vollkommenheit" soll also Freiheit und Natur so vermittelt werden, daß das menschliche Handeln — seine Fraglichkeit aufhebend — zu einem Maß gelangt, das für dieses von gleicher gediegener Maßgeblichkeit ist, wie in der Natur und für ihre Einzelwesen das immer schon vorgegebene unverfügbare Eidos.

Das ist ohne Zweifel ein großartiger Gedanke, der im übrigen auch das zentrale Anliegen der „Naturrechtskonzeption" umschreibt. Theologisch formuliert er sich etwa in dem Satz des heiligen Thomas, daß die Vorsehung ihre Ziele in der Natur durch die Art (species), in der Geschichte durch die menschliche Freiheit erreiche. Er setzt geradezu voraus, daß die spezifische Selbstverwirklichung des Menschen in ihrer Art Vollkommenheit nicht aus der übrigen Schöpfung herausfalle und auf ihre Art zu ihrem Sinn und ihrem (heilsgeschichtlichen) Ziel beitrage. Eine die Freiheit einschließende, zuletzt alle Wirklichkeit umfassende Vernünftigkeit (ens et bonum convertuntur) ist es, was diesen großartigen — von dem Menschen und seiner „Physis" ausgehenden, in der Einheit des Heilshandelns Gottes fundierten und gipfelnden — Gedanken bestimmt. Seine inhaltliche Differenziertheit erlangt er durch die Entwicklung der mannigfaltigen Bestimmungen der spezifisch menschlichen Natur und ihrer in den Heilsplan Gottes gestellten Freiheit, in der alle diese Bestimmungen zwar nicht unmittelbar (wie das natürliche Eidos), sondern als Motive des Handelns wirksam sind, wobei aber diese eben nur in Freiheit wirksamen Motive über die sittliche Verbindlichkeit (über die spezifisch menschliche Vollkommenheit) eingebunden sind in die universale Vernünftigkeit des Wirklichen. Die „Idee des Guten" ist die Sonne aller Erdentage. Man kann hier von einer im Zeichen der Idee des Guten der ontologischen Differenz analog gedachten Differenz im Rahmen des „vernünftigen" Handelns sprechen. So wie nicht alles Erscheinende eigentlich Seiendes ist, sondern nur das im Sinne des ontologisch relevanten Allgemeinen insichvermittelte Seiende (die οὐσία), so ist auch nicht alles vernünftig, was überhaupt geschieht, sondern nur dasjenige, was auch im menschlichen Handeln „wesentlich", d. h. gut im Sinne seiner spezifischen Vollkommenheit ist. Andernfalls fällt es — trotz seiner oft penetranten Realität — gewissermaßen außer jeden möglichen Sinn der Schöpfung, da es weder vom natürlichen Eidos noch vom Sinn des existierenden Begriffs her gerechtfertigt erscheint. Es ist trotz jener penetranten Realität gewissermaßen das Nichts des Sinns, das sich in einem zwar durchaus möglichen und wirklichen, niemals aber „wesentlichen" Handeln äußert. Der Substanz des Guten entbehrend ist es so wenig eigentlich vernünftig (einzusehender Sinn), wie das nicht in der οὐσία fundierte Seiende eigentlich Seiendes ist. Zuletzt bestimmt eben als Vernünftigkeit des Wirklichen und Wirklichkeit des Vernünftigen die Idee des Guten (die „Vollkommenheit") alles Seiende, das der Natur durch die Substanz (οὐσία), das der Freiheit in der Verbindlichkeit spezifisch-menschlichen = wesentlichen = sittlichen Handelns. Wir haben damit in modifizierter Formulierung den Satz des heiligen Thomas wieder erreicht, in einer Modifizierung, die von Gedankengängen und der Sprache Hegels her bestimmt ist. Bei allen oft aufgefundenen Unterschieden ist nämlich seit Plato der Satz: „Alles Wirkliche ist vernünftig und alles Vernünftige ist wirklich" — die Grundlage der großen systematischen Philosophie Europas gewesen und so ist wohl von vornherein anzunehmen, daß er nicht völlig aus der Luft gegriffen ist. Wir kamen auf ihn im Zusammenhang der Frage nach den Grundlagen der Ethik im Rahmen des Aristotelismus. Für sie muß in seinem Sinne jedenfalls zweierlei als wesentlich für jede Ethik überhaupt festgehalten werden, nämlich erstens, daß sie die spezifische Eigenart des existierenden Begriffs ernst nehmen und differenzierend entwickeln, zweitens daß sie den Sinn der Verbindlichkeit des Sittlichen nur über ein Natur und Freiheit in der Gesamtheit ihrer jeweiligen Bezüge vermittelndes System herausstellen und begründen kann.

Mit dem Wort „jeweilig" im letzten Satz aber haben wir eine Thematik angeschnitten, die bisher noch nicht ausreichend berücksichtigt wurde. Sie kam besonders durch die neuzeitliche Ethik in Sicht, die als Transzendentalismus die Verbindlichkeit des Sittlichen primär nicht von der ontologischen Differenz (dem Eidos), sondern von der transzendentalen Differenz (der Freiheit) her zu vermitteln trachtet.

Jenes „jeweils" nun spielt darauf an, daß das die Verbindlichkeit des Sittlichen vermittelnde System auf jenen Pluralismus Rücksicht nehmen muß, der von der Freiheit her fundamental zur spezifisch menschlichen Selbstverwirklichung gehört. Die hier in Frage stehende Vollkommenheit ist daher nicht durch den Rückgriff auf das jeweils *eine* Eidos substanziellen Daseins einzusehen. Worin ist aber dann jene Analogie von Eidos und Freiheit überhaupt begründet, wenn doch keineswegs ausgemacht erscheint, daß der Inbegriff der vielen im Handeln wirklichen Repräsentationen in der Weise auf seine „Wesentlichkeit" hin aufgezeigt werden kann, daß diese pluralistisch erscheinende Wesentlichkeit des Handelns auf den „Wesensbegriff" im Sinne des Eidos hin (analog) verstanden werden kann? In jener Analogie steckte die nicht genügend reflektierte Annahme, daß bei allem Pluralismus des Handelns dessen Inhalt als Inhalt *wesentlichen* Handelns so feststeht (und nur zu entdecken sei) wie der vom Eidos her fundierte Wesenbegriff im Sinne des Aristotelismus. In dieser Annahme aber stecken eine Reihe unausgetragener Antinomien, die es zu entwickeln und auf ihren Sinn im Rahmen der Ethik zu klären gilt, soll jener „großartige" Ordnungsgedanke des Aristotelismus mehr sein als eine wehmütige Reminiszenz an einen Zustand der Menschheit, in dem kein Sperling vom Dach fallen und kein Judas so handeln konnte, daß der Sinn der Schöpfung (die Vernünftigkeit des Wirklichen) hätte beeinträchtigt werden können.

Gesetzt nun, es gäbe tatsächlich einen dem ontologisch relevanten Wesensbegriff des Seienden analogen sittlich relevanten Inbegriff des Guten, können wir dann durch diesen die Ethik so fundiert ansehen wie durch jenen die Ontologie? Schon die Gegenüberstellung von Begriff und Inbegriff im Rahmen der Analogie bringt das Problem der Einheit dieses Inbegriffs im Sinne des Guten in Sicht, ein Problem, das von Platons Untersuchungen über Einheit und Vielheit der Tugend bis zu Kants Einsicht, daß das Gute nur eine „formale" (d. h. nicht inhaltlich vorgegebene) Allgemeinheit sei, eine Rolle spielt. Wichtiger aber noch ist für uns die durch die Jahrhunderte gehende Diskussion des sicher schon sokratischen Satzes, daß Tugend Wissen sei bzw. daß niemand wissend das Böse tue. Es ist ein banaler — freilich schon von Aristoteles ausgekosteter — Triumph über diesen Satz, wenn man darauf hinweist, daß man sehr wohl das Gute wissen könne, ohne imstande zu sein, es auszuführen, und dann das Böse tue. Das ohnehin: allein in jenem sokratischen Satz liegt wohl das eigentliche Problem bei dem Wort „Wissen": ist es als eine lediglich theoretische Intention zu verstehen, deren „Inhalt" als solcher nicht Motiv des Handelns und daher gleichgültig gegen gut und böse ist, oder hat Sokrates die Sache anders gemeint? Bzw. läßt sich die Sache anders verstehen, wie immer sie Sokrates gemeint haben mag? Könnte nämlich diese Art Wissen nicht als die ursprüngliche Eigentlichkeit des „Guten" so gefaßt werden, daß in ihr die Differenz von Wissen (theoretischer Intention) und Tun (Praxis) so „aufgehoben" erscheint wie in der ursprünglichen Eigentlichkeit der Substanz (οὐσία) die Differenz von (ontologisch relevantem) Allgemeinem und Einzelnem? Dann wäre dieses „Wissen" als eine Praxis zu begreifen, die ohne das Eidos „gut" so wenig als wirklich und aussagbar gedacht werden könnte, wie Seiendes ohne sein jeweiliges Eidos sein oder ausgesagt werden könnte. Wie dieses die Vernünftigkeit der Natur und ihre Art „Vollkommenheit" ausmacht, so wäre jenes der Garant der Vernünftigkeit des Handelns, der „Wesentlichkeit" der Freiheit im Sinne der ihr erreichbaren spezifischen Vollkommenheit. Dann aber läge im sokratischen Wissen der Ursprung jenes „großartigen Gedankens", in dem wir den gesamten Aristotelismus und speziell die ihm angehörige Tradition der Ethik fundiert sahen. Andererseits aber hat Sokrates dieses „Wissen" nicht als das System der Idee des Guten entwickelt, sondern als fraglose existentielle Praxis gelebt und mit jener Selbstverständlichkeit bewährt, für die auch der „natürliche" Tod kein letztes Argument sein konnte. Sein „Wissen" war „Repräsentation", war die Energie substantieller Sittlichkeit, in der die Frage nach ihrer Verbindlichkeit ebenso wie die Differenz von theoretischer Intention und dem „Können" aufgehoben war. Nun ist es zwar vielleicht richtig, daß zuletzt der einzige Beweis für die Möglichkeit des Sittlichen und seine Verbindlichkeit seine *Wirklichkeit* ist; trotzdem aber ist es klar, daß das Gute zwar in Sokrates als ein erregendes und tief erschütterndes Beispiel existierte, nicht aber als bestimmtes Allgemeines begriffen war. Die Frage nach diesem Eidos blieb daher ungelöst, das sokratische „Wissen" blieb unvermitteltes Eigentum des Sokrates, das als explizites Wissen, d. h. als ein solches, das in durchgeführter und durchgehaltener theoretischer Intention die Praxis außer sich hatte, notwendig mißverstanden und banal aufgelöst werden mußte. Vielleicht aber enthält das sokratische „Wissen" gerade in dieser Kennzeichnung einen Hinweis darauf, daß es zuletzt in dem noch so differenzierten und universalen System der Idee des Guten nicht eingeholt werden kann. Bringt dieses „Vielleicht" aber dann nicht eine Grenze des Aristotelismus zum Ausdruck, die man zunächst so formulieren kann, daß zwischen dem Allgemeinen substanzieller Repräsentation und demjenigen sittlicher Repräsentation, daß zwischen dem ontologisch relevanten Wesensallgemeinen der Natur und dem sittlich relevanten Allgemeinen wesentlicher Freiheit ein Unterschied besteht, der sich nicht durch einen allgemeinen Wesensbegriff (durch analog verstandene „Ideen") überbrücken läßt.

Diese Einsicht ist es nun, die vorrangig die neuzeitliche (in der transzendentalen Differenz) fundierte Ethik bestimmt. Das ist näher zu zeigen. Wir kommen rasch ins Zentrum der Problematik, wenn wir fragen: Gäbe es tatsächlich ein dem ontologisch relevanten Allgemeinen analoges Eidos des sittlich relevanten Allgemeinen und ich handelte in seinem Sinn — hätte ich dann von ihm her gewährleistet, daß ich sittlich gehandelt habe oder nicht? Wenn im Sinne des Ordnungsgedankens des Aristotelismus jenes dem Wesensbegriff analoge Eidos des Guten tatsächlich im Sinne dieser Analogie besteht, dann handle ich notwendig sittlich, wenn mein Handeln dieses Eidos repräsentiert, notwendig unsittlich, wenn mein Handeln nicht in seinem Zeichen steht. Und nun zeigt sich die Aporie des sokratischen „Wissens" in ihren für unsere Fragestellung aufschlußreichen Aspekten. Wenn ich nämlich das als bestehend angenommene Eidos des Guten weiß, dann kann ich mich in meinem Handeln nach ihm bestimmen oder nicht: das Wissen des Eidos des Guten als solchem reicht also nicht aus, mein Handeln von sich aus so zu bestimmen, daß es notwendig sittlich (wesentliche „Freiheit") wäre, während das Eidos des ontologisch relevanten Allgemeinen als οὐσία tatsächlich „sein" Seiendes (in sich) vermittelt, sodaß in ihm in ursprünglicher Eigentlichkeit wesentliche Natur und Wesensbegriff (als Wissen von ihr) jeweils zusammenfallen. Das ontologisch relevante

Allgemeine ist immer zugleich und unmittelbar bestimmte Insichvermitteltheit der Natur (ihre jeweils bestimmte substanzielle Energie), das analog gedachte sittlich relevante Allgemeine dagegen ist als solches niemals schon und unmittelbar substanzielle Energie wesentlicher Freiheit (sittlichen Handelns), weil sonst Freiheit in der unmittelbaren Repräsentation des ontologisch Allgemeinen verschwunden wäre, d. h. aber gar nicht als möglich gedacht werden könnte. Soll daher der allgemeine Sinn des Eidos über den Unterschied von Natur und Freiheit hinaus gerettet werden, dann muß eben das sittlich relevante Allgemeine doch so gedacht werden, daß es unmittelbar wesentliche, d. h. sittliche Freiheit bestimme; dann aber muß man an den Ausgangspunkt der ganzen Entwicklung zurückkehren und die bloß theoretische Intention auf das sittlich relevante Allgemeine als für die Begründung der Ethik unzureichend aufheben in jenem sokratischen „Wissen“, das dann tatsächlich als unmittelbare Substanzialität des Sittlichen, als wesentliche Freiheit (zwar nicht verstanden aber) bewährt wäre. Kurz gesagt: in der Wendung „wesentliche Freiheit“ liegt eine Antinomie verborgen; zwar ist sittliches Handeln nur als wesentliche Freiheit denkbar (und als sokratisches „Wissen“ im übrigen immer schon wirklich und bewährt), die als wesentlich bestimmte Freiheit im Sinne eines sittlich relevanten allgemeinen Eidos aber nur ein Wissen (nur theoretische Intention) des Guten, das keineswegs seine Wirklichkeit gewährleistet. So zeigt sich, daß der Begriff „Wissen“ weder im Unterschied zu Praxis noch sokratisch mit ihr zusammenfallend geeignet ist, zwischen der vom Eidos bestimmten Substanzialität (Physis) und der sich wesentlich bestimmenden Freiheit (Sittlichkeit) zu vermitteln: die Analogie zwischen Eidos als Wesensbegriff und Eidos als Freiheitsbestimmung verbirgt tatsächlich jene Schwierigkeit, im Ordnungsgedanken des Aristotelismus Substanz und Freiheit zusammenzudenken, obwohl andererseits die gegen die substanzielle Ordnung nur negativ bestimmte und festgehaltene Freiheit nur mögliche Freiheit (Beliebigkeit und Willkür) ist, von der her sich wesentliche Freiheit (Sittlichkeit) nicht begründen läßt. Diese Gesamtproblematik liegt, auch wenn sie nicht in dieser Weise des Rückbezugs auf den Aristotelismus verstanden wird, der Ethik der Neuzeit (ja des Transzendentalismus überhaupt) zugrunde, u. zw. formuliert sie sich im Raume der Ethik insbesondere an den Begriffen „Gesinnung und Gewissen“.

Nun ist zwar, was die „Gesinnung“ betrifft, alle Ethik Gesinnungsethik. Kants Satz, daß „überall nichts in der Welt, ja überhaupt auch außer derselben zu denken möglich ist, was ohne Einschränkung für gut könnte gehalten werden, als allein ein guter Wille“, gilt für den Raum des Sittlichen überhaupt. Erst in der zugespitzten Gegenüberstellung von Eudaimonismus und Gesinnung bei Kant und in seiner Gefolgschaft ging diese Einsicht verloren. Es würde nicht die geringste Mühe machen, das Gesinnungsmoment etwa bei Platon und Aristoteles, bei Thomas und Leibniz nachzuweisen. Andererseits wurde der die Gesinnung mit Recht betonenden rigorosen Ethik Kants gerade ihre „Reinheit“ (die ihr ermangelnde Konkretisierbarkeit in Natur als Sinnlichkeit und Geschichte als Weltlauf) zum Schicksal, freilich in Auffassungen der Ethik, die hinter dem bereits erreichten Niveau der Aporetik schon deshalb zurückbleiben mußten, weil sie die seit Sokrates bestehende Antinomie des „Wissens" (bei Kant durchaus im „Primat der praktischen Vernunft" zur Diskussion gestellt) erweichten und im großen und ganzen gegen die Differenz von (ohnehin nur mehr *logisch*, d. h. ontologisch irrelevanter) „geltender" Allgemeinheit und sich wesentlich bestimmender Freiheit (Verbindlichkeit des Sittlichen) naiv bleiben. Dies gilt z. B. für alle sogenannte materiale Wertethik, deren Verdienst es ausmacht, mit ihrem differenzierten Kosmos von Werten den Raum der Handelnsmöglichkeiten auszuleuchten, wobei freilich das Problem, wie theoretisch geschaute Handelnsmöglichkeit und sich bestimmende Freiheit (auch als wesentliche = sittliche Freiheit) zu vermitteln wäre, völlig ungelöst bzw. verbal vertuscht bleibt. Noch verderblicher ist es freilich, wenn man die Antinomie des sokratischen „Wissensbegriffs" überhaupt zu einer innertheoretischen macht und dann „objektives" Gelten der sittlichen Norm und Selbstbestimmung der Freiheit (als stets „subjektiv") einander gegenüberstellt. Damit gerät nämlich die Gesinnungsethik in die Aporie des Gewissens. Da nämlich keine Handlung, in die nicht der gute Wille als Gesinnung eingegangen ist, als sittlich gut gewertet werden kann, muß der Imperativ: „Handle nach deinem Gewissen" in jeder Ethik seinen Platz haben, auch wenn sie mit ihm gerade erst begonnen hat. Von hier aus nun gibt es zwei Möglichkeiten weiterzudenken, in denen sich freilich nichts darstellt als die Momente der sokratischen Antinomie. 1. Entweder nämlich ist das Gewissen „subjektiv" und hat die „objektive" Norm außer sich, dann aber fragt es sich sofort, wann denn das Gewissen sicher sein kann, sich in seiner subjektiven Selbstbestimmung mit der objektiven Norm zu decken, wann nicht? Damit wird die Gewissensentscheidung zu einer notwendig innertheoretischen Frage von Wahrheit und Irrtum im „Treffen" der objektiven Norm, bei der die Möglichkeit des Irrtums grundsätzlich nicht ausgeschlossen werden kann, das Gewissen kann irren! Dieser so unbezweifelbar und banal erscheinende Satz ist nun ganz einfach sinnlos, wie sich sofort noch zeigen wird. In ihm ist nämlich vorausgesetzt, daß die sittliche Selbstbestimmung durch eine allgemeine und vorgegebene Ordnung determiniert sei. Dabei wird der Pluralismus der in konkreter Situation so mannigfaltigen Handelnsmöglichkeiten durch eine „objektive" Rangordnung der Werte linear abgespannt. Mit ihr befinde sich das Gewissen in Übereinstimmung, wenn es nicht irrt. Es wird dabei zu einem zwar besonderen (nämlich verbal als „sittlich" relevant bezeichneten) aber doch lediglich in theoretischer Intention sinnvollen Organ der (besonderen) Wahrheitsfindung, als welches es tatsächlich (subjektiv) irren und sich gegen die (objektive) Norm bestimmen kann. Sich im Rahmen der Wahrheitssuche zu irren ist zwar bedauerlich, aber nicht sittlich relevant. Für Irrtümer seiner Theorie wird man allenfalls bei der Berufung auf eine Lehrkanzel übergangen, aber weder bestraft noch moralisch belangt. Damit der Irrtum sittliche Relevanz gewinne, müßte er unmittelbar mit dem Bösen (dem sittlich

Negativen) zusammenfallen, d. h. aber der so gefaßte „Irrtum" wäre genau wie das sokratische Wissen immer schon (unmittelbare) Einheit von Theorie und Praxis und ist dann in der Gegenüberstellung von Objektivität (Wahrheit) und Subjektivität (möglichem Irren) überhaupt nicht zu fassen: innerhalb der theoretischen Intention wird der Satz vom Irren des Gewissens sinnlos, gerade nämlich, wenn er sittlich relevant sein soll und das Gewissen nicht zu einer Art Wissen abgespannt wird. Nun *ist* aber das Gewissen etwas sittlich Relevantes und nur von dieser Relevanz zu seinem vom bloßen Wissen unterschiedenen Namen (Begriff) gekommen. Seine eigentliche Funktion ist es nicht, ein pseudosittlich theoretisches Organ zu sein, sondern vielmehr in aller Radikalität und Rigorosität auszusprechen, daß erstens Wissen und Gesinnung (sittliche Selbstbestimmung) nicht dasselbe sind und daher zweitens die Allgemeingültigkeit objektiven Wissens mit der Verbindlichkeit der sittlichen Selbstbestimmung unmittelbar überhaupt nichts zu tun hat. Kurz: die Vermittlung von Theorie und (sittlicher) Praxis ist niemals eine Sache bloß theoretischer Intention und ihrer Allgemeingültigkeiten. Wenn sich die Sache nicht so verhielte, dann wäre der Ordnungsgedanke des Aristotelismus ohnehin die legitime und wahre Vermittlung von Natur und Freiheit gewesen, zu der dann weiter kein Wort fällig wäre. Dieses Wort ist aber gefallen und nach ihm kann man nicht künstlich naiv, sondern nur wirklich naiv in der Problematik stehen, wie z. B. aller — eben geschilderte — ethische Geltungs„objektivismus". Verfolgen wir ihn noch etwas weiter in seinen Konsequenzen. Das Gewissen ist nämlich auch für ihn (wie für alle Ethik und insbesondere alle Gesinnungsethik) genau das, als was wir es im Unterschied zum Wissen bestimmt haben. Es macht als Wirklichkeit der Gesinnung unabhängig von Wahrheit und Irrtum (möglichem Irren) eine Handlung zur sittlichen Handlung, die Selbstbestimmung der Freiheit zu einer solchen wesentlicher Freiheit in unserem Sinne, wobei es relativ gleichgültig ist, ob seine Stimme zu einer bestimmten Handlung auffordert oder — wie das sokratische Daimonion — vor einer bestimmten Handlung warnt. In diesem Sinne, eben als Wirklichkeit wesentlicher Selbstbestimmung aus Freiheit, nennt es Hegel (Rechtsphilosophie § 137) als Ausdruck der „absoluten Berechtigung des subjektiven Selbstbewußtseins, nämlich in sich und aus sich selbst zu wissen, was Recht und Pflicht ist und nichts anzuerkennen, als was es so als das Gute weiß . . ., ein Heiligtum, welches anzutasten Frevel wäre". Dieser Einsicht kann sich keine Ethik, auch nicht diejenige des „Geltensobjektivismus" entziehen. Auch sie (wie z. B. auch diejenige aller christlichen Kirchen, selbst wenn sie jenen Geltungsobjektivismus „lehren") sagt: „Handle niemals gegen das Gewissen!" Auch sie macht es damit zum unabdingbaren Kriterium sittlicher Selbstbestimmung (zuletzt also zum sokratischen „Wissen"), das dann aber die objektive Norm nicht außer sich oder als — weiß Gott wie zu vermittelnden — „zusätzlichen" Determinationsfaktor haben kann. Im Sinne dieser Unabdingbarkeit des Gewissens in der sittlichen Selbstbestimmung müßte auch derjenige nach seinem Gewissen handeln, der weiß, daß es mit der objektiven Norm nicht übereinstimmt. Man muß sich diesen fiktiven Fall vor Augen halten und bedenken, um endgültig einzusehen, daß es eben unmöglich ist, das Gewissen von der innertheoretischen Gegenüberstellung von objektivem Gelten und subjektivem Irren zu begreifen. Bei diesen Voraussetzungen könnte nämlich in bezug auf den obigen fiktiven Fall, daß man subjektiv dem Gewissen folgen müsse, auch wenn man die objektive Norm weiß, nur geantwortet werden, daß das Gewissen in dieser Weise nicht irren könne, vielmehr als („wahres") Gewissen immer schon die Differenz von subjektivem Gewissen und objektiver Norm aufgehoben habe. Dann aber wiederholt sich die gesamte Aporie in der Frage, was denn das „wahre" Gewissen sei, außer ich hebe jene Differenz tatsächlich auf und kehre zum sokratischen „Wissen" zurück, blind gegen die ihm immanente Antinomie.

2. Damit habe ich die zweite Möglichkeit, von der auf S. 219 die Rede war, resultieren lassen. In ihr ist eben zuletzt notwendig die Differenz von subjektivem Gewissen und objektiver Norm immer schon aufgehoben, wenn von „wahrem" Gewissen die Rede ist. Es ist dann als sokratisches „Wissen" zwar unmittelbar Praxis, läßt sich dann aber nicht von der innertheoretischen Differenz von objektiv gelten und subjektiv irren her definieren und einholen: ist doch schließlich in bezug auf diese Aufgabe das System der „Idee des Guten" nicht zurechtgekommen, das freilich kaum in einem Atem mit den naiven Ethiken des Geltungsobjektivismus zu nennen ist. Dieser muß sich abschließend auf nachfolgende Paradoxie festnageln lassen: Von der ihn konstituierenden Voraussetzung der Gegenüberstellung von objektiv geltender Norm und subjektiv irrendem Gewissen läßt sich jener fiktive Fall nicht ausschließen, daß objektive (wahre) Normerkenntnis und subjektives (aber seiner sittlichen Relevanz wegen unabdingbares) Gewissen auseinanderfallen, außer man hat im „wahren" Gewissen eine für die eigene Lehre konstitutive Unterscheidung sofort wieder aufgegeben und im sokratischen „Wissen" kurzgeschlossen. Der geschilderte fiktive Fall aber läßt das erkennen, was im „Gewissen" jener Lehre nur verbal zusammengebracht, aber nicht vermittelt ist, nämlich theoretische Einsicht und praktische (sittlich relevante) Entscheidung. Da nun das „wahre" Gewissen die Selbstaufhebung der kritisierten Lehre zur Folge hat, muß sie sich jenem fiktiven Fall stellen. Und nun läßt sich die ganze vorliegende Paradoxie in einer einzigen Frage unterbringen, die zu lauten hat: Wer handelt im Falle der Differenz von objektiver Einsicht und subjektivem Gewissen nun wirklich und wahrhaft sittlich, derjenige, der jener Einsicht, oder derjenige, der diesem Gewissen folgt? Diese Frage ist nicht zu beantworten, ganz einfach deshalb, weil sie zur Einsicht bringt, daß im Rahmen jener Lehre das Sittliche überhaupt keinen Platz haben kann, weder in der Einsicht noch im Gewissen, da eben in diesem Rahmen die beiden Instanzen bei einigermaßen konsequentem Denken notwendig unvermittelt außereinander bleiben müssen.

Die Sinnlosigkeit des Satzes, daß das Gewissen „irre", ist hiermit aufgezeigt. Die Aporien der ihm zugrundeliegenden Lehre führten zu der Einsicht, daß das

Gewissen von dem innertheoretischen Unterschied von Subjektivität und Objektivität her nicht zu fassen ist, weil in seinem Rahmen Einsicht und Entscheidung grundsätzlich unvermittelt bleiben müssen. Mit gegensätzlichem Akzent aber auf dem gleichen Fundament baut man freilich auch dann auf, wenn man gegen allen allgemeinen Normobjektivismus die konkrete Situation und die Einmaligkeit der sittlichen Entscheidung ins Treffen führt. Hier wird von der Einsicht her, daß das Gewissen nicht mit der Objektwahrheit und ihrem Wissen verwechselt werden darf, die Unabdingbarkeit des Gewissens als sittlich relevanter Instanz zur Einmaligkeit im Sinne der Irrationalität einer so verstandenen Entscheidung im Gegensatz zu jener Objektwahrheit, die damit mit ihrer Voraussetzung, dem allgemeinen innertheoretischen Gegensatz von Subjektivität und Objektivität, auch in dieser Ethik — genau wie in derjenigen, der sie sich entgegenstellt — anerkannt und Fundament ist. Genaugenommen könnte eine solche bei gleichem Fundament sich mit gegensätzlichem Akzent gegen den Wertobjektivismus bestimmende Ethik nur in einem einzigen — uns schon bekannten — Satze bestehen: „Handle jeweils nach deinem Gewissen!" Sie hat damit zwar den wahren Inhalt alles sittlich Imperativen für sich, ist aber mit diesem Anfang ihrer Einsicht zugleich am Ende ihrer Möglichkeiten, außer sie treibt „Situationskasuistik", meistens übrigens mit derselben faden Erbaulichkeit, mit der ihre Gegenseite in den objektiven Werten schwelgt.

Noch primitiver ist es freilich, wenn man der kantischen Gesinnungsethik eine politische (oder soziale) Erfolgsethik entgegenstellt, in der man zunächst die „absolute" Spitze der (stets individuellen und häufig so einsamen) Gewissensentscheidung entschärft, d. h. in ihrer abstrakten Abgetrenntheit von allem Wirklichen fixiert, als ob ein gewissenhaftes Handeln nicht stets auch dazu verpflichtet wäre, alle Folgen der Entscheidung, einschließlich der durchaus auch sittlichen Relevanz von Erfolg und Mißerfolg, bedachtsam durchzugehen und in die Entscheidung mit aufzunehmen. Freilich hat Kant selbst diesen Irrweg mitverschuldet, weil auch er gelegentlich dazu neigte, den „inneren" Wert der sittlichen Handlung im Gegensatz zum „äußeren" Erfolg zu bestimmen. Spielt man im Rahmen der Ethik Gesinnung und Erfolg in grundsätzlicher Opposition gegeneinander aus, dann gerät man auf Seiten der Gesinnung leicht ins Ressentiment und in die Scheinheiligkeit („cant"), dann erleichtert man auf Seiten des Erfolgs den Opportunismus der Macht, sowohl bei denjenigen, die die Vernünftigkeit der Wirklichkeit an dem Maße der von ihnen mit Erfolg ausgeübten Willkür messen —, als auch bei denjenigen, die diese Willkür anerkennend immer bei den jeweils stärkeren Bataillionen zu finden sind bzw. bei denjenigen, die an ihr resignierend in die Weisheit von der Schlechtigkeit der Welt oder in die freilich nie öffentliche Ironisierung des Mächtigen — ihn zugleich öffentlich erhebend — flüchten: „Also loben wir ihn laut, weil er uns sonst niederhaut." So heißt es bei Nestroy.

Die entwickelte Problematik des sokratischen „Wissens" ist ebenso grundsätzlich wie schwierig, zumal sich von ihr her eine Aufgabe stellt, die keineswegs ein für allemal zu lösen ist. Nur wenn die Selbstbestimmung aus Freiheit restlos in dem vom Eidos her verstandenen Ordnungsgedanken aufginge, wäre diese Aufgabe ein für allemal zu lösen; sie wäre dann wohl auch schon gelöst. Von der aus der Freiheit folgenden Geschichtlichkeit des existierenden Begriffs her aber stellt sie sich als eine selbst geschichtliche Aufgabe. Eine Ethik wird nämlich nur dann ebenso begründet wie entwickelt sein, wenn sie das die spezifische Eigenart menschlicher Existenz ausmachende sokratische „Wissen" über das Ganze der erkannten Wirklichkeit als universalen Motivationshorizont vermittelt. Die philosophische Ethik ist gar nichts anderes als das jeweilige philosophische System selbst, das in seiner und für seine Zeit den „Primat des Praktischen", die „Idee des Guten" vermittelt. Der letzte Denker, der diese Aufgabe zu seiner Zeit und an seinem Ort gesehen und geleistet hat, ist Hegel gewesen. Seither ist mehr als ein Jahrhundert — und was für ein Jahrhundert! — vergangen. Im Sinne der entwickelten Problematik müssen wir einsehen, daß auch ihm die Vermittlung des „Heiligtums" des Gewissens mit der Vernünftigkeit der Wirklichkeit nicht gelungen ist. Zu sehr war Hegel zuletzt doch und noch dem Ordnungsgedanken des Aristotelismus verpflichtet, das Substanzielle der Freiheit (die Vernünftigkeit der Geschichte) ist von ihm her fundiert und gesichert. Inzwischen ist die Freiheit radikal frei und fast im gleichen Maße in substanzlose Willkür ausgeartet, bzw. über das „Heiligtum" des Gewissens hinweg negiert worden. Die Vernünftigkeit der Geschichte ist mehrmals auf den Sinn des bloßen Überlebens in der Zeit reduziert worden, blieb aber trotzdem substanzieller als die sie reflektierende philosophische Theorie. Daher ist diese machtlos. Ahnungslos sieht sie darin einen Fortschritt, mit dem System Hegels auch dessen Anspruch fallengelassen zu haben, nämlich den Anspruch, universales System im Zeichen der Idee des Guten zu sein.

Ludwig Landgrebe
Das philosophische Problem des Endes der Geschichte

Die Frage nach dem Ende der Geschichte ist nicht eine unter anderen Fragen derjenigen denkenden Betrachtung des Weltgeschehens, für die sich erst seit Voltaire der Titel einer Philosophie der Geschichte eingebürgert hat; sie ist vielmehr diejenige Frage, durch die sich aus dem allgemeinen Weltgeschehen dasjenige der menschlich-gesellschaftlichen Welt als ein eigener Gegenstand der Besinnung überhaupt erst abgehoben hat, als ein Werden, dessen Prinzipien sich nicht mit denen des Werdens der φύσις als einer γένεσις εἰϱ οὐσίαν decken. Die Antike hatte zwar eine Historie, aber nicht eine philosophische Theorie der Geschichte, weil in ihrer Metaphysik kein Raum war für einen Begriff vom Werden der menschlichen Geschichte im Unterschied zum Werden der Natur. Daß die Möglichkeit solcher Unterscheidung im prophetischen Verheißungsglauben und seiner Ausweitung zu einer kosmischen Eschatologie ihre letzte Voraussetzung hat, wie sie zuerst in der Lehre von den Weltreichen im Buche Daniel hervortritt, ist in großen Zügen bekannt und kann hier nicht Gegenstand der Erörterung sein[1]. Ist also die „Philosophie der Geschichte" durch die Frage nach dem Ende der Geschichte überhaupt erst zu ihrem Thema gekommen, so hat sie doch diese Frage in der nachhegelschen Epoche des 19. Jahrhunderts aus dem Griff verloren und sie im Hinblick auf ihren Ursprung aus jüdisch-christlicher Religiosität für eine Frage gehalten, die keiner philosophischen Beantwortung fähig ist, sondern allenfalls dem Glauben überlassen bleiben muß. Die Trennung der Frage nach der Weltgeschichte von der nach dem Heilsgeschehen schien damit besiegelt. Aber die Philosophie der Geschichte hat sich mit diesem Verzicht sozusagen ihren eigenen Totenschein ausgestellt, und heute geht man endlich von verschiedenen Seiten her daran, sie endgültig zu bestatten. Die Philosophie wird jedoch sich mit solchem Verzicht nicht abfinden dürfen, sondern begreifen müssen, daß es für sie eine Existenzfrage bedeuten kann, sich diesem Problem erneut zu stellen. Sie kann sich hierfür von Kant daran erinnern lassen, daß es „mit der allgemeinen Vernunft auf wunderbare Weise verwebt sein muß, weil dieser Gedanke eines Ende aller Dinge unter allen vernünftelnden Völkern zu allen Zeiten, auf eine oder die andere Art eingekleidet, angetroffen wird".[2]

[1] Moltmann hat neuerdings in seiner „Theologie der Hoffnung", 4. Aufl. München 1965, insbes. S. 85 ff und 120 ff., diesen Vorgang eingehend analysiert.

[2] „Das Ende aller Dinge", S. 496, zit. nach der Paginierung des ersten Erscheinens in der „Berlinischen Monatsschrift", 1794.

Kant beruft sich also hinsichtlich der Dringlichkeit und Unabweislichkeit dieser Frage sozusagen auf einen consensus gentium. Sie ist unabweislich, weil sie eine der drei Grundfragen ist, die dem Menschen als dem, der er ist als ein nicht nur in gewissen Grenzen erkennendes, sondern ineins handelndes Wesen, aufgegeben sind: die Frage „Was darf ich hoffen?". Denn der Mensch allein lebt in der Welt gemäß den Vorstellungen von dem, was er durch sein Handeln bewirken kann und was die Mittel dieses Bewirkens sind, und was er demgemäß von seinem bewirkenden Handeln zu erwarten hat und erhoffen kann: „Ein jedes Ding der Natur wirkt nach Gesetzen, nur ein vernünftiges Wesen hat das Vermögen, *nach der Vorstellung* der Gesetze, das ist nach Prinzipien zu handeln, oder einen *Willen.*"[3] Er ist „die Kausalität des Verstandes, die Gegenstände seiner Vorstellung wirklich zu machen"[4]. Der Gedanke eines Ende aller Dinge ist also mit der Vernunft „verwebt", weil er der Gedanke dessen ist, worauf das Geschehen hinausgeht, in das wir uns als Menschen schon immer verstrickt finden, und das wir, soweit es durch menschliches Handeln in Gang gehalten wird, *Geschichte* nennen. Die Frage nach dem Ende der Geschichte ist also keine andere als die Frage nach dem *Sinn,* der Bedeutung, die dieses Geschehen für die Erwartungen hat, von denen unser Handeln geleitet ist, und das immer ein Erwarten in Furcht oder Hoffnung ist. Daß es so etwas wie eine Philosophie der Geschichte als denkende Betrachtung ihres Geschehens gibt, stammt also aus der Unabweislichkeit dieser Frage, mit der sie steht und fällt.

Die Frage ist aber nicht nur der Philosophie der Geschichte verloren gegangen, sondern sie scheint auch für das allgemeine Bewußtsein ihren Sinn verloren zu haben, obwohl das „Gericht über die Lebendigen und die Toten" noch immer im Glaubensbekenntnis hergesagt wird. Es denkt bei dem Ende allenfalls an die Bedrohung der Menschheit durch die Möglichkeit eines atomaren Selbstmords. Aber dieser Gedanke liegt recht weit ab von dem, was sein ursprünglicher Sinn ist. Ein Ende in *diesem* Sinne wird man zu dem zählen müssen, was Kant als die dritte Bedeutung der Rede von einem Ende bezeichnet, nämlich „das widernatürliche (verkehrte) Ende aller Dinge, welches von uns selbst, dadurch, daß wir den Endzweck mißverstehen, herbeigeführt wird" (a. a. O., S. 509).

Es wird demgegenüber also zuerst darauf ankommen, den echten Sinn dieser Frage wiederzugewinnen und festzustellen, was philosophisches Denken zu ihrer Beantwortung allenfalls beizutragen hat. Der vorliegende Versuch soll als nicht mehr, denn als ein erster Schritt hierzu verstanden werden, als ein Beitrag zu der Aufgabe, einen philosophischen Begriff von dem Geschehen zu gewinnen, das wir als Geschichte erfahren, und zur Klärung der Frage, ob jene Trennung des Problems der Weltgeschichte von dem des Heilsgeschehens, die mit dem Verzicht der Philosophie auf die Frage nach dem „Ende" erfolgt ist, philosophisch überhaupt verantwortet werden kann. Die Unabweislichkeit dieser Frage

[3] GzMS. S. 412, AkAusg.
[4] Vorlesungen über die philosophische Religionslehre, ed. Pölitz, Leipzig 1830, S. 120.

kündet sich darin an, daß sie, obwohl als philosophische seit dem 19. Jahrhundert nicht mehr gestellt, doch außerhalb der offiziellen Philosophie dieser Epoche und lange von ihr unbemerkt im Marxismus weiterlebte. Es wurde nicht bemerkt, daß das Weiterleben des Marxismus trotz der Widerlegung etlicher seiner ökonomischen Grundthesen nicht nur in der Theorie, sondern durch den Gang der ökonomischen Entwicklung selbst, darin seinen Grund hatte, daß er eine Antwort auf jene Frage versprach und damit den Anspruch machte, der Menschheit das wiederzugeben, was ihr die Philosophie schuldig geblieben zu sein schien. Aber sie stellte sich seit Bultman auch aufs neue in der evangelischen Theologie nicht minder wie in der politologischen und soziologischen Auseinandersetzung mit der positivistischen Soziologie und Gesellschaftslehre. An die gegenwärtige Problemsituation in der evangelischen Theologie soll hier nicht angeknüpft werden. Als eine *philosophische* Erörterung kann die folgende Untersuchung günstigenfalls bis an den Punkt führen, von dem her überhaupt erst eine Klärung des Verhältnisses von philosophischer und theologischer Frage nach dem Ende der Geschichte möglich wird. Den Ausgangspunkt muß also die Diskussion der Argumente bilden, mit denen heute das Ende der Geschichtsphilosophie proklamiert wird.

In ihrer Allgemeinheit vorgestellt und kurz zusammengefaßt sind es folgende: Wenn die Grundfrage, aus der Geschichtsphilosophie entsprang, die nach dem Ende der Geschichte war und das heißt nach dem Woraufhinaus ihres Werdens, in dem sie an ihr Ziel gelangt, nach ihrem Sinn, hat nicht die Entwicklung des Nachdenkens über die Geschichte gezeigt, daß in ihm alle denkbaren Positionen bereits durchgespielt sind und ihre innere Unmöglichkeit erwiesen haben, so daß sich damit gezeigt hätte, daß diese Frage als eine philosophische gar nicht legitim und keiner Beantwortung fähig ist, sondern daß sie dem Glauben überlassen, und wo dieser fehlt, eben dahingestellt bleiben müsse? Wenn dieser Gedanke ursprünglich aus der christlichen eschatologischen Enderwartung stammt, so scheint doch der Versuch, ihn dem philosophischen Denken einzuverleiben, zu nichts anderem als zu seiner sogenannten Säkularisierung im Fortschrittglauben der Neuzeit geführt zu haben, der als solcher selbst unglaubwürdig geworden ist. Und ist nicht Hegels Vermittlungsversuch zwischen der Erwartung eines jenseitigen Heiles und einer diesseitigen Vollendung als die äußerste philosophische Anstrengung, den Gedanken eines Endes und Zieles der Geschichte philosophisch zu begründen, gescheitert? Und ist nicht dieses Scheitern des Anspruchs, von der Position des absoluten Wissens her philosophisch etwas über das Ende der Geschichte auszusagen, der Ausgangspunkt für Karl Marx mit seiner Forderung, die Philosophie in Praxis überzuführen und diese Vollendung als eine solche zu verstehen, die durch den Menschen in der Zukunftsgesellschaft zu verwirklichen ist? Und war dies nicht ein Versuch, der in der Weiterentwicklung der Marxschen Gedanken durch Friedrich Engels zu dem unbestimmten Gedanken eines „Fortschreitens zu immer neuen Zielen" deformiert wurde — mit dem Ergebnis, daß dieses Verständnis der Geschichte als des Prozesses der Selbstproduktion der Menschheit eben die Frage, die es beantworten sollte, die Frage nach dem Sinn, und das heißt nach Ziel und Woraufhinaus dieses Prozesses unbeantwortet ließ?

Aber ist mit solchen Hinweisen auf das Ergebnis des Nachdenkens über Ende als Sinn und Ziel der Geschichte diese Frage bereits als eine solche erwiesen, die selbst keinen Sinn hat, womit zugleich das Unternehmen einer Geschichtsphilosophie als illusorisch erwiesen wäre? Um hierauf zu antworten, genügt nicht die Auseinandersetzung mit solchen allgemeinen Hinweisen auf das Scheitern der bisherigen Bemühungen der Geschichtsphilosophie. Die Einwände müssen dort aufgesucht werden, wo sie in substantiierter Weise vorgebracht werden, so daß ihre kritische Prüfung den Ausgangspunkt bildet für eine Bestimmung des philosophischen Sinnes und Ortes des Problems des Endes der Geschichte.

Fürs erste ist es die These H. Kestings[5], daß alle geschichtsphilosophischen Positionen wie sie seit dem 18. Jahrhundert ausgebildet wurden, nichts anderes seien als die Ideologien der herrschenden und sich bekämpfenden Mächte. Wenn mit der zunehmenden Einsicht in die Möglichkeit einer universellen Planung des menschlichen Geschehens durch Informationstheorie und Technik eine fortschreitende Entideologisierung des öffentlichen Bewußtseins zu erwarten ist, würden damit die Voraussetzungen für das Unternehmen einer Geschichtsphilosophie immer mehr entfallen, und die unserer Zeit angemessene Geschichtsphilosophie könne dann nur noch die universelle Planung sein.

Norbert Wiener, der Begründer der Kybernetik hat freilich über die Möglichkeit einer Planung und Lenkung der Geschichte mit den Mitteln von Kommunikationsmaschinen kritischer gedacht: „Die Maschine, die lernen kann und aufgrund ihres Lernens Entscheidungen fällen kann, wird durchaus nicht gebunden sein, Entscheidungen zu treffen, wie wir sie getroffen hätten oder wie sie für uns annehmbar wären. Denn der Mensch, der das Problem seiner Verantwortung blindlings auf die Maschine abwälzt, sei sie nun lernfähig oder nicht, streut seine Verantwortung in alle Winde und wird sie auf den Schwingen des Sturmwinds zurückkommen sehen."[6] Von daher gesehen, könnte sich die „Geschichtsphilosophie" der universellen Planung aufgrund universeller tatsachenwissenschaftlicher Informationen selbst als eine Ideologie, und zwar in demjenigen präzisen Sinne des Wortes enthüllen, den ihm Karl Marx gegeben hat, nämlich als eine Deutung des Sinnes des Geschehens, die einen Herrschaftsanspruch, in diesem Falle den der Technokraten und Kybernetiker, begründen soll. Es wäre ein Anspruch, der nach rationaler wissenschaftlicher und in diesem Sinne ideologiefreier Aufklärung aller Zweck-Mittel-Verhältnisse selbst nicht mehr rational begründet werden kann, sondern auf einer Willensentscheidung beruht. Ein solches positivistisches und pragmatistisches Vertrauen auf die totale Aufklärbarkeit des Geschehens durch positive Wissenschaft, wie es in der analytischen Philosophie seine Vollendung findet, hat zwar Methoden zur Daten-

[5] Geschichtsphilosophie und Weltbürgerkrieg, Heidelberg 1959.

[6] Mensch und Menschmaschine, Deutsche Ausgabe des Athenäum-Verlages, 1964, S. 194.

verarbeitung aufgrund universeller Informationen über alle überhaupt erreichbaren Fakten entwickeln können, muß aber ihre Auswertung für die Entscheidung, woraufhin dann geplant und gehandelt werden soll, wie jeder Positivismus dem Dezisionismus oder der „weltanschaulich" bedingten und nicht mehr rational begründbaren willkürlichen Wahl der obersten Werte überlassen, so daß also die Beherrschung der Welt durch Wissenschaft gerade dort ihre Grenzen erweist, wo es darauf ankommt, nicht nur zu wissen und informiert zu sein, sondern sich handelnd zu entscheiden. J. Habermas hat diese Kehrseite einer ideologiefreien positiv-wissenschaftlichen Aufklärung in seiner Abhandlung „Dogmatismus, Vernunft und Entscheidung"[7] erörtert, und im Hinblick auf sie einen Kestings Gedanken entgegengesetzten Schluß gezogen: Mit der Erfahrung von der Machbarkeit der Geschichte durch Mittel wissenschaftlicher Steuerung und Kontrolle der Prozesse, wodurch die Einheit der Welt und ihrer Geschichte nicht mehr bloß eine theologisch und philosophisch antizipierte Idee bedeutet, sondern auf dem Wege ist, zur empirischen Wirklichkeit zu werden „sind die immanenten Voraussetzungen der Geschichtsphilosophie nicht etwa entfallen, sondern heute recht eigentlich erst wahr geworden"; denn niemals zuvor war die Menschheit „so unausweichlich mit der ironischen Tatsache der Machbarkeit einer ihrer Beherrschung immer noch entzogenen Geschichte konfrontiert, wie es der Fall ist, seitdem Mittel gewaltsamer Selbstbehauptung entwickelt worden sind, deren Wirkungsgrad ihren Einsatz als Mittel zur Erreichung bestimmter politischer Zwecke problematisch macht" (a. a. O., S. 213 f). Ironisch aber ist die Tatsache der Machbarkeit nicht nur deshalb, weil sie, mit Kant zu sprechen, die Möglichkeit eines widernatürlichen Endes aller Dinge in sich schließt, sondern durch die Tatsache, die wir täglich erfahren, daß alles, was vom Menschen in planendem Handeln zur Bewältigung der Aufgaben seines gesellschaftlichen Daseins hervorgebracht wird, alle die Institutionen, die er sich hierfür geschaffen hat, eine Eigengesetzlichkeit ihrer weiteren Entwicklung entfalten, über die er nicht Herr zu werden scheint und die sich gegen seine Absichten kehrt, so daß sich alle Produkte seiner Tätigkeit in der Selbstverständlichkeit, mit der sie ihm zur Verfügung stehen und einen Bestandteil seiner Welt bilden, ihm entfremden. Im „Druck auf den Knopf", mit dem er Kräfte von kosmischen Dimensionen in Selbstverständlichkeit auslösen kann, sind „Befehl und Effekt, Order und Produkt, Wille und Werk ... so mühelos gekoppelt, wie im heimlichen Ideal aller nachchristlichen Produktivität, dem göttlichen ‚Es werde' des Anfangs der Bibel."[8] Aber diesem Bewußtsein einer fast schöpfergöttlichen Macht der Planung und Steuerung des Prozesses fehlt das Wissen um das Wozu und Wohin, und es hat sich damit in seiner Ohnmacht enthüllt. Was in den Positionen des Positivismus und Pragmatismus, aus denen sich diese Möglich-

[7] in „Theorie und Praxis", Verlag Luchterhand, 1963, S. 231 ff.

[8] H. Blumenberg „Lebenswelt und Technisierung" in: Sguardi su la Filosofia contemporanea, LI, Edizioni di „filosofia", Turin 1964.

keiten entwickelt haben, uneingestanden bleibt, das ist heute den enttäuschten Marxisten in Ost und West bereits offenkundig geworden, indem sie wissen, daß marxistische „Weltanschauung", die gleichfalls auf den Besitz des Herstellungsgeheimnisses und der Kontrollmöglichkeit des Weltprozesses Anspruch macht, die Frage nach dem *Sinn* des Prozesses nicht beantwortet hat und nicht beantworten kann — worin sich die beiden in der Welt heute maßgeblichen Positionen treffen, so daß die Unabweisbarkeit der Frage nach der Instanz, die zu solcher Antwort fähig ist, in einer Weise offenkundig geworden ist, die Kant noch nicht ahnen konnte.

Inwiefern die Philosophie der Geschichte aber diese Instanz sein kann, oder was sie zur Antwort beitragen kann, das soll die Auseinandersetzung mit einem zweiten Versuch zeigen, die Unmöglichkeit einer Philosophie der Geschichte zu erweisen, der geeignet ist, noch näher an den Kern des Problems heranzuführen, mit K. Löwiths Werk „Weltgeschichte und Heilsgeschehen"[9]. Es hat seine Bedeutung darin, daß es mit großer Eindringlichkeit nicht nur das Scheitern aller bisherigen geschichtsphilosophischen Positionen der Neuzeit vor Augen führt, sondern dabei zugleich geleitet ist von der systematischen Frage nach den Bedingungen, unter denen Geschichte als ein einheitlicher Prozeß der Weltgeschichte erfahren und erkannt werden kann. Damit ist das Problem der Kontinuität der Geschichte *als* Geschichte aufgeworfen. Löwith geht mit Recht davon aus, daß es zum Verständnis von Geschichte als Geschichte eines teleologischen Prinzips bedarf: „Geschichtliche Geschehnisse sind nur sinnvoll, wenn sie auf einen Zweck jenseits der tatsächlichen Ereignisse verweisen, und weil die Geschichte eine zeitliche Bewegung ist, muß der Zweck ein künftiges Ziel sein". „Die Annahme, daß die Geschichte einen letzten Sinn hat, antizipiert also einen Endzweck als Endziel, das die tatsächlichen Geschehnisse überschreitet." „Der letzte Sinn ist der Brennpunkt einer erwarteten Zukunft. Man weiß von ihr nur in der Weise des Hoffens und Glaubens" (a. a. O., S. 15). Gerade darum aber kann alles Geschichtsverständnis als solches nur ein vom Glauben getragenes sein. Es kann nur eine Geschichtstheologie, aber nicht eine Geschichtsphilosophie entwickeln. Denn sobald die erhoffte und geglaubte Zukunft auf das erfahrene Geschehen der Welt bezogen und damit dem philosophisch denkenden Zugriff unterworfen wird, denaturiert der Gedanke des Eschaton als des Endes zu dem eines Fortschreitens in Richtung auf das Ziel hin in dieser Welt. Aus dem eschatologischen Glauben wird eine Geschichtsgläubigkeit, die sich selbst im historischen Relativismus zerstört. „Die moderne Überschätzung der ‚Welt' als ‚Geschichte' ist das Ergebnis der Entfremdung von der natürlichen Theologie der Antike und von der übernatürlichen Theologie des Christentums. Der Weisheit und dem Glauben ist sie fremd" (a. a. O., S. 176). Löwith beginnt daher konsequenterweise seine von der Gegenwart rückwärtsgehende Darstellung dieser Verfallsgeschichte mit J. Burckhardts philosophischem Verzicht auf Geschichtsphilosophie und seiner skeptischen Resignation angesichts des Problems der Kontinuität der Geschichte,

[9] Urban-Bücherei, Stuttgart 1953.

und er schließt mit der Feststellung, daß Kontinuität, wenn sie nicht mehr in der linearen Ausrichtung auf das eschatologische Endziel gegründet werden kann — und dazu scheint das moderne Bewußtsein nicht mehr willens und in der Lage zu sein — sie dann konsequenterweise ihren Grund nur in einer Rückkehr zum antiken Gedanken des Kreislaufs alles Werdens finden könnte. „Denn nur unter der Voraussetzung einer Bewegung, die ohne Anfang und Ende ist, ist Kontinuität wirklich erweisbar. Denn wie sollte man sich Geschichte als den kontinuierlichen Prozeß in Form eines gradlinigen Fortschreitens vorstellen können, ohne die Unterbrechung durch den terminus a quo und ad quem, d. h. ohne Anfang und Ende? Das moderne Geschichtsbewußtsein hat darauf keine eindeutige Antwort. Es entfernt aus seinem fortschrittlichen Denken die christlichen Elemente der Schöpfung und Vollendung, während es sich aus der antiken Weltschau die Idee einer endlosen und kontinuierlichen Bewegung aneignet, ohne ihre Kreisstruktur zu übernehmen. Der neuzeitliche Geist ist unentschieden, ob er christlich oder heidnisch denken soll" (a. a. O., S. 189). Damit schließt sich der Kreis der Betrachtung, die mit der Feststellung begann: „Es scheint, als ob die beiden großen Konzeptionen der Antike und des Christentums, zyklische Bewegung und eschatologische Ausrichtung die grundsätzlichen Möglichkeiten des Geschichtsverständnisses erschöpft hätten. Auch die jüngsten Versuche (Vf. denkt hierbei besonders an Spengler und Toynbee) einer Deutung der Geschichte sind nichts anderes als Variationen dieser zwei Prinzipien oder ihre Vermischung" (S. 26).

So sehr dies für die Bemühungen der Geschichtsphilosophie seit dem 19. Jahrhundert zutreffen mag, so beweist dies eigentlich noch nichts für die Unmöglichkeit einer Philosophie der Geschichte überhaupt, die als solche genötigt ist, sich dem Problem des Endes zu stellen. Die Tatsache, daß sie dies bisher unterlassen hat, war Ausgangspunkt dieser Betrachtungen. Der Versuch wäre daher auch vergeblich, ihr durch eine „Synthese" ihrer bisherigen Versuche wieder auf die Beine zu helfen[10]. Aber an Löwith ist die kritische Frage zu richten, ob mit der von ihm bezeichneten Alternative die Möglichkeiten eines geschichtsphilosophischen Denkens überhaupt erschöpft sind. Daß sein Vorschlag eines stoischen Rückzugs aus der Geschichte in eine Art antiker Naturfrömmigkeit für das moderne Weltverständnis keine mögliche Position mehr bedeutet, wurde schon vielfach von der Kritik angemerkt. Aber bei solchem negativen Ergebnis darf es die kritische Auseinandersetzung mit Löwiths Entwurf nicht bewenden lassen. Wichtiger ist hierfür Kants Hinweis darauf, daß der Versuch einer Antwort auf die Frage „Was darf ich hoffen?" von der Philosophie nicht aufgegeben werden darf. Daher wurde eingangs an Kants Versuch einer Bestimmung des philosophischen Sinnes und systematischen Ortes der unabweislichen Frage nach dem Ende aller Dinge angeknüpft. Löwith hat ihn in seinem Durchgang durch die Geschichte des Problems übersprungen und ist in seiner Untersuchung von Hegel

[10] Diese Auffassung vertritt W. Brüning in seiner „Geschichtsphilosophie der Gegenwart", Stuttgart 1961.

gleich zu Voltaire und der Geschichtsphilosophie der Aufklärung zurückgesprungen. Dadurch sind ihm die Gesichtspunkte entgangen, von denen her sich seine Alternative aus einem anderen Grunde als eine unhaltbare hätte erweisen können, dessen Erwägung die Auseinandersetzung zu einem positiven Resultat führen wird. Sie wird daher an diese Abhandlung Kants anzuknüpfen haben. Im nächsten Schritt der Betrachtung wird die Erörterung der Grenzen, innerhalb derer bei Kant das Problem des Endes entwickelt wird, den Ansatzpunkt zu seiner weiteren Entfaltung vermitteln.

Ohne ausdrücklich auf die 1. Antinomie der K. d. r. V., die Antinomie von Endlichkeit und Endlosigkeit der Welt anzuspielen, und ohne daß das Wort Dialektik fällt, hat Kant im Eingang seiner Abhandlung in einer vereinfachten Weise die Dialektik des Gedankens des Endes kurz berührt. Aus dieser Antinomie folgt, daß Ende und Endlosigkeit Vorstellungen sind, denen kein Gegenstand möglicher Erfahrung entspricht. Wenn aber der Gedanke des Endes „mit der allgemeinen menschlichen Vernunft auf wunderbare Weise verwebt sein muß", was bedeutet, daß ein Verstehen des Geschehens der Geschichte eines teleologischen Prinzips bedarf, wie kann dann Geschichte als ein teleologisch bestimmtes Geschehen gedacht werden, wenn es kein Telos als einen Gegenstand möglicher Erfahrung gibt? Kant löst diese Schwierigkeit mit dem Hinweis darauf, daß es sich hierbei um eine Idee handele „die die Vernunft sich selbst schafft, wovon die Gegenstände ganz über unseren Gesichtskreis hinausliegen, die indes, obzwar für die spekulative Erkenntnis überschwenglich, darum doch nicht in aller Beziehung für leer zu halten sind, sondern in praktischer Absicht uns von der gesetzgebenden Vernunft selbst an die Hand gegeben werden, nicht etwa um über ihre Gegenstände, was sie an sich und ihrer Natur nach sind, nachzugrübeln, sondern wie sie zum Berufe der moralischen, auf den Endzweck aller Dinge gerichteten Grundsätze zu denken habe (wodurch sie, die sonst gänzlich leer wären, objektive praktische Realität bekommen)" (S. 507 f.). Es soll nicht weiter darauf eingegangen werden, wie von Kant der Endzweck aller Dinge bestimmt wird. In den Kritiken war er bereits unter dem Begriff des Höchsten Gutes eingeführt worden, in der Religionsschrift als das „Reich Gottes" oder die „unsichtbare Kirche" als die Idee eines „ethischen Gemeinwesens unter der göttlichen moralischen Gesetzgebung". Diese Idee ist also „auf die Bedingungen des praktischen Gebrauches" der Vernunft einzuschränken (S. 502). Sie ist ein regulatives Prinzip des Handelns, und das heißt, sie nimmt „ihren Ursprung nicht von dem Vernünfteln über den physischen, sondern über den moralischen Verlauf der Dinge in der Welt her" (S. 498), und hat in diesem Sinne objektive praktische Realität, ist also eine Idee, die legitimerweise philosophisch zu entfalten ist[11].

[11] Es ist hier nicht darauf einzugehen, wie dieser Gedanke des Endzweckes der Geschichte von Kant schon 10 Jahre früher in seiner „Idee zu einer allgemeinen Geschichte in weltbürgerlicher Absicht" im gleichen Sinne entwickelt wurde. Vgl. dazu vom Vf. „Die Geschichte im Denken Kants", Studium Generale VII (1954) S. 533 ff.

Diese Erinnerung an Kants Gedanken ist deshalb von besonderer Bedeutung, weil mit ihnen der Charakter derjenigen teleologischen Prinzipien geklärt ist, auf denen die Möglichkeit eines philosophischen Verstehens von Geschichte beruht: sie können nicht in einer theoretischen Erkenntnis des Weltlaufs gewonnen werden, sei es empirisch, sei es aus Prinzipien der theoretischen Vernunft, sondern sind für die Leitung des Handelns notwendige Vorstellungen. Damit ist, wenigstens im Ansatz, der Weg zu einer Vermittlung zwischen Weltgeschichte und Heilsgeschehen gewiesen. Denn sofern Geschichte dasjenige Geschehen ist, das durch Handlungen der Menschen bewirkt und in Gang gehalten wird, und sofern das Handeln mit seinen Wirkungen in der Weltgeschichte unter dem Gericht eines höchsten Gebotes steht, ist es klar, daß das, was als Folge des Handelns als bevorstehend in Furcht und Hoffnung erwartet wird, sehr wohl seine Bedeutung für das Handeln des Menschen mit seinen Wirkungen in der Geschichte haben muß. Das sagt, daß ein Verstehen von Geschichte als Geschichte nur möglich ist, wenn ihm ein teleologisches Prinzip zugrundeliegt, das zwischen Enderwartung und faktisch eintretenden Wirkungen des Handelns vermittelt. In diesem Sinne kann Kants Entwurf als Vermittlungsversuch zwischen Weltgeschichte und Heilsgeschehen, zwischen dem, was erkannt werden kann, und dem, was geglaubt wird, angesehen werden, der den Schwierigkeiten der Hegelschen Verankerung dieser Vermittlung im absoluten Wissen entgeht. Denn der „Vernunftglaube“ im Kantischen Sinne, zu dem die praktisch-moralische Idee eines Endes aller Dinge gehört, ist ja nicht die von allem weltlichen Handeln getrennte Erwartung eines jenseitigen Heils, sondern diese Erwartung ist gegründet in der Bereitschaft dieses Handelns, das als solches seine Wirkungen in der Welt hat, sich dem absoluten sittlichen Gebot zu unterstellen, und dadurch die Hoffnung — niemals die Gewißheit! denn die Reinheit der Maximen kennt nur der „oberste Richter“ — auf „Glückswürdigkeit“ haben zu können. Nur in diesem Handeln fällt die Entscheidung über „Seligkeit“ und „Verdammnis“.

Das Geschichtsdenken des 19. Jahrhunderts ist an Kants Klärung des Sinnes der teleologischen Prinzipien, auf denen Erkenntnis der Geschichte beruht, vorbeigegangen; es hat daher das Problem des Endes der Geschichte nicht bewältigen können und damit die Geschichtsphilosophie ins Bodenlose geführt. Noch für den jungen Hegel war es selbstverständlich, daß die Begriffe von der Geschichte „moralische“ Begriffe sind, wie er sie in der Terminologie des 18. Jahrhunderts bezeichnet. Aber das nachhegelsche Geschichtsdenken hat Hegels spekulative Philosophie für einen Weg theoretischer Erkenntnis gehalten — es soll hier nicht erörtert werden, wieweit diese Deutung zutrifft — und auch dort, wo es Hegels spekulative Philosophie verwarf, die Prinzipien der philosophischen Geschichtserkenntnis unbesehen als theoretische verstanden, womit es ihm unmöglich wurde, den Charakter nicht nur der Geschichtsphilosophie, sondern auch der ganzen Wissenschaften von der Geschichte, den „Geisteswissenschaften“ in ihrer Unterscheidung von den Naturwissenschaften zulänglich zu bestimmen. Daß es dazu einer Revision der traditionellen Unterscheidung von

„theoretischer" und „praktischer" Philosophie bedurft hätte, ist ihm entgangen. Weil auch Löwith das Geschichtsdenken der Neuzeit nur im Lichte dieses seines Selbstverständnisses sieht, hat er die Alternative eines möglichen Geschichtsdenkens auf dieser Ebene diskutiert und ist damit auf einen sozusagen vorkritischen Boden zurückgefallen. Die von ihm angebotene Alternative zwischen eschatologischem linearem Geschehen und Kreislaufgedanken ist nicht deshalb für den modernen Geist nicht akzeptabel, weil er sich für keines von beiden entscheiden will, sondern weil beides in gleicher Weise der Dialektik verfällt, die Kant in der ersten Antinomie entwickelt hat. Denn wenn Ende und Endlosigkeit der Welt Vorstellungen sind, denen beiden kein Gegenstand möglicher Erfahrung entspricht, dann ist es ganz gleich, ob die Endlosigkeit als eine solche im Sinne der Linie oder im Sinne eines ewig kreisförmig in sich zurückgehenden Verlaufes vorgestellt wird. In diesem Sinne hält sich Löwiths Alternative auf einem vorkritischen Boden und ist daher nicht geeignet, die Frage nach den Bedingungen der Möglichkeit zu beantworten, unter denen geschichtliches Geschehen als ein kontinuierlicher Verlauf vorgestellt werden kann.

Lassen sich Kants Gedanken in dieser Weise kritisch anwenden, weil von ihnen her gezeigt werden kann, inwiefern Löwiths Abweisung der Möglichkeit einer Philosophie der Geschichte auf einer Verkennung des Charakters der zu ihrer Begründung notwendigen Prinzipien beruht, so lassen sie uns andererseits im Stich, um Löwiths Frage nach der Möglichkeit von Erfahrung und Erkenntnis von Geschichte als einem kontinuierlichen Verlauf positiv zu beantworten. Kant bezeichnet in seiner Abhandlung über die „Idee zu einer allgemeinen Geschichte ..." seine Erörterung der Geschichte unter dem Gesichtspunkt ihres Endzwecks als eine „Idee einer Weltgeschichte, die gewissermaßen einen Leitfaden a priori hat", mit der aber nicht „die Bearbeitung der eigentlichen empirisch abgefaßten Historie verdrängt werden soll". Es handelt sich bei diesem Leitfaden um eine Maxime praktischen Handelns, die etwa so formuliert werden könnte: Handle so, als ob es in Deiner Macht stünde, zur Verwirklichung des Endzwecks der Geschichte beizutragen. Aber diese Maxime ist noch kein Leitfaden, der es verstehen läßt, wie es möglich ist, daß in der empirischen Geschichte diejenige Kontinuität besteht, die überhaupt im Unterschied zur Natur und ihrem Geschehen von einer Geschichte als Weltgeschehen zu sprechen gestattet. Hat Kant darauf hingewiesen, daß das Prinzip, unter dem allein wir Geschichte verstehen können, nur ein teleologisches, wenn auch bloß in praktischer regulativer Bedeutung sein kann, so ist zu fragen, ob sein Prinzip auch die Bedingungen enthält, unter denen es für uns eine Erfahrung von Geschichte *als* Geschichte geben kann, und das heißt als einem kontinuierlichen Geschehen unter einer Wirkungsgesetzlichkeit, durch die es von dem der Natur unterschieden ist. Mit anderen Worten, genügt diese Idee, um die Möglichkeit der Erfahrung von Geschichte als kontinuierlichem Verlauf zu erklären? Gerade das ist doch das Problem, das sich Löwith gestellt hat, und mit dieser Frage hat die Kritik an seinem Versuch zum Ansatz der Fragestellung selbst geführt. Es wird sich dabei zeigen, daß hierfür Kant keine Anleitung bieten kann. Daher waren auch die Versuche (Medicus, Troeltsch u. a.) vergeblich, Kants Kategorientafel durch Prinzipien zu ergänzen, die das „Apriori der Geschichte" enthalten als den Inbegriff der Bedingungen der Möglichkeit der Erfahrung von Geschichte *als* Geschichte, weil der Grund dieser Schwierigkeit tiefer liegt und nicht im Bereich der transzendentalen Analytik, sondern bereits in dem der transzendentalen Ästhetik aufgesucht werden muß: *Kants Begriff der Zeit gibt nicht die Möglichkeit an die Hand, die Zeit der Geschichte und diese selbst als teleologische Einheit eines Geschehens zu begreifen.* Der Begriff der Zeit wird in der Kritik des theoretischen Erkenntnisvermögens entwickelt im Hinblick auf das Subjekt als vorstellend-denkendes, aber nicht als ein solches, das ineins handelndes Subjekt ist. Wenn aber die Geschichte der Zusammenhang von Geschehnissen ist, der aus dem Handeln von Menschen entspringt, so muß es die Aufgabe sein, einen Begriff von Zeit zu gewinnen, der die Zeit des Handelns und damit die Zeit der Geschichte verstehen läßt. Erst dann wird die Dimension gewonnen sein, in der das Problem des Endes der Geschichte exponiert werden kann.

Dazu ist anzuknüpfen an den letzten Satz der Anmerkung zur Vorrede der zweiten Auflage der K. d. r. V. (B XLI). Sie bezieht sich auf das in der 2. Aufl. eingefügte Kapitel „Widerlegung des Idealismus", das zeigen soll, „wie das Bewußtsein meines Daseins in der Zeit mit dem Bewußtsein eines Verhältnisses zu etwas außer mir identisch verbunden ist" (S. XL). Diese Anmerkung schließt: „Das Wie? läßt sich hier eben so wenig weiter erklären, als wie wir überhaupt das Stehende in der Zeit denken, dessen Zugleichsein mit dem Wechselnden den Begriff der Veränderung hervorbringt". Mit der Rede von dem „Bewußtsein meines Daseins in der Zeit" ist das Bewußtsein meiner selbst seiner Form nach bezeichnet, und das sagt, hinsichtlich der Zeit als der „Form des inneren Sinnes", das ist der Weise des Anschauens unserer selbst und unseres inneren Zustandes. Wir sind uns seiner als eines Nacheinander unserer Vorstellungen bewußt. Als diese Form des Nacheinander hat die Zeit nur *eine* Dimension, die im Bilde der Linie darstellbar ist. Diese Form ist die Bedingung jeder möglichen Bestimmung und Unterscheidung des Zeitinhaltes als eines beharrenden oder wechselnden und sich verändernden, sowie als eines gleichzeitigen oder nacheinander erfolgenden. Kants weitere Fragen nach der Zeit beziehen sich nur auf diese Bestimmungsmöglichkeiten des Zeitinhaltes innerhalb ihrer als der apriorischen Form. Das Wie? wird als ein nicht weiter befragbares hingenommen, und diese Gegebenheit der Form des Nacheinander unserer Vorstellungen als letzte Tatsache festgestellt. Damit hat sich aber Kants Begriff von der Zeit grundsätzlich in dem Rahmen gehalten, der bereits durch die aristotelische Zeitanalyse abgesteckt war, so daß die philosophische Frage nach der Zeit von Aristoteles bis Kant und wohl auch Hegel grundsätzlich keinen Schritt weiter getan hat — abgesehen von einem Ansatz in Augustinus' Confessiones, der aber geschichtlich wirkungslos geblieben ist und nicht als philosophisches Problem verstanden wurde.

Ist aber diese Vorstellung von Zeit zulänglich, um das zu begreifen, was die Zeit und die zeitliche Form, die Zeitlichkeit dessen ausmacht, was wir als Geschichte erfahren, die zeitliche Struktur also, die es ermöglicht, daß es für uns überhaupt so etwas wie „Geschichte" gibt? Ist es überhaupt möglich, Geschichte in ihrem Wesen zu begreifen, wenn ihre Gegebenheiten als ein Nacheinander in der Zeit vorgestellt werden? Ist die Zeit als Form des Nacheinander eine nur als solche hinzunehmende und nicht weiter auf den Grund ihrer Möglichkeit befragbare, so daß eine Frage nach einem anderen Begriff von Zeit als diesem aristotelisch-kantischen sich überhaupt erübrigte?

Daß dies nicht der Fall ist, sondern daß der Grund der Möglichkeit, unseren „inneren Zustand" als ein Nacheinander von Vorstellungen zu erfahren, einer noch weiteren Aufklärung zugänglich ist, hat zum ersten Male Husserls phänomenologische Analyse des Zeitbewußtseins gezeigt[12]. Heiddeggers Analyse der Zeit in „Sein und Zeit" kann in einem bestimmten Sinne als Weiterführung dieser Untersuchung verstanden werden. Sie hat an den Punkt geführt, von dem her die Zeitlichkeit der Weltgeschichte abgeleitet werden kann. Die Geschichtsphilosophie sowie ihr Kritiker Löwith haben merkwürdigerweise weder von Husserls noch von Heiddeggers Analyse der Zeit Kenntnis genommen. Das gilt auch für die einzige Untersuchung, die in den letzten Jahren dem Problem der Zeit der Geschichte gewidmet wurde, Rich. Schaefflers umfangreiches Werk über „Die Struktur der Geschichtszeit", in dem zwar ausführlich die ersten Teile von Heideggers Analytik des Daseins erörtert werden, nicht aber die Untersuchungen der Temporalität und die Ableitung der Zeit der Weltgeschichte aus der zeitlichen Struktur des Daseins.

An diese Untersuchungen ist also anzuknüpfen, um die Frage nach der Zeit der Geschichte wenigstens in ihren Grundzügen zu beantworten. Es können daher Husserls und Heideggers Zeitanalysen nicht in ihrem gesamten Zusammenhang erörtert, sondern nur diejenigen Gedanken aus ihnen herausgehoben werden, die für die Klärung des Problems der Geschichtszeit von Bedeutung sind. Inwiefern ergibt sich aus Husserls Analyse, daß der Grund der Möglichkeit eines Bewußtseins des Nacheinander unserer Vorstellungen sehr wohl einer Befragung zugänglich ist? Der Ansatz hierzu liegt in Husserls Aufweisung des retentionalen Bewußtseins: Wir erfahren jederzeit, das „Zurücksinken" des jetzt Bewußten in das „Soeben", das als solches noch für eine kurze Spanne behalten ist, so daß es bekanntlich möglich ist, z. B. einige bereits erklungene Glockenschläge noch „nachzuzählen". In diesem Zurücksinken in das Soeben, dessen wir uns bewußt sind, liegt die Wurzel der Unterscheidung von „gegenwärtig" und „gewesen". Im Soeben entgleitet uns das jeweils jetzt Bewußte. Bewußtsein ist also nicht jeweils ein punktuelles Bewußtsein von Präsenz, eine

[12] Vorlesungen zur Phänomenologie des inneren Zeitbewußtseins, hg. von Heidegger, Jhrb. für Philosophie und Phänom. Forschg., XI, 1928; kritische Neuausgabe in „Husserliana" Bd. X, 1966.

„Aufeinanderfolge von Vorstellungen", die letztlich auf sinnliche Eindrücke zurückgehen, sondern dieses Folgen bildet sich sozusagen vor unseren Augen, indem das jeweils jetzt Bewußte als ein zurücksinkendes eben noch behalten ist. Es handelt sich bei diesem Bewußtsein des „soeben" nicht um eine gedankliche Konstruktion, sondern es ist damit auf ein Verhältnis hingewiesen, dessen wir uns jederzeit bewußt werden können, nicht erst in der nachkommenden Reflexion, sondern insbesondere dort, wo sich uns dieses Behalten im Soeben versagt. Das ins Soeben Zurücksinkende ist uns als uns entgleitendes bewußt. Man kann sich das an dem Beispiel der Rede verdeutlichen, der man folgt oder die man selbst äußert. Die einzelnen Phasen des Gesprochenen sind eine Strecke lang noch behalten, sie sind, um mit Husserl zu sprechen, noch „lebendige Gegenwart"; wo das Behalten nicht mehr gelingt, „verlieren wir den Faden"[13]. Dann muß man absetzen und sich explizit des bereits Gesagten zu erinnern suchen. Das Bewußtsein der Erinnerung wird daher von Husserl scharf unterschieden von dem retentionalen Bewußtsein des Soeben-gewesen. Man kann also nicht sagen, die Unterscheidung von „gegenwärtig" und „vergangen" und damit das Bewußtsein einer Aufeinanderfolge unserer Vorstellungen, welches diese Unterscheidung zur Voraussetzung hat, beruhte auf der Erinnerung. Vielmehr muß man fragen, wie es möglich ist, daß wir Vorstellungen von der Art der Erinnerung haben, und das sagt einer Reproduktion, in der das Bewußte als Gewesenes gewußt ist — ein Bewußtsein, das anderen Weisen der Reproduktion, Phantasie etc. fehlt — also wie es möglich ist, daß wir überhaupt zur Vorstellung von etwas als „gewesen" und „vergangen" kommen. Die Antwort lautet: weil das Bewußtsein von „Vergangen" eben das Bewußtsein von dem ist, was einmal *war*, jetzt aber *nicht mehr* ist. Dieses „nicht mehr" ist ursprünglich erfahren in dem Entgleiten in das Soeben. Im Beispiel: Das was ich jetzt sagte oder hörte, ist schon gesagt oder gehört, es ist *noch da* in der Weise des ins Soeben immer weiter Entgleitenden. Man kann also nicht sagen, dieser Vorgang spiele sich *in* der Zeit ab, in die die Affektion des inneren Sinnes die Vorstellungen von ihm setzt (so Kant), als ob Zeit eine vorgegebene Form wäre, die die Ordnung des Nacheinander zu unterscheiden ermöglicht, sondern wir können im Vorgang des Entgleitens die Bildung dieser Form an ihre Wurzel verfolgen, womit das Rätsel der „Selbstaffektion des inneren Sinnes" auflösbar wird — einer „Tätigkeit", die keine Tätigkeit, sondern ein Widerfahren ist. Ein Nacheinander wird als Nacheinander erfahren, indem seine einzelnen Phasen als jeweils näher oder weiter entfernt von dem Präsenten sich ins Soeben und Soeben des Soeben entziehen. Dieser Entzug ist es, der von der „reißenden Zeit" zu sprechen gestattet. Die Erfahrung solchen sich Entfernens ist also die Voraussetzung dafür, daß wir von der Zeit als Form eines Nacheinander unserer

[13] Über das Problem des verlorenen Fadens hat Hönigswald seinerzeit eine aufschlußreiche Untersuchung veröffentlicht, die freilich nicht das Problem der Zeitlichkeit des Bewußtseins zum Gegenstand hat, sondern im Zusammenhang einer sprachphilosophischen Problemstellung steht.

Vorstellungen sprechen können und uns einen Begriff von der Zeit als dieser Form bilden können. Die Zeit ist primär bewußt und erfahren als die uns entgleitende oder als die „Form", in der wir uns des Entgleitens des jeweils Präsenten bewußt werden.

Die Vorstellung der Zeit als Form im Bilde der Linie ist also der Art, wie wir Zeitliches erfahren, nicht angemessen. Aber gerade an diesem Bilde der Linie, der Zeit als eines linearen Ablaufs hat sich die Geschichtsphilosophie orientiert und ist damit in unauflösbare Aporien gekommen. Denn Gegenwart ist nicht der Jetztpunkt, der einfach von einem anderen abgelöst wird, sondern sie ist ineins Bewußtsein des Gegenwärtigen und des noch behaltenen Soeben. Die bildliche Darstellung erfordert also eine Zweidimensionalität, und demgemäß hat Husserl sein „Diagramm" der Zeit entworfen.

Husserl bemerkt dazu freilich, daß zum Bewußtsein des Jetzt, der lebendigen Präsenz, nicht nur das Bewußtsein des Soeben gehört, sondern zugleich die „Protention", das unmittelbare Erwarten des Sogleich. Das, was jeweils jetzt eintritt, ist als solches dadurch bewußt, daß es das ist, was als sogleich bevorstehend „erwartet" war. Die Intentionalität des Bewußtseins ist in dieser Hinsicht immer ein Aus-sein auf das Sogleich. Es stellt sich so ein, wie es erwartet war, oder anders, worin das Phänomen der Überraschung und Enttäuschung, die manchmal ein Erschrecken sein kann, seine Wurzel hat. Es ist die „Durchstreichung" der Erwartung, die in der Negation „nicht so, sondern anders" ihre Formulierung findet — eine Erfahrung, die das protentionale Schon-immer-hinaus-gerichtet-sein über das Gegenwärtige hinaus voraussetzt. Die Protention steht also zur ausdrücklichen Erwartung als einem Vorvergegenwärtigen im Ausmalen und sich Ausdenken in analogem Verhältnis wie die Retention zur Erinnerung. Husserl hat freilich die Struktur der Protention nur kurz berührt, ohne die Frage nach ihrem Verhältnis zum retentionalen Behalten weiter zu untersuchen.

Im Hinblick auf diese offengebliebene Frage kann Heideggers Analyse der Zeit in „Sein und Zeit" als ein weiterer Schritt in der Aufklärung des Wesens der Zeit verstanden werden. Es ist nämlich die Frage, worin der Grund der Möglichkeit des Bewußtseins des Jetzt als eines uns entgleitenden zu suchen ist. Das Beispiel von der Rede kann einen Hinweis für die Antwort geben. Das Jetzt wird als ein entgleitendes erfahren, wo es darauf ankommt, das Entgleitende zu behalten, z. B. um in der Rede ans Ende zu kommen. Als entgleitend wird etwas erfahren, weil sein Festhalten von Bedeutung ist für das, worauf hinaus unser Absehen gerichtet ist — etwa die Periode zu Ende zu hören oder zu sprechen — weil dies ohne solches Behalten nicht möglich ist. Die Zeit ist also als entgleitende erfahren, sofern sie die Zeit ist, die wir für ein Vorhaben brauchen: sie ist primär erfahren als die Spanne des „inzwischen" und „bis dann", als die uns mit diesem „inzwischen" zugemessene Zeit. Heidegger hat diese Charaktere des „inzwischen" und „bis dann" als die ursprünglichsten Zeitbestimmungen bezeichnet und damit diejenige Struktur der Zeit aufgewiesen, die es ermöglicht, daß sie zur meßbaren wird. Diese Ableitung kann hier nicht weiter verfolgt werden. Wenn Aristoteles sagt, die Zeit „wird in der Seele gezählt", so ist mit diesen Charakteren der Grund der Möglichkeit ihrer Meßbarkeit und Zählbarkeit genannt[14]. Damit ist der von Husserl nicht untersuchte Zusammenhang von protentionalem Vorausgerichtetsein und retentional entgleitendem Behalten des Soeben aufgeklärt. Das Entgleiten im Zurücksinken ins Soeben ist nur als ein solches erfahrbar für den Menschen als ein Wesen, das vorausgerichtet, in seinem Verhalten von Absichten geleitet ist, das als denkend handelndes Wesen in seinem Leben Ziele verfolgt und handelnd von der Vorstellung des noch nicht gegenwärtig Wirklichen, sondern durch sein Tätigsein erst zu Verwirklichenden geleitet ist. Über Kants Begriff der Zeit als der Form des Nacheinander unserer Vorstellungen und Zustände hinauszufragen, ist also nur möglich, wenn die Zeit nicht nur als eine der Bedingungen der Möglichkeit des Vorstellens und Erkennens betrachtet wird, sondern wenn die Zeitlichkeit des Handelns, deren wir uns jederzeit bewußt sind, in die Frage mit einbezogen wird.

In dieser Grundverfassung des Menschen als handelnd tätigen Wesens liegt es also, daß es für ihn das Vergangene, ihm Entglittene gibt. Retention und Protention stehen also nicht gleichgeordnet nebeneinander, wie es nach Husserls Analysen erscheinen mag; vielmehr das Streben zu behalten, im Hinblick auf das sich das Jetzt als zurücksinkendes, entgleitendes zeigt, hat seinen Grund in dem Hinausgerichtetsein auf das künftig zu Erwartende und zu Verwirklichende: Die Zeit zeitigt sich aus der Zukunft. Mit bezug auf Kants Analyse der Zeit besagt dies: Zeit ist nicht nur die Form der Anschauung und als solche konstitutiv für die Möglichkeit der theoretischen Erkenntnis von Gegenständen, sondern *daß es für uns Zeit als diese Form „gibt", ist daraus abzuleiten, daß das vernünftige, erkennende Wesen ineins immer praktisch tätiges, handelndes Wesen ist.* Es ist praktisch tätig, d. h. es ist in seiner Welt als sich verstehend auf sein Können, auf das, was es vermag, und dieses Können besagt ineins reale Möglichkeit und „Vermöglichkeit" (Husserl), δύναμις in ihrem doppelten Sinne als possibilitas und potentia, woraus alle Begriffe von Möglichkeit abgeleitet werden könnten. Dieses Können ist im untersten und elementarsten Sinne das Sichverstehenlernen auf die Beherrschung der Motorik seiner Leibesglieder und damit die Überwindung des Abstandes in der Bewegung. Nur für ein so konstituiertes Wesen gibt es die Unterscheidung von Vergangenem, Gegenwärtigem und Künftigem und gibt es daher die Zeit als „Form des inneren Sinnes", und gibt es ein Geschehen, dessen Verlauf in einer Abfolge seiner Vorstellungen als Geschehen erfahren werden kann.

Was ergibt sich daraus für die Frage nach der Zeit der Geschichte und für den Sinn der Rede von einem Ende der Geschichte und was bedeutet Kontinuität

[14] Zum Zusammenhang von Zeit und Zahl vgl. jetzt Fr. Kaulbach, „Der philosophische Begriff der Bewegung", Köln 1965.

der Geschichte? Das Verhalten des Menschen als ein Handeln ist von Absichten geleitet und ist nur als solches ein Handeln, als Aus-sein auf Verwirklichung von als Ziel vorgestelltem noch nicht gegenwärtig Wirklichen. In diesem Sinne sagt Husserl in seinen späteren Reflexionen, das Sein des Menschen ist ein Teleologisch-sein. Wenn nun Geschichte aus dem Handeln von Menschen hervorgeht, ist daher für die Erfahrung ihres Werdens *ein teleologisches Prinzip schon in der untersten Bedingung ihrer Möglichkeit angelegt.* Weil das griechische Denken das gesamte Geschehen des Kosmos als ein teleologisch bestimmtes verstand, kannte es freilich noch keine Unterscheidung der Prinzipien des Werdens des Naturgeschehens und des Geschehens der Geschichte. Sie ist erst auf dem Boden der christlichen Enderwartung möglich geworden, und erst seitdem gibt es ein spezifisches Problem der Teleologie der Geschichte und die Erfahrung von Geschichte *als* Geschichte. Die teleologische Grundstruktur der geschichtlichen Welt, in der wir leben, läßt sich leicht deutlich machen an dem, was wir die Situationen nennen, in denen wir uns jeweils als Handelnde finden[15]. Situation ist jeweils ein Moment in der Geschichte, die wir leben, gebildet aus dem, was gewesen ist und seine nun schon daseienden Fakten in der sinnlich gegebenen Umwelt hervorgebracht hat, aber diese nicht als der bloße Inbegriff des gegenwärtig schon für uns Daseienden, sondern dieses auf die Möglichkeiten hin verstanden und sozusagen abgesucht, die es für unser handelndes Verhalten uns bietet, oder die Widerstände, die es uns entgegensetzt. Was steht uns bevor, was haben wir für unser Leben von diesem Gegenwärtigen zu erwarten? ist die Frage, an der sich alles Handeln, nicht nur das des Einzelnen mit seinen Entscheidungen, sondern auch das geschichtliche Entscheidungen bewirkende Handeln orientiert. Dies mag wie Binsenwahrheit klingen, aber es ist das Merkwürdige, daß ihre Konsequenzen für die Frage nach der Zeit der Geschichte von der Geschichtsphilosophie nicht bedacht wurden.

Was folgt nämlich aus solchen einfachen Wahrheiten? Alles Streben, das festzuhalten und zu erkennen, was gewesen ist, sowohl das des Einzelnen, wie das der Historie, gründet in einem Behaltenwollen dessen, was über das Soeben in das immer weiter Zurücksinkende und Vergessene entgleitet. Behaltenwollen gründet in der Notwendigkeit, handelnd seine Absichten ausführen zu müssen und hierfür orientiert zu sein. Dasein will Beständigkeit, Sichhalten an das Bewährte und durch Überlieferung schon Daseiende und Geltende. Aber auch dort, wo es dieses im Widerstand durchbrechen und überschreiten muß, erfährt es das schon Daseiende als den Widerstand, von dem es sich abstößt. So fragt man etwa in einer Situation: Wie ist es dazu gekommen, welchen Fehler haben wir gemacht, wo sind die Weichen falsch gestellt worden, so daß wir uns jetzt in diesen Schwierigkeiten finden? Hier setzt das Erinnern ein. Das gilt für den Einzelnen wie für das Leben der menschlichen Gemeinschaften und ihrer Ge-

[15] Zum Begriff der Situation, vgl. auch H. G. Gadamer, „Wahrheit und Methode", Tübingen 1960, insbesondere S. 285 ff.

schichte. Das Denkwürdige wird aufbewahrt, nicht im Inneren der Gemüter; es ist sinnenfällig da, in den Reden und Liedern, oder leibhaft verkörpert in den Denkmälern, die etwa an eine gründende und eine Verpflichtung stiftende Macht erinnern. In diesem Sinne sagt Dilthey: „Geschichte ist Erinnerung", und die Struktur der Erinnerung kann Aufschluß geben über die Struktur der Zeit der Geschichte. Die Erinnerung vergegenwärtigt nicht alles und jedes, das einmal gewesen ist, sondern in erster Linie das, was als von Bedeutung im gegenwärtigen Leben gilt und das heißt, als der Sinnerfüllung dienend, nach der es strebt. Die Erinnerung macht also sozusagen Sprünge. Was hilft ihr auf die Sprünge? Eben dieses Absuchen der jeweils gegebenen Situation, die aus Bedingungen so geworden ist, die im Gewesenen angelegt sind. Sie wird abgesucht daraufhin, wie uns dieses schon Daseiende Möglichkeiten gegenwärtigen Handelns gibt oder verschließt, was es für die Führung unseres Lebens jetzt und hier bedeutet. Dieses Denkwürdige ist es, was zu behalten und in der Erinnerung zu vergegenwärtigen gesucht wird. Wenn aber in dieser Weise Geschichte sich in Erinnerung konstituiert, und wenn die Erinnerung Sprünge macht, so folgt daraus für die *Zeit der Geschichte, daß sie nicht die Form eines kontinuierlichen Geschehens als eines Nacheinander des Erfolgens in lückenloser Kausalität ist.* J. Lohmann hat darauf hingewiesen, daß der Gedanke der lückenlosen Reihe der causae efficientes ein später, erst in der Stoa entwickelter ist[16]. Die alten Historiker fragten nicht nach der αἰτία im Sinne der causa efficiens, sondern als nach dem, was etwas verschuldet hat. Die Analyse des Zufalls in der aristotelischen Physik kann dies bestätigen. Es gibt für Aristoteles keine lückenlose Reihe der αἰτίαι. Die Frage nach der Zeit der Geschichte ist also nicht die Frage „Wie wird aus dem Geschehen Geschichte?" — als ob für unsere Erfahrung zuerst der lückenlose Zusammenhang eines kausalen Geschehens wäre, vorgestellt in dem Nacheinander unserer Vorstellungen, und es dann darauf ankäme, die Kriterien dafür zu finden, was daraus als Geschichtstatsache ausgewählt und relevant wird. Es ist vielmehr *umgekehrt* zu fragen — eine Art Kopernikanischer Wendung — *wie kommt es von der ursprünglichen Erfahrung von Zeitlichkeit unseres Daseins in der Welt zur Vorstellung der lückenlosen Zeitreihe als der Form eines gemäß der Kategorie der Kausalität vorgestellten Ablaufs eines kontinuierlichen Geschehens?* Diese Ableitung hat bereits Husserl in seiner Zeitanalyse durchgeführt, und Heidegger hat daraus die Konsequenzen für die Frage nach der Zeit der Weltgeschichte gezogen. Die Kontinuität der Geschichte, so wie wir sie *als* Geschichte erfahren, beruht also nicht in der Kontinuität eines lückenlosen Kausalgeschehens, einer „Universalzeit" (Schaeffler), der die Geschichtszeit eingeordnet wäre, sondern sie beruht in ihrer *Finalität,* die aber nicht die Finalität einer göttlichen Vorsehung ist, sondern über die in der Freiheit des Handelns entschieden wird. Die in der Situation gegebenen,

[16] „Vom ursprünglichen Sinn der Aristotelischen Syllogistik", Lexis II, 2, insbes. S. 225, und „Das Verhältnis des abendländischen Menschen zur Sprache", Lexis III, 1, S. 18 ff.

schon daseienden Tatsachen werden daraufhin befragt: Wohin führen sie, was ermöglichen und was verschließen sie an Möglichkeiten für unser Handeln? Dieser teleologische Sinn dieses Geschehens ist also nicht etwas erst nachher von außen Herangebrachtes, sondern er liegt darin, daß das vergangene Geschehen mit seinen jetzt daseienden Resultaten das ist, inmitten dessen wir zu handeln haben.

Wie ist danach die Kontinuität der Geschichte zu begreifen? Als die Einheit des Geschehens, so wie sie jederzeit in der Besinnung auf die Möglichkeiten des Handelns in seiner Situation im Rückgang auf die Bedingungen, unter denen sie diese *geworden* ist, erst immer wieder hergestellt wird, aus welchem Grunde auch die Geschichte immer wieder einmal neu geschrieben werden muß. Es gibt nicht für unsere Erfahrung zuerst das Geschehen in seinem sinnlosen Nacheinander, in dem wir uns nachträglich finden, sondern seine Vorstellung als Nacheinander mit meßbarem zeitlichem Abstand ist immer zugeordnet auf eine jeweilige Gegenwart hin, von der her die erinnernde Besinnung „Wie ist es so gekommen?“ zurückgeht. Jede Chronologie hat Bezug auf eine Gegenwart und ihren Abstand zu einem für diese Gegenwart als maßgeblich festgestellten erinnerten Ereignis.

Was folgt daraus für den Sinn der Rede vom Ende der Zeit? Die Antinomie von Ende und Endlosigkeit der Zeit und damit des Geschehens *in* der Zeit ergibt sich erst, wenn sozusagen dogmatisch Zeit als Form eines an sich abrollenden Geschehens mißverstanden wird. Aber auch wenn sie kritisch auf die Form der Erscheinungen reduziert wird, kann zwar die Idee eines Endes aller Dinge als eine Idee der praktischen Vernunft erwiesen werden, aber die Beziehung dieser Idee auf das Handeln, insofern als es als solches seine Wirkungen in der sinnlichen Welt hat, kann nicht hergestellt werden, weil die Zeit der Geschichte nicht darin aufgeht, Form der Vorstellung eines kontinuierlichen Nacheinander gemäß der Kategorie der Kausalität zu sein. Was Zeit ist, erschließt sich primär nicht im denkend-vorstellenden Verhalten, sondern nur sofern dieses das Denken eines handelnden Wesen ist. Nur in bezug darauf ist zeitliche Form und Zeitbestimmung möglich und nicht dadurch, daß das durch die Sinne Gegebene sich einer gegebenen apriorischen Form des Nacheinander einfügt.

Wo ereignet sich demgemäß das Ende der Geschichte, wenn seiner Vorstellung — und das bleibt bestehen — keine objektive Realität entspricht, weil sowohl Ende wie Endlosigkeit keine Gegenstände möglicher Erfahrung sind? Dazu ist zu sagen: *So wie die Geschichte ihre Kontinuität und Einheit nicht in sich hat, weil es Geschichte nur durch das Handeln der Menschen gibt, und weil ihre Kontinuität jeweils immer neu hergestellt wird, dort wo das Handeln das Vergangene auf das künftig zu Verwirklichende bezieht, kann über das Ende als Sinn und Ziel des Geschehens nur jeweils im Ereignis des Handelns entschieden werden.* Die Erwartung, von der solcher Ausgriff auf das Künftige geleitet ist, kann dort, wo er zum Wagnis des Widerstandes gegen alles Gegebene und schon Geltende wird, gegen anerkannte und statuierte Gesetze des Werdens und des Verhaltens, und wo solcher Ausgriff unter Umständen das Risiko des eigenen Lebens auf sich nimmt, nicht mehr Erwartung von bestimmt errechenbaren Folgen des Handelns sein, auch nicht im Sinne der Hoffnung auf die Wahrscheinlichkeit des Erfolges, sondern im Sinne einer Hoffnung, die die gänzliche Ungewißheit bejaht und in dieser Bejahung den Tod überwindet: „Tot, wo ist Dein Stachel, Hölle, wo ist Dein Sieg?“ Sie ist die *Hoffnung angesichts des Eschaton als eine unerschütterliche Gewißheit in gänzlicher Ungewißheit. Hier ist der Punkt, in dem die untrennbare Verknüpfung von „Weltgeschichte und Heilsgeschehen“ zu suchen ist.* Wenn es für den Menschen überhaupt Geschichte geben soll als ein Geschehen, in dem das Neue nicht unmöglich ist, ist hier sein Geburtsort zu suchen, in dem das entspringt, was wir die Ereignisse der Geschichte nennen. *Jedes Ereignis ist Anfang und Ende in eins.* In ihm wird entschieden, ob das Handeln dem Anspruch genügt, der ihm gestellt ist, oder vor ihm versagt, ob es „seiner Situation gerecht wird“ — was nicht besagt, sich der Führung durch das überlassen, was als aus dem Gewesenen stammend schon da ist, sondern das Gegebene, schon Daseiende auf seine unerrechenbaren Möglichkeiten hin ergreifen, im Widerstand gegen das Gegebene und von der Welt Geforderte, und im Gehorsam gegen ein Gebot, das in seiner Allgemeinheit philosophisch nur in formaler Weise durch die Form seiner Unbedingtheit gekennzeichnet werden kann, und das Kant wegen dieser Unbedingtheit von seiner „göttlichen Majestät“ sprechen läßt. Dieser Gehorsam heißt etwas vollbringen, was zumeist diese Welt und ihre schon gegebenen und verteidigten Ordnungen gegen sich hat. Er macht die Erfahrung der „Gewalt des Absoluten“ (Hegel). Sie erfahren und ihr in Gehorsam entsprechen ist aber nicht ein Geschehen, das nur innerlich über das Heil der einzelnen Seele entscheidet. Wenn es auch im Hinblick auf die Unbedingtheit dieses Gebotes nur auf die „Reinheit der Maximen“ ankommt, so hat doch ein daraus erfolgendes Handeln unweigerlich seine Folgen in der Welt. Es ist daher unmöglich, Weltgeschichte und Heilsgeschehen voneinander zu trennen, unmöglich Geschichte, die wir durch unser Handeln machen, dem Unheil zu überlassen, uns in die stoische Resignation des Kreislaufgedankens zu flüchten oder in die reine Innerlichkeit eines Glaubens, der die Welt auf sich beruhen läßt. Hoffnung auf das Heil und Befürchtung des Unheils sind die letzten Antriebe des menschlichen Handelns, das immer irgendwie weiß, daß es das, was es tut, zu verantworten hat, weil eben in diesem Tun erst Geschichte wird, und das immer irgendwie weiß, obzwar oft — wie man sagt — „mit schlechtem Gewissen“, daß es dabei an einem Maß gemessen wird, dem zu entsprechen es aufgefordert ist. In solchem Entsprechen oder Nichtentsprechen entspringen die geschichtlichen Ereignisse, und im Hinblick auf sie und ihre Bedeutung für die jeweilige Gegenwart wird in der erinnernden Besinnung die Einheit der Geschichte immer erst wieder hergestellt.

Wie ist von daher die Ironie in der Tatsache der Machbarkeit der Geschichte durch den Menschen aufzuklären? Sie beruht darin, daß sie nur eine Machbarkeit im technischen Sinne ist, das Werk der „technischen Vernunft" (Kant), die aber von sich aus keine Kriterien für die Entscheidung über das Gutsein des zu Machenden, also keinen Begriff von einem „Sinn" des zu Verwirklichenden sich bilden kann und damit kein Kriterium für eine Begrenzung des Könnens und Dürfens dessen, was man kann. Dieses Kriterium, von Kant formal als das Sittengesetz bestimmt, gebietet *unbedingt;* es nimmt keine Rücksicht auf Möglichkeit und Unmöglichkeit im Sinne der „technischen" Vernunft. Ihm zu genügen ist das Wagnis, aus dem allein geschichtliches Ereignis entspringt. Es bedeutet, sich stellen einem Anspruch und einer Forderung, deren Erfüllung in ihren Konsequenzen nichtberechenbare Möglichkeiten des Machenkönnens in sich schließt, und die auch in aussichtslosen Situationen gilt, denen sie ihr „trotzdem" entgegenstellt. Hier ist der Punkt, von dem aus die Möglichkeit des Novum (E. Bloch), des Neuen in der Geschichte aufgeklärt werden kann — eine Aufklärung von der Sartre sagt, daß sie die Aufgabe der Geschichtsphilosophie sein müsse, wenn sie überhaupt ihren Namen verdienen soll. So entspringt Geschichte aus Ereignissen und hat in ihnen ihren Anfang und ihr Ende ineins. Ereignis ist nicht das zufällig Eintretende, Kontingente, nicht Eingeplante, sondern die Möglichkeit des Ereignisses hat ihren Grund in der sittlichen Freiheit, die unter dem Gericht steht. Die Grenzen der Planbarkeit der Geschichte ist also nicht die, daß immer wieder etwas anderes aus den Handlungen folgt als das Beabsichtigte, daß sich dem Menschen seine Werke und Taten entfremden. Die „List der Vernunft" äußert sich nicht darin, daß sie die Kurzsichtigkeit des Menschen korrigiert, sondern darin, daß sie dem Menschen die Freiheit im Sinne der sittlichen Verantwortung gegeben hat. Die Nichtberechenbarkeit ist nicht die Nichtberechenbarkeit der Folgen der Handlungen, sondern die Nichtberechenbarkeit der Handlungen selbst, sofern sie Handlungen aus Freiheit sind, die der Grund der Möglichkeit von Gehorsam und Ungehorsam ist.

Michael Landmann
Der Mensch als Herr und Opfer der Geschichte

I

Entmachtete und unverlierbare Geschichte

Der frühe Mensch empfindet alles ihm Widerfahrende als von stärkeren Mächten über ihn verhängt. Sie haben ihm schon gleich bei der Geburt den Schicksalsfaden zugesponnen, haben das Wort gesprochen, an das als an sein fa-tum er nun gebunden bleibt, und begünstigen oder verfolgen ihn in jedem Augenblick seines Lebens. Auch nachdem die das Schicksal zuschickenden gestalthaften Gottheiten des Mythos zerbrochen sind, bleibt der Glaube an eine höhere Lenkung, nun seitens einer unpersönlichen Schicksalsmacht, bestehen. Aus dem Gewirkten Gottes wird das Schicksal zu seinem Surrogat. Weise Vorsehung und Fügung des ewigen Logos wie in der Stoa, die necessitas materieller Gesetze wie in der Atomistik oder auch bloße Laune und Tücke der Tyche wie im Hellenismus beherrschen Kosmos, Geschichte und Einzelleben. Dem Menschen bleibt nur, sich in das unabänderlich Vorbestimmte zu ergeben.

Dieser religiösen Konzeption gegenüber entwirft die Philosophie ein ganz anderes Bild sowohl des Weltlaufs wie des Menschen. Für sie wird das Geschehen nicht mehr, zumindest nicht mehr ausschließlich, durch uns entzogene Kräfte prädeterminiert und festgelegt. Stattdessen weitet sich die Eigenmacht des Menschen. Er selbst ist es nun, der seine Zukunft in der Hand hat. Aus eigener Vernunft soll er sein Ideal aufstellen, das Zweckmäßige ersinnen, beides verantwortlich und initiativ durchsetzen und so Leben und Welt selbsttätig gestalten.

Aber freilich müssen auch die Philosophen erkennen, wie sehr diese dem Menschen zugesprochene Autonomie von fortbestehenden Heteronomien eingeengt wird. Immer nur ein Teil im Leben entspringt unserm zielstrebigen Planen und Handeln. Tausendfältig sind wir von außer uns liegenden, unserer Macht entrückten Faktoren bedingt. Der Spielraum unseres Willens liegt eingebettet in das Vorgegebene und das Mögliche, in das Unabwendbare und das Unvorhersehbare. So stößt auch die Philosophie wieder auf ein dem Menschen ohne sein Zutun Zufallendes und ihm Entzogenes, und auch sie benennt es daher gern wieder mit dem alten religiösen Begriff des Schicksals. Aber während für die Religion das Geschehen als ganzes dem Schicksal untersteht, figuriert das Schicksal in der Philosophie von vornherein nur als Grenze und Widerpart der menschlichen Eigenkraft, die neben ihm um so mehr ins Spiel kommen darf und soll, als es nun hier, als nicht mehr gottgesandtes, auch nicht mehr eo ipso als sinnhaft erfahren wird. Als das aus der Welt auf uns Zukommende bildet es mit unserer Freiheit und Kunst, mit dem, was wir von innen anstreben und selbst leisten, ein Spannungsgefüge, in dem beide Seiten sich polar bedingen und miteinander ringend sich ergänzen. Wie sich nach Aristoteles in der Tragödie Ethos und Pathos begegnen, so steht, mit dem Begriffspaar der Sophistik, in allem Tun ein Teil bei unsrer Techne, bei unserm Erkennen und Können; aber so weit Techne sich auch ausdehne, stets wirkt ihr unbegreiflich und unüberspringbar Tyche entgegen, die je nachdem ein mißgünstig-versagendes Gesicht trägt oder Glück und Gelingen gewährt. Wenn noch bei Macchiavelli virtù und fortuna miteinander konkurrieren, so ist dies sophistisches Erbgut. —

Was wir bis jetzt für das Schicksal überhaupt zu konstatieren hatten, das gilt auch für den engeren Bezirk des geschichtlichen Schicksals. Wie die griechische Aufklärung die Wirksamkeit des Schicksals zunächst entthront und dann in modifizierter Weise wiederentdeckt und wieder eingeführt hat, so analog die abendländische Aufklärung die Wirksamkeit der Geschichte.

Im Mittelalter und bis tief in die Neuzeit hinein bewegten sich die Menschen in kontinuierlich von Generation zu Generation weitergegebenen Überlieferungen. Indem sie die aus Urväterzeiten zu ihnen herüberragende Tradition befolgten, lebten sie das Erbe der Vergangenheit noch als ihre eigene Gegenwart. Als Wiederholung des immer Gewesenen oder von höheren Geistern Gestifteten war die Gegenwart in ihrem Sosein, in ihren Einrichtungen und Anschauungen legitimiert. Freilich war sie zugleich an solche Wiederholung gebunden und durch sie begrenzt. Das Heute wird völlig bestimmt durch das Einst. „Die Toten beherrschen die Lebenden“, wie Comte sagte. Die Vorwelt trinkt das Spätere gleichsam in sich zurück, das ihr gegenüber noch kaum Selbständigkeit aufweist. Beide sind beinahe eins, es liegt noch keine Distanz zwischen ihnen.

Demgegenüber ist es seit dem 17., sich steigernd im 18. Jahrhundert die Vernunft, die aus ihren eigenen Prinzipien Leben und Welt gestalten und die Richtung des Geschehens bestimmen will. Diese Prinzipien sieht die Vernunft zwar für ewig an; indem sie jedoch aktiv werden, bilden sie gleichwohl einen Faktor des Heute. So gewinnt hier, auf die Vernunft gestützt, das Heute gegen das Frühere eigenes Recht und eigene Kraft. Das Gewesene ist nicht mehr als solches schon das Vorbildliche: es untersteht dem Richtspruch der Vernunft, die es auch verwerfen und abstoßen darf. Das Künftige braucht sich nicht nach dem Gewesenen zu richten: in ihm dürfen und können wir völlig Neues, noch überhaupt nicht Vorgezeichnetes, ins Werk setzen.

Das ante und das post sind also jetzt nicht mehr von einem gemeinsamen Traditionsstrom umschlossen. Das post tritt dem ante selbständig und kritisch entgegen. Damit wachsen die beiden überhaupt erst auseinander. Es zieht sich ein Graben zwischen ihnen. Allein das ist keine Minderung, nichts bloß Negatives! Nach wie vor bleibt die Gegenwart auf die Vergangenheit bezogen, bloß jetzt auf völlig verwandelte Weise. War bisher die Vergangenheit in der Gegenwart noch fortzeugend anwesend, so wird sie nun zum angeschauten Gegenüber.

Für gelebte Tradition kommt im Gegenzug gewußte Geschichte, und auch diese gewußte Geschichte trägt abermals dazu bei, uns gegen die Tradition zu immunisieren. Indem die Vernunft die reale Macht der Vergangenheit über die Gegenwart bricht, behält und erobert sie sie zugleich zurück als Bild. Uns von der Vergangenheit freisetzend, begründet die Vernunft zugleich die Vergangenheits*wissenschaft* und schenkt uns die Vergangenheit so, als historisch erkannte, wieder. Ja nachdem die Repulsion der Vergangenheit als bestimmender Instanz durch den Rationalismus einmal geschehen war, konnte sie nun in einem zweiten Schritt, in der Romantik, als Bild sogar wieder attrahieren, konnte sie die Sehnsucht und die Zärtlichkeit der in der reinen Vernunftwelt frierenden modernen Seele auf sich lenken und ihr als Kompensation für das dienen, was die eigene Zeit nun nicht mehr zu bieten hat[1]. Neben die kritisch zerbrechende tritt die hinschmelzend bewundernde, neben die Wert und Unwert verteilende die in allem den Wert entdeckende Historie. Wie immer, wird das aus dem Lebenstag Ausgeschiedene und Verbannte zum doppelten Fascinosum[2].

Es geht uns mit der Vergangenheit ähnlich wie mit der Natur. Früher lebte der Mensch noch in einem unbefragten Anthropomorphismus, er lieh der Natur eine ihm verwandte Seele und glaubte sie so zu kennen. Erst die Mechanistik, wie Descartes sie stabilisierte, hat cogitatio und extensio radikal auseinandergerissen. Wir dürfen nun nicht mehr hoffen, in der materiellen Außenwelt ein Analogon unserer Bewußtseinswelt wiederzufinden. Eben deshalb aber, weil die Natur uns fremd geworden ist, beginnen wir sie zu erforschen, und wir kennen die fremde nun besser als je zuvor die scheinbar schwesterliche. Ganz ebenso pflegten die Menschen sich bisher mit ihrer Vergangenheit zu identifizieren, sie hielten sie für gleichen Stoffes wie sich selbst, und sahen eben deshalb keinen Grund, das, dem sie sich so nah wähnten, näher zu prüfen und zu durchleuchten. In Wahrheit übertrugen sie unbekümmert spätere und nur ihnen eigene Denkformen auf das ganz andere Frühere. Auch hier hat erst die Zerstörung der naiven Uridentifikation, das Herausgerissenwerden aus dem Glauben an ein homogen Umfangendes, die Erkenntnis angespornt und dazu geführt, daß wir uns die Vergangenheit gegenständlich machen und sie in ihrer Eigenart und völligen Verschiedenheit von uns jetzt erst wirklich durchdringen.

Nicht nur inhaltlich aber, indem sie Traditionen gehorcht, läßt sich die voraufklärerische Menschheit durch die Geschichte wegleiten. Sie glaubt auch an feststehende Formen des geschichtlichen Verlaufs, denen gemäß für die Antike jeder Geschichtskörper den Kreislauf von Blüte und Verfall durchmessen muß, für das Christentum das Weltende, für Joachim von Floris dagegen zuvor noch ein tertium regnum des Geistes bevorsteht oder, in Saecularisierung dessen, steigender Fortschritt, wenn nicht Sinken und Rückgang, unausweislich unsere Bestimmung ist. Indem solche Vorfixierungen nicht nur die bisherige Geschichte,

[1] Vgl. Joachim Ritter, Die Aufgabe der Geisteswissenschaften in der modernen Gesellschaft, 1961.

[2] Vgl. Verf., Tout finit par des chansons, in: Die absolute Dichtung, 1963.

sondern auch noch Gegenwart und Zukunft beherrschen, lassen auch sie den Menschen nicht zur Autonomie erwachen. Vor ihrer Weisheit kurzsichtig, vor ihrer Gewalt schwach, bleibt ihm nichts übrig, als sich in Ergebenheit den von ihnen entworfenen Linien anzuvertrauen und sie durch sein Tun auszufüllen. Erst das spätere 18. Jahrhundert gibt ihm das Selbstvertrauen, daß er, so wenig wie an Traditionen, so wenig auch an urverhängte Gangrichtungen der Geschichte ausgeliefert ist, daß es vielmehr bei ihm, bei seinem Planen und Leisten steht, die Geschichte selbst in die Hand zu nehmen, sie aus seinem Schicksal in sein Produkt zu verwandeln und wie über ihren Inhalt so auch über ihre Richtung von sich aus zu bestimmen. Das gleiche Prinzip, das die Traditionen zerschlägt, zerschlägt auch die alte Geschichtsmetaphysik.

Und wie wir sahen, daß an die Stelle der Traditionen objektive Geschichtsbetrachtung tritt, so kommt auch der Rückgang der Geschichtsmetaphysik der Geschichtsbetrachtung zugute. Denn solange man die Zeiten als steigende oder sinkende schaut, bewertet man sie noch nach von außen genommenen Maßstäben. Erst die Preisgabe solcher Maßstäbe gibt den Blick frei für den spezifischen und immanenten Wert jedes Zeitalters. Diese „Eigenwertlehre" (Thyssen) aber, wie der junge Herder sie auch theoretisch begründet hat, bildet das philosophische Fundament aller seitherigen Geschichtswissenschaft.

Wir haben damit umrissen, wie das Vernunftzeitalter sich in doppelter Weise aus der Umklammerung durch die Vergangenheit gelöst hat. Aber wie wir einleitend sahen, daß der Mensch durch seine Selbstbestimmungskraft dem Schicksal entgegentreten will und es dann doch wieder über sich anerkennen und sich ihm fügen muß, so wiederholt sich dies auch hinsichtlich der Geschichte. Die gleiche Vernunft, die die Geschichte entmachtet, entdeckt sie auch wieder, und nicht nur, wie wir schon hörten, als uns gegenüberstehende und durch die Historie zu betrachtende, sondern als unser Sein von innen her prägende und unentgehliche.

Denn dies ist das eine: daß wir frei sind, aus unserer Einsicht und Tat neue Anfänge zu setzen, und daß wir auch das, was die Vergangenheit in uns bewirkt hat, wieder aufdröseln und rückgängig machen und an seine Stelle ein Selbstverantwortetes setzen können. Das andere aber ist, daß wir dies immer nur partiell können. Denn das von uns übernommene Erbe ist überreich. An ihm haben nicht nur, wie an einem mittelalterlichen Dom, Jahrhunderte, sondern Jahrtausende gebaut. Die Leistungskraft eines Einzelnen, ja eines ganzen Zeitalters bleibt neben ihm stets beschränkt. Wir können wohl aus der von der Vergangenheit in die Zukunft wandernden Phalanx der Traditionen einzelne Glieder herausreißen, aber den Weitermarsch der Phalanx als ganzer nicht hindern. Die folgenden Zeitalter können zwar aus ihr wieder neue Teile ausmerzen, so daß ihr ursprünglicher Bestand zum Ende völlig zerstört ist. Aber dann ist bereits, was die früheren Zerstörenden an die Stelle setzten, seinerseits in die Tradition eingegangen, deren Gewicht also dem Schöpfertum des jeweiligen Augenblicks stets überlegen bleibt. Bewußt aufheben läßt sich ferner nur die uns als solche bewußte Tradition. In unendlich vielem aber reproduzieren wir geschichtlich einmal Entstandenes, ohne daß wir uns darüber Rechenschaft gäben. Wir halten für selbstverständlich und für Natur, was in Wahrheit Menschenwerk ist. Auch aus diesem Grunde ist die Tat des Überkommenen an uns nie mehr ganz rückgängig zu machen[3].

Solcher totaler Abbau des Überlieferten liegt aber auch gar nicht in unserem Interesse. Neben dem auflösenswerten steht das zu bejahende Erbe, für das wir dankbar sein müssen, ja das uns Höheres darreicht, als wir es von uns aus je ersonnen hätten. Wir sind nicht nur Opfer, sondern auch die beschenkten Kinder der Geschichte.

Nach Herder hat es am eindrücklichsten schon Hegel ausgesprochen und hat sein ganzes System darauf gebaut, daß in allem, was wir heute sind, wie sehr auch modifiziert, die Stationen des Weges, der dazu hinführte, aufgehoben bleiben. So bildet bei ihm die Geschichte der Philosophie selbst das System der Philosophie. „Der Besitz an selbstbewußter Vernünftigkeit, welcher uns, der jetzigen Welt, angehört, ist nicht unmittelbar entstanden und nur aus dem Boden der Gegenwart gewachsen, sondern ist dies wesentlich in ihm, eine Erbschaft und näher das Resultat der Arbeit, und zwar der Arbeit aller vorhergegangenen Generationen des Menschengeschlechts zu sein" (17, 28). Nach den Zwischenjahrzehnten des Positivismus hat dann Dilthey diese Einsicht wieder erneuert. Wir *haben* nicht nur, als Betrachtende und Benützende, Geschichte, wir *sind* Geschichte, sind Geschichte ebensosehr wie Natur, ja erst durch sie empfangen wir unsere volle Wirklichkeit und Höhe, während die „allgemeine Menschennatur" des Rationalismus dürftig bleibt. Aber in Wahrheit gibt es diese allgemeine Menschennatur gar nicht, sondern immer finden wir uns schon als in die Geschichte verwobene, durch sie bedingte und besonderte vor, und all unser Tun, ja selbst unser Erkennen trägt daher den Stempel dieser historisch bewirkten Besonderung.

Weder Hegel noch Dilthey wollen dabei den Menschen als solchen bloß passives Gefäß seiner Geschichte sein lassen. Im Gegenteil, beide glauben sie, daß der Mensch selbst es ist, der unermüdlich die Geschichte und seine eigenen Wandlungen hervorbringt. Aber wovon der Frühergeborene der Former war, davon ist der Spätere nur noch der Geformte, wenn er auch seinerseits dann wieder neue Form aus sich herausprägen mag.

Unser Sein ist also ein Gewordensein, in unserer Gegenwart lebt noch verklungene Ferne. Eben deshalb aber führt auch der Weg zu unserm eigenen Selbstverständnis nur über das Geschichtsverständnis, das damit, über das schon Gesagte hinaus, noch einen weiteren und aktualen Sinn gewinnt. Wir werden uns selbst erst durchsichtig, indem wir um die Ströme wissen, die sich in uns mischen und befehden. „Die unmittelbare Selbstbeobachtung reicht lange nicht aus, um sich kennenzulernen; wir brauchen Geschichte, denn die Vergangenheit strömt in hundert Wellen in uns fort" (Nietzsche, MA 223).

[3] Vgl. Verf., Der Mensch als Schöpfer und Geschöpf der Kultur, 1961, S. 19. Pluralität und Antinomie, 1963, S. 17.

II

Vergessene, mythisierte und gewählte Geschichte

Neben die in Form von Traditionen bis heute lebendige Vergangenheit, so sahen wir, tritt im 18. Jahrhundert, das nicht mehr aus Traditionen, sondern aus Vernunfteinsichten leben will, die in geschichtlichem Wissen vergegenständlichte Vergangenheit. Aber auch als bloß noch gewußte übt die Vergangenheit nach wie vor eine Prägung auf uns aus. Welche großen Männer mit ihren Taten uns gegenwärtig sind, welche sozialen und staatlichen Formen wir kennen, welche Kunstgebilde wir in uns aufnehmen, all dies lenkt unsern Geist in bestimmte Bahnen und wirkt so auch auf unser Leben und Tun. Das ist ja der große Gedanke alles Humanismus, durch Vor-Augen-stellen der klassischen Vorbilder im älteren Humanismus, der geschichtlichen Mannigfaltigkeit im neueren Humboldts, den Menschen als ganzen zu heben, zu verfeinern, zu vergeistigen, ihn nicht nur intellektuell zu bilden.

Aber auch durch diese indirekte und schwächere Weise der Beugung unter die Geschichte hat später freier Selbstseins- und Neubeginner-wille sich beeinträchtigt gefühlt. In verschiedener Weise hat er sich in Lebens- und Existenzphilosophie gegen sie empört.

Als erster ist hier Nietzsche zu nennen, dessen bekannte Jugendschrift sich zwar zunächst nur gegen das zu seiner Zeit angeschwollene Übermaß an Historie und also eigentlich gerade nicht gegen das uns in Pacht nehmende, sondern gegen das uns unberührt lassende geschichtliche Wissen richtet. Allein auch dieses Wissen übt seinen Einfluß auf uns aus, bloß negativ: es zieht uns zurück statt nach vorn, macht uns zu kontemplativen, gegen sich selbst skeptischen Spätlingen statt schöpferisch, und indem es unzählige fremde Möglichkeiten vor uns ausbreitet, verwirrt es den Instinkt, schwächt die Persönlichkeit und lähmt die Tat. Angesichts dieser Krankheitssymptome des historischen Zeitalters erklärt Nietzsche, daß alles Leben nur intakt bleibt und sich entfaltet, wenn in ihm ein Gleichgewicht herrscht zwischen Erinnern und Vergessen. „Bei dem kleinsten aber und bei dem größten Glücke ist es immer eins, wodurch Glück zum Glücke wird: das Vergessenkönnen, oder, gelehrter ausgedrückt, das Vermögen, während seiner Dauer unhistorisch zu empfinden. Wer sich nicht auf der Schwelle des Augenblicks, alle Vergangenheiten vergessend, niederlassen kann, wer nicht auf einem Punkt wie eine Siegesgöttin ohne Schwindel und Furcht zu stehen vermag, der wird nie wissen, was Glück ist, und noch schlimmer, er wird nie etwas tun, was andere glücklich macht.“ Ein zweiter Rousseau, ruft daher Nietzsche dazu auf, das Rad der Geschichte, das heute bis zur Historie gerollt ist, zurückzudrehen. Nicht mehr, wie für alle ältere Philosophie, die Erkenntnis, sondern das steigende Leben ist für ihn der höchste Wert, und auch daran, daß die Wahrheit immer nur zum Guten sein könne, glaubt er nicht mehr. Daher soll diejenige Erkenntnis, durch die das Leben verkümmert und entartet — und das ist eben die zu weit getriebene historische Erkenntnis — wieder abgebaut werden. Dieser Appell hat dann, wenn auch mit ganz anderem Motiv und Ergebnis, Nachfolge gefunden in unserer eigenen Zeit, deren Geschichtsmüdigkeit, ja -verdrossenheit viel behandelt und viel beklagt worden ist. Während die Geschichtswissenschaft sich noch weiter ausbreitet, tritt die Geschichte als allgemeine Bildungsmacht heute zurück[4].

Neben der Repulsion der Vergangenheit bleibt uns auch nach Nietzsche ihre Zurückrufung unerläßlich, ja Nietzsche feiert es als eigenes Anthropinon, daß der Mensch im Unterschied zum Tier sich erinnert. Allein auch an der Art des Erinnerns, wie sie von der Historie seiner Zeit betrieben wurde, übt er Kritik, und wieder vom Leben aus. Der wissenschaftliche Historiker ist ausschließlich seinem Gegenstand hingegeben. Demgegenüber will Nietzsche diejenige Historie wieder in ihre Rechte einsetzen, die eine Funktion des Lebens selbst ist und dem Leben dient. Das Leben bedarf der Vergangenheit als Vorbild, als Stütze oder auch um sich gegen sie abzuheben. Aber wovon es dabei geleitet wird, das ist nicht die Gerechtigkeit, sondern sind seine eigenen Nöte und Ziele. Mit plastischer Kraft verleibt es sich, wie Fremdes überhaupt, so auch das Frühere ein, bildet es jedoch dabei nach Maßgabe seiner eigenen Wachstumsgesetze um. Nicht objektiv also hat das Bild der Vergangenheit zu sein, sondern lebenfördernd, und dafür, daß es dies ist, darf es sie sogar zum Mythos umwandeln. Ja im Grunde ist nur der Mythos dem Leben gemäß, während es von der Objektivität in seiner Lebendigkeit und seinem eigenen Anspruch übergangen und zum bloß passiven Spiegel herabgedrückt wird.

Auch dieses Nietzschesche Programm hat im 20. Jahrhundert Nachfolge gefunden bei Theodor Lessing, bei Ernst Bertram und, roher, in den Totalitarismen. Vorsichtigeres Denken dagegen hat sich bemüht, das Objektivitätsideal beizubehalten und dennoch auch der Forderung Nietzsches zu genügen. Der moderne Historiker will nicht mehr nur, wie Ranke, wissen, wie es damals gewesen, sondern wie es bis zu uns gekommen ist. Er stellt nicht nur die Vergangenheit um ihrer selbst willen dar, sondern zieht die Linien zu unserem eigenen Weltaugenblick: was von ihr ragt als Erbe noch zu uns herüber, worin ist sie uns verwandt oder fremd und bedeutet uns noch etwas? Gegenwart und Geschichte werden so zu zwei Partnern eines „Dialogs". Es soll in der Geistesanders als in der Naturwissenschaft zwischen Subjekt und Objekt zum Bezug, zur „Begegnung" kommen. Die Geschichte wird als „unsere" Geschichte angenommen oder verworfen und damit bewertet. So haben wir also auch hier nicht bloß rezeptiv hinzunehmen und abzukonterfeien, was in der Geschichte schon vorgestaltet liegt, sondern auch unser eigenes Sein tritt neben ihr als unüberspringbarer Faktor in Aktion und geht in unser Bild von ihr mit ein, das dadurch aber nur noch tiefer und wesentlicher wird. Jeder Ausleger deutet je

[4] Vgl. Hermann Heimpel, Geschichte und Geschichtswissenschaft, Vjh. f. Z. 1957. Reinhard Wittram, Das Interesse an der Geschichte, 1958.

nach seiner Situation wieder anders, aber das macht die Auslegung nicht unsachlich, es erhöht, wie zuletzt Gadamer gezeigt hat, nur ihre Fruchtbarkeit. Auszuschalten suchen muß, wer sich mit Geschichte befaßt, nur die *kleine* Subjektivität, die Willkür; die Standortgebundenheit als solche dagegen kann er weder, noch soll er sie ausschalten. Spielte sie bisher schon immer unbewußt mit herein, wird sie heute zu einer gewußten und gewollten.

Die Wirkung Nietzsches konvergiert hier mit derjenigen Kierkegaards, dessen Ausgangspunkt jedoch ein ganz anderer war. Nietzsche litt unter dem Zuviel des uns nicht angehenden, beliebigen geschichtlichen Wissens, Kierkegaard dagegen darunter, daß sogar unsere eigene christliche Tradition uns gemeinhin äußerlich bleibt und uns nicht durch und durch ergreift. Solange ich nur Christ bin, weil ich als Christ groß geworden bin und in christlichen Sitten und Gewohnheiten lebe, bin ich es noch gar nicht wahrhaft. Dazu vielmehr gehört, daß nicht nur Geburt und geschichtliche Situation mich zum Christentum gebracht haben, sondern daß ich mich auch innerlich dazu verhalte. Ich muß das Christentum in einem bewußten Akt wählen, und nur in diesem Wahlakt werde auch ich selbst als Christ mir geschenkt, während der Hegelianer in weltgeschichtlicher Distraktion sich selbst vergißt. Vorhin hörten wir, solange noch eine ungebrochene Tradition herrsche, seien Vergangenheit und Gegenwart im Grunde eins; erst indem ich aus der Tradition heraustrete, gewinnt die Vergangenheit für mich die Distanz des Gegenüberstehenden. Für Kierkegaard dagegen kann auch die Tradition als solche den Graben von 1800 Jahren, der zwischen mir und Christus liegt, nicht überbrücken. Erst indem ich mir die Tradition selbsttätig aneigne und mich von mir aus für Christus entscheide, werde ich mit Christus „gleichzeitig". Kierkegaard nimmt damit in gewisser Weise das alte Augustinische Motiv des liberum arbitrium wieder auf, bloß daß seine Entscheidung nicht eine solche für oder wider Gott ist, sondern wider den bloß gelernten und überkommenen Gott für den ursprünglich neu erlebten Gott.

Kierkegaard ist insofern ein zweiter Luther, er will an die Stelle der bloßen religiösen Konvention den persönlichen Gottesbezug setzen. Ein Mystiker, für den das höhere Leben erst mit der Wiedergeburt beginnt — nihil nasci nobis profuit, nisi renasci profuisset. Das Pendeln zwischen beiden Polen, zwischen Veräußerlichung der Form und unmittelbarer numinoser Erschütterung, erfüllt die Religionsgeschichte. Was Kierkegaard nur für das christliche Erbe forderte, das hat dann aber unsere Zeit auf all unser geschichtliches Erbe, ja auf die bloß *gewußte* Geschichte, übertragen, und durch diese Verallgemeinerung einer genuin religiösen Kategorie ist unser Geschichtsbezug ebensosehr partiell intensiviert wie andernteils fehlgedeutet worden. Menschliche Geschichtlichkeit[5], wie das Modewort lautet, bedeutet nun nicht nur, daß wir durch Herkunft und Gegenwartskonstellation eine bestimmte Individualisierung erfahren haben, sondern

[5] Vgl. Verf., Die fünf Begriffe der Geschichtlichkeit, in: Der Mensch als Schöpfer und Geschöpf der Kultur, 1961.

daß wir selbst es sind, die kraft eigener Aktivität die Geschichte ergreifend sie erst für uns bestimmend werden lassen. Mit wechselnder Akzentuierung bei Heidegger, Jaspers und Sartre stehe ich noch gar nicht eo ipso in der Geschichte, sondern stelle mich erst in sie hinein. Erst indem ich mein Erbe wollend und verantwortlich „übernehme", wird es für mich im vollen Sinne zu meinem Erbe, während das Übernommene, das bloß real auf mich einwirkt oder von dem ich bloß betrachtend weiß, außerhalb meines eigentlichen Daseins bleibt.

Hier zeichnet sich bereits die moderne Abwandlung des Kierkegaardschen Gedankens ab. Bei Kierkegaard hatte die Wahl nur den Sinn der Aneignung der einzig zählenden christlichen Tradition, jetzt dagegen hat sie zugleich den Sinn der Auswahl aus dem unendlich vielen Nicht-angeeigneten, das die Geschichtskunde uns zuträgt. Bei Kierkegaard bestand an der Absolutheit des Christentums kein Zweifel, und die Aneignung sollte nur dazu führen, mit dieser Absolutheit ernst zu machen. Nachdem uns die Zwischenzeit einen historistischen Relativismus gebracht hat, knüpft sich an die Aneignung jetzt die Hoffnung, dank ihr der Flut des Relativismus zu entrinnen und wieder einen Punkt des Unbedingten und Verbindlichen zu finden. Für Kierkegaard erfüllen wir, uns für das Christentum entscheidend, nur unsere vorgezeichnete Bestimmung. Für die Existenzphilosophie dagegen bekundet sich gegenüber der Determination durch die Geschichte in der Entscheidung unsere Macht und Freiheit. Unsere Macht über unser Erbe ist größer als seine Macht über uns, die es nur auszuüben vermag, wenn und weil wir zu ihm entschlossen sind und es bejahen. Trotz aller nahen und fernen Ströme, die uns gespeist haben, gehören wir uns ganz, dürfen wieder von vorn beginnen und sind frei, uns wie aus dem Nichts so oder anders zu entwerfen.

Das Berechtigte des Übernahme-Appells tritt hervor, wenn wir einen Augenblick zur Stoa zurückblicken. Wie wir einleitend ausführten, will die griechische Aufklärung neben das Schicksal unsere eigene Vernunft als Lebenslenkerin setzen. In extremer Konsequenz hiervon empfiehlt dann die Stoa, sich ganz auf die unverlierbare und sich gleichbleibende Vernunftnatur zurückzuziehen, sich in ihr abzukapseln und das wechselvolle Schicksal gar nicht in seiner letzten Schwere an sich herankommen zu lassen. Allein der stoische Weise gewinnt so zwar Unerschütterlichkeit, er lebt jedoch gleichsam an sich selbst vorbei. Sich in ein künstliches Außerhalb stellend, durchkostet er nicht, was ihn als Menschen doch wesenhaft betrifft. Angesichts dieses gipsernen stoischen Ideals, das bis ins 19. Jahrhundert hinein gegeistert hat, bildete es den notwendigen Gegenschlag, wenn nun gefordert wird: wir sollen auch all das, was wir nicht aus Vernunft sind, annehmen, sollen es nicht innerlich in Distanz von uns halten, sondern in unsern Selbstaufbau integrieren.

Gegen die existenzphilosophische Position erheben sich jedoch zwei Einwände.

Zunächst ist die Alternative zwischen einer mich engagierenden Geschichte, auf die ich mein Leben gründe, und einer bloß unbeteiligt angeschauten, die mich überhaupt nicht betrifft, falsch. Wie wir schon sahen, verspricht sich auch der Humanismus Humboldts vom Umgang mit der Geschichte, und zwar nun gerade nicht von der einverwandelten, sondern von der streng gegenüber bleibenden, mehr als bloß eine Bereicherung des Wissens. Jeder Mensch und jedes Zeitalter ist in sich einseitig und begrenzt. Indem wir uns die Mannigfaltigkeit anderer Möglichkeiten des Lebens und des Geistes vergegenwärtigen, weiten wir unsere subjektiv-zufällige Enge und nehmen dasjenige, was wir im Sein nicht verkörpern, wenigstens teilnehmend und mitfühlend in uns auf. Wiewohl nur ein Fragment der Menschheit, tragen wir so doch die ganze Menschheit in uns: durch Universalität zur Totalität! Ähnlich hat schon Winckelmann, wie Schlegel an ihm rühmte, die Bedeutung der Antike für uns dadurch, daß er ihre völlige Andersheit herauskehrte, nur noch erhöht. Hier übt also die Geschichte eine erzieherisch bildende Funktion aus eben deshalb, weil sie ein Fremdes, weil sie das Nicht-eigene ist. Gewiß besteht bei solchem Humanismus die Gefahr, die Geschichte rein spektakulär, als unverpflichtendes Schauspiel, an sich vorüberziehen zu lassen, sich ästhetisch an ihr zu berauschen, ohne daß sie einem innerlich zuwüchse und eine Lebensbedeutung für einen gewänne. Demgegenüber sind dann diejenigen im Recht, die von uns erwarten, daß wir wenigstens zu einer oder einigen Stellen der Geschichte nicht nur einen kontemplativen, sondern einen existentiellen Bezug gewinnen, daß sie uns zum schicksalhaft fordernden und verwandelnden „Urerlebnis", zur Wahrheit wird, zu der wir uns bekennen und mit der wir uns identifizieren, oder auch zur passioniert bekämpften Gegenmöglichkeit und Ungültigkeit, jedenfalls aber zu einem uns Angehenden, zu unserer Sache, zu der wir Stellung beziehen. Allein so wenig, wie das humanistische Sichöffnen für die Fülle das existentielle Ergriffenwerden durch das Eine ersetzen und überflüssig machen kann, so wenig kann dieses an die Stelle von jenem treten, solange es noch echt und ernst ist. Wir bedürfen ihrer beider, müssen in der Spannung zwischen ihnen leben.

Sodann überschätzt die Existenzphilosophie die Tragweite unserer Entscheidung über die Geschichte verglichen mit dem, was die Geschichte ihrerseits schon über uns vorentschieden hat. Wie immer, so ist auch hier die Freiheits*philosophie* nur subjektive Bekundung von Freiheits*ethos*. Nicht überall hängt am persönlichen inneren Ja so viel wie im Protestantismus. Ob ich deutsch bloß spreche, weil es meine Muttersprache ist, oder ob ich mich liebend dazu bekenne, danach werde ich gar nicht gefragt, ja selbst wenn ich mich gegen es entscheide und in einen andern Sprachraum emigriere, bleibt es meine Muttersprache, der ich gar nicht entrinnen kann. Gewiß macht es einen Unterschied, ob ich mich bemühe, ein gutes Deutsch zu sprechen, ob ich mir meiner Verantwortung der Sprache gegenüber bewußt bin, oder ob ich nur ein gleichsam naives Verhältnis zu ihr habe. Aber erstens ist auch die bewußte Übernahme der Sprache nur begrenzt ein Akt der Freiheit zu nennen, da er ja gerade darin besteht, daß ich der Sprache diene, mich ihren Gesetzen unterordne, ihre Möglichkeiten auszuschöpfen suche. Zweitens aber bin ich, auch wenn ich das nicht tue, auf alle

Fälle immer schon in meinem ganzen Weltauffassen, Denken und Fühlen das Produkt meiner Muttersprache. Die Entscheidung für sie bringt daran keine Änderung und fügt ihm auch nur ein Geringes hinzu.

Wenn die Existenzphilosophie die Geschichte in unsere Hand gibt und es uns anheimstellt, was wir aus ihr machen, dann denkt sie — deren Anspruch es doch sonst ist, das Elementare und Ursprüngliche aufzugraben — allzusehr nur an das Spät- und Oberflächenphänomen der Geschichte, die wir aus Büchern lernen. Dieser Geschichte gegenüber sind wir in der Tat frei, ob wir sie für uns gültig werden lassen oder nicht. Dagegen ist die Existenzphilosophie offenbar zu wenig von der unüberspringbaren anthropologischen Erkenntnis des Historismus, von der wir sprachen, berührt worden, daß wir, längst ehe wir um Geschichte wissen, ihr immer schon ausgesetzt und unterworfen waren und primär geschichtlich sind in dem Sinne, daß sie uns überhaupt erst zu dem gemacht hat was wir sind. Les jeux sont faits! wie der weisere Dichter Sartre selbst dem konstruktiven Philosophen Sartre entgegenhielt. Die Geschichte steht nicht nur zur Auseinandersetzung unserm Geist gegenüber, sondern hat schon viel früher an unserer Substanz mitgebildet, die durch kein Autonomie-ethos wieder rückgängig gemacht und transmutiert werden kann. Die Existenzphilosophie ist das Rückzugsgefecht des Autonomie-glaubens gegen den Historismus. Sie will gleichsam an die Stelle der Kindertaufe, die das Symbol für all das ist, was die Kirche schon diesseits unseres Erwachens zur Selbständigkeit in uns legt, die Erwachsenentaufe setzen. Die Existenzphilosophie ist die Wiedertäuferbewegung unserer Zeit.

III

Geschichte und Freiheit

Wir haben gesehen, wie sehr der Mensch in der Kindschaft der Geschichte steht, und daß sich in der Existenzphilosophie der Freiheitswille, vergeblich, dagegen empörte. Aber der Anspruch der Freiheit erstreckt sich primär nicht auf Freiheit von der Vergangenheit, sondern auf Freiheit in die Zukunft hinein, nicht auf unser ganzes Sein, sondern nur auf unser Handeln. So erhebt sich die Frage: sind wir, wie sehr auch durch die Geschichte geboren und erzogen, dennoch in unserm heutigen Denken und Wollen unabhängig von ihr, oder ist ihre Macht über uns eine totale, bildet sie nicht nur unser Fundament, sondern unsere Schiene, sind wir auch mit all dem, was wir selbst an Neuem zu schaffen glauben, in Wahrheit nur in sie gebannt und durch sie gegängelt? Nachdem das Gespenst des physikalischen Determinismus gebannt ist, bedroht uns noch immer der geschichtsphilosophische.

Wer Geschichte in größeren Verläufen betrachtet, wird leicht dazu gelangen, in ihr übergeordnete Tendenzen oder Gesetze wirksam zu finden, die ihr aus objektiven Notwendigkeiten jeweils eine bestimmte Richtung verleihen. Man kann diese Gesetze mehr ins Formale verlegen, etwa: daß sich die Geschichte in Wellenbewegungen oder in einem Dreitakt vollziehe, man kann sie mehr inhaltlich wenden, wie z. B. Comtes Drei-Stadien-Gesetz es tut, oder man kann sie auf einzelne Kulturgebiete beschränken, so wie etwa nach Roscher bei jeder wirtschaftlichen Entwicklung erst der Boden, dann die Arbeit, dann das Kapital vorherrscht, oder nach Wölfflin auf einen zeichnerischen Stil immer ein malerischer folgen muß.

Gleichviel aber wie man die Gesetze auch fasse, immer folgt aus ihnen für uns Menschen, die wir die Geschichte tragen, daß im Grunde nicht wir es sind, die sie durch unsere Entscheidungen und Taten vorantreiben, sondern daß dies überpersönlich-stärkere Gewalten tun, die über unsern individuellen Willen hinweg den Weitergang des Geschehens bestimmen. Wir selbst sind nur die Werkzeuge — die „Marionetten" —, deren sie sich bedienen, damit wir die in ihnen vorgezeichneten Notwendigkeiten vollstrecken. Wir sind es so sehr, daß wir gar nicht auf den Gedanken kommen, uns diesen Notwendigkeiten zu entziehen, sondern uns ihnen aus spontanem Antrieb unterwerfen und sie für unsere eigenen halten. Ist also z. B. ein Stilumschwung an der Zeit, so erlegt sich dieses objektiv-immanente Entwicklungsgesetz der Malerei den einzelnen Malern auf, es zieht sie in eine neue Richtung, und indem jeder nur seinem persönlichen Schönheitsempfinden zu folgen meint, bewerkstelligen sie den von ihnen unabhängig in der Logik der Sache reifgewordenen Umschwung.

Sind aber die Menschen derart nur die ausführenden Organe im großen vorbestimmter Abläufe, dann gilt dies nicht nur für die Vergangenheit! Wer das Gesetz der Geschichte zu kennen glaubt, der kann auch antizipieren, wie sie sich ab heute weiterbewegen wird. So hat Nietzsche den Nihilismus, Spengler das Eintreten unserer Kultur in die zivilisatorische Spätphase vorhergesagt. Der französische Historiker Bainville hat in einem 1920 erschienenen Buche vorweggenommen, daß der Versailler Vertrag in Deutschland ein Ressentiment schaffen und daß dieses Ressentiment in Nationalismus und Militarismus explodieren würde. Er sah bereits voraus: die Einigung Deutschlands unter einem Führer, die Remilitarisierung, der England aus Gründen des europäischen Gleichgewichts gleichgültig zusehen würde, die Verbündung Deutschlands mit Italien und Japan, die Annexion Österreichs und der Tschechoslowakei, die Aufteilung Polens mit Rußland und endlich die Überrennung Frankreichs.

Die Geschichte ist nicht die Geschichte von Einzelnen, die sie erwirken und erleiden, sondern der überindividuellen Völker und Staaten, Religionen und Stile usf. Man muß, um ihrer gewahr zu werden, was hart, aber um der Sache willen unumgänglich ist, den Blick vom Einzelnen losreißen. Kehrt man dann aber wieder zum Einzelnen zurück, so steht er nicht mehr für sich. Die eigengesetzliche Strömung jener größeren und eigentlichen Geschichtskörper rauscht durch ihn hindurch. Von der Geschichte als eigener höherer Ganzheit, in der die Menschen nur Glieder, vom Seinsgebilde der Kultur, für die sie nur die Bauleute sind, ausgehend und von hier aus erst zum Menschen hinüberschauend, veranschlagen Historiker und Geschichtsphilosophen die menschliche Freiheit oft nur gering.

Ganz anders, ebenso berechtigt, aber mit jener unvereinbar, die Perspektive dessen, für den, noch mehr nach dem Vorbild der Ethik, der Mensch, seine Einsicht und sein Wille, das erste, die Geschichte dagegen seine Aufgabe und das von ihm Geschaffene ist. Hier scheint jeder Schritt in Selbständigkeit zu erfolgen, und daher der autonomistische Protest gegen die Aufsaugung des Individuums durch die Geschichte seit der Hegelkritik Kierkegaards und Stirners. Die Historiker, so malt es sich von hier aus, operieren nur mit allerglobalsten Tendenzen, durch die die Entscheidung in der hochspezifischen jeweiligen Situation, in der immer noch andere Faktoren ins Spiel treten, keinesfalls schon präjudiziert ist. Ihre Anthropologie ist nur eine sekundäre, den Menschen von außen angehende und darum verfälschende.

Umgekehrt nimmt der Glaube an die Geschichtsgesetze die Entscheidung als ein bloßes Vordergrundgeschehen, in dessen Rücken erst die eigentlichen Bewegkräfte des Geschehens liegen. Wer meint, seine Antriebe entsprängen nur ihm selbst, befindet sich gleichsam noch im Stande der Unschuld. Wie sich alles Leben großenteils unbewußt ist, so ruht auch unser Handeln auf vielen Voraussetzungen, die wir selbst nicht kennen. Die geschichtsphilosophische Reflexion jedoch legt diese Voraussetzungen frei und zerstört damit die Unschuld. Sie leitet damit gewissermaßen eine kopernikanische Wendung ein: wie wir naiverweise glauben, die Dinge seien so, wie sie in unsere Sinne fallen, und erst die Erkenntnistheorie uns belehrt, daß sie in Wahrheit transzendental geformt sind, so halten wir unser Handeln naiverweise für frei, und erst die Geschichtsphilosophie belehrt uns, daß es in Wahrheit durch in und hinter uns waltende historische Notwendigkeiten prädeterminiert wird. Während jedoch die Erkenntnistheorie das Subjekt erst seiner eigenen formenden Macht inne werden läßt, wird es durch die Geschichtsphilosophie umgekehrt entmächtigt.

Auch in den beiden namhaftesten Geschichtsphilosophen unseres Jahrhunderts stehen sich die zwei Auffassungen gegenüber. Für Spengler ist jeder Kultur ihre Schicksalslinie unabänderlich vorgezeichnet. Die vorgeblichen Helden der Geschichte sind nicht ihre Beweger, sondern nur ihre Figuranten, die das durchführen, was in der prästabilierten Entwicklung jeweils aktuell und ihnen von ihr zudiktiert wird. Daher könnte, wenn einer ausfiele, grundsätzlich auch ein anderer dieselbe Rolle agieren. Wäre Napoleon bei Marengo gefallen, so wäre, was er geschichtlich „bedeutet", „in einer andern Gestalt verwirklicht worden". Daher kann der Einzelne den Forderungen der Phase, in der er sich vorfindet, zwar entgegenzuwirken suchen, jedoch vergeblich: sie sind stärker als er. Es ist wie in der stoischen Metaphysik: die Weisen gehorchen dem Weltlauf freiwillig, die Toren unfreiwillig. Volentem fata ducunt, nolentem trahunt.

Für Toynbee dagegen, bei dem noch Bergson fruchtbar geworden ist, gibt es keine Gesetze, sondern nur trends der Entwicklung. Man kann der Geschichte nie das Horoskop stellen. In ihrer Blütezeit gelingt es der Kultur, auf die Herausforderungen der Umwelt „schöpferische Antworten" zu erteilen, die als solche nicht voraussehbar sind. Erst im Niedergangszeitalter, wenn die schöpferische Minderheit degeneriert und die Herrschaft über die Umwelt verloren hat, setzt der automatische Ablauf der Dinge ein. Und auch dann noch ist der Determinismus nicht unverbrüchlich. Selbst uns heute noch könnte eine schöpferische Antwort aus unsern Nöten befreien. —

Was sich gedanklich leicht als Alternative zuspitzt, greift jedoch in der Wirklichkeit wie Zettel und Einschlag ineinander. Wir brauchen uns durch das Wissen um die geschichtlichen Abfolgenotwendigkeiten nicht fatalistisch lähmen zu lassen, so als ob es auf unsere Leistungskraft gar nicht ankomme, weil das Geschehen sich auch ohne uns so abspielen wird, wie es sich abspielen muß. In der Geschichte herrschen wohl Tendenzen, die sie nach einer bestimmten Richtung drängen, aber keineswegs ist die Zukunft dadurch wie durch Naturgesetze bis ins letzte festgelegt. Mögen die gröbsten Umrisse vorgezeichnet sein, aber ob und wie wir sie ausfüllen, das bleibt ewig unserer Initiative und Gestaltungsfähigkeit überlassen. Die Vorzeichnung im großen nimmt uns unsere Pflicht und unsere Verantwortung im einzelnen nicht ab und entwertet sie nicht.

Die Geschichte ist gleichsam voll von bereitliegend offenen Möglichkeiten, aber diese Möglichkeiten realisieren sich nicht selbst; welche von ihnen wirklich wird, und auf welcher Stufe, darüber ist a parte ante nichts ausgemacht. Am Ende einer Entwicklung ist es immer leicht zu sagen: sie war geschichtlich reif und *mußte* sich durchsetzen. Aber hätten wir eine Aufklärung gehabt, wenn nicht Generationen in zäher Energie um sie gekämpft und die Gegenkräfte niedergerungen hätten? Und umgekehrt, bleiben nicht viele geistige Richtungen auf mittlerer Höhe, weil kein Genie sie ergreift und etwas aus ihnen macht? Ist nicht die große Philosophie der Goethezeit, zu der die Weichen schon gestellt waren, ungeschrieben geblieben?

Wir alle werden in schon vorliegende Aufgaben, nach Völkern und Zeiten, Ständen und Anlagen wechselnde, hineingeboren, die wir uns nicht ausgesucht haben. Bei den Griechen entstehen Philosophen, bei den Hebräern Propheten. Nur im Rahmen des römischen Lebens- und Staatsaufbaus kann der Römer sich entfalten und verwirklichen. Aber all dies ist nur Materie: die Form kommt von uns. In jedem Augenblick unsres Lebens können wir das von uns Erwartete erfüllen oder können versagen, originär oder aus bloßer Routine handeln. So trägt das uns Vorgeschriebene trotz allem den Stempel unseres Eigenen.

Es gibt auch nicht nur ein einziges geschichtliches Gesetz, das auf ein einziges Ziel hinwirkt. Viele Gesetze überkreuzen sich gegenseitig, und auch deshalb wirkt keines unverbrüchlich, sondern alle sind sie nur Inklinationen. In diesem Vielerlei und Gegeneinander fällt dem Menschen die Aufgabe zu, der einen Inklination entgegenzutreten, der andern zum Sieg zu verhelfen, und gerade weil die Kraft einer jeden begrenzt ist, kann es nicht gleichgültig sein, welcher er seine eigene Kraft hinzuleiht. Von unserm Einsatz hängt es ab, nach welcher Seite die Waage des Guten und des Bösen in jeder Zeit sich neigt.

Weiterhin sind auch die geschichtlichen Prägemächte in sich nicht starr, sondern sogar einer verwandelnden Rückprägung durch uns zugänglich. Wählen wir als Beispiel wieder die Sprache. Zunächst trifft gewiß zu, daß jeder sich ihren Formmöglichkeiten und Gesetzen schmiegen muß und sie nur so sprechen kann, wie sie es ihm auferlegt. Aber dennoch ist die Sprache, auf längere Zeitstrecken hin betrachtet, flexibel und paßt sich ihrerseits der wechselnden Geisteshöhe der Sprechenden an. Aus dem Lateinischen, das eine Bauernsprache war, wurde durch jahrhundertelange Bemühung, Begriffliches auszudrücken, das geschliffene Instrument der Philosophen und Gelehrten. Umgekehrt entartete unter den Soldaten in den Feldlagern das schon durchkultivierte Latein zum rohen Vulgärlatein. Würde man eine unserer europäischen Sprachen bei Südseeinsulanern einführen, so würden sie sie um zahlreiche Interjektionen bereichern, die Abstrakta abstoßen, neue umständliche Konkreta hinzuerfinden, und binnen kurzem hätten sie sie so in eine Primitivsprache zurückverwandelt. So üben also die geschichtlichen Mächte wohl Wirkung, aber nicht Zwang auf uns aus und unterliegen auch der Gegenwirkung von uns auf sie.

Der Schaffende braucht aber überhaupt nicht eine schon in seiner Zeit liegende Richtungstendenz aufzugreifen. Er kann auch, den scheinbaren geschichtlichen Notwendigkeiten überlegen, einen neuen Anfang setzen, der aller Erwartbarkeit zuwiderläuft, so wie einer dämonischen Figur wie Alkibiades die Politik zum eigenen Spielball wird, so wie in Napoleon „Ein Wille feigen Erdteil umschuf Zum Heldenschauplatz" (Kommerell). Aufklärung und Rokoko empfanden sich bereits als spät und als Ende. Alle Möglichkeiten des Geistes und der Kunst schienen verbraucht. Da brach das Zeitalter Goethes an, durch das der ganze Umkreis der menschlichen und kulturellen Dinge mit eins wieder „wie in Morgenröte getaucht" war. Waren nicht dann wieder mit Heine alle dichterischen Töne offensichtlich erschöpft und schon ins Spiel aufgelöst? Daß im Deutschen noch einmal ursprüngliche Dichter erstehen würden, war damals unwahrscheinlich — und welch eine unerhörteste Epoche der Lyrik setzte dann erst ein! Nicht alles Wirkliche verwirklicht nur Mögliches, und was uns bevorsteht, wissen wir früher nie.

Vielleicht ist aber auch das Gewicht der geschichtlichen Notwendigkeit zu verschiedenen Zeiten verschieden groß. Es gibt Augenblicke, in denen alle Möglichkeiten noch offen stehen, in denen an der Entscheidung eines Einzelnen eine ganze unabsehbare Kette hängt und gleichsam die Schlacht auf den katalaunischen Feldern ausgetragen wird, in der Sieg oder Niederlage der Zukunft eines ganzen Erdteils ein anderes Gesicht gibt. Dann wieder sind die Würfel gefallen, die Formen fest geworden, und eine ganze Epoche zieht nur die Konklusion aus weit zurückliegenden Prämissen. Die Ernte kann nur einbringen, was bei der Aussaat gepflanzt worden ist, und diese beiden Jahresprodukte wechseln auch in der Geschichte. Beim ersten sind wir frei, beim zweiten sind wir Knechte! Darum kann die Zerstörung der von uns gestifteten und wie sehr auch geliebten Ordnung durch äußere Gewalt eine Gnade sein, denn sie entbindet uns aus den

Grenzen, die wir uns selbst auferlegt hatten, und setzt so unsere schöpferische Kraft wieder frei. Es ist wie im Leben, je älter wir werden, desto festgelegter wird unsere Bahn. Die Jugend schlägt die Richtung ein, in der das Mannesalter nur noch weitergehen kann. Die Krise um 35 mahnt uns, daß jetzt die letzte Gelegenheit ist, noch einmal von vorn zu beginnen, die Krise um 50 belehrt uns, daß wir von nun an in den Entwurf von einst gebannt bleiben.

Von verschiedenen Seiten haben wir gesehen, daß trotz allen Eigengesetzes der geschichtlichen Kräfte immer noch ein Raum ausgespart bleibt, der nur uns gehört und über den wir selbst verfügen dürfen. Aber dieser unser Eigenraum wird von der Geschichte schon im nächsten Augenblick wieder resorbiert! Der Mensch setzt sich ein Ziel und handelt darauf hin, was er jedoch im Ergebnis ausrichtet, ist vielleicht etwas ganz anderes. Selbst wenn das Getane im Moment seinen Vorstellungen entspricht, als von ihm abgelöste Weltwirklichkeit entgleitet es ihm, und in den Strom der Geschichte hineingerissen kann es Wirkungen zeitigen, die für den Urheber nicht nur unerwartet sind, sondern seinen Absichten entgegenlaufen. Aus Gutem wird Schlechtes, aus Schlechtem Gutes. Ein von uns unabhängiger Geschehensablauf benutzt unser Hervorgebrachtes nur als Element für Unvorhersehbares, und so triumphiert doch wieder der Eigenlogos im Gang der Dinge über unsern kleinen Menschenlogos.

Ernst Lichtenstein

Von Meister Eckhart bis Hegel. Zur philosophischen Entwicklung des deutschen Bildungsbegriffs

In der internationalen Diskussion und heute auch im deutschen pädagogischen Gespräch stößt die Verwendung des Bildungsbegriffs auf oft kaum überwindliche Schwierigkeiten der Verständigung und des Ideologieverdachts. Sie haben nicht nur in den seit 100 Jahren radikal veränderten gesellschaftlichen Verhältnissen, sondern noch mehr in den undurchschauten metaphysischen Implikationen ihren Grund, die aus einer fünfhundertjährigen Geschichte mit dem deutschen Bildungsbegriff verbunden sind. Er hat in anderen germanischen und romanischen Sprachen kein Äquivalent. Wir haben uns gewöhnt, seine geistesgeschichtliche Matrix in der deutschen Klassik und Romantik zu suchen, in der Humanitätsphilosophie des 18. Jahrhunderts, in der geistigen Symbiose zwischen der Kunstreflexion der Weimarer Dichtung, dem neuhumanistischen Griechenglauben der klassischen Philologie und der idealistischen Philosophie um achtzehnhundert. Wir wissen heute, daß das nicht genügt, daß zwar die „sozial-geschichtliche Stunde des Bildungsideals", in der die geistige Individualität ihre einzigartige Chance hatte, an die besonderen realgeschichtlichen und wissenssoziologischen Zeitbedingungen des Entstehens einer bürgerlichen Gesellschaft und einer im philosophischen Prinzipienwissen geistig gebildeten Führungselite in Deutschland gebunden war[1], daß aber die Rede von der „deutschen Bildungsidee" gerade in dieser Beschränkung auf das literarische, ästhetische und pädagogische Feld, in dieser gleichsam statuarischen Klassizität nur geeignet ist, die tieferen philosophischen Zusammenhänge zu verdecken, aus denen heraus die sprachliche Metapher „bilden" und „Bildung" tatsächlich zur Chiffre eines neuen Welt- und Selbstverstehens werden konnte. Sie ist gewiß erst im Verlauf des Ablösungsprozesses der neueren deutschen Phliosophie von den kartesischen Grundlagen der westeuropäischen Aufklärung, der rationalen Ontologie und dem metaphysischen Dualismus in das allgemeine Zeitbewußtsein getreten. Das Wort

[1] Vgl. F. H. Tenbruck: Bildung, Gesellschaft, Wissenschaft, in: Wissenschaftliche Politik, Freiburg 1961; vgl. W. Roessler: Die Entstehung des modernen Erziehungswesens in Deutschland, Stuttgart 1961; H. Schelsky: Einsamkeit und Freiheit, Idee und Gestalt der deutschen Universität und ihrer Reformen, Rowohlt 1963; aber auch schon H. Weil: Die Entstehung des deutschen Bildungsprinzips, Bonn 1930.

Bildung hat in Deutschland die Funktion des Protestes der Innerlichkeit, der geistigen Individualität, des geschichtlich Gewordenen und Werdenden gegen den Geist der Aufklärung und der Französischen Revolution übernommen. Als „sich im Begriff bildender Geist" geht das Bildungsmotiv schließlich bei Hegel in die universale Philosophie der geistigen Wirklichkeit ein. Aber damit zugleich kommt eine Problemgeschichte zum Abschluß, die in der Weise der Kontinuität, die metaphysische Themen und Motive haben können (H. Heimsoeth hat es uns gezeigt), bis in die schöpferischen Anfänge des deutschen philosophischen Denkens herabreicht. Diese Zusammenhänge hat uns erst seit wenigen Jahrzehnten die wort- und bedeutungsgeschichtliche Forschung zur Geschichte des deutschen Bildungsbegriffs erschlossen, am Anfang eine Königsberger Dissertation von 1931, die bei J. Nadler entstanden ist[2]. Sie zeigt in erstaunlicher Weise, wie der deutsche Bildungsbegriff bereits eine fünfhundertjährige mystisch-spekulative und naturphilosophisch-theosophische Vorgeschichte gehabt hat, bevor er in der zweiten Hälfte des 18. Jahrhunderts in das sittlich-ästhetische, humanistisch-pädagogische und geistphilosophisch-idealistische Zeit- und Allgemeinbewußtsein der „Gebildeten", der jetzt so genannten „gebildeten Stände", eingetreten ist.

I

Dieser geistesgeschichtliche Vorgang hat Ursprung und Wurzel im Lebenszentrum der spätmittelalterlichen deutschen Mystik, zugleich mit der Entstehung einer vergeistigten deutschen Begriffssprache philosophischer Spekulation[3] und Reflexion überhaupt und dem Aufgang der schöpferischen deutschen Philosophie[4].

Zu den sprachlichen Neuschöpfungen oder Neuwertungen, in denen der philosophische Gedanke in der spekulativen Mystik die Kruste der lateinischen Schulterminologie durchbricht, in denen er die sinnlichen Bedeutungen der Volkssprache transzendiert und vergeistigt und sich aus geistiger Anschauung und lebendiger Sprache neuen Ausdruck für neue Erfahrungen der religiösen und seelischen Innerlichkeit schafft, gehört (neben Geistigkeit, Innigkeit, Ursprünglichkeit, gründlich und Grundlosigkeit, Begreifen und Unbegreiflichkeit,

[2] Ilse Schaarschmidt: Der Bedeutungswandel der Worte „bilden" und „Bildung" in der Literaturepoche von Gottsched bis Herder, Elbing 1931, wiederabgedruckt von W. Klafki in: Kleine pädagogische Texte 33: Beiträge zur Geschichte des Bildungsbegriffs, Weinheim 1965; in Weiterarbeit dieser Ansätze vgl. jetzt Günther Dohmen: Bildung und Schule. Die Entstehung des deutschen Bildungsbegriffs und die Entwicklung seines Verhältnisses zur Schule, bisher 2 Bde., Weinheim 1964 und 1965.

[3] Vgl. R. Eucken: Geschichte der philosophischen Terminologie 1879, Neudruck 1960, S. 118 ff.

[4] Vgl. H. Heimsoeth: Die sechs grossen Themen der abendländischen Metaphysik und der Ausgang des Mittelalters, Stuttgart 1958[4], S. 7.

Einsehen und Einfluß) auch „Bildung" mit seinen Ableitungsformen[5]. Der erste eruptive Durchbruch des Sprachgebrauchs der Bildungs-Chiffre im 1. bis 6. Jahrzehnt des 14. Jahrhunderts (Zirker zählt 18 Ableitungen) hat nur noch eine Parallele in der gleichplötzlichen Ausbreitung des in seiner kulturphilosophisch-geistigen und ästhetisch-pädagogischen säkularisierten Bedeutung neuen Modeworts „Bildung" von 1748 bis zum Ende des 18. Jahrhunderts[6]. Moses Mendelssohn kann es noch 1784 als einen „neuen Ankömmling in unserer Sprache" empfinden, „vorderhand bloß in der Büchersprache". Auch die Begriffsgeschichte von Bildung schlägt damit eine Brücke zwischen der deutschen Mystik und dem deutschen Idealismus.

Der philosophisch-geistige Begriff des „Bildens" ist wahrscheinlich eine Begriffsneuschöpfung Meister Eckharts aus der Verbindung der Imago-Dei-Theologie und der neuplatonischen Emanations- und Reintegrationslehre[8]. In der sprachlichen Matrix des Wortes (ahd.bilidon, bildunga) ist bereits eine doppelte Bedeutung vorgegeben, beidemal aber körperlich-sinnlich gemeint und auf Materielles bezogen: „Abbilden, Bildnis" und „Gebilde, Gestalt". Mit diesen Bedeutungen sind zugleich die Momente des schaffenden Herstellens (Produzierens) und der Ähnlichkeitsbeziehung zwischen Bild und Abbild (Nachahmung) gegeben, also der Bezug ebenso zu imago wie zu forma, ebenso zu imitatio wie zu formatio. Die Vergeistigung der Bildvorstellung hat sich wahrscheinlich unter dem Einfluß des semantisch so ungemein vielseitigen und in seiner philosophischen Tragweite so ungemein traditionsreichen lateinischen forma-Begriffs vollzogen. Als figura und imago, species und exemplum (vgl. die Bedeutungsfülle bei Du Cange), als Einheit in der Vielheit und als Wesenheit und Idee hinter der Erscheinung, kann der forma-Gedanke die ganze Spannweite zwischen Abbildlichkeit und Urbildlichkeit umfassen und hier insbesondere, in der Gott-Mensch-Beziehung die Einheit von imago und similitudo nach der Schöpfungsaussage von Gen. 1, 26 f. Schon spät-ahd. heißt Schöpfung bildunga.

Die Spiritualisierung der Begriffe „bilden" und „Bildung" geht bei Meister Eckhart vom mystischen Bildgedanken aus[9]. Das wird evident an der Kernstelle II. Kor. 3, 18 (in eandem imaginem transformamur) mit der Übersetzung

[5] Vgl. A. Nicklas: Die Terminologie des Mystikers Heinrich Seuse, Königsberg 1914; O. Zirker: Die Bereicherung des deutschen Wortschatzes durch die spätmhd. Mystik, Jena 1923; R. Fahrner: Wortsinn und Wortschöpfung bei Meister Eckhart, Marburg 1929; Herm. Kunisch: Die ma.Mystik und die deutsche Sprache, 1940; Jos. Quint: Mystik und Sprache, in: Dt. Vjs. f. Lit. Wiss. und Geistesgesch. 1953, S. 48 ff.

[6] I. Schaarschmidt. a. a. O. S. 81 f.

[7] Schriften zur Philosophie usw., hgg. Brasch, Leipzig 1880, II S. 246.

[8] Vgl. Rud. Fahrner a. a. O. S. 139 ff.

[9] Es ist interessant, daß die etymologische Forschung zu dem Grundwort „Bild" heute gerade die Grundbedeutung „deutbares Zeichen", „Sinnbild" erweist. Der Verweisungscharakter auf etwas Künftiges, Unsichtbares, das sichtbar gemacht wird, ist also tatsächlich ursprünglich und die Bedeutung „Abbild", körperliche „Gestalt"

von transformare, das theologisch insbesondere die Wirksamkeit des Heiligen Geistes meint[10], durch „Überformen“ und „Überbilden“[11]. Forma und imago werden in eins geschaut, bezeichnen die „Verwandlung“ als Geburt der „niuwen forme“, in der die Wiedergeburt des Menschen mit der Wiedergeburt Gottes in der Seele identisch ist. Das Bild Gottes, das von der Schöpfung her wie ein Samenkorn in der Seele liegt[12], aber durch die Bilder der Kreaturen verdunkelt ist, wird wiederhergestellt, indem sich die Seele von aller „înbildunge kreatürlicher bilde“, die an ihre „selbesheit“ gebunden sind, „entbildet“ (via purgativa) und (vrî sîn selbes und aller dinge) sich in Gott, in die reine (bildlose) Form Gottes, d. h. in ihre Gottheit „einbildet“ (wîder îngebildet werden in die hôhi: widergebildet, îngeholt, îngeborn, îngegeistet, îngesprochen in die stille wüeste der gotheit, in die einicheit der lebenden, wesenden ... vernünftícheit, diu sich selber verstêt, und ist und lebet selber in im selber und ist dazselbe)[13]. Bildung wird ursprünglich verstanden als „deificatio“ — das taucht noch einmal bei Max Scheler auf. Gott vollzieht den Prozeß der Wiedereinbildung aus der Veräußerung in sich selbst, die Rückkehr des Vielen in die Einheit vermittelst der Seele. Daher ist für Eckhart Bildung ein absoluter Prozeß, ein transzendenter Vorgang. Der Begriff enthält nicht die aristotelisch-stoische Vorstellung des strebenden Ins-Werk-Setzens, in dem Streben und Zielerfüllung als zweierlei begriffen werden. Der Geist unterscheidet sich von den Kräften. Gott bildet sich in der Seele „âne mittel“[14], d. h. ohne Mittelursachen, ohne Vermengungen, wenngleich nicht ohne Vermittlung im neuplatonischen oder wohl auch Hegelschen Sinn. Im Lichte des „ewigen Bildes der Gottheit“ sind die Kreaturen in ihren ewigen „vorbilden“ (forma als Idee) kein Hindernis, sondern ein Weg zu Gott, Bildung aber in sich selbst ein reines „Anwesen“ und „Empfangen Gottes“ über Vernunft und Willen hinaus, die Geburt des Sohnes in der Seele[15]. Das ist aber Bildwerden und Bildloswerden zugleich und in einem, d. h. Einheit des Vielen

sekundär. Damit würde die mystische Bildvorstellung im Zusammenhang mit Gen. 1, 27 (und mit ihr die Ableitungsformen bilden und Bildung) jetzt viel mehr als ein Rückgewinn der ursprünglichen Sinnfülle, des Urbildcharakters anzusehen sein. Vgl. W. *Foerste:* Bild, ein etymologischer Versuch, in Festschrift für Jost Trier, Köln 1964, S. 112 ff, bes. 134 f.

[10] Zu der theologischen Entwicklung der Begriffe formatio und transformatio, Zubereitung zur Gnade und Verwandlung durch den hl. Geist, zu den möglichen Einwirkungen auf die Evolutionstheorien des 18. Jhdts., vgl. E. L. Stahl: Die religiöse und die humanitätsphilosophische Bildungsidee, Bern 1934 und G. Dohmen a. a. O. S. 229 f.

[11] I. Schaarschmidt a. a. O. S. 30.

[12] Gen. 1, 27 „daz die sêle nach got gebildet ist“, vgl. Psalm II, 579.

[13] Jos. Quint a. a. O. nach Dt. W. S. 684.

[14] Meister Eckharts Predigten, hgg. Quint, Stuttgart 1958, S. 265, 268; vgl. Dohmen a. a. O. S. 35.

[15] Vgl. zum Absolutheitsbegriff des „Lebens“ bei Meister Eckhart Heimsoeth a. a. O. S. 146 f.

(in Bezug auf die Schöpfung) und reine Einheit in Bezug auf Gott als Form der Seele. Der transzendente Bildgedanke Eckharts ist nur noch einmal im Bildungsgedanken Fichtes, in seiner Lehre vom Bild aufgenommen worden. Schon der Übergang von der spekulativen in die emotionale Mystik bei Heinrich Seuse zeigt die ersten Ansätze einer Psychologisierung des Bildungsbegriffs, u. z. im Zusammenhang mit der Christusmystik. Dieselbe Stelle (II. Kor. 3, 18) legt Seuse aus: „und sol sich in daz bild verbilden", d. h. „gebildet werden mit Christus", d. h. sich Christus eingestalten. Das Gestaltmoment erhält die Oberhand: „die sêle muß etwaz bildlichs haben, daz minnigliche bild Jesu ... so er în daz bild wirt gebildet ..., so wirt er von gotes geist ... überbildet"[16]. Er hält sich an das Bild; Eckhart geht darüber als Stadium des Weges der unio mystica hinaus. „Die magische Vorstellung wandelt sich zur erotischen: der Mensch wird verwandelt in das, was er liebend anschaut."[17] Am Ende steht der angebliche Satz des Angelus Silesius: „Vor jedem Menschen steht ein Bild des, das er werden soll. So lange er das nicht ist, ist nicht sein Friede voll[18]." Bildung als Selbstidentifizierung, als Spannung zwischen dem Menschen und seinem Persönlichkeitsideal, an dieser Stelle schlägt der mystische Bildungsbegriff sichtbar in den pädagogischen um[19]: es handelt sich um das menschliche Lebensziel, in dem der Gedanke der imago Dei eingeschlossen ist, „der Gottebenbildlichkeit des Menschen, die aus einer Möglichkeit mit Hilfe der Erziehung zu Wirklichkeit werden soll: in der conformitas mit Christus". Diese Linie hat dann Klopstock aufgenommen an der Grenzscheide zwischen dem mystisch-religiösen und dem pädagogisch-säkularisierten Bildungsbegriff.

[16] Vgl. Schaarschmidt a. a. O. S. 30.

[17] ebd. S. 31.

[18] Dieser Alexandriner, dem man, ohne Quellenangabe zitiert, als einem Spruch von Angelus Silesius begegnen kann, findet sich tatsächlich in dieser Form nicht bei dem schlesischen Mystiker, auch nicht bei Czepko, wohl aber bei — Fr. *Rückert!* („Angereihte Perlen" Nr. 47 im Pantheon). Aber daß er auf eine viel ältere Quelle zurückgeht, zeigt nicht nur der Zusammenhang, in dem er sinngemäß von Fr. *Schleiermacher* verwandt wird: „Ein heil'ges Bild schwebt jedem Bessren vor, in dessen Züg' er strebt sich zu gestalten" (1803 an Charlotte v. Kathen, Briefe I², 377), nämlich in dem Urbildmystik und Selbstvollendungsdrang im Bildungsgedanken vereinigenden Konzept der „Monologen", sondern daß der Spruchgedanke offenbar auch schon *Herder* bekannt ist, der in einem Brief an die Gräfin Maria v. Schaumburg-Lippe schreibt: „Jeder Mensch hat ein Bild in sich, was er sein und werden soll; solange er das noch nicht ist, ist noch Unfriede in seinen Gebeinen". Daß er aus dem Geist der Mystik und wahrscheinlich auch aus dem Böhmeschen Umkreis stammt, scheint mir zweifellos. Es wäre reizvoll, dem Verlauf einer solchen Transformation des mystischen Bildgedankens ins Ichideal an einem einzigen Motiv einmal ganz konkret nachzugehen.

[19] Vgl. W. Flitner „Bildung als Werk der Erziehung", Allgemeine Pädagogik, Stuttgart 1950², S. 116.

II

Eine zweite Wurzel hat der deutsche Bildungsbegriff in der Lebensphilosophie und Naturmystik der Renaissance. Mit der Spekulation über die „Geheimnisse der Natur“, in deren Licht sich das Verhältnis von Gott, Mensch und Welt neu bestimmt (der Mensch als Weltwesen), beginnt seine neuzeitliche Geschichte, die sich von Paracelsus über Jakob Böhme und Leibniz bis zu Herder, Goethe und der Romantik (ja bis zu R. Guardini und Max Scheler) verfolgen läßt.

„Bildung“ bleibt bis zur Mitte des 18. Jahrhunderts vollständig außerhalb der literarisch-humanistischen Sphäre der Schul- und Gelehrtensprache[20]. Der erasmische Satz „homines non nascuntur, sed finguntur“[21] meint den eigentlichen Menschen als Werk des Menschen, der die Natur verbessernden Kunst (instituere heißt „einrichten“, organisieren, Richtung geben). Der deutsche Bildungsbegriff des 16. Jahrhunderts geht im Gegensatz dazu von dem ursprunghaften In-der-Welt-Sein des Menschen, von seinem primären Verflochtensein in die Realzusammenhänge der Wirklichkeit und von der Entfaltung schöpfungsgegebener Anlagen, Fähigkeiten und Kräfte als Werk der ebenso leiblich wie seelisch-geistig „bildenden“ Natur und der Umgangserfahrung mit den realia (scrutamini rerum naturas statt scrutamini scripturas) aus. Diese Neuprägung hat der Bildungsbegriff wahrscheinlich ebenso schöpferisch wie der mystische Bildungsbegriff bei Meister Eckhart durch Paracelsus erhalten. Er geht wie dieser zweifellos auf eine existentielle Grunderfahrung zurück, aber er steht doch auch in ideengeschichtlichem Zusammenhang mit dem Dynanismus der auf den aristotelischen Entelechiebegriff wie auf die stoische Pneumalehre zurückgreifenden kosmologischen Spekulation und Naturmystik der Renaissance. Der paracelsische Bildungsbegriff wendet sich ebenso ab von einer introspektiven Philosophie der religiösen und Vernunft-Innerlichkeit und damit von der Transzendenz des Bildungsgedankens bei Meister Eckhart, wie er andererseits auch antihumanistisch, antitraditionalistisch und antiliterarisch gerichtet ist.

„Alle Dinge sind gebildet“, d. h. sie stehen „in dem Bildt“, sind „geformiret in ein Bildtnuß“; „der Mensch ist gebildet: sein Bildnuß ist die anathomey, einem Artzt vorauß notwendig zu wissen“; seine „form ist geschnitzelt in Mutterleib durch Gott selbst. Dise Schnitzlung bleibt in der form des bildts“[22]. Der Mensch ist geschaffen zugleich aus dem Grundstoff der Welt (dem limus terrae)

[20] formare heißt nie „geistig bilden“, das heißt erudire. Das humanistische Vokabular: vocem, animum, mentem, mores conformare, d. h. mit einer Form als Modell in Übereinstimmung bringen, oder: formam, figuram dare, d. h. mit dem Mittel der Künste aus einem rohen Stoff ein edleres Gebilde gestalten, hat bis zum 18. Jhdt. keinen nachweisbaren Einfluss auf die Begriffsgeschichte des deutschen Wortes „Bildung“ gehabt.

[21] 1529 in der Declamatio de pueris ad virtutem ac literas liberaliter instituendis idque protinus a nativitate.

[22] Sämtliche Werke Sudhoff, 1. Abt. IX Opus Paramirum.

als Inbegriff der Weltkräfte, als Mikrokosmos, „nach seiner Bildung", und aus dem limus coelerum, im „Geist der biltnus", bestimmt, die Welt in der Harmonie der beiden Lichter, des „Lichts der Natur" und des Lichts des Ewigen zu vollenden[23]. Bildung ist für Paracelsus die Signatur aller Wirklichkeit. „Alle Dinge sind gebildet" heißt: ihnen ist durch Einbildung des Geistes Gottes in die natürliche Matrix ein immantes Zielbild, eine keimhafte innere Formgerichtetheit ihrer Bildung eingestiftet. Aber diese Entfaltung ist nicht bereits teleologisch prädestiniert. Sie geschieht nicht ohne Bedrohung aus sich selbst, nicht ohne Nahrung und Dazutun von außen, nicht ohne Auseinandersetzung mit Welt und Schicksal, also nicht außerhalb der Realzusammenhänge des Lebens. Bildung zielt daher in einem zweiten eher lebensgeschichtlichen Sinne auf die auch äußere Bildwerdung hin, auf eine Herausbildung des Gewächses zu seiner Reifeform, auf die Konkretisierung und den harmonisch-stimmigen Ausdruck der unsichtbaren Kräfte in äußerer, sichtbarer, leibhafter Gestalt[24]. Dies, „das alle Ding in dem Bildt stehnd", ist wieder die Erkenntnisgrundlage des Arztes, seines physiognomischen Sehenkönnens wie seines forschenden Rückgangs vom Sichtbaren auf die unsichtbaren inneren Kräfte „dahinter", auf die „secreta" der Natur[25]. Die Paracelsische Philosophie der bildenden Kräfte ist nicht einfach „organologisch" (Dohmen), sie ist eher faustisch zu nennen. Sie sieht das Leben voller Bedrohung, Gegensätze, Kampf und Not, in seiner kosmischen Verflochtenheit und Kontingenz, voller unvorhersehbarer Überraschungen, zwischen Himmel und Erde. Sie sieht das schicksalhafte zeitliche Werden, Wachsen und Vergehen der Dinge als ihr innerstes Gesetz, nach dem ihnen ihr terminus zur Reife oder zum Tode bestimmt ist („darumb so wissent, das dise Zeit die gewechs selber sind und sind ir muter")[26]. Sie betont das dramatische Geschehen in dem bildenden Wirken der Natur stärker als Bild und Gestalt. Sie subsumiert schließlich das Erkennen selbst dem Leben, der „Erfahrenheit und geübten Praktik". Denn das „natürliche Licht" ist nicht „im" Menschen als leere vis intellectiva, in Begriffen und Suppositionen; das Licht ist vielmehr „die Natur selbst", die den Menschen „unterweist"[27], der Realzusammenhang, in dem das Erkennen selbst wurzelt.

[23] Vgl. Bodo Sartorius Frhr. v. Waltershausen: Paracelsus am Eingang der deutschen Bildungsgeschichte, Leipzig 1942², S. 81 ff.

[24] Vgl. G. Dohmen a. a. O. I S. 70 f wohl zu einfach: „Der organische Entwicklungs- und Gestaltwerdungsprozess ist für Paracelsus in einem doppelten Sinne ein „Bildungs"-prozess: Er entspringt aus einem inneren Bild und zielt auf eine entsprechende äussere Bildwerdung hin. Das Bilden wird dabei in erster Linie als ein Ausbilden entelechisch gerichteter schöpfungsgegebener natürlicher Anlagen verstanden. Diese Bildung aus immanenten Anlagen ist für Paracelsus keine direkte emanatio Gottes. Sie geschieht vielmehr gleichsam stellvertretend und im Namen Gottes als natürliche evolutio".

[25] Vgl. Erwin Metzke: Erfahrung und Natur in der Gedankenwelt des Paracelsus. In: Coincidentia oppositorum, hgg. von Karlfried Gründer, Witten 1961, S. 28 ff.

[26] Erwin Metzke ebd.: „Paracelsus' Lehre von der Zeit".

[27] Sudhoff II 317, vgl. Erwin Metzke a. a. O. S. 33 f.; vgl. auch zum Ursprung des

Darum: „aus dem liecht der wachsenden ding müßt ir sehen der wachsenden dingen eigenschaft“[28].

Die Wissenlehre des Paracelsus hat einen mächtigen, wenngleich zum Teil verborgenen Einfluß auf die ganze neuzeitliche realistische Wendung des pädagogischen Reformdenkens im 17. Jahrhundert gehabt, ja über Comenius bis zu Rousseau, Pestalozzi und der Romantik. Von Waltershausen sieht Paracelsus „am Eingang der deutschen Bildungsgeschichte“[29]. „Allem Wortwissen der scholastischen Logik und humanistischen Rhetorik abhold, dringt Paracelsus auf ein Wissen, das real ist, weil es aus den Dingen selbst stammt, weil es im Tun sich bewährt, weil es besteht in der unio realis (V. Weigel) mit seinem Ursprung:“[30] „lernen von menschen ist kein lernen, es ist vorhin im menschen, alein erwecken und ermanen“[31]. Diese (spiritualistischen und realistischen) Motive wirken fort, bis sie sich im 18. Jahrhundert an den nunmehr erst anthropologisch und pädagogisch verstandenen hermeneutischen Bildungsbegriff anknüpfen. In der Zwischenzeit geht die Geschichte des Bildungsbegriffs und das Selbstverständnis des pädagogischen Bewußtseins sprachlich getrennte Wege[31a].

III

Die wesentlichen Zeugnisse für die philosophische Weiterentwicklung des Bildungsbegriffs finden sich bis ins 18. Jahrhundert hinein in der naturphilosophisch-theosophischen Gedankenwelt und in der zugleich kirchen- und schulkritischen Unterströmung der deutschen Geistesgeschichte, in der protestantischen Mystik und im Spiritualismus. Von Valentin Weigel, Johann Arndt und Jakob Böhme über Gichtel und Gottfried Arnold zu F. Chr. Oetinger überbrücken sie den tiefen Riß, der zu Leibniz' Zeit „zwischen dem neuen Leben, den keimenden Gedanken des Volksbewußtseins und einer scholastisch und humanistisch erstarrten, vom lebendigen Werden abgekapselten Gelehrtenwelt“ klaffte[32], und vermitteln über den Württemberger Pietismus zu der Bildungsreflexion, die mit Schiller, Hölderlin, Schelling und Hegel in die Geistphilosophie des deutschen Idealismus einmündet.

Die mystisch-naturphilosophische Linie in der Entwicklung des Bildungsbegriffs führt von Paracelsus und Valentin Weigel über Jakob Böhme und

Begriffs lumen naturale bei Cicero H. Blumenberg: Licht als Metapher der Wahrheit. Im Vorfeld der philosophischen Begriffsbildung. In: Studium Generale X (1957).

[28] Sudhoff IX, S. 567.

[29] Bodo v. Waltershausen, a. a. O. S. 160 ff.

[30] ebd. S. 204.

[31] Sudhoff XIII S. 298.

[31a] In der Umgangssprache bleibt für „Bildung“ die Bedeutung bei „fictio, exemplum, simulacrum, species“ stehen; so bei C. v. Stieler: Der teutschen Sprache Stammbaum und Fortwachs, Nürnberg 1691.

[32] H. Heimsoeth a. a. O. S. 8 f.

Leibniz bis zu Herder. „Bildnuß" ist bei Valentin Weigel die attributlose Formel für die göttliche und natürliche Wesensbestimmtheit des Menschen. Sie meint Wissen als ontische Teilhabe an Gott und Welt, als „unio realis", „daß alle Erkenntnis der Wahrheit und Weisheit zuvor im Menschen liege und nicht vom Objecto, von außen zu eingetragen werde". „Lernen ist sich selber kennen ... du lernst die Welt, du bist die Welt"[33]. Bildung wird zu einer geistigen Unterscheidung. Als das Zeichen der „geistlich Geborenen" durchbricht eine neue spirituelle Verständigungsgemeinschaft die hierarchisch und sozial gemeinte mittelalterliche und humanistische Trennung von Buchgelehrten (ursprünglich: lateinisch Belesenen) und Ungelehrten, illiterati und literati und macht diese mit deutlicher Kritik an der Gelehrsamkeit der Schulen (Sebastian Franck: „die Gelehrten Verkehrten und im Schein Geistlichen") zu „Ungebildeten"[34].

Bei Jakob Böhme findet dann der Bildungsbegriff seine entscheidende spekulative Vertiefung[35]: Bildung wird zum Ausdruck eines innergöttlichen Prozesses, eines Willensaktes der Selbstprojektion, des „bildlichen Willens" Gottes, der voluntativen bilderschaffenden Imagination, die Gott zum „Bilde", „zur Gestaltniß des Geistes" drängt, zum „Spigel", darinnen der Geist Gottes sich selber siehet", zu seiner „Selbst-Beschaulichkeit". Das „Selbstformen und Bilden" Gottes aber drängt über die Vorstellungsbilder als „Gegenwurf des unbildlichen Willens Gottes" hinaus zur Schöpfung der Wesen selbst als ihrer sichtbaren Bildung. Sie geschieht nicht als ein „Machen" („wie der Töpfer einen Topf" macht; eben dies aber war ahd. die ursprüngliche sinnlich-handwerkliche Bedeutung von „bilden": leimbilidari = der Töpfer), sondern als ein Sichbilden Gottes und als ein magisches Informsetzen seiner Bildgedanken, bei dem Gott „sich selber dem Wesen wirckende einergibt gleichwie der Sonnen Kraft der Frucht, aber nicht von außen hinein, sondern von innen heraus wircket zu seiner selbst Offenbarung".

Das Mysterium dieser Welt aber, in das der Mensch gestellt ist, trägt das Signum „der Widerwärtigkeit des Gewächses, in dem das Leben sich selber streitig wird" (Sex Puncta Theosophica). Und so ist auch „Bildung" ein Mysterium. Drei Prinzipien aus dem Naturgrund Gottes, die göttliche Lichtwelt, die dämonische Finsterwelt und die irdisch-äußerliche Mittelwelt, ringen darum, ins Bild zu treten: welches herrschet, „das bildet die Bildnuß". In der Willensmetaphysik Böhmes wird die Bildungsvorstellung zugleich dramatisch und dialektisch. Nicht die Prinzipien streiten widereinander; ihre Spannung ist ihr Leben: „ein jedes Prinzipium gibt dem andern seine Kraft und Gestalt" (denn „das Böse muß dem Guten zum Leben dienen" und „der Grimm muß des Lebens Feuer seyn"); sie streiten um den Menschen. In ihm werden sie zum Widerspruch. In ihm entscheidet sich ihr Kampf durch die „Imagination", durch ihre Bildungskraft, in

[33] stud. univ. I, eine Vorwegnahme Leibnizischer Gedanken.

[34] Jakob Böhme: Sämtl. Schriften II S. 222.

[35] Zum Folgenden Dohmen a. a. O. S. 89 ff; Paul Hankamer: Jakob Böhme, Gestalt und Gestaltung, Bonn 1924.

der sie den Willen, das „Gemüt" entzünden", in der sie „nach dem Seelenwillengeist (greifen), darin die edle Bildnis stehet, darin sich Gott eröffnet". „Darum heißt's: Mensch, suche dich selber und siehe, was du bist". Nur urbildhaft war der Mensch „reine Bildung", „bloß aus der Kraft figurieret, da alles durchsichtig und scheinend ist". In der postlapsarischen Wirklichkeit ist er Gegensatz streitender Willen, „Kontrarietät" (wie Herder sagen wird), Selbstanfeindung des Lebens im Menschen: „es feindet ja eine Gestalt die andere an, und nicht allein im Menschen, sondern in allen Creaturen", es sei denn, daß das „Licht des Lebens" aller Gestalten Herr wird und „die Vielheit in Eins verwandelt". So ist Bildwerdung des Menschen alles andere als wachstümliche Gewähr der Stimmigkeit und der Gestalteinheit, sondern vielmehr das Wagnis der Freiheit des Menschen, in der sich seine Existenz, sein „Wesen" im dialektischen Widerspruch des Negativen entscheidet. Der Mensch hat „eigenen Willen zur Bildung der Substantz, aus welchem Principio er will"; er hat die Freiheit, „sich zu formen und zu bilden nach seiner Lust und Begierde"[36].

Noch weiter hat sich die Bildkomponente des Bildungsbegriffs im Wortgebrauch Böhmes nach der Seite geschichtlich-geistiger Bedeutung entfaltet, wenn ihm die Sprachlichkeit des Menschen, in der „der Geist seine eigene Gestaltniß" zeichnet, der Mensch „des Geistes Wille in ein Bilde stellet", zum eigentümlichen Gleichnis der menschlichen Bestimmung wird, das geistig Innere zum Erscheinen zu bringen und sichtbar zu machen, das göttliche Fiat abzubilden. „Gleich wie der Geist der Ewigkeit hat alle Dinge gebildet, also bildets auch der Menschen Geist in seinem Wort". „Bildung des Worts" ist Bildung ins Wort. Im „Wortbilden" kann der Mensch dem Schöpfungswort ent-sprechen, dem Ins-Bild-Stellen des geistigen Willens und damit seinem Ursprung, seiner Konkordanz antwortend näher kommen als in seiner irdischen Fleischlichkeit. Denn im Wort „zeichnet der Geist seine eigene Gestaltniß ... und hat sie im Prinzipio zur Form bracht", „wecket in einem anderen auch eine solche Forme in der Signatur auf, daß also beyder Gestaltniß in einer Form miteinander inqualieren, alsdann ist Ein Begriff, Ein Wille und Ein Geist, auch ein Verstand". In der sprachlichen Bildwerdung des Geistes wird von Böhme (unhumanistisch, von seiner eigenen ursprünglichen Sprachkraft aus) eine neue Sinndimension des Bildungsbegriffs gewonnen, die, nicht ohne Zusammenhang mit dem konkreten Geistbegriff Luthers[37], auf das geschichts- und sprachphilosophische Bildungsverständnis in der „Deutschen Bewegung" von Hamann über Herder und Fichte zu Humboldt vorausweist.

[36] Schaarschmidt S. 34 f glaubt bei Böhme eine Differenzierung zwischen formiren-formen und bilden zu spüren: die Betonung der Gestaltung bzw. die Urbild-Beziehung; oder auch das Gewordene bzw. das Werdende: schliesslich in S. Schr. II S. 63 eine Skala: „wallen, formiren, bilden": In der Bewegung schafft der formende Geist das Bild.

[37] Vgl. Erich Seeberg: Luthers Theologie, Motive und Ideen, I Die Gottesanschauung, Göttingen 1929.

IV

Der Übergang des Bildungsbegriffs in die allgemeine geistige Bedeutung, in die philosophische, humane, ästhetische und pädagogische Sphäre ist nicht so plötzlich in der Mitte des 18. Jahrhunderts erfolgt, wie man manchmal meint, sondern hat sich lange vorbereitet. Er ist auch nicht einfach als Säkularisierung zu begreifen. Jacob Böhmes theosophische Gedanken haben bis Hegel und Schelling weitergewirkt. Die ungeheure Verbreitung der mystischen Literatur um die Wende des 17. zum 18. Jahrhundert, die aus Gottfried Arnolds „Historie und Beschreibung der mystischen Theologie" (Frankfurt 1703) und seiner „Unparteiischen Kirchen- und Ketzerhistorie" (1699—1700) hervorgeht, hat zu einer „Generalisierung" und Rationalisierung der Mystik geführt (nicht nur in Deutschland, sondern auch in Frankreich und England), in deren Grundkategorien sich die Innerlichkeit des christlichen Bewußtseins philosophisch auslegt und mit dem „modernen" mathematisch-mechanistischen Weltverständnis auseinandersetzt. Der Pietismus als antirationalistische Unterströmung des deutschen Geisteslebens im 18. Jahrhundert hat weniger sprachschöpferisch[38] als psychologisch eine sittlich-ästhetisch emotionalisierte Bildungsauffassung vorbereitet. Leibniz und Shaftesbury sind für die Ausformung des philosophischen Bildungsbegriffs in Deutschland von größerer und besonderer Bedeutung geworden.

1. Der Bildungsvorgang wird bei Gichtel noch ganz von der Vorstellung der Gottgeburt beherrscht; aber daß wir im Logos „ausgebären" sollen, darauf fällt jetzt der Ton, „daß die Kraft Sophiae im Herzen sich bilden möge, wie in den Erstlingen, daran muß unser Wille arbeiten", „daß wir selbst unsere Macher sind"[39]. Das steht noch im Gegensatz zu der „eigenen Bildlichkeit"[40]. Die Vorstellung von der Aktivität des Geistes, der die passive Seele einerseits „formiert", nach dem man andererseits sein Gemüt „einrichten oder bilden" müsse[41], um zu „geistlicher Bildung" zu kommen, entfernt sich dann schon bei Gottfried Arnold deutlich von der Geburts-Chiffre. Aber das Problem der Selbstbildung hat erst Leibniz metaphysisch durchdacht. Nicht für die Sprach-, aber für die Problemgeschichte des deutschen Bildungsbegriffs ist Leibniz' Individualmetaphysik entscheidend geworden. Daß ihre Wurzeln in der mystischen Theologie, in der Gott-Person-Weltharmonie und im Phänomen des Selbstbesitzes des Geistes

[38] Vgl. Hans Sperber: Der Einfluß des Pietismus auf die Sprache des 18. Jhdts., in: Dt. Vjs. Halle 1930, 8; A. Langen: Der Wortschatz des deutschen Pietismus, Tübingen 1954; kritischer Schaarschmidt a. a. O. S. 39 f.; Dohmen a. a. O. passim.

[39] Theosophia Practica, Leyden 1722 III 9112, 2895, 2040; vgl. Schaarschmidt 35 f.

[40] ebd. S. 36; diese als „eigene Bildung"; „Einbildung" in Gegensatz gebracht zu „Inbildung", die „Erfahrung" meint.

[41] „Bildung des Verstandes" wäre aber Vermischung mit Materiellem und Befleckung des Geistes (Historie und Beschreibung der mystischen Theologie).

liegen, hat H. Heimsoeth deutlich gemacht[42]. Der Grundgedanke der Monadologie kündigt sich schon in Leibniz' Fragment „Von der wahren Philosophia Mystica" an. Darin heißt es: „In unserem Selbstwesen stecket eine Unendlichkeit ... ein Ebenbild der Allwissenheit und Allmacht Gottes. Ein jeder einzelne Selbststand (Leibniz' Verdeutschung von Substanz), als ich und du, ist ein ewig, unzertheilig, unverderblich Ding und besteht nicht aus drei Theilen: Seel, Geist und Leib. Doch sind mehr Dinge nächst gehörig und gleichsam einverleibet ... in Allem und Jedem stecket Alles, doch mit gewisser Kraft der Klarheit"[43]. Das Vorgangswort Bildung fehlt bei Leibniz, nicht der Bildgedanke. Er steckt in der Unterscheidung von Vorstellung und Repräsentation, im Spiegelwesen der Geistmonade, in ihrer Fensterlosigkeit. Geistige Entwicklung ist weder „von innen" noch „von außen", nicht aus diesem Gegensatz, sondern nur von ihrer Inhaltlichkeit her zu begreifen, innerhalb der Konkretheit und im Geschichtlichwerden des Geistes (chargé du passé et gros d'avenir). Die Seele lernt zunehmend um das „wissen", was in ihr geschieht, und sie wird fähig, in ihrem Selbstbesitz geistige Verantwortung zu tragen. Was später „Bildungswissen" heißt, hat in Leibniz seinen Ursprung[44]. Aber auch was seit der Mitte des 18. Jahrhunderts „Ausbildung der Kräfte" genannt wird (Arnold spricht noch von „Verklärung" oder „Ausschmückung" der Kräfte der Seele) hat wohl seine Wurzel im präformistischen Entwicklungsgedanken Leibniz': „Eine Seele vermag in sich selbst nur das zu lesen, was in ihr distinkt vorgestellt wird, sie ist nicht imstande, mit einem Schlage alle ihre Falten zur Entwicklung zu bringen (dévelloper), denn diese gehen ins Unendliche"[45]. Wolff macht daraus: „die Seele hat die Bilder in sich und wickelt sie aus ihrem Wesen heraus"[46]. Es war Herder, der wohl als erster Leibniz' Tiefe zu erahnen vermochte und seine Gedanken in eine Philosophie der Bildung einbrachte[47]. Den Reflexionsgedanken der Bildung allerdings hat erst Hegel weiterzuführen verstanden.

2. Ein zweiter Ausgangspunkt für die philosophisch-ästhetische und dann auch humanistisch-pädagogische Ausformung des deutschen Bildungsbegriffs ist

[42] H. Heimsoeth: Leibniz' Weltanschauung als Ursprung seiner Gedankenwelt, in: Kantstudien XXI (1917) S. 365 ff; Metaphysik der Neuzeit.

[43] Leibniz: Von der wahren Theologia mystica. In: Leibniz' Deutsche Schriften hgg. Guhrauer, Berlin 1838, S. 411 f.

[44] Heimsoeth a. a. O. S. 381: „Durch das Icherleben zur neuen Seinserkenntnis durchdringen, die wahrhafte Welt zur gegebenen Seele suchen — nicht wie im Altertum Mensch und Subjekt zum gegebenen Kosmos".
S. 450.

[45] Monadologie 61. Hauptschriften zur Grundlegung der Philosophie, dt. Buchenau, II

[46] Vernünftige Gedanken von Gott, der Welt und der Seele des Menschen, Halle 1720, §§ 815 u. 819.

[47] Schon 1770 im Brief an Merck. Seine Auseinandersetzung mit Leibniz im 60.—62. der Briefe zur Beförderung der Humanität v. 1793, in „Vom Erkennen und Empfinden der menschlichen Seele" 1778, in der Metakritik 1799, den Gesprächen „Gott" von 1800, in der Adrastea.

Shaftesburys eminenter Einfluß auf das deutsche Geistes- und Kunstleben des 18. Jahrhunderts gewesen, auf Wieland, Herder, Goethe und Schiller, aber auch auf Hamann, Winckelmann, Fichte, Oetinger und Humboldt. Auf den neuen Sprachgebrauch von Bildung im Sinne von geistiger Formung hat Shaftesbury unmittelbarer eingewirkt als Leibniz. Er findet sich, wenn auch noch zögernd, erstmalig in den ersten deutschen Shaftesbury-Übersetzungen (1738, 1745): „Innere Bildung“ für inward form, „Bildung“ für formation of a genteel character, „bildende Gestalten“ (bei Spalding) für forming forms.

Platon hat zuerst den Begriff des handwerklichen Gestaltens eines plastischen Stoffs auf den pädagogischen Bildungsvorgang als Formung der Seele nach Modellen übertragen[48]. Mittelbegriff war wahrscheinlich das Informbringen (Trainieren und Meditieren) des Leibes durch den Pädotriben. Platon spricht in diesem Sinne auch von der „Bildsamkeit“ (euplaston) der jugendlichen Seele[49]. Bei Plotin, bei dem die Einzelseele die metaphysische Tiefe des Lebens von innen her bekommt (der neue Begriff des Ich — ho egô — erscheint), wird der Formungsgedanke verinnerlicht. Die Seele bildet sich zur inneren Schönheit und Gestalt nach imanentem Formgesetz: „Zieh Dich in Dich selbst zurück und betrachte Dich, und wenn Du Dich selbst noch nicht als schön erblickst, so mache es wie der Bildhauer: wie er von der Statue, so meißele von Dir alle Überflüssigkeit hinweg, glätte bald hier, säubere bald dort, ... kurz, lasse nicht ab, an Deinem Bildwerk zu arbeiten, bis der göttliche Glanz der Tugend Dir entgegenstrahlt“[50].

Platonische Motive hatten sich schon mit dem Bildungsgedanken in der Vorform des Pietismus bei Johann Arndt um die Wende des 16. zum 17. Jahrhundert verbunden[51]. Das Wort „Bildung“ war dann aber dem weltängstlichen Pietismus wegen seiner mystisch-spekulativen und naturalistischen Belastung

[48] Pol. II 377C; Pol 500D das „heauton plattein“ nach den Paradeigmata des Seienden.

[49] Pol. 377B.

[50] Plotin, Enneaden I, VI, 9. Eben dies Bild gebraucht Meister Eckhart von der Erscheinung des „innern“ oder adligen Menschen, Schriften und Predigten, hgg. Büttner, Jena 1921, II S. 92: „Wenn nämlich ein Künstler ein Bild macht von Holz oder Stein: Er trägt das Bild nicht in das Holz hinein, er schneidet nur die Späne fort, die das Bild verborgen und verdeckt hielten, er gibt dem Holze nicht, er benimmt ihm, gräbt aus, was zu dick, nimmt ab, was überschüssig, und dann endlich leuchtet auf, was darunter verborgen war.“

[51] „Nach Gott gebildet werden“ heißt schon bei Joh. Arndt an der Wende zum 17. Jhdt., daß des „erneuerten“ Menschen „innerliche Begierden und Affekte Christo gleichförmig werden“ müssen (Sechs Bücher vom wahren Christentum, Neuauflage Königsberg 1733, I S. 134 im Anschluss an Eph. 4,23) und daß er dadurch „gebessert“, d. h. vervollkommnet wird, daß „Bilder“, „Vorbilder“, „Fürbilder“, „geistliche Sachen“ (vgl. Dohmen a. a. O. S. 82 ff) der Seele als ein Same „eingebildet“ werden müssen, der „in eine geistliche Frucht“ zu einem „schönen und neuen Bilde Gottes“ aufwächst (I S. 30 f), daß Tugend „geistliche Schönheit“ sei, und schließlich mit einer direkten Berufung auf Plato, daß die menschliche Seele als geschaffenes Bild, als Kunstwerk, nach dem Bild des höchsten Künstlers gebildet sei (I S. 879). Schaarschmidt a. a. O. S. 33: „Eine solche Stelle verrät, in welch hohem Maße die spätere Wirkung Shaftesburys in Deutschland durch die Mystik vorbereitet war“.

überhaupt verdächtig geworden und wurde daher gemieden. Erst der schwärmerische Platonismus Shaftesburys hat mit seinem ästhetischen Formbegriff in dem aus der pietistischen Emanzipation des Gefühlslebens und der philosophischen Weltzuwendung hervorgehenden geistigen Gärungsprozeß um 1750 wie ein mächtiges Ferment gewirkt. Shaftesburys neuplatonisches Formensystem ist eine Philosophie der Persönlichkeit. Formkraft und Gestalt sind Lebenseinheit wie Inneres und Äußeres in der Harmonie zwischen Mensch und Kosmos. Der Begriff der „schaffenden Natur" (plastic nature) verbindet seinen Platonismus der „formerzeugenden Formen" einerseits über die englischen Neuplatoniker Cudworth und Henry More und die beiden Helmolt mit der Paracelsisch-Böhmeschen deutschen Naturmystik[52]. Andererseits ist sein Formbegriff mehr als Organismus. Seine forming forms stehen im Gegensatz zu den seelenlosen „toten Formen" als aktive, geistig-seelische Prinzipien, „Selbste", die aus der Bewegung der „Urform", des „Urselbst" hervorgehen und ihre unmittelbare Beziehung zu dieser auch zu erfassen vermögen. Darin offenbart sich die Persönlichkeit, der „Genius" im Menschen. Das Gestaltungsprinzip in der Seele ist „inward form", innere Ordnung der Triebe und Neigungen, der „proportionierliche" Ausdruck des Inneren in der Erscheinung. Diese sittlich-ästhetische Einheit ist die Aufgabe der „Selbstbildung", der selfformation, die nicht das Kopieren eines Vorbildes, sondern nur Entwicklung von innen heraus meinen kann, die Herausbildung der Ganzheit des Charakters und der eigenen Wesensform. Ihr Weg ist die Vergeistigung des Sinnlichen, die ästhetische Erziehung. In dieser aber wird der Begriff des „Geschmackes", des moral taste, führend, Geschmack nicht im rationalistischen Sinn als intellektives Beurteilungsvermögen, sondern als sensus communis, als moral sense, als metaphysisches, in der kosmischen Konstitution des Menschen begründetes Organ des Wertfühlens, als ontologischer Wertsinn[53], für den nun bezeichnend das Wort „Humanität" eintritt[54]. Es sind, geistesgeschichtlich gesehen, die Motive des Renaissance-Platonismus gewesen, die über Shaftesbury einen entscheidenden Einfluß auf die Verwandlung des deutschen Bildungsbegriffs zu einer humanistisch-pädagogischen Kategorie gehabt haben.

[52] Chr. F. Weiser, Shaftesbury und das deutsche Geistesleben, Leipzig 1916, S. 235 ff.

[53] Weiser a. a. O. S. 345, 348.

[54] Fr. *Schummer:* Die Entwicklung des Geschmacksbegriffs in der Philosophie des 17. und 18. Jhdts., Archiv f. Begriffsgesch. I, 1955. Zu sensus communis und Geschmack vgl. ferner H.-G. Gadamer: Wahrheit und Methode, Tübingen 1965, S. 16 ff, 31 ff. Hier wird der über Shaftesbury vermittelte Einfluß des rhetorischen Humanismus der Renaissance auf den deutschen Bildungsgedanken im 18. Jhdt. deutlich, Geschmack als Erkenntnisweise und gesellschaftliches Phänomen wie auch die Beziehung zwischen humanity-Begriff und Bildungsgesellschaft.

V

Wieland hat den platonisierenden Bildungsbegriff in Deutschland zuerst auf die Ebene des erzieherischen Geschehens, der Jugendbildung, der „Unterweisung" transponiert. Dabei zeigt sich sein vielschichtiger Hintergrund. Der mystisch-religiöse Bildungsbegriff war durch Klopstocks „Messias" nicht nur erneuert worden, sondern vor allem nun literarisch, literaturfähig geworden. Das neue Wort hat sich erst nach dem Erscheinen der ersten Messiasgesänge 1748 in weiteren Kreisen verbreitet. So hat es der junge, im Geiste Speners erzogene Wieland mit den durch Klopstock begeisterten Literaturkreisen aufgenommen. Von Klopstock her hat Bildung seine emphatische Bedeutung bekommen. Das Künstlertum Gottes und die Wiederherstellung der „anerschaffenen Schöne" des Menschen verschmilzt in der Schöpfungsidee der „Bildung der Seele". Diese Bildung der Seele erscheint schon bei Klopstock als religiös-ästhetischer Erziehungsprozeß im Innern des „bildsamen" Menschen. Der Gedanke der „Bildsamkeit" der Seele wird führend. Das „empfindende Herz" wird „nach und nach" „zur Ewigkeit gebildet"; aber diese mystisch-spiritualistische Erziehung wird durch übermenschliche Wesen (Christus, die Engel), nicht durch Menschen bewirkt. Schon 1751, in seiner Tübinger Studienzeit hat Wieland Leibniz' Monadologie entdeckt. Und nun verbindet sich das Klopstocksche Gefühlswort „Bildung" mit der Philosophie der Individualität. In dem Lehrgedicht „Die Natur der Dinge oder die vollkommene Welt" feiert er „den Platon unserer Zeit". „In jedem Geist liegt ein ideales Bild. Die innerliche Form schafft der Dinge Bildung. So erarbeitet Wieland den von Klopstock der mystischen Literatur abgewonnenen Bildungsbegriff noch einmal auf philosophischem Wege. Der Kern der Monadologie wird aus der Hülle der fremden Sprache endlich befreit"[55]. „Alle Veränderungen sind nichts anderes als Entwicklungen". In der „Bildungskraft" der „Ideen" liegt eine Kraft zur Steigerung, in der Gottes „ursprüngliches Bild in unserer Seele", das Urbild aller Bildung, zur Nachbildung drängt. Aber auch Reminiszenzen an dem naturmystischen Bildungsbegriff werden in dem Komplex der neuen Gedanken sichtbar. Wieland erwähnt die „Geister und naturae plasticae" und Stratos Meinung von der „im Innern der Natur (liegenden) geheimen Kraft, die durch sich der Dinge Bildung schafft". Und Leibniz verschmilzt nun mit Shaftesbury wie dessen Platonismus mit Klopstocks Pietismus. Mindestens seit 1752, im Hause Bothmers, ist der Einfluß Platons und Shaftesburys dazugetreten. Im Begriff der Bildung tritt bei Wieland nun das von Einsicht geleitete Tun stärker hervor. Bildung wird synonym mit Erziehen, mit „Ausbildung", „Auswickeln", „Entwickeln" naturgegebener Anlagen und mit der „Zubildung" des bildsamen jungen Herzens zur Tugend, mit der Kunst, „zum Menschen zu bilden". Der ursprünglich religiöse Bildungsgedanke tritt, indem er aufklärerische Motive aufnimmt, unter dem Einfluß des Shaftesburyschen Gedankens der

[55] Schaarschmidt a. a. O. S. 55.

Gemütskultur und der Humanitätsidee in seine säkularisierte und pädagogische Phase ein[56].

Der säkularisierte pädagogische Bildungsbegriff tritt erstmalig klar in Wielands „Plan von einer neuen Art von Privat-Unterweisung" von 1754 zu Tage. „Bei jungen Gemütern ist das Erste und Nötigste, ihren Neigungen und Abneigungen, ehe sie noch der Vernunft mächtig sind, eine solche Richtung gegen ihre wahren Gegenstände zu geben, daß sie künftig mit der erwachsenen Vernunft auf das Richtigste zusammenstimmen und eben dadurch die Seele lauter Symphonie, oder welches eben das ist, lauter Tugend werde. Wir machen also hieraus den Schluß, daß diese wichtige Kunst, welche junge Leute lehret, das Gute und Böse vermittels des bloßen Geschmacks richtig zu unterscheiden, . . . des Namens der Unterweisung oder (!) Bildung der Jugend würdig sei." In den Begriff der Bildung als Unterweisung ist nun offensichtlich das aufklärerische Motiv der Nachahmung von Vorbildern, der Ausbildung des Geschmacks nach bewährten Mustern eingedrungen. Indem er sich so dem Zeitbewußtsein anzupassen verstanden hat, verbindet sich der erweiterte Bildungsbegriff nun auch leicht mit dem humanistischen Begriff der Pflege der „schönen Wissenschaften", die zur Humanität führen, und d. h. mit der gelehrten Tradition. Ihm kommt die neuhumanistische Idee entgegen, daß Natur und Kultur sich im Bilde der Antike geeint haben. Bildung wird dadurch zu einem neuen Ausdruck für die ciceronianische, vom Pietismus bisher nur im Sinne der Gemütspflege verstandene cultura animi[57].

VI

Bilden, Bildung ist im letzten Drittel des 18. Jahrhunderts Modewort geworden. Es hat zu seinem verblassenden mystisch-religiösen und naturphilosophisch-spekulativen Bedeutungskern die verschiedensten Deutungen der „Bildungs"-Sprache der Zeit an sich gezogen: ästhetische und moralische Bildung, sich nach einem Muster bilden (Sulzer, Gellert), Erziehung und Unterricht im schulmäßigen Sinne (Zedlitz, Felbiger), „Bildung zum Bürger" (Basedow, Moeser), Verbesserung, Verschönerung, Vervollkommnung, Erleuchtung, Aufklärung, cultura animi. Die Begriffsgrenzen verschwimmen. Herder ist der erste, der den Bildungsbegriff in dieser Vielfalt der Aspekte und zugleich im Rückgriff auf seine geistigen Ursprünge zum philosophischen Gegenstand gemacht hat,

[56] Überhaupt setzt sich der pädagogische Bildungsbegriff in der Mitte des 18. Jhdts. vorwiegend im Bereich des Aufklärungsdenkens und seines Moralverständnisses durch: als Bildung zur Tugend, Bildung des Geschmacks an der Moralität, an Mustern und Beispielen, se former d'après un modèle. Vgl. besonders J. G. *Sulzer:* Versuch von der Erziehung und Unterweisung der Kinder, Zürich 1745; Chr. F. *Gellert* seit 1748 (wie Wieland unter dem Einfluß Klopstocks): Abhandlungen und Reden, Moralische Vorlesungen 1759; dazu G. *Dohmen:* a. a. O. II S. 19 ff; I. *Schaarschmidt* S. 61 ff.

[57] Mit dem Platonismus seiner Jugend und der Hinwendung zur französischen Rokokowelt tritt bei Wieland seit 1759 auch der Gebrauch des Bildungsbegriffs zurück.

zum Mittelpunkt eines philosophisch-anthropologisch-geschichtlichen Gedankenkreises, zum Schlüsselbegriff einer „Weltanschauung". Ausgang seiner Reflexion ist der schon schöngeistig, pädagogisch, literarisch gewendete Bildungsbegriff. Von ihm geht er aus und zu ihm kehrt er nach seiner schöpferischen Epoche zurück. Aber der Antrieb zur Reflexion, in dem Reisejournal von 1769, ist sein eigenes existentielles Problem, sich aus der pietistischen und bürgerlichen Enge zur Welt zu erweitern, aus der Bücherwelt und den Abstraktionen zum empfindend-tätigen Leben durchzustoßen („zart, reich, sachenvoll, nicht wortgelehrt"), menschenerzieherisch zu wirken. Dabei wird ihm „Bildung" zum Weltbegriff für die natürlich-geschichtliche Geistigkeit des Menschen an der Stelle des epochalen Schlagworts „Aufklärung". Ebenso absolut, attributlos ist der neue Begriff von Bildung. Ein „Jahrbuch der Schriften für die Menschheit" „würde in Deutschland eine Zeit der Bildung schaffen, indem es auf die Hauptaussicht einer zu bildenden Menschheit merken lehrte"; eine „Universalgeschichte der Bildung der Welt" würde zeigen, wie „der Genius der Erleuchtung die Erde durchzogen". Herder unterscheidet einen „Commertz-, Finanzen- und Bildungsgeist"[58]. Bildung ist nicht Zustand, nicht Besitz und auch nicht Zweckvorstellung und Zielbild. Bildung ist „Genese" des Menschen, der Seele, des menschlichen Geistes, vorab der Wissenschaften, Sitten, der Kultur in Zeiten und Völkern, in der Mannigfaltigkeit ihrer Formen und Zwecke: geschichtliches Geschehen. Herders Bildungsbegriff ist im Gegenstand kulturanthropologisch, in der tieferen Absicht aber eine entwicklungs- und geschichtsmetaphysische Kategorie. „Auch eine Philosophie der Geschichte zur Bildung der Menschheit" (1774) ist eine Theodizee. „Wann hat in der ganzen Analogie der Natur die Gottheit anders als durch Natur gehandelt?" „In der Geschichte des menschlichen Geschlechts wär's anders? . . . als eben der Bauplan allmächtiger Weisheit?" Gegenüber der künstlichen Denkart der Aufklärung, von einem rationalen Zweck her planvoll „Menschheit zu bilden", bedeutet eine Philosophie der „Bildung", sich dem „schicksal"-haften, immanenten, teleologischen Zusammenhang der Bedingungen zu unbekannten höheren Zwecken anzuvertrauen[59] und den „Strom der Gotteskraft . . . in allen Formen, Gestalten und Schöpfungen tief und treu zu fühlen". „Das große göttliche Werk, Menschheit zu bilden — still, stark, verborgen, ewig" — beginnt mit einem geschichtlich-natürlichen Idealzustand (die Transposition des Rousseauschen Natur-Idealen in das Geschichts-Ursprüngliche wird zur Begründung des neuhumanistischen Bildungsvorranges der griechischen Menschheitsjugend), mit der Harmonie von Natur und Geist, Empfinden und Handeln „im Bilde der Menschheit, wie es sich fortfühlt und fortbildet" und „für alle Jahrhunderte der Menschenbildung die ewige Grundlage" wird. Bildung ist damit zum Strukturbegriff eines geschichtlichen Idealzu-

[58] Sämtl. Werke Suphan 4, 383.

[59] „Bildung und Fortbildung einer Nation ist nie anders als ein Werk des Schicksals, Resultat tausend mitwirkender Ursachen, gleichsam des ganzen Elements, in dem sie leben".

standes geworden. Herder kann das Wort nun auch im pädagogischen und kulturkritischen Sinn schon ambivalent gebrauchen: Echte und unechte Bildung. Bildung im realen, konkreten, geschichtlich-anthropologischen Sinn wird von der „sogenannten neuen Bildung" (dem Aufklärungsbegriff der enzyklopädischen Verstandesbildung) unterschieden.

Herders eigentliche Philosophie der Bildung aber hat sich erst in Weimar, seit 1776, geformt. Der Bildungsbegriff erweitert sich zum Leitgedanken einer philosophia anthropologica[60]. Als solche nämlich versteht er seine „Ideen zu einer Philosophie der Geschichte der Menschheit" (1784—91).

Dieser Vorgang selbst hat geistesgeschichtliche Bedeutung. Die irrationalistische Entformung der Weltbegriffe durch Herder ist ein kennzeichnender Ausdruck der gegen das rationale und mechanistische Systemdenken der Aufklärung gerichteten Lebensstimmung und Lebensphilosophie der von Misch und Nohl sogenannten „Deutschen Bewegung". Die Kategorien dieses Denkens haben ihren Grund in einem neuen Verhältnis des Begriffs zum Leben. „Für die Aufklärung war der ‚einfache', nicht weiter analysierbare Begriff das Konstruktionsmittel der Wirklichkeit, und es war ihr Ziel, das Leben in ein System solcher Begriffe aufzulösen, das dann Gefühl und Handeln zu regeln vermöchte. Jetzt heißt es: das Leben ist das Primäre, und der Begriff ist nur die Formulierung gelebten Lebens und reicht darum nicht hinter das Leben zurück" (Nohl). So wird Bildung für Herder zum Symbolwort eines neuen Sich-selbst-Verstehens des Menschen aus seinen gefühlten Lebenszusammenhängen heraus. Als Daseinssymbol wird der Begriff zur universalen Deutungskategorie. Leibniz gibt für ihn die metaphysische Grundvorstellung der „substantiellen Kraft" her[61], „den Mittelbegriff zwischen Geist und Materie", wie ihn Herder auffaßt. Aber die Monaden-Innerlichkeit entzieht ihm seinen Realitätsgehalt. Es geht Herder um einen Lebenszusammenhang in wechselseitiger Empfänglichkeit für einander „bildend" tätiger, „wirkender (und rückwirkender) Kräfte". „Dasein muß sich offenbaren; wodurch anders als durch Kraft, die in der Wirkung erkannt wird, durch Leben." Diese bedeutsame Wendung zur Daseinsanalytik vollzieht Herder in der Schrift „Vom Erkennen und Empfinden der menschlichen Seele" (1778), der er, obgleich er „vom Erkennen und Empfinden in ihrem menschlichen Ursprung und den Gesetzen ihrer Wirkung" handeln will, nicht zufällig das Motto von dem Geist voransetzt, der „weht, wohin er will". Denn es ist erst die universale Offenheit und Allverbundenheit der Perspektiven im Raum des Lebendigen, von Gott und Mensch, Welt und Seele, Sinn und Sinnlichkeit, Sprache und Wirklichkeit, die den wahren Horizont des bildenden Geschehens entstehen läßt. Herder interpretiert dieses selbst in dieser Schrift bewußt „in der Analogie zum Menschen", das heißt als „menschliche Wahrheit", für die es keinen archimedischen Punkt außerhalb des Menschen gibt. In dieser Verknüpfung von Anthropologie und Erkenntnislehre begründet er, hochbedeutsam als

[60] 13, 55A.
[61] 8, 193; 16, 451.

Vorspiel einer nachidealistischen philosophischen Anthropologie, die Theorie einer Selbstfügung des Menschen in seinem In-der-Welt-Sein als Hermeneutik des menschlichen Daseins. In der Verschränkung von Seele und Welt vollzieht sich diese „bildende Fügung", dieser Selbstaufbau des Menschen nach den beiden Seiten der in ihm leib-seelisch-geistig lebendigen „Einen Grundkraft" im Wechsel von „Innigkeit und Ausbreitung", von Weltaneignung und Besinnung, in einer „Bewegung zu Seiendem und zurück auf Seiendes, das seiner selbst dadurch inne wird in Unterschied und Sonderung. Im Menschen ist die Fügung dieser Bewegung selbst offenbar, er weiß um sie, indem er sie lebt". Th. Ballauff[62], der darin „die Entdeckung der Grundstruktur der Bildung durch Herder" erkennen will, sieht diese Idee in der neuplatonisch-stoischen „Oikeiosis" vorgeprägt und von Kant bis Fröbel und zur gegenwärtigen Bildungstheorie „typologisch" weiterleben. Aber eben der Reflexionsbegriff der Bildung ist Herder noch fremd. Stattdessen ist der paracelsisch-mystische und kosmologische Zusammenhang, in dem die Bildungs-Chiffre bei Herder noch immer steht, nicht zu übersehen. „Das große Geheimnis der Fortbildung, Verjüngung, Verfeinerung aller Wesen" beruht letzten Endes auf der „Erscheinung des großen allgegenwärtigen Lebensgeistes" (Ein Geist, Eine Flamme)[63]. Ihm begegnet, ihm antwortet, die durchgehende Ähnlichkeit der Bildungskräfte im Ganzen der Schöpfung, in der Seele und im eigenen Leben erfahrend, „der empfindende Mensch", der „sich in alles fühlt, alles aus sich herausfühlt (— denn was innen, das ist außen —) und darauf sein Bild, sein Gepräge drückt". Das aber ist wiederum nichts anderes als das spiegelhaft wiederglänzende Bild des Schöpfungsgeistes im menschlichen Geist.

Herders Affinität zum Bildungsbegriff hat in der allseitigen Möglichkeit der Anwendung des Analogieprinzips, die diese „Stellung des Menschen im Kosmos" bietet, ihren Grund. „Was wir wissen, wissen wir nur aus Analogie, von der Kreatur zu uns und von uns zum Schöpfer." Die Wurzel des Bildungsdenkens ist also bei Herder einmal der anthropomorphe Charakter aller Sprachbegriffe, die aus der Bildkraft innerer Erfahrung und Weltverbindung stammen, aus der „Analogie zum Menschen": die Seele ist in der Welt. Dann aber ist es die analogia entis zwischen Schöpfer und Geschöpf: Gott und Welt sind in der Seele. Herders Bildungsphilosophie nimmt auch im erkenntnistheoretischen Sinn den Mikrokosmosgedanken auf[64]: „Ich fürchte mich also gar nicht vor dem alten Ausdruck, daß der Mensch eine kleine Welt sei, daß unser Körper Auszug alles Körperreichs, wie unsere Seele ein Reich aller geistigen Kräfte, die zu uns gelangen, sein müsse, und daß schlechthin, was wir nicht sind, wir auch nicht erkennen und empfinden können". Schließlich bestimmen die biologischen Vor-

[62] Die Grundstruktur der Bildung, Weinheim o. J. S. 6 ff. Vgl. dazu die umfassende Interpretation der „philosophisch-pädagogischen Anthropologie Herders" in Fr. Berger: Menschenbild und Menschenbildung, Stuttgart 1933.

[63] Der Begriff des archaeus, der vis vitalis und aura vitalis.

[64] 8, 193.

stellungen der Zeit wie Blumenbergs Theorie des „nisus formativus" Herders Bildungsgedanken, d. h. jetzt die „Analogie der Natur" als wachstümlicher Organismus: „Alle Kräfte der Natur wirken organisch", d. h. genetisch und individualisierend. Seltsam erscheint daneben aber früh auch ein eher Böhmesches Motiv, eine Metaphysik des Gegensatzes (1777 in „Über die dem Menschen angeborene Lüge"), wenn es heißt: „Überall zwei Kräfte, die sich einander entgegengesetzt doch zusammen wirken müssen", daraus das höhere „Resultat einer weisen Güte, Ordnung, Bildung (!), Organisation, Leben" Gutes und Böses verknüpft. „Eben die Kontrarietät im Menschen ist das Siegel Gottes in unserer Natur"[65].

Bildung als Leben und Bildung als Resultat, diese Doppelheit der Aspekte, in denen sich Gottes Schöpferkraft und seine weise lenkende Vorsehung spiegelt, ist der Führungsbegriff in Herders „Ideen". Er versucht in dieser philosophia anthropologica einerseits eine vergleichend-morphologische Geschichte der organisch-geistigen Lebensform des Menschen zu geben, auf Grund seiner Naturbestimmung im Stufenbau der Daseinsgestalten. „Bildung" in dieser Analogie der Natur, als Formwandel und „Gewächs" (wie bei Paracelsus) hat immer ein Doppelgesicht: als Werden — organische Entfaltung innerer Form- und Wachstumsenergien unter den Bedingungen von Ort und Zeit, Umwelt und Kräfteaustausch — und andererseits als Gestalt — Gebilde, individuelle ganzheitliche Gestalteinheit, „eigenes Dasein"[66]. Es wirkt in diesem Bildungsvorgang eine energetische Dynamik, die „organisiert", und eine je bestimmte Seinsstruktur, die „sich offenbart", zusammen. Vereinfachend begreift H. Weil den Herderschen Bildungsgedanken überhaupt aus der Analogie von Keim und Blüte als „Ausbildung vorgegebener Anlagen" und als „sich zum Bilde machen"[67].

Andererseits läuft Herders Bildungsphilosophie in den „Ideen" auf die doppelte Genesis, die doppelte „Bildungsgeschichte" des Menschen als Naturorganisation und als geistig-geschichtliches Wesen hinaus. Nach der durch die ganze lebendige Natur herrschenden „Analogie einer Organisation", „einer Hauptform"[68], eines Leitbildes der Entwicklung ist der Mensch „Mittelgeschöpf"[69], daher keine „unabhängige Substanz", sondern Summation der natürlichen Bildungskräfte, Mikrokosmos. Insofern ist die Natur auf den Menschen aus als Endglied der natürlichen Organisation. Er ist aber ebensosehr Anfangsstufe

[65] 9, 540. Vgl. Wolfdietrich Rasch: Herders deutsche Weltanschauung, in: Von deutscher Art in Sprache und Dichtung IV (1941) S. 59 ff.

[66] 13, 47. Vgl. Goethe zur Metamorphosenlehre: „Betrachten wir alle Gestalten, so finden wir, daß nirgend ein bestehendes, ein abgeschlossenes vorkommt, ... daher unsere Sprache das Wort Bildung sowohl von dem hervorgebrachten als von dem hervorgebracht werdenden gehörig genug zu brauchen pflegt."

[67] Die Entstehung des deutschen Bildungsprinzips, Bonn 1930 S. 6.

[68] Ein stoisch verwurzelter Grundgedanke der kosmischen Anthropologie der Renaissance (vgl. B. Groethuysen: Philosophische Anthropologie, München 1928), der über Saint Martin der Romantik vermittelt wurde und bis zu Edgar Dacqué weiterlebt.

[69] 13, 68.

einer höheren geistigen Ordnung und Kette der Bildung, als „tätig gewordene Idee“ und „ewig dauernder Entwurf des Schöpfers“[70]. Als „geborenes Bild Gottes in der Welt Gottes“ lebt der Mensch ebenso über die Welt hinaus aus der Idee der Humanität, als „Mittelglied zweener Welten“ im Risiko der Freiheit, der erste „Freigelassene der Schöpfung“. Zur Humanität ist der Mensch nicht von Natur gebildet, aber „bildbar“; mit einem neuen Ziel der Bildung beginnt eine neue Stufe der Bildsamkeit. In dieser zweiten „geistigen Genesis“ wird Bildung überhaupt etwas Neues, „das Prinzipium zur Geschichte der Menschheit“[71], nicht „des Menschen“ (als Vernunftwesen und abstraktes Bild der Gattung nach „der averroischen Philosophie“), sondern „der Menschen“, die nur in ihrer je individuellen, das Allgemeine im Besonderen vermittelnden konkreten Geistigkeit ein Ganzes sind, „eine Kette der Geselligkeit und bildenden Tradition vom ersten bis zum letzten Glied“[72]. Bildung in diesem Sinne ist auf Kommunikation, Sprache, „Medien zur Ausbildung“, auf Lernen und Erziehung, Mitteilung, Vorbilder und Muster, auf die Teilhabe an einem schon geprägten objektiven Geistesbesitz der vorangegangenen Generationen angewiesen. An dieser Stelle wird für Herder Bildung synonym mit Aufklärung und Kultur[73]. Zum Kennzeichen der Bildung, jetzt als Werk der Geschichte, werden „Tradition und organische Kräfte“, d. h. die vorbildende Übermittlung der Muster und Gehalte der Gesittung, des Geschmacks, der Wissenschaft und ihre nachbildende Aufnahme und individuelle Aneignung, geistige Spontaneität und Rezeptivität. Der Mensch ist auch geistig kein „Selbstgeborener“, sondern „genetisch“, „genetisch durch Mitteilung, organisch durch Aufnahme und Anwendung des Mitgeteilten“. Er entspringt weder aus sich selbst, noch ist er der eigene Urheber seiner geistigen Gestalt. Sein geistiges Dasein wird ihm erst im bildenden Umgang mit anderen Menschen, in verstehender Kommunikation und im Hineinwachsen in überindividuelle Sinnzusammenhänge und in die weltweite Verflechtung des palingenetisch durch die Völker gehenden Geisteslebens vermittelt. Daher: „Goldene Kette der Bildung, du, die die Erde umschlingt und durch alle Individuen bis zum Throne der Vorsehung reichet, seitdem ich dich ersah ...“. Bildung ist bei Herder Natur geblieben und Geschichte geworden, noch kosmisch empfunden und schon als Kulturwort gedacht, säkular geworden und noch auf die Endvollendung bezogen. Das entsprach dem geistigen Umschichtungsprozeß im 18. Jahrhundert.

[70] 13, 77.

[71] 13, 345.

[72] 13, 349.

[73] Auch diesem Begriff, den zuerst Pufendorf in objektiver Bedeutung attributlos als „Cultura“ schlechthin gebraucht (in der Zusammenfassung von socialis vita, vitae cultus und cultura animi), hat unter dem Einfluß Pufendorfs erst Herder den geschichtlichen Sinn gegeben; vgl. Franz Rauhut: Die Herkunft der Worte und Begriffe „Kultur“, „civilisation“ und „Bildung“, in: German.-romanische Monatsschrift, N. F. III (1953). Die Gegensatzbegriffe Kultur-Zivilisation werden später von Humboldt und Pestalozzi in der Auseinandersetzung mit dem Napoleonismus gebildet.

VI

Mit Kants kopernikanischer Wendung in der Philosophie, die den deutschen Idealismus einleitet, die Vorrangstellung des tätigen Subjekts begründet und die Grundeinstellung auf das Leben und die Geschichtlichkeit des Geistes zur Geltung bringt, erhält der Bildungsbegriff um die Wende des 18. zum 19. Jahrhundert eine entscheidende philosophische Sonderstellung. Er gehört zu der neuen Schicht lebendiger deutscher „Weltbegriffe"[74], die mit dem „Praktischwerden" der Philosophie die alten Schulbegriffe und Kunstwörter der abendländischen ontologischen Scholastik ablösen und an Aussagekraft für die Selbstverständigung des Geistes überbieten[75]. Er ist aber auch Ausdruck der „ästhetischen Wende" in der Philosophie seit Mitte des 18. Jahrhunderts — ich möchte sagen ihres ästhetischen Stadiums —, die im Zusammenhang steht mit „der Abkehr von der (exakten) Wissenschaft als dominierender Macht und der Zuwendung zur Geschichte als dominierender Macht"[76]. Und er gewinnt schließlich erst in einer Philosophie der dialektischen Bewegung und des Selbstbewußtseins des Geistes, in der sich der Anspruch persönlicher intellektueller Selbstbildung und Selbsterziehung des Individuums durchsetzt und die geistige Selbsttätigkeit, das Leben in Ideen, zum Königsweg der Versittlichung des Menschen wird, die volle Bedeutung eines Reflexionsbegriffes und eines normativen Leitbildes für eine geistige Führungsschicht. Hier sollen nicht die sozialgeschichtlichen Hintergründe und bildungssoziologischen Folgen dieses Vorgangs verfolgt werden[77], die das

[74] R. Eucken: Geschichte der philosophischen Terminologie. 1879 (Neudruck 1960) S. 136 f, 141 ff.

[75] Kant selbst hat an der metaphysischen Erneuerung des Bildungsbegriffs nicht teil. Die Bildungsmetapher in den frühen naturphilosophischen Schriften für das Schaffen der Natur, die creatio perpetua, ist alt und unspezifisch (vgl. Heimsoeth a. a. O. S. 158). In der erstmalig 1776/77 gehaltenen Vorlesung über „Pädagogik" (vgl. jetzt Groothoff-Reimers: I. Kant, Ausgewählte Schriften zur Pädagogik und ihrer Begründung, Paderborn 1963) steht Bildung im Sinne der Aufklärungs-Terminologie für die „Kultur der Seele, die man gewissermassen auch physisch nennen kann", im Gegensatz zu der Sphäre der Freiheit („der Freiheit Gesetze geben ist ganz etwas anderes, als die Natur bilden") und definiert sich als „Zucht und Unterweisung" (disciplina und eruditio), als „scholastisch-mechanische" bzw. „didaktische Bildung" einerseits und als „bürgerliche" „Bildung zur Klugheit" andererseits, als Kultivierung und Zivilisierung, aber nicht als Moralisierung. In demselben Sinne hat M. *Mendelssohn* 1784 (Über die Frage: was heißt aufklären?) „Bildung" „in Cultur und Aufklärung" zerfallen lassen, in das „Praktische" der Verfeinerung der Sitten und Fertigkeiten (Kultivierung) und in „das Theoretische" (Aufklärung) des vernünftigen Nachdenkens „über Dinge des menschlichen Lebens nach Maßgabe ihrer Wichtigkeit und ihres Einflusses in die Bestimmung des Menschen". „Je mehr der gesellige Zustand eines Volkes durch Kunst und Fleiß mit der Bestimmung des Menschen in Harmonie gebracht werden, desto mehr Bildung hat dieses Volk".

[76] Vgl. Odo Marquard: Kant und die Wende zur Ästhetik, in: Zs. f. Philos. Forschung XVI, 2/3, S. 237.

[77] Vgl. oben A. 1.

Bildungsproblem im 19. Jahrhundert weitgehend bestimmt haben, sondern nur drei philosophische Formen der Aufnahme des Bildungsproblems in die idealistische Reflexion vor Hegel am Beispiel des Humboldtschen, Fichteschen und Schillerschen Bildungsdenkens zur Sprache kommen.

1. „Durch die ausdrückliche und gedanklich geklärte Idealsetzung Humboldts wurde das Bildungsprinzip für breitere Schichten mitteilbar und erfahrbar, so daß die Ansicht Platz greifen konnte, Wilhelm von Humboldt sei nicht nur der ‚klassische Repräsentant', sondern auch der theoretische Begründer des besonderen deutschen Bildungsprinzips gewesen"[78]. Das wirkt bis heute in Verteidigung und Polemik nach[79], ist aber unzutreffend. „Bildung" wird allerdings bei Humboldt in einer einzigartigen Weise in seiner Individualität und seinem Denkstil als beherrschendes höchstes, ja absolutes Lebens- und Denkprinzip sichtbar, auch Gegenstand einer „Theorie der Bildung des Menschen"[80] und seiner vergleichenden Anthropologie und folgenreich durch seinen kulturpolitischen Einfluß. Aber in der philosophischen Begründung ist Humboldts Bildungsbegriff in seinem Ansatz (es geht um den jungen Humboldt) eher rückwärts- als vorwärtsgewandt. Er ist die reinste Ausformung der Leibnizischen Monadologie auf sein persönliches Lebensverständnis hin[81].

„Alle Bildung hat ihren Ursprung allein in dem Inneren der Seele und kann durch äußere Veranstaltungen nur veranlaßt, nie hervorgebracht werden." Sie endet im „Anschauen der höchsten idealischen Vollkommenheit im Bilde der Gottheit"[82], zu dem sich nur wenige erheben können. „Sich in sich zu bilden"[83], ist der „Zweck des Menschen im Menschen"[84], und „das höchste Ideal des Zusammenexistierens menschlicher Wesen . . . dasjenige, in dem jeder nur aus sich selbst und um seiner selbst willen sich entwickelt"[85]. Das Grundprinzip alles Seienden, das das Universum zusammenhält, ist für Humboldt mit Leibniz „Kraft", und als Prinzip des Lebens und der menschlichen Individualitäten „Bildungstrieb"[86],

[78] Hans Weil, a. a. O. S. 85.

[79] Vgl. Th. Litt: Das Bildungsideal der deutschen Klassik und die moderne Arbeitswelt, Bochum 1959.

[80] Der Titel selbst stammt von Leitzmann.

[81] 1790 an Brinckmann: „Wie kann man ein Mensch sein und nicht an Monaden glauben". Nach Humboldts intensivem Leibniz-Studium 1787/88. Vgl. jetzt Clemens Menze: Wilhelm von Humboldts Lehre und Bild vom Menschen, Ratingen 1965.

[82] Ges. Schriften, Akademie-Ausg. I, 70.

[83] I, 56.

[84] I, 76.

[85] I, 109.

[86] Der dynamisch-morphologische Begriff des nisus formativus in Blumenbachs Biologie hat auf Herders, Goethes, Humboldts Bildungsbegriff gleichermaßen eine starke Wirkung ausgeübt. Goethe 50, 63: „Nun gewann Blumenbach das Höchste und Letzte des Ausdrucks, er anthropomorphisierte das Wort des Rätsels und nannte das, wovon die Rede war, einen nisus formativus, einen Trieb, eine heftige Tätigkeit, wodurch die Bildung bewirkt werden sollte".

„das wahre Apriori“ im Menschen, wie Humboldt 1803 an Brinckmann schreibt, also ganz unkantisch die „ursprüngliche Kraft unseres Ich“, „die den eigentlichen, aber volleren Menschen reproducirt, aber ohne Anwendung auf diesen oder jenen Gegenstand und als bloße Energie“. Dem Bildungsbegriff Humboldts liegt der präformistische Entwicklungsgedanke Leibniz' zu Grunde. Der Seidenwurm ist ihm Symbol für das Sichherausspinnen des Menschen aus sich selbst. Darum steht die Kategorie der höchstmannigfaltigen „Ausbildung“ aller von Natur in der Individualität angelegten Keime und Fähigkeiten am häufigsten für dieses entelechiale Streben zur „Einheit des ganzen Wesens, welche allein dem Menschen wahren Wert gibt“, zur „höchsten und proportionierlichsten Bildung seiner Kräfte zu einem Ganzen“[87]. Humboldt setzt hinzu: „Zu dieser Bildung ist Freiheit die erste und unerläßliche Bedingung“. Aber Freiheit ist ihm nur der schöpferisch-selbsttätige, sich selbst unbewußte geistige Charakter dieser Energie in einer prästabilierten Harmonie der Individualitäten, die Ungestörtheit ihrer harmonischen Selbstentfaltung. Freiheit und Notwendigkeit sind nur zwei Äußerungsformen der metaphysischen Kraft. Darin wird wohl die Kant-Ferne des jungen Humboldt am deutlichsten. Ist Menschenbildung optimale Ausprägung der Individualität als Individualität, so ist sie darin die fortschreitende Einigung von Natur und Idee, die in ihrem metaphysischen Grunde identisch sind. Die Steigerung der Individualität zur Idealität ist das persönliche Bildungsideal. Diese Kategorie erscheint wohl zuerst bei Humboldt, der in ihr seinen zentralen Gedanken sah[88]. Dazu, so heißt es in der „Theorie der Bildung“[89], „bedarf auch der Mensch einer Welt außer sich“, „da die bloße Kraft einen Gegenstand braucht, an dem sie sich üben, und die bloße Form, der reine Gedanke, einen Stoff, in dem sie, sich darin ausprägend, fortdauern könne“[90]. Welt wird von Humboldt weder als Widerständigkeit erlebt noch als für sich seiend verstanden, weder als Kosmos begriffen noch als Material der Pflicht, sondern primär als Anlaß der Selbstbildung des Menschen und ihr Medium, als Bildungswelt. „Was

[87] I, 107. Doch vgl. das Kapitel „Individualität und Idealität“, Menze a. a. O. S. 105 ff.

[88] An Schiller vom 25. 6. 1797: „Diese Idee des individuellen Ideals liegt mir jetzt gerade erstaunlich im Kopf. Es scheint mir so notwendig, sie gehörig auszuführen, zu zeigen, dass die Menschenkenntnis, wenn sie vollständig und philosophisch sein soll, nur das aufsuchen muss, was in dem Subjekt einer Vervollkommnung zum Ideal fähig ist, und die Menschenbildung im Grunde nichts weiter zu tun hat, als dies zu erhalten, zu reinigen und zu steigern“. Schiller beruft sich für den gleichen Gedanken zwar auf Fichte (5. Brief der „Ästhetischen Erziehung“), aber auch der „Preismensch“ Jean Pauls verrät die monadologische Herkunft, vgl. A. Giourtsi: Pädagogische Anthropologie bei Jean Paul, Diss. Münster 1964.

[89] I, 283.

[90] Die sogenannte „Elementarphilosophie“ Reinholds, des Schwiegersohns Wielands, hat Humboldt wie Schiller zur Grundlage ihrer ästhetischen Bildungstheorie herhalten müssen. Humboldt I, 108: „Denn auf diesem ewigen Begatten der Form und der Materie oder des Mannigfaltigen mit der Einheit beruht die Verschmelzung der beiden im Menschen vereinigten Naturen, und auf dieser seine Grösse ... Der höchste Moment des Menschen ist dieser Moment der Blüte“.

der Mensch notwendig braucht, ist bloß ein Gegenstand, der die Wechselwirkung seiner Empfänglichkeit mit seiner Selbsttätigkeit möglich mache."[91] In Humboldts späterer Sprachphilosophie erscheint dieser bildende Weltumgang gewissermaßen objektiviert als Gesetz des geistigen Lebens, indem das, was der Mensch aus sich heraussetzt, augenblicklich auch wieder, die Welt verändernd auf ihn selbst und sein ferneres Schaffen und Verstehen „zurückwirkt"[92], so daß jedes sich bildende Individuum, indem es einerseits nur in einer geistig interpretierten Welt (Kulturwelt) Gegenbilder seiner Innerlichkeit findet, andererseits in dieser Verknüpfung mit der Welt gleichzeitig selbst einen Beitrag zur Gestaltung der Welt leistet[93]. Ist Bildung hier, Herder ähnlich, geistige Genesis, so ist sie es doch ganz und gar nicht in einem dialektischen Sinn als Arbeit des Geistes, als Auseinandersetzung von Ich und Welt, Selbst und Sache. Sondern der Mensch bildet sich nur durch das, was ihm als Nahrung seines Geistes „homogen" ist[94]; und er bringt sich die Gegenstände außer ihm nur darum näher, damit „von allem was er außer sich vornimmt, immer das erhellende Licht und die wohltätige Wärme in sein Inneres zurückstrahle"[95], damit er ihm „die Gestalt seines Geistes" aufdrücke „und beide einander ähnlicher" mache; wie umgekehrt jeder nur „immer in eben dem Grade Fülle und Schönheit außer sich wahrnimmt, in welchem er beide im eigenen Busen bewahrt"[96]. Bildung ist bei Humboldt eine ästhetische Kategorie. Was Humboldt die „Bildung des Menschen" nennt, ist seine ästhetische Konstitution als Einheit von Fülle und Gestalt im „ästhetischen Sinn"[97]. Sie ist auch nur dem ästhetischen Sinn zugänglich als dem „wahren Mittler zwischen dem sterblichen Blick und der unsterblichen Uridee"[98]. Im Hintergrund der Humboldtschen Bildungsphilosophie aber scheinen Lebensmotive zu wirken, die das vordergründig so starke Gestaltungsprinzip der Humanität in Frage stellen und transzendieren. Die neuere Humboldt-Forschung läßt das Bild des harmonischen Klassikers nicht mehr zu. Insbesondere W. Schultz sieht in der unendlichen Einsamkeit Humboldts den Schlüssel zu seiner Persönlichkeit und zu seinem Werk[99]. So hat auch Humboldts Bildungsgedanke eine verborgene Tiefe, die jedenfalls in persönlichen Zeugnissen auf ihrem Grunde das mystische Motiv des Entwerdens von der Kreatur und der

[91] I, 285.

[92] VII, 251.

[93] Vgl. Menze a. a. O. S. 139. Die Verschränkung von Spontaneität und Rezeptivität liegt wie der Psychologie so der pädagogischen Bildungslehre Schleiermachers zugrunde als ihr doppeltes Ziel, „Weltanschauung" und „Weltbildung", „die Welt in sich aufzunehmen und sich in der Welt darzustellen".

[94] I, 387.

[95] I, 285.

[96] I, 108.

[97] Vgl. Ed. Spranger: Wilh. von Humboldt und die Idee der Humanität, Berlin 1928², S. 309.

[98] XIV, 157.

[99] Vgl. Menze a. a. O. S. 9 ff: Humboldt-Bild und Humboldt-Deutung im 20. Jhdt., bes. S. 22 ff.; W. Schultz: die Religion W. v. H.s, Jena 1932.

Bildwerdung in reiner Innerlichkeit durchscheinen läßt. Ihm entspricht die fundamentale (augustinische) Unterscheidung von „Genuß“ und „Gebrauch“ der Welt, die Humboldt trifft, ebenso wie die immer wieder durchbrechende Sehnsucht Humboldts zum Rückzug in das „Leben der Ideen“, in die letzte Einsamkeit, die „in ihrer Ausschließlichkeit die Erhöhung der Individualität zu jener fensterlosen Monade meint, die in sich und für sich ist“[100].

2. Man muß den Bildungsbegriff Fichtes demjenigen Humboldts gegenüberstellen, um an dem Gegensatz die Spannweite der hermeneutischen Möglichkeiten zu ermessen, die dieser Begriff für das philosophische Apriori des Genetischen in sich enthält. Ist das Humboldtsche „Bildungsprinzip“ von der Leibnizschen Individualmetaphysik inspiriert, so ist die Wurzel des Fichteschen Bildungsdenkens die Kantische Entdeckung des Tatcharakters des Geistes, des intelligiblen Charakters der Freiheit und des Primats der praktischen Vernunft. Bildung ist Akt der Freiheit statt Entelechie, Produkt eines Handelns statt Ergebnis eines Prozesses, Bildentwurf statt Gestaltwerdung, Umschaffung statt Entfaltung, Idee statt Kraft, Wiedergeburt statt Selbstvollendung. Erst Fichte hat in diesem Sinne den Bildungsbegriff zu einem Problem der Philosophie des Geistes gemacht, der „in sich selber gegründeten Lebendigkeit des Gedankens“, der Einheit von Vernunft und Einbildungskraft.

In der gleichen Zeit (1794), in der Wilhelm von Humboldt nach seinem Entwurf über die Bildung des Menschen und seiner Versenkung in die Menschheitsbedeutung des Griechenbildes („Über das Studium des Altertums und des griechischen insbesondere“, 1793) in der Begegnung und Freundschaft mit Schiller „einen erweiterten Begriff menschlichen Geistes überhaupt“ erfährt und Schiller ihm mehr noch als Kant und Goethe „für die Kenntnis der menschlichen Intellektualität so wunderbar und wichtig wird“, hält Fichte in Jena seine „Vorlesungen über die Bestimmung des Gelehrten“, die Schiller helfen, den Kantischen Dualismus zu überwinden. In dem gleichen Zyklus de officiis eruditorum aber spricht Fichte auch über „Geist und Buchstab“[101] und wendet sich in dieser Vorlesung unmittelbar der Bestimmung der „Bildung des Geistes“ zu, zu der die Menschheit „wohl schon früher auf gutem Wege war“, aber erst durch die Philosophie der Freiheit gelangen kann. Nur von dem Begriff des Geistes „in dieser besonderen Bedeutung“ her ist Bildung zu verstehen: in der Bedeutung als „Vermögen der Einbildungskraft, besonders insofern es höhere und in der gewöhnlichen Erfahrung nicht vorkommende Bilder zum Bewußtsein erhebt“[102]. Denn „der Mensch ist nur insofern und in dem Grade Mensch, als er Geist hat; er wirkt nur insofern vorteilhaft auf die Entwicklung der Humanität außer sich,

[100] Menze a. a. O. S. 141 f, 145 f; Ed Spranger: Wilh. v. Humboldt, zu seinem 100. Todestag, in: Das humanist. Gymnasium 1935.
[101] Vgl. die Herausgabe der Vorlesungen durch Siegfr. Berger, Leipzig 1924.
[102] ebd. S. 20.

als er Geist hat"[103], und die Philosophie als das, „was unseren Geist ergriffen und umgeschaffen und in eine höhere geistige Ordnung der Dinge eingeführt hat"[104], ist damit zugleich das einzig wahrhaft Bildende in der Bildung. Fichtes Bildungsphilosophie erneuert den platonischen Ansatz der Paideia als Philosophie, der Philosophie als Padeia, Bildung als „Umweg" des Geistes (die makrotera hodós), als die Umkehrung (die periagogé) des Menschen. Der Begriff der Bildung löst sich aus der aristotelischen Verklammerung mit der Philosophie des Seienden, mit der Naturteleologie, er wird neu gedacht in der geistigen Weise, in der Meister Eckhart an ihm das „Überbildetwerden" in der Gottheit erfuhr, auf einem dialektischen Wege, der an die platonische Dialektik zwischen Licht und Sehkraft, zwischen Sein und Bild erinnert.

In der zweiten Phase des Fichteschen Denkens, seit 1800, besonders aber seit der Wissenschaftslehre von 1804, tritt die „Bild"-Metaphysik in den Mittelpunkt seiner Philosophie der geistigen Wirklichkeit. „Fichtes Lehre vom Bild wird zu einer Lehre und Theorie der Bildung. Bild führt zu Bildung, zu innerem gestaltetem geistigen Sein und Leben. Bild und Bildung bedingen sich gegenseitig und gehören gegenseitig zueinander. Bild ist nichts Stehendes, Festes, Gegebenes, sondern Bild ist lebendiges geistiges Sein, das in sich Gesetz trägt und einem Gesetze gehorcht. Bild ist Leben des Geistes, das sich entfaltet und darstellt und immer neu gestaltet. So greift Bild ein in das Innerste des Wirkens des Geistes und ist zugleich dessen Bewirktes . . . Die Einsicht, daß Bild als Bild ein Bilden ist, also nichts Faktisches, sondern ein Genetisches, gehört zu den zentralsten Erkenntnissen und Feststellungen der neuen Wissenschaftslehre von 1804. Sie schließt sich an die Begriffe des Lichtes, des absoluten Wissens, der inneren Gewißheit"[105].

In der „Bestimmung des Menschen" von 1800 hat Fichte den freiheitsidealistischen Bildungsbegriff dem naturteleologischen und anthropologischen Herders entgegengestellt. Nach diesem, der eine „ursprüngliche Bildungskraft" in der Natur voraussetzt, die sich im Menschen auf unbegreifliche Weise zum Sein mit Bewußtsein „gleichsam verdoppelt", wäre ich „dasjenige, was die menschenbildende Kraft . werden konnte und . . ., da sie es konnte, notwendig werden mußte"[106]. Demgegenüber ist „die reelle Wirksamkeit meines Begriffs"[107], das „genetische" Sichschaffen des Geistes in Bildern der übersinnlichen Welt, der Punkt, „von welchem alle Bildung meiner selbst und anderer ausgehen müßte"[108]. Ich „als mein eigenes Werk"[109]. Bildung ist nun im strengen Sinne „Wissen",

[103] ebd. S. 8.
[104] ebd. S. 18.
[105] Julius Drechsler: Fichtes Lehre vom Bild, Stuttgart 1955, S. 167.
[106] Sämtliche Werke II S. 180—185.
[107] ebd. 251.
[108] ebd. 254 ff.
[109] Der Mensch als „Werk seiner selbst" wird Pestalozzis „Meisterwahrheit" in den „Nachforschungen über den Gang der Natur in der Entwicklung des Menschengeschlechts" von 1794—97, die Herder als eine „Geburt des deutschen philosophischen

nicht als ontische Teilhabe an allem Weltbedeutsamen, sondern als „Band" der Geister im „bildenden Leben" der Einen Vernunftwelt, als „Für-sich-Sein" des Ich durch das Bild-werden des sich in ihm produzierenden Absoluten. In der Wissenschaftslehre von 1804 erscheint dieser neue schöpferische Begriff „einer Bildung, für welche es uns an Begriffen mangelt"[110], zugleich als das geistig sich abbildende Absolute (als „Bild" und „Gesetz des Bildens" das, was es selber innerlich ist) und als der schöpferische Ursprung des geistigen „Sehens", der sittlich-geistigen Existenz im Subjekt. In der Metaphysik des Bildgedankens wiederholt sich bei Fichte in erstaunlicher Konvergenz der platonische Grundansatz seiner Lichtmetaphysik der Paideia aus dem Sonnengleichnis[111].

Der neue Bildungsgedanke entfaltet sich pädagogisch in den „Reden an die deutsche Nation" von 1807[112]. „Mit dem Werden durch das Ohngefähr ist es vorbei", mit dem nur kultivierenden, zuredenden Bezug auf die „geistige Natur" des Menschen. Bildung bedeutet Umschaffung des Menschen durch Erkenntnis nach Kunst und Regel, „daß der Mensch mit Freiheit sich zu dem mache, was er ursprünglich ist", daß in ihm selbst entwickelt, hervorgebracht, „eingeimpft" werde, wie eine neue Wurzel des Seins, die „wahre Liebe" zur geistigen Welt, das „geistige Auge", die freie Tätigkeit des „geistigen Bildens", ausgehend vom selbsttätigen Entwerfen schöpferischer „Vorbilder", eines „Bildes" der ewigen sittlichen Weltordnung, damit er nicht bloß zum Mitglied der menschlichen Gesellschaft hier und jetzt, sondern zum „Glied in der ewigen Kette eines geistigen Lebens überhaupt" gemacht werde. Das „Urbild geistigen Lebens" in und aus Gott, das die Philosophie der Freiheit erfaßt, das in der geistigen Konstruktion einer absoluten Bildwelt bis in die Erscheinung hinein die „Bildungskraft zu bestimmter Gestalt" in sich hat[113] und durch sie unmittelbar in das Leben eingreift, zeigt einen zugleich mystischen und seinsgeschichtlichen Hintergrund des Fichteschen Bildungsgedankens. Wie das Bild Gottes sich für Fichte in jedem einzelnen Ich darstellt, Mensch-, Welt- und Gottwerdung in einem, so hat schon Meister Eckhart Bildung als das in der menschlichen Geistigkeit sich gebärende und werdende Bild Gottes begriffen[114].

Genius" rühmt. Der Autonomiegedanke verwandelt Pestalozzis Erziehungsdenken nach seiner Begegnung mit Fichte 1793. Vgl. Ed. Spranger: Pestalozzis Denkformen, Stuttgart 1947 S. 42 ff.; Lichtenstein: Pestalozzis Weg zur Menschenbildung, in: Bildungsgeschichtliche Perspektiven, Ratingen 1962.

110 S. Werke II, 272.

111 Pol. VI c. 18 u. 19; vgl. J. Stenzel: Kleine Schriften zur griechischen Philosophie 1956, S. 150—170, über den „platonischen Geistbegriff", den „Begriff der Erleuchtung bei Platon"; H. Blumenberg: Licht als Metapher der Wahrheit, Stud. Gen. X, 1957, S. 432—447.

112 Fichte, Sämtl. Werke VII, 274, 284 ff., 297, 306 ff.

113 Nachgel. Werke I, 547.

114 Vgl. Ernst v. Bracken: Meister Eckhart und Fichte, Würzburg 1943; dazu J. Drechsler a. a. O. S. 85 f.

3. Auf Hegel zu wird Bildung zur Grundkategorie der Geschichtlichkeit des Geistes, seiner geschichtlichen Lebendigkeit, ein Strukturmoment des Geistes-Lebens.

Ein Ansatz auf diesem Wege ist die Philosophie der Versöhnung und Vermittlung von Sittlichkeit und Sinnlichkeit, Vernunft und Natur, Denken und Leben in Schillers „Briefen über die ästhetische Erziehung". Bildung wird für Schiller zur sinnaufschließenden Kategorie für einen geschichtlichen Führungsanspruch der Kunst in der Einholung des Menschen aus seiner modernen Selbstentfremdung, in seiner Reflexion über das Verhältnis der ästhetischen zur wissenschaftlichen und sittlichen Kultur in der Vollendungsgeschichte der Menschheit und über das erzieherische Auftragsverständnis des Dichters in der Zeit. Der innere Widerstreit, in den ihn Kants und Wielands Geschichtsperiodisierung versetzt (physisch-ästhetisch-moralisch oder physisch-moralisch-ästhetisch)[115], wird auch in der endgültigen Fassung der „ästhetischen Briefe" von 1794 nicht aufgelöst. Er verwirrt sich vielmehr durch die Umsetzung der Kantischen ästhetischen Urteilskraft in ein Subjektnorm und Objektnorm umfassendes Kulturideal[116]. Aber Schillers Bildungsbegriff hat eben in dieser Gleichsetzung logischer und geschichtlicher Prozesse seine Wurzel[117], in der doppelten Fassung sowohl des Natur- wie des Freiheitsbegriffs. Bildung läßt sich danach für Schiller bestimmen als die „Einheit aller Kräfte", als die „Totalität in unserer Natur (6. Br.)", als die Wiederherstellung eines „Naturstandes in der Idee". Bildung als Natur, die eine höhere Kunst wiederherstellt, wird zum Vereinigungspunkt, der „das Selbst und seine Bestimmungen", Subjektivität und Objektivität, Vereinheitlichung und Entäußerung, Ich und Welt zusammenschließt[118]. Hegel hat „Schillern das große Verdienst zugestanden . . ., die Kantische Subjektivität und Abstraktion des Denkens durchbrochen und den Versuch gewagt zu haben, über sie hinaus die Einheit und Versöhnung denkend als das Wahre zu fassen und künstlerisch zu verwirklichen"[119]. Versöhnung ist in der Tat der „Nervus der Sache" in Schillers Philosophie der Bildung[120], verstanden als das Postulat der mit unserer „gemischten Natur" gegebenen natürlichen Möglichkeit zur Freiheit, noch unbewältigt im jugendlichen ersten medizinisch-anthropologischen Ansatz Schillers, über das Trauma der Kindheit und der seelischen Vergewaltigung hin-

[115] Die Umarbeitung der „Künstler" von 1789 unter Wielands Einfluß; vgl. Jonas II, 225 ff; Arnold Littmann: Schillers Geschichtsphilosophie, Langensalza 1926, S. 92; Benno v. Wiese: Fr. Schiller, 1959, S. 446 ff.

[116] Vgl. H.-G. Gadamer: Wahrheit und Methode, Tübingen 1960, S. 77 über Schillers denkwürdige Umsetzung „des transzendentalen Gedankens des Geschmacks in eine moralische Forderung".

[117] Vgl. W. Böhm: Schillers Briefe über die ästhetische Erziehung, Halle 1927, S. 5 ff., 15, 108 f.

[118] 11. Br.: „Er (sc. der gebildete Mensch) soll alles Innere veräußern und alles Äußere formen".

[119] Hegel, Vorlesungen über die Ästhetik, S. Werke (Glockner) XII, S. 96.

[120] An Fichte vom 3. 8. 1795 zum 20. und 21. der ästhetischen Briefe.

weg[121], das er als das Schicksal des modernen Menschen begreift, zu dem schwärmerischen Enthusiasmus der All-Liebe in der Theosophie des Julius und schließlich zu der Fichte und Humboldt verpflichteten Aufrichtung des individuellen Ideals[122], zu dem Begriff der „vollständigen anthropologischen Schätzung" und zu dem Aufweis der „Fundamentalgesetze der sinnlich-vernünftigen Natur" des Menschen in der Verschränkung von Ich und Welt. „Der gebildete Mensch macht die Natur zu seinem Freund". Diese Versöhnung erscheint nun als Aufgabe und Werk der Erziehung. Aber sie erscheint zugleich als Kulturideal, objektiv als dem Menschen gegenüberstehende Bildungswelt, als „dritte Welt" („lebende Gestalt"), subjektiv als persönliches Bildungsideal, als „dritter Charakter" in der Vereinigung von Selbständigkeit und Daseinsfülle des Menschen, als finalsollenshaft seine zur Entwicklung bestimmten Möglichkeiten vereinigende „höchste Kundmachung seiner Existenz"[123]. „Entwicklung" (sollenshaft verstanden) und „Zubildung" (seinshaft verstanden) sind für Schiller korrelativ[124]. Aber diese denkend nicht bewältigte Versöhnung hält dann dem Begreifen der Geschichte nicht stand. Sie zerfällt dabei in ästhetischen Schein. Bildung als „Schenkung der Menschheit", die sich in jedem bestimmten Zustand verloren geht, zieht sich dann doch aus der Arbeitswelt und geschichtlichen Verantwortung zurück auf das Bedürfnis „feingestimmter Seelen" in „wenigen auserlesenen Zirkeln", auf „ästhetische Stimmung"[125].

VII

Schillers ästhetische Briefe haben 1796 Hegels wie Hölderlins und Schellings Loslösung von Kants Moralismus entscheidend beeinflußt[126]. Hegels theologische Jugendschriften nehmen Schillers „anthropologische" Fragestellung (Hegel!) ebenso auf wie den Gedanken, daß die Sittlichkeit des Menschen aus seiner

[121] Vgl. Reinh. Buchwald: Schiller, 2 Bde. Leipzig 1937; Wandlungen unseres Schillerbildes, Lpz. 1938, S. 18.

[122] Der Verweis auf Fichtes „Vorlesung über die Bestimmung des Gelehrten" von 1794 im 4. Br.; vgl. Lichtenstein: Schillers Briefe über die ästhetische Erziehung zwischen Kant und Fichte, in: Archiv f. Gesch. d. Phil. u. Soz. XXXIX, 1930.

[123] Vgl. A. Sachse: Der Entwicklungsgedanke bei Schiller, Langensalza 1940; Wilh. Böhm a. a. O.

[124] Schillers Distichon „Das Höchste". Zu dem entscheidenden Einfluß Schillers auf Fröbels Idee der „entwickelnden Erziehung" vgl. Sachse a. a. O. S. 143.

[125] 27. Br. „Mitten in dem furchtbaren Reich der Kräfte und mitten in dem heiligen Reich der Gesetze baut der ästhetische Bildungstrieb unvermerkt an einem dritten fröhlichen Reiche des Scheins, worin er den Menschen die Fesseln aller Verhältnisse abnimmt und ihn von allem, was Zwang heisst, sowohl im Physischen als im Moralischen entbindet". Nichtsdestoweniger hat gerade auch Schillers Idee des „ästhetischen Staates" auf die gesellschafts- und bildungsreformerische russische Intelligenz (Alex. Herzen, Tschernischewsky, Michalowsky) eingewirkt, vgl. Otto P. Peterson: Schiller in Russland 1785—1805, New York 1934.

[126] Hegel hat 1793 die Horen abonniert; vgl. im einzelnen Justus Schwartz: Hegels philosophische Entwicklung, Frankfurt 1938; Th. Häring: Hegel I (1929) u. a.

„gesamten Menschheit“ als die “vereinigte Wirkung“ seiner gegensätzlichen Kräfte hervorgehen müsse. Das Problem der „Zerreißung des Lebens“[127] durch die Herrschaft der starren und abstrakten Gesetzes- und Allgemeinbegriffe, wie sie die „Vernunft- und Wortmänner“ der Aufklärung pflegen, ist sein Ausgangspunkt. Sie setzen einen „abstrakten Begriff der menschlichen Natur“ als leere Allgemeinheit an die Stelle eines konkreten „Ideals der menschlichen Natur“ in der „unendlichen Mannigfaltigkeit (ihrer) Erscheinungen“[128]. Dieses Bildungsmotiv bestimmt Hegels Auslegung der inneren Geschichte der Religion als Bildungsgeschichte ebenso wie seine Sehnsucht nach der Aufhebung der Selbstentfremdung des Menschen, nach der verlorenen „schönen Vereinigung“ der Alten in einer Vernunft, Sinnlichkeit, Einbildungskraft, Schönheit und politische Freiheit in ein „Band“ zusammenfassenden Volksreligion und Volksbildung[129].

1. Unausgesprochen ist das Problem der Bildung schon in den Tübinger und Frankfurter Jugendschriften die Unruhe im Werden der Hegelschen Philosophie. Noch heißt es: „Es mußte ein langer in Jahrhunderten sich ausdehnender Stufengang von Bildung dazu (durchlaufen sein), bis eine solche Periode kommen konnte, in welcher die Begriffe so abstrakt wurden“, daß man mit dem Begriff der Bestimmung des Menschen im Reinen zu sein glauben konnte[130]. Herderisch erscheint Bildung als „Bedürfnis“ der menschlichen Natur und als “Vereinigung mit dem Schicksal“, als Besonderheit, Bestimmtheit, „Modifikation“ des Lebens[131]. Aber Leben wird nun der metaphysische Zentralbegriff und als des Lebens Vereinigungswahrheit, als die Wahrheit des Seins, die Liebe, für die dann der Geistbegriff eintritt[132]. In der Liebe „findet sich das Leben selbst, als eine Verdoppelung seiner selbst und Einigkeit desselben; das Leben hat von der unentwickelten Einigkeit aus, durch die Bildung (!) den Kreis zu einer vollendeten Einigkeit durchlaufen; der unentwickelten Einigkeit stand die Möglichkeit der Trennung und die Welt gegenüber; in der Entwicklung produzierte die Reflexion immer mehr Entgegengesetztes, das im befriedigten Triebe vereinigt wurde, bis sie das Ganze des Menschen selbst ihm entgegensetzte, bis die Liebe

[127] Hegels theologische Jugendschriften, hgg. H. Nohl, Tübingen 1907, S. 269.

[128] Jgdschr. S. 10, 15, 37, 140 ff; vgl. auch 225: „... unseren Tagen vorzüglich aufbehalten, die Schätze, die an den Himmel verschwendet worden sind, wenigstens gedanklich zu beanspruchen“.

[129] Jgdschr. S. 23, 27 ff., 34 ff. Vgl. Carl-Ludw. Furck: Der Bildungsbegriff des jungen Hegel. Diss. Marburg, Weinheim o. J. Das Problem setzt bei Rousseau ein. Daß es seit dem Eintritt des Christentums keine „staatsbürgerliche Religion“ mehr gibt (Contrat social IV. Buch, 8. Kap.) ist das Geheimnis, auf das Rousseau im I. Buch des Émile (dt. Reclam-Ausgabe Rang S. 114) die Entscheidung für die „natürliche Erziehung“ gründet. Vgl. R. Spaemann: Natürliche Existenz und politische Existenz bei Rousseau, in: Collegium Philosophicum, Festschrift für J. Ritter, Stuttgart 1963.

[130] Jgdschr. 139 f.

[131] Jgdschr. 140 f., 143, 188 f., 216.

[132] Dokumente zu Hegels Entwicklung (1936) S. 307: „Verständlicher für den Begriff Gottes als des Allebens wäre der Ausdruck Liebe; aber Geist ist tiefer“.

die Reflexion in völliger Objektlosigkeit aufhebt, dem Entgegengesetzten allen Charakter eines Fremden raubt, und das Leben sich selbst ohne weiteren Mangel findet. In der Liebe ist das Getrennte noch, aber nicht mehr als Getrenntes — als Einiges und das Lebendige fühlt das Lebendige"[133]. Auf diese sich ankündigende Philosophie des Geistes als des „bildenden Lebensgeistes" hat des Württemberger Prälaten Fr. Chr. Oetingers Theologie des Lebens eingewirkt, durch ihn auch der sich mit dem geschichtstheoretischen Realismus Bengels seltsam verbindende mystisch-spekulative Bildungsbegriff Jakob Böhmes, der nun wieder Leibnizsche und Shaftesburysche Motive aufgenommen hat[134].

„Leben" ist die Gegenwärtigkeit des Geistes Gottes in der Schöpfung, sein „Bilden" das Sichtbarwerden des Unsichtbaren, der von Gott „bewilligten" Bildung in leiblicher Gestalt, Figur und Signatur, unter der „Mitwirkung der bildenden Kraft des Lebens", Bildung also ein Äußerlichwerden des Innerlichen, ein Eintreten des Geistigen ins Wesen, eine Entfaltung des Einfachen ins differenziert Mannigfaltige. „Leiblichkeit ist das Ende der Wege Gottes." Von dieser Theologie des Lebens aus wird nun auch Erkenntnis und Wahrheit zu einem Lebensverhältnis. Der böhmisch-mystische Bildungsgedanke geht, platonische, pietistische und humanistische Motive aufnehmend, in ein neues konkretes Geistverständnis über, das sich dem Begrifflich-Allgemeinen der ratio gegenüberstellt. Oetinger spricht von seiner „Phänomenologischen Denckungs-Art". Da ist Phänomen nicht mehr nur sinnliche Erscheinung, sondern Erscheinung des Geistes in einem ganzheitlich-aufgeschlossenen, empfindend-nachgehenden, sich liebend-angleichen Sinnerfassen auf dem Wege einer „Zentral-Erkenntnis" nach der „Bildungs-Ordnung des Heiligen Geistes", aus einem inneren Gefühl des „Geistes" heraus. Dieses geistige Innesein verbindet sich bei Oetinger schließlich aufs engste mit dem Shaftesburyschen, sich aus der rhetorisch-humanistischen Tradition herleitenden Begriff des sensus communis — den Herder wieder aufnehmen wird — einerseits und mit der pietistischen Erfahrungsquelle des „Herzens" andererseits. Der Zusammenhang eines hermeneutischen Wahrheitsbegriffs mit einer Metaphysik des Geist-Lebens ist offenbar[135]: cyclus vitae centrum suum in corde habet, quod infinita simul percipit per sensum communem.

Wie die Ausnahmegestalt Oetingers im Pietismus sicher nicht ohne Einfluß darauf geblieben sein wird, daß sich das zunehmende Vertrauen auf eine „Bildung des Gemüts, des Herzens" mit einem neuen Sinngehalt des ästhetischen moralischen und geschichtlichen Verstehens zu füllen begann, so sicher auch nicht auf die Ausbildung des metaphysischen Geistbegriffs Hegels, der gewiß in der Johanneischen Spekulation der Jugendschriften, besonders in der Beziehung von

[133] Jgdschr. 379; vgl. Marcuse: Hegels Ontologie und die Grundlegung der Geschichtlichkeit, Frankfurt 1932.

[134] Vgl. Rob. Schneider: Schellings und Hegels schwäbische Geistesahnen, Diss. Bonn 1936; Ernst Benz: J. Albr. Bengel und die Philosophie des deutschen Idealismus, in: Dt. Vjs. 1953, S. 528 ff.; Dohmen a. a. O. I S. 143 ff.

[135] Oetinger: Inquisitio in sensum communem et rationem . . . Tüb. 1735, praefatio; vgl. H.-G. *Gadamer:* Wahrheit und Methode, Tübingen 1965, S. 24 f.

Geist und Bildung, gewiß auch noch auf tieferliegende mystische Motive zurückweist[136].

Das Licht in der Welt ist „das Werk des anthropos photós, des sich entwickelnden Menschen". Der Mensch ist „das Eigentum des Lichts". Je mehr „Entwicklung, gebildete Vielseitigkeit", „desto inniger kann die Liebe sein". „In je mehr Gestalten das Leben lebendig ist, in desto mehr Punkten kann es sich vereinigen und fühlen."[137] Jesus hat der „armen jüdischen Bildung", die alle Harmonie des Lebens einem fremden Objekt anvertraute, „den Menschen entgegengesetzt", der „selbst für sich, sein Charakter und seine Tat und er selbst" ist, „in seiner Ganzheit" und in der Versöhnung als dem „Bewußtsein der eigenen ganzen Natur". Die ersten Christen schließen sich Jesus an „mit dem Trieb, gebildet zu werden"[138]. Nur schwer wird man dem Bildungsbegriff in Hegels Frühschriften eine bestimmte Funktion zuschreiben können. Der Problemhorizont allerdings ist von Anfang an derselbe, die Grunderfahrung der Entzweiung als des Standes des Lebens, aus dem die „Macht der Vereinigung verschwunden ist", ob sie sich ästhetisch in der Sehnsucht nach der Vereinigungsidee der „Schönheit" ausdrückt[139], ob sie sich geschichtstheologisch (Geist des Judentums und des Christentums) begründet, ob sie sich auf eine über das „denkende Leben" hinausliegende mystische Lebenseinigung hin entwirft, oder ob sie sich anthropologisch als „Bedürfnis der menschlichen Natur" nach der Erfüllung in ihrem Ideal auslegt. Der Begriff der Bildung hat noch nicht sein Verhältnis zur Philosophie gefunden. Ich möchte vermuten, daß von Hegel diese Selbsterkenntnis mit gemeint ist, wenn er in dem berühmten Brief vom 2. 11. 1800 an Schelling schreibt: „In meiner wissenschaftlichen Bildung, die von untergeordneten Bedürfnissen des Menschen ausging, mußte ich zur Wissenschaft vorgetrieben werden, und das Ideal des Jünglingsalters mußte sich zur Reflexionsform in ein System verwandeln."

2. Die philosophische Funktion des Bildungsbegriffs wird in der Jenenser Periode Hegels zum Denkansatz seiner dialektischen Philosophie. Bildung ist jetzt das Negative der Philosophie, das doch und eben dadurch zum Grund, nicht zum tragenden Grund, aber zum zeitgeschichtlich-existentiellen Boden, zu Anlaß, Erregung und treibendem Motiv einer Philosophie wird, die sich als Geschichte des Geistes begreift. Bildungsreflexion wird zu einem Instrument der Zeitdiagnose, die die „Unruhe" des modernen Geistes offenbart, die Auflösung der alten Welt und den „allgemein um sich greifenden Dualismus in der neueren

[136] Zur Aufnahme mystischer Motive Hegels Eckhart- und Tauler-Studien in Bern, die Benutzung von Mosheims Institutiones historiae ecclesiasticae saec. 13; wohl auch innere Beziehungen seines Liebesbegriffs zu Fénelons amour pur-Lehre vgl. R. Spaemann: Reflexion und Spontaneität, Studien zu Fénelon, Stuttgart 1963, S. 17, 62, 133, 156 f., 270.

[137] Jgdschr. 307, 313, 322.

[138] Jgdschr. 266, 276 f., 290, 325.

[139] Im sogen. Ersten Systemprogramm des deutschen Idealismus v. 1796 (Dokumente S. 220 f.) bezogen auf die „gleiche Ausbildung aller Kräfte des Einzelnen sowohl als aller Individuen".

Geschichte unserer nordwestlichen Welt", die ihre nach Versöhnung rufende Zerrissenheit erkennt, damit aber auch diese Unruhe als „Gärung" begreift, „durch welche der Geist aus der Verwesung der verstorbenen Bildung zu einem neuen Leben sich hervorbringt und unter der Asche hervor einer verjüngten Gestalt entgegenquillt"[140]. „Entzweiung ist der Quell des Bedürfnisses der Philosophie und als Bildung des Zeitalters die unfreie, gegebene Seite der Gestalt. In der Bildung hat sich das, was Erscheinung des Absoluten ist, vom Absoluten isoliert und als ein Selbständiges fixiert. Zugleich kann aber die Erscheinung ihren Ursprung nicht verleugnen und muß darauf ausgehen, die Mannigfaltigkeit ihrer Beschränkungen als ein Ganzes zu konstituieren"[141]. Der Begriff der Bildung ist zuerst durch Hegel radikal historisiert worden. Er bezieht sich ausdrücklich auf die Emanzipationsbewegung des modernen Geistes (die „neuere Bildung"). Er reflektiert sie als standpunktliche Fixierung von Positionen, als Subjektivismus und als abstrakte Verdinglichung der Begriffe, als Wirklichkeitsverlust, zugleich aber als Äußerung eines ganzen „Systems der Lebensverhältnisse", als ideologischen Ausdruck einer politisch-gesellschaftlichen Lebensgestalt. Der Begriff der Bildung ist zugleich dialektisch geworden. Wahr sind in ihm die in seiner Geschichte erworbenen Momente der Bildlichkeit, des Genetischen von Bildsamkeit und Gebilde, der „klimatischen Heiligkeit". Sie sind aber immer auch schon „aufgehoben" in der Bewegung des Geistes. Und so ist die „Seite der Bildung" an einer geistigen Gestalt jetzt gerade ihre Gegebenheitsweise in der Zeit, ihre Zeitaltergestalt, in der sie noch nicht mit dem Ewigen vermittelt ist, ihre Depotenzierung zum Moment des philosophischen Selbstbewußtseins[142]. In der Anzeige Cottas zu dem von Schelling und Hegel 1802—1803 herausgegebenen Kritischen Journal der Philosophie wird zu dessen Hauptaufgaben gerechnet: „Berücksichtigung soviel möglich aller Berührungspunkte der Philosophie mit der gesamten Kultur, Aufnahme jedes Teils der allgemeinen Bildung ins Absolute und Eröffnung der Aussicht auf die wahre Palingenesie aller Wissenschaften durch Philosophie". In diesem Sinne repräsentiert Bildung nun für Hegel sowohl ein Prinzip der Bewegung wie ein wesentliches Strukturmoment des Geistes wie aber auch eine bloße Durchgangsphase im Fortgang des Begriffs.

3. In Hegels Phänomenologie, der dramatischen Geschichte des welthaltigen Bewußtseins, sind „Bilden" und „Bildung" konstituierende Elemente einer Bildungsgeschichte des Geistes. Der Geist ist „sich bildender Geist". Er hat dieses „Stirb und Werde", dieses Lebensgesetz des Gestaltens und Umgestaltens als innere Form seiner Lebendigkeit, seiner Selbstbewegung in sich. Substanz ist das Ganze als „das durch seine Entwicklung sich vollendende Wesen", erscheinend als „eine Galerie von Bildern, deren jedes mit dem vollständigen Reichtum des Geistes ausgestattet eben darum sich so träge bewegt, weil das Selbst diesen

140 Dokumente S. 128 f. Der Phönix ein Lieblingsbild Hegels.

141 Dokumente S. 12.

142 Besonders in der Auseinandersetzung mit der „Reflexionsphilosophie" der Subjektivität, Dokumente 344 f.

ganzen Reichtum seiner Substanz zu durchdringen und zu verdauen hat"[143]. „Bild" und „Selbst" aber haben in Hegels Bildungsbegriff nun vollständig den naiven, ästhetischen oder anthropologischen Schein ihrer Selbstverständlichkeit und Selbständigkeit verloren. In der Dialektik des Geistes sind sie immer zugleich auch ihr Anderes: Bild = Nicht-Bild, Selbst = Nicht-Selbst. Nur „in seinem Begriff" kann der Geist „als ... sich bildend und erziehend" angesehen werden, d. h. nur als „Resultat" der Arbeit des Gedankens, indem er sich darin zugleich entbildet. „Der Geist hat seine Wirklichkeit nur dadurch, daß er sich in sich selbst entzweit."[144] Und „der Mensch" als „das geistige Wesen" kommt nur dadurch zu sich selbst, daß er sich in Sachhingabe und Gehorsam seiner Subjektivität entäußert und durch die Arbeit der Aneignung einer immer schon vorhandenen geistigen Welt zu seinem Selbstbewußtsein gelangt. „Das Erzittern der Einzelheit des Willens ... (ist) ein notwendiges Moment der Bildung jedes Menschen"; „der Geist geht nicht auf natürliche Weise aus der Natur hervor"[145].

Herder, Fichte und Hegel gebrauchen das Bild von einer „Kette" der Bildung. Aber in der verschiedenen Deutung des geistigen Zusammenhangs zeigt sich auch der Fortschritt des Bildungsproblems. Für Herder ist es die Kette der bildenden Tradition, für Fichte das ewige Band der Geisterwelt, für Hegel ist „das Fortschreiten der Bildung ... nicht als das ruhige Fortsetzen einer Kette anzusehen, an deren frühere Glieder die nachfolgenden zwar mit Rücksicht auf sie gefügt würden, aber aus eigener Materie und ohne daß diese wahre Arbeit gegen die erstere gerichtet wäre. Sondern die Bildung muß einen früheren Stoff und Gegenstand haben, über den sie arbeitet, den sie verändert und neu formiert"[146]. Die „Geschichte der Bildung des Bewußtseins", des individuellen Geistes, vollzieht sich am Gegenstand und Leitfaden der „Geschichte der Bildung der Welt". Die Verschränkung von Subjektivität und Objektivität im Begriff der Bildung macht eine Philosophie der Bildung nur als Philosophie der Geschichte, genauer der Geschichtlichkeit möglich. Aber das heißt im Gegensatz zu Herder: Die Bestimmungen der Bildung lassen sich für Hegel weder unmittelbar von dem Menschen als dem Träger der Bildung noch von dem absoluten Wissen als dem Ziel des Geistes herleiten. (Daher auch nicht aus der Analogie des sich bildenden Geistes.) Sie ergeben sich vielmehr erst in einer doppel-

[143] Sämtl. Werke II, S. 619.

[144] S. W. X., Enz. § 387.

[145] Vgl. Friedhelm Nicolin: Hegels Bildungstheorie, Grundlinien geisteswissenschaftlicher Pädagogik in seiner Philosophie, Diss. Bonn 1955; Gerhart Schmidt: Hegel in Nürnberg, Untersuchungen zum Problem der Philosophischen Propädeutik, Tübingen 1960, bes. 74 ff., 147 ff.

[146] Gymnasialreden 1809, Sämtl. Werke III, S. 240. Vgl. Schmidts Interpretation der Gymnasialreden, in denen Hegel dem Klassizismus des Bildungsgedankens am nächsten kommt, „Vorstellung und ... Begriff eines vollständigen Lebens zu erschaffen und zu erhalten", aber im Gegensatz zu Humboldt nicht durch harmonische Ausbildung der Anlagen, sondern durch „Einhausen" in das Element des geschichtlich gewordenen Geistes, durch die „profane Taufe" zum zweiten höheren „Paradies des Menschengeistes".

ten Reflexion auf den geschichtlichen Prozeß, aus der Auseinandersetzung zwischen dem Individuum und dem allgemeinen Geist einerseits und zwischen dem „wissenschaftlichen System" und den geschichtlichen Gestalten des Bewußtseins andererseits[146a].

In der Phänomenologie des Geistes steht das Bildungsproblem unter solchem doppelten Aspekt, unter (vereinfachend gesagt) dem bildungsgeschichtlichen und dem bildungskritischen Aspekt. In der „Vorrede" erscheint der Bildungsbegriff unter dem Aspekt der Auseinandersetzung mit Fichtes Wissenschaftslehre und Schellings intellektueller Anschauung in seiner geschichtlichen und pädagogischen Dimension, worin er „die ebenso reiche als tiefe Bewegung (meint), durch die der Geist zum Wissen gelangt". „Der Einzelne muß auch dem Inhalte nach die Bildungsstufen des allgemeinen Geistes durchlaufen, aber als vom Geiste schon abgelegte Gestalten, als Stufen eines Weges, der ausgearbeitet und geebnet ist; so ... werden (wir) in dem pädagogischen Fortschreiten die wie im Schattenriß nachgezeichnete Geschichte der Bildung der Welt erkennen ... Die Bildung in dieser Rücksicht besteht von der Seite des Individuums aus betrachtet darin, daß es dies Vorhandene erwerbe, seine unorganische Natur in sich zehre und für sich in Besitz nehme. Dies ist aber von der Seite des allgemeinen Geistes als der Substanz nichts anderes, als daß diese sich ihr Selbstbewußtsein gibt, ihr Werden und ihre Reflexion in sich hervorbringt."[147] In der Ausführung der Phänomenologie des Geistes tritt dann die „andere Seite" der Bildung in dem Maße hervor, in dem „das Interesse des Denkens", das heißt die Vermittlung des „wissenschaftlichen Systems" in den Vordergrund tritt. In der Sicht des philosophischen Gedankens wird Bildung zur vergehenden Zeitaltergestalt.

Im Aufbau der Phänomenologie nimmt das Kapitel „Der Geist" in etwa die Stelle ein, die im späteren System der objektive Geist inne hat. „Die Bildung" wiederum hat als „der sich entfremdete Geist" die Übergangsgestalt zwischen der substantiellen Sittlichkeit als dem „wahren Geist" und der Moralität als dem „seiner selbst gewissen Geist". Das heißt aber, „geistesgeschichtlich" gesehen, zwischen der antiken Polis und der französischen Revolution.

Bildung als Phänomen ist wie in den frühen Jenenser Schriften eine geschichtlich gesonderte Gestalt des Geistes, in der das Individuum, im Unterschied zu der „Art des Studiums der alten Zeit", bereits „die abstrakte Form vorbereitet" findet[148] und aus der Gebundenheit in die konkrete Sittlichkeit schon herausgetreten ist. Der Inhalt des Bewußtseins ist dem Individuum im Gegensatz zum Zustand der Sitte ein „Äußerliches" geworden, er ist in die Form des Objektiviertseins und der Repräsentation getreten. Er hat die Bestimmung einer „Welt des Geistes" angenommen, die ihrerseits den „Geist dieser Welt" repräsentiert.

146a Vgl. R. K. Maurer: Hegel und das Ende der Geschichte. Interpretationen zur Phänomenologie des Geistes, Stuttgart 1965, S. 46, 49 ff., 52 f., 56 f.; L. v. Renthe-Finck: Geschichtlichkeit, Göttingen 1964.

147 S. W. II, S. 31.

148 S. W. II, S. 34 f.

Die Welt der Bildung beginnt mit der Arbeit. In ihr erarbeitet sich das Bewußtsein ein „Element des Bleibenden", einer selbständigen Wirklichkeit[149]. Mit dieser Bestimmung hat Hegel in der Geschichte des Bildungsbegriffs einen neuen philosophischen Anfang gesetzt. „Bilden" ist Tätigwerden des Geistes, „formierendes Tun", durch welches der Mensch aus der Unmittelbarkeit seines vitalgebunden-natürlichen Daseins in die Freiheit für die gedanklich vermittelte Gegenständlichkeit der Welt heraustritt, so sich seiner zufälligen Besonderheit an das Allgemeine entäußert und „hierdurch seine Welt hervorbringt", die er, indem er sich gegen sie verhält, in ihre Wirklichkeit zu bringen imstande ist. Erst an der Selbständigkeit der Dinge gewinnt auch der Mensch seine eigene Selbständigkeit, aus dem Dienst an der Sache das eigene Selbst. Diese Befreiung des Menschen von der Natur geschieht zuerst in der Arbeit. Daher ist die Arbeit als „gehemmte Begierde" und Zu-sich-selber-Kommen am Gegenstand der Anfang der Bildung auch des Menschen und der Ursprung seines Selbstbewußtseins. Aus ihr geht sowohl die „praktische Bildung" (die Disziplinierung der Triebe, die Zucht zur objektiven Tätigkeit, die Vertiefung in den Beruf) hervor wie die „theoretische Bildung" (die Differenzierung der Vorstellungen in der Sprache, die Bestimmtheit der Kenntnisse, der Sinn für das Objektive in seiner Freiheit)[150]. Die notwendigen Momente der Bildung sind für Hegel Freiheit und Dienst. Damit hat Hegel zuerst denjenigen Bannkreis der Bildungsvorstellungen durchbrochen, der sowohl in dem teleologischen Bildungsbegriff der naturphilosophischen Spekulation wie in dem subjektiv-reflexiven Bildungsbegriff des Humanismus und noch in dem mystischen Bildungsbegriff Fichtes an der Bildmetapher haftete, und dem Neuverständnis von Bildung Bahn gebrochen, das sich heute, nicht ohne Beziehung auf Hegel (Th. Litt) an den Erfahrungen von Arbeitswelt und Wissenschaft neu zu artikulieren beginnt. Jedoch Hegels Philosophie der Bildung ist wiederum nicht von seiner absoluten Position des zu sich selbst gekommenen Begriffs zu lösen, und in ihr wird sie zum Kreisprozeß. Von ihr aus beginnt nämlich nicht nur die Bildung mit der Arbeit als dem Offenwerden von Welt, sondern sie endet und vollendet sich auch in der Arbeit, jetzt als der Arbeit des Begriffs, sie denkt sich zu Ende. Sie erscheint als abschließbar, als „absolute Bildung" im Studium der Logik, in „Aufenthalt und Arbeit in diesem Schattenreich" des begriffenen Allgemeinen[151]. Der Mißkredit der Bildung in der bürgerlichen Welt besteht nur darin, daß sie noch nicht ihre „absolute Bestimmung" erreicht hat als „die Arbeit der höheren Befreiung" zu der vollständig begriffenen „Substantialität der Sittlichkeit"[152]. Die Phänomenologie des Geistes enthüllt erst die notwendige Tragödie der Bildung, die zwischen ihrem Anfang und ihrem Ende liegt: in der Bewegung von dem Ursprung des Selbstbewußtseins zur Eitelkeit des Selbstbewußtseins, vom Wesen zum Unwesen der Bildung in der bodenlosen Aufklärung und zu dem Punkt, an dem die Herrschaft des reinen und geschichtlich substanzlosen Begriffs

149 II, 156 f.
150 III, 83—86; VII, 276.
151 IV, 57, 71.
152 VII, 269.

im „zerrissenen Bewußtsein" in das Bedürfnis der Philosophie umschlägt. Die Dialektik der Bildung als „der sich entfremdete Geist" beginnt, wo das Individuum sich auch der Wirklichkeit als einer geistigen Wirklichkeit entgegensetzt.

Indem der Mensch sich aber auch die sittliche Welt zum Gegenstand macht, verdoppelt sie sich ihm in die Gegenwart, die er selbst ist, und das Jenseits seiner selbst, das er nicht ist[153]. Die Signatur der Bildung wird daher, „in zweierlei Welten das Bewußtsein zu haben". Das Individuum „verhält sich" gegenüber der von ihm selbst hervorgebrachten Welt und gewinnt dadurch „Gelten und Wirklichkeit". Es „wird" in dieser Beziehung das „allgemeine gegenständliche Wesen"[154]. Aber damit kommt auch die Substanz unter die Gewalt des Individuums. Ihr innerer Reichtum wird nun zwar entfaltet und „benannt"; aber sie „opfert" damit gleichzeitig ihre „Mächtigkeit" über das Individuum[155]. So hatte sich die Sophistik gegen die Polisethik verhalten, so die augusteische Bildung gegen die mores patrum, so der Humanismus gegen die geschlossene Welt des Mittelalters. Die Entzweiung von Wirklichkeit und Bewußtsein, Physis und Nomos in der Bildung (schon Platons Problem) legt Hegel am Schicksal der Sprache aus. Darin waren Thukydides, Platon und Cicero vorangegangen, an dem discidium linguae atque cordis die Selbstentfremdung des Menschen abzulesen[156]. In der Sprachkritik enthüllt sich für Hegel am deutlichsten das Unwesen der Bildung[157]. „Die Sprache der Zerrissenheit ist die vollkommene Sprache und der wahre existierende Geist dieser ganzen Welt der Bildung". Daß Bildung auf der Sprache beruht, das haben die Humanisten gewußt. Aber daß sich in einer bestimmten sozialgeschichtlichen Situation die Sprachlichkeit des Menschen aus einem Moment der Wirklichkeit zu einer eigenen Mächtigkeit verselbständigt und daß sich in dieser gesellschaftlichen Funktion der Sprache, als Konversation, Bildung als bestimmte Gestalt des „erscheinenden Bewußtseins" konstituiert, das ist eine neue Erkenntnis Hegels. Wir werden heute vielleicht sagen, das Problem der Bildungsideologie. „Diese Entfremdung (des Selbst von der Wirklichkeit) geschieht allein in der Sprache, welche hier in ihrer eigentümlichen Bedeutung auftritt. In der Welt der Sittlichkeit Gesetz und Befehl, in der Welt der Wirklichkeit erst Rat, hat sie das Wesen zum Inhalte und ist dessen Form; hier aber (im Reich der Bildung) erhält sie die Form, welche sie ist, selbst zum Inhalte und gilt als Sprache ... In ihr tritt die für sich seiende Einzelheit des Selbstbewußtseins als solche in die Existenz, so daß sie für andere ist"[158]. Das Urteilen und Sprechen wird „das Wahre und Unbezwingbare, während es alles überwältigt". „Jeder Teil dieser Welt kommt darin dazu, daß sein Geist ausgesprochen, oder daß mit Geist von ihm gesprochen und von ihm gesagt wird,

[153] II, 375.
[154] II, 377 f.
[155] II, 400.
[156] Vgl. H. K. Schulte: Orator, Untersuchungen über das ciceronianische Bildungsideal, Frankfurt 1935.
[157] II, 399 ff.
[158] II, 390; vgl. G. Schmidt a. a. O. S. 93.

was er ist." Auch die Philosophie wird zum Gerede. In dieser Reflexionsgestalt verlieren die Gedanken ihre scheinbare Festigkeit, sie werden flüssig und beweglich, aber sie verkehren sich zugleich im auflösenden Spiel. Die Rede des „einfachen Bewußtseins des Wahren und Guten kann gegen die offene und ihrer bewußte Beredsamkeit des Geistes der Bildung nur einsilbig sein". Er muß als ganzer aufgelöst werden, und nur die Philosophie kann bewirken, daß er aus seiner Verwirrung als Geist zu sich zurückkehre und ein noch höheres Bewußtsein gewinne"[159]. Das Verhältnis zwischen Bildung und Philosophie stellt sich wie in den Jenenser Anfängen wieder her. Die Philosophie entsteht für Hegel nicht aus der Bildung, obwohl diese auf Wissen hin angelegt ist, sondern an ihr und gegen sie, wie die Heilung einer Krankheit, als Sprung aus der Bildung in die Wahrheit und als ihre Kritik.

Auf das Gesamtwerk gesehen, finden sich in der philosophischen Sprache Hegels wie in einer Rekapitulation der deutschen Geistesgeschichte als deutliche oder verwehte „Spuren" Zeugnisse fast aller von Meister Eckhart zu Fichte, von Paracelsus zu Herder, von Shaftesbury zu Schiller, von Jakob Böhme zu Oetinger historisch hervorgetretenen Bedeutungsschichten, Bezüge und Motive des philosophischen Gebrauchs der Bildungs-Metapher: Das mit ihr verbundene Pathos des „Genetischen", des bildenden Lebens, der Entwicklung von innen heraus, wie dasjenige des „Gestalthaften", der Ganzheitsqualität; das Element der „Erfahrung" gelebten Seins versteht sich gegenüber dem Konstruierbaren und Abstrakten als „Verweilen" beim Musterhaften wie als Unruhe des Werdens; das Bildhafte erscheint als Vollendung in schöner Gestalt wie als das Wesenlose verschwindender Gestalten des Daseins; Bildung als Welt und Bildung als Wissen, als Arbeit des Geistes und als Geschenk, als „Durchbildung des natürlichen Bewußtseins" und als „Aufklärung", als Fürsichsein des Geistes und als seine Bodenlosigkeit, als echte und als falsche Reflexion. Hegel hat schon die moderne Kritik an der Zweideutigkeit und ideologischen Struktur des Bildungsanspruchs in der bürgerlichen Gesellschaft vorweggenommen. Er hat in gewisser Weise damit bereits für Nietzsche und Lagarde, für Löwith, Gehlen und Adorno die Kategorien hergegeben. Er hat ebenso nachhaltig auf die kritische Grundlagenbestimmung in der theoretischen Pädagogik eingewirkt[160]. Und er überspannt dennoch, sieht man auf das Ganze der Phänomenologie und das Ziel des absoluten Wissens, noch den Bogen bis zurück zur mystischen Wurzel des Bildungsbegriffs als Entbildetwerden von der Kreatur und Überbildetwerden in der Gottheit, wenn der im Begriff „sich bildende Geist" im Insichgehen, in der „Er-Innerung", „seine Bildung, von sich nur auszugehen scheinend, (aus dem Wissen neugeboren, auf einer höheren Stufe) wieder von vorn anfängt[161]. Das letzte Wort ist ein Schillerzitat: „Nur aus dem Kelche dieses Geisterreichs schäumt ihm seine Unendlichkeit".

[159] II, 404.
[160] Vgl. A. Reble: Hegel und die Pädagogik, in: Hegelstudien III, Bonn 1965, S. 320 ff.
[161] II, 619.

Friedhelm Nicolin

Die systematische Stellung der Geschichte der Pädagogik seit Herbart und Schleiermacher

So ursprünglich Erziehen und Erzogenwerden dem Menschen zugehören, so alt das Nachdenken über Ziele und Wege erzieherischen Handelns ist: als wissenschaftliche Disziplin blickt die Pädagogik erst auf eine kurze Geschichte zurück. Diese umfaßt in einem engeren Sinne nur die letzten vier bis fünf Jahrzehnte; doch pflegt man nicht ohne sachliches Recht ihren Einsatzpunkt zu markieren mit der Forderung Herbarts aus dem Jahre 1806, die Pädagogik möge sich „auf ihre einheimischen Begriffe besinnen" und bestrebt sein, „zum Mittelpunkte eines Forschungskreises" zu werden — und mit den pädagogischen Vorlesungen Schleiermachers, die dieser 1813 an der neuen Universität Berlin mit der Feststellung begann: „Man will die Pädagogik aus dem akademischen Zyklus ausschließen."

Die Wissenschaftsgeschichte der Pädagogik seit Herbart und Schleiermacher ist zwar im einzelnen noch nicht zureichend aufgearbeitet, aber als solche hält man sie sich in der gegenwärtigen pädagogischen Grundlagendiskussion durchaus präsent[1]. Letztere gewinnt damit historische Tiefe und weiß das auch für die Sache fruchtbar zu machen. Um so mehr fällt auf, daß in dieser Erörterung die systematische Stellung und Bedeutung der Geschichte der Pädagogik als Problem fast unberücksichtigt bleibt. Angesichts der Selbstverständlichkeit, mit der sich innerhalb des wissenschaftlichen Lehr- und Prüfungsbetriebs die Pädagogik ebenso in historischer wie in systematischer Entfaltung zur Geltung bringt, ist diese Vernachlässigung erstaunlich. Betrachten wir die Erziehungsgeschichte als genuin pädagogische Disziplin und ist uns die heute in der Pädagogik übliche Verknüpfung von Historie und Systematik nicht nur eine lehrpraktische oder gar ein unbedachtes Analogon zur Arbeitsweise der Philosophie, so führt uns die Sache selbst vor die Frage, welche Begründung diese Verknüpfung in der eigenen Wissenschaftstradition erfahren hat.

Eine Vorarbeit zu der hier erforderlichen Untersuchung möchte dieser kurze Aufsatz leisten. Er zeigt, wie unterschiedlich die Erziehungstheoretiker jeweils die Stellung der Geschichte der Pädagogik bestimmen. Die sehr knappen Hin-

[1] Eine erste umfassende prinzipiengeschichtliche Darstellung versucht *R. Lochner: Deutsche Erziehungswissenschaft.* Meisenheim 1963. — Vgl. auch die Textzusammenstellung mit Bibliographie in: *Pädagogik als Wissenschaft.* Hg. v. F. Nicolin. Darmstadt 1967. (Wege der Forschung. Bd 32.)

weise, auf die wir uns im Einzelfall beschränken müssen, lassen vieles offen. Vorwaltende Absicht ist aber, von Herbart herauf den historischen Weg einigermaßen auszuschreiten, um die Kontinuität des Problems sichtbar und dieses selbst weiterer Bearbeitung zugänglich zu machen.

(1) *J. Herbart* hat als pädagogischer Systematiker zu der historischen Dimension der von ihm vertretenen Disziplin und ihres Gegenstandes offenbar keinen Zugang gefunden oder gesucht. Die geforderte wissenschaftliche Ausbildung der Pädagogik sieht er gewährleistet durch ihre Begründung auf Ethik (als Ziellehre) und Psychologie (als Lehre von den Möglichkeiten und Mitteln). Jene aber ist bei ihm aufgebaut auf der Evidenz letztlich ästhetischer Urteile über bestimmte formale Grundverhältnisse des Willens, während sich die Psychologie als eine in mathematische Formeln faßbare Statik und Dynamik des Geistes darstellt.

Nachdem die Reformpädagogik der ersten Hälfte unseres Jahrhunderts Herbarts Erziehungstheorie extrem negativ beurteilt hatte, ist die jüngste Forschung[2] bestrebt, ihm wieder gerecht zu werden. Sie sucht die spröden, von der Herbartschule erheblich verfestigten Schalen des Systems zu durchstoßen und die aus einer ursprünglichen pädagogischen Genialität erwachsenen Einsichten Herbarts offenzulegen. Diese Revision ergänzt das überkommene Bild des Systemdenkers erfreulich. Möglicherweise wird sich, wenn wir Herbart nicht mehr mit den Herbartianern identifizieren, auch das System selber in neuem Lichte zeigen.

Festzuhalten bleibt, so scheint uns, daß ein ungeschichtlicher Zug in Herbarts Denken herrschend ist. Die Geschichte der Pädagogik hat er ganz außerhalb seines systematischen Ansatzes gelassen. Es gibt dazu bei ihm selbst zwei bezeichnende Äußerungen. Die erste findet sich zu Beginn der *Vorlesungen über Pädagogik*[3], mit denen er 1802 seine akademische Lehrtätigkeit eröffnete. Hier überdenkt er, was er den eigentlich sachlichen Darlegungen einleitend vorausschicken könne. Er weist vielfach Übliches („Definition", „Lobrede", „Überblick") als ungeeignet ab und erklärt strikte: „Ebensowenig Geschichte!" Die Geschichte einer Wissenschaft enthalte die „Versuche, die man anstellt, um zur Wissenschaft selbst zu gelangen". Demgegenüber will Herbart zuerst innerhalb der Wissenschaft Stand fassen. Erst von dort her läßt sich früher Versuchtes würdigen. Die Geschichte einer Kunst (Herbart wechselt zwischen den Aspekten der Pädagogik als Wissenschaft und als Erziehungskunst) ist erst dann verständlich und von Interesse, „wenn man der Hauptideen mächtig ist, nach denen die mannigfaltigen Versuche, von denen die Geschichte erzählt, beurteilt werden können". Von dem Gedanken, daß die pädagogische Theorie und ihr Objekt, die Erziehung, ihrerseits historisch bedingt sei und daher die Geschichte der Pädagogik auch inner-

[2] Vgl. die kommentierten Literaturhinweise in *Herbart: Pädagogische Schriften*. Hg. v. W. Asmus. Düsseldorf 1964—65. Bd 1. 209 ff.

[3] Ebd. 121—124.

halb des wissenschaftlichen Systems einen Platz haben könne oder gar müsse, ist Herbart noch weit entfernt. Statt sich mit Geschichte der Pädagogik zu beschäftigen, so fordert er, solle man sich „den gegenwärtigen Zustand dieser Kunst" vor Augen stellen; er empfiehlt hierzu seinen Hörern Rückbesinnung auf die in Eigenerlebnis und Beobachtung gewonnene pädagogische Erfahrung, ferner das Studium eines damals maßgeblichen Lehrbuches.

Dreißig Jahre später hat Herbart noch einmal zur gleichen Frage Stellung genommen in einer Rezension der 2. Auflage der *Erziehungslehre* von F. H. Ch. Schwarz.[4] Diese Äußerung ist um so aufschlußreicher, als Herbart sich hier dem bereits voll exponierten Problem des systematischen Orts der Erziehungsgeschichte gegenübersieht. Schwarz, der als Bahnbrecher der pädagogischen Historiographie gilt, hatte bei der Neubearbeitung seines bekannten Werkes eine in systematischer Hinsicht wichtige Umstellung vorgenommen, indem er die Geschichte der Erziehung, die zuvor als dritter Teil das Ganze beschloß, an den Anfang rückte. Herbart erwähnt dies ausdrücklich und läßt Schwarz selber mit der Begründung zu Wort kommen: „Wir müssen erst sehen, was bis jetzt geschehen ist und wie wir zu unsrer Bildung gelangt sind, bevor wir erkennen, was wir zu tun haben, um unsere Kinder gut zu bilden und zu erziehen." Den eigentlichen Gehalt dieses Satzes und seines Kontextes: daß nämlich der Rückgriff auf die Geschichte einen die systematische Gestaltung der Erziehungslehre selbst betreffenden Erkenntnisgewinn einbringe, nimmt Herbart indessen gar nicht wahr. Er unterbietet Schwarz offensichtlich, wenn er sagt, der Autor habe, „was früher das letzte war, in den Vordergrund gestellt", um „in dieser empirischen Masse eine Stütze für seine Theorie" zu gewinnen. Charakteristischerweise läßt die Rezension einen leitenden Begriff von Schwarz ganz unerwähnt. Dieser versteht nämlich seine historische Aufgabe als eine Darstellung der „Geschichte der Erziehungs*idee*". Eine solche Auffassung bleibt Herbart fremd. Und er lenkt denn auch im Rahmen dieser Rezension den Gedanken mehrfach zurück auf die Fundierung der Erziehungstheorie durch Ethik und Psychologie.

Daß sich in Herbarts Schriften mancherlei historische Bezugnahmen finden, sogar einzelne Äußerungen über das Innestehen des Menschen im Strom der Geschichte, sei hier nicht außer Acht gelassen: doch hat dazu — im Sinne unserer Fragestellung — schon Willmann bemerkt[5], daß die Konsequenz solcher Äußerungen für die Pädagogik „die Heranziehung der Geschichte als begründende Wissenschaft sein müßte, eine Konsequenz, die Herbart aber zu ziehen unterließ".

(2) *Friedrich Schleiermacher*[6] ist in der Intention, die Pädagogik als theo-

[4] Ebd. Bd 2. 269 ff. — *Schwarz: Erziehungslehre.* Leipzig 1802—13. 2. Aufl. 1829. Vgl. *G. Politsch: F. H. Chr. Schwarz, der Begründer der pädagogischen Geschichtsschreibung.* Gießen 1929.

[5] O. *Willmann: Didaktik als Bildungslehre.* Bd 1. Braunschweig 1882. 58.

[6] *A. Reble: Schleiermacher und das Problem einer Grundlegung der Pädagogik.* In: Bildung u. Erziehung. 4 (1951), 801—815; *W. Sünkel: Friedrich Schleiermachers Begründung der Pädagogik als Wissenschaft.* Ratingen 1964.

retische Disziplin mit eignem Aufgabenfeld zu konstituieren, seinem Zeitgenossen Herbart verwandt. In der Ausgestaltung, die die beiden Denker dieser Theorie gegeben haben, zeigt sich dagegen allenthalben, wie grundverschieden ihre Positionen sind. Zwar bringt auch Schleiermacher die Pädagogik in eine sehr enge Beziehung zur „Ethik". Aber dieser Titelbegriff ist bei ihm bekanntlich einer ganz anders strukturierten Disziplin zugeordnet. Seine Ethik ist ausgeweitet zu einer universalen Theorie des geistig-geschichtlich-gesellschaftlichen Lebens. Schon früh hat man sie als Geschichtsphilosophie angesprochen[7], in der Nachfolge Diltheys konnte sie als philosophische Kulturtheorie interpretiert werden[8].

Ethik als Wissenschaft ist nach Schleiermacher im Werden begriffen, korrespondierend der geschichtlich fortschreitenden Vervollkommnung des von ihr dargestellten Wirklichen: des sittlichen Bewußtseins und Handelns. Von hier aus läßt sich die spezielle Aufgabe der Erziehung und der pädagogischen Theorie umreißen[9]: Erziehung ist fördernde Kraft in dem Prozeß der Versittlichung des Menschengeschlechts, das Einwirken der jeweils älteren Generation auf die jüngere somit „ein Teil der sittlichen Aufgabe". In einem fortgeschrittenen Stadium der Kultur bedarf dies auch einer besonderen Theorie: „Je mehr Geistiges schon in der älteren Generation realisiert ist, desto weniger dürfen wir diese Einwirkung dem Zufall überlassen." Schließlich sagt Schleiermacher, die Theorie der Erziehung sei „das Prinzip, wovon die Realisierung aller sittlichen Vervollkommnung ausgehen muß".

So ist die Pädagogik schon vom Ansatz her hineingestellt in das geschichtliche Leben. Wird damit auch der Historie der Pädagogik ein Platz innerhalb ihres systematischen Aufbaus angewiesen? Explizit erörtert wird dieses Problem bei Schleiermacher noch nicht, doch finden sich Anhaltspunkte genug, es von ihm her zu bedenken.

Eine Geschichte der pädagogischen Wissenschaft als solcher, der „Theorie" der Erziehung, bleibt als konkretes Thema ganz außerhalb des Blickfeldes: hier weiß sich Schleiermacher an einem Anfang stehend. Aber eine seiner grundlegenden Einsichten ist die von der geschichtlichen Bedingtheit und Veränderlichkeit der pädagogischen Theorie; er unterstreicht als erster, daß sie in keiner Gestalt Allgemeingültigkeit erlangen könne. Damit ist eine historische Betrachtungsweise in der Reflexion auf die Theorie selber nicht nur motiviert, sondern auch bereits in den systematischen Zusammenhang hineingedacht.

Indessen hat auch der Gegenstand der pädagogischen Theorie, die ihr in

[7] *Schleiermacher: Sämtliche Werke.* Abt. 3, Bd 5: *Entwurf eines Systems der Sittenlehre.* Hg. v. A. Schweizer. Berlin 1835. 35 (Fußnote des Herausgebers).

[8] *Th. Litt: Ethik der Neuzeit.* München u. Berlin 1926. 130; *A. Reble: Schleiermachers Kulturphilosophie.* Erfurt 1935.

[9] Zum Folgenden vgl. *Schleiermacher: Pädagogische Schriften.* Hg. v. E. Weniger. Düsseldorf 1957. Bd 1. 7—12, 20—22, 371—373.

Erziehung und Erziehungswesen vorgegebene Praxis, eine Geschichte. Daß die Praxis der Theorie vorausgeht und ihre eigenbestimmte „Dignität" hat, betont Schleiermacher immer wieder. Aufgabe der Theorie ist es ihm, die Praxis auf das Prinzipielle hin zu klären, sie bewußter zu machen. Dabei müßte die Heranziehung geschichtlich realisierter Formen des Erziehungshandelns wesentliche Aufschlüsse vermitteln können. Daß Schleiermacher in der Tat diese Konsequenz zieht, zeigt beispielhaft ein Beleg aus seiner Vorlesung von 1826. Dort stellt sich die Frage, ob die erzieherische Einwirkung für das Werden des Menschen überhaupt belangreich sei, oder ob er sich ganz aus Eigenem entwickle. Schleiermacher sagt, es gebe zwei Wege, dies zu beantworten: „der eine ist der geschichtliche, der andere der a priori, rein aus dem Begriff". Den letzteren Weg schiebt er ausdrücklich beiseite; er halte sich lieber an den geschichtlichen und entscheide die Frage „aus der Erfahrung" — und so blickt er zurück auf das Erziehungswesen der Juden und der Griechen.

Obwohl solche historischen Rückbesinnungen in systematischer Absicht nur fallweise dem Gang des Gedankens eingefügt sind, entspringen sie doch nicht dem Zufall, sondern sind in der Struktur von Schleiermachers Pädagogik grundgelegt. Diese Struktur ist am kürzesten umschrieben in der bekannten These, die Pädagogik müsse spekulativ *und* empirisch sein, indem sie zwischen beiden Seiten „oszilliere". Bei aller Betonung des Spekulativen — „bloße Empirie kann nicht wissenschaftlich sein!" — lehnt Schleiermacher es doch ab, die Gehalte der Pädagogik begrifflich zu deduzieren. Will die Erziehungstheorie konkret werden, so muß sie ständig hinübergreifen in den Bereich des Empirischen, d. h. des Historisch-Faktischen. Es ergibt sich hier das gleiche Bedingungsgefüge der Erkenntnis wie im System der Sittenlehre, wo der spekulativen ethischen Wissenschaft die empirische „Geschichtskunde" untrennbar beigeordnet ist[10].

Die Eingeflochtenheit der Erziehung in das allgemeine geistig-sittliche Leben läßt für die Erziehungstheorie das Historische nicht nur in der Verengung auf die Geschichte der Pädagogik bedeutsam erscheinen: vielmehr geht es darum, in umfassenderem Sinne den „jedesmaligen Zustand" dieses Lebens als den dem pädagogischen Handeln vorgegebenen Wirkraum aus seiner geschichtlichen Herkunft zu begreifen. „Die Gegenwart kann nicht als Keim einer dem Begriff mehr entsprechenden Zukunft richtig behandelt werden, wenn nicht erkannt wird, wie sie sich aus der Vergangenheit entwickelt hat." So sagt Schleiermacher in seiner theologischen Enzyklopädie[11], um die historische Theologie zu begründen, die er als Teil der Geschichtskunde versteht und zwischen philosophische und praktische Theologie stellt. Die geschichtsphilosophische Voraussetzung, die sich hier Ausdruck verschafft, ist keine andere als die in der Pädagogik beschlossene.

Schleiermacher hat, wie Herbart, nur die ersten Anfänge einer pädagogischen Geschichtsschreibung erlebt. Er selbst hat zwar beigetragen zur Ausbildung einer

[10] Vgl. bes. *System der Sittenlehre*. §§ 70—72.

[11] *Schleiermacher: Kurze Darstellung des theologischen Studiums*. 2. Aufl. Berlin 1830. § 26, vgl. § 69. — Kritische Ausg. v. H. Scholz. Nachdr. Darmstadt 1961. 11, 30.

Geschichte der Philosophie, nicht aber einer Erziehungsgeschichte; man darf wohl sagen, daß ihm dies ein zu ausgedehntes Verweilen im Empirischen abverlangt hätte. Aber seine Theorie begründet die Notwendigkeit der historischen Betrachtungsweise, und es lassen sich in ihr geradezu die freien Stellen bezeichnen, an denen die Geschichte der Pädagogik systematisch zu verankern ist.

(3) Im fünften Jahrzehnt des Jahrhunderts, noch bevor Herbart zu seiner posthumen Wirkung kam und Schleiermachers pädagogische Vorlesungen im Rahmen der Gesamtausgabe allgemein zugänglich gemacht wurden, erschienen zwei Werke aus der Nachfolge Hegels, in denen unser Problem erstmals systematisch entfaltet wird: von *Gustav Thaulow* und *Karl Rosenkranz.*[12] Beide Autoren erstreben eine Begründung der Pädagogik als eigener wissenschaftlicher (philosophischer) Disziplin; beide bewegen sich dabei erklärtermaßen auf dem Boden der Hegelschen Spekulation.

Thaulow beginnt seine *Erhebung der Pädagogik zur Philosophischen Wissenschaft* (1845) mit dem „Beweis", daß eine Pädagogik als Wissenschaft erst möglich geworden sei, nachdem die Vollendung des Christentums durch die Reformation eine Ethik ermöglicht habe und diese dann von Spinoza, Schleiermacher, Hegel tatsächlich angegriffen worden sei. In einem zweiten Gedankengang, der davon ausgeht, daß der einzelne zu erziehende Mensch in die Familie, mit dieser aber in den Staat, mit diesem wiederum in die geschichtliche Gesamtbewegung einbefaßt sei, gelangt Thaulow sodann zu der für seine Konzeption fundamentalen Feststellung, daß die gegenwärtige Menschheitsstufe und jeder heute geborene Mensch die ganze bisherige Entwicklung der Menschheit in sich schließe, daß Erziehung in dieser Gegenwart nur von der ‚Erziehung des Menschengeschlechts' her zu begreifen sei, — somit „daß die Philosophie der Geschichte oder die Erziehung des Menschengeschlechts die Voraussetzung der Pädagogik sein muß".

Von hier aus gewinnt Thaulow den Einstieg in die pädagogische Wissenschaft selbst, gewinnt er deren ersten Teil. In einer Besinnung auf die konkrete Wirksamkeit des Volksgeistes bestimmt er Erziehung als Selbsterhaltung und Selbstanschauung eines Volkes, als „die Objektivierung eines Volkes in seiner Totalanschauung". Er kann nun sagen: „So wie das Volk erzogen hat, so hat es sich selber angeschaut, so wie es erzogen hat, so ist es." Ist aber der Volksgeist in seiner Totalität Gegenstand der Geschichtsphilosophie, so bedarf die Pädagogik einer speziellen „Philosophie der Geschichte der Erziehung". Bevor eine Wissenschaft der Erziehung sich überhaupt mit der Erziehung für die Gegenwart beschäftigen kann, muß sie die Erziehungsgeschichte „als ihren ersten Teil" absolviert haben. „Niemals mehr ist aus der Geschichte herauszukommen, wenn einmal unsere Zeit als eine im geschichtlichen Prozeß stehende erfaßt ist, und

[12] *G. Thaulow: Erhebung der Pädagogik zur philosophischen Wissenschaft.* Berlin 1845. Zitate im folgenden: 21, 23, 83 f, 91, 92, 108. — *K. Rosenkranz: Die Pädagogik als System.* Königsberg 1848. Zitate: 4, 5, VIII f, 6, 151.

keine Erziehungslehre kann je des beständigen Zusammenhanges mit der Geschichte der Erziehung entbehren."

Diese seine „durch rein philosophische Studien" gewonnene Erkenntnis setzt Thaulow befriedigt in Beziehung zu gleichgerichteten Auffassungen bei zeitgenössischen Historikern der Pädagogik (Schwarz, Cramer, Alexander Kapp u. a.). In seinem systematischen Aufbau der pädagogischen Wissenschaft läßt er auf die Geschichte der Erziehung die „Lehre vom Menschen" und dann die eigentliche Erziehungslehre folgen.

Karl Rosenkranz weist in seiner *Pädagogik als System* (1848) der Erziehungsgeschichte eine andere Stellung an. Er kommt zu diesem anderen Ergebnis, weil der leitende Aspekt seiner Hegelrezeption ein anderer ist. Für Thaulow gibt es „gar kein Wissen, das nicht zugleich ein historisches wäre". Ihm ist Hegel schlechthin Geschichtsphilosoph. (Zugleich ist er offensichtlich beeinflußt durch das geschichtsbewußte Denken Schleiermachers.) Rosenkranz dagegen sieht, obwohl selber in seiner reichen literarischen Produktion vielfach als Historiker tätig, in Hegel vor allem den Schöpfer des Systems. Kurz zuvor, 1845, hat er den Grundriß dieses Systems, Hegels *Enzyklopädie*, neu herausgegeben.

Es sei die Absicht seines Grundrisses der Pädagogik, so sagt Rosenkranz, eine Systematik zu geben, „welche die Hauptbestimmungen der pädagogischen Wissenschaft nach ihrer logischen Notwendigkeit von innen heraus ordnet". In den Werken seiner Vorgänger (er nennt Niemeyer, Schwarz, Herbart, Beneke) fehle es an einer solchen durchgreifenden Konsequenz der Gliederung. Seine Einteilung nun ist folgende: „Die Pädagogik als Wissenschaft muß 1) den *allgemeinen* Begriff der Erziehung entwickeln; 2) muß sie die *besonderen* Momente darstellen, in welche das allgemeine Werk der Erziehung sich auseinander legt; 3) endlich aber den *einzelnen* Standpunkt angeben, auf welchem der allgemeine Begriff nach seinen besondern Elementen in einer bestimmten Zeit verwirklicht ist oder werden soll." Damit gerät die Geschichte der Pädagogik im Zusammenhang des Ganzen ans Ende; sie wird der prinzipiellen Besinnung auf das Wesen der Erziehung und der Entfaltung der verschiedenen pädagogischen Teilaufgaben nachgeordnet. Rosenkranz reflektiert eigens auf diese Stellung: „Die Bestimmung des ersten Teils macht gar keine Schwierigkeit. Sie ist logisch [!] zu evident. An ihre Stelle die Geschichte der Pädagogik zu setzen, ist nicht zulässig, weil in der Geschichte bereits alle die Begriffe vorkommen, welche in der systematischen Pädagogik behandelt werden." Ausdrücklich verweist Rosenkranz hier auf den „Irrtum" Thaulows. Schon im Vorwort seiner Schrift spricht er sich gegen dessen Systemaufbau (s. o.) aus: „Diese Einteilung scheint mir der Forderung der Wissenschaft nicht zu entsprechen, denn diese muß von dem Allgemeinen durch das Besondere zum Einzelnen hin den Übergang machen. Ist aber wohl die Geschichte der Pädagogik das Moment ihrer Allgemeinheit? Enthält sie nicht vielmehr die konkreten Gestalten derselben, ihre bestimmten Vereinzelungen?"

Der Systemkonzeption von Rosenkranz entspricht es, daß er es für möglich hält, „den wesentlichen Inhalt der Geschichte der Pädagogik aus ihrem Begriff abzuleiten". Es gebe, aus dem Begriff der Erziehung heraus sich individualisierend, nur eine bestimmte Anzahl pädagogischer Prinzipien und Systeme. Ihre Ableitung sei daher „zugleich eine Ableitung der Geschichte der Pädagogik, da dieselbe wesentlich nichts anderes tun kann, als die Möglichkeiten des Begriffs der Erziehung an sich zu realisieren". Rosenkranz spricht in diesem Zusammenhang von einer „apriorischen Konstruktion" der Geschichte. Er will natürlich nicht die konkreten Erscheinungsformen des erzieherischen Lebens deduzieren; vielmehr sagt er von dieser Konstruktion her: „Das Empirische in seinem Detail wird für sie Bestätigung, Erläuterung." Gerade damit aber drückt er nochmals aus, daß historische Forschung der pädagogischen Grundbesinnung nur ergänzend beigesellt werden kann.

Die spekulativen Bemühungen der Hegelschule um die Pädagogik als Wissenschaft konnten keine Fortsetzung oder produktive Umgestaltung finden. Es ist aber zu registrieren, daß hier zuerst die historische Pädagogik in das System einbegriffen wurde, wenn auch in einander widerstreitenden Lösungen.

(4) War Herbart zu seinen Lebzeiten ohne große Wirkung geblieben, so konnte seine Lehre, vertreten durch eine ausgebreitete Schule, in der zweiten Jahrhunderthälfte geradezu eine Monopolstellung im pädagogischen Bereich erringen. Es muß interessieren, in welcher Weise die *Herbartianer*, die anders als ihr Meister die historische Forschung der Geisteswissenschaften in vollem Aufschwung erleben, die Geschichte der Pädagogik in das Gesamtsystem einbeziehen. Wir betrachten exemplarisch einen Vertreter der ersten Generation der Schule, K. V. Stoy, und den wohl letzten Herbartianer, Wilhelm Rein.[13]

Stoy stellt in seiner pädagogischen *Enzyklopädie* (1861) an den Anfang die philosophische Pädagogik als „ein geschlossenes Ganzes wohl bearbeiteter Begriffe". Auf dieser Grundlage die konkreten, aus gegebenen Lebensformen erwachsenden Erziehungsfragen zu bearbeiten, ist dann Aufgabe der praktischen Pädagogik. Da aber nun „die Verhältnisse, zu deren Behandlung die praktische Pädagogik anleitet, teils zu vergangenen teils zu gegenwärtigen pädagogischen Zuständen vielfache Beziehung haben und ohne deren Kenntnis weder richtig aufgefaßt noch richtig angefaßt werden können, ... so macht sich eine Darstellung vergangener und gegenwärtiger Zustände des Erziehungswesens notwendig": die historische Pädagogik. — Der Begründungszusammenhang läßt erkennen, daß letztere nur der praktischen Erziehungslehre zugeordnet ist; die philosophische Grundlegung steht, unberührt von aller historischen Problematik, in sich. Ausdrücklich wendet sich Stoy gegen Schwarz, der der Erziehungsgeschichte eine wichtige einleitende Funktion zugesprochen hatte (s. o.), und wirft ihm vor, ihr eben damit einen „falschen Platz" angewiesen zu haben. Stoy hält

[13] *K. V. Stoy: Encyklopädie, Methodologie und Literatur der Pädagogik.* 1861. 2. Aufl. Leipzig 1878. Vgl. 12, 14, 17, 19, 20. — *W. Rein: Pädagogik in systematischer Darstellung.* 1902. 2. Aufl. Langensalza 1911. Vgl. Bd 1. 72—76.

es für die „natürlichste“ Reihenfolge im System, „daß die philosophische Pädagogik an der Spitze, die praktische am Schluß, die historische in der Mitte ihre Stelle erhält“. Diese Anordnung ist hinsichtlich der beiden letzten Glieder eine nur äußerliche und stimmt mit Stoys eigener Auffassung nicht recht überein. Der Sache nach ist ihm die Geschichte der Pädagogik nur ein Supplement zur praktischen Erziehungslehre. Wir können, so sagt er, „die philosophische Pädagogik als die reine Pädagogik bezeichnen, die praktische als die angewandte, zu welcher dann die über die Gegenstände der Anwendung Bericht erstattende historische Pädagogik als notwendige Ergänzung gehört“.

W. Rein geht 40 Jahre später aus von der Feststellung, die Pädagogik fasse wie andere Wissenschaften „eine doppelte Aufgabe in sich: 1. eine historische, 2. eine systematische“. Hier scheint sich auf den ersten Blick eine Wandlung vollzogen zu haben. Rein führt aus: „Als historische Pädagogik sieht sie die vorhandene Erziehung als etwas Gewordenes an und sucht den Bedingungen ihrer Entwicklung nachzugehen. Sie entwirft Bilder vergangener Erziehungszustände und großer Erzieher; sie verfolgt die Entwicklung pädagogischer Ideen von ihrem Ursprung an bis zur Gegenwart im Zusammenhang mit den wirtschaftlichen und geistigen Bewegungen ...“ Aber obwohl Rein hier mit Verständnis über Wert und Aufgabe der historischen Pädagogik spricht — er sagt sogar, sie könne „zur Lehrerin der systematischen werden“ —, bleibt es letztlich doch bei der alten herbartianischen Auffassung. Ohne Schwarz zu nennen, führt er dessen schon von Herbart zitierte Begründung für die Erststellung der Erziehungsgeschichte wörtlich an als eine „weitverbreitete Meinung“, die er auch darin manifestiert sieht, daß im Lehrplan der Lehrerseminare zuerst die Geschichte der Pädagogik stehe und die Systematik nachfolge. „Wir halten diese Reihenfolge für falsch.“ Rein übernimmt, bis in den Wortlaut hinein, die Argumentation Herbarts aus dessen erster Vorlesung (s. o.), um die Voranstellung der Geschichte der Pädagogik als der Natur der Sache widersprechend zu erweisen. Nur demjenigen, der „zuerst einen durch Ethik und Psychologie wohl begründeten Standpunkt sich zu verschaffen suchte“, werde die Geschichte eine wahrhafte Lehrerin sein können. Demgemäß setzt Rein in seinem eignen Plan des pädagogischen Lehrgebäudes die historische Pädagogik an die zweite Stelle. Ausgearbeitet hat er allein den ersten Hauptteil, der nun als „systematische Pädagogik“ Grundlegung sowie praktische und theoretische Pädagogik umschließt. Die historische Disziplin steht im Grunde außerhalb; Geschichte und System bleiben gegeneinander unvermittelt.

(5) In der Wissenschaftsgeschichte der Pädagogik und besonders in unserem Problemzusammenhang ist neben oder noch vor Dilthey ein Denker bedeutsam, der nach einer abgeschwächten Beachtung in den vergangenen Jahrzehnten heute wieder verdiente Aufmerksamkeit findet: *Otto Willmann*. Nachdem aufgrund der Forschungslage zunächst sein Hauptwerk *Didaktik als Bildungslehre* (1882/89) wieder in den Blick rückte, sind wir seit kurzem auch unterrichtet über seine

frühen pädagogischen Vorlesungen[14], die sein eigenständiges Bemühen um eine wissenschaftliche Konsolidierung der Pädagogik sehr klar zeigen.

Willmann ist zwar von der Herbartschule ausgegangen, hat aber der systematischen Ausgestaltung der Pädagogik an entscheidenden Stellen eine ganz andere Wendung gegeben als Herbart, insbesondere durch bewußte Hereinnahme der sozialen und der historischen Dimension. Bezeichnenderweise beschäftigte er sich schon früh, und zwar gleichzeitig mit seiner Edition von Herbarts pädagogischen Schriften (1875), mit der Erziehungslehre Schleiermachers[15].

Pädagogik ist für Willmann eine Sozialwissenschaft. Ihr spezifisches Forschungsfeld innerhalb der Sozialwissenschaften ist die „Erneuerung der Gesellschaft". Denn Erziehung ist als „ein Verhältnis der Generationen" jener „gesellschaftliche Prozeß", jene Tätigkeit, in der sich der „Sozialkörper" durch „Konformieren des Nachwuchses" regeneriert, in seinem geistigen und sittlichen Bestand forterhält und fortbildet. Ein wichtiger Grundzug dieser Konzeption der Pädagogik ist, daß sie nicht mehr im Bannkreis des Begrifflich-Spekulativen verharrt, sondern auch das Empirische voll ernstnimmt. Willmann sieht die Erziehung als „Tatsache", als „ein Gegebenes"; die Pädagogik hat es „mit sozialen Erscheinungen zu tun, die zunächst als solche, also empirisch, und zwar in möglichst weitem Umkreise kennengelernt werden sollen. Und zwar a) nach ihrem Bestand, b) nach ihren Bewegungen, Veränderungen etc."

Von hier aus ergibt sich für Willmann folgerecht nicht nur der sachliche Wert, sondern auch die Systemstelle der Geschichte der Pädagogik. Die Phänomene der Erziehung sind als soziale Tatsachen zugleich geschichtliche. Ihre empirische Erforschung weitet sich aus zur historischen. Präzisierend spricht Willmann im Hinblick auf dieses Aufgabenfeld von einer „deskriptiv-historischen" Disziplin. Die Erziehungswissenschaft im Ganzen ist auch bei ihm dreigegliedert. Die historisch-deskriptive Pädagogik, die sowohl die Erziehung bei einzelnen Völkern und sozialen Einheiten (Ständen) als auch die Geschichte der pädagogischen Theorien, leitender Begriffe („Allgemeinbildung"), besonderer Erziehungsformen und -mittel („Schulgeschichte", „Geschichte der Lehrbücher") usf. umfaßt, hat nicht mehr eine bloß ergänzende oder bestätigende Funktion, sondern eine fundierende. Sie gibt dem Ganzen die „Basis" und muß darum an erster Stelle stehen. Auf ihr baut die „systematische" (auch: „philosophische", „theoretische") Pädagogik auf; abschließend folgt die praktische. Bemerkenswert ist in Willmanns Systemaufbau, angesichts der Vorgänger, nicht nur die Basis-Rolle der historischen Disziplin, sondern die Weise ihrer Verknüpfung gerade mit der philosophischen Pädagogik, so daß man fast von einem zweigliedrigen

[14] Über diese noch unveröffentlichten Vorlesungen der Jahre 1872—76 berichtet ausführlich *F. Pfeffer: Die pädagogische Idee Otto Willmanns in der Entwicklung.* Freiburg 1962. Unsere Zitate aus den Vorlesungen nach diesem Buch: 61, 115, 158 bis 162.

[15] *Willmann: Über Schleiermachers Erziehungslehre.* In: Blätter f. Erziehung u. Unterricht. Prag. Jg. 1875.

Erkenntnisgefüge sprechen kann, dem gegenüber die praktische Abzweckung (Teil 3) zunächst zurücktritt. Er hat sich diesen theoretischen Zusammenhang gelegentlich als „Zirkel" verdeutlicht, in dem jeder Teil den anderen voraussetze[16].

Konkret durchgeführt hat Willmann die hier grundgelegte Auffassung an seiner *Didaktik*, wie schon aus dem vollständigen Titel dieses Werkes hervorgeht: „Didaktik als Bildungslehre nach ihren Beziehungen zur Sozialforschung und zur Geschichte der Bildung". Die methodische Einleitung durchdenkt unser Problem erneut[17]. Nur die vereinte Anwendung von philosophischer und historischer Betrachtung könne zu einer wissenschaftlichen Bearbeitung führen. Willmann tadelt die „Sprödigkeit", mit der sich die pädagogische Theorie bisher im allgemeinen gegen ein historisches Vorgehen verschlossen habe; er warnt die Pädagogik, „ihre Generalisationen auf zu schmaler Basis des Tatsächlichen vorzunehmen" und besteht auf der Notwendigkeit, „der Reflexion ein umfassendes und durchsichtiges empirisch-historisches Material unterzubreiten". Das Verhältnis der Geschichte der Erziehung und Bildung zu dem systematischen Nachdenken über diese menschlichen Betätigungen ist ihm ein innerliches und wesentliches: „für das System der Pädagogik und Didaktik sind Untersuchungen über die Herkunft und die Variabilität der Erscheinungen ihres Gebietes nicht eine Beigabe oder Einlage, sondern ein konstitutives Element." Der erste, 1882 erschienene Band von Willmanns *Didaktik* enthält demgemäß eine ausgearbeitete Darstellung der geschichtlichen Typen des Bildungswesens.

(6) *Wilhelm Dilthey* hat sich in die Linie der Grundlagenbesinnung der Pädagogik eingefügt mit seiner einzigen erziehungstheoretischen Veröffentlichung, der Akademieabhandlung *Über die Möglichkeit einer allgemeingültigen pädagogischen Wissenschaft* (1888).[18] Sie hat die Diskussion, wenn auch erst im 20. Jahrhundert, stark befruchtet. Ihr selbst haftet jedoch eine „eigentümliche Zwiespältigkeit" (Nohl) an: einerseits kritisiert Dilthey von den Erkenntnissen der historischen Schule her die Rückständigkeit der Pädagogik, die sich immer noch als natürliches System gebe — andererseits hält er selbst an der Frage nach Allgemeingültigkeit fest und sucht sie zu beantworten durch Rückgriff auf einen formalen Zweckzusammenhang, den er in den elementaren Vorgängen der Seele findet; in der notwendigen Vollkommenheit dieser seelischen Grundfunktionen und ihrer Verknüpfung sieht er die „sichere allgemeingültige Unterlage"

[16] Aber auch hier fügt W. hinzu: „Die relativ größere Selbständigkeit hat der historische oder empirische Teil. Er würde immerhin auch für sich schon eine Erkenntnis geben, wenngleich eine noch unvollkommene; dagegen würde der begriffliche Teil für sich keine Garantie haben." (*Pfeffer* a. a. O. 121.)

[17] *Willmann: Didaktik.* Bd 1. Einleitung, Abschnitt III.

[18] Siehe *Dilthey: Gesammelte Schriften.* Bd 6. 56—82; ferner die Sonderausgabe v. H. Nohl. 3. Aufl. Weinheim 1961. — Zum Ganzen O. *F. Bollnow: Diltheys Pädagogik.* In: Neue Jahrbücher f. Wissenschaft u. Jugendbildung. 9 (1933), 289—301.

für die Gewinnung erzieherischer Normen, unbeschadet aller inhaltlichen Erziehungsziele, die jeweils geschichtlich bestimmt seien.

In der so akzentuierten Abhandlung finden sich zu unserem Thema keine hinreichenden Auskünfte. Wir müssen diese den erst 1934 edierten pädagogischen Vorlesungen Diltheys[19] entnehmen, die den größeren Gedankenkreis darbieten, aus dem jene Arbeit hervorwuchs. Hier ist den (mit dem Gedankengang der Abhandlung übereinstimmenden, aber ausführlicher gefaßten) Grundlinien des Systems die Geschichte der Pädagogik vorangestellt. Und hier zeigt sich nun: Für Dilthey, dessen Denkhaltung seit je von der Einsicht bestimmt war, daß der Philosoph „zugleich Historiker sein" müsse[20], und der sich also nicht wie der auf Herbart fußende Willmann von der systematischen Fragestellung aus die historische gleichsam erst nach rückwärts hin erschließen und begründen mußte, ist die Zuordnung von Geschichte und System so unproblematisch geworden, daß er gar nicht mehr auf sie reflektiert. Beides hat sich ihm zu einem Forschungsganzen zusammengeschlossen. Ab 1874/75 hat Dilthey immer wieder „Geschichte und System der Pädagogik" gelesen. Mit dieser Formulierung seines Vorlesungsgegenstandes, so sagt er einleitend, drücke er „den Inbegriff derjenigen Kenntnisse" aus, den die Universität den künftigen Erziehern „als unerläßlich darzubieten" habe. Die Aneignung von beidem, der Erziehungsgeschichte wie der systematischen Einsichten, wird als konstitutives Moment der „pädagogischen Bildung" gesehen. Im historischen Teil geht es dabei um die „Kenntnis der Erfahrungen ..., welche im Verlauf der Unterrichtsgeschichte gewonnen worden sind", und der darauf gegründeten Theorien.

Der Durchgang durch die Geschichte der Pädagogik erbringt zunächst als systematischen Ausgangspunkt „das Bewußtsein der Geschichtlichkeit jedes Erziehungsziels". Darüber hinaus aber ist die durchlaufene Geschichte im System ständig präsent. Die Aufgaben, die Dilthey der pädagogischen Theorie stellt, wie Untersuchung der gesellschaftlichen Bedingtheit der Erziehung und ihrer Formen, Deskription und Analyse des erzieherischen Genius, Darstellung einzelner pädagogischer und didaktischer Prinzipien, sind teils geradezu historischer Natur, teils ist ihre Bearbeitung aus den „Erfahrungen" der Geschichte wesentlich zu stützen oder zu erhellen. Dilthey sagt einmal, Objekt der systematischen Analysis sei „das Erziehungsgeschäft, wie es in der Wirklichkeit sich abgespielt hat und abspielt"[21]; in dieser Gegenstandsbestimmung ist für das System der Pädagogik prinzipiell auch historische Forschung gefordert.

Dem Verständnis der Geschichte als des großen Erfahrungsfeldes entspringt noch ein wichtiger spezieller Aspekt der systematischen Funktion der Erziehungsgeschichte. In einem Fragment[22] heißt es: „Die großen pädagogischen

[19] *Gesammelte Schriften*. Bd 9. Vgl. bes. 6—10.

[20] *Gesammelte Schriften*. Bd 5. 36.

[21] Dieser Satz, soweit ich sehe, nur in der genannten Einzelausgabe, aus einem Entwurf zitiert in der Einleitung Nohls, S. 4.

[22] — mitgeteilt in den „Anmerkungen", *Ges. Schr.* Bd 9. 237.

Reformatoren stellen von deduktiven Gesichtspunkten aus Experimente an, und die Geschichte der Pädagogik hat nach der einen Seite hin die Bedeutung, die Ergebnisse dieser Experimente vorlegen zu dürfen." Diese historische Betrachtungsweise, die bestimmte, aus der Theorie hervorgegangene Elemente der Praxis wieder heimholt in eine vertiefte theoretische Einsicht, findet Dilthey allerdings zum Nachteil der Sache noch wenig ausgebildet.

(7) Hatten Denker wie Willmann und Dilthey, nicht zuletzt eben durch die Einbeziehung der Historie, der Erziehungswissenschaft das Feld des Empirischen grundsätzlich eröffnet, so verlagerte sich nach der Jahrhundertwende der Schwerpunkt der Diskussion über den Wissenschaftscharakter der Pädagogik auf eine philosophische Richtung, die das Problem der Pädagogik radikal zurücknahm ins Begriffliche: den *Neukantianismus.*[23] Auf dem Boden der neukantischen Philosophie wurde die Frage nach der Stellung der Geschichte der Pädagogik in nochmals neuer Wendung bedeutsam.

Für den Neukantianismus — in pädagogischer Hinsicht vor allem repräsentiert durch Paul Natorp — ist es unabweisbar, daß „Grundwissenschaft" der Pädagogik nur die Philosophie sein kann. Philosophie aber versteht sich hier als Theorie des Erkenntnisaufbaus, in einem zugespitzten und höchsten Sinne „als Methode". Um „die" Methode geht es aber auch in der Pädagogik, ja die Methode der Pädagogik ist sachlich völlig eins mit der Methode der Erkenntnis. Pädagogik ist daher überhaupt nur zu fassen als „konkrete Philosophie", und ob man ihre wissenschaftliche Grundlegung Pädagogik nennt oder Philosophie, wird zu einer gleichgültigen Titelfrage. Nicht minder scharf hat R. Hönigswald die Identifikation von Philosophie und Pädagogik herausgearbeitet. Von seiner Theorie der Geltung her erscheint Pädagogik nur als „eine besondere Form wissenschaftlich-philosophischer Fragestellung". Die Philosophie erkennt sich selbst und ihre Probleme in dem Problem der Pädagogik, und umgekehrt ist Pädagogik „ihren tiefsten sachlichen Voraussetzungen nach betrachtet Philosophie". Darum gestalte sich der Versuch einer Grundlegung der Pädagogik notwendig „zu einer Art Selbstgrundlegung der Philosophie".[24]

Im neukantischen Schrifttum sind geschichtliche Untersuchungen zur Philosophie wie zur Pädagogik sehr zahlreich. Durchreflektiert wurde das Verhältnis von Geschichte und System verständlicherweise vor allem an der Philosophie, mit dem Ergebnis, daß das Rückfragen in ihre eigene Geschichte „eine tief in dem Begriff und in der methodischen Beschaffenheit der Philosophie selbst begründete Forderung"[25] sei. Philosophiegeschichte ist demgemäß keine historische, sondern in vollem Betracht eine philosophische Disziplin. Methodisch wird sie vorwiegend problemgeschichtlich aufgefaßt und betrieben.

[23] Zum Folgenden *H. Blankertz: Der Begriff der Pädagogik im Neukantianismus.* Weinheim 1959.

[24] *P. Natorp: Philosophie und Pädagogik.* 2. Aufl. Marburg 1923. 1 ff, 58, 34. — *R. Hönigswald: Über die Grundlagen der Pädagogik.* 2. Aufl. München 1927. 126, 133, 220.

[25] *Hönigswald: Die Philosophie des Altertums.* München 1917. 5.

Sofern Pädagogik mit Philosophie zu identifizieren ist, gilt Gleiches auch für sie. So sagt denn Hönigswald: „Als Wissenschaften von dem Begriff der Wahrheit setzen Philosophie und Pädagogik jenen Begriff nicht gleich anderen Wissenschaften voraus. Sie forschen, indem sie ihn an jeder neuen Konstellation prüfen und bewähren. Als Wissenschaften von dem Begriff der Wahrheit sind sie darum Wissenschaften von den Wegen zur Wahrheit hin ... Philosophie und Pädagogik schaffen immer auch an der Geschichte ihres eigenen Problems und diese ihre Geschichte wieder ist stets eine systematische Aufgabe. Wenn irgendwo, so begründen eben hier Begriff und Geschichte einen schlechthin unteilbaren, methodisch einheitlichen Problembestand.“[26]

Die neukantische Philosophiegeschichtsschreibung ist ihrem ganzen Ansatz nach vielfach kritisiert worden. Nicolai Hartmann etwa sagt von Natorp, daß er aus den großen Denkern der Vorzeit „unvollständige Neukantianer“ mache[27]. Das ließe sich durchaus auch auf Natorps Pestalozzi-Darstellung anwenden. Aber nicht dies ist für uns belangvoll, sondern die grundsätzliche Erkenntnis, daß die systematische und die historische Fragestellung der Pädagogik aufeinander verwiesen sind. Soweit pädagogische Theorie sich philosophisch versteht (was nun jenseits des Neukantianismus keineswegs bedeutet, daß sie sich mit der Philosophie identifiziert und in ihr aufgeht), muß sie sich ihren geschichtlichen Begriffs- und Problembestand immer neu vermitteln.

(8) Gefestigt und durchgebildet wurde die Pädagogik im 20. Jahrhundert von Männern, die durch Dilthey und den Neukantianismus hindurchgegangen waren, die dann auch teilnahmen an der Wiederbelebung Hegelscher Motive und die zudem aus der großen erzieherischen Bewegung der Zeit mannigfache Anstöße zu kritischem und prinzipiellem Durchdenken der pädagogischen Fragen empfingen. Wir nennen hier, repräsentativ für ihre Generation, nur *H. Nohl, Th. Litt, E. Spranger.*[28] Charakteristisch für die neue pädagogische Theorie ist es, daß sie die Erziehung nirgendwo mehr auf zeitlose Lehr- oder Führungsmodelle reduziert, sondern sie in der Vielfalt ihrer Formen und aus ihrer Verflochtenheit in den Gesamtzusammenhang von Kultur und Gesellschaft zu begreifen sucht und sie damit immer auch als geschichtlich bestimmte sieht.

Als Angehörigen eines „im Zeitalter des historischen Denkens herangewachsenen Geschlechts“[29] war den Genannten die Einbeziehung der historischen Betrachtungsweise in die Erziehungswissenschaft nicht mehr in dem früheren Sinne Problem. Andererseits hatte sich die Frage nach der auch äußerlich fixier-

[26] *Hönigswald: Über die Grundlagen der Pädagogik.* 159 f.

[27] *N. Hartmann: Der philosophische Gedanke und seine Geschichte* (1936). In: Kleinere Schriften. Bd 2. Berlin 1957. 16.

[28] Den weiteren Umkreis macht sichtbar *E. Lichtenstein: Die letzte Vorkriegsgeneration in Deutschland und die hermeneutisch-pragmatische Pädagogik.* In: Zeitschrift f. Pädagogik. Beiheft 5. 5—33.

[29] Mit dieser Selbstkennzeichnung beginnt das Vorwort von *Th. Litt: Geschichte und Leben.* Leipzig 1918.

baren „Stellung“ der Geschichte der Pädagogik im „System“ überholt, da man nicht mehr auf die Errichtung enzyklopädischer Systembauten hinarbeitete. Die Frage nach der Systemstelle der Geschichte verwandelt sich vielmehr in die Aufgabe, innerhalb der verschiedensten Bereiche der Erziehungswissenschaft eine systematisch-historische Methode auszubilden und anzuwenden. Sich diese Methode bewußt machen, bedeutet vor allem, um den Ausgleich der beiden in ihr zusammengeschlossenen Momente bemüht sein. Spranger warnt einmal vor der Neigung, aus den historischen Dokumenten nur die Antworten herauszuhören, „die wir uns selbst bereits auf rein systematischem Wege gegeben haben“. Andererseits ist die systematische Erarbeitung der „Sache“ unerläßlich, wenn man sich nicht in der Unverbindlichkeit des Wechsels geschichtlicher Lösungen verlieren oder aber (z. B. bei der Gestaltung des Bildungswesens) einem Historismus folgen will, „der die Vergangenheit zum Herren der Gegenwart macht, statt sie in ihren Dienst zu stellen“ (Litt).[30]

Dieses Miteinander von historischer und systematischer Denkhaltung hat Spranger im Rahmen seines geistesphilosophisch-erziehungstheoretischen Werkes in zahlreichen Arbeiten bewährt[31]. Litt hat eine wesentliche Bedeutung der pädagogischen Theorie darin gesehen, daß sie den Erzieher zu einem „geschichtlichen Standortbewußtsein“ erhebt, und von hier aus der Geschichte der Pädagogik ihre Bestimmung zugewiesen[32]. Deutlich exponiert ist das Problem in Nohls *Theorie der Bildung* (1933)[33]. Wissenschaftliche Pädagogik muß nach Nohl ausgehen von der Erziehungswirklichkeit, wie sie einmal „in der eigenen Erfahrung des Sichbildens, des Bildens und Gebildetwerdens“, zum andern in den „pädagogischen Objektivationen“ gegeben ist. Die Leistung der Geschichte der Pädagogik sieht er darin, daß sie „die Kontinuität der pädagogischen Idee in ihrer Entfaltung“ darstellt. „Was Erziehung eigentlich ist, verstehen wir, wenn wir nicht bei dem immerhin beschränkten persönlichen Erlebnis stehenbleiben wollen, nur aus solcher systematischen Analyse der Geschichte.“ Nohl betont die „wechselseitige Abhängigkeit“ zwischen geschichtlicher und systematischer Einsicht: Die geschichtliche Untersuchung arbeitet stets mit systematischen Kategorien, die aus der Besinnung des Lebens gewonnen sind; umgekehrt analysiert die systematische Untersuchung den Bildungsvorgang im Leben selbst auf die in ihm enthaltenen Bezüge, stößt dann auf die historische Wandelbarkeit der einzelnen Faktoren dieses Vorgangs und erkennt in den verschiedenen geschichtlichen Formen seine typischen Möglichkeiten. — Viel später, 1958, hat Nohl den Sachverhalt nochmals in eine sehr gedrängte Formulierung gefaßt, im

[30] *E. Spranger: Wilhelm von Humboldt und die Humanitätsidee.* Berlin 1909. 1. — *Litt:* A. a. O. III.

[31] *F. Nicolin: Die Vergegenwärtigung der Erziehungsgeschichte im Werk Eduard Sprangers.* In: Pädagogische Rundschau. 16 (1962), 598—623.

[32] *Th. Litt: Führen oder Wachsenlassen.* 11. Aufl. Stuttgart 1964. 119 ff.

[33] In: Handbuch der Pädagogik. Bd 1. Gesondert u. d. T.: *Die pädagogische Bewegung in Deutschland und ihre Theorie.* Frankfurt/M. 1935. 150—153.

Blick auf seine eigenen (leider nicht veröffentlichten) historischen Vorlesungen; er habe in ihnen, so sagt er[34], die Geschichte der Pädagogik dargestellt „als systematische Entwicklung der pädagogischen Grundgedanken im Zusammenhang der Zeiten".

(9) Wir verfolgten historisch-exemplarisch die Frage nach Stellung und Wert der Geschichte der Pädagogik in systematischer Hinsicht. Blicken wir zurück, so bieten die aufgezeigten Lösungen zwar ebensowenig wie der Fortgang in der wissenschaftlichen Selbstbegründung der Pädagogik, dem wir uns dabei anschlossen, das Bild einer einsinnigen Entwicklung, aber es wurden doch in ihrer Aufeinanderfolge bestimmte Zusammenhänge sichtbar. Die Hauptlinie führt von einer spekulativ-geschichtsphilosophischen Grundlegung der Pädagogik, die als solche auch die Rückfrage in die Erziehungsgeschichte motiviert (Schleiermacher, Thaulow), über Auffassungen, die in der pädagogisch-historischen Forschung eine erfahrungswissenschaftliche „Basis" für das System (Willmann) und zugleich ein Korrektiv falschverstandener Allgemeingültigkeit (Dilthey) sehen, zu den Theorien des 20. Jahrhunderts, die sich die Erziehungswirklichkeit durch prinzipielle Vereinigung systematischer und historischer Arbeitsweisen zu erschließen suchen. In diese Linie mündet letzten Endes auch der streng philosophische Ansatz des Neukantianismus, der die Aufarbeitung der pädagogischen Problemgeschichte als systematische Aufgabe faßt. Daneben aber hält sich, mit Herbart einsetzend, über den ganzen von uns durchmessenen Zeitraum hinweg auch ein Typus pädagogischer Theorien, die — geschichtlichen Lebensbewegungen überhaupt fernerstehend — das Ganze systematischer Erkenntnis auf eignem Fundament errichten und ihm die Geschichte der Pädagogik mehr oder weniger äußerlich neben- oder nachordnen wollen.

Eindringendere Analyse hätte zu zeigen, wie die einzelnen Systembildungen versuchen, des methodischen Zirkels der gegenseitigen Abhängigkeit von historischer und systematischer Einsicht Herr zu werden. Bewußt ins Auge gefaßt fanden wir das Problem zuerst bei Willmann, aber präsent ist es schon bei Herbart, der sich gegenüber dem Wechsel von Wahrheit und Irrtum in der Geschichte zurückzieht auf den sozusagen sicheren Standort in der Wissenschaft selber — präsent ist es nicht minder in der eigentümlichen Tendenz der Neukantianer, das Geschichtliche vom System her zu überwältigen, — präsent wäre es auch noch in dem Versuch (für den wir kein Beispiel aufgeführt haben), die Wissenschaftlichkeit der Pädagogik ganz auf ihre historische Arbeit zu begründen[35]. — Es wäre weiter von Fall zu Fall zu untersuchen, ob die systematische

[34] *H. Nohl: Erziehergestalten.* Göttingen 1958. 4.

[35] Diese Gefahr signalisiert schon Dilthey, wenn er im Anschluß an seine Kritik des „natürlichen Systems" sagt: „Doch kann diese Pädagogik auch nicht im Sinne der historischen Schule durch eine Analyse der geschichtlichen Formen des Unterrichtswesens ersetzt [!] werden." *Ges. Schr.* Bd 6. 62. — Vgl. dann etwa die starke Beschränkung auf das Historische bei Rudolf Lehmann.

Stellung der Geschichte der Pädagogik Konsequenzen zeitigt oder ihrerseits von Voraussetzungen beeinflußt ist, die in der von uns kaum angedeuteten Binnenstruktur der Systeme liegen, insbesondere in der hierfür bedeutsamen Bestimmung des Verhältnisses von Theorie und Praxis.

Hier sei nur noch auf einen Umstand kurz eingegangen, den wir bisher nicht ausdrücklich bedacht haben, obwohl er sich ständig in unsere Darstellung eindrängte: der Umstand, daß die Bezeichnung ‚Geschichte der Pädagogik' gar kein einheitliches Sachgebiet deckt. Die Mehrschichtigkeit des Wortes Pädagogik wirkt sich hier aus. Es umfaßt nach allgemeinem Gebrauch sowohl das pädagogische Denken (das in sich wieder reich gestuft ist von der erzieherischen Alltagsregel über ausgearbeitete praktische Erziehungslehren und empirische Erforschung pädagogischer Tatsachen- und Bedingungsgefüge bis zur philosophischen Reflexion auf das Erzieherische) als auch das Erziehungshandeln in der Vielfalt seiner Formen und Institutionen. Geschichte der Pädagogik erstreckt sich also im einzelnen auf sehr verschiedene Gegenstandsbereiche oder -ebenen, was wiederum modifizierend zurückwirken kann auf ihre systematische Stellung. Auf der Ebene der philosophischen Erziehungstheorie z. B. gewinnt die Gedankenbewegung enge Nachbarschaft zur Philosophie selber, die sich ihre Geschichte immer neu auslegt und darin zugleich ihren Bestand ausbaut; hier, wenn irgendwo, ist jedes einseitig gerichtete Folgeverhältnis zwischen historischer und systematischer Arbeit aufgehoben zugunsten wechselseitiger Inanspruchnahme. Betreibt man dagegen in systematischer Absicht Geschichte der realen Erziehung und Bildung, so scheint das verschränkte Miteinander von Geschichte und System nach der Seite des aufzunehmenden empirischen Materials, d. h. aber nach der historischen Seite hin relativ offen. Dies hatte schon Willmann bemerkt (s. o. Anm. 16), und hier liegt wohl auch der eigentliche Impuls zu der wiederkehrenden Forderung, die Geschichte der Pädagogik im System voranzustellen.[36]

Wir brechen hier ab. Es war nur erstrebt, das im Thema bezeichnete Problem hinreichend sichtbar zu machen. Zu einem Zeitpunkt, da nach langen Bemühungen um die philosophische Fundierung der Erziehungswissenschaft deren ebenso notwendiger empirischer Ausbau in Gang kommt und da man in folgerechter Spezialisierung an den Hochschulen die Geschichte der Pädagogik eignen Lehrstühlen zu übertragen beginnt, gilt es nicht nur, die in den vergangenen Jahrzehnten vernachlässigte historisch-pädagogische Forschung kräftig zu fördern, sondern auch die Frage nach ihrem systematischen Ort zu vertiefen, wenn nicht der pädagogische Charakter dieser Disziplin und damit unversehens auch die historische Dimension der Erziehungswissenschaft aufs Spiel gesetzt werden soll. Solche Gefährdung beträfe zuletzt das historische Gewissen der erzieherisch Tätigen.

[36] „So gefaßt, hat die Geschichte der Erziehung die Aufgabe, der Erziehungswissenschaft den Gegenstand ihrer Forschung erst in seinem vollen Umfang darzubieten." *(R. Meister: Beiträge zur Theorie der Erziehung.* 2. Aufl. Wien 1947. 34.)

Ingetrud Pape

Zur Metaphysik von Macht und Geist

Die Frage nach dem metaphysischen Verhältnis von *Macht* und *Geist* ist aus konkretem Anlaß zu Beginn des Jahrhunderts in eine bis heute nicht geklärte Verwirrung geraten: Anlaß war der im Anfang der 20er Jahre vollzogene Positionswechsel *Max Schelers,* der sich in seiner These von der „Ohnmacht des Geistes" programmatisch verkürzt angezeigt hatte. An der Aufnahme dieser mißverstandenen und mißverständlichen These: von erregtem Protest über Verwunderung und Unverständnis bis zur Rezeption in eigene Konzepte spiegelt sich die Situation des Problems in ihrer deutlichen Undeutlichkeit. Die Stimmen des Protestes waren die stärkeren und sind für uns die interessanteren, weil Negation noch immer die Kraft der Bestimmung bei sich hat. Als repräsentativ für die Opposition zitiere ich *Peter Wust,* der in einem Aufsatz über „Max Schelers Lehre vom Menschen"[1] von „sinnlosestem Irrationalismus", vom „vollkommenen Zusammenbruch des Schelerschen Geistes" spricht und sein Urteil abschließend dahin zusammenfaßt: „Nachdem ... die ungeheure Katastrophe dieses Denkerlebens sichtbar geworden ist, hinterläßt Scheler seinen Nachfolgern eigentlich nichts weiter mehr als die Problemstellung auf einem unabsehbaren Felde von Trümmern."[2] Was speziell die Ohnmachtsthese betrifft, so deutet sie Wust als Schelers Abfall zum Naturalismus: „Soweit also hatte sich der Idealist von ehedem schon in den tiefsten Naturalismus hinabdrängen lassen, daß er die ungeheure Kraft der Idee, die unter Umständen im Menschen die gesamte naturhafte Triebkraft sich spielend unterwirft, kaum mehr erkennen konnte."[3]

Mag auch die Leidenschaft solchen Protestes, mag Ressentiment und Enttäuschung verblaßt sein, — die These selbst ist wie ein Stein des Anstoßes stehen geblieben: ein Stein, den man gern in einen persönlichen Lapsus des Denkers verwandelt und psychologisch-lebensbezüglich interpretiert. Wenn ich nun diese These und die Reaktion, die sie ausgelöst hat, zum Anlaß meiner Erwägungen nehme, so geht es mir primär um die Situation des Problems, die sie schlagartig aufgedeckt hat, — in zweiter Linie erst um einen Beitrag zum immanenten Verständnis des Schelerschen Denkens. Die Frage einer ‚richtigen',

[1] *Peter Wust,* „Max Schelers Lehre vom Menschen", in: „Das neue Reich", Jahrg. 1928/29.

[2] a. a. O., S. 18 f.

[3] a. a. O., S. 11.

in sich stimmigen Deutung des historisch Gedachten erscheint mir sekundär gegenüber der Frage nach dem objektiv wahren Verhältnis, das sich im Historischen ausspricht; oder genauer gesagt: die Interpretationsfrage setzt die Wahrheitsfrage schon immer voraus, d. h. sie setzt eine Stellungnahme zur Sache voraus, — auch da, wo man glaubt, sich besser mit ‚gehaltenen' Augen in einem fremden Hause herumführen zu lassen.

Die These also, die das Problem der Beziehung von *Macht* und *Geist* blitzartig aufgehellt hat, ist die These von einer *Wesensohnmacht des Geistes,* von seiner wesentlichen Kraftlosigkeit, Ideen aus eigener dynamis durchzusetzen: eine ‚hellsichtige' Ohnmacht, der die ‚blinde' Gewalt der *Natur,* die ‚verblendete' Macht der *Triebe,* ja die *Kraft* selbst als Seinsprinzip in Gestalt eines dunklen, aus dem Urgrund kommenden „Dranges" gegenüberstehend gedacht ist.

Schon diese Exposition der Fronten zeigt an, wie tief das Problem in die Geschichte der abendländischen Metaphysik hinabreicht: wie hier einerseits *Geist und Trieb, Geist und Natur,* als die großen Gegenspieler eines realen Dramas gefaßt sind, — andererseits *Idee und Realität, Idealfaktoren und Realfaktoren,* als zwei nicht nur wesensverschiedene, sondern verschiedenen Welten zugehörige Elemente erscheinen, deren Antinomik mehr einer wesentlichen Fremdartigkeit, einer grundsätzlichen Heterogenität, entwächst als einer im Wesen der Sache liegenden Spannung.

Aus dem Verständnis der These in je *einer* dieser genannten Hinsichten läßt sich das Mißverständnis fast mit Notwendigkeit deduzieren, — ein Mißverständnis, an dem Scheler selbst nicht nur der Schuldige, sondern der Hauptbeteiligte ist. Er selbst nämlich baut sich die Front seiner Gegner: von der Antike bis zur Gegenwart, von *Plato* bis *Freud,* sehr wirkungsvoll auf, um den Aufprall seiner angeblich neuartigen These mit nahezu unschuldigem Vergnügen zu genießen. Ja, es ist ein Rest von jener Entdeckerfreude zu spüren, die immer nur „Freude" ist, wenn der Entdecker der Erste war, der ein lange umnebeltes Eiland entdeckt hat. Die Spuren im Sand, die auf Vorgänger deuten, lassen sich leicht verwischen oder auf Fußstapfen einsamer Einzelgänger zurückführen, die in früherer Zeit an dieser Erkenntnis landeten — oder strandeten.

Die These von der *Ohnmacht des Geistes* ist der genannten Vermutung entsprechend in drei verschiedenen Ebenen zu durchdenken: in der anthropologischen, ontologischen und metaphysischen. Dabei ist gleichzeitig darzutun, daß der Schelersche Hieb in eine sehr alte Kerbe einschlug, — und zum anderen, daß der entfesselte Sturm der Zustimmung wie des Protestes aus einer falschen Alternative kam: aus einer falsch gestellten Weiche sozusagen, die auf Entgleisung und Abfall steht oder auf radikal neuem Kurs des Gedankens, wo in Wahrheit das Denken sich auf sicher eingefahrenem Geleise bewegt.

I

Die erste der Ebenen, in der Scheler selber konkret dem Problem begegnete, ist die *anthropologische Ebene:* Ebene zunächst einer empirischen (nicht metaphysischen) Anthropologie, in der sich *Geist* und *Trieb* als ungleiche Partner ein und desselben menschlichen Daseins treffen. In dieser Partnerschaft spielt das von Scheler gründlich beschriebene Verhältnis von *Sublimierung* und *Resublimierung,* — von der Führerschaft eines machtlos lenkenden Geistes über machtvolle Triebe, die er nur „hemmen" und „enthemmen", nur durch Vorhalten von Bildern verlocken kann, sich für Zwecke des Geistes einspannen zu lassen. Hier sieht *Führung, Leitung, Steuerung* des Geistes von seiten der Triebe wie Verführung, Verleitung, Fehlsteuerung aus, weil der Trieb sich auf fremdem Gelände bewegt und dabei auf eine wenn auch sublime Weise um seine Erfüllung gebracht, um sein in ihm liegendes Triebziel betrogen wird. Von seiten des *Geistes* aber vollzieht sich hier seine ihm eigenste, wesentliche Funktion: „Nein-sagen-könner", „Asket des Lebens" zu sein. „Der Mensch ist das Lebewesen, das kraft seines Geistes sich zu seinem Leben ... prinzipiell asketisch ... verhalten kann"[4], nämlich im Unterdrücken und Verdrängen der Triebimpulse, d. h. im Versagen von Vorstellungen und nährenden Wahrnehmungsbildern. „Askese, Verdrängung, Organausschaltung" (57) sind wesentliche Künste des Geistes, der eben darin seine Autonomie, seine Freiheit, sein eigenes Prinzip hat.

Scheler sieht sich hier vor allem in Gegensatz zur negativen Geisttheorie von Buddha über Schopenhauer und Alsberg bis Freud: der Ansicht nämlich, daß *Geist* und alle kulturerzeugenden Tätigkeiten des Menschen (alle logischen, moralischen, ästhetisch-schauenden und künstlerisch-bildenden Akte) durch jenes „Nein" erst entstehen. (53) Dem setzt Scheler mit Recht die Behauptung entgegen, daß Einer erst da sein muß, der dieses „Nein" spricht: daß eben der Geist es ist, der „die Triebverdrängung einleitet, indem der idee- und wertgeleitete geistige ‚Wille' den idee-wertwiderstreitenden Impulsen des Trieblebens die zu einer Triebhandlung notwendigen Vorstellungen versagt, andererseits den lauernden Trieben idee- und wertangemessene Vorstellungen gleichsam wie Köder vor Augen stellt, um die Triebimpulse so zu koordinieren, daß sie das geistgesetzte Willensprojekt ... in Wirklichkeit überführen." (57) „Lenkung" als der *eine* geistige Grundakt besteht also im „‚Hemmen' (non fiat) und ‚Enthemmen' (non non fiat) von Triebimpulsen durch den geistigen Willen" (57), — während „‚Leitung' die Vorhaltung — gleichsam — der Idee und des Wertes selbst" ist, „die dann je erst durch die Triebbewegungen sich verwirklichen." (58) Diese vom Geist ausgehende Triebregulation mündet in

[4] *Max Scheler,* Die Stellung des Menschen im Kosmos, München 1947, S. 51. — Die eingeklammerten Zahlen im Text hinter den noch folgenden Zitaten aus „Die Stellung d. Menschen im Kosmos" beziehen sich auf diese Ausgabe.

Machtgewinnung des Geistes, — sie wirkt sich aus als „inneres Freier- und Selbstständigerwerden", das alle Personwerdung erst begründet.

Um den Affront zu verstärken, muß man die andere Front noch heranziehen, gegen die er gerichtet ist: die „klassische Theorie des Geistes", wie Scheler sie nennt, die als „gefährlicher Irrtum" die gesamte Philosophie des Abendlandes beherrsche. Ihren Ursprung hat sie im griechischen Geist- und Ideenbegriff: in der Lehre von der Selbstmacht der Idee, ihrer ursprünglichen Kraft und Tätigkeit. Da *Plato* und *Aristoteles* als Kronzeugen genannt sind, muß der Gegenbeweis an dieser Ursprungsstelle des vermeintlichen Irrtums ansetzen: der Beweis nämlich, daß — was jenes im Menschen sichtbare Verhältnis von Geist und Trieb, von Vernunft und Natur angeht — Schelers These in ältester Traditionslinie steht.

In den „Leges" illustriert *Plato* die Rolle der Vernunft gegenüber den vernunftlosen Ratgebern im Menschen (die er als „Lust" und „Schmerz", und als Erwartung beider „Furcht" und „Hoffnung" benennt) im Gleichnis der Marionettenmenschen[5]: „Wir wollen jedes von uns lebendigen Wesen als eine wundervoll künstliche Marionette ansehen, von den Göttern geschaffen — gleichviel ob zu ihrem Spielzeug oder im Ernst zu irgendwelchem Zweck ... So viel wissen wir, daß jene Gefühle in uns gleichsam Saiten oder Schnüre sind, die innerlich an uns ziehen, — und weil sie selbst einander entgegengesetzt sind, uns ... auch zu entgegengesetzten Handlungen hinreißen ... Denn je nur *einem* der verschiedenen Züge ... müsse jedermann stets folgen, nie von demselben ablassen, sondern allen anderen Saiten entgegenziehen; und dies sei die *Leitung der überlegenden Vernunft,* welche golden und heilig ist, das allgemeine Gesetz des Staates genannt. Die andern Züge sind hart und eisern; nur dieser ist von weichem Metall, weil er golden ist ... Da muß man aber dem schönsten Zuge, dem Zuge des Gesetzes, immer nachhelfen. Denn die Vernunft ist zwar ein schönes Ding, aber sie ist *sanft und ohne Gewalt;* deshalb bedarf ihre Leitung noch der Unterstützung, damit in uns die goldene Art über die andern Arten siegen kann."

Diese *Disproportion von Hoheit und Stärke,* die sich im Bild vom weichen Gold und kräftigem Eisen ausdrückt, — diese Notwendigkeit, der sanften Vernunft Kraft zuzuspielen, damit sie „siege", d. h. *Macht* gewinnt über das, was von Natur aus das Mächtigere ist, — das alles entspricht auf's Genaueste dem Schema vom ohnmächtigen Geist, der sich auf Kosten der Triebe ermächtigt. Nimmt man dann noch hinzu, daß Plato im „Staat" die Aufgabe des logistikon im κωλύειν ἐκ λογισμοῦ sieht,[6] so kommt auch das negative Moment des Neinsagen-könnens hier fast wörtlich zum Zuge: Funktion des Geistes ist primär ein *„aus Vernunftgründen verhindern"*, das hemmende In-Schranken-halten der vernunftlosen Gewalt. Im „Timaios" schließlich wird in der Zweiteilung der

[5] *Platon,* Leges, 644 e—645, zitiert nach Übersetzung v. *E. Eyth* aus Platon, Sämtl. Werke, 3. Bd., Heidelberg o. J.

[6] *Platon,* Politeia, 439 d 5, 7.

Seele in einen göttlichen und sterblichen Teil der Anspruch des göttlichen Teiles, des Nous, als *Führung* beschrieben: der Nous ist im Haupte lokalisiert und seine Funktionen sind βουλεύεσθαι und ἡγεμονεῖν[7]. Aber er muß sich, um die Begierden niederzuhalten, der Vermittlung des „Mutartigen" bedienen, des höheren sterblichen Teils, der dem göttlichen verwandt ist; denn der begehrliche Teil hat keinen Anteil an logos und phronesis und kann daher den logos prinzipiell nicht vernehmen. Daß dabei der logos, statt zu ‚befehlen', nur „auffordert" oder „Richtlinien gibt", macht die Parallele zu Schelers wertblindem Trieb und dem ihn leitenden „geistigen Willen" nur noch präziser. Der Wille aber als Mittler zwischen zwei artfremden Instanzen, die keinerlei Verwandtschaft verbindet, spielt hier eine ebenso entscheidende wie zweideutige Rolle. Davon später.

Für *Aristoteles* liegt (in der Nikomachischen Ethik) zwar der Akzent stärker auf dem „Befehlen" des logistikon: seine Funktionen sind βουλεύεσθαι, διανοεῖσθαι, πάρακελεύεσθαι und παραγγέλλειν.[8] Hört man hier die Varianten und Nebenbedeutungen mit, so läuft auch dieses „Befehlen" praktisch auf ein *Anraten* und *Vorstelligmachen*, auf hinführendes, hinhaltendes oder ablenkend-verführendes *Leiten* hinaus. Auch ein solches reflektierendes Regeln-aufstellen kann das Handeln nur dank seiner erwägenden Überschau dirigieren, d. h. dank einer *machtvollen Überlegenheit* rein geistiger Art.

Zusammenfassend könnte man sagen: Der ohnmächtige Geist bewältigt im Vollzug seiner selbst seine Ohnmacht gegenüber der Triebmacht durch Gewinnung einer wesentlich anderen Macht: *Überlegen macht überlegen,* d. h. dianoia, *überlegendes Durchdenken* macht überlegen, weil es aus dem höheren Standort der distanzierenden Überschau und Vorausschau geschieht. Die angebliche *Ohnmacht des Geistes* also in dieser ersten, anthropologischen Ebene ist in Wahrheit zugleich eine *Vor-Macht:* die Vormacht der Theoria, der Schau, gegenüber der Praxis als handelndem Tätigsein, und insofern die Vormacht des Geistes, dem diese Schau wesenseigen, gegenüber allem, was als Trieb oder Drang oder angelegter Handlungsvollzug ‚*blind*' in bezug auf sich selbst ist, d. h. um sein Tun und seine Ziele nicht weiß.

II

Zeigte sich schon auf anthropologischer Ebene der Gedanke von der gewaltlosen Führerrolle des Geistes gegenüber den Trieben als altes philosophisches Gut, so wird mit dem Übergang zur zweiten, der ontologischen Ebene, eine Sicht des Problems erreicht, die unvergleichlich ehrwürdig und vertraut ist. Die zweite Gegensatzdimension nämlich, in welche die anthropologische Frage nach dem Verhältnis von *Geist* und *Trieb* notwendig hinüberführt, ist die von *Idee*

[7] *Platon,* Timaios, 70 e 6, c 1.

[8] Vgl. dazu den Kommentar von *Franz Dirlmeier* zu *Aristoteles,* Nikomachische Ethik, in Werke, Bd. 6, Darmstadt 1956, S. 279.

und Realität, Wesen und Wirklichkeit, Essenz und Existenz, die einander als machtlos-zeitloses *Sosein* und zeitliches, wirk-kräftiges *Dasein*, als Kraftfeld eines naturhaft-materialen *Vordergrundes* und Wesenswelt eines formgestalteten, durchlichteten *Hintergrundes* zugeordnet sind. Wie auch immer die räumliche Metaphorik hier angesetzt wird: ob als *Tiefe* und *Grund*, ob als *Überwelt* oder *hyperouranios topos*, — in jedem Fall ist das „Erste für uns" nicht das „Erste der Sache", und die Wesenswelt ist — „aus dem Blickpunkt des gesunden Menschenverstandes gesehen"[9] — die (wie Hegel es nannte) „verkehrte Welt". Die im ersten Zustoß getroffene Wirklichkeit ist diejenige, die im Stoß des Durch-denkens „zu-Grunde-geht" im hegelischen Sinne des Wortes: die auf ihren Wesensgrund hin durchstoßen und so für den Geist zunichte-gemacht wird.

Den anthropologischen Ansatz zum Vorstoß in diese ontologische Dimension gibt für Scheler die Unterscheidung von der Umweltverklammerung des Tieres und der erst vom Geiste erschlossenen „Weltoffenheit" als Welt-Aufgeschlossenheit des Menschen. Wenn es Wesen des Tieres ist, in die „sicheren Zäune und Grenzen seiner Umweltstruktur" eingeschlossen zu sein (37), sich im unauflöslichen Zirkel der Strukturen von Trieb, Sinnen und Umwelt zu bewegen und dabei im „Gefühlsdrang" die Wirklichkeit nur als gegenstehendes Dasein, als *Widerstand* zu erfahren, so ist Wesen des Menschen, diesen Zirkel schon im ersten Akt seines Weltverhaltens zu sprengen: In der Umwandlung von „affekt- und triebumgrenzten Widerstandszentren" zu Gegenständen, — im Motiviertsein seines Verhaltens vom „puren Sosein eines zum Gegenstand erhobenen Anschauungs- und Vorstellungskomplexes", erweist sich der Mensch als das Wesen, das sich *„in unbegrenztem Maße ‚weltoffen' verhalten kann.* Menschwerdung ist Erhebung zur Weltoffenheit kraft des Geistes." (37) Dasjenige also im Menschen, das — für Sosein grundsätzlich aufgeschlossen — die Welt des Daseins zu transzendieren vermag, ist allein der *Geist*, der als *Ideendenken* und *Anschauen* von Wesensgehalten den Menschen über das Tier erhebt, ihn hellsichtig macht für eine andere Welt.

Was Scheler hier sieht und in dieser zweiten Version der These von der *Ohnmacht des Geistes* zur Geltung bringt, ist nichts anderes als die Zuordnung des Geistes zu einer Wirklichkeit besonderer Art: einer Wirklichkeit, die statt der „triebumgrenzten Widerstandszentren" einer tierischen Umwelt aus „Wesenstatsachen" besteht, d. h. aus Objekten, die nicht in ‚zupackender Tat' oder im ‚Zugriff' eines herrschen-wollenden Denkens, sondern nur in reiner *Wesensschau* sich vergegenwärtigen lassen. Denn *Gegenwart*, nicht *wirkende Wirklichkeit*, ist der Modus ihrer wesentlichen Anwesenheit. Die von Husserl neu geübte Methode der „phänomenologischen Reduktion", — die mit ihr wiederentdeckte Welt der objektiv-allgemeingültigen Sachverhalte, übte auf Scheler die gleiche Faszination aus wie auf alle, die — vom Neukantianismus ermüdet — der unendlichen Aufgabe des gegebenen, und niemals vollendeten Gegenstandes un-

[9] *Martin Heidegger*, Was ist Metaphysik?, 8. Aufl., Frankfurt 1960, S. 24.

lustig waren. So öffnet sich dem *machtlosen Geist* eine *machtlose Welt*, — eine Welt, die ihm allein zugehört, wenngleich sie nicht von seinen Gnaden besteht. Der gewaltlos-schauende Zutritt des Geistes zu dieser kraftlosen Welt reiner Wesensgestalten ist dasjenige, was wiederum seine Ohnmacht in Macht verwandelt: in eine Mächtigkeit höherer Ordnung.

Für die Stellung des Geistes bedeutsam sind zwei Vertiefungen, die Scheler der Husserlschen Lehre hinzufügt: Vertiefung einerseits der *phänomenologischen Reduktion*, die unter dem Einfluß östlicher Lebenshaltung zum Akt der „Ent-wirklichung", zur triebverdrängenden *„Askese"* sich steigert und zugleich sich verinnerlicht zum religiösen Akt der *„Kontemplation"*, der mystischen Einswerdung mit dem Weltgrund; Vertiefung andererseits der geschauten Wesenheiten zu Entitäten von objektiv gültiger Ordnung. Durch die methodische Intensivierung steigert sich gleichzeitig der Anspruch des Denkens und der Rang dessen, was das Denken ‚in Anspruch' nimmt. Nicht nur — wie Husserl — zu einer *„absoluten Philosophie"* als eidetische Wissenschaft, zu einer *„Philosophie des Absoluten"* sucht Scheler vorzudringen, — nicht zu den „Sachen selbst" nur, sondern darüberhinaus zu den objektiven Realitäten, zum Bereich des *‚Soseins an sich'*: zu einer überzeitlichen, allgemeingültigen, in der reinen Schau unmittelbar evidenten, einer von der Person — und nur von ihr — *beantworteten* Wesenswelt.

Von daher gesehen erscheint die *Ohnmachtsthese des Geistes*, rein systematisch betrachtet, kaum noch vermeidbar: Wenn der erste Kontakt mit der Wirklichkeit ein triebhaft-aktiver ist, in dem Dasein als *„Widerstand"* nur „Erlebniskorrelat" eines „triebhaften Begehrens",[10] — wenn gleichzeitig aber der *Geist* von diesen „stoßenden Kräften frei — auf alle Natur herabzulächeln vermag", wie Scheler sich ausdrückt,[11] dann ist „epoche" und „Einklammerung des Daseins" nur ein unzureichender Ausdruck für diese fundamentale menschliche Möglichkeit, den gesamten Kräftebezug zur Wirklichkeit: diesen dynamischen Zug und Gegenzug von actio und reactio im wörtlichen Sinn *‚außer Kraft zu setzen'* und dadurch eine geistige Welt zur Erscheinung zu bringen, die solchem Kraftbezug gegenüber allerdings als die *‚kraftlose, machtlose, gewaltlose'* erscheint; eine Welt von Wesenstatsachen, deren Faktizität zwar das größere Gewicht, den höheren Rang hat, aber dennoch nicht ‚vor-dringlich' ist: keine aus den Dingen durch eigene Kraft hervordringende ist, — deren Unaufdringlichkeit vielmehr von ihrer Zeitenthobenheit herrührt; denn nur in der Zeit gibt es Dringliches. Der Unaufdringlichkeit dieser Gegenstände als immer *gegen-wärtigen* entspricht die Eindringlichkeit der Hinwendung zu ihnen. Nur in der

10 *Max Scheler*, Liebe und Erkenntnis, München 1955, S. 6.

11 *Max Scheler*, Die Formen des Wissens und die Bildung, Bonn 1925, S. 17: „Aber nehmen wir diesen Wesensbegriff des Menschen an, einen Begriff, der ihn nicht den nächsthöheren Wirbeltieren, dem Menschenaffen, sondern der *ganzen Natur* überhaupt entgegensetzt als ein Wesen, das in seinem *tiefsten Zentrum* frei von ihren stoßenden Kräften auf alle Natur herabzulächeln vermag;"

wesens-gemäßen Haltung kontemplativer Versenkung kann diese Welt schauend empfangen werden.

In dieser ontologischen Hinsicht gibt es nun für den *Geist* keinerlei Angewiesenheit mehr auf irgendeine Art von Drang, Wirkmacht oder Realität: gerade im Ausklammern und Zurückhalten aller realität-setzenden Impulse, Dränge, Begierden und Triebe kommt der *Geist* erst in seine Hochform. Es kann ihm weder durch Sublimierung von Triebenergie, noch durch tapferes Aushalten einer ihm auferlegten Feindschaft zum *Drang*, ein Wert zuwachsen, den er nicht reiner und ungetrübter in sich selbst aufstrahlen ließe. Freilich ist dieser *Geist* immer noch *personaler Geist*, und mit seiner Befreiung zum reinen Wesen kommt auch die *Person* erst in ihre Wesensvollendung. So ergibt sich noch aus ontologischer Sicht eine anthropologische Konsequenz von metaphysischem Rang: Höchste menschliche Möglichkeit ist es, in Zurückhaltung der wirklichkeitssetzenden Akte die Welt zu ‚*ent-wirklichen*', zu ‚*verwesentlichen*', und in dieser *Askese* zugleich sich vom Leiden am Widerstand zu erlösen. In solchem Freiwerden des *Geistes* von allem ‚*Betrieb*', (den die Technik ihm abnehmen kann und darum abnehmen *soll!*) — im Freiwerden der *Person* vom *Betrieb der Geschichte*, die sie letztlich nur mit Verlust ihres Wesens ‚betreibt', wird *Ohnmacht* zur lösenden und damit erlösenden Macht; weil sie jener Kräftewelt keinen Anhaltspunkt liefert, streift sie ihre Fessel wie ein Fremdartiges ab und erlöst so den *Geist* aus der Gefangenschaft seiner *Entfremdung*. Im Medium des *Schauens* hat Kant die gleiche Dialektik von Ohnmacht und Macht am blinden Seher Tiresias beschrieben: *Seher* ist er gerade, insofern er *blind* ist; denn die Blindheit der Augen für *diese* Welt macht ihn erst sehend für jene andere Welt.[12]

Es bedarf hier kaum noch der Namensnennung, um auch für diese Fassung der Ohnmachtsthese die Vorgänger und Gleichgesinnten zu finden. Wann jemals wäre seit *Plato* diese Sicht des Geistes und seines Wesensvollzuges im Philosophieren verloren gegangen: Das Höhlengleichnis im „Staat", die Schilderung der welt-verstrickenden Wirkung des Leibes im „Phaidon", von der die Seele sich dank ihrer höheren Artung und Abstammung freihalten kann, — die Definition des Philosophierens als „ewiges Sterben", — bei *Augustinus* das Nichtigwerden der *äußeren Welt* aus der Selbst- und Gottesgewißheit der *inneren* Welt, — bei *Nikolaus von Cues* die „sehnsüchtige Bewegung" des Weisen, „seine

[12] *Kant*, Träume eines Geistersehers, erläutert durch Träume der Metaphysik, Akademie-Ausg. d. Ges. Schriften, Bd. II, S. 341: „Wenn indessen die Vortheile und Nachtheile in einander gerechnet werden, die demjenigen erwachsen können, der nicht allein für die sichtbare Welt, sondern auch für die unsichtbare in gewissem Grade organisirt ist (wofern es jemals einen solchen gegeben hat), so scheint ein Geschenk von dieser Art demjenigen gleich zu sein, womit Juno den Tiresias beehrte, die ihn zuvor blind machte, damit sie ihm die Gabe zu weissagen ertheilen könnte. Denn nach den obigen Sätzen zu urtheilen, kann die anschauende Kenntnis der *andern* Welt allhier nur erlangt werden, indem man etwas von demjenigen Verstande einbüßt, welchen man für die *gegenwärtige* nöthig hat."

Sinnengebundenheit aufgebend", sich der ewigen Weisheit „anzueinen", „seiner selbst vergessen, wenn auch im Körper verharrend, gleichsam aus dem Körper heraus zu der vorausgekosteten Wonne hin entrafft",[13] — und bei *Kant* die Beschreibung des Menschen als Bürger zweier verschiedenartiger Welten, die ihn in widersprüchlicher Weise beanspruchen: solange die materielle ihn fesselt durch ihre vordergründige Klarheit, kann sich die andere, die „Geisterwelt", seinem Bewußtsein noch nicht zum klaren Anschauen eröffnen",[14] — eine These übrigens, die Scheler in seiner letzten Denkphase noch für die einzig mögliche Grundlage aller Metaphysik hält. Das sind nur wenige, wahllos herausgegriffene Beispiele, die man beliebig vermehren könnte, für die von jeher gesehene dialektische Spannung von Geist und Materie, Physis und Metaphysis: zwei Welten heterogener Wesensgehalte, die eine gegensätzliche Spannung erst im Menschen erzeugen als dem Wesen, das beiden Welten verpflichtet ist. Das alles seit *Kierkegaard* am Menschen in existentieller Verschärfung gesehen: als „eine Synthese von Endlichkeit und Unendlichkeit, von Zeitlichem und Ewigem, von Freiheit und Notwendigkeit"[15] und in der Gegenwart wieder aufgenommen bei *Jaspers* als „Bodenlosigkeit des erscheinenden Weltseins" — „bodenlos", weil „ohne den Grund im Umgreifenden" — eine Sphäre der „Uneigentlichkeit", die erst in der Dimension „Existenz — Transzendenz" — auf ihren „Grund" hin durchbrochen wird;[16] schließlich bei *Heidegger* das gleiche Verhältnis erneut ontologisch fundiert: einerseits Metaphysik als „das Grundgeschehen im Dasein", demgegenüber in der derzeitigen Stunde des Seinsgeschicks der „Wille zur Macht" als eine Vorform des „Willens zum Willen" sein „Erscheinen begonnen hat".[17]

So scheinen auch von hier aus gesehen alle Fronten, die Scheler sich aufbaut, in Wahrheit nur *offene Türen* zu sein: Türen, hinter denen das gleiche Verständnis der Grundrelation von *Macht und Ohnmacht des Geistes* zu Hause ist. Auf der ontologischen Ebene läßt sich jedoch noch ein zweites Verständnis der „Ohnmacht des Geistes" ausmachen, das — von aller Subjektivität abstrahierend — sich rein kosmologisch am Aufbau der Welt orientiert. Dabei ergibt sich ein ontologisches Grundgesetz, wie es etwa *Nicolai Hartmann* aufgestellt hat: ein Gesetz, das innerhalb einer kategorialen Schichtung jeweils das Stärkersein der niedrigen und Schwächersein der höheren Kategorien besagt, wobei „Schwäche" sich zunächst als *Abhängigkeit* im *Aufruhen* bestimmt und damit eine unaufhebbare, irreversible Richtung von *unten* nach *oben* begründet. Hält man sich an die drei Hauptschichten, so läßt sich mit Nicolai Hartmann der Inhalt dieses Gesetzes folgendermaßen angeben: „Es gibt den Organismus nur als ‚Überformung' des Materiellen; es gibt das Bewußtsein nur als ‚Überbau' des Organischen; und es gibt den Geist nur als ‚Überbau' des Seelischen."[18] *Scheler* selbst

[13] *Nikolaus von Cues,* Der Laie über die Weisheit, 3. Aufl. Hamburg 1954, S. 55.
[14] *Kant,* Träume eines Geistersehers ..., Akad.-Ausg. Bd. II, S. 382.
[15] *Sören Kierkegaard,* Die Krankheit zum Tode, Bremen 1949, S. 18.
[16] *Karl Jaspers,* Von der Wahrheit, Philosophische Logik, 1. Bd., S. 104 ff.
[17] *Martin Heidegger,* Was ist Metaphysik?, Frankfurt 1960, S. 41 ff.
[18] *Nicolai Hartmann,* Der Aufbau der realen Welt, Berlin 1940, S. 523.

sieht dieses kategoriale Grundgesetz in der Form eines Kräfte- und Wirkstromes, der die gestufte Welt von „unten nach oben durchzieht" und sich mit dem Grundsatz kennzeichnen läßt: „Mächtig ist ursprünglich das Niedrige, ohnmächtig das Höchste." (61) Auch diese Form aber der Ohnmachtsthese dürfte bei allen ontologischen Denkern kaum auf Widerstand stoßen; denn ontologisch ist es ein unbestreitbares Phänomen, daß im gleichen Maße wie Differenziertheit und Qualität eines Seienden steigen, seine Stärke und Widerstandskraft sich verringern. Zunahme an Höhe bedeutet immer zugleich Verlust an Stärke und Kraft: das Edelste, Differenzierteste ist zugleich das Zerbrechlichste und Gefährdetste. Geistige Übermacht wird also auch hier mit Ohnmacht bezahlt: das Wagnis ist der Preis der Größe.

III

Die dritte und letzte Ebene, in der die These von der *Ohnmacht des Geistes* diskutiert werden muß, ist die Ebene der *Metaphysik:* hier kommt man der Dualität ‚an die Wurzel', — hier wird der Gegensatz von *Geist* und *Drang* ‚zu-Grunde-gedacht'. Dabei zeigt sich als metaphysisches Grundgeschehen die *Sublimierung* als eine „Ermächtigung der Vernunft" (63) und die wechselseitige Durchdringung der Prinzipien des Weltgrundes als „Vergeistigung der Drangsale", die hinter den Bildern der Dinge stehen. So kann im Verlauf der Entwicklung „eine allmähliche Umkehrung des ursprünglichen Verhältnisses eintreten, nach welchen die höheren Seinsformen die schwächeren, die niedrigeren die stärkeren sind"; denn die „Durchdringung des ursprünglich ohnmächtigen Geistes und des ursprünglich dämonischen, d. h. gegenüber allen geistigen Ideen und Werten blinden Dranges" hat zum Endziel die Ermächtigung des Ohnmächtigen: „Verlebendigung des Geistes ist das Ziel und Ende endlichen Seins und Geschehens." (65)

Das läßt sich ohne Einbeziehung der theogonischen Metaphysik nicht mehr zureichend deuten. Das Drama von *Macht und Geist* ist jetzt in den Weltgrund verlegt, die Auseinandersetzung in ihre göttliche Tiefe gelangt; denn auch das höchste Sein ist in einen macht- und kraftlosen „Geist" und in eine „natura naturans" als einen „allmächtigen, mit unendlichen Bildern geladenen ‚*Drang*'" gespalten, der das allein schöpferische Prinzip des Weltgrundes ausmacht. Sollte sich „deitas" als die in diesem Grunde angelegte Ideen- und Wertfülle verwirklichen, so mußte der „Grund der Dinge ... den weltschaffenden Drang enthemmen, er mußte den Weltprozeß sozusagen in Kauf nehmen, um in und durch den zeithaften Ablauf dieses Prozesses sein Wesen zu verwirklichen." (65) Hier sind zwei theologische Momente am Werk gewesen: zwei theologisch-metaphysische Fragen, die erneut mit der „Ohnmacht des Geistes", jetzt des göttlichen Geistes, beantwortet werden. Das ist einmal das *Theodiceeproblem* als die uralte Frage nach der Rechtfertigung Gottes gegenüber dem Übel, das nun aus der wesentlichen Ohnmacht Gottes erklärt wird: Gott muß das Übel zulassen, weil er selbst der machtlos Kommende, der Werdende ist; nur im Mit-leiden, Mit-ringen des Menschen kann die „ewige deitas" zu göttlichem „Da-sein" kommen. (65) Und zum anderen haben die *Trinitätsspekulationen* der Gnosis und die christlichen Schöpfungslehren hier ihren Einfluß gehabt.

Was das Erste betrifft, so ist vor allem *Schelling* zu nennen, besonders seine Schrift von 1809 über das „Wesen der menschlichen Freiheit", die Scheler beeindruckt hat und seiner theogonischen Metaphysik die dualistische Form gab. Auch Schelling faßt das zweite Prinzip in Gott nicht materiell, sondern dynamisch, und glaubt neben dem Logos als Formelement noch ein anderes Element walten zu sehen: ein Element des Chaotischen, Drängenden, eine dunkle, undurchsichtige Macht, die als Begierde und drängender Wille der abgründige Grund und trächtige Schoß alles Seienden ist.

Was das zweite Moment anbelangt, so hatten schon die frühchristlichen Trinitätsspekulationen und Schöpfungslehren dem Gedanken Raum gegeben, daß Gott sich in diesem Werdeprozeß erst *vollendet:* so ergibt sich etwa für *Marius Victorinus,* daß der Wille Gottes nach *innen* gerichtet Formierung der eigenen Person, *Zeugung des Logos,* — nach *außen* gerichtet *Schöpfung* ist und *Erlösung.*[19] „Der metaphysische Prozeß aber ist ein und derselbe; insofern die Selbstverwirklichung notwendig über die Schöpfung führt", — also die Schöpfung hineingehört „in den Prozeß der göttlichen Selbstdarstellung, die die Identität zum Ziel hat".[20]

Entscheidend wird nun, wie früher schon angedeutet, die Frage nach dem Wesen des *Willens.* Gehört er als machtvoll Drängendes auf die Seite der Triebe? oder ist er geistiges Prinzip: die potentia des Logos? In den Willensspekulationen der Gnosis bahnt sich bereits eine Überwindung des psychologischen durch einen metaphysischen Willensbegriff an. *Irenaeus* nennt Willen: „den Logos unserer intelligiblen Seele, über den wir selbst verfügen, als eine existierende, über sich selbst frei herrschende Potenz . . . Wille ist erregter Intellekt und intelligibler Trieb, der sich auf das Gewollte richtet."[21] Es gibt also schon hier eine *Macht des Logos* der vernünftigen Seele, einen Willen als „Energie des Intellekts". Im Unterschied von *„orexis* als der rein animalischen, natürlichen Begierde des Fleisches ist die Thelesis der Wille des Geistes": ein zielgerichtetes, geistiges Streben, das — wie der „appetitus" der Monade — zugleich Bewegungs*kraft* und Bewegung des Geistigen ist.

Im Fortdenken dieser Gedanken wäre heutiges Desiderat eine Analyse der Grund-Antriebe des menschlichen Daseins, die *Triebe* nicht nur als drängende Kräfte im Dienste des Lebens begreift, sondern im *Gestaltungstrieb, Erkenntnistrieb,* ja im *Freiheitstrieb* Modi des geistigen Willens erkennt, der *drängend* auch, aber nicht *zwingend,* An-Triebe setzt in der Richtung, in der jedwedes

[19] Vgl. *E. Benz,* Marius Victorinus und die Entwicklung der abendländischen Willensmetaphysik, Stuttgart 1932, S. 82.

[20] a. a. O., S. 82.

[21] a. a. O., S. 328.

Werden sich in sein Telos hinein voll-endet. Dieser geistige Wille ist es, der in jedem Wesen als *„Unruhe"* wohnt, insofern „alle Unruhe die Unruhe des Unvollendeten ist"![22]

Abschließend ist nochmals zu sagen: es ging mir nicht um eine Rechtfertigung Schelers gegen mehr oder minder verklungene Anklagen, noch lag mir an einem Widerruf seiner Urheberschaft bezüglich der These von der *„Ohnmacht des Geistes"*. Relevant allein ist, wieweit diese These heute noch trägt im Durchdenken der metaphysischen Relation von *Macht und Geist*, von *Realität und Idee*. Was sich bisher gezeigt hat, ist erstaunlicherweise, daß die These das durchaus Unerstaunliche ist: daß sie auf allen möglichen Ebenen ihres Verständnisses — in der anthropologischen, ontologischen und metaphysischen Ebene — sich eines consensus der Geister erfreut, der durch die Geschichte bis zu Plato zurückreicht. Sucht man aber in eben dieser Geschichte nach sachlichen Gegnern der Ohnmachtsthese, so finden sich solche, die Scheler nicht nennt. Es wäre in erster Linie *Leibniz* zu nennen und seine Konzeption der *Monade* als metaphysischer Kraftpunkt, als immaterieller Motor aller Entwicklung; denn hier kann im strengen Sinne von einer Dialektik der Welten bzw. der Kräfte, der physischen und metaphysischen, nicht mehr gesprochen werden. Die Monade ist autark im Sinne der Entelechie: « il y a une suffisance (αὐτάρκεια) qui les rend sources de leurs actions internes . . . .»,[23] d. h. sie hat das Prinzip ihrer Mächtigkeit in sich selbst. Sicherlich gibt es ‚außer ihr' die physische Welt der mechanisch-maschinellen Vollzüge; aber dieses ‚es gibt' zeigt keine Realität an: es hat nur den wesenlosen, nicht-substantiellen Charakter eines „phaenomenon bene fundatum". Die empirisch-dynamische Kraft als Naturerscheinung ist „deriviert", d. h. abgeleitet von einer absoluten Kraft metaphysischen Ursprungs. So kann es hier ein Rivalisieren der Mächte weder der Wahrheit noch dem Anschein nach geben: die metaphysische Kraft der immateriellen Monade bleibt Anfang und Ursprung aller materiellen und immateriellen Bewegung.

Als stärkster Gegner der Ohnmachtsthese wäre natürlich *Hegel* zu nennen, der mehr als irgendein anderer dem Geist bewegende Macht zugedacht hat. Ja, er scheut nicht die geistige Eigendynamik als „Trieb des Geistes zu fassen: als dasjenige, was *Geist* erst wesentlich zum „lebendigen" macht. „Die Lebendigkeit des Geistes bleibt in der Nüchternheit nicht befriedigt, sondern ist *Trieb*, geht über in den Hunger und Durst nach Wahrheit, nach Erkenntnis . . ."[24] Der Begriff „Leben" (nicht „Wille") schafft hier die Vermittlung: „Lebendiger Geist" setzt nicht erst im Überlegen die Negation seiner Schwäche, er bedarf nicht des

[22] *F. W. J. Schelling*, Das Wesen der menschlichen Freiheit, Düsseldorf 1950, Einleitg. v. *H. Fuhrmans*, S. XIV.

[23] *G. W. Leibniz*, Principes de la Philosophie ou Monadologie, hrsg. v. *A. Robinet*, Paris 1954, S. 81, § 18.

[24] *G. W. F. Hegel*, Enzyklopädie, § 475. Zur Rolle der „Leidenschaft" als Triebkraft des Geistes, als „die notwendige Basis und Kraftquelle für alle natürliche und geistige Fruchtbarkeit" vgl. *H. Heimsoeth*, Politik und Moral in Hegels Geschichtsphilosophie, in: Studien zur Philosophiegeschichte, Köln 1961, bes. S. 30 ff.

„Dranges" zu seiner Ermächtigung; er trägt als „Leben" sowohl die dynamis seiner Eigenbewegung wie den Quell aller schöpferisch-schaffenden Kräfte in sich.

Aus welchem Standort also, möchte ich fragen, opponieren wir eigentlich gegen die Ohnmacht des Geistes? Was halten wir selbst von der Verwirklichungsmacht der Idee? Wenn heute von vielen Seiten der Ruf nach Besinnung ergeht, — wenn Zeitkritiker die Gestalten abtasten, die der *homo faber* in seiner „vita activa" verwirklicht, und reflektierend die Chancen erwägen, die dem *homo humanus* in den Trends und Tendenzen unseres Zeitalters bleiben, so wird dabei offenbar die *Besinnung* nicht mehr als mitbestimmender Faktor dieses Schaffensprozesses gedacht. Wie hoch aber schätzen wir dann die Kraft der *Besinnung* noch ein? Kann sie ihrerseits „nichts, als zu weiterer Besinnung anregen" wollen, wie *Hannah Arendt*[25] bescheiden bemerkt? Das *Denken* wird hier in die Zuschauerrolle des „Lebens" gedrängt; denn gerade „das höchste und vielleicht reinste Tätigsein, von dem Menschen wissen, die Tätigkeit des Denkens", fällt aus dem Rahmen solcher Überlegung heraus.[26] Ist also *Besinnung* nicht schon das Eingeständnis unserer geistigen Ohnmacht? Ist sie mehr als der resignierende Blick, den wir den Gestalten nachschicken, die das „Leben" erfunden hat und nicht unser Geist? Oder ist vielleicht gerade *Besinnung* auf das Wesensverhältnis von *Macht und Geist* eine Lebens-Not-wendigkeit im wörtlichen Sinne: nämlich das, was hier und jetzt über unsere Zukunft entscheidet? „Was wird aus uns? Was wird aus dem Menschen?" ist die heutige Frage des innehaltenden Geistes. Aber in solcher Passivform unseres Fragens steckt noch immer ein Rest von hegelischem Vertrauen, daß das „Vernünftige wirklich und das Wirkliche vernünftig" sein müßte. Aus dem Zerfall des Vertrauens in die Allmacht der Idee hat sich ein Pseudoglaube gerettet an die ‚Macht der Verhältnisse', die eine begonnene Entwicklung unaufhaltsam vollenden.

Das, was die These von der *Ohnmacht des Geistes* ausdrücken wollte, ist philosophisch noch gar nicht zum Austrag gekommen, es sei denn in derjenigen Philosophie, die mit *Kierkegaard* den *Geist* als *Selbst* definiert und das *Selbst* als „ein Verhältnis, das sich zu sich selbst verhält" und sich so „gründet . . ., sich selbst durchsichtig, in der Macht, die es setzte."[27] Als Philosophen reagieren wir heute in erster Linie ‚historisch'. Mit unserer Geschicklichkeit im historischen Wiedererkennen, mit unserer erstaunlichen Versiertheit im Einordnen spekulativer Momente, schaffen wir die Probleme aus dem Bereich unserer Leidenschaft in die Kühlhäuser des aufbewahrenden Geistes. Über der ärgerlichen Antiquiertheit einer theogonischen Metaphysik oder über ihrer christlichen Anstößigkeit ist es zu einer Auseinandersetzung mit dem Problem, zu einer Ant-

[25] *Hannah Arendt,* Vita Activa oder Vom tätigen Leben, Stuttgart 1960, S. 12: „Solch eine Besinnung verbleibt natürlich im Bereich des Denkens und Nachdenkens, und praktisch gesprochen vermag sie nichts, als zu weiterer Besinnung anregen —".

[26] a. a. O., S. 12.

[27] *Sören Kierkegaard,* Die Krankheit z. Tode, Bremen 1949, S. 19.

wort auf die uns ‚vorgeworfene' Frage, gar nicht gekommen. Was *Scheler* anstrebte, war eine Vermittlung von *Hegel* und *Marx:* ein Versuch, die „Metaphysik von oben" und die „Metaphysik von unten", wie er es nannte, *so* zu versöhnen, daß der Schnittpunkt der Kräfte genau im Geiste des Menschen liegt, der nun selbst zwischen *äußerer* und *innerer* Macht, — zwischen politisch-realer Machtgewinnung in Zeit und Geschichte — und geistig-idealer Machtgewinnung in der Zeitlosigkeit von *Geist* und *Person* den Ausgleich zu finden hat. Dieser Ausgleich allerdings enthebt ihn nicht einer Entscheidung; denn mit ihm gibt er den Ausschlag, ob er im *Herrschaftswissen,* im verfremdenden *Fach-* und *Leistungswissen* zum Herrn wird über die Dinge — oder im metaphysischen *Heilswissen* zum Herrn wird über sich selbst.

Wenn Scheler in der „Kritik des Comteschen Dreistadiengesetzes" die steigende *Herrschaft* von Technik und Industrie in Zusammenhang sieht mit „der Herrschaft einer die Körper dequalifizierenden, quantitativen und vorwiegend mechanischen Natur- und Seelenbetrachtung", so ist auch darin schon Sorge um den „Geist der modernen Naturforschung", — einen Macht-Geist, der Naturdinge nicht als „Wunder" (wie die Brahmanen) oder als „Wesen" (wie die griechischen Denker) betrachtet, sondern lediglich als solche, die sich „für menschliche Zwecke leiten und beherrschen" lassen.[28] Noch dringlicher aber, im Ton einer uns ultimativ gestellten Alternative spricht er im Aufsatz „Der Mensch im Weltalter des Ausgleichs" von der ernsthaft zu stellenden Frage: „ob nicht unser ganzer westlicher Zivilisationsprozeß, dieser so einseitig und überaktiv nach *außen* gerichtete Prozeß, ... letzten Endes ein Versuch mit untauglichen Mitteln sein könnte, auf den Geschichtsprozeß als Ganzes gesehen, wenn ihm nicht die entgegengesetzte Kunst einer *inneren Machtgewinnung* über unser ganzes, sonst automatisch ablaufendes untergeistiges, psychophysisches ‚Leben', eine Kunst der Versenkung, der Einkehr, der Duldung, der Wesenskontemplation zur Seite geht. Könnte es ... nicht sein, daß der Mensch, der nur auf *äußere Macht* über Menschen und Dinge, über Natur und Leib ausgerichtet ist, ohne die genannten Aktionen und Gegengewichte einer *Machttechnik über sich selbst,* an dem entgegengesetzten Ziele schließlich endet, als er erstrebte: daß er in eine immer steigende Versklavung an den Naturmechanismus versänke, den er selbst in die Natur als idealen Plan seines aktiven Zugriffs erst hineingesehen und hineingewirkt hatte?"[29]

[28] *Max Scheler,* Die positivistische Geschichtsphilosophie d. Wissens u. d. Aufgaben einer Soziologie d. Erkenntnis, in: Kölner Vierteljahreshefte f. Sozialwissenschaften, Jahrgang 1, 1921, S. 22 f.

[29] *Max Scheler,* Der Mensch im Weltalter des Ausgleichs, in: Philosophische Weltanschauung, 2. Aufl. Bern 1954, S. 107. — Diese These bezüglich der *geschichtlichen* Erscheinungsformen von „äußerer" und „innerer Machtgewinnung" hat nichts zu tun mit Schelers geschichtsphilosophisch-soziologischer These über das Zusammenwirken von *Ideal- und Realfaktoren,* die eine echte Anwendung der Ohnmachtsthese im geschichtlich-gesellschaftlichen Bereich ist; sie wurde dort nicht eigens (als eine vierte Ebene etwa) diskutiert, weil die „Idealfaktoren und Realfaktoren, objektiver Geist

In solcher Kontroverse von *Macht* und *Geist* als nach *außen* gerichteter *Macht-Geist* einerseits und nach *innen* gewandte *Geist-Macht* andererseits bekommt die These von der „Ohnmacht des Geistes" nochmal ein anderes Gesicht und ein höchst aktuelles Gewicht. Unter diesem Aspekt gehört sie nicht mehr ins historische Kabinett der philosophischen Kuriositäten; so vielmehr könnte ihre Anstößigkeit einen neuen Anstoß geben zur metaphysischen Grundlegung einer Lehre von der *machtvollen Ohnmacht* des Geistes.

und reale Lebensverhältnisse" (20) in Korrelation stehen zu „Geistesstruktur" und „Triebstruktur" des Menschen („ihr subjektives menschliches Korrelat"), so daß hier über das Gesagte hinaus kein wesentlich neuer Beitrag zum Problem zu erwarten war. Wenn Scheler in „Probleme einer Soziologie des Wissens" (Die Wissensformen u. d. Gesellschaft, Bern/München 1960; diesbezüglich die eingeklammerten Zahlen) die Ohnmachtsthese formuliert: „Der Geist als solcher hat jedoch an sich *ursprünglich* und von Hause aus *keine* Spur von ‚Kraft' oder ‚Wirksamkeit', diese seine Inhalte auch ins Dasein zu setzen ... Je ‚reiner' der Geist, desto machtloser im Sinne dynamischen Wirkens ist er in Gesellschaft und Geschichte" (21), so mischen sich hier die anthropologischen, ontologischen und metaphysischen Bestimmungen der Geistesohnmacht zu soziologischen Aussagen von fragwürdigem Wert; denn daraus entsteht eine metaphysisch überfrachtete soziologische Wissenschaft, die den metaphysischen Dualismus von „Geist" und „Drang" nun als empirische Unterscheidung von „Kultursoziologie" und „Realsoziologie" auszutragen hat. Zum geschichtsphilosophischen Aspekt vgl. meine Abhandlung: „Das Individuum in der Geschichte, Untersuchung z. Geschichtsphilosophie von N. Hartmann u. M. Scheler, in: Nicolai Hartmann, Der Denker u. sein Werk, Göttingen 1952, S. 47—80.

Joachim Ritter

Moralität und Sittlichkeit. Zu Hegels Auseinandersetzung mit der kantischen Ethik[1]

I.

In den „Grundlinien der Philosophie des Rechts" wird nach dem im ersten Teile behandelten „abstrakten Recht" im „Stufengange der Entwickelung der Idee des an und für sich freien Willens (§ 33) der kantische „Standpunkt der Moralität" als „höherer Boden" der Freiheit eingeführt; mit ihm komme der Wille in der Reflexion in sich zu seiner für sich seienden Identität (§ 105, § 106). Vorher im ersten Teile hatte Hegel Recht als Dasein von Freiheit bestimmt. Der Einzelne komme zur Freiheit, indem er als „Person" rechtsfähig wird und im Recht, seinen Willen „in jede Sache zu legen", über Sachen als „Besitz, welcher Eigentum ist", sich zu anderen als Personen verhält. Während es aber zur Freiheit der Person im Rechtssinn gehöre, daß von ihr alles als ein „Gleichgültiges" ausgeschlossen bleibt, bei dem es auf die „individuelle Besonderheit" ankommt, werde mit dem kantischen Standpunkt der Moralität geltend gemacht, daß die Person, die im Recht die äußere Sphäre der Freiheit hat, in sich und für sich die Persönlichkeit in ihrer innerlichen Subjektivität und so die mit dem Recht

[1] Die „Grundlinien der Philosophie des Rechts" werden gemäß ihrem Aufbau als Lehrbuch nach den Paragraphen zitiert. Wo als Stellenangabe „Vorrede" vermerkt wird, handelt es sich immer um die Vorrede zu den „Grundlinien".
Trotz der scharfen Kritik, die vor allem Johannes Hoffmeister im Vorwort zu seiner Ausgabe der „Grundlinien" (Bd. 12 der neuen kritischen Ausgabe 4. A., Hamburg 1955, XII ff.) an den von Eduard Gans in seiner Ausgabe von 1833 den Paragraphen beigefügten, aus Vorlesungsnachschriften genommenen „Zusätzen" (cit. Z., z. B. § 5 Z) übt, wird man auf ihre Benutzung erst verzichten können, wenn eine kritische Ausgabe der Vorlesungen Hegels vorliegen wird. Hegel hat in bewußter Erneuerung der Schulform der Philosophie die in den Paragraphen zusammengefaßte systematische Entwicklung des Gedankens in den Vorlesungen mit freien Ausführungen erläutert (vgl. Vorrede). Das macht die Zusätze vorerst unentbehrlich, auch wenn Gans aus dem ihm vorliegenden Material subjektiv und sicher gelegentlich ohne kritische Überprüfung des Verhältnisses ausgewählt hat, in dem das von ihm Aufgenommene zum hegelschen Gedanken steht. Die übrigen Werke Hegels werden unter Angabe des Bandes und der Seitenzahl nach der von H. Glockner veranstalteten Jubiläumsausgabe zitiert.
Für Kant wurde die Akademieausgabe seiner Werke benutzt.

gesetzte Freiheit „Freiheit des subjektiven Willens" sei (§ 106)[2]. Mit der Aufnahme des Standpunktes der Moralität im Ausgang vom Recht und im Übergang zu ihm erweist sich, daß Hegels Rechtsphilosophie als politische Philosophie und „Staatswissenschaft" von der für die kantische praktische Philosophie grundlegenden Unterscheidung von Legalität und Moralität ausgeht. Hegel macht sie zum Anfang und Grund der Rechtsphilosophie. Alle näheren Bestimmungen, die er hier gibt, kommen von dieser kantischen Unterscheidung her: Während es im „formellen Rechte ... nicht auf das besondere Interesse ... ebensowenig auf den besondern Bestimmungsgrund meines Willens, auf die Einsicht und Absicht" ankomme (§ 37; § 106 Z), trete „beim Moralischen" die Frage „nach der Selbstbestimmung und Triebfeder des Willens" ein (§ 106 Z). Gegenüber dem Standpunkt der Legalität, den Hegel in der Form des Rechtsgebotes aufnimmt: „sei eine Person und respektiere die andern als Personen" (§ 36), erhalten mit der Moralität die „innere Selbstbestimmung", meine Einsicht und Absicht im Zweck des „subjektiven Willens" und damit die „subjektive Einzelnheit" ihr Recht gegen das Allgemeine und im Verhältnis zum „Recht der Welt" (§ 33).

So nimmt Hegel die kantische Unterscheidung von Legalität und Moralität systematisch in den Zusammenhang hinein, in dem die Rechtsphilosophie das Rechtssystem als „Reich der verwirklichten Freiheit" (§ 4) und den modernen, auf Recht als Gesetz gegründeten Staat als die „substantielle Einheit" begreift, in welcher „die Freiheit zu ihrem höchsten Recht kommt" (§ 258). Wie Hegel bei aller kritischen Distanzierung von Kant immer daran festhält, daß seine Philosophie „Grundlage und Ausgangspunkt der neueren deutschen Philosophie" sei, so behält auch die kantische Position von Legalität und Moralität für ihn die entscheidende, grundlegende und durch keinen Einwand in Frage gestellte Bedeutung, daß mit ihr der Einzelne in seiner Subjektivität und moralischen Autonomie im Staat und überhaupt in den objektiven Verhältnissen und Einrichtungen der Gesellschaft als ihr Subjekt begriffen wird: Freiheit habe nur konkrete Wirklichkeit im Staat, sofern „die persönliche Einzelnheit und deren besondere Interessen ... ihre vollständige Entwickelung und die Anerkennung ihres Rechts" finden (§ 260). Durch Kant wird daher mit dem Prinzip der Moralität und in dem mit ihm zur Geltung gebrachten inneren Selbstsein der „Person" des Rechts zuerst die Bestimmung des modernen Staates in seiner „ungeheueren Stärke und Tiefe" philosophisch zum Begriff gebracht, „das Prinzip der Subjektivität sich zum selbständigen Extreme der persönlichen Besonderheit vollenden zu lassen" (§ 260). So hält Hegel an der kantischen Position fest; er holt sie in die Rechtsphilosophie als „Staatswissenschaft" ein, weil mit ihr zuerst begriffen wird, was

[2] Die hier in gedrängter Zusammenfassung aufgenommene Theorie des „abstrakten" (bürgerlichen) Rechtes wird ausführlicher und in ihren systematischen Voraussetzungen dargestellt und erläutert in: J. Ritter, Person und Eigentum. Zu Hegels „Grundlinien der Philosophie des Rechts" § 34—§ 81, Marxismus-Studien hg. von I. Fetscher 4. Folge 1962, 196 ff. (zuerst in kürzerer Fassung in Pädag. Rundschau 15, 1961, 10 ff.).

weder in den Kategorien des Rechts noch des gesellschaftlichen Seins ausgesagt werden kann, daß zu der im Recht gesetzten Freiheit des Freien als „Person“ das Für-sich-selbst-Sein der Subjektivität in sich gehört (vgl. § 104). Freiheit besteht nur, wenn der Mensch in seiner Innerlichkeit, in Vorsatz, Absicht und Gewissen wollen kann, „daß er selbst in Allem sei, was er tut“ (§ 107 Z). Das ist für Hegel die Einsicht, die Kant gebracht hat. Er nennt sie die „große und erhabene Seite“ seiner Philosophie. Mit ihr sei das Prinzip zur allgemeinen Anerkennung gebracht worden, daß Freiheit „die letzte Angel ist, auf der der Mensch sich dreht, diese letzte Spitze, die sich durch nichts imponieren läßt“, und daß der Mensch „keine Autorität“ gelten läßt, wenn sie gegen seine Freiheit geht. Dies habe der kantischen Philosophie die große „Ausbreitung, Zuneigung gewonnen“; mit ihr werde nunmehr gewußt, „daß der Mensch ein schlechthin Festes, Unwankendes in sich selbst findet, einen festen Mittelpunkt: so daß ihn nichts verpflichtet, worin diese Freiheit nicht respektiert wird“ (19, 591). Hierin sei das „Befriedigende“, die „höchst wichtige Bestimmung der kantischen Philosophie“ und ihres „hohen Standpunktes“ gelegen; sie hat, „was für das Selbstbewußtsein Wesen hat, als Gesetz, Ansich, gilt, in es selbst zurückgeführt“ (19, 590).

Daher nimmt Hegel in der Rechtsphilosophie die kantische Position von Legalität und Moralität zum Anfang und Ausgangspunkt. Im Stufengange der Entwicklung der Idee, in dem alle Teile, die in ihm aufgenommen werden, im „immanenten Unterscheiden des Begriffes selbst“ „Entwickelungsmomente der Idee“ sind (§ 33; § 31), ist der Anfang nicht etwas, das zurückbleibt; er wird in das Ganze, in dem er steht, „aufgehoben“: „Was sich aufhebt, wird dadurch nicht zum Nichts. ... es hat daher die Bestimmtheit, aus der es herkommt, noch an sich“; so ist „das Aufgehobene ein zugleich Aufbewahrtes“ (4, 120 Anm.). Wenn Hegels Philosophie Nichtachtung des Individuums, Vergottung des Staates zugeschrieben wird, so beruht dies zuletzt darauf, daß Aufheben nicht als „Aufbewahren“ begriffen wird und so der Staat, wie er am Ende steht, als Negation und Verschwinden des Anfangs erscheint. Bei Hegel hat die Aufnahme der kantischen Moralität in die Rechtsphilosophie grundsätzliche und konstitutive Bedeutung für den Begriff des Rechts und des Staates: Sie sind nur dann auf Freiheit basiert, wenn der Einzelne als Ich in seiner Subjektivität er selbst in der Selbstbestimmung der Moralität und des Gewissens zu bleiben vermag und der Inhalt alles Handelns, „auch insofern es die äußerliche Objektivität erhalten hat, je meine Subjektivität für mich“ enthält (§ 110). Daher gehört es auf dem Boden der modernen Welt und mit dem neuen Geist, der in der Umwälzung der Epoche in der Wirklichkeit hervorgegangen ist, zu allen Institutionen, zu Recht, Staat, Gesellschaft, daß für sie die Freiheit des Selbst in sich, der subjektive „moralische Wille“, das Gewissen — „diese tiefste innerliche Einsamkeit mit sich, wo alles Äußerliche ... verschwunden ist“ (§ 136 Z) — grundsätzlich „unzugänglich“ sind; sie bleiben das jedem Zugriff der Gewalt

Entzogene. Weder Staat noch Gesetzgebung dürfen in die Sphäre der Subjektivität und in die auf diese gegründete Überzeugung einbrechen (§ 106 Z)[3]..

Das kann als große, ins Allgemeine erhobene Zusammenfassung dessen durch Hegel gelten, was Kant mit der Unterscheidung der Legalität und Moralität in der Bestimmung von Freiheit und des Rechts und des Staates, sofern diese auf Freiheit gegründet sind, in einer Wende, die Epoche gemacht hat, zuerst zum Begriff gebracht hat.

Mit der Selbständigkeit des Individuums im „Recht seiner Besonderheit" kommt für Hegel auf dem Boden der modernen Welt und aus dem Ursprung des Christentums Freiheit zu ihrer vollen Entfaltung und Bestimmung. Das wird von Hegel allgemein als das Prinzip gefaßt, durch das sich die moderne Zeit und das Altertum scheiden: „Das Recht der Besonderheit des Subjekts, sich befriedigt zu finden, oder — was dasselbe ist — das Recht der subjektiven Freiheit macht den Wende- und Mittelpunkt in dem Unterschiede des Altertums und der modernen Zeit" (§ 124). Wenn Hegel daher vom Aufkommen der Subjektivität und von ihrem Verhältnis zur Welt des Objektiven und der rechtlichen und politischen Institutionen spricht, bleibt es für ihn im Sinne Kants wesentlich, daß sie in der Unterscheidung von ihnen als „zweite Gestalt" erscheint; sie tritt geschichtlich zu ihnen gleichsam hinzu. Um das sinnfällig deutlich zu machen, weist Hegel (und das kehrt bei ihm immer wieder) darauf hin, daß sich ihre Bildung geschichtlich auch auf verschiedene Schauplätze verteilt. Die „große Form des Weltgeistes", die Subjektivität, ist „Prinzip des Nordens" und dadurch von der Aufklärung geschieden, die ihren Ort im „Westen" hat. In einer berühmt gewordenen Stelle aus der Vorlesung zur Geschichte der Philosophie spricht Hegel davon, daß mit der kantischen, fichteschen, schellingschen Philosophie der Subjektivität das deutsche Volk in der Form, „zu welcher der Geist in der letztern Zeit in Deutschland fortgeschritten ist", an der Revolution in Frankreich teilnimmt: In Deutschland sei ihr Prinzip als „Gedanke, Geist, Begriff, in Frankreich in die Wirklichkeit hinausgestürmt" (19, 534 f.). Im gleichen Sinne heißt es in der „Phänomenologie", daß, wie „das Reich der wirklichen Welt in das Reich des Glaubens und der Einsicht übergeht", so „die absolute Freiheit aus ihrer sich selbst zerstörenden Wirklichkeit in ein anderes Land des selbstbewußten Geistes" übergegangen sei, „worin sie in dieser Unwirklichkeit als das Wahre gilt" (2, 459). Die Hegel nachfolgende Generation, vor allem die hegelsche Linke hat dies aufgenommen und die Teilnahme der deutschen Philosophie an der Revolution als Ausdruck der rückständigen politischen Verhältnisse in Deutschland verstanden: Sie hätten es mit sich gebracht, daß man ohne die Möglichkeit politischen Handelns, statt „in die Wirklichkeit hinaus-

[3] H. Heimsoeth hat in einer Zeit, da die Rechtsphilosophie Hegels noch kaum in dem, was sie als Ganzes ist, beachtet wurde und so die Abschnitte, die das innere und äußere Staatsrecht behandeln, isoliert als Staatsphilosophie Hegels genommen wurden, die Frage nach der positiven und selbständigen Bedeutung des Individuums für Hegel und des Rechts seiner Besonderheit aufgenommen. Vgl. Politik und Moral in Hegels Geschichtsphilosophie, jetzt in: Studien zur Philosophiegeschichte Köln 1961, 22 ff.

zustürmen", nur „im Gedanken", „im Kopf" die Revolution mitmachen konnte. Die Teilnahme der deutschen Philosophie an ihr sei Reflex, tatlose Widerspiegelung von dem „im Bewußtsein", was real in Frankreich geschehen ist[4].

Aber diese Absonderung ist nicht das von Hegel Gemeinte. Was in Deutschland, in der auch örtlichen Unterschiedenheit von der politischen Revolution als Gedanke hervortritt, ist die Subjektivität in ihrer subjektiven Freiheit. Sie bildet so für Hegel nicht eine Welt tatloser Innerlichkeit neben der Welt politischen Handelns. In der Teilnahme der Philosophie der Subjektivität an der Revolution kommt vielmehr für Hegel positiv zum Begriff, daß da, wo alle Menschen unabhängig von Stand, Geburt, Herkommen im rechtlichen und politischen Sinne frei sind (§ 209), sie in ihrer Subjektivität zum Subjekt des Rechts und des Staates werden. Darin haben nunmehr Staat, Recht, Gesellschaft und überhaupt die objektiven Einrichtungen, Institutionen ihr Wesen. Sie erhalten mit der Unterscheidung des allgemeinen und des besonderen Willens jetzt die Bestimmung, daß sie Freiheit als Freiheit der Subjektivität zu ihrer Substanz und zu ihrem Inhalt haben und so ihre Verwirklichung sind. In dieser Einheit des Subjektiven und Objektiven kommt für Hegel zur Erfüllung, was in der Wende zur Neuzeit begonnen hat: Mit der Reformation habe in der Zeit, da die übrige Welt „hinaus ist nach Ostindien, Amerika, . . . Reichtümer zu gewinnen, eine weltliche Herrschaft zusammenzubringen", das Individuum das Wissen erlangt, daß die Subjektivität als die aller Menschen in den „Besitz der Wahrheit

[4] Auch für Hegel selbst steht die Teilnahme Deutschlands an der Revolution „im Gedanken" in Beziehung dazu, daß das, was hier im Zusammenhang mit der Revolution als „Wirklichkeit" hervorgetreten ist, nur „eine Gewaltsamkeit äußerer Umstände und Reaktion dagegen war" (19, 535); die theoretische Teilnahme an der Revolution kann daher gelegentlich auch ironisch genommen werden: „Wir haben allerhand Rumor im Kopfe und auf dem Kopfe; dabei läßt der deutsche Kopf eher seine Schlafmütze ganz ruhig sitzen und operiert innerhalb seiner" (19, 553).
Für Marx, Engels, Heine enthält andererseits der Hinweis auf den Unterschied der „geistigen Revolution" in Deutschland und der „materiellen Revolution" in Frankreich in den „sonderbarsten Analogien" (Heine), sofern „die Deutschen in der Politik gedacht . . ., was die anderen Völker getan haben" (Marx), in ironischer Verhüllung die Anerkennung der allgemeinen und positiven Bedeutung der philosophischen Teilnahme an der Revolution. So sagt Marx, daß mit ihr „Deutschland ihr theoretisches Gewissen" wurde. Als nur in Deutschland mögliches „abstraktes überschwängliches Denken des modernen Staates" sei die spekulative Rechtsphilosophie zugleich die „entschiedene Verneinung der ganzen bisherigen Weise des deutschen politischen und rechtlichen Bewußtseins". Vgl. K. Marx, Zur Kritik der hegelschen Rechtsphilosophie in: Die Frühschriften hg. S. Landshut, Stuttgart 1953, 207 ff.; H. Heine, Zur Geschichte der Religion und Philosophie in Deutschland (1834) Ww. hg. Elster 4, 245. Diese zuletzt auf Hegel selbst zurückgehende Deutung des Verhältnisses, in dem die spekulative Philosophie zur Revolution steht, ist vor allem in der Zusammenfassung wirksam geworden, die sie bei Engels gefunden hat, vgl. Ludwig Feuerbach und der Ausgang der klassischen deutschen Philosophie (zuerst in: Die neue Zeit 4, 1886, dann als Sonderdruck Stuttgart 1888). An der Geschichte dieser Deutung ließen sich die Veränderungen im Verständnis der Philosophie und ihrer Funktion im Fortgang von Hegel entwickeln.

kommen kann und kommen soll". Damit sei „das neue, das letzte Panier aufgetan, um welches die Völker sich sammeln, die Fahne des freien Geistes, der bei sich selbst und zwar in der Wahrheit und nur in ihr bei sich selbst ist". Aber die im Innern aufgegangene Freiheit ist so für Hegel auch die Freiheit, die sich zum Grunde der Welt und der weltlichen Reiche macht. Von da an habe daher die Zeit „bis zu uns . . . kein anderes Werk zu tun gehabt", als das Prinzip der Subjektivität in die Welt hineinzubilden: „Recht, Eigentum, Sittlichkeit, Regierung, Verfassung usf. müssen nun auf allgemeine Weise bestimmt werden, damit sie dem Begriffe des freien Willens gemäß vernünftig seien" (11, 522, 523, 524). Wenn Hegel daher das Recht der Besonderheit des Subjekts, sich befriedigt zu finden, den Wende- und Mittelpunkt in dem Unterschiede des Altertums und der modernen Zeit nennt, so hat dies den grundsätzlichen und allgemeinen Sinn, daß mit ihm die politische und gesellschaftliche Welt zu einer Bestimmung kommt, die weder das Altertum noch überhaupt die vormodernen Zeiten kannten: Die Subjektivität „in allen näheren Gestaltungen der Liebe, der Romantik, des Zwecks der ewigen Seligkeit des Individuums — alsdann der Moralität und des Gewissens" sei jetzt „zum allgemeinen wirklichen Prinzip einer neuen Form der Welt" geworden; sie trete nunmehr als Prinzip der Gesellschaft und „Moment der politischen Verfassung" hervor (§ 124). Diese Einheit der Subjektivität mit der von ihr unterschiedenen Wirklichkeit von Gesellschaft und Staat macht Hegels Rechtsphilosophie zu ihrem Gegenstand.

Aber zugleich liegt hier das Moment, das Hegel nötigt, im Ausgang von der Moralität und Legalität zu Zusammenhängen weiterzugehen, die außerhalb der kantischen Position liegen. Ihr Problem liegt für ihn darin, daß Kant mit der Trennung der Legalität und der Moralität nicht nur das Recht — legitimerweise — auf äußere Willkürhandlungen beschränkt, sondern daß diese in der Trennung von der ins Innere zurückgenommenen und durch keine Beispiele aus der äußeren Erfahrung belegbaren Moralität als einzige Form und Wirklichkeit menschlichen Handelns gelten. Damit wird von Kant das von ihm zuerst begriffene Sein der Subjektivität in allen sie bestimmenden religiösen, moralischen, persönlichen Beziehungen auf Innerlichkeit beschränkt. Hier liegt die Einseitigkeit, die für Hegel die kantische Position in ihrer Größe belastet. Kant konnte mit ihr nicht über einen Dualismus der inneren Moralität und der ihr gegenüberstehenden äußeren Wirklichkeit hinauskommen. Moralität sei daher bei ihm „ohne Ausführung", es bleibe beim „Sollen"[5]. Die kantische Verfestigung der

[5] Hegels Kritik an der kantischen und idealistischen Philosophie, „die das Sollen zu zentraler Bedeutung erhebt", hat O. Marquard in ausführlicher und gediegener Belegung dargestellt und gedeutet: Hegel und das Sollen in: Philos. Jahrb. 72, 1964, 103—119. Mit dieser Arbeit wird eine Diskussion zum Abschluß gebracht. M. zeigt, daß sich an der Sollenskritik Hegels „Sonderstellung gegenüber der Transzendentalphilosophie" zeige und damit die „Vorstellung einer einheitlichen Philosophie des deutschen Idealismus" in Frage gestellt würde (106). Seine These besagt, daß Hegel in dieser Kritik nicht dem Sollen die „blosse gegebene Wirklichkeit" entgegensetze, sondern gerade die für die Theorie des Sollens bei Kant, Fichte, Schelling entschei-

Unterscheidung von Innerlichkeit und Äußerlichkeit zu einem Dualismus der Trennung hat zur Loslösung der philosophischen Ethik aus dem Zusammenhang der in der Folge der kantischen Unterscheidung der Legalität von der Moralität aus der Philosophie emigrierenden Rechts- und Staatstheorie geführt. Der Idealismus will sich zwar mit solcher Trennung von Legalität und Moralität nicht abfinden, aber er muß sich damit begnügen, die innere Moralität der Subjektivität in Gesinnungen oder in Werten, die nicht sind und nur gelten sollen, der äußeren Wirklichkeit entgegenzuhalten. Was für die Innerlichkeit des freien Menschen ethisch wesentlich ist, soll nur als ein Ideales und so als ein Jenseits der Wirklichkeit bestehen.

II.

Der Übergang von dem kantischen Standpunkt der Legalität und Moralität über Familie, bürgerliche Gesellschaft zum Staat hat die inhaltliche Bedeutung der „Aufhebung" in dem konkreten Sinn, daß Recht in allen Teilen des Rechtssystems zwischen dem Recht der Person und dem Staatsrecht nur dann die Freiheit aller zu seinem Grunde hat, wenn diese den subjektiven Willen des Einzelnen in seiner Subjektivität einschließt.

Das ist die Voraussetzung, unter der auch die Kritik Hegels am Standpunkt der Moralität steht. Philosophische Kritik, die nur ein negatives Resultat hat, nennt er überhaupt ein „trauriges Geschäft", „Bemühung der Eitelkeit"; sie mache nur einseitige Gesichtspunkte gegen andere geltend und werde damit zur „Polemik und Parteisache" (1, 189), statt „die Eingeschränktheit einer Gestalt aus ihrer eigenen Tendenz nach vollendeter Objektivität zu widerlegen und sie damit zu ihrer eigenen Wahrheit zu bringen". Vollendete Bildung vermöge in jedem das Positive zu sehen (§ 268 Z).

Aber in diesem Übergang wird, so sehr er einerseits die Bestimmung des „Aufbewahrens" hat, die Position Kants zugleich in Zusammenhänge hineingenommen, die über das durch ihn gesetzte Verhältnis von Legalität und Morali-

dende „Weigerung, das Gegebene als Instanz zu akzeptieren" (109 ff.) aufnehme. Hegel habe niemals die positive Bedeutung und das Recht des „Seinsollens" geleugnet oder zurückgewiesen. Aber er habe begriffen, daß mit der Trennung des Sollens von der Wirklichkeit diese Wirklichkeit in ihrer progressiven Vernünftigkeit nicht zu ihrem Begriff komme: „Gerade weil Kant, Fichte und der frühe Schelling die allgemeinen Zwecke vor der unsicheren Wirklichkeit ins blosse Sollen und in Postulate retten, vermögen sie in der Wirklichkeit das Allgemeine nur fern vom realen Zweck und den Zweck nur fern vom real Allgemeinen zu finden" (116). Der Übergang Hegels von der Moralität zur Sittlichkeit ist die Bestätigung dieser Deutung. Wird die Kritik Hegels am Standpunkt des Sollens und der Moralität aus ihrem Zusammenhang herausgelöst, dann muß notwendig die Vorstellung vom Immoralismus Hegels, von seiner Herabsetzung der Moral zu Gunsten der politischen Macht usf. ins Spiel kommen, während es Hegel selbst darum ging, die politische Wirklichkeit als die Wirklichkeit zu begreifen, die die Moralität voraussetzt und freigibt.

tät und die aus ihm folgende Unterscheidung von Ethik und Rechtslehre hinausführen.

Die Trennung von Moralität und Legalität, der „ethischen" und der „juridischen" Gesetzgebung, in der Bestimmung, daß Moralität sich allein auf die Übereinstimmung mit dem Gesetz bezieht, sofern die Idee der Pflicht aus dem Gesetze zugleich „die Triebfeder der Handlung ist" (Einltg. Met. d. Sitten III, 6, 218 ff.), führt bei Kant dazu, daß alles, was in menschlichen Handlungen nicht auf innerer Gesetzgebung beruht, als äußere Handlung nur in die Sphäre des Rechts gehört. Daher werden in der „Metaphysik der Sitten" nicht nur Eigentum, das Verhältnis von Personen über Sachen zueinander, Vertrag, Erwerb, Besitz usf. in der Rechtslehre behandelt, sondern auch „die häusliche Gesellschaft" mit Eherecht (§ 24 ff.), Elternrecht (§ 28), Hausherrenrecht (§ 30) und ebenso mit dem „bürgerlichen Zustand" der Staat im Zusammenhange des öffentlichen Rechtes als „System von Gesetzen für ein Volk, d. i. eine Menge von Menschen ..., die, im wechselseitigen Einflusse gegen einander stehend, des rechtlichen Zustandes ... bedürfen" (§ 43), schließlich Völkerrecht und Weltbürgerrecht (§ 53 ff.; § 62). Demgegenüber ist Ethik allein „Tugendlehre". Sie hat im Unterschied zu dem, was in den alten Zeiten die „Sittenlehre (philosophia moralis) überhaupt" war, sich auf „einen Teil der Sittenlehre" beschränkt, nämlich „auf die Lehre von den Pflichten, die nicht unter äußeren Gesetzen" stehen (Met. d. Sitten II Tugendl. Einltg. 6, 379). Praktische Philosophie als Ethik hat so als „Philosophie der inneren Gesetzgebung, nur die moralischen Verhältnisse des Menschen gegen den Menschen" zum Inhalt (6, 491). Die Obereinteilung der Sittenlehre schließt, da „der Begriff der Freiheit, die jenen beiden (sc. der Rechtslehre und der Tugendlehre) gemein ist", die „Einteilung in die Pflichten der äußeren und inneren Freiheit notwendig macht", die „Absonderung der Tugendlehre von der Rechtslehre ein"; die Pflichten der inneren Freiheit sind „allein ethisch" (Met. Anfangsgr. d. Tugendl. XIV, 6, 406).

Auch für Hegel bleiben Familie, bürgerliche Gesellschaft, Staat Gegenstand der Rechtslehre, aber zugleich werden sie als Gestaltungen, in denen Freiheit die Freiheit der Subjektivität einschließt, unter eine ethische Bestimmung gestellt. Die Moralität wird damit aus der Beschränkung auf die Pflichten der inneren Freiheit gelöst und auf diese Institutionen als ihre „Wirklichkeit" (actualitas) bezogen. Das geschieht in der Form, daß der Übergang von der Moralität zu den für Kant allein dem Rechte zugeordneten Institutionen der Familie, der Gesellschaft und des Staates als Übergang zur *Sittlichkeit* begriffen wird. Das Sittliche wird von Hegel in der Unterscheidung von der Moralität des subjektiven Willens und seines „abstrakten Guten" als die „an und für sich seienden Gesetze und Einrichtungen" (§ 144), die „sittlichen Mächte" (§ 145), „Sitte", „Gewohnheit", als „allgemeine Handlungsweisen" der Individuen (§ 151), „gesellig gesittetes Leben" (§ 170), „Stand" (§ 207), „Korporation" (§ 253) und in der Zusammenfassung als „Institutionen" (§ 263, § 265) eingeführt, die als „die entwickelte und verwirklichte Vernünftigkeit" die „Grundsäulen der öffentlichen

Freiheit" und so die „feste Basis des Staats" sind (§ 265). Diese „vorhandene Welt" der Gesetze und Einrichtungen ist sittlich, insofern in ihr das Individuum „in dem Selbstbewußtsein sein Wissen, Wollen" hat und die Wirklichkeit seines Handelns und seine „an und für sich seiende Grundlage" und seinen „bewegenden Zweck" findet (§ 142); es hat in der Sittlichkeit der Institutionen ein „über das subjektive Meinen und Belieben erhabenes Bestehen" (§ 144). Daher seien diese als „objektives sittliches Sein" dem Subjekte „nicht ein Fremdes", sondern „Zeugnis des Geistes ... als von seinem eigenen Wesen". Es hat in ihnen „sein Selbstgefühl" und lebt „darin als seinem von sich ununterschiedenen Elemente" (§ 147). Im Übergang zur Sittlichkeit als „Einheit des subjektiven und des objektiven an und für sich seienden Guten" kommt so die Moralität in der Identität des Subjektiven und Objektiven zu ihrer Wirklichkeit und Wahrheit (§ 141, 141 Z): „Die Subjektivität, welche den Boden der Existenz für den Freiheitsbegriff ausmacht ... und auf dem moralischen Standpunkte noch im Unterschiede von diesem ihrem Begriff ist, ist im Sittlichen die ihm adäquate Existenz desselben" (§ 152). Erst indem die Individuen in ihrer subjektiven Bestimmung zur Freiheit der „sittlichen Wirklichkeit angehören", besitzen sie „im Sittlichen ihr eigenes Wesen, ihre innere Allgemeinheit wirklich" (§ 153).

Das Aufheben des Standpunktes der Moralität hat so die Form, daß Hegel zu Sitte, Gewohnheit und den politischen und gesellschaftlichen Institutionen übergeht, um diese als „sittliche" Wirklichkeit des in der Moralität gesetzten subjektiven Willens und seines Guten zu begreifen.

Das war schon für Hegels eigene Zeit so fremd und ungewöhnlich, daß er in der Besprechung des Aufbaus der Rechtsphilosophie auf die Unterscheidung von Moralität und Sittlichkeit und ihre wesentliche Bedeutung in der Abgrenzung gegen den „kantischen Sprachgebrauch", der sich „vorzugsweise des Ausdrucks Moralität" bedient und gegen die Gewohnheit, „Moralität und Sittlichkeit etwa als gleichbedeutend" zu nehmen, ausdrücklich hinweist: „Moralität und Sittlichkeit ... sind hier in wesentlich verschiedenem Sinne genommen"; auch wenn sie „ihrer Etymologie nach ... gleichbedeutend" wären, sollte dies nicht hindern, „diese einmal verschiedenen Worte für verschiedene Begriffe zu benutzen" (§ 33; vgl. 12, 85 f.).

Was diese Unterscheidung meint und was mit ihr bei Hegel geschieht, läßt sich weder als eine Ausweitung des Begriffs der Moralität noch gar als eine terminologische Neuerung verstehen. Dem steht schon die nachfolgende Bemerkung entgegen, daß Kant mit der Beschränkung der Prinzipien der praktischen Philosophie auf Moralität den Standpunkt der Sittlichkeit sogar „unmöglich" gemacht und „zernichtet" habe. Die Unterscheidung von „Moralität" und „Sittlichkeit" hat grundsätzliche Bedeutung. Mit ihr wird der Begriff des Ethischen erneuert, der geschichtlich mit dem Aufkommen der Subjektivität im Christentum und endgültig in der Wende zur modernen Zeit „unmöglich" gemacht wurde.

Der Begriff der „Sittlichkeit" wird in der Entgegensetzung zur Moralität von Hegel allgemein und geschichtlich zunächst aus der für die griechische Welt konstitutiven „ethischen" Verfassung freien bürgerlichen Lebens entwickelt. Freiheit habe hier die Form, daß den Individuen „das Substantielle des Rechts, die Staatsangelegenheit, das allgemeine Interesse" das Wesentliche seien (11, 329); auch hier sei der individuelle Wille „in seiner ganzen Lebendigkeit frei", aber er erfülle seine Besonderheit „in der Betätigung des Substantiellen" (11, 328). Sitte und Gewohnheit seien so die Form, „in welcher das Rechte gewollt und getan wird"; in ihnen finde das Individuum „das Feste", in dem es steht und sein eigenes Leben hat (11, 329). Die griechische Polis gilt daher für Hegel als „sittliches Gemeinwesen", in welchem der Mensch nichts anderes zu tun habe, „als was ihm in seinen Verhältnissen vorgezeichnet, ausgesprochen und bekannt ist" (§ 150). Sittlichkeit sei so ein „Ganzes", in welchem jeder Teil im ruhigen Gleichgewicht aller Teile „ein einheimischer Geist" und so „in diesem Gleichgewichte mit dem Ganzen" ist (2, 352).

Alles dies sind Bestimmungen, in denen Hegel geschichtlich in der Entgegensetzung zur christlichen und modernen Welt Sittlichkeit dadurch von der Moralität unterscheidet, daß auf ihrem Boden die Individuen in ihrem Willen mit dem Allgemeinen des Guten und des Rechten vereint sind; sie kommen in Sitte, Gewohnheit und Institutionen zur Wirklichkeit des eigenen Handelns, ohne die Reflexion der Subjektivität in sich zu kennen. In der griechischen Sittlichkeit sei „Moralität im eigentlichen Sinne, die Innerlichkeit der Überzeugung und Absicht noch nicht vorhanden" (11, 329), die erst mit der unendlichen Trennung des Subjektiven und Objektiven und dem Willen hervortrete, der „in sich, in sein Adyton des Wissens und Gewissens zurückgegangen ist" (11, 329). Die in der unbefangenen Sittlichkeit stehenden Griechen seien daher „sittliche, nicht moralische Menschen" (18, 46) gewesen; in der ersten und wahrhaften Gestalt ihrer Freiheit hätten sie noch kein Gewissen gekannt (11, 330).

Im Verhältnis zu der noch nicht durch Subjektivität in Frage gestellten Sittlichkeit wird Moralität daher von Hegel als das Prinzip begriffen, das für die Sittlichkeit nur als „Verderben" auftreten konnte. Aber zugleich gilt systematisch und geschichtlich, daß mit der Auflösung der griechischen Sittlichkeit das „höhere Prinzip der freien unendlichen Persönlichkeit" in die Geschichte tritt, das in der „Umwälzung der Welt" die Angel ist, in welcher diese sich in der Auflösung der griechischen Welt und ihrer Sittlichkeit gedreht hat (Vorrede). Sittlichkeit, die Moralität noch nicht kennt, sei daher nicht „der höchste Standpunkt des geistigen Selbstbewußtseins", so „schön, liebenswürdig und interessant diese Erscheinung ist". Es fehle ihr die „Reflexion des Denkens in sich ... die Unendlichkeit des Selbstbewußtseins". Daher konnte der Geist auf dem Standpunkt der schönen geistigen Einheit nur kurze Zeit stehen bleiben. Das „Element der Subjektivität, der Moralität, der eigenen Reflexion und der Innerlichkeit", das für die griechische Sittlichkeit Quelle ihres Verderbens war, wird daher von Hegel zugleich positiv als „Quelle des weiteren Fortschrittes" begriffen (11, 345)[6].

[6] Subjektivität und Moralität, die einerseits für Hegel erst mit der Wende der Zeit und im Christentum weltgeschichtlich als das „spätere", der „modernen ausgebildeten

Gleichwohl stellt Hegel in der Rechtsphilosophie den durch Kant zernichteten „Standpunkt der Sittlichkeit" wieder her und greift dabei in ihrer Kennzeichnung auf Bestimmungen zurück, die für ihn zur griechischen Welt gehören, so wenn er auf das „sittliche Gemeinwesen" hinweist oder das System der sittlichen Bestimmungen durch die „sittlichen Mächte" kennzeichnet, die im „Kreis der Notwendigkeit" stehen (§ 150, § 145). Diese auch systematisch für den Begriff der Sittlichkeit entscheidende Beziehung auf ihre griechische Wirklichkeit wird unmittelbar durch Randnotizen für die Vorlesung zu § 151 belegt. Dort zeichnet er zu der Bestimmung, daß die allgemeine Handlungsweise der Individuen in Sitte und Gewohnheit begründet sei, Übersetzungen zum griechischen Ethos auf: „Sitte — ἦθος — die Alten wußten nichts vom Gewissen — Riemer: ἦθος ion.

Zeit" angehörige Prinzip hervortreten, kommen bei ihm gleichwohl in die griechische Welt als „Prinzip des Verderbens der griechischen Staaten, des griechischen Lebens" (18, 278). So wird Platons Republik, in der Platon zunächst „nichts als die Natur der griechischen Sittlichkeit" auffasse, als eine „äußere besondere Form jener Sittlichkeit" gedeutet, „durch welche er jenes Verderben zu gewältigen sich ausdachte" (Vorrede). Platon habe sich darin „als der große Geist bewiesen, daß eben das Prinzip, um welches sich das Unterscheidende seiner Idee dreht, die Angel ist, um welche die damals bevorstehende Umwälzung der Welt sich gedreht hat" (Vorrede). Dahinter steht das Sokrates-Bild Hegels. Mit ihm und seinem „Dämon" trete das Moment der Subjektivität und Moralität in die griechische Welt ein, indem der „Wille sich in sich verlegte und sich innerhalb seiner erkannte"; das sei der „Anfang der sich wissenden und damit wahrhaften Freiheit" (§ 279). In dieser Wendung nach innen begreift Hegel Sokrates als Gestalt, die in der Geschichte zu den Epochen gehört, „wo das, was als das Rechte und Gute in der Wirklichkeit und Sitte gilt, den besseren Willen nicht befriedigen kann (§ 138). Er floh „in der Zeit des Verderbens der atheniensischen Demokratie ... in sich zurück" (§ 138 Z). Hegel nennt Sokrates auch unmittelbar „Erfinder der Moral" (11, 350). Darin liege sein Gegensatz zur griechischen Sittlichkeit; das „Prinzip des Sokrates" erweise sich so als „revolutionär gegen den athenischen Staat". In seiner Verurteilung liege „ebensosehr hohe Gerechtigkeit" als auch „das Hochtragische, daß die Athener erfahren mußten, daß das, was sie im Sokrates verdammten, bei ihnen schon feste Wurzel gefaßt hatte" (11, 351).
In dieser Deutung des Sokrates und der platonischen Republik als Abwehr der einbrechenden Subjektivität kommt wohl einmal systematisch die Auffassung zu Wort, daß da, wo Freiheit Prinzip des politischen und sittlichen Lebens ist, die Subjektivität an sich schon eingeschlossen ist. Darin ist für Hegel das Vorübergehen griechischer Sittlichkeit begründet. Freiheit des subjektiven Willens gehört zur „ewigen Geschichte der Freiheit des Menschen" (vgl. 15, 287). Das Andere ist die Beziehung von Sokrates auf Christus und die mit ihm einsetzende Wende der Weltgeschichte. Doch hier ist wohl nur eine vorsichtig-zurückhaltende Interpretation möglich. Hegel selbst wendet sich ausdrücklich gegen eine theologische Beziehung des Sokrates auf Christus. Man könne zwar von „ähnlichen Individualitäten" und „Schicksalen" sprechen (16, 295); doch sei das „die menschliche Seite", bei der „man nicht auf dem christlichen Standpunkte, nicht auf dem der wahren Religion" stehe (16, 287). Die Beziehung betreffe so allein die „äußerliche Geschichte Christi, die auch für den Unglauben ist wie die Geschichte des Sokrates für uns" (16, 295).
Eine ausführliche und differenzierte Würdigung der Sokrates-Deutung bei Hegel gibt K. Gründer in einer demnächst erscheinenden Abhandlung zu „Sokrates im neunzehnten Jahrhundert"; auf sie sei nachdrücklich verwiesen.

ἔθος — Gewohnheit, Gebrauch — (vorzüglich Wohnung bei Herodot) Herkommen des Menschen — Sitte — ob von Sitz? — . . . Weise des Seins und Lebens" (Grdl. d. Ph. d. R. ed. Hoffmeister S. 417; vgl. 11, 332 f.). Die Anknüpfung an das griechische Ethos ist so eindeutig. Aber sie hat nichts mit einer Idealisierung und Verklärung der griechischen Welt in einer Rückkehr zu ihr als zu dem ursprünglich Heilen zu tun. Schon die Positivität und weltgeschichtliche Bedeutung der Moralität schließen aus, daß sie in der aus ihr folgenden Auflösung der Sittlichkeit von Hegel als „Verfall" verstanden werden könnte. Er hat sich dazu immer politisch und geistig gegen jeden Versuch der Wiederherstellung in einer Rückkehr zum Alten widersetzt. Der Ruf zu ihr sei, wo er erhoben werde, „Zuflucht der Ohnmacht . . . welche dem reichen Material der Entwicklung, das sie vor sich sieht und das eine Anforderung ist, vom Denken gewältigt und zur Tiefe zusammengefaßt zu werden, nicht genügen zu können, fühlt" (17, 78). So müssen alle restaurativen Deutungen beiseite bleiben.

Was wirklich in der Aufnahme des Standpunktes der Sittlichkeit geschieht, ist etwas anderes. Hegel führt mit ihr in der Aufhebung der kantischen, auf die innere Bestimmung des Willens in sich beschränkten Ethik, indem er die mit ihr vollendete Auflösung der Sittlichkeit rückgängig macht, die Moralität in die philosophische „Politik" ein, die seit der vor allem auf Melanchthon zurückgehenden Erneuerung der Ethik und Politik umgreifenden praktischen Philosophie des Aristoteles als „akademische Lehre von der Politik an den Universitäten und Gymnasien, vorwiegend der protestantischen vom 16. bis 18. Jahrhundert . . . ohne große Veränderungen der alten Lehrgehalte der praktischen Philosophie wirkt und durch Lehrstühle für politische Wissenschaften vertreten" wird, die „bis zu Kant . . . Professio Ethices vel Politices" heißen[7].

Bei Aristoteles ist Ethik Lehre vom „Ethos" als der in Sitte, Brauch und Herkommen entwickelten Verfassung des individuellen Lebens und Handelns in Haus und Polis. Sie gehört zur praktischen Philosophie, weil „Praxis" nicht in der Unmittelbarkeit des Tuns, sondern in der Einformung in die ethischen und institutionellen Ordnungen der Polis Wirklichkeit hat. „Ethik" ist daher Lehre

[7] Vgl. Hans Maier, Ältere deutsche Staatslehre und westliche politische Tradition (Recht und Staat H. 321), Tübingen 1966, 7. ff. Die für das Problem der praktischen Philosophie und Ethik entscheidende vorkantische Tradition der „Politik" aristotelischer Herkunft hat überhaupt erst H. Maier wieder in gelehrter Forschung erschlossen und „einer fast völligen, wenngleich unverdienten Vergessenheit entrissen" (a. a. O. 4) und dargestellt; vgl. „Die Lehre der Politik an den deutschen Universitäten vornehmlich im sechzehnten—achtzehnten Jahrhundert" in: Wissenschaftliche Politik hg. Oberndörfer, Freiburg 1962. Wenn heute bei der neuen Einführung politischer Wissenschaft Unsicherheit über ihren Namen herrscht und für sie etwa „Politologie" üblich zu werden beginnt, so zeigt sich darin, daß ihr klassischer Name „Politik" nahezu vergessen ist. Die gelegentlich als antiquarisches und müßiges Treiben gering geachtete historisch-gelehrte Forschung hat hier ihre unentbehrliche Funktion erwiesen. Die Zusammenhänge, in denen politische Wissenschaft steht, werden auch in ihrer systematischen und sachlichen Bedeutung überhaupt erst voll verständlich, nachdem gelehrte Forschung ihre Geschichte neu erschlossen hat.

von dem Guten und Rechten, das in Ethos und Nomos das in ihnen zur Allgemeinheit gebildete Tun der Einzelnen bestimmt. Sie wird zur Grundlage der „Politik", sofern politische Führung und Verfassungs- wie Gesetzessatzung ihren Grund und ihre Bestimmung (telos) in der in Haus und Polis „ethisch" verfaßten Praxis hat.

Demgemäß ist die praktische Philosophie bei Aristoteles aufgebaut. Sie geht in einer Grundlegung von der Praxis des Menschen aus (E. N. I), behandelt als „Ethik" das in Sitte, Brauch, Herkommen, Gewohnheit zu seiner allgemeinen Form gebildete und in ihnen verfaßte und verwirklichte Leben des Bürgers mit seinen hierin begründeten Tugenden und Weisen rechten Verhaltens (E. N. II—X), um dann nach einem Abschnitt, der als „Oekonomie" das Haus zum Gegenstand hat (Pol. I, 3—18), sich abschließend als „Politik" den gesatzten politischen Ordnungen in ihrer ethischen Begründung zuzuwenden[8].

An die Tradition der von Aristoteles herkommenden „Politik" knüpft Hegel in der Aufnahme des Standpunktes der Sittlichkeit an. Das zeigt schon der äußere Aufbau der Rechtsphilosophie. Im Ausgang von der der „Politik" fremden Moralität bringt sie diese im Fortgang zu Familie, Gesellschaft und Staat als Gestalten der „Sittlichkeit" in die zur „Politik" gehörige Lehre von den Institutionen als Wirklichkeit des besonderen Handelns ein. Sie geht damit von der Ethik der Moralität zu der in dieser verschwundenen Ethik der „Politik" über. Sie nimmt deren Tradition in Anknüpfung an die Schulphilosophie auf und setzt sie in das Verhältnis zur gegenwärtigen, durch das Prinzip der Subjektivität von dieser Tradition geschiedenen Wirklichkeit. Die Rechtsphilosophie wird von Hegel so in einer Erneuerung des die aristotelische Tradition wahrenden Schulsystems als ein „Lehrbuch" und „Kompendium" wie die „Enzyklopädie der philosophischen Wissenschaften" (Heidelberg 1817) der Vorlesung zugeordnet, die er seinem „Amte gemäß" hielt und in der er, wie es die Methode der Schule war, die „gehörige Erläuterung" zu den Paragraphen des Lehrbuchs gab (vgl. Vorrede).

[8] Vgl. hierzu J. Ritter, Zur Grundlegung der praktischen Philosophie bei Aristoteles in: ARSP 46, 1960, 179—199; ferner K. H. Ilting, Hegels Auseinandersetzung mit der aristotelischen Politik in: Philos. Jahrb. 71, 1963, 38 ff. I. weist nach, daß Hegel seit Jena in einer „höchst unzeitgemäßen Hinwendung zu Aristoteles" und in der Überwindung der „jugendlichen Idealisierung des griechischen Volksgeistes" (47) den Boden gewinnt, auf dem sich seine politische Philosophie entwickeln kann. So habe es die Ökonomie und Politik des Aristoteles Hegel möglich gemacht, auch „Ergebnisse national-ökonomischer Untersuchungen in sein philosophisches System aufzunehmen". Zu dieser unmittelbaren Aufnahme der aristotelischen Philosophie gehört bei Hegel die Anknüpfung an die Schulphilosophie. Sie hat für ihn die Bedeutung, daß mit ihr die aristotelische Tradition als an sich zur gegenwärtigen Welt gehörige Theorie geltend gemacht wird. Sittlichkeit ist Grundbegriff praktischer Philosophie. Ihr Verlust ist das Resultat des Prozesses, in dem sich, bevor die Freiheit der Subjektivität mit der Freiheit aller politisch zur Substanz des Rechts und des Staates wurde, die Subjektivität gegen die bestehenden, ihr nicht gemäßen Institutionen setzt. Der Rückgang auf Aristoteles hat die Funktion, die Tradition seiner praktischen Philosophie in ihrer ursprünglichen Aktualität aufzunehmen, um sie so in das für sie wesentliche Verhältnis je zu ihrer gegenwärtigen Welt zu bringen.

In einer Auseinandersetzung mit der jetzt herrschenden Meinung, „die Bestimmtheit und Mannigfaltigkeit von Kenntnissen" sei in der Philosophie „für die Idee überflüssig, ja, ihr zuwider", hatte Hegel in einem Briefe an Friedrich v. Raumer 1816 von der Notwendigkeit gesprochen, „das weite Feld von Gegenständen, welche in die Philosophie gehören, zu einem geordneten, durch seine Teile hindurch gebildeten Ganzen zu gestalten" (3, 319) und hierfür darauf verwiesen, daß sich „noch einige der alten Wissenschaften, Logik, empirische Psychologie, Naturrecht, etwa noch Moral" erhalten hätten (3, 318). In der Vorrede zur Rechtsphilosophie wird im gleichen Sinne gesagt, daß die Tradition in der Schulphilosophie zum „Glück für die Wissenschaft" bis an die Schwelle des jetzigen Zeitalters, da es zum „Bruch" mit ihr kommen mußte, fortwirken konnte.

Aber diese Anknüpfung ist in der Aufnahme der zur „Politik" gehörigen institutionellen Ethik weder einfache Erneuerung noch Fortführung. Die praktische Philosophie war von Christian Wolff noch einmal zu systematischer Zusammenfassung in der „Philosophia practica universalis" und in der ihr zugeordneten „Philosophia Moralis sive Ethica", „Oeconomica" und „Philosophia civilis" gebracht worden. Doch zu ihr gehört, daß die alte praktische Philosophie, jetzt ohne Beziehung zur gegenwärtigen Wirklichkeit, nur „im Gedanken" bewahrt wird. Damit mußte die hier äußerlich noch der Politik zugeordnete Ethik den Zusammenhang mit den ethischen Institutionen verlieren. Sie wird in der Auflösung der Sittlichkeit von Wolff auf die innere Bestimmung menschlichen Handelns durch die „Natur des Menschen" reduziert. So bleibt in der „Philosophia practica" bei Wolff zwar noch gültig, daß sie die Weise lehre, in welcher der freie Mensch seine Handlungen durch Gesetze seiner Natur gemäß bestimmen kann (Philos. Mor. Proleg. § 1), aber zugleich beschränkt sie sich auf das Gesetz, das im Innern das Handeln des Freien als Gesetz seiner menschlichen Natur bestimmt. In dieser Wende verliert „Sitte" ihren institutionellen, an sich für die zur philosophischen „Politik" gehörigen Ethik konstitutiven Charakter. Wolff definiert sie als die „konstante", immer bestehende Weise, das (eigene) Handeln zu bestimmen" (Philos. pract. univ. II, § 687: „Per morem intelligimus modum constantem ac perpetuum determinandi actionem"). Sitten sind so, wie Wolff in der Abgrenzung gegenüber denjenigen sagt, „qui de moribus hominum ex instituto commentati sunt", nur noch „mores animi". Sie sind allein auf „innere Prinzipien" gegründet (ib. § 688: principia interna). Damit wird der Begriff der institutionellen Sittlichkeit aufgelöst; an seine Stelle tritt bei Wolff — noch auf dem Boden der traditionellen aristotelischen praktischen Philosophie und „Politik" — das dann zur Alleinherrschaft kommende Prinzip der Moralität.

In dieser Wendung bei Wolff zur „Moralität" zeigt sich, daß zu ihr als zu dem großen und weltgeschichtlichen Prinzip, das sie für Hegel ist und bedeutet, aus dem Ende der Schulphilosophie zugleich die Auflösung der sittlichen Bedeutung der Institutionen gehört: Sitte beschränkt sich in der Form auf Innerlichkeit und Gemüt, daß ihr keine äußere Verwirklichung entspricht.

Diese Auflösung der institutionellen Ethik der „Politik" wird von Kant vorausgesetzt. Er macht in der Begründung der Ethik auf Moralität einen „neuen Anfang", mit dem „die papierne Systeme derer, die eine lange Zeit das große Wort führten, nach einander einstürzen und alle Anhänger derselben sich verlaufen" werden (6, 209). Zu diesem neuen Anfang gehört, daß im Verhältnis zum Sittengesetz nur die „Vermögen des menschlichen Gemüts" bleiben (6, 211); Sitten haben daher für Kant ihre ethische Bedeutung gänzlich verloren: „Das deutsche Wort Sitten ebenso wie das lateinische mores" bedeuten nur noch „Manieren und Lebensart" (6, 216).

Um diese Auflösung des ethischen Sinnes der objektiven Sitten und der Institutionen, die in der Tradition die Zugehörigkeit der Ethik zur „Politik" begründen, geht es, wenn Hegel die Prinzipien der praktischen Philosophie Kants als Zernichten und Unmöglichmachen des Standpunktes der Sittlichkeit bestimmt. Hierin ist die Abstraktheit der Moralität begründet, sofern sie in der Trennung und Ablösung von den Gestaltungen der Sittlichkeit nicht als der Grund und die Substanz der politischen und gesellschaftlichen Institutionen gilt, sondern diese als ein Äußeres außer sich hat.

Die Rechtsphilosophie Hegels unternimmt es, diese „Abstraktheit" zu korrigieren. Sie erneuert dafür die zur Tradition der „Politik" des Aristoteles gehörige institutionelle Ethik, aber so, daß sie das große Prinzip der Subjektivität und Moralität in diese einbringt und zu ihrem Subjekt macht. Der Begriff der Sittlichkeit ist daher bei ihm nicht mehr mit dem „Ethos" der aristotelischen praktischen Philosophie identisch. Er schließt den Standpunkt der von ihr unterschiedenen Moralität ein und befreit diese damit von der aus dem Ende der Politiktradition kommenden Trennung von der Wirklichkeit, die in der Wende der Zeit und mit der politischen und sozialen Revolution und der Gründung von Recht und Staat auf Freiheit in der Subjektivität das Subjekt und in ihrer Freiheit die Substanz erhalten hat.

III.

Wo Ethik Handeln nur in der inneren Bestimmung des Willens in sich und nicht als Handeln im Zusammenhange der Welt zum Gegenstand hat, in welcher der Einzelne lebt und steht, muß die Aufhebung der Moralität in die objektiven Einrichtungen, Gewohnheiten, Gesetze durch Hegel so sehr als Infragestellung und Verneinung der moralischen Autonomie des Individuums in der verborgenen Motivation seines Handelns erscheinen, daß der Begriff des sittlichen Seins außerhalb des Horizontes der Ethik bleibt oder aber als Instrument eines philosophischen „Machiavellismus" verdächtigt werden kann, das Hegel nutze, um die politische Macht und Gewalt als Höheres zu behaupten gegenüber dem moralischen Selbstsein, und sie über die Ohnmacht des Individuums triumphieren zu lassen[9].

[9] So deutet F. Meinecke das Verhältnis von Moral und Politik bei Hegel. Da der systematische Zusammenhang der praktischen Philosophie und der für sie konstitu-

Es gibt Formulierungen in der Rechtsphilosophie und sonst bei Hegel, die solche Interpretation nahe legen könnten. Aber auch da, wo Hegel den Individuen in der erinnernden Orientierung an griechischer Sittlichkeit das „über das subjektive Meinen und Belieben erhabene Bestehen" der an und für sich seienden Gesetze und Einrichtungen als „sittlicher Mächte" entgegenhält, „welche das Leben der Individuen regieren", gehört dazu auch immer die nicht weniger grundsätzliche Bestimmung, daß diese als das Objektive im „Kreis der Notwendigkeit" ebenso in den Individuen „ihre Vorstellung, erscheinende Gestalt und Wirklichkeit haben" (§ 144, § 145). Diese Doppelheit der Beziehung des Besonderen und Allgemeinen ist konstitutiv für das, was Sittlichkeit als Bestimmung politischer und sozialer Institutionen meint. Einerseits stehen „die sittliche Substanz, ihre Gesetze und Gewalten" dem Subjekt und seinem besonderen Willen „im höchsten Sinne der Selbständigkeit" und mit unendlich festerer Autorität und Macht als das Sein der Natur gegenüber, aber zugleich sind sie für das Subjekt das, worin es als in seinem von sich unterschiedenen Elemente lebt. Das objektiv Sittliche besteht so in der „Identität mit der Wirklichkeit der Individuen" als deren „allgemeine Handlungsweise" (§ 146, § 151). In diesem Sinne der Sittlichkeit ist für Hegel der Staat „Wirklichkeit der konkreten Freiheit", weil auf seinem Boden einerseits „die persönliche Einzelnheit und deren besondere Interessen ... ihre vollständige Entwickelung und Anerkennung ihres Rechts" haben und andererseits „durch sich selbst in das Interesse des Allgemeinen ... übergehen" (§ 260). Daher findet im Staat das für die Sittlichkeit grundlegende Verhältnis des Besonderen und des Allgemeinen die höchste Erfüllung, in dem „weder das Allgemeine ohne das besondere Interesse, Wissen und Wollen gelte und vollbracht werde", noch „die Individuen bloss ... als Privatpersonen leben, und nicht zugleich in und für das Allgemeine wollen und eine dieses Zwecks bewußte Wirksamkeit haben" (§ 260).

So ist die „Durchdringung des Substantiellen und des Besonderen" (§ 261) in ihrer Unterscheidung das Moment, durch das Hegel das sittliche Sein und die objektiven Einrichtungen als Gestalten der Sittlichkeit von dem Verhältnis des Allgemeinen und Besonderen auf dem kantischen Standpunkt der Moralität unterscheidet, für den sich das Allgemeine darauf beschränkt, in Imperativen

tiven Verbindung von Ethik und Politik nicht mehr gesehen wird, stehen für Meinecke in dem für ihn selbstverständlichen Ausgang von dem durch Kant gesetzten Begriff der Ethik bei Hegel Moralität und Politik sich unvermittelt gegenüber. Damit sei „das Neue und Ungeheure" geschehen, „daß der Machiavellismus eingegliedert wurde in den Zusammenhang einer idealistischen, alle sittlichen Werte zugleich umfassenden und stützenden Weltanschauung ... Es war fast wie die Legitimierung eines Bastards, was hier geschah". Der Fortbestand ethischer Bestimmungen bei Hegel erscheint so zuletzt als „Inkonsequenz": Hätte sich nicht „noch ein Stück der alten dualistischen Ethik" in Hegels „monistisch-pantheistischer Gedankenwelt" gehalten, „so hätte er in einer rücksichtslos naturalistischen Machtlehre, in einer Staatsraison, die ... keinerlei sittliche Empfindung als Schranke kannte, enden müssen. Davor aber schreckte seine idealistische Grundgesinnung zurück". Vgl. Die Idee der Staatsraison in der neueren Geschichte. München, Berlin 1924, 435 und 446.

der Sittlichkeit und im „perennierenden Sollen" der Pflicht den besonderen Willen in seiner Triebfeder zu bestimmen. Aber diese Durchdringung und Einheit von Besonderem und Allgemeinem, so sehr sie der Philosophie Hegels überhaupt angehört in ihrer Tendenz, die Vorstellung vom „festen Gegenüber des Subjektiven und Objektiven" als Abstraktion des Verstandes aufzubrechen und flüssig zu machen, ist in der Rechtsphilosophie inhaltlich und konkret in dem Übergang von dem moralischen Willen zu seiner Äußerung als Handlung (§ 118) begründet, sofern Handlung und Tätigkeit der „Prozeß" sind, den „subjektiven Zweck . . . in die Objektivität zu übersetzen" und damit den subjektiven Willen in seinen Zwecken „nicht in eine neue einseitige Bestimmung, sondern . . . zu seiner Realisation" zu bringen (§ 8, § 8 Z)[10].

So ist Handeln Verwirklichung des moralischen Willens. Damit nimmt Hegel den für die aristotelische Politik und Ethik grundlegenden Begriff der Praxis auf. „Ethos" und „Nomos" sind die auf Herkommen und Überlieferung gegründeten Ordnungen des Wohnens und Lebens mit dem durch sie gesetzten Richtmaß rechten Verhaltens und Tuns. Praxis ist allgemein die je einer bestimmten Art von Lebewesen eigentümliche Weise des Tuns und so je seine im Vollzuge bestehende Lebensweise. Die praktische Philosophie, die sich „um das Menschliche sammelt" und die Praxis des Menschen zum Gegenstand nimmt, wird zur Ethik als Lehre von den ethischen Ordnungen und Institutionen. Damit aber kommt die aristotelische Bestimmung der Praxis zum Zuge, nach der die Einzelnen in ihrem Handeln und Leben nicht äußerlich, sondern so in einer vorhandenen Welt ethischer Ordnungen und Institutionen stehen, daß ihr Handeln und Leben in der Bildung zur allgemeinen Form des Ethos zu ihrer Verwirklichung kommen. Was der Mensch an Möglichkeiten und Anlagen von Natur besitzt, wird im Leben und Handeln wirklich, indem diese in die allgemeinen Formen des Ethischen eingehen und zu diesen gebildet werden. Die Wirklichkeit des Könnens und Werkens ist so nicht der abstrakte unmittelbare Akt in seinem Vollzug, sondern die Kunst (τέχνη) und die sie begründende Einsicht (ἐπιστήμη). Davon ausgehend sagt Aristoteles, daß man in der gleichen Form gerecht werde, wie man lernend und übend im Spielen der Zither zum Zitherspieler wird. Indem das eigene Leben und Tun sich in die ethischen Ordnungen einfügen und in ihnen die allgemeine Form ihrer Verwirklichung haben, gewinnen sie Tugend als Haltung des rechten und guten Verhaltens: „Das Gerechte tuend, werden wir gerecht".

[10] J. Derbolav weist darauf hin, daß es in Hegels Auseinandersetzung mit Kant wesentlich um den Übergang zur Handlung gehe, der Kant „gegenüber der sittlichen Motivation des Willens auffallend geringe Beachtung schenkte". Vgl. J. Derbolav, Hegels Theorie der Handlung in: Hegel-Studien 3, 1965, 210. D. betont den „Fortschritt in der Problemanalyse des Handelns", der mit Hegels die kantische Position überholenden Theorie erreicht werde (218 f.). Ihre Grenze liege vor allem darin, daß das handelnde Subjekt „vor dem mediatisierenden Anspruch des Allgemeinen qua Weltgeist" nicht zu seinem Recht komme. Die Auseinandersetzung mit dieser Deutung wird von dem von Aristoteles übernommenen „ethischen" Begriff des Handelns bei Hegel ausgehen können, mit dem die Verbindung von Moralität und Sittlichkeit begründet wird.

Der Mensch wird, was er auf gute und schlechte Weise zu sein vermag, „ethisch"; sein Handeln besteht und hat seine Bestimmtheit in der Gewohnheit des Allgemeinen: „Es ergibt sich, daß die aus dem Gewohnten herkommende Tugend uns nicht von Natur zuwächst. Denn keines der von Natur Seienden kann sich anders gewöhnen. Der Stein, der von Natur fällt, wird sich niemals gewöhnen, nach oben zu steigen, auch wenn man es tausend Male versucht, ihn umzugewöhnen ... Weder von Natur noch gegen die Natur werden daher Tugend und Tüchtigkeit. Es ist uns zwar von Natur die Möglichkeit gegeben, sie anzunehmen, aber zur Verwirklichung kommen sie in der Gewohnheit des Ethischen"[11].

Die Bestimmung, daß Sittlichkeit in den objektiven politischen und gesellschaftlichen Institutionen bestehe, setzt so bei Hegel den aristotelischen Begriff einer ethischen Verwirklichung menschlichen Handelns und Lebens voraus. Institutionen sind sittlich, sofern sie für die Einzelnen ihr gewohntes Sein und ihre allgemeine Handlungsweise (§ 150) werden. Im Durchbruch durch jede Form der Verdinglichung des Objektiven nimmt Hegel die ethische Bestimmung der Institutionen im Sinne des Aristoteles auf; sie schließt ein, daß diese ebenso, wie sie Wirklichkeit für das individuelle Handeln sind, ihrerseits nur im Handeln und Leben der Einzelnen bestehen und Wirklichkeit haben. Tugend als „Haltung" im individuellen Leben und Handeln hat daher zugleich „objektive" Bedeutung: Nur da, wo sie gegeben ist, werden auch die Institutionen auf gute Weise bestehen; sie werden zu toten Gehäusen, wenn sich in ihnen das Leben der Individuen nicht mehr zu finden und zu verwirklichen vermag. Sittlichkeit ist institutionelle Wirklichkeit menschlichen Selbstseins. Wenn sich daher auf dem Standpunkt der Moralität die Subjektivität in sich verhaust und sich zum Grunde und Meister des Sittlichen macht und so das Objektive zum Eitlen und Wesenlosen wird (§ 140, § 140 Z), kündigt sich die Gefahr an, daß der moralische Wille die ihm Wirklichkeit gebenden Institutionen auflöst. Das wird politisch von Hegel gegen die Position geltend gemacht, auf der das Individuum seine Freiheit in der Besonderung und Absonderung vom Allgemeinen sucht und gegen die bestehenden Institutionen und den „gebildeten Bau" des Staates ein Sein-Sollendes setzt, das die Subjektivität sich aus dem „Herzen, Gemüt und Begeisterung" und „subjektiver Zufälligkeit des Meinens und der Willkür" aufsteigen läßt. Das muß im Untergang des Objektiven zur „Zerstörung der öffentlichen Ordnung und der Staatsgesetze" führen (Vorrede). Damit aber wird zuletzt auch die eigene Freiheit des Selbstseins für die Subjektivität preisgegeben; im Verfall und in der Entwertung der sittlichen Ordnungen wird sie ihren Halt und ihre Wirklichkeit verlieren. Gegen die sich in sich verschließende Subjektivität macht Hegel daher in vielfacher Abwandlung des Grundsatzes, daß die Äußerung moralischen

[11] Eth. Nic. 1103 a 19 seq. ... Die knappe Darstellung der Theorie ethischer Wirklichkeit menschlichen Handelns bei Aristoteles faßt hier zusammen, was in seinen systematischen Voraussetzungen und Implikationen in der in Anm. 8 angeführten Abhandlung zur praktischen Philosophie des Aristoteles erörtert wird. Hier finden sich auch die Belege für die in den Text aufgenommen Stellen aus der aristotelischen Ethik.

Willens Handlung sei (§ 113), geltend, daß Wille erst im „Beschließen" und „Sich Entschließen" wirklicher Wille wird (§ 12). Er nennt ein Gemüt, das in seiner „Zärtlichkeit" zaudert, weil „im Bestimmen es sich mit der Endlichkeit einläßt", ein „totes" Gemüt, „wenn es auch ein schönes sein will" (§ 13 Z): Nur im Beschließen trete„ der Mensch in die Wirklichkeit, wie sauer es ihm auch wird; denn die Trägheit will aus dem Brüten in sich nicht herausgehen, in der sie sich eine allgemeine Möglichkeit beibehält" (§ 13 Z). Der Wille ist daher vor dem Bestimmen und vor dem Aufheben dieses Bestimmens noch nicht ein Fertiges und Allgemeines; er wird dies erst als „die sich in sich vermittelnde Tätigkeit" (§ 7).

Damit wird von Hegel das Verhältnis des Willens in sich zu seiner Objektivation als Handeln in der Aufnahme des aristotelischen Grundsatzes entwikkelt, daß „Möglichkeit ... noch nicht Wirklichkeit" ist (§ 13 Z). Was dies aber meint, daß der moralische subjektive Wille erst im Handeln Wirklichkeit erhält, wird nicht schon durch den Begriff des Handelns als solchen, sondern darin zur konkreten Bestimmtheit gebracht, daß Hegel (wie Aristoteles) die objektiven und allgemeinen Institutionen, Gesetze, Gewohnheiten in einem Staate, der auf Freiheit gegründet ist, als die Wirklichkeit subjektiver Freiheit begreift. Sie sind ihr sittliches Sein: „In der einfachen Identität mit der Wirklichkeit der Individuen erscheint das Sittliche als die allgemeine Handlungsweise derselben — als Sitte, — die Gewohnheit derselben als eine zweite Natur", die „die durchdringende Seele, Bedeutung und Wirklichkeit ihres Daseins ist, der als eine Welt lebendige und vorhandene Geist" (§ 151).

Alles Große ist einfach. In der von Hegel erneuerten aristotelischen Lehre von der ethischen Wirklichkeit individuellen Handelns und Lebens liegt die Einsicht beschlossen, daß die moralische Reflexion im inneren Kampfe von Pflicht und Neigung — ebenso wie mein Sein und Leben nicht das nur Innerliche, sondern die persönliche und sachliche Welt ist, in der ich stehe und lebe — auch in die objektiven Zusammenhänge eingelassen ist und sie voraussetzt, in denen durch die Sache selbst vorgezeichnet und festgelegt wird, was je meine Pflicht und Aufgabe, und was zu tun und zu lassen recht, billig, gut oder auch nicht gut ist. Damit macht Hegel geltend, daß der Mensch nicht allein in der Innerlichkeit des Gemütes, sondern in den Verhältnissen zu entscheiden und zu handeln hat, in denen er steht, arbeitet, lebt, Interessen hat, Verantwortungen, Pflichten übernimmt. In der Aufhebung der Moralität in das objektive sittliche Sein macht er so die Angemessenheit des Individuums an die Pflichten der Verhältnisse, denen es angehört, als „Rechtschaffenheit" zu der allgemeinen Bestimmung des Ethischen: Das rechtschaffene Individuum habe „nichts Anderes ... zu tun, als was ihm in seinen Verhältnissen vorgezeichnet, ausgesprochen und bekannt ist" (§ 150). Dies sei das Allgemeine in einem „vorhandenen sittlichen Zustande". In ihm habe, wenn seine „Verhältnisse vollständig entwickelt und verwirklicht sind", die „eigentliche Tugend" nur in „außerordentlichen Umständen und Kollisionen jener Verhältnisse ihre Stelle und Wirklichkeit" (§ 150).

Aber nicht das Außerordentliche ist die allgemeine Sphäre und Basis sittlichen Handelns, sondern die in der Rechtschaffenheit gesetzte aristotelische Mitte „zwischen einem Zuviel und einem Zuwenig" (§ 150). Sie ist dann das, was für den moralischen Standpunkt „leicht als etwas Untergeordneteres" erscheint, über das man „an sich und Andere noch mehr fordern" müsse. Doch in dieser Tendenz, die Ausnahme zum Regelfall des Sittlichen zu machen, treibe die „Sucht, etwas Besonderes zu sein" und sich nicht mit dem zu genügen, „was das An- und Fürsichseiende und Allgemeine ist". Das Reden von Tugend grenze so überhaupt „leicht an leere Deklamation", in welcher ihr Allgemeines: Rechtschaffenheit unbeachtet bleibt (§ 150).

Mit dem Übergang zu der in den politischen und gesellschaftlichen Institutionen vermittelten Wirklichkeit des Handelns und Lebens als zu dem sittlichen Sein der Individuen bringt Hegel so die auf die innere Moralität beschränkte Pflicht aus der formellen Unbestimmtheit und Abstraktheit des im Sollen perennierenden, noch leeren Guten heraus; er befreit das Individuum von der „Gedrücktheit", in der „es als subjektive Besonderheit in den moralischen Reflexionen des Sollens und Mögens ist", so wie von der „unbestimmten Subjektivität, die nicht zum Dasein und zu der objektiven Bestimmtheit des Handelns kommt" (§ 149). Er lehrt in dieser Befreiung das Individuum, seine „substantielle Freiheit" als vorhandene Welt der Sittlichkeit zu begreifen (§ 149). Der subjektive Wille kommt im Aufheben der Moralität in die Sittlichkeit zu seiner Erfüllung: „Das Recht der Individuen für ihre subjektive Bestimmung zur Freiheit hat darin, daß sie der sittlichen Wirklichkeit angehören, seine Erfüllung, indem die Gewißheit ihrer Freiheit in solcher Objektivität ihre Wahrheit hat, und sie im Sittlichen ihr eigenes Wesen, ihre innere Allgemeinheit wirklich besitzen" (§ 153).

So stellt Hegel den mit der Reduzierung der Sittlichkeit auf Moralität unmöglich gemachten Standpunkt der Sittlichkeit wieder her. Er nimmt die Moralität in die von ihr unterschiedene Sittlichkeit auf. Er erneuert damit die institutionelle Ethik aristotelischer Herkunft, indem er sie im Ausgang von der Moralität der Subjektivität in das Verhältnis zur gegenwärtigen Welt bringt und sie zur Theorie des in der modernen Gesellschaft, im modernen Staat und in den auf ihr Prinzip der Freiheit gegründeten Institutionen verwirklichten Handelns macht.

Aber damit wird von Hegel die Ethik zugleich in den Zusammenhang der „Politik" zurückgeholt. Hier liegt das Moment, das am meisten und am nachhaltigsten verhindert hat, daß überhaupt der hegelsche Begriff der Sittlichkeit aufgenommen und wirksam werden konnte. Die Erneuerung der „Politik" in der Form der am Leitfaden des Rechts vom abstrakten Recht zum Staatsrecht fortschreitenden Rechtsphilosophie hat gegenüber der durch Kant eingeleiteten Trennung von Ethik und Rechtsphilosophie die allgemeine Bedeutung, daß Hegel mit ihr den Schein zerstört, als ließe sich allein auf die Moralität der Subjektivität in sich der Bestand und die Bewahrung der Freiheit und der sittlichen Lebensordnungen gründen. Die Einsicht, daß die Subjektivität nur Wirklichkeit zu haben vermag, wenn die politischen und gesellschaftlichen Institutionen die ihrem Selbstsein gemäße Wirklichkeit ihres Handelns sind, bedeutet einerseits, daß Staat und Gesellschaft die Moralität und Gesinnung der selbständigen Individuen in ihrer Bereitschaft voraussetzen, das Allgemeine zur eigenen Sache zu machen: Die Vorstellung meine oft, daß der Staat „durch Gewalt" zusammenhänge, „aber das Haltende ist allein das Grundgefühl der Ordnung, das alle haben" (§ 268 Z). Das schließt ebenso ein, daß die Freiheit des Selbstseins, der Absicht, des Gewissens und so das sittliche Leben der Freien nur dann Bestand und Wirklichkeit haben können, wenn die Institutionen ihnen gemäß sind. Wo sie aufhören, Freiheit zur Substanz zu haben und zu der Form werden, darin diese preisgegeben wird, da wird auch die sittliche Wirklichkeit der Freiheit des Selbstseins aufgelöst, und was im Innern als das Rechte und Gute gewußt und gewollt wird, vermag sich nicht mehr im Handeln und im Leben zu verwirklichen. Daher sind das auf Freiheit gegründete Recht als Gesetz und der auf Recht als Gesetz gegründete Staat zuletzt allein die Garantie, daß die Individuen ihr freies sittliches Sein in den Institutionen zu finden vermögen[12]. Die in die innere Moralität zurückgenommene Sittlichkeit hat daher nur da ihr Recht, wo sie die Position der Zuflucht und des Rückzuges ist und das, was als das Rechte und Gute in der Wirklichkeit und Sitte gilt, „den besseren Willen nicht befriedigen kann" und so „die vorhandene Welt der Freiheit ihm ungetreu geworden" ist. Wo das freie Individuum sich „in den geltenden Pflichten" nicht mehr findet, muß es „die in der Wirklichkeit verlorene Harmonie nur in der ideellen Innerlichkeit zu gewinnen suchen" (§ 138). In dieser Zuflucht bleibt allein die innere Moralität, doch als die Ohnmacht der Subjektivität, die keine sittliche Wirklichkeit mehr im Leben und Handeln zu haben vermag. Das Individuum hat so nur die heroische Möglichkeit, sich und sein Gewissen in der Kollision mit den unsittlich gewordenen Institutionen geltend zu machen und sich zu opfern. Aber das ist die Tugend der Ausnahme. Auf sie können nicht die Wirklichkeit und der Bestand eines freien sittlichen Lebens gegründet werden. Es fordert als seine Bedingung das Recht, das die Freiheit des sittlichen Seins den Individuen in der objektiven Wirklichkeit der gesellschaftlichen und politischen Institutionen verbürgt.

Daher hat Hegel in der Aufnahme der Ethik und Politik umgreifenden praktischen Philosophie zugleich die kantische Trennung von Tugend und Recht rückgängig gemacht. Er hat Moralität und Sittlichkeit in den Zusammenhang des Rechtssystems hineingenommen und dieses als Grund und Bedingung der Sittlichkeit begriffen (vgl. § 4): Freiheit ohne die Voraussetzung des Rechts vermag nur als innere Möglichkeit, nicht als sittliche Wirklichkeit zu bestehen. Hegel nennt so Recht „etwas Heiliges überhaupt, weil es das Dasein des absoluten Begriffes, der selbstbewußten Freiheit ist" (§ 30).

[12] Die systematische Bedeutung des Begriffs der Sittlichkeit und der sittlichen Institutionen für die Staatslehre Hegels wird in der demnächst in den Abh. d. Ak. d. Wiss. u. d. Lit. zu Mainz (Geistes- u. Sozw. Kl.) erscheinenden Arbeit: Staat als ‚sittliches Universum'. Zu Hegels Philosophie politischer Freiheit behandelt.

Karl-Heinz Volkmann-Schluck

Richard Wagner als Repräsentant des 19. Jahrhunderts

Über das 19. Jahrhundert etwas zu sagen, ist schwer. Nicht nur deshalb, weil es uns, historisch gesehen, noch zu nahe ist, als daß wir es vorurteilsfrei beurteilen könnten, und auch nicht nur darum, weil vieles von dem, was uns jetzt und in Zukunft bestimmt, im 19. Jahrhundert seinen mehr oder weniger offenkundigen Anfang genommen hat, so unter anderem das historische Bewußtsein, durch welches die Geschichte ebenso zum Gegenstand wissenschaftlicher Erklärung geworden ist wie die Natur der Naturwissenschaften zum Gegenstand methodisch gesicherter Voraus- und Nachberechenbarkeit. Die Schwierigkeiten vielmehr, vor die dieses Jahrhundert stellt, sind von eigener Art. Das 19. Jahrhundert ist gekennzeichnet durch eine ausnehmende Zweideutigkeit des Geistes, die so weit geht, daß man mit Recht fragen kann, ob das, was dieses Jahrhundert Geist nennt, einen solchen Namen überhaupt noch verdient. Zwar stehen seine Haupterscheinungen in hellstem Licht, aber hinter ihnen zeichnet sich jeweils ein Schattenriß von etwas anderem ab, das sich zu verbergen trachtet. Oft bleibt unentscheidbar, was bloße Vor- und Darstellung und was Realität ist, eine Zweideutigkeit, aus welcher dann das 20. Jahrhundert die Methode der Manipulation von Meinungen und Überzeugungen gemacht hat.

Das 19. Jahrhundert ist die Zeit des Auseinanderfalls einer einheitlichen Tradition in eine Vielzahl disparatester Tendenzen, die, ohne ein geistiges Zentrum, einander bekriegen, bespiegeln, verdecken, sogar betrügen, indem die eine das Aussehen der anderen annimmt. Zugleich zeigt sich immer wieder, wie das, was sich als das Verschiedenartigste ausgibt, sich bei näherem Zusehen als das zum Verwechseln Ähnlichste erweist. Im 19. Jahrhundert wird auf eine fatale Weise alles mit allem verwechselbar. In dieser grundsätzlichen Zweideutigkeit verbirgt sich ein Umschwung aller bis dahin maßgeblichen Vorstellungen, eine Revolution der gesamten Weltansicht. Diese Revolution spricht sich auch innerhalb der Dimension des philosophischen Denkens aus, jedoch ebenfalls nur beschränkt und zweideutig, und zwar deshalb, weil die Philosophie in den überlieferten Leitentwurf verstrickt bleibt, der sie daran hindert, das klar zu sehen, was das einheitlich Geschehende in allen Geschehnissen ist. Der Umschwung der Weltansicht spricht sich innerhalb der Philosophie aus: in der groben Umkehr der Philosophie Hegels durch Karl Marx, in der brutalen Gegnerschaft Kierkegaards zu Hegels Philosophie des absoluten Geistes, in Schopenhauers Lehre vom an sich bewußtlosen Willen als der Wirklichkeit alles Wirklichen, in Nietzsches absoluter Umdrehung aller bis dahin maßgeblichen Rangordnungen in der Gestalt einer Umwertung aller Werte, im Positivismus, Empirismus, Historismus, in den christlichen Restaurationsversuchen mittels des zur philosophia perennis erklärten scholastischen Aristotelismus usf. Was in all diesen Erscheinungen, welchen Ranges sie auch seien, zuhöchst zweideutig bleibt, ist jedesmal das Wesen der Wahrheit, welche das behauptete Wissen in Anspruch nimmt. In diesem Zusammenhang eines aus einem erblindenden Wissen geschehenden Denkens gehört das Werk Richard Wagners, wie die folgende Briefstelle zeigt:

> „Kaum bemerkte ich nun aber, wie ich mit der Ausführung, ja im Grunde schon mit der Anlegung des Planes, unbewußt einer ganz anderen, viel tieferen Anschauung folgte, und, anstatt einer Phase der Weltentwicklung, das Wesen der Welt selbst, in allen seinen nur erdenklichen Phasen, erschaut und in seiner Nichtigkeit erkannt hatte, woraus natürlich, da ich meiner Anschauung, nicht aber meinen Begriffen treu blieb, etwas ganz anderes zu Tage kam, als ich mir eigentlich gedacht hatte."[1]

Zweierlei ist an dieser Äußerung bemerkenswert: die von Wagner erfahrene Diskrepanz zwischen der Anschauung, d. h. dem Anschauungsvermögen der produktiven Einbildungskraft des Künstlers und dem begrifflichen Vorstellen des selbstbewußten Denkens, sodann die Behauptung, der Ring des Nibelungen stelle das Wesen der Welt selbst dar. Denn man bedenke, was das bedeutet! Das Wissen vom Wesen der Welt, d. h. von dem, was das Ganze des Seienden in Wahrheit ist, war bis dahin Sache der Metaphysik. Indem Wagner die Darstellung dessen, was die Welt ihrem Wesen nach ist, dem Musikdrama anvertraut, übernimmt das Musikdrama selbst die Rolle der Metaphysik. Wann hätte die Musik, von welchem metaphysischen Rang sie auch immer gewesen sein mag, jemals einen solchen Anspruch erhoben? Wie vermag Wagner, ihn zu begründen? Die Antwort lautet: Das Werk selbst stellt die rechtfertigende Begründung dieses Anspruchs dar. Deshalb haben wir zuerst einmal das Werk daraufhin zu betrachten, inwiefern es in Wagners Sinn das metaphysische Wissen vom Wesen der Welt in sich birgt.

Wagners Arbeit am Ring des Nibelungen erstreckt sich über den langen Zeitraum von 1848 bis 1874. Die einzelnen Stadien des Umwandlungsprozesses bekunden, wie sich der dem Werk eigene metaphysische Grundcharakter Schritt für Schritt ausgeprägt hat. Die Umgestaltung führt, ausgehend von der Idee der durch Tilgung der Schuld wiedererstandenen Herrschaft des Göttlichen *über* dem Leben über den an Feuerbach sich anlehnenden Gedanken von der Immanenz des Göttlichen *im* Leben in der Gestalt der Liebe bis zur Begegnung mit der Philosophie Schopenhauers im Jahre 1854, die Wagner veranlaßte, die Deutung des Ganzen noch einmal von Grund auf zu überprüfen. Indes hat Wagner schließlich darauf verzichtet, den Sinn des Dramas in sententiöser Weise aus-

[1] Briefe an August Röckel, eingeführt durch La Mara, Leipzig, Breitkopf und Härtel, 1894.

zusprechen, vielmehr betont, daß die Musik es sei, die in höchster Bestimmtheit alles offenbar mache. Diese dem Text selbst beigefügte Bemerkung Wagners ist überaus wichtig; denn der Ring des Nibelungen stellt ja das Wesen der Welt selbst dar, und wenn das wesentliche Wissen von der Welt der Musik zugewiesen wird, liegt der Anspruch des Musikdramas offen zutage, selbst Metaphysik zu sein.

Eine Auseinandersetzung mit Wagners Werk sieht sich deshalb auf die Musik verwiesen. Welchen Wesens ist Wagners Musik? Zu ihrem Verständnis kann uns der große Gegenspieler Wagners, Friedrich Nietzsche, verhelfen, freilich nur dann, wenn wir auch imstande sind, Nietzsches Kritik an Wagner philosophisch nachzudenken. Diese Kritik gipfelt in der These, Wagners Musik sei der als Musik auftretende Rausch, der durch Eintrübung des Bewußtseins den modernen Menschen aus seinem Nicht-wissen-Wohinaus in die Vergessenheit hinwegzuheben trachte. Wagners Werk sei diejenige Phase des europäischen Nihilismus, in welcher dieser durch rauschhafte Selbstbetäubung sich über sich selbst hinwegzuhelfen versuche. Nietzsches These, philosophisch gedacht, erweist sich als überaus fruchtbar für die Erkenntnis des Wagnerschen Musikdramas.

Der Rausch besteht in der Aufhebung des sondernden Unterscheidens, welches der Grundzug des Bewußtseins ist; denn das Bewußtsein ist in mehrfacher Hinsicht unterscheidend: Es unterscheidet sich durch das Sich-auf-sich-Beziehen vom Gegenstand, den es sich als das Andere entgegenstellt. Diese Selbstunterscheidung vom Gegenstand ist in sich zugleich ein sonderndes Unterscheiden der Gegenstände unter- und gegeneinander. In dieser mehrfachen Unterscheidung besteht das Bewußtsein. Der Rausch hebt durch Trübung des Bewußtseins die Unterschiede auf und bringt den Menschen dahin, sich in den Gegenstand loszulassen und sich darin zu vergessen. Nun ist das rauschhafte Wesen der Wagnerschen Musik bekannt. Es bekundet sich in mehrfacher Hinsicht: in der unendlichen Melodie, deren Unendlichkeit darin besteht, daß die Themen übergängig konzipiert sind, so daß sie sich an ihnen selbst ins unbestimmt Andere verlieren, im Vorwiegen von Dissonanzen, die weniger Unterschiede hervortreten als vielmehr Gefühlsspannungen gleichsam verwehen lassen, in der harmonischen Mehrdeutigkeit als Prinzip, in den durch fortgesetzte Klangmischungen erzeugten Interferenzklängen, in den perspektivischen Abschattungen der Klänge, die sich in einen fließenden Hintergrund verlieren, in dem verdeckt-verdeckenden, die musikalische Architektur eher verhüllenden Spiegel-Spiel versetzter Leitmotive. Alle diese Charaktere der Musik sind Weisen der Aufhebung zuvor gesetzter Unterschiede, die zur Folge hat, daß der Zuhörer das Gegenüber zur Musik aufgibt und sich in sie losläßt. Man faßt gewöhnlich diese Charaktere der Musik unter dem Begriff des Mittels zusammen, das Wagner zum Zwecke der Wirkung auf den Zuhörer wissentlich verwendet. Indes offenbart sich hier ein Grundzug, der allen großen Werken überhaupt eigen ist: wie nämlich der Zweck zum Mittel und das Mittel wiederum zum Zweck wird. Das Verdämmern des Bewußtseins durch Aufhebung der vom Bewußtsein gesetzten Unterschiede ist nämlich das eigentliche Geschehen des Dramas selbst. Wenn es sich so verhält, dann verständen wir schon besser, inwiefern es die Musik ist, welche den Sinn des Ganzen mit höchster Bestimmtheit ausspricht. In der jahrzehntelangen Arbeit am Ring des Nibelungen hat sich Wagner die Erfahrung immer mehr verdeutlicht, daß das sich auf sich beziehende Bewußtsein, welches überall die Welt auf sich zurückbezieht und sie in sich einbezieht, gerade das, was wahrhaft ist und geschieht, verdunkelt und verstellt, weil es nur das sieht, was es vorstellt und will, nämlich sich selbst. Das Bewußtsein enthüllt sich mehr und mehr als ein sich in sich verstrickendes, selbstisches Sich-selbst-Wollen. Schopenhauer erfährt diese Selbstbezüglichkeit des Willens als Leiden eines ziellos sich selbst wollenden Willens, der nur durch die Umwendung des Wollens in das Nicht-mehr-Wollen vom Leiden erlöst werden kann. Wagner erkennt mit wachsender Deutlichkeit das Selbstbewußtsein als den trügerischen Zauber, dem das Leben erliegt, so daß es zum rastlosen Sich-selbst-Wollen verführt wird, sich gleichsam zum in sich kreisenden Ring fügt, dem Unheil der Selbstsucht, dem Quell aller Lieblosigkeit, Unfreiheit und Todesfurcht. Diese trügerische Verzauberung durch das selbstbewußte Sich-selbst-Wollen macht das Spiel des Lebens aus. Daher die vielen märchenhaften Züge, die Verwandlungen, die Zaubertränke, der Tarnhelm, das scheinhaft Unwirklichwerden der gesamten Personen- und Ereigniswelt in der Götterdämmerung. Schließlich aber liegt in jeder Verwandlung durch Zauber die Möglichkeit der Rückverwandlung in die ursprüngliche Gestalt, wie sie sich dann auch am Schluß des Ringdramas ereignet. Daß in der Tat der Inhalt des Ringdramas mit der Musik von einer und derselben Wesensart ist, sei an den Hauptgestalten kurz gezeigt.

Wenn das selbstbewußte Sichwollen eine auf Verzauberung beruhende Verwandlung ist, dann muß ihm eine andere Phase des Lebens vorausgehen, ein natürlicher Urzustand. Dieser wird zwar zu Beginn des Rheingolds angeschaut im Strömen des Stroms, der nichts anderes will als das Spiel des unaufhaltsamen, zu nichts gedrängten Strömens selbst, er wird jedoch gemäß dem Gesetz des Musikdramas in mannigfacher Weise vernehmlich, so vor allem in der ersten Szene des dritten Aktes des Siegfried, im Gespräch Wotans mit Erda, sowie in der Nornenszene der Götterdämmerung. Auch der sich selbst nicht wollende Wille steht unter dem Geleit eines Wissens, aber eines Wissens, das sich selbst nicht weiß, das den Gang der Welt erträumt, repräsentiert in Erda, der sich ihrer selbst nicht Bewußten. Wotan weckt dieses träumende Wissen auf. Das tut er nicht einmal und gelegentlich, sondern er ist der Weckrufer, der das unbewußte Wissen in das Selbstbewußtsein heraufruft, um wissentlich-willentlich die Welt zu lenken. Dadurch, daß das Wissen selbstisches Wissen wird, wird auch der Wille ein sichwollender Wille, dem alles anbefohlen sein soll, der den Lauf der Welt befiehlt. Die Erweckung des Wissens zum Selbstbewußtsein führt erst den Göttertag herauf. Dieses Bewußtsein bringt alles zu sich in das Gegenüber und setzt jedes jedem entgegen. Das Auseinander- und Entgegengesetzte wird durch Pakte neu gebunden, durch welche die Willensherrschaft sich zu sichern trachtet.

Der sich selbst, nämlich seine Herrschaft über das Ganze und deren Dauer wollende Wille gebraucht und verbraucht das Element des Lebens für seine eigensüchtige Zwecksetzung. Aber er vermag das nur träumende Wissen niemals hinter sich zu bringen. Dieses setzt ihm nach und steigt aus ihm selbst auf als Ahnung, Sorge und Angst vor dem Ende. Denn die Aufrichtung der Willensherrschaft über das Leben ist zugleich die Entfesselung der unbedingten Selbstsucht, welche die durch Pakte befestigte Herrschaft beständig bedroht. Ja, der sich selbst wollende Wille ist in seiner Wurzel selbst diese Selbstsucht. Die ins Unbedingte aufstehende Selbstsucht, repräsentiert in der Gestalt Alberichs, nimmt, da sie ausschließlich sich selbst will, die Vernichtung alles übrigen in den Vorsatz. Diese Gefahr eines unbedingten Vernichtungswillens versucht der selbstbewußte Wille Wotans vergeblich durch Verträge zu bannen. Denn da die Errichtung seiner Herrschaft zugleich die Entfesselung der Selbstsucht ist, vermag er ihr auf die Dauer nichts entgegenzusetzen. Ja, Wotan muß sogar, wenn die Verträge, auf denen seine Herrschaft beruht, in Geltung bleiben sollen, die Freiheit vernichten. Freiheit ist für Wagner der Grundzug des Lebens, das ohne Willenszwang, ohne Absichten und Rücksichten von selbst geschieht. Diese nichtselbstische Freiheit ist es auch, welche allein imstande wäre, die Selbstsucht zu überwinden. Aber sie kann innerhalb einer auf selbstsüchtigen Verträgen beruhenden Herrschaft nicht zugelassen werden. Das ist die furchtbare Erkenntnis und Selbsterkenntnis, zu der Wotan gelangt. Die auf Pakten beruhende Willensherrschaft vermag auf die Dauer der alles vernichtenden Selbstsucht nichts entgegenzusetzten — es sei denn die von allen Willenszwängen befreiende Freiheit —, aber die Verträge können keinen Bestand haben, wenn die natürliche Freiheit zugelassen wird. Deshalb endet die Willens- und Vertragsherrschaft Wotans in dem Entschluß zu ihrer Selbstvernichtung, zuerst, indem er seine Herrschaft dem Nibelungensohn überträgt, d. h. dem Repräsentanten der unbedingten Machtentschlossenheit, die sich des alles und jedes nur noch berechnenden Bewußtseins bedient, dann aber, von einer Inspiration Brünnhildes ergriffen, einem Leben, das nichts will, sondern, ohne voraus- und zurückzublicken, jeweils ganz in eine ungeteilte Gegenwart aufgeht.

Siegfried repräsentiert in menschlicher Gestalt das freie, zu nichts gedrängte Leben, das zu Beginn im Strömen des Stroms angeschaut war. Dieser Aufgang einer neuen, auf der Freiheit gegründeten Welt im Untergang der alten Vertragswelt Wotans ist zugleich die Erweckung des Willens der Liebe; denn nach der Zertrümmerung der alten, auf Selbstsucht beruhenden Vertragswelt bedarf das Leben eines neuen bindenden Bandes. Ein freies Leben kann aber nur durch das Band der Liebe gebunden sein, d. h. durch einen Willen, der in der gegenseitigen Selbstentäußerung des Einen im Anderen die Erfüllung findet.

Warum aber kann sich auch diese auf der Freiheit des Lebens gegründete, durch den Willen der Liebe gebundene neue Welt nicht halten? Weshalb verfällt auch sie dem Fluch des Rings und dem Untergang? Die Antwort gibt das letzte Drama, die Götterdämmerung. Aufschlußreich sind vor allem die folgenden beiden Szenen: In der dritten Szene des ersten Aktes sieht man beim Aufgehen des Vorhangs Brünnhilde in stummem Sinnen den Ring betrachten, aus dem ihr Siegfrieds Liebe entgegenleuchtet. Sie ist verzaubert von dem Gefühl, das sich angesichts des ganz und gar gegenwärtigen Lebens schrankenlos selbst fühlt und deshalb nur noch eines begehrt: sich zu fühlen. Die Liebe hat die Art des Selbstischen angenommen, sie will sich selbst, nämlich ihre eigene Dauer; sie will die Wiederholung des ganz von sich selbst erfüllten Augenblicks in seiner Einzigartigkeit: die Wiederholung des Unwiederholbaren.

In der ersten Szene des dritten Aktes der Götterdämmerung betrachtet Siegfried im Gespräch mit den Rheintöchtern den Ring. So wie Brünnhilde von der Liebe bezaubert ist und nur noch das eine begehrt, sich zu fühlen, so erliegt Siegfried seinem eigenen Heldentum, das nur noch sich selbst will, nämlich die Selbstbehauptung der Freiheit von Todesfurcht. Und es war die sich selbst suchende Sucht seines Heldentums, die ihn dahin drängte, alle seine Taten noch einmal zu tun, um eine Frau zu gewinnen, aber jetzt in einer alles umkehrenden Verkehrung und gemäß einem Pakt, d. h. unter der bereits vergangenen Herrschaft des selbstbewußten Willens, die künstlich wieder in Geltung gesetzt wird und mit ihr das ganze Unheil des selbstbezüglichen Bewußtseins.

Dieses Bewußtsein löst sich im Tode auf. Musik und Wort zeigen das in Siegfrieds Todesgesang in gleicher Weise. Die erinnerte Erweckung Brünnhildes wird Siegfried zu einer gegenwärtig geschehenden zweiten Erweckung. Dann aber fließt beides ineinander und in einen einzigen Vorgang zusammen. Die Diktion verläßt die Satzstruktur und geht in bloße Ausrufe über:

„Ach, dieses Auge, ewig nun offen!
Süßes Vergehen!
Seliges Grauen!"

Es ist die Seligkeit der Entschränkung von allen Schranken des verstellend-entstellenden Bewußtseins, die Auflösung in den sich selbst nicht kennenden, reinen, entschränkten Willen: Grauen und Seligkeit in eins und als dasselbe.

Erst der Anblick des toten Siegfried eröffnet Brünnhilde diesen Bereich des von aller täuschenden Bewußtheit befreiten, reinen Willens, welcher die reine, weil sich selbst nicht kennende Lust des Lebens an sich selbst ist, eine unendliche Vereinigung in einem Fühlen, welches alles Sichfühlen überholt hat. Indem sie Siegfried in diesen Bereich folgt, gewinnt sie auch ihr natürliches Wesen zurück, das ihr Sieglinde einst zugesungen hatte: die Liebe, die nichts für sich will, die sich opfernde Liebe. Der nicht mehr sich wollende, daher von allen Schranken des Bewußtseins befreite Wille ist aber für alles Seiende im Sinne des Wollenden und Wirkenden ein verzehrendes Feuer, jenes Feuer, das aus Siegfrieds Scheiterhaufen auflodernd die Götterburg in Flammen hüllt. Das immer machtvoller erklingende Walhallthema spricht das zustimmende Ja zu der erlittenen Selbstvernichtung des selbstischen Willens, welche die befreiende Rückkehr des Lebens in sein freies Element ist, das es im Ungebrauchten zu hüten gilt. Der sich nicht wissende, seine Wirksamkeit nicht begehrende Wille ist das reine Gotteswesen, in welches die Götter zurückkehren.

Die Selbstbezüglichkeit des selbstbewußten Willens ist unentgehbar. Sie ist der Zauber, der alles ins Trügerische verzaubert. Aber aus ihm erwächst die vom Zauber erlösende Liebe. Auch sie ist ein Zauber, denn auch sie verwandelt. Aber sie verwandelt das Verzauberte zurück in seine ursprüngliche Gestalt. Deshalb muß die Liebe durch den Zauber hindurch, sie muß ihm verfallen und ihn erleiden, damit sie am Ende ihr befreiendes Werk tun kann. Denn nur ein erlittenes Wissen vermag, zur Tat zu werden. Die Vereinigung einer Freiheit, die nicht einmal mehr sich selbst will, mit einem Fühlen, das kein Sichfühlen mehr zu sein begehrt, ist die Bewußtseinserlöschung, ist „Götterdämmerung".

Diese wenigen Hinweise können doch schon deutlicher machen, daß nicht nur die Musik gemäß ihren Wesenscharakteren mit dem Inhalt des Dramas in der Tat identisch ist, sondern sie lassen auch erkennen, inwiefern das Musikdrama den Anspruch erheben kann, das Wesen der Welt in allen erdenklichen Phasen darzustellen, d. h. das metaphysische Wissen zu sein. Wenn nämlich das selbstbewußte Wissen gerade das Trügerische und Verhängnisvolle ist, dann muß das wahre Wissen eine andere Stätte seiner Anwesenheit haben. Nach Wagner findet das wahre Wissen seine Unterkunft in einer Musik, die alle Unterscheidungen und Entgegensetzungen des Bewußtseins in ihren mannigfachen Stufen, Graden der Dunkelheit und Deutlichkeit, mit all ihren unmerklichen Wandlungen und plötzlichen Umschlägen, ihren Vereinigungen und Trennungen aus der eigenen Einheit hervorgehen läßt, aber so, daß sie sich in einen grundlos unbestimmten Hintergrund zugleich verlieren, der die bleibende Unterlage und Grundlage ist, das unbestimmbar flüssige Element, das alle Unterschiede und Bestimmtheiten in sich auflöst. Mit einem Wort, diejenige Musik, deren Wesensart der Rausch ist, bietet dem metaphysischen Wissen dessen, was in Wahrheit ist, die Unterkunft, da das Selbstbewußtsein in allen seinen Formen sich als Selbstverfängnis und Verhängnis überall erweist. Ja, wir erkennen sogar, daß das in dem Werk dargestellte Wesen der Welt die Gestalt des Musikdramas zur Notwendigkeit macht.

Bereits das erste umfassende Nachdenken über das Wesen des Dramas, das uns in der Poetik des Aristoteles überliefert ist, hat die Erkenntnis erbracht, daß das, was das Drama eröffnet — ein menschliches Geschick —, die Stätte seines Erscheinens in der Seele des von Furcht und Mitleid durchstimmten Beschauers hat. Dieses Beschauen empfängt in der Neuzeit das Gepräge des Selbstbewußtseins in der Form der ästhetischen Reflexion, die den Gegenstand auf den eigenen Vorstellungs- und Gemütszustand in der Weise zurückbezieht, daß ein Gegenstand, der unsere Vorstellungskräfte in ein harmonisches Spiel versetzt, als schön beurteilt wird. Wenn aber nun die Wahrheit aus dem Selbstbewußtsein entweicht, dann kann auch die im selbstbewußten Anschauen sich manifestierende Harmonie der Vorstellungskräfte nicht mehr das Verhältnis zum Kunstwerk tragen, vielmehr muß der Betrachter jetzt in einen andersartigen Zustand versetzt werden, damit das aufzugehen vermag, was das Werk darstellt. Das ist der rauschhafte Zustand des Bewußtseins, in welchen der Betrachter durch eine Musik versetzt wird, die selbst rauschhaften Wesens ist. Das Drama muß also ein Musikdrama werden. Dieses verwandelt den ästhetischen Zustand in einen Bewußtseinsrausch und bereitet sich so im Gemüt des zuhörenden Zuschauers die Stätte für das Erscheinen dessen, was es darstellt. Das Bedenkliche, das in solcher Verwandlung des ästhetischen Verhaltens schon deshalb liegt, weil der Rausch, wenn er zu Ende gegangen ist, ein entsprechendes Gefühl der Öde und Leere hinterläßt, ist bekannt. Es gehört wesentlich zu den Zweideutigkeiten des 19. Jahrhunderts. Was es aber zugleich zu sehen gilt, ist dieses: Die Zweideutigkeit, die Wagners Werk durchgehend kennzeichnet, ja, die sich geradezu in ihm exemplarisch manifestiert, hat einen tieferen Grund ihrer Notwendigkeit. Der Absetzung des selbstbewußten Wissens, das bis dahin die beherrschende Stellung im Weltverhalten des Menschen einnahm, entspricht hier die Kunst durch eine Verwandlung des ästhetischen Zustandes in einen musikalischen Bewußtseinsrausch durch die Konzeption des Musikdramas.

Ein Blick auf Wagners Alterswerk, den Parsifal, mag das alles nach der einen oder der anderen Hinsicht noch verdeutlichen. Aus dem Schluß der Götterdämmerung erwächst die Frage, ob und inwiefern denn der sich selbst nicht wollende und nicht wissende, daher reine Wille eine Lebensmöglichkeit für den Menschen darstellt. Diese Frage bleibt in dem Ringdrama unbeantwortet.

Nun steht auch der reine Wille unter dem Geleit eines Wissens, aber eines Wissens, das sich selbst nicht weiß. Von der Tageswelt des selbstbewußten Willens her erscheint das reine Wissen als ein bloß träumendes Wissen. Die Frage ist: Kann der Mensch inmitten des unaufhaltsamen Sich-selbst-Wollens zu dem träumenden Wissen in einen Bezug gelangen und sich so im reinen Willen halten? Aber wie soll das möglich sein? Wie kann der Mensch, dessen Wesen im selbstbewußten Wollen liegt, in ein Verhältnis zum selbstlosen Wissen gelangen und sich darin festhalten? Dieses Verhältnis kann kein selbstbewußtes Wissen sein, welches ja das Wahre sogleich schon in den Gegenstand des selbstbezüglichen Wollens verkehren würde. Die Vereinigung des Bewußtseins mit dem reinen Wissen kann selbst nicht gewußt und nicht gewollt werden, sie ist vielmehr Sache des Glaubens.

Die Gralsritter sind die Hüter des im Glauben bewahrten reinen Wissens und Wollens. Aber der Gralskönig verfällt selbst dem selbstischen Begehren, der unendlichen Sehnsucht des begierdehaften Wollens, da er den Versuch unternimmt, den reinen Willen gegen den selbstischen Willen der Begierde durchzusetzen und ihn in die Herrschaft über das Leben einzusetzen; denn dadurch wird der reine Wille, da er sich selbst zum Gegenstand des Wollens macht, mit eben dem behaftet, wogegen er sich wendet, und wird sich selbst zu einem unerreichbaren Gegenstand der unendlichen Sehnsucht.

Parsifal repräsentiert zwar das Wissen, das sich nicht weiß, und deshalb den Willen, der sich selbst nicht gegenständlich vorstellt. Jedoch genügt die in der Unwissenheit verwahrte, darum bloß natürliche Reinheit des Willens nicht. Vielmehr muß das selbstbewußte, begierdehaft sich erstrebende Wollen als Unheil erfahren und erlitten werden, so daß der Wille in die Entscheidung gestellt wird, ob er der aus dem Selbstbewußtsein kommenden Versuchung selbstischen Wollens erliegt oder ob er aus der Erkenntnis des Unheils am reinen Willen festhält und sich dem reinen Wissen anheimgibt. Die Antwort auf die Frage, die der Parsifal als Folge des Nibelungen-Schlusses stellt, lautet also: Es gilt, das rastlose In-sich-Kreisen des selbstischen Willens nicht zu bekämpfen, sondern zu durchleben und zu durchleiden und aus dem leidvollen Wissen um das selbstische Verhängnis des Lebens unbeirrt glaubend in der Einheit mit dem Wissen zu verharren, das niemals gewußter Gegenstand werden kann, das nie aus sich heraustritt, sondern in sich bleibt und Sache des reinen Vertrauens, des Selbstvertrauens des Lebens zu sich selbst ist.

Der Unterschied zur Götterdämmerung liegt darin, daß dort die Befreiung vom selbstbewußten Wollen in der Bewußtseinserlöschung, in der „Götterdämmerung" besteht. Im Parsifal liegt die Befreiung in einem rauschhaft gesteigerten Bewußtsein, welches ein mystisches Bewußtsein ist und in welches die Entgegensetzung von Klingsor- und Gralswelt, von Leiden an der unendlichen Sehnsucht des selbstischen Wollens und der Seligkeit des im Glauben bewahrten reinen Willens untergeht und verschwindet. Das ist die Musik des Karfreitagszaubers.

Die Frage: Wo ist der Gral? wird notwendigerweise entgegengesetzt beantwortet: Der Gral ist nirgendswo; denn der alles vergegenständlichende, selbstbewußte Weltwille kann ihn nirgendswo antreffen. Zugleich öffnet sich sein Bezirk überall, wo der Mensch, den an sich selbst leidenden selbstischen Willen durchleidend, sich dem reinen Wissen anvertraut, welches ein ganz und gar nach innen scheinendes, inwendiges Leuchten ist, das Leuchten des Grals im Dunkel aller Irrnis und Wirrnis des Bewußtseins, eine ganz aus sich selbst lebende und in sich bleibende Gewißheit, ein inwendiges Licht.

Nun ist klar, daß dieser Vorgang erst recht nicht durch das bis dahin maßgebliche ästhetische Verhalten gegenwärtig zu werden vermag. Denn wie könnte das ganz und gar Inwendige einem Verhalten zugänglich werden, gemäß dem zwar das Subjekt den Gegenstand auf sich zurückbezieht, aber doch so, daß er zugleich im Gegenüber bleibt? Das ästhetische Gegenüber muß vielmehr aufgehoben werden, und zwar in eine ununterscheidbar gegenseitige Durchdringung des objektiven Vorgangs des Dramas und der subjektiven Zuständlichkeit des betrachtenden Subjekts. Diese gegenseitige Durchdringung und Verschmelzung von Subjektivem und Objektivem vollbringt die Musik durch eine nochmalige Steigerung ihres rauschhaften Charakters. Das Wesen dieses in seine letzte Konsequenz fortschreitenden Musikdramas ist daher der ästhetisch-mystische Bewußtseins-Rausch: ästhetisch, weil die ästhetische Reflexion, d. h. der Rückbezug des Gegenstandes auf den Vorstellungszustand des Zuschauers das Feld bildet, auf welchem alles zur Erscheinung gelangt; mystisch, weil der objektive

Vorgang und die subjektive Zuständlichkeit des Zuschauers zu einer Einheit verschmelzen. Diese Verschmelzung ist aber eine Aufhebung der dem Bewußtsein eigenen Unterschiede und darum ein Bewußtseins-Rausch. In ihn wird das Bewußtsein durch eine Musik versetzt, die selbst rauschhaften Wesens ist und das Bewußtsein in jenen höheren Zustand seiner selbst gelangen läßt, in welchem es des wahren Wissens fähig wird.

Wagners Werk läßt eine Reihe wesentlicher Charaktere zum Vorschein kommen, die dem 19. Jahrhundert überhaupt das Gepräge geben. Sie sind in der vorangegangenen Darstellung bereits enthalten, mögen aber im folgenden noch explizit genannt werden. Gemeinsam ist allen diesen Charakteren eine sie durchherrschende Zweideutigkeit. Zweideutig ist der Rausch; denn er wird intendiert als eine Steigerung des Bewußtseins zu einem höheren, sehenderen Bewußtsein, welches erst das sieht, was wahrhaft ist. Aber dieser Rausch kann ebensosehr zu einem Mittel werden, mit dem man sich selbst in eine vorübergehende Selbstvergessenheit versetzt, und das vor allem bei einer Gesellschaft, die wie das Bürgertum eine radikale Ökonomisierung und Materialisierung aller Lebensbezüge betreibt und die zugleich immer wieder von der Öde ihres eigenen Lebens befallen wird.

In Wagners Werk, das die Metaphysik selbst zu sein beansprucht, kommt, vor allem im Parsifal, das jeder Metaphysik eigene Theologische deutlich zum Vorschein; aber in welcher Weise? Durch eine Verschmelzung von ihrem eigenen Wahrheitsbereich entnommenen religiösen Gebräuchen, Symbolen, Vorgängen. Diese werden in die durch das Musikdrama erzeugten Gefühlszustände hineingezogen und darin befestigt; es tritt an die Stelle der konkreten Religion „das Religiöse“, ein Vorgang, welcher das 19. Jahrhundert überhaupt kennzeichnet. In ähnlicher Weise wird die Philosophie bis zur Unkenntlichkeit mit dem Religiösen verschmolzen. Zugleich besteht die Gefahr, daß die philosophischen Gedanken unverbindlich werden, weil sie nur noch vorübergehende Zustände des rauschhaften Bewußtseins sind.

Nach Hegels Tod geriet ein verbindliches metaphysisches Wissen vom Ganzen des Seienden mehr und mehr in Verlust. Das Wissen verlegte sich in das einzelwissenschaftliche Fachwissen, das in eine Vielfalt spezialistischer Fachrichtungen auseinanderfuhr, ohne noch in einer Einheit gehalten zu sein. Bei Wagner verlegt sich der Bezug zum Ganzen des Seienden in das zum Gesamtkunstwerk erhobene Musikdrama. Aber das Wagnersche Gesamtkunstwerk bleibt immer von der Gefahr bedroht, ein künstlich willentliches Arrangement zu werden, beruhend auf einem scheinbaren Verfügenkönnen über alle Kunstgattungen unter der Herrschaft einer musikalisch-rauschhaften Ästhetik. Daraus erwächst wiederum die andere Gefahr eines falschen Selbstgenusses in der bloßen Darstellung und Anschauung großer Leidenschaften und der Größe überhaupt ohne eine bauende und fügende Kraft für das geschichtliche Dasein des Menschen, eine Gefahr der Romantik in all ihren Erscheinungen überhaupt.

Andererseits war es gerade die rauschhaft ekstatische Versetzung des Menschen in das Ganze des Seienden durch die Kunst, welche Nietzsche in den Bannkreis Wagners zog. Aber eben deshalb bleibt das kritische Verhältnis Nietzsches zu Wagner ebenfalls von Grund auf zweideutig und mit ihm die gesamte bisherige Wagner-Kritik.

Wagner steht im Zeichen einer wesenhaften Zweideutigkeit und ist deshalb ein Repräsentant seines unheimlich zwielichtigen Jahrhunderts überhaupt. Aus dieser Zweideutigkeit resultieren erst die sonst bei keinem Musiker zu findenden entgegengesetzten Stellungnahmen: eine noch nicht dagewesene Glorifikation eines Kunstwerks als einer nicht mehr zu überbietenden Erfüllung der Musik und der Kunst überhaupt auf der einen Seite, auf der anderen Seite radikale Ablehnung und Verurteilung des Wagnerschen Werks als des Verfalls und des Verderbs der Musik und der Kunst.

Wagners Musikdrama wird immer Gegenstand einer Auseinandersetzung bleiben. Daß es aber weder mit vorbehaltloser Ablehnung noch mit einseitiger Bewunderung getan ist, daß es vielmehr darauf ankommt, Maßstäbe und Gesichtspunkte für eine sachgerechte Auseinandersetzung allererst zu gewinnen, das gilt für unser Verhältnis zum 19. Jahrhundert allgemein und für das Werk Richard Wagners im besonderen.

Hans Wagner
Platos Phaedo und der Beginn der Metaphysik als Wissenschaft
(Phaedo 99 D — 107 B)

Der Verfasser der „Sechs großen Themen der abendländischen Metapysik" hat uns mit diesem Buch und mit einer Fülle weiterer Untersuchungen den Blick dafür eröffnet, daß die Themen und Probleme der Metaphysik die gesamte Geschichte unserer Philosophie durchziehen und auch dort beherrschend bleiben, wo zunächst andere Fragestellungen die Aufmerksamkeit des Historikers auf sich ziehen. Was vor vier Jahrzehnten den auf die kritizistische oder phänomenologische Problemwelt konzentrierten Lesern des Buches eher erschreckend erschien, ist uns freilich seitdem vertraut und fast schon selbstverständlich geworden. Aber dies ist nur der natürliche Gang der Dinge, wenn sich eben ein wissenschaftlicher Einfall, ein großer wissenschaftlicher Gedanke durchwegs *bewährt*, wenn er an vielen und vielerlei Gegenständen immer wieder *Bestätigung* erfährt.

Die anschließende Untersuchung, mit welcher ich dem Verfasser der „Sechs großen Themen" ein wenig meinen Dank für die mannigfache Belehrung, die ich aus seinen Schriften habe ziehen dürfen, zum Ausdruck bringen möchte, soll uns in die geschichtliche Phase zurückführen, die man zweifellos als den eigentlichen *Beginn* der Metaphysik als philosophischer Wissenschaft bezeichnen muß.

Unter ‚Metaphysik', diesem im Laufe der Geschichte nicht aus bloßem Zufall mehrdeutig gewordenen Terminus, soll hier nun weder die alte und ehrwürdige Metaphysica Generalis noch auch diejenige Metaphysik verstanden sein, welche Kant begründete. Was Kant begründete, das ist Metaphysik als Lehre vom Transzendentalen; diese ergab sich ihm als einzig mögliche wissenschaftliche Metaphysik, nachdem er die Metaphysik als Lehre vom *Transzendenten* aufgrund des dialektischen Scheins, der dieser nach seinem Urteil allenthalben und notwendig anhaftete, zu überprüfen unternommen hatte. Das Transzendentale und das Transzendente haben dieses gemeinsam, daß sie beide Erfahrungsjenseitiges sind. Aber sie differieren darin, daß das Transzendentale einen Inbegriff von letzten Gründen (Prinzipien) darstellt, welche die *Erfahrung* ihrem Begriffe und ihrer Wahrheit nach begründen, während das Transzendente einen Inbegriff von letzten Gründen darstellt, welche das erfahrungsmäßig *Seiende* in dessen Sein begründen; darum ist das Transzendentale kein Seiendes — sowenig wie es Seiendes in dessen Sein begründet, während Transzendentes allemal Seiendes ist, wenn auch Seiendes von anderer Art und von höherem Rang als jenes der

Erfahrung zugängliche Seiende, dessen letzten Grund jenseits aller Erfahrungsmöglichkeit es darstellt.

Der Beginn metaphysischer Vorstellungen und Gedanken überhaupt fällt in eine so frühe Phase der Menschheitsgeschichte, daß er sich aller historischen Aufklärungsmöglichkeit notwendig entziehen muß. Aber der Beginn unserer (wenigstens der europäischen) Metaphysik, sofern sie *Doktrin* vom Transzendenten ist und sein will, ist der historischen Forschung zugänglich. Und wenn sich dieser Beginn unserer Metaphysik auf eine einzige geschichtliche Person und auf ein einziges geschichtliches Schriftwerk auch nicht geradezu einschränken läßt, so hat er doch in Platon seinen Kristallisationspunkt; und im platonischen Phaedo, vorab in 99 D — 107 B, haben wir ein klassisches, wenn nicht das klassische Dokument vor uns für die Art und Weise, wie unsere Metaphysik als *Wissenschaft* ihren Anfang genommen hat.

Als nämlich Platon-Sokrates nach dem *wahrhaften Grund* dafür suchte, warum ein Seiendes das ist, was es ist, und das sein kann, was es ist, da erblickte er diesen wahrhaften und allein zureichenden Grund in einem Seienden, aber in einem Seienden ganz *anderer* Art, als es die Art jenes Seienden ist, *wofür* er den wahrhaften Grund suchen wollte. Erst dieses andersgeartete Seiende sollte wahrhaft seiend sein; es sollte unsichtbar, ja überhaupt unerfahrbar sein, immateriell und nur denkbar; immerseiend und prozeßfrei; durchaus zwar in sich bestimmt, aber nicht in der Weise eines Einzelseienden, sondern in der Weise eines Allgemeinseienden; mit der Funktion betraut und dazu befähigt, dem Konkreten und Erfahrbaren allererst Bestimmtheit zu verleihen. Dieses andersgeartete Seiende fällt ersichtlicherweise unter den Begriff des Transzendenten. Als Lehre von *dieser* Art von Transzendentem hat unsere Metaphysik begonnen. Platon hat aus Gründen, die wir im Phaedo kennenlernen können, und in einem Denkschritt, der im Phaedo vor unseren Augen vollzogen wird, eine Sphäre von Seiendem angesetzt, für welche keine Erfahrung auch nur das mindeste Zeugnis ablegt, deren Ansatz er aber für unausweislich hielt, wenn das, was wir alle nachhaltig genug erfahren, einen zureichenden und wahrhaften Grund haben solle.

Bei dem, was Platon in diese transzendente Sphäre setzte, blieb es nicht für alle folgende Metaphysikgeschichte und konnte es nicht bleiben; diese transzendente Sphäre, einmal angesetzt, konnte aus mancherlei weiteren Motiven in der Folgezeit mannigfach bereichert, verändert, ausdifferenziert werden. Aber kein anderer als Platon hat sie als erster angesetzt, und zwar mit dem Anspruch, eine philosophische Doktrin von ihr zu geben und einen philosophischen Grund dafür zu haben, warum ihr Ansatz unerläßlich sei.

*

Die Interpretation unserer Phaedo-Partie ist ihrem gegenwärtigen Stand nach vor allem durch die Kommentare von Burnet (seit 1911), Hackforth (1952) und Bluck (1955) bestimmt. Da aber unsere Phaedo-Partie einige recht dunkle

Stellen enthält, ist die Interpretation der drei genannten Kommentare nicht in allen Punkten, auch nicht in allen Hauptpunkten, einheitlich. Man muß sie also nebeneinander und gegeneinander berücksichtigen. Ein eindringenderes Studium der Differenzen zwingt hinsichtlich einiger Probleme, über diese Kommentare hinauszugreifen; vor allem sind Robinson (Plato's earlier Dialectic) und Ross' Platonbuch (Plato's Theory of Ideas) zuzuziehen. Nicht selten ist selbstverständlich auch der Rückgriff auf Überlegungen älterer Autoren notwendig.

Sonst nenne ich noch: *Bluck*, R. S., ὑπόθεσις in the Phaedo and Platonic Dialectic; in: Phronesis 2 (1957), S. 21—31; *Huby*, P. M., Phaedo 99 D — 102 A; in: Phronesis 4 (1959), S. 12—14.

Die Untersuchung stellt sich keine weitere Aufgabe, als die Interpretation der Phaedo-Partie um ein Stück zu fördern. Um der Schwierigkeiten Herr zu werden und die Differenzen zu überwinden, wendet sie zwei *zusätzliche* Hilfsmittel an, deren Verwendung doch eigentlich naheliegen muß: a) Neben dem, was in Phaedo 99 D — 107 B gesprochen wird, betrachtet sie auch das, was mit all diesem da Gesprochenen gleichzeitig auch philosphisch *getan* wird: was also Platon-Sokrates da philosophisch eigentlich *tut;* b) Phaedo 91 E — 95 A (die Antwort auf das Bedenken des Simmias) wird zur Interpretation mitherangezogen; und zwar deshalb, weil wir hier — und natürlich keineswegs zufällig — eine Illustration für ein wichtiges Moment des platonisch-sokratischen ὑπόθεσις-Verfahrens vor uns haben (wie so mancher der großen Schriftsteller liebt offensichtlich auch Platon besonders die aufmerksamen Leser und hält, wenn sie gerade an der richtigen Stelle zufällig aufpassen, eine kleine Hilfe und Auskunft für ihr Nachdenken bereit).

*

Die Antworten, so hat Sokrates berichtet (96 a 6 ff.), die er bei seinen Vorgängern auf die Frage nach dem Grund von jedwedem gefunden habe, hätten ihn nicht befriedigen können; auch die Antwort des Anaxagoras nicht; was ihn an der Antwort des letzteren unbefriedigt gelassen habe, erfahren wir genau aus 98 c 2 ff.: Anaxagoras setzte, solange er ganz *allgemein* vom wahren Grund aller Dinge und Verhältnisse sprach, den Weltgeist als diesen wahrhaften Grund an, ging aber, sobald er für die Mannigfaltigkeit des *Einzelnen* die Begründung und Erklärung zu geben versuchte, dazu über, alles mögliche andere, nicht aber jenen Weltgeist, als Gründe in Ansatz zu bringen, solches nämlich, was gar keine wirklichen Gründe darstellen kann (vgl. 98 b 8 ff.; e 1; 99 a 4 ff.). Der Gegensatz πάντα und ἑκάστων in 98 c 4—5 ist zu beachten (vgl. auch 96 a 9—10; 97 c 5; 7; 98 a 5; b 1; b 2): denn auf ihm beruht der Mangel, der dem Begründungsversuch des Anaxagoras anhaftete, am allermeisten. Hätte Anaxagoras bei seinem Übergang von der allgemeinen These zu deren Einzeldurchführung seinen trefflichen Ansatz lediglich vergessen, wäre also der Mangel, der seinem Begründungsversuch anhaftete, ein vermeidbarer Mangel gewesen, es wäre nicht einzusehen, warum sich Sokrates nicht damit begnügt haben sollte, diesen Mangel nun seinerseits einfach zu vermeiden, und eben die allgemeine These nun seinerseits ins Einzelne durchzuführen. Nun, es ist leicht zu beweisen, daß die allgemeine These des Anaxagoras, auch wenn sie als solche allgemeine völlig zutreffend sein sollte, ganz ungeeignet ist, die Mannigfaltigkeit des Einzelnen *in seinen Einzelbestimmtheiten gegeneinander* wahrhaft begründbar zu machen. Nicht aus Vergeßlichkeit, sondern aus logischer Notwendigkeit mußte also Anaxagoras, sobald er das Einzelne erklären wollte, jenen allgemeinen Grund, wenn er noch sosehr ein wahrer Grund war, zugunsten *anderer* Gründe aufgeben, die wenigstens der Mannigfaltigkeit des Einzelnen Rechnung trugen, die aber nun freilich wiederum keine wahren Gründe sein konnten.

Da machte sich also Sokrates selbst auf die Suche nach den wahren Gründen und dem wahren Grund. Wir werden sofort sehen, daß diejenige Art von Gründen, die er dabei entdeckte, das *vereinigen,* was Anaxagoras' Versuch bot, und das, was diesem mangelte. Mit einem wahrhaft sokratischen Understatement, einer wahrhaft sokratischen εἰρωνεία nennt der platonische Sokrates diese seine große Entdeckung, die doch schlechthin den Kern der Philosophie des platonischen Sokrates ausmacht, seinen δεύτερος πλοῦς (99 d 1). Mit der Möglichkeit, daß ein Understatement an *dieser* Stelle des Dialogs irgendeinem künftigen Gelehrten mißverstehbar sein könnte, hat der Autor Platon offenbar gar nicht gerechnet.

Das erste, was uns Sokrates über die von ihm entdeckte und seither von ihm ausschließlich geübte Begründungsmethode sagt, ist dies: er verließ die Sphäre der vor uns allen liegenden Dinge und verzichtete auf die scheinbare, blendende Auskunft der Sinnlichkeit (99 d 4—e 5); er entschloß sich also, genau dies zur Methode für seine Begründungsweise zu machen, was er in 65 a 9 ff. bereits als Weg zur Wahrheit und Einsicht, als philosophisches Leben gekennzeichnet hat: das λογίζεσθαι (65 c 2) und διανοεῖσθαι (65 e 8) an die Stelle des αἰσθάνεσθαι setzend. Wie er die Sphäre der Sinnendinge verließ, so betrat er eine neue Sphäre, eine Sphäre, deren Rang und Leistungsfähigkeit sich erst erweisen und bewähren mußte: er nennt sie die Sphäre der λόγοι (99 e 5; 100 a 1).

Was sind diese λόγοι? Begriffe, Urteile, Argumente, Definitionen? Die Antwort ist immer noch umstritten und es ist nicht ganz leicht, sich hinreichend zu behelfen. Eines steht immerhin fest: mit den Ideen selbst sind sie nicht identisch; denn nach der Überzeugung von Platon-Sokrates *sind* die Ideen und sind sie von sich selbst aus; es ist nicht unsere Sache, sie anzusetzen oder nicht anzusetzen und nichts fällt da in unsere Wahl, während es sehr wohl unsere Sache ist und in unsere Wahl fällt, überhaupt λόγοι anzusetzen und zu bestimmen, welche wir ansetzen (vgl. 100 a 3/4). Weiterhin steht fest: den πράγματα, dem sinnlich Zugänglichen, sind sie entgegengesetzt — als Sphäre, die angesetzt und zugrunde gelegt wird. Schließlich steht fest: In ihnen und nur in ihnen gewinnen die Dinge ihre *Wahrheit,* die sie wiederum aus der sinnlichen Zugänglichkeit nicht gewinnen können (99 e 5/6). — Nun dürfen wir Schlüsse ziehen: die λόγοι, die wir ansetzen, *beziehen sich* auf Ideen (die wir ihrerseits nicht anzusetzen haben, weil sie bereits *sind* und ganz von sich aus sind): sie sind λόγοι, welche Ideen und *die Ideen* zum Gegenstand haben. Aber diese λόγοι beziehen sich auch auf die πράγματα, die allein in ihnen ihre Wahrheit gewinnen können; in gewisser Weise sind also auch die πράγματα Gegenstand dieser λόγοι. Indem sich die λόγοι auf die Ideen beziehen, gewinnen die Dinge in diesen λόγοι ihre Wahrheit.

So kann es denn gar keinen Zweifel geben, daß die λόγοι *Gedanken* sind (Produkte jenes λογίζεσθαι und διανοεῖσθαι, von dem die Rede war). Wir setzen Gedanken an und legen diese Gedanken den Dingen, deren Wahrheit wir suchen, zugrunde: Gedanken über Ideen und über die Ideen legen wir den Dingen zugrunde.

Von der Logik aus betrachtet, die ja unter dem Obertitel des Gedankens Begriff, Urteil, Definition, Argument, Schluß, Theorie unterscheidet, ist diese Auskunft freilich nur unzureichend bestimmt und so streiten die Interpreten denn auch gerade darüber, um welche *Art* von Gedanken es sich hier handle. Aber behalten wir im Auge, daß Text und Kontext solche nähere Bestimmung, wie wünschenswert sie auch sein möchte, vorderhand nicht zulassen. Wir werden bald sehen, daß es einen Vorteil für uns enthält, die nähere Bestimmung zunächst zurückzustellen; im übrigen wird diese nähere Bestimmung in Bälde möglich werden.

Die Methode des platonischen Sokrates besteht also darin, daß er zunächst in jedem Einzelfall (ἑκάστοτε) einen Gedanken zugrunde legt. Schon die Art des Relativsatzes (ὃν ἄν; 100 a 4) verrät, daß Sokrates nicht jedesmal den nämlichen Gedanken zugrunde legen will, sondern in jedem Einzelfalle denjenigen, der ihm für diesen Einzelfall der stichhaltigste zu sein scheint: noch ist von der Ideenlehre nicht die Rede. Nach welchem Kriterium Sokrates dabei den Grad der Stichhaltigkeit jeweils bemessen will, wird uns nicht verraten; immerhin können wir auch so seine Überzeugung ungefähr begreifen. — Die sokratische ὑπόθεσις ist keine Hypothese im Sinne unserer modernen Wissenschaftslogik[1]; denn Hypothesen haben sich an den Tatsachen zu bewähren und können durch Tatsachen entwertet werden; bei Sokrates aber bildet umgekehrt die ὑπόθεσις den Maßstab, an dem *anderes* auf Wahrheit geprüft wird und sich zu bewähren hat; es wird nicht von anderem über *ihre* Wahrheit entschieden, sie vielmehr entscheidet über die Wahrheit von *anderem:* nur was mit dem zugrunde gelegten Gedanken übereinstimmt, soll als wahr gelten dürfen. — Woher kann diese ὑπόθεσις solchen Rang herleiten? Natorp stand auf diese Frage eine einfache Antwort zur Verfügung. Da er die bezeichnete ὑπόθεσις als Titel für die höchsten logischen Prinzipien, für das oberste Grundgesetz allen Denkens überhaupt deutete, konnte sie ihm als schlechthin absolut gültig und als Prinzip jedweder Gültigkeit für anderes erscheinen, — aber von dieser ***absoluten*** Art von Grundlage ist im Text 100 a nicht die Rede, da ja überhaupt nicht von einer ***einzigen***

[1] Daß 100 a 3 ff. nicht etwa den Sinn haben kann, als wolle der platonische Sokrates gar die *Ideenlehre* lediglich als eine Hypothese vortragen, wird hoffentlich keinem Leser jemals ernstlich einfallen wollen.

möglichen ὑπόθεσις die Rede ist, sondern von einer Mannigfaltigkeit möglicher Gedanken, von denen Sokrates in jedem Einzelfalle denjenigen als Grundlage auswählt, der ihm angesichts des jeweiligen Problems der stichhaltigste, leistungsfähigste zu sein scheint.

Als *allgemeines* Prinzip war der Begründungsvorschlag des Anaxagoras zu loben gewesen: daß nämlich als wahrer Grund nicht Dinge angesetzt waren, sondern der νοῦς; als Prinzip, das zur Begründung des *Einzelnen* zugereicht hätte, versagte es. Sokrates setzt als allgemeines Prinzip die Sphäre der λόγοι an; dem Einzelproblem wird er gerecht, indem er jeweils jenen λόγος zugrundelegt, der angesichts des besonderen Einzelproblems als der geeignetste sich darbietet.

Im Folgenden (100 a 7 ff.) hält es Sokrates für nötig, die bisher nur so kurz gekennzeichnete ὑπόθεσις-Methode zu verdeutlichen und begreiflicher zu machen; die Neuheit dieser Methode soll dadurch nur umsomehr unterstrichen werden. Es gibt zweifellos mehrere logische Mittel, um einen neuen und schwierigen Gedanken deutlicher und begreiflicher zu machen und die Erläuterung durch Beispiel ist lediglich eines der möglichen Mittel. Es ist ein Irrtum, zu glauben, es sei dieses letztere Mittel, dessen sich Sokrates im Weiteren bedient. Er wählt vielmehr ein anderes, ein methodisch viel besseres; er macht den neuen Gedanken dadurch begreiflicher, daß er ihn an einen alten und wohlvertrauten methodisch anschließt (vgl. 100 b 1 ff.). Dieser alte und wohlvertraute Gedanke ist die sog. Ideenlehre; schon zweimal ist sie so, wie sie nun wieder aufgenommen wird, auch im Phaedo selbst vorgetragen worden: in der φρόνησις-Erörterung (65 a 9 ff.) und im ἀνάμνησις-Beweis (72 e 3 ff.; vgl. 76 d 7 ff.). Nur bekommt die Ideenlehre nunmehr einen Aspekt, der bisher nicht hervorgetreten ist: die Ideen sind nicht nur in sich selbst Bestimmtes, sie sind — als dieses und eben deswegen — auch *Gründe*, Gründe nämlich für die Bestimmtheit der πράγματα, d. h. des *durch* sie *(aufgrund* ihrer) Bestimmten.

Wie in 100 a 3 steht nun in 100 b 5 neuerdings ὑποθέμενος; ; aber in dieser letzteren Stelle wird etwas recht *anderes* zugrundegelegt als an jener ersteren Stelle: nicht der aus einer Mannigfaltigkeit möglicher λόγοι in jedem Einzelfall jeweils gerade als der stichhaltigste ausgewählte λόγος, sondern die *Ideenlehre;* und diese Ideenlehre wird stets als die *nämliche* zugrundegelegt. *Zunächst* jedenfalls besteht sie nur aus einem einzigen Grundurteil und dieses behauptet die Realität der Ideen (ἔστι τι καλὸν αὐτὸ καθ' αὑτό usw.; allgemein: ἔστι τι ἕκαστον τῶν εἰδῶν; 102 b 1). Die Ideenlehre besteht natürlich nicht nur aus diesem einzigen Grundurteil; wir werden im folgenden Text weitere Einzeltheoreme der Ideenlehre kennen lernen, solche nämlich (freilich auch nur solche), die Sokrates zur Durchführung seines Beweisverfahrens (daß seine Seele unsterblich ist) benötigen wird. So schließt sich denn auch an die Realitätsthese sofort als zweites Grundtheorem die Begründungsthese (μέθεξις-These) an: *aufgrund* der entsprechenden Idee (in 101 c 3 ἡ ἰδία οὐσία genannt) und *nur* aufgrund der entsprechenden Idee ist jedes der Dinge allererst das, was es ist (oder auch —

lediglich ausführlicher —: durch die und nur durch die μέθεξις des Dinges an der entsprechenden Idee, durch die und nur durch die παρουσία der entsprechenden Idee im Ding, durch die und nur durch die κοινωνία des Dinges mit der entsprechenden Idee ist das Ding allererst das, was es ist[1].

Kehren wir nun zur Tatsache zurück, daß die ὑπόθεσις λόγου in 100 a 3—7 mit der ὑπόθεσις von der Realität der Ideen in 100 b 5—7 nicht identisch ist! So gewiß diese negative Feststellung zutrifft, so gewiß ist aber auch die Frage nach dem *affirmativen* Verhältnis zwischen diesen beiden Verfahren des ὑποτίθεσθαι zu stellen. Und erinnern wir uns auch, daß Sokrates uns im gesamten gegenwärtigen Abschnitt (seit 99 c 8) seine, die von ihm als die große Lösung entdeckte, Weise des Begründungsverfahrens darstellen und begreiflich machen will! Wir konnten verstehen, wieso Sokrates in der prinzipiellen Struktur seines Verfahrens die Erfüllung jenes Vorhabens des Anaxagoras sehen konnte, die diesem selbst versagt bleiben mußte. Aber etwas ist uns Frage geblieben: wodurch denn nun eigentlich die *jeweilige* ὑπόθεσις (der *jeweils* gerade zugrunde gelegte Gedanke) jenen Rang bekommen könne, der sie zum Beurteilungsmaßstab hinsichtlich der Wahrheit anderer Gedanken werden läßt? Und schließlich fügen wir noch eines hinzu: weder uns noch seinen Gesprächspartnern kann Sokrates einreden wollen, er und niemand anderer sei als erster auf die ὑπόθεσις-Methode gekommen; denn jene wußten und wir wissen, daß sie in der Geometrie und auch in gewissen Richtungen der Medizin in Übung war. Freilich wissen wir auch, daß sie selbst in der methodisch so eindrucksvollen Form, wie sie in der Geometrie geübt wurde, Platon-Sokrates philosophisch nicht befriedigte: wir brauchen da nur Resp. VI, 510 B ff. zu lesen; gleichzeitig sehen wir da auch, was Platon-Sokrates vermißte: die absolute Fundierung der ὑποθέσεις selbst. Und das ist begreiflich genug: wenn die ὑπόθεσις jeweils ein Gedanke ist, der (anderem) *zugrunde* gelegt werden und der *Prüfungsinstanz* (für anderes) sein soll, so bedarf diese jeweils gewählte ὑπόθεσις ihrerseits selbst einer verläßlichen, ja absoluten Fundierung.

Jetzt klären sich die Verhältnisse. Die ὑπόθεσις λόγου in 100 a 3—7 ist nicht identisch mit der ὑπόθεσις von der Realität der Ideen in 100 b 5—7. Vielmehr ist die letztere die unerläßliche Fundierung für jedwede ὑπόθεσις λόγου im Sinne von 100 a 3—7. Anders gesagt: Erst die Ideenlehre, diese fundamentale und als absolut gemeinte ὑπόθεσις, gibt jedweder Zugrundelegung eines *besonderen* Gedankens, jedweder *speziellen*, auf das jeweilige Sonderproblem bezogenen, ὑπόθεσις die unerläßliche Fundierung; sie auch gibt dieser letzteren jenen zunächst gar nicht begreiflichen Rang einer Prüfungsinstanz gegenüber anderen Gedanken im Sinne von 100 a 4—7. Was also Sokrates wahrhaft ent-

[1] Daß Sokrates im Satz 100 d 6—8 nicht etwa die Begründungsthese (oder gar die Ideenlehre insgesamt) wieder in Frage stellt (er wiederholt sie ja sofort wieder und noch mehrmals im weiteren), sollte feststehen. Worauf sich Sokrates nicht versteifen will, ist nur dies eine: wie man das Begründungsverhältnis sich näherhin denken und wie man es benennen mag.

deckt und zu *seinem* Begründungsverfahren gemacht hat — zu jenem Begründungsverfahren, das er uns im Dialogteil 99 c 6 — 107 b 10 erst verständlich macht und dann für seinen konkreten Beweiszweck (Seelenunsterblichkeit) verwendet —, ist die *Verflechtung von Ideenlehre und Hypothesisverfahren.*

Der platonische Sokrates lehrt also: Um ein Problem (z. B. das, ob meine Seele unsterblich ist) in wahrhaft *begründeter* Weise zu lösen, muß man die Sphäre der Dinge und der auf sie bezogenenen Sinnlichkeit verlassen und auf Gedanken, die man *zugrunde* zu legen hat, rekurrieren. Der jeweils zugrunde gelegte Gedanke übernimmt dabei eine schwere Aufgabe: über die Wahrheit oder Falschheit der denkbaren Lösungsvorschläge zu entscheiden (denn wahr soll nur sein dürfen, was mit ihm harmoniert). Damit der jeweils zugrunde gelegte Gedanke diese schwere und verantwortliche Funktion zu erfüllen vermag, bedarf er seinerseits einer verläßlichen Grundlegung. Diese erhält er aus jener und nur aus jener fundamentalen und für alle besonderen ὑποθέσεις gemeinsamen ὑπόθεσις, die nichts anderes als unsere wohlvertraute Ideenlehre ist. Aus dieser also muß sich die besondere ὑπόθεσις jedesmal herleiten lassen, ein mit dieser verbundener Gedanke muß die besondere ὑπόθεσις jedesmal sein.

Nun könnte man ja den vorstehenden Interpretationsvorschlag mit seiner Unterscheidung (und affirmativen Beziehung) von zwei ὑποθέσεις — der fundamentalen und generellen, verflochten mit jeweils einer besonderen — für eine bloße Konstruktion halten wollen, wenn nicht zwei Dinge wären: wenn nämlich diese Unterscheidung nicht auch im *Texte* stünde und wenn diese Unterscheidung nicht die Aufklärung für jene Schwierigkeiten böte, welche den restlichen Äußerungen über die ὑπόθεσις-Methode anhaften (101 c 9 ff.; 107 b 4—10), deren genauer Sinn ja besonders umstritten ist.

Die Unterscheidung steht im Text: in 101 c 9 ff. werden ἐκεῖνο τὸ ἀσφαλὲς τῆς ὑποθέσεως und αὐτὴ ἡ ὑπόθεσις unterschieden, ja gegeneinander gesetzt (das zweite dieser Glieder erscheint nochmals — ἐκείνη αὐτή — d 5/6). Bevor wir in die Interpretation dieses Absatzes 101 c 9 ff. sowie in die des Absatzes 107 b 4—10 eintreten, versuchen wir den ersteren der beiden angeführten Ausdrücke zu verstehen.

Verknüpfen wir diesen Ausdruck ἐκεῖνο τὸ ἀσφαλὲς τῆς ὑποθέσεως (101 d 2) mit dem Satz 100 d 8 — e 3, so sehen wir sofort, was er bedeutet: nichts anderes nämlich als die Ideenlehre, näherhin ihr Begründungstheorem (auf das Beispiel des Schönen eingeschränkte Formeln in 100 c 4—6; d 4—6; generelle Formel dann in 101 c 2—4). Die sokratische ὑπόθεσις-Methode enthält also ein infallibles Moment, und die Ideenlehre ist dieses ἀσφαλὲς τῆς ὑποθέσεως, ein ἀσφαλέστατον (100 d 8); ich darf mich sicher fühlen, wenn ich mich an dieses Stück halte (τούτου ἐχόμενος: 100 d 9 ff.).

Es handelt sich um nichts anderes als um eine Weise, diese Zuverlässigkeit und Gewißheit zu unterstreichen, wenn Sokrates nicht müde wird, von der Schlichtheit, Naivität und Trivialität dieses Fundamentalstücks seiner ὑπόθεσις-Methode zu sprechen. Freilich ist das nur Ironie; aber er legt darauf wert, den

Eindruck zu erwecken, als hänge die absolute Zuverlässigkeit an der absoluten Schlichtheit und Trivialität. Freilich wetterleuchtet in alldem auch der Ernst dessen, der weiß, wieviel mit diesem scheinbar trivialen Begründungstheorem seiner Ideenlehre in Wahrheit bereits geleistet ist: ihm bleiben jene Selbstwidersprüche (ἐναντίοι λόγοι; 101 a 6) erspart, in welche sich jene anderen (vgl. 100 e 8 — 101 c 9 mit 96 d 8 — 97 b 7) verstricken müssen, noch bevor sie sich dessen auch nur versehen können: daß sie entweder für Entgegengesetztes (Größer wie Kleiner) den nämlichen Grund oder aber für das nämliche (Auftreten einer Zweiheit) entgegengesetzte Gründe in Ansatz bringen.

*

Diesem sicheren *Fundament* der sokratischen ὑπόθεσις stellt der Text in 101 d 3 und 5/6 die ὑπόθεσις *selbst* gegenüber. Am sicheren Fundament, sagt Sokrates, soll man sich festhalten. Was aber ist es mit dem (im Sinne von 100 a 3—7 gewählten) *besonderen* λόγος, der da jeweils zugrunde zu legen ist, mit der ὑπόθεσις also *selbst?* Der Satz 101 d 3—5 macht der Interpretation von jeher Schwierigkeiten. Die handschriftliche Überlieferung liest in d 3 ἔχοιτο; ἔχεσθαι kommt innerhalb eines kurzen Textabschnittes dreimal vor: 100 d 9, 101 d 1 und jetzt in 101 d 3; nicht fraglich ist die Bedeutung in den ersten beiden Stellen: sich festhalten (am sicheren Fundament); kann es das auch hier bedeuten: „Wenn sich aber jemand an der Hypothesis selber festhält, so laß ihn fürs erste einmal"? Manche Interpreten halten es für möglich, daß der Satz dann einen guten Sinn ergibt; manche hinwiederum leugnen letzteres und schlagen entweder eine Textkorrektur vor (so der Vorschlag von Madvig) oder aber einen (freilich dann recht jähen) Bedeutungswechsel von ἔχεσθαι: „Wenn aber jemand die Hypothesis selbst angreift, ...". Es erscheint mir ausgeschlossen, daß die Alternative zwingend entscheidbar gemacht werden könnte. Fassen wir also lieber beide Denkbarkeiten ins Auge! Einmal also könnte der Satz besagen: „Wenn aber ein Gesprächspartner deine (spezielle) Hypothesis selbst etwa angreifen sollte, so laß ihn fürs erste einmal ruhig gewähren und erwidere ihm erst, nachdem du ihre Konsequenzen auf deren Kompatibilität oder Inkompatibilität untereinander geprüft hast"; sodann könnte der Satz auch besagen: „Wenn aber ein Gesprächspartner seinen Halt schon in der bloßen (speziellen) Hypothesis selbst sucht, so laß ihn fürs erste ruhig (bei dieser unzulänglichen Begründungsweise) gewähren und (übernimm du für ihn die kritische Aufgabe und) äußere dich erst, nachdem du (für dich) ..."; im Fall der letzteren Satzbedeutung ist übrigens noch eine kleine Subalternative denkbar, daß nämlich der Gesprächspartner seinen unkritischen Halt entweder schon in seiner *eigenen* speziellen Hypothesis selbst oder aber schon in der ihm vorgetragenen speziellen Hypothesis des *Anderen* sucht.

Wir werden bald begreifen, daß es nicht unbedingt nötig ist, sich für eine dieser Denkbarkeiten abschließend zu entscheiden, um das sachliche Verhältnis, das in der fraglichen Textpartie zur Debatte steht, hinlänglich genau zu verstehen. Aber zunächst wollen wir uns, wie bereits einmal angekündigt, einer Phaedo-Partie zuwenden, in welcher ebenfalls von ὑπόθεσις die Rede ist und welche uns Licht bringen könnte: 91 e 2 — 95 a 3.

Es geht da um die These, daß die Seele eine Harmonie sei. Simmias hat sie in 85 e 3 — 86 d 4 vorgetragen, nun wird sie von Sokrates zurückgewiesen, und zwar in drei Argumentationsschritten. Auf ein paar Wendungen sei vorneweg hingewiesen: δι' ὑποθέσεως ἀξίας ἀποδέξασθαι (92 d 6), ὁ ἐκεῖνο ὑποθέμενος (93 c 10), εἰ ὀρθὴ ἡ ὑπόθεσις ἦν (94 b 1).

Betrachten wir den *ersten* Argumentationsschritt: 91 e 2 — 92 e 3! Die von Simmias skeptisch erwogene These, daß die Seele eine Harmonie sei, widerspricht einer anderen Überzeugung, nämlich der von der Präexistenz der Seele (92 b 4 — c 3): die beiden Thesen schließen sich wechselseitig aus; bestenfalls kann also nur eine von ihnen zutreffend sein; welche ist dann zu wählen (92 c 8—10)? Aus dem Anamnesisbeweis (72 e 2 — 77 c 5) wissen wir: a) die Präexistenzthese gründet im Erkenntnisbegriff (daß μάθησις ἀνάμνησις ist); b) dieser wiederum gründet schließlich in der Ideenlehre. Wir begreifen darum sofort, welche der beiden sich wechselseitig ausschließenden Thesen den absoluten Vorrang genießt: während die Harmoniethese nur einen gewissen Anschein, aber keinen Beweis für sich hat (92 c 11 — d 5), hat die ἀνάμνησις-μάθησις-These — und mit ihr die sich aus ihr ergebende Präexistenzthese — eine ὑπόθεσις für sich, welche alle Zustimmung verdient (92 d 6 — e 2).

Kein Zweifel also, daß wir hier genau diejenige logische Struktur vor uns haben, für die wir die Bestätigung suchen: a) die Ideenlehre fungiert als *fundamentale* Hypothesis, als das ἀσφαλὲς τῆς ὑποθέσεως; b) in der Ideenlehre gründet und mit der Ideenlehre verbunden ist als *besondere* ὑπόθεσις der Erkenntnisbegriff (daß μάθησις ἀνάμνησις ist); c) aus dieser besonderen ὑπόθεσις fließt als Konsequenz die Präexistenzthese. — Während nun die Präexistenzthese mit der wohlbegründeten ὑπόθεσις des Erkenntnisbegriffs sehr wohl übereinstimmt (nämlich wie eine Folge mit ihrem Grund) und also als wahr zu gelten hat, stimmt die Harmoniethese mit jener wohlbegründeten ὑπόθεσις nicht überein und muß also falsch sein. Nun, das ist doch genau das, was als allgemeine Regel in 100 a 3—7 angegeben ist. Nichts also kann die Meinung des Sokrates in 100 a 3—7 so gut und verläßlich erläutern wie die Partie 91 a 2 — 92 e 3.

Nunmehr wollen wir den *zweiten* Argumentationsschritt betrachten: 92 e 4 — 94 b 3. — Jede Seele muß doch wohl Seele sein; keine Seele ist also doch wohl mehr oder weniger Seele als eine andere. Wer demnach der Harmoniethese anhängt, muß jeder Seele, und jeder Seele sogar im nämlichen Grad, Harmoniestruktur zusprechen. Nun wird aber auch seelische Tüchtigkeit als Harmonie bestimmt — und entsprechend seelische Unwertigkeit als Harmonielosigkeit. Für den Anhänger der Harmoniethese (vgl. ὁ ἐκεῖνο ὑποθέμενος in 93 c 10) ergibt sich aus alledem: a) die tüchtige Seele wäre also eine Harmonie mit Harmonie, die unwertige Seele eine Harmonie ohne Harmonie; b) während alle

Seelen nach der Harmoniethese in gleichem Grad Harmonie sein müßten, wären sie nunmehr nicht im nämlichen Grad Harmonie — und also auch nicht im nämlichen Grad Seelen; c) oder es gäbe überhaupt keine unwertige Seele und keine seelische Unwertigkeit. — Solcher Widersinn müßte sich ergeben, wenn die ὑπόθεσις, daß die Seele Harmonie sei, richtig wäre (so ausdrücklich in 94 a 12 — b 2).

Was für eine logische Struktur also haben wir hier vor uns? Zunächst: Es stehen sich zwei Thesen gegenüber: die These, daß die Seele Harmonie, und die These, daß die ἀρετή Harmonie sei: die erste These wird dabei ausdrücklich als ὑπόθεσις bezeichnet (93 c 10; 94 b 1); diese ὑπόθεσις wird zuschanden; sie wird ad absurdum geführt. Wie aber geschieht dies? Es wird gezeigt, daß sie zu inkompossiblen Konsequenzen führt: daß z. B. die schlechte Seele als *Seele* Harmonie, als *schlechte* keine Harmonie sein könnte.

Das ist aber genau die nämliche logische Struktur, die wir auch — gleichgültig wie wir die Stelle letztlich verstehen sollen — in 101 d 3—5 vor uns haben. Von der Ideenlehre, dem Fundament tragfähiger ὑποθέσεις, ist da nicht die Rede, nur von einer ὑπόθεσις selbst: sie wird geprüft und das geschieht in der Weise, daß man Konsequenzen aufdeckt, die sich aus ihr ergeben, und untersucht, ob sich nicht etwa inkompossible Konsequenzen ergeben. In 92 c 4 — 94 b 3 ist es Simmias, der, obzwar nur skeptisch, an der ὑπόθεσις *festhält*, und Sokrates prüft diese ὑπόθεσις am Kriterium ihrer Konsequenzen. Die logische Struktur ist aber auch die nämliche, wenn ein Anderer *meine* ὑπόθεσις *angriffe;* ich könnte mir dann nur auf dieselbe Weise Klarheit über Wert oder Unwert meiner ὑπόθεσις verschaffen.

Und betrachten wir schließlich auch noch kurz den *dritten* Argumentationsschritt: 94 b 4 — 95 a 2! Hier kollidiert die Harmoniethese mit der These von der Herrschaftsfunktion der Seele. Es ergibt sich: Wäre die Seele Harmonie, so würde sie als Seele Herrschaftsfunktion besitzen müssen, als Harmonie sie aber nicht besitzen können. Das ist also nochmals die nämliche logische Struktur wie im zweiten Argumentationsschritt und folglich wiederum eine Erläuterung von 101 d 3—5.

Wenn wir uns nach dieser Betrachtung der Textpartie 91 c 2 — 95 a 3 abschließend nach dem Gewinn fragen, den sie uns für die Einsicht in die innere Struktur der ὑπόθεσις-Methode gebracht hat, so dürfen wir sagen: a) sie hat uns ὑπόθεσις und ὑπόθεσις unterscheiden gelehrt; es gibt nicht nur den Unterschied zwischen wahrer und falscher ὑπόθεσις, sondern vor allem den zwischen wohlbegründeter und grundloser ὑπόθεσις; gelten kann nur die wohlbegründete (in der fundamentalen ὑπόθεσις der Ideenlehre begründete) ὑπόθεσις; b) wie sie uns den Rückbezug der echten ὑπόθεσις auf das Fundament, d. h. auf die Ideenlehre, deutlich gemacht hat, so auch das Verhältnis der ὑπόθεσις zu dem aus ihr Resultierenden (τὰ ἀπ' ἐκείνης ὁρμηθέντα; 101 d 4): wo das aus ihr Resultierende sich wechselseitig widerspricht, muß die ὑπόθεσις falsch sein; Widerspruchslosigkeit in dem aus ihr Resultierenden ist unerläßliche Bedingung für die Wahrheit der gewählten ὑπόθεσις.

Mit alledem ist aber noch weiteres deutlich geworden: a) die Ideenlehre erweist sich gerade am Leitfaden des ὑπόθεσις-Gedankens als ein ganzes *Gefüge* von Ideentheoremen, die in logischer Ordnung untereinander stehen; b) entsprechend dazu erweist sich auch die Sphäre der Ideen selbst als ein gegliedertes und geordnetes *Gefüge*. Und was bisher dergestalt schon deutlich geworden ist, das kommt im restlichen Stück unserer Phaedo-Partie sogar zu ausdrücklicher Erörterung. Was den letzteren, das Ideen*reich* selbst betreffenden, Punkt angeht, so wird uns die Interpretation des restlichen Stücks des Unsterblichkeitsbeweises dafür den Beweis liefern. Für den Gefügecharakter der Ideen*lehre* hingegen erhalten wir den Beleg aus den Partien 101 d 5 — 102 a 2 und 107 b 4—10.

Will man eine ὑπόθεσις wählen, so darf man ihre Prüfung an ihren Konsequenzen nicht unterlassen; denn Widerspruchslosigkeit in ihren Konsequenzen ist unerläßliche Bedingung möglicher Geltung. Aber solche Prüfung genügt nicht; mit ihr ist die ὑπόθεσις noch nicht affirmativ gerechtfertigt. Sie in dieser Weise rechtfertigen (ἐκείνης αὐτῆς λόγον διδόναι; 101 d 5/6), das verlangt eine Begründung „von oben her", d. h. in Fundamentalerem. So erfährt etwa die Präexistenzthese, diese Beweishypothesis für die Unsterblichkeitsthese, ihrerseits ihre Fundierung in der ἀνάμνησις-μάθησις-Hypothesis und diese letzten Endes ihre Fundierung in der Fundamentalhypothesis der Ideenlehre. Schon mit der ersten leistungsfähigen und stichhaltigen Hypothesis bin ich in die Ideenlehre eingetreten; umsomehr fällt jede „höhere", fundamentalere Hypothesis notwendig in die Ideenlehre; die Ideenlehre ist also ein wohlgeordnetes Gefüge von Theoremen (das natürlich seinem vollen Inhalt nach erst noch auszuschöpfen sein wird, also keineswegs vollständig vor uns liegt, sondern nur an sich all das enthält, was wir an Theoremen brauchen, um feste ὑποθέσεις zu gewinnen für die Erklärung all des zu Erklärenden). Angesichts dieses wohlgeordneten Gefüges der Theoreme, die die Ideenlehre ausmachen, ist uns eines erlaubt und ein anderes aufgegeben: da wir uns bereits auf dem festen Boden der Ideenlehre bewegen, dürfen wir uns im Einzelfall stets mit dem Theorem begnügen, das wir für das Einzelproblem als Grundlage von hinreichender Fundamentalität erkennen (ἱκανόν; 101 e 1), sofern wir nur gleichzeitig die Ordnungsverhältnisse festhalten (ib. 1 ff.); da die Ideenlehre andrerseits erst Aufgabe ist, dürfen wir keine besondere Begründung, die uns gelungen ist, schon auch für die letzte und tiefste Begründung halten, die überhaupt möglich sei, müssen wir vielmehr jede erreichte Begründung noch tiefer zu fundieren versuchen. Auseinandernehmen (διελεῖν; 107 b 7) nennt Sokrates dieses Verfahren: in der Tat, nur Zergliedern kann jeweils weiterführen; denn dadurch und nur dadurch kann deutlich werden, was in dem, was uns da eine höchste Hypothesis scheinen könnte, noch seinerseits an Voraussetzungen stecken mag und gegebenenfalls also herauszustellen ist — als noch Fundamentaleres. Und jedem solchen Schritt vertiefter Analyse und Begründung entspricht ein neues und fundamentaleres Theorem der Begründungslehre, der Ideenlehre. Diese selbst ist es, die sich dabei erweitert, bereichert, vertieft.

Mit einem solchen recht fundamentalen Theorem der Ideenlehre macht uns der Rest des Unsterblichkeitsbeweises bekannt; dieses Theorem betrifft ein *grundlegendes Strukturgesetz*, welches das Reich der Ideen beherrscht. Diesem Sachverhalt wenden wir uns nunmehr zu.

*

Der Rest des Unsterblichkeitsbeweises interessiert uns im Rahmen unserer hiesigen Zwecke lediglich bis zu der Stelle, wo die Unsterblichkeit selbst sich ergibt; den Weitergang zum Unvergänglichkeitsbeweis können wir hingegen hier außer Acht lassen. Der Abschluß jenes eigentlichen Unsterblichkeitsbeweises steht in 105 c 9 — e 6 (ἀθάνατον ἄρα ψυχή). Er läuft auf folgendes hinaus: Wofür die Seele bestimmend wird, für das bringt sie Leben mit sich (vgl. 105 d 3/4). Nun steht dem Leben konträr der Tod gegenüber (ib. 6—9). Also schließt die Seele allemal von sich das Gegenteil zu dem aus, was (ᾧ für τούτῳ δ) sie selbst stets mit sich führt (ib. 10/11) — sie schließt den *Tod* von sich aus, dieses Gegenteil des *Lebens*, das sie stets mit sich führt und demjenigen mitbringt, für das sie bestimmend wird, d. h. dem jeweiligen Leib.

Damit diese abschließenden Folgerungen möglich sind, ist eine Prämissengruppe *zusätzlicher* Art erforderlich. Der lange Textabschnitt 102 d 5 — 105 c 8 hat keine andere Aufgabe, als eben diese zusätzliche Prämissengruppe bereit zu stellen. Und wiederum ist es genau diese zusätzliche Prämissengruppe, die uns im folgenden interessiert. Wir werden sehen, daß es sich dabei um ein Lehrstück aus der Ideenlehre handelt, das bei dieser Gelegenheit, weil es für den vorgehabten Beweis benötigt wird, entwickelt wird — und zwar um ein Lehrstück, das ein Strukturgesetz behandelt, welches das Ideenreich beherrscht.

Das fragliche Lehrstück wird nicht weniger als dreimal formuliert: 103 e 2—5; 104 b 6 — c 1; 105 a 1—5.

Es ist nicht ganz leicht, diese drei Formeln genau zu verstehen und so sind denn auch die Interpretationen, die sie bisher gefunden haben, nicht völlig einhellig. Es will mir aber scheinen, daß eine verläßliche Interpretation erreichbar ist. Man hat nur folgendes zu beachten: a) da das Lehrstück, wie auch immer es formuliert sein mag, genau jene zusätzliche Prämissengruppe enthalten muß, welche für den Beweisabschluß (in 105 c 9 — e 4) unerläßlich ist, muß dieser Beweisabschluß Licht auf das Lehrstück zurückwerfen können; in der Tat bilden die Sätze 105 d 3—11 den verläßlichen Schlüssel; b) was letztlich allein verwirrend wirkt, ist eine gewisse Doppeldeutigkeit des Terminus ἐπιφέρειν, der eine wichtige Rolle spielt (vgl. 105 a 1—5 mit 105 d 10 und mit ἐπ' ἐκεῖνο φέρειν in 105 d 3/4). Man mag in dieser gewissen Doppeldeutigkeit einen kleinen Beweistrick erblicken, den Platon bewußt anwende; man mag in ihr eine von Platon unfreiwillig begangene Äquivokation erblicken. Sicher ist: einmal heißt ἐπιφέρειν „(dem Konkreten etwas) zubringen und verleihen", das anderemal hingegen „(etwas als eigenes Genusmoment) mitsichführen und involvieren". Leicht freilich ist hinwiederum auch zu sehen, wie natürlich sich diese beiden Bedeutungsvarianten verbinden: Führt nämlich ein A als eigenes Moment ein a *bei sich*, so führt es dieses sein a notwendig auch einem B *zu*, falls es selbst an dieses B herantritt (für dieses B bestimmend wird).

Ich gebe nun Übersetzung und Erläuterung einiger Textstellen:

1. 103 e 2—5 (= 1. Formel des Strukturgesetzes):

„Es steht (also) in einigen Fällen dieser Art so: nicht nur die Idee selbst trägt ihren Namen für immer, sondern deren Namen trägt auch noch etwas anderes: von der Idee zwar verschieden, aber doch stets von der Idee geprägt". — So ist der Schnee vom Kalten zwar verschieden, aber selbst auch gleichwohl kalt; so ist die Zwei zwar vom Geraden verschieden, aber gleichwohl selbst auch gerade.

Bestünde ein Zweifel, ob man an die Idee des Schnees oder an einen konkreten Fall von Schnee denken soll, so löst das zweite Beispiel (ἡ δυάς; ἡ τριάς in 104 a 4) den Zweifel. Somit sind jedesmal *beide* Glieder (das Kalte *und* der Schnee; das Gerade *und* die Zwei, Vier usw.) dem Ideenreich zuzurechnen. Folglich haben wir eine Differenz im Ideenreich selbst, zwischen den Ideen selbst vor uns. Dem Logiker ist das korrelative Verhältnis als das zwischen Gattungsbegriff und subordiniertem Artbegriff vertraut. Aber nicht um ein Verhältnis zwischen Begriffen handelt es sich im Text, sondern um ein Verhältnis zwischen platonischen Ideen: weder die *Gattungsidee* (das Kalte, das Gerade u. ä.) noch die *Artideen* sind da Begriffe, sondern *Seiendes* von jenem Typus eines allgemeinen, intelligiblen, erfahrungsjenseitigen Seienden, wie es alle Ideen sind; aber das Seinsverhältnis zwischen diesen Gattungen und Artideen *entspricht* in der Tat jenem logischen Verhältnis zwischen Gattungs- und Artbegriffen.

Die Arten sind etwas anderes als die Gattungen, aber sie sind von diesen letzteren geprägt; eine Gattung hat Arten unter sich und jede dieser unter ihr stehenden Arten ist wiederum von ihr selbst verschieden (ἄλλο τι ὃ ἔστι μὲν οὐκ ἐκεῖνο), aber jede hat die Gestalt der Gattung an sich (ἔχει δὲ τὴν ἐκείνου μορφήν) (103 e 4—5); wir wissen es: die Gattung ist *Aufbaumoment* der Art — weshalb denn auch der *Begriff* der Art als Definitionsstück stets den Begriff ihrer Gattung mitenthält (homo est *animal* rationale).

Der Lehrsatz von der Differenz und dem affirmativen Verhältnis zwischen Gattung und Arten ist das erste Glied aus der gesuchten Prämissengruppe, das erste zusätzliche Stück aus der Ideenlehre, das uns der Text vorträgt.

2. 104 b 6 — c 1 (= 2. Formel des Strukturgesetzes):

„Es ist doch so: Offenbar schließen sich nicht nur jene Gegensätze (Warm-Kalt; Gerade-Ungerade) wechselseitig aus, sondern es sieht so aus, als ob auch all das, was — obzwar *einander selbst* nicht entgegengesetzt — stets die Gegensätze mit sich führt, jeweils jene Idee aus sich ausschließe, welche zu der in ihm involvierten Idee im Gegensatz steht, als ob es vielmehr, falls diese (entgegengesetzte Idee) zu ihm herantritt, entweder zugrunde oder aber weg gehe". Der

Schnee nämlich schmilzt oder weicht zurück, wenn die *Wärme* sich ihm verbinden möchte, d. h. das, was zu der in ihm involvierten Idee (zur Kälte) konträr steht.

Aus dieser zweiten Formel des Strukturgesetzes lassen sich mehrere Lehrsätze im einzelnen entnehmen: 1. Gattungen stehen konträr zueinander und schließen sich wechselseitig aus; 2. die *Arten* a, b, c ... einer Gattung A stehen zu den *Arten* α, β, γ ... der zur Gattung A konträren Gattung B nicht im Gegensatz (2, 4, 6, ... zu 3, 5, 7 ...), aber alle Arten der Gattung A stehen zur *Gattung* B selbst im Gegensatz (2, 4, 6 ... zur Gattung des Ungeraden), und dies deshalb, weil sie alle als Moment die Gattung A in sich enthalten, welch letztere, konträr zu B stehend, ihnen ebenfalls Kontrarietät zu B aufprägt; 3. so schließen sich die Arten einer Gattung A und die Gattung B auch wechselseitig aus (der Schnee und die Wärme; das Feuer und die Kälte; 2, 4, 6 ... und die Ungeradheit).

Diese Lehrsätze über das Verhältnis der Gattungen untereinander (Kontrarietät und wechselseitiger Ausschluß) sowie über das Verhältnis zwischen den Arten einer Gattung einerseits und der konträren Gattung andrerseits (vermittelte Kontrarietät und vermittelter wechselseitiger Ausschluß) bilden das zweite Glied aus der gesuchten Prämissengruppe, das zweite zusätzliche Stück aus der Ideenlehre, das uns der Text vorträgt.

3. 104 d 5—10:

„Du weißt: Gebilde, welche die Idee der Drei beherrscht (und bestimmt), müssen nicht nur Gebilde von der Anzahl drei, sondern auch von ungerader Anzahl sein. — An ein Gebilde solcher Art tritt niemals diejenige Idee heran, welche konträr steht zu jener Bestimmtheit, die jene Sachlage bewirkt" (an ein Dreiergebilde tritt niemals die Idee des Geraden heran, sogewiß diese zur Idee des Ungeraden konträr ist).

Übersetzung und Erläuterung dieser Partie dienen lediglich der Auflösung jener Schwierigkeiten, welche der Satz 104 d 1—3 dem Interpreten entgegenstellt. Wie wir sehen werden, formuliert letzterer Satz den Gedanken von 104 d 5—10 in allgemeiner Form.

War bisher immer nur von zwei Gliedern die Rede, von Gattungen und Arten, von zwei Gliedern, welche beide ins Ideenreich gehören (in 104 b 9 heißt die Gattung, in 104 d 6 heißt auch die Art Idee), so wird nun das Verhältnis dreigliedrig: a) das von der Idee der Drei (von der Artidee) Beherrschte und Bestimmte, also das Konkrete (das an den Ideen teilhabende πρᾶγμα); b) die Idee der Drei (die Artidee); c) die von der Idee der Drei dem Ding mitaufgeprägte Idee des Ungeraden (die Gattungsidee). Durch das Auftreten des erstgenannten Verhältnisgliedes kommt nunmehr also neben den interideellen Verhältnissen auch das Verhältnis zwischen Ideensphäre und Dingwelt wieder zur Sprache.

Es geht um folgende zwei Verhältnisse: 1. Ein Konkretes, das von einer Artidee (z. B. von der Idee der Drei) bestimmt ist, ist notwendig auch von der übergeordneten Gattungsidee (von der Idee des Ungeraden) bestimmt. Wir begreifen es leicht: Wenn in der Artidee die übergeordnete Gattungsidee als Moment involviert ist, muß das Konkrete, das von der Artidee bestimmt wird, von der in der Artidee involvierten Gattungsidee mitbestimmt werden. — 2. Andererseits (gemäß 104 d 9—10): Ein Konkretes, das von einer Artidee bestimmt ist, kann nie von derjenigen Gattungsidee mitbestimmt sein, welche zu der in seiner Artidee involvierten Gattungsidee konträr ist. Was z. B. von der Artidee der Drei bestimmt ist, kann nie von der Gattungsidee des Geraden mitbestimmt sein, weil diese konträr ist zu der in der Artidee der Drei involvierten Gattungsidee des Ungeraden.

Beiden Verhältnissen entsprechen zwei weitere Lehrsätze aus der Ideenlehre. Diese betreffen nicht interideelle Beziehungen, setzen solche aber voraus (nämlich die eben vorerst behandelten); sie betreffen vielmehr die Bestimmungsbeziehungen zwischen Ideensphäre und Dingsphäre; sie besagen nun nicht mehr bloß allgemeine Bestimmtheit der Dingsphäre durch die Ideensphäre, sondern artikulieren dieses Bestimmungsverhältnis bereits in sehr bestimmter Weise, entsprechend den artikulierten interideellen Verhältnissen, die *zuvor* aufgeklärt worden sind.

Im Rückblick verstehen wir nunmehr umso besser, warum sich Sokrates 100 d 5—7 über die nähere Charakterisierung dieses Bestimmungsverhältnisses nicht ereifern wollte; es mußte ja in der Folge ohnehin auch der Sache nach näher behandelt und artikuliert werden.

4. 104 d 1—3:

„Handelt es sich nicht um die Faktoren, welche das, was sie beherrschen (und bestimmen), dazu zwingen, daß es nunmehr nicht bloß seine *eigene* Bestimmtheit habe (ein Dreiergebilde sei; Schnee sei), sondern stets auch die Bestimmtheit von etwas weiterem, das zu einem dritten konträr ist?"

Der Satz kann nur so gelesen werden, wie es Robin vorschlägt: ἀλλὰ καὶ ἐναντίου τῳ ἀεί τινος; Er lautet in ausführlicher Form und erläuternder Wortstellung: ἀλλὰ καὶ (ἀναγκάζει αὐτὸ ἴσχειν) ἀεὶ (τὴν ἰδέαν) τινὸς ἐναντίου τῳ;

So macht die Idee der Drei ein Gebilde 1. zu einem Dreiergebilde, 2. zu einem ungeradzahligen Gebilde, d. h. zu einem Gebilde mit einer Bestimmtheit X, die zu einer dritten Bestimmtheit Y (Geradzahligkeit) konträr ist.

5. 105 a 1—5 (= 3. Formel des Strukturgesetzes):

„Sieh zu, ob du nicht so die Bestimmung treffen willst: Es schließen sich nicht nur die beiden Gegensatzglieder (d. h. die beiden Gattungsideen; z. B. Wärme-Kälte; Geradheit-Ungeradheit) wechselseitig aus; sondern auch das, was für das von ihm Bestimmte (ὃ ἂν ... ἐκείνῳ, ἐφ' ὅ τι ἂν αὐτὸ ἴῃ = was für das, zu dem es selbst bestimmend tritt) eine Bestimmtheit mit sich führt (ἐπιφέρῃ τι), welche Glied eines Gegensatzes ist (ein ἐναντίον ist, wie z. B. ψυχρόν oder ἄρτιον ein ἐναντίον ist), — sondern auch dieses (eine derartige Bestimmtheit) Mitführende selbst (z. B. χιών oder δυάς) schließt ebenfalls allemal das Gegensatzglied zu dem von ihm Mitgeführten von sich aus". Führt nämlich beispielshalber die Idee des Schnees (der Zwei) die (Gattungs-) Idee der Kälte (der

Geradheit) mit sich, so schließt dieses Mitführende allemal das Gegenglied zum Mitgeführten von sich aus: nämlich die Wärme (die Ungeradheit).

Inhaltlich bringt diese dritte Formel des Strukturgesetzes also gegenüber der zweiten nicht Neues. Nur das ἐπιφέρειν mit seinem Einschuß von Doppeldeutigkeit, von welchem bereits die Rede war, tritt in den Vordergrund. Begreiflicherweise, im Hinblick nämlich auf den Beweisabschluß: die Seele führt dem Leib Leben *zu;* die Idee der Seele muß aber gleichzeitig auch die (Gattungs-) Idee des Lebens als Moment ihrer selbst *mit sich* führen, um auf diese Weise ein für allemal die zur Gattungsidee des Lebens konträre Gattungsidee, die des Todes, von sich auszuschließen (105 d 10/11).

Ein neues Lehrstück über die hinaus, die wir bereits erhalten haben, ergibt sich also hier nicht mehr.

*

Unbefriedigt von allen anderen Versuchen, ein echtes Begründungsverfahren zu entwickeln, entschloß sich der phädonische Sokrates, seine Zuflucht zu den λόγοι zu nehmen. Wir wissen nunmehr, daß diese λόγοι nicht die Ideen selbst sind und daß die Ideen selbst nicht λόγοι sind. In diesem wichtigen Punkt war Natorps Deutung der platonischen Ideenlehre zweifellos verfehlt. Die λόγοι des phädonischen Sokrates sind vielmehr *Gedanken*, Gedanken, die man zugrunde legen muß, um über das Seiende die Wahrheit entdecken zu können. Diese Gedanken stehen dem erfahrbaren Seienden, das wir erkennen wollen, wie auch der Erfahrung, durch welche wir es nicht wahrhaft erkennen können, gegenüber. Wir haben gesehen, daß sich diese Gedanken unmittelbar auf die Ideen beziehen. Als solche auf die Ideen unmittelbar bezogene Gedanken machen sie die Erkenntnis der Dinge und die Erklärung (Begründung) der Dinge möglich.

Die λόγοι des phädonischen Sokrates sind darum nichts anderes als einfach „Theorienbildung" und so enthalten sie Momente von all dem, was zur „Theorienbildung" notwendig gehört: Momente des Begriffs, des Urteils, des Arguments, Momente des *Gefüges* auch von Begriffen, Urteilen, Argumenten. Näherhin handelt es sich bei diesen λόγοι natürlich um spezifisch *philosophische* Theorienbildung, d. h. um λόγοι, die *Prinzipien*gedanken darstellen; nicht also beliebige Gedanken sollen da zugrundegelegt werden, sondern prinzipielle, wahrhaft fundierende Gedanken. Der phädonische Sokrates nun kennt keine anderen wahrhaft fundierenden Gedanken als solche, die sich auf die Ideen beziehen. Darum erweist es sich begreiflicherweise, daß diese λόγοι Lehrstücke der *Ideenlehre* sind. Dreierlei geschieht in diesen λόγοι: a) die Ideen werden angesetzt — das ist der fundamentalste und schlechthin allgemeine λόγος — und sie werden als die einzig wahren *Gründe* für alles Seiende und für alle Seinsverhältnisse angesetzt; b) die inneren Verhältnisse der Ideensphäre, die Verhältnisse zwischen den Ideen werden bestimmt (Kontrarietät, Ausschluß, Differenzierung, Einschluß u. dgl.); c) die Funktionen, welche die Ideen überhaupt und die interideellen

Verhältnisse für die Sphäre des Seienden und der Seinsverhältnisse haben, werden bestimmt.

Nun sind die Ideen auch selbst Seiendes (das eine der beiden εἴδη τῶν ὄντων, heißt es ausdrücklich in 79 a 6 ff.); aber sie sind Seiendes vom erfahrungstranszendenten, ausschließlich intelligiblen Typus. Solches Seiende heißt Transzendentes. Lehre vom Transzendenten heißt Metaphysik. Die platonische Ideenlehre ist *Metaphysik*.

Die platonische Ideenlehre dient als Grundlage allen Erkennens und Begreifens; damit eine solche Grundlage dasei, dazu und allein dazu mußte die Ideenlehre geschaffen und entwickelt werden. Weil diese Ideenlehre Metaphysik ist, gilt auch der weitere Satz: diese *Metaphysik* wurde geschaffen, mußte geschaffen werden, damit und nur damit eine Grundlage für alles Erkennen und Begreifen dasei.

Die Textpartie, die wir behandelt haben, enthält einerseits *allgemeine* erörternde Sätze über das ὑπόθεσις-Verfahren: bes. 100 a 3 — b 9; 100 d 8 — e 3; 101 c 9 — 102 a 2; 107 b 4 — 10; andrerseits aber wird uns dieses ὑπόθεσις-Verfahren *konkret* in einer Durchführung vorgeführt: am Unsterblichkeitsbeweis dieser Textpartie (vgl. ausdrücklich 100 b 7—9). Was da als *allgemeine* ὑπόθεσις dient, ist die Ideenlehre, aus der das entfaltet wird, was für den Beweis erforderlich ist. Was aber ist die *spezielle* ὑπόθεσις für den Unsterblichkeitsbeweis unserer Textpartie? Kein Zweifel: das ist jenes Strukturgesetz, das uns in nicht weniger als drei Formeln vorgeführt wird (103 e 2—5; 104 b 6 — c 1; 105 a 1—5). Von ihm gilt zweierlei: a) Es hat Strukturverhältnisse des Ideenreichs zum Gegenstand, ist also ein Lehrstück, das zur Ideenlehre gehört; *weil* es also zur Ideenlehre gehört, stellt es auch eine ὑπόθεσις dar, welche die Bedingung der *Verläßlichkeit* erfüllt, sodaß es dazu dienen darf, eine Frage (ob die Seele unsterblich ist) ernsthaft zu entscheiden („was mit ihr übereinstimmt, setze ich als wahr; was nicht mit ihr übereinstimmt, setze ich als falsch" — vgl. 100 a 4—7); b) Völlig den allgemeinen Regeln der Logik entsprechend, erhält dieser besondere zugrunde gelegte λόγος im Rahmen des Beweises diejenige Funktion, die allein denkbar ist: er wird zu einer seiner unerläßlichen Prämissen. Denn weil und nur weil jenes Strukturgesetz gilt, schließt die Seele von sich den Tod aus (so, wie jede Artidee der Gattungsidee A die Gattungsidee B von sich ausschließt), sodaß, wenn schließlich auch noch bewiesen ist, daß die unsterbliche Seele auch unvergänglich ist, nichts anderes übrig bleibt, als daß die Seele, wenn der Tod herantritt, ihn von sich fernhält, indem sie weggeht ins Jenseits (vgl. 106 c 7 ff.).

Wieweit steckt im Phaedo Ideenlehre? Auch wenn wir uns allein auf den Teil des Dialogs beschränken, den wir näher betrachtet haben, müssen wir sagen, daß die Ideenlehre im Phaedo bereits *relativ entfaltet* auftritt. Wir finden nicht etwa nur den Ideenansatz als solchen und das allgemeine μέθεξις-Gesetz; wir finden vielmehr schon Lehrsätze, welche interideelle Verhältnisse und artikulierte μέθεξις-Verhältnisse betreffen. Gewiß, in Dialogen wie etwa Sophistes oder

Politicus finden wir über solche Dinge ein gutes Stück mehr; aber auch das, was wir im Phaedo finden, ist nicht wenig. — Andrerseits ist es interessant zu beobachten, wie wenig die *Terminologie* der Ideenlehre im Phaedo fixiert ist. Selbst an inhaltlich besonders wichtigen, kunstvoll durchgearbeiteten Stellen bleibt der Gebrauch der Schlüsseltermini fließend (εἶδος, ἰδέα, μορφή) und selbst für ausschlaggebende Differenzen (wie z. B. für die zwischen Gattungs- und Artideen) tritt keine terminologische Fixierung auf (es sei denn die völlig ephemere ἐπιφέρον und ἐπιφερόμενον; 105 a 4). — Diese terminologische Sachlage hat natürlich eine methodische Konsequenz für die Interpretation: neben die vollständige Auswertung von allem, was Wort und Text nur immer hergeben können, muß die Analyse dessen treten, was nicht sosehr gesagt als vielmehr logisch und methodisch *getan* wird.

*

Die sokratisch-platonische Ideenlehre ist Metaphysik. Gerade als ob uns die erfahrbare Welt nicht genug und nicht bereits zu viel zu tun gäbe, setzt Sokrates-Platon noch eine weitere Welt an — eine fragwürdige Welt, da wir von ihr auch nicht die mindeste Erfahrung haben können. Wozu und Warum? Warum erscheint Sokrates-Platon die Metaphysik als unerläßlich, unvermeidbar? Weil sich kein anderer Weg zeigt, das *Empirische* und die Erkenntnis des *Empirischen* hinreichend zu begreifen, zu erklären und zu begründen. Darin und nur darin hat diese Metaphysik, weil sie darin ihre Unerläßlichkeit hat, ihre Rechtfertigung.

Auch der Phaedo läßt darüber keinen Zweifel: weder unsere Textpartie noch der sog. Anamnesis-Beweis (72 e 3 ff.). Beachtenswert aber ist, daß diese Metaphysik der Ideen in unserer Textpartie dazu dient, eine Frage begründet zu entscheiden, die *selbst* auch metaphysisch ist: die Frage nach einer etwaigen ganz unerfahrbaren, also transzendenten Existenz unserer Seelen. Das erinnert uns daran, daß die ὑπόθεσις-Methode von Anfang an als *universal* leistungsfähig gedacht ist (100 a 5/6). Ein *spezielles* metaphysisches Problem (wie das der Unsterblichkeit der Seele) braucht lediglich in die Ideenmetaphysik einbezogen zu werden, um innerhalb dieser dann entschieden zu werden. Und dies ist denn auch das, was im Dialog tatsächlich geschieht.

Mit alldem hat Platon die Metaphysik im Sinne einer Lehre vom Transzendenten als Wissenschaft in Gang gesetzt. Er hat ihr gleichzeitig auch die Methode vorgezeichnet. Vor allem aber hat er ihr die Legitimation mitgegeben. In der Folgezeit, nachdem die Metaphysik einmal ins Werk gesetzt und eine transzendente Welt angesetzt war, konnte manche Differenzierung, Modifikation und Bereicherung statthaben. Im Ganzen blieb es bei dem, was Platon grundgelegt und vorgezeichnet hatte. Bis auf Kant. Da freilich kam es zu einer revolutionären Wende. Kants Prüfung der Metaphysik lief darauf hinaus, daß die Lehre vom Transzendenten voll dialektischen Scheins sei; so konnte sie nicht mehr zu dem taugen, wozu sie einstmals geeignet, ja unerläßlich erschienen war: zu einer wahrhaften Begründung der Möglichkeit auch nur der empirischen Erkenntnis. Um den Grund angeben zu können, auf dem allein Erfahrung als Wissenschaft möglich sei, mußte Kant — ganz ähnlich wie Sokrates-Platon — eine neue Sphäre entdecken. Entdeckte Sokrates-Platon die Sphäre des Transzendenten, so Kant die wesentlich andersgeartete des Transzendentalen. Erwies sich ihm die Lehre vom Transzendenten als voll des dialektischen Scheins, so verwandte er nunmehr, wo er von Metaphysik als wirklicher Wissenschaft sprechen wollte, diesen Titel für die Lehre vom Transzendentalen (etwa in: Metaphysische Anfangsgründe der Naturwissenschaft; Grundlegung zu einer Metaphysik der Sitten). Metaphysik als Wissenschaft vom Transzendenten hingegen schien durch Kant „zermalmt" zu sein. Es ist eines unter den großen Verdiensten des Verfassers der „Sechs großen Themen der abendländischen Metaphysik", als einer der allerersten mit dem (von ihm bis heute weitergeführten) Nachweis begonnen zu haben, wie vielfältig und tiefgreifend Kants Beziehungen auch zur *alten*, von Platon begründeten, Metaphysik immer geblieben sind.

Friedhelm Nicolin
Bibliographie Heinz Heimsoeth

Zur Einführung

Das literarische Werk Heinz Heimsoeths ist, wie die bibliographische Zusammenschau der Titel besonders eindringlich zeigt, in ausgeprägtem Sinn das Werk eines Historikers der Philosophie. In einer bemerkenswerten Geschlossenheit, wie sie gerade einem historisch ausgreifenden, der Vielfalt möglicher Aufgaben und Gegenstände konfrontierten Forschen nicht selbstverständlich eignet, bietet es sich dar. Die thematische Beschränkung auf die Philosophie der Neuzeit, die sofort auffällt, trägt dazu manches bei, ist aber nicht das entscheidende Moment. Den Charakter eines in sich gerundeten Ganzen wie seinen sachlichen Rang gewinnt dieses philosophiehistorische Opus vielmehr von der einheitstiftenden Mitte seiner systematisch interessierten Fragestellung her. Heimsoeth stellt sich seine Themen niemals, um philosophiegeschichtliche Fakten und Entwicklungen nur positiv aufzunehmen und zu verzeichnen. Was er gelegentlich (Nr 55, S. 144) aus dem Vorwort einer historischen Untersuchung Trendelenburgs zitiert, der sagt, daß es sein Ziel sei, „für die Philosophie von der Geschichte zu lernen", gilt durchgängig für Heimsoeths eigenes Werk. Und wenn er in seiner Darstellung der Gegenwarts-Philosophie hervorhebt, „daß die seit dem 19. Jahrhundert noch ständig weiter anwachsende Erforschung der Philosophiegeschichte energisch abgerückt ist von der rückblickenden Reproduktion klassischer Systeme ebenso wie von der bloß-philologischen Detailerforschung der Texte und Meinungen, daß Philosophiehistorie heute durchgängig in unlösbarer Verflechtung mit dem vorstoßenden Problembewußtsein selbst steht, wie dieses wiederum ständig das früher und einst Versuchte in seiner Wahrheit oder auch Verfehlung neu sich auszulegen strebt" (Nr 131, S. 583) – so kommt in dieser Charakteristik wesentlich auch zum Ausdruck, wie Heimsoeth seine denkerische Arbeit selbst versteht.

Am Anfang steht, als Marburger Dissertation, eine Untersuchung über die Methodenlehre Descartes' (Nr 1). Die Ausweitung des gleichen Themas auf Leibniz hin (Nr 6) zeigt sogleich die bestimmende persönliche Neigung zur historischen Forschung. Eine bald folgende, ebenfalls Leibniz gewidmete Arbeit (Nr 8) sucht den Ursprung der Gedankenwelt des Philosophen aus seiner Weltanschauung zu erhellen. Hier wird zum erstenmal eine Weise des Fragens thematisch, die fortan vorwaltend bleibt. „Ursprünge", „Grundlagen", „Hintergründe", „Voraussetzungen", „Antriebe", „Motive" – dieses Vokabular kehrt in den Titeln der Heimsoethschen Arbeiten immer wieder. Die großen Denker der Neuzeit, denen Heimsoeths Forschungen gelten — Paracelsus, Bruno, Descartes, Leibniz, Kant, Fichte, Hegel, Nietzsche — werden in ihren besonderen philosophischen Anliegen und Leistungen vom Ganzen ihrer Lebensdeutung und Weltauffassung her gesehen und zugleich eingegründet in die übergreifenden geschichtlichen Zusammenhänge und Strömungen, aus denen sie bewußte oder undurchschaute Motivationen für ihr Schaffen empfangen und in die hinein sie selber neue Anregungen und Antriebe geben, welche die weitere Entwicklung eines Gedankens, eines Problems, einer philosophischen Disziplin mitbestimmen.

Sinnvoll fügt sich der so aufgefaßten und durchgeführten historischen Arbeit die Fortsetzung und Herausgabe des bekannten, problemgeschichtlich angelegten *Lehrbuches der Geschichte der Philosophie* von Windelband ein, das Heimsoeth seit 1935 in mehreren Auflagen betreut (vgl. Nr 30 und 124, dazu auch die Übersetzungen Nr 130, 132). Andererseits führt der ständige forschende Kontakt mit den geistigen Triebkräften und Erscheinungsformen geschichtlichen Werdens, vertieft durch Spezialstudien zur geschichtsphilosophischen Thematik (Nr 28, 34; dazu später Nr 77), folgerichtig zu einer systematischen Darstellung von Wesen und Aufgabe der Geschichtsphilosophie (Nr 48), oder es rundet sich die Beschäftigung mit den ethischen Ideen einzelner Denker (Nr 28, 44, 59) zur prinzipiellen Behandlung der Frage nach Grund und Herkunft der Moral (Nr 61, 66).

Seinen Schwerpunkt hat indessen das systematische Interesse, das Heimsoeths historische Untersuchungen leitet, in dem Themen- und Problemkreis der Metaphysik. Das oft aufgelegte und übersetzte erste Hauptwerk (Nr 12), das im Gesamtschrifttum eine sehr frühe Stelle einnimmt und den Einzelstudien über die genannten Philosophen vorausgeht, durchmißt die Geschichte der abendländischen Metaphysik und hebt in großen Längsschnitten die Grundfragen der Welt- und Daseinsdeutung heraus, denen sich das Denken über die Jahrhunderte hinweg in immer neuen Ansätzen und Lösungsversuchen zuwendet; dabei werden deutliche Linien der Kontinuität sichtbar, welche das sonst vielfach gegeneinander abzugrenzende Geistesleben des Mittelalters und der Neuzeit auf diesem Feld miteinander verbinden (vgl. Nr 10). Einige Jahre später erscheint, im *Handbuch der Philosophie*, Heimsoeths Darstellung der neuzeitlichen Metaphysik (Nr 20). „Die großen Leitgedanken der Philosophie“, so heißt es dort (S. 3), „bilden sich in der Neuzeit, wie je, auf den Wegen der metaphysischen Systembildung heraus; die wahrhaft fruchtbaren und schöpferischen Zeiten der neueren Philosophie sind Blütezeiten der Metaphysik.“ Die hier ausgesprochene Überzeugung ist für Heimsoeth nicht nur Ergebnis philosophiehistorischer Gesamtsicht, sondern zugleich auch bestimmendes Motiv für die Auswahl der Denkergestalten, denen sich sein Interpretationsgespräch vorzugsweise zuwendet, und für die Fragehaltung, mit der er an ihr Gedankenwerk herantritt; sind es nicht geradezu Repräsentanten metaphysischer Spekulation wie Fichte (Nr 13, 62) oder Hegel (Nr 9), so ist Heimsoeth doch immer bemüht, die in der individuellen Denkarbeit der Philosophen wirksamen Momente der Metaphysik-Tradition freizulegen — wie etwa bei Nietzsche, dem leidenschaftlichen Ethiker, der sich den Namen eines „Immoralisten" gibt (Nr 59).

Von hier aus gewinnt insbesondere die Kantdeutung Heimsoeths ihren spezifischen Akzent.* Läßt sich in der Geschichte der Kantinterpretation das Jubiläumsjahr 1924 als Zeitpunkt eines bedeutsamen Umschwungs markieren, so sind am Vollzug dieser Wende die beiden gewichtigen Aufsätze Heimsoeths, die in diesem Jahr erscheinen (Nr 15 u. 16), entscheidend beteiligt. Der Titel des ersten — *Metaphysische Motive in der Ausbildung des kritischen Idealismus* — zeigt die Richtung an, in die der neue Ansatz weist. (*Kant als Metaphysiker* heißt ein Buch von M. Wundt aus dem gleichen Jahre.) Es geht darum, das einseitig fixierte Kantverständnis des Neukantianismus, von dem Heimsoeth selbst als Schüler Cohens und Natorps herkam, grundlegend zu revidieren. Treffend kennzeichnet Heimsoeth die im Einflußbereich des Neukantianismus herrschende bewußte Beschränkung auf erkenntniskritische und wissenschaftstheoretische Gesichtspunkte der Auslegung, wenn er sagt, hier sei Kritik „ausschließender Gegenbegriff" zu Metaphysik geworden (Nr 131, S. 585). Damit ist aber das Kantische Lebenswerk auseinandergerissen und das System der Vernunftkritiken nach Ziel und Ergebnis als absolute Widerlegung der „vorkritischen" Schriften aufgefaßt. Demgegenüber lenkt Heimsoeth den Blick wieder auf die Kontinuität von Kants Denkbemühungen über die verschiedenen Perioden seines Schaffens hinweg (vgl. Nr 43), erinnert an die Endabsicht der Kritiken, die Neubegründung einer — auf dem Primat der praktischen Vernunft fußenden — Metaphysik vorzubereiten, und weist in der kritischen Erkenntnislehre selbst die Wirksamkeit metaphysischer Grundüberzeugungen und -fragen auf. So ist nach Heimsoeths Auffassung Kant unbedingt ein Platz in der Metaphysik-Geschichte einzuräumen; als „Problematiker der Metaphysik" (Nr 20, S. 86) nimmt er die wichtige Stelle eines Dreh- und Angelpunktes ein zwischen der rationalistischen Schulmetaphysik des 18. Jahrhunderts, aus der er selbst hervorwächst, und der neue Wege beschreitenden und zu neuen Höhen aufsteigenden metaphysischen Spekulation des deutschen Idealismus, die unmittelbar auf ihn folgt und bezogen ist.

Im Sinne des hier Angedeuteten baut Heimsoeth die neue Position der Kantforschung, die mit den beiden Aufsätzen von 1924 gewonnen ist, in weiteren Einzeluntersuchungen aus. Abhandlungen der Jahre 1925/26 beschäftigen sich mit der metaphysisch-ontologischen Vorgeschichte der *Kritik der reinen Vernunft* (Nr 17/18). Organisch werden diese Arbeiten mit einer rund dreißig Jahre später entstandenen, speziell der Geschichte der Kategorienlehre gewidmeten Darstellung der Bezüge zwischen Kant und Chr. Wolff zu einem Buche zusam-

* Vgl. *I. Heidemann: Person und Welt. Zur Kantinterpretation von Heinz Heimsoeth.* In: Kant-Studien. 48 (1956/57), Heft 2 (Heinz Heimsoeth zum 70. Geburtstag), 344–360; *H. Knittermeyer: Zu Heinz Heimsoeths Kantdeutung.* In: Kant-Studien 49 (1957/58), 293–311.

mengefügt (Nr 60). Dem schließen sich, im achten Lebensjahrzehnt des Autors, Stück um Stück weitere Beiträge zur historischen Erhellung Kantischen Gedankengutes an (Nr 70, 72, 78, 80, 85). Die Krönung der lebenlangen Beschäftigung mit Kant bildet dann nochmals ein Hauptwerk: ein Kommentar zur *Kritik der reinen Vernunft* (Nr 86).

H. Knittermeyer hat es als das besondere Verdienst der Heimsoethschen Studien bezeichnet, „daß sie Kant als einen problematischen Autor nehmen und sich durch ihn ins Philosophieren nötigen lassen" (Kant-Studien, Bd 49, 1957/58, S. 295). Dieses Urteil läßt sich mit Fug und Recht verallgemeinern und auf die gesamten forscherlichen Bemühungen Heimsoeths übertragen. Schon in der Besprechung der Doktordissertation hatte Nicolai Hartmann Ähnliches hervorgehoben, und es ist erstaunlich, in welchem Maße das damals Ausgesprochene seine Gültigkeit behalten hat: „Heimsoeth führt von Problem zu Problem, nicht von Lösung zu Lösung. Seine historische Arbeit geht ganz im Untersuchen, im richtigen Zusammenstellen, Abwägen, Klären, im Aufsuchen und Konfrontieren der Schwierigkeiten auf." (Kant-Studien, Bd 17, 1912, S. 291.)

Die in diesen Äußerungen charakterisierte Denkhaltung und Arbeitsweise teilt sich, so scheint es, auch der Form und dem Stil von Heimsoeths Schriften mit. Als dem Geschichtsschreiber philosophischer Probleme ist ihm eine „die großen Adern der Entwicklung" freilegende, ohne eine einzige Anmerkung geschriebene Darstellung wie das Werk über die Themen der abendländischen Metaphysik (Nr 12; vgl. S. 3) ebenso dienstbar und gemäß wie die Detailuntersuchung, die mit einer Fülle von Belegstellen und Zitaten unmittelbar an die erfragte Sache selbst heranführt (etwa Nr 59 oder der erste Beitrag in Nr 60). Zuweilen kommt beides — der große Gedankenzug und die ins einzelne eindringende Gelehrsamkeit — zu einer glücklichen Synthese, so z. B. in der ausgereiften Altersschrift *Atom, Seele, Monade* (Nr 70). — Von besonderem Gewicht sind bei Heimsoeth oft gerade Zeitschriftenaufsätze und kleinere Abhandlungen. Auch dies wohl nicht zufällig: dem wachen Problembewußtsein des Autors gelingt es auch auf knappem Raum, der Forschung neue Sichten zu erschließen. Neben den Abhandlungen zur Kantischen Philosophie sei als Beispiel nur der Aufsatz in der Hartmann-Gedenkschrift (Nr 55) genannt; auf weniger als 30 Seiten enthält er ein differenziertes, an Anregungen überreiches Programm für eine umfassende, problemhistorisch durchzuführende Geschichte der Kategorienlehre. Auch für die monographische Würdigung einzelner Denker bedient sich Heimsoeth der Kurzform des Aufsatzes und gewinnt dabei höchste Intensität der Darstellung (vgl. Nr 45, vor allem aber Nr 62). So bieten die beiden Bände der gesammelten Abhandlungen (Nr 60, 75) einen ebenso wichtigen wie typischen Ausschnitt des Heimsoethschen Werkes dar.

Der thematischen Linie der eigenen Arbeiten folgt Heimsoeth auch in den von ihm verfaßten Buchbesprechungen (Nr 90–117). Nicht übersehen werden sollten im Zusammenhang der Gesamtbibliographie die wissenschaftsorganisatorischen Bemühungen Heimsoeths. Aus ihnen ragt hervor die langjährige Herausgabe der *Blätter für Deutsche Philosophie*, der Zeitschrift der Deutschen Philosophischen Gesellschaft (Nr 121). Erwähnt sei auch das Vorwort zur neuen Hegel-Gesamtausgabe (Nr 69, 89), in dem Heimsoeths federführende Tätigkeit in der Hegel-Kommission der Deutschen Forschungsgemeinschaft ihren literarischen Niederschlag findet (vgl. auch Nr 133).

Mehr zu sagen, ist in dieser Vorbemerkung zur Bibliographie nicht möglich. Es konnte nur darum gehen, einige ordnende Linien durch die im folgenden chronologisch aneinandergereihten Titel zu ziehen — in dem Gedanken, daß das bibliographische Verzeichnis dem Werk des Forschers nicht nur registrierend folgt, sondern zugleich neue Anregung ist, es zu studieren.

Bücher, Abhandlungen, Aufsätze

1 *Descartes' Methode der klaren und deutlichen Erkenntnis.* (Weimar) 1911: (Hof-Buchdruckerei). 164 S. – Marburg, Phil. Diss. v. 1911. [Teildruck von Nr 6]

2 *Die Objektfrage in der Kantischen Ästhetik.* – In: Philosophische Abhandlungen. Hermann Cohen zum 70. Geburtstag (4. Juli 1912) dargebracht. Berlin 1912. 315–333.

3 [*Selbstanzeige* von:] Die Methode der Erkenntnis bei Descartes und Leibniz. Erste Hälfte. Gießen 1912. – In: Kant-Studien. 17 (1912), 150–151.

4 *Leibniz' Methode der formalen Begründung.* (Weimar) 1913: (Hof-Buchdruckerei). 65 S. – Marburg, Phil. Hab.-Schr. v. 1913. [Teildruck von Nr 6]

5 *Sur quelques rapports des règles de Descartes avec les méditations.* – In: Revue de métaphysique et de morale. Paris. 21 (1913), 526–536.

6 *Die Methode der Erkenntnis bei Descartes und Leibniz.* – Gießen: Töpelmann 1912–14. 334 S. (Philosophische Arbeiten. Hrsg. von H. Cohen u. P. Natorp. Bd 6, H. 1. 2.) [Erste Hälfte: *Historische Einleitung. Descartes' Methode der klaren und deutlichen Erkenntnis.* 192 S. 1912. – Zweite Hälfte: *Leibniz' Methode der formalen Begründung. Erkenntnislehre und Monadologie.* S. 193–334. 1914.]

7 [*Selbstanzeige* von:] Die Methode der Erkenntnis bei Descartes und Leibniz. Zweite Hälfte. Gießen 1914. – In: Kant-Studien. 19 (1914), 425.

8 *Leibniz' Weltanschauung als Ursprung seiner Gedankenwelt.* Zum 200. Todestage des Denkers am 14. November 1916. – In: Kant-Studien. 21 (1917), 365–395. [Vgl. Nr 75]

9 *Hegel.* Ein Wort der Erinnerung. – Erfurt: Keyser 1920. 20 S. (Beiträge zur Philosophie des deutschen Idealismus. Beiheft 5.)

10 *Der Beginn der Neuzeit in der Geschichte der Philosophie.* – In: Preußische Jahrbücher. 184 (1921), 337–352. [= Vorabdruck aus Nr 12]

11 *Gott und Welt, die Einheit der Gegensätze.* – In: Preußische Jahrbücher. 185 (1921), 73–90. [= Vorabdruck aus Nr 12]

12 *Die sechs großen Themen der abendländischen Metaphysik und der Ausgang des Mittelalters.* – Berlin: Stilke 1922. 343 S. (Schriftenreihe der Preußischen Jahrbücher. Nr 6.) [Vgl. Nr 19, 27]

13 *Fichte.* – München: Reinhardt 1923. 222 S. (Geschichte der Philosophie in Einzeldarstellungen. Bd 29.) [Vgl. Nr. 23]

14 *Wissen und Wille nach der Lehre Kants.* Ansprache bei der Kant-Feier der Königsberger Studentenschaft am 23. April 1924. – In: Beiträge zur Philosophie des Deutschen Idealismus. 3 (1923/24), H. 2/3, 1–7.

15 *Metaphysische Motive in der Ausbildung des kritischen Idealismus.* – In: Kant-Studien. 29 (1924), 121–159. [Vgl. Nr 60]

16 *Persönlichkeitsbewußtsein und Ding an sich in der Kantischen Philosophie.* – In: Immanuel Kant. Festschrift zur zweiten Jahrhundertfeier seines Geburtstages. Hrsg. von der Albertus-Universität in Königsberg. Leipzig 1924. 41–80. [Vgl. Nr 60]

16a *Dasselbe.* – Leipzig: Dieterich (1924). 40 S.

17 *Der Kampf um den Raum in der Metaphysik der Neuzeit.* – In: Philosophischer Anzeiger. 1 (1925/26), 3–42. [Vgl. Nr 60]

18 *Metaphysik und Kritik bei Chr. A. Crusius.* Ein Beitrag zur ontologischen Vorgeschichte der Kritik der reinen Vernunft im 18. Jahrhundert. – Berlin: Dt. Verlagsgesellschaft f. Politik u. Geschichte 1926. 67 S. (Schriften der Königsberger Gelehrten Gesellschaft. Geisteswissensschaftl. Klasse. Jg. 3, H. 3). [Vgl. Nr 60]

18a *Dasselbe.* – In: Schriften der Königsberger Gelehrten Gesellschaft. Geisteswissenschaftl. Klasse. Drittes Jahr. 1926. 172–237.

19 *Los seis grandes temas de metafisica occidental.* Trad. del Alemán por José Gaos. – Madrid: Revista de Occidente [1928]. 325 S. [= Nr 12, spanisch; vgl. Nr 51]

20 *Metaphysik der Neuzeit.* – München u. Berlin: Oldenbourg 1929. 239 S. (Handbuch der Philosophie. Abt. 1, Beitr. F.) [Vgl. Nr 25]

21 [Artikel:] Philosophie. II A: *Philosophie und Religion in der Geschichte.* Abschn. 3—7. – In: Die Religion in Geschichte u. Gegenwart. 2. Aufl. Bd 4. Tübingen 1930. 1208–18.

22 *Die Errungenschaften des deutschen Idealismus.* – Königsberg: Gräfe u. Unzer 1931. 17 S. (Königsberger Universitätsreden. 10.) [Vgl. Nr 26]

23 *Fichte.* Trad. del Alemán por Manuel G. Morente. – Madrid: Revista de Occidente (1931). 293 S. [= Nr 13, spanisch]

24 *Der Streit um das Daseinsrecht der Metaphysik und die Geschichte ihres Begriffs.* – In: Proceedings of the Seventh International Congress of Philosophy Oxford 1930. Oxford 1931. 473–479.

25 *La metafisica moderna.* Trad. del Alemán por José Gaos. – Madrid: Revista de Occidente (1932). 353 S. [= Nr 20, spanisch]

26 *Las conquistas del idealismo alemán.* – In: Revista de Occidente. Madrid. 36 (1932), 311–330. [= Nr 22, spanisch]

27 *Die sechs großen Themen der abendländischen Metaphysik und der Ausgang des Mittelalters.* 2. durchges. Aufl. – Berlin-Steglitz: Junker u. Dünnhaupt 1934. VII, 309 S. [Vgl. Nr 58]

28 *Politik und Moral in Hegels Geschichtsphilosophie.* – In: Blätter f. Deutsche Philosophie. 8 (1934/35), 127–148. [Vgl. Nr 29, 75]

29 *Politica y moral en la filosofia de la historia de Hegel.* – In: Revista de Occidente. Madrid. 46 (1934), 113–149. [= Nr 28, spanisch]

30 *Die Philosophie im 20. Jahrhundert.* – In: W. Windelband: Lehrbuch der Geschichte der Philosophie. 13. Aufl. Hrsg. von H. Heimsoeth. Tübingen 1935. 571–610. [Vgl. Nr 33, 124; überarbeitete Fassung in Nr 125 u. 131]

31 *Der frühe Nietzsche.* [Bericht über Bd 1–3 der Historisch-kritischen Nietzsche-Gesamtausgabe.] – In: Blätter f. Deutsche Philosophie. 10 (1937), 282–295.

32 *Lebensphilosophie und Metaphysik.* – In: Blätter f. Deutsche Philosophie. 10 (1937), 384–406. [Vgl. Nr 75]

32a *Dasselbe.* – In: Seele und Geist. Vorträge, geh. auf der 13. Tagung der Deutschen Philosophischen Gesellschaft vom 21. bis 23. Sept. 1936 in Berlin. Berlin 1937. (Blätter f. Deutsche Philosophie, Sonderausgabe.) 40–62.

33 *A filosofia no século XX.* Trad. de L. Cabral de Moncada. – Coimbra: Amado 1937. 168 S. [= Nr 30, portugiesisch]

34 *Nietzsches Idee der Geschichte.* – Tübingen: Mohr (Siebeck) 1938. 27 S. (Philosophie u. Geschichte. 65.)

35 *Macht und Geist in Nietzsches Geschichtsphilosophie.* – Köln: O. Müller 1938. 15 S. (Kölner Universitätsreden. 35.) [Im wesentlichen = Nr 34, gekürzt]

36 *Die Philosophie in unserer Zeit.* – In: 550 Jahre Universität Köln. Sonderbeilage der Kölnischen Zeitung, 24. 6. 1938. S. 4. [Vgl. Nr 40]

37 *Die Philosophie – einst, gestern und heute.* Unser Weltbild und das Bild vom Menschen. – In: Ostdeutsche Morgenpost, 25. 9. 1938.

38 *Fichtes Systementwicklung in seinen Jenenser Vorlesungen.* (Bericht über J. G. Fichte: Nachgelassene Schriften. Bd 2: Schriften aus den Jahren 1780–1800. Hrsg. von H. Jacob.) – In: Blätter f. Deutsche Philosophie. 13 (1939/40), 156–172.

39 *Zur Ontologie der Realitätsschichten in der französischen Philosophie.* – In: Blätter f. Deutsche Philosophie. 13 (1939/40), 251–276. [Vgl. Nr 75]

40 *Die Philosophie in unserer Zeit.* – In: Volk u. Welt. Jg. 1939, Bd 2, 19–24. [= Nr 36]

41 *Der Weg des frühen Nietzsche.* – In: Die neue Rundschau. 51 (1940), 592–602. [Vgl. Nr 49]

42 *Kants Philosophie des Organischen in den letzten Systementwürfen.* Untersuchungen aus Anlaß der vollendeten Herausgabe des Opus postumum. – In: Blätter f. Deutsche Philosophie. 14 (1940/41), 81–108.

43 *Kants philosophische Entwicklung.* Ein Beitrag zum Thema „Metaphysik" und „Kritik" im Kantischen Lebenswerk. – In: Blätter f. Deutsche Philosophie. 14 (1940/41), 148–166.

44 *Das Ethos der Eroici Furori.* – In: Concordia decennalis. Deutsche Italienforschungen. Festschrift der Universität Köln zum 10jährigen Bestehen des Deutsch-Italienischen Kulturinstituts Petrarcahaus 1941. Köln o. J. 223–241. [Vgl. Nr 75]

45 *Paracelsus als Philosoph.* Zur 400. Wiederkehr seines Todestages am 24. September 1941. – In: Deutsche Vierteljahrsschrift f. Literaturwissenschaft und Geistesgeschichte. 19 (1941), 369–378. [Vgl. Nr 75]

46 *Giordano Bruno und die Deutsche Philosophie.* – In: Blätter f. Deutsche Philosophie. 15 (1941/42), 396–433. [Vgl. Nr 47, 75]

47 *Giordano Bruno e la filosofia tedesca.* – Essen: Essener Verlagsanstalt 1942. 51 S. (Kaiser-Wilhelm-Institut f. Kulturwissenschaft, Rom. Reihe 1: Vorträge. H. 40.) [= Nr 46, italienisch]

48 *Geschichtsphilosophie.* – In: Systematische Philosophie. Hrsg. von Nicolai Hartmann. Stuttgart u. Berlin 1942. 561–647. [Vgl. Nr 52]

49 *Des jungen Nietzsche Weg zur Philosophie.* – In: Neue Beiträge deutscher Forschung. Wilhelm Worringer zum 60. Geburtstag. Hrsg. von E. Fidder. Königsberg 1943. 151–176. [= Nr 41, erweitert; vgl. Nr 75]

50 *Zur Anthropologie Friedrich Nietzsches.* – In: Blätter f. Deutsche Philosophie. 17 (1943/44), 205–239. [Vgl. Nr 75]

51 *Los seis grandes temas de la metafísica occidental.* ... 2. ed. – Madrid: Revista de Occidente (1946). 349 S. [Vgl. Nr 71]

52 *Geschichtsphilosophie.* [2. Aufl.] – Bonn: Bouvier 1948. 87 S.

53 *Kant heute.* – In: Der Mensch vor Gott. Theodor Steinbüchel zum 60. Geburtstag. Hrsg. von Ph. Weindel u. R. Hofmann. Düsseldorf 1948. 167–176.

54 *Nachruf auf Nicolai Hartmann.* – In: Akademie der Wissenschaften u. der Literatur. Jahrbuch 1950. Mainz; Wiesbaden 1950. 153–186.

55 *Zur Geschichte der Kategorienlehre.* – In: Nicolai Hartmann. Der Denker und sein Werk. Hrsg. von H. Heimsoeth u. R. Heiß. Göttingen 1952. 144–172. [Vgl. Nr 75, 128]

56 *Nikolai Hartmann 'm ölümü münasebetiyle. Nachruf auf Nikolai Hartmann.* [Türkisch und deutsch.] In: Felsefe arkivi. Istanbul 3/1 (1952), 1–25. [Nicht identisch mit Nr 54]

57 *Felsefenin temeldisiplinleri.* [Grunddisziplinen der Philosophie. Vorlesungen. Türkisch.] Istanbul 1953.

58 *Die sechs großen Themen der abendländischen Metaphysik und der Ausgang des Mittelalters.* 3. durchges. Aufl. – Darmstadt: Wissenschaftl. Buchgemeinschaft [1953]. VII, 255 S. [Vgl. Nr 65]

58a *Dasselbe.* – Stuttgart: Kohlhammer [1954].

59 *Metaphysische Voraussetzungen und Antriebe in Nietzsches „Immoralismus".* – Mainz: Verlag d. Akademie; Wiesbaden: Steiner i. Komm. 1955. 67 S. (Akademie der Wissenschaften u. der Literatur. Abhandlungen der geistes- u. sozialwissenschaftl. Klasse. Jg. 1955, Nr 6.)

59a *Dasselbe.* – In: Akademie der Wissenschaften u. der Literatur. Abhandlungen der geistes- u. sozialwissenschaftl. Klasse. Jg. 1955, 473–539.

60 *Studien zur Philosophie Immanuel Kants.* Metaphysische Ursprünge und ontologische Grundlagen. – Köln: Kölner Universitätsverlag 1956. XI, 257 S. (Heimsoeth: Gesammelte Abhandlungen. Bd 1.) (Kant-Studien. Ergänzungsheft 71.) [Enthält S. 1–92: *Chr. Wolffs Ontologie und die Prinzipienforschung I. Kants.* Ein Beitrag zur Geschichte der Kategorienlehre; ferner: Nr 15–18]

61 *Ahlâk denen bilmece. Das Rätsel der Moral.* Fünf Vorträge gehalten an der Universität Istanbul Dezember 1954. [Türkisch und deutsch.] – Istanbul 1957. 89 S. (Istanbul üniversitesi edebiyat fakültesi konferanslari. 7.) [Vgl. Nr 66]

62 *Johann Gottlieb Fichte.* – In: Die großen Deutschen. Deutsche Biographie. Hrsg. von H. Heimpel, Th. Heuss, B. Reifenberg. Bd 5. Berlin (1957). 178–190. [Vgl. Nr 75]

63 *Filosof olarak Descartes. Descartes als Philosoph.* [Türkisch und deutsch.] – In: Felsefe arkivi. Istanbul. 3/3 (1957), 1–12.

64 *Zur Akademieausgabe von Kants Gesammelten Schriften.* Abschluß und Aufgaben. – In: Kant-Studien. 49 (1957/58), 351–363.

65 *Die sechs großen Themen der abendländischen Metaphysik und der Ausgang des Mittelalters.* 4. Aufl. – Darmstadt: Wissenschaftl. Buchgesellschaft 1958. VII, 255 S. [Vgl. Nr 82, 83]

65a *Dasselbe.* – [Stuttgart:] Kohlhammer (1958).

66 *Zur Frage nach Grund und Herkunft der Moral.* – In: Konkrete Vernunft. Festschrift für Erich Rothacker. Hrsg. von G. Funke. Bonn 1958. 207–217. [Teilw. übereinstimmend mit Nr 61; vgl. Nr 75]

67 *Hinrich Knittermeyer †.* – In: Kant-Studien. 50 (1958/59), 3–4.

68 *Vernunftantinomie und transzendentale Dialektik in der geschichtlichen Situation des Kantischen Lebenswerkes.* – In: Kant-Studien. 51 (1959/60), 131–141. [Vgl. Nr 70]

69 *Die Hegel-Ausgabe der Deutschen Forschungsgemeinschaft.* – In: Kant-Studien. 51 (1959/60), 506–511. [Vorabdruck von Nr 89]

70 *Atom, Seele, Monade.* Historische Ursprünge und Hintergründe von Kants Antinomie der Teilung. – Mainz: Verlag d. Akademie; Wiesbaden: Steiner i. Komm. 1960. 142 S. (Akademie der Wissenschaften u. der Literatur. Abhandlungen der geistes- u. sozialwissenschaftl. Klasse. Jg. 1960, Nr 3.) [16 Kapitel, davon: Kap. 1 = Nr 68, erweitert; Kap. 2 = Nr 74]

70a *Dasselbe.* — In: Akademie der Wissenschaften u. der Literatur. Abhandlungen der geistes- u. sozialwissenschaftl. Klasse. Jg. 1960, 257–398.

71 *Los seis grandes temas de la metafisica occidental.* ... 3. ed. – Madrid: Revista de Occidente (1960). 341 S.

72 *Zeitliche Weltunendlichkeit und das Problem des Anfangs.* Eine Studie zur Vorgeschichte von Kants Erster Antinomie. – In: Festschrift H. J. de Vleeschauwer. Pretoria 1960. 22–45. [Vgl. Nr 75]

73 *Arthur Colliers „Universaler Schlüssel" und der Durchbruch des neuzeitlichen Bewußtseinsidealismus.* – In: Erkenntnis und Verantwortung. Festschrift für Theodor Litt. Hrsg. von J. Derbolav u. F. Nicolin. Düsseldorf 1960. 301–316. [Vgl. Nr 75]

74 *Problemverflechtungen in der zweiten Antinomie und die Bedeutung der Thematik für Kants Werdegang.* – In: Zeitschrift f. philosophische Forschung. 14 (1960), 3–15. [Vgl. Nr 70]

75 *Studien zur Philosophiegeschichte.* – Köln: Kölner Universitätsverlag 1961. V, 309 S. (Heimsoeth: Gesammelte Abhandlungen. Bd 2.) (Kant-Studien, Ergänzungsheft 82.) [Enthält: Nr 8, 28, 32, 39, 44, 45, 46, 49, 50, 55, 62, 66, 72, 73]

76 *Zur Einführung.* [Geleitwort.] – In: Hegel-Studien. 1 (1961), 7.

77 *J. G. Fichtes Aufschließung der gesellschaftlichgeschichtlichen Welt.* – In: Filosofia. Torino. 13 (1962), 584–594.

77a *Dasselbe.* – Torino: Edizioni di „Filosofia" (1962). 15 S. (Studi e ricerche di storia della filosofia. 50.)

78 *Astronomisches und Theologisches in Kants Weltverständnis.* – Mainz: Verlag d. Akademie; Steiner i. Komm. 1963. 30 S. (Akademie der Wissenschaften u. der Literatur. Abhandlungen der geistes- u. sozialwissenschaftl. Klasse. Jg. 1963, Nr 9.)

78a *Dasselbe.* – In: Akademie der Wissenschaften u. der Literatur. Abhandlungen der geistes- u. sozialwissenschaftl. Klasse. Jg. 1963, 827–856.

79 *Hegels Philosophie der Musik.* – In: Hegel-Studien. 2 (1963), 161–201.

79a *Dasselbe.* – Bonn: Bouvier (1964). S. 161–201. (Akademische Vorträge u. Abhandlungen. 26.)

80 *Zur Herkunft und Entwicklung von Kants Kategorientafel.* – In: Kant-Studien. 54 (1963), 376–403.

81 *Le contenu métaphysique de la quatrième antinomie de Kant.* (Trad. de l'Allemand par M. Simon.) – In: L'histoire de la philosophie – ses problèmes, ses méthodes. Hommage à Martial Gueroult. Paris 1964. 79–91.

82 *Die sechs großen Themen der abendländischen Metaphysik.* 5. Aufl. – Darmstadt: Wissenschaftl. Buchgesellschaft 1965. VII, 255 S.

82a *Dasselbe.* – Stuttgart [etc.]: Kohlhammer 1965.

83 *De oorsprong van de westerse metafysica.* – Utrecht, Amsterdam: Aula-boeken (1965). 347 S. (aula. 229.) [= Nr 65, holländisch]

84 [Artikel:] *Schopenhauer.* – In: Die Musik in Geschichte u. Gegenwart. Bd 12. Kassel [etc.] 1965. 43–45.

85 *Kant und Plato.* – In: Kant-Studien. 56 (1965), 349–372.

86 *Transzendentale Dialektik.* Ein Kommentar zu Kants Kritik der reinen Vernunft. Teil 1: Ideenlehre und Paralogismen. – Berlin: de Gruyter 1966. XII, 198 S. Teil 2: Vierfache Vernunftantinomie; Natur und Freiheit; intelligibler und empirischer Charakter. – Berlin: de Gruyter 1966. Im Druck.

87 *Zum kosmotheologischen Ursprung der Kantischen Freiheitsantinomie.* – In: Kant-Studien. 57 (1966). [Festschrift für Gottfried Martin.] Im Druck.

88 *Zum Begriff des Romantischen in Hegels Ästhetik.* – In: Studiów Estetycznych. Warszawa. 4 (1966). [W. Tatarkiewicz zum 80. Geburtstag.] Im Druck.

89 *Vorwort.* – In: G. W. F. Hegel: Gesammelte Werke. Im Auftrag der Deutschen Forschungsgemeinschaft hrsg. unter der Leitung von F. Nicolin. Bd 1. Im Druck.

Rezensionen

90 *Felix Le Dantec: Contre la métaphysique.* Paris 1912. – In: Deutsche Literaturzeitung. 34 (1913), 1045–47.

91 *Dietrich Heinrich Kerler: Jenseits von Optimismus und Pessimismus.* Versuch einer Deutung des Lebens aus den Tatsachen einer impersonalistischen Ethik. Ulm 1914. – In: Kant-Studien. 20 (1915), 443–445.

92 *G. W. Leibniz: Deutsche Schriften.* Hrsg. von W. Schmied-Kowarzik. Bd 1 u. 2. Leipzig 1916. – In: Kant-Studien. 21 (1917), 438–440.

93 *Leibniz.* Zum Gedächtnis seines zweihundertjährigen Todestages hrsg. vom Historischen Verein für Niedersachsen. Hannover 1916. – In: Deutsche Literaturzeitung. 38 (1917), 1414–16.

94 *Dietrich Mahnke: Der Weg zur Ewigkeit.* Halle 1917. – In: Deutsche Literaturzeitung. 39 (1918), 228–229.

95 *Dietrich Mahnke: Eine neue Monadologie.* – In: Deutsche Literaturzeitung. 40 (1919), 222–224.

96 *Siegfried Marck: Kant und Hegel.* Eine Gegenüberstellung ihrer Grundbegriffe. Tübingen 1917. – In: Kant-Studien. 24 (1920), 145–147.

97 *Theodor Lessing: Geschichte als Sinngebung des Sinnlosen.* München 1919. – In: Deutsche Literaturzeitung. 42 (1921), 269–272.

98 *Kuno Fischer: Geschichte der neuern Philosophie.* Bd 3: *Gottfried Wilhelm Leibniz.* Leben, Werke und Lehre. 5. durchges. Aufl. hrsg. von W. Kabitz. – In: Deutsche Literaturzeitung. 42 (1921), 743–746.

99 *Heinrich Scholz: Die Bedeutung der Hegelschen Philosophie für das philosophische Denken der Gegenwart.* Berlin 1921. – In: Deutsche Literaturzeitung. 43 (1922), 275–278.

100 *Bernhard Jansen: Leibniz erkenntnistheoretischer Realist.* Grundlinen seiner Erkenntnislehre. Berlin 1920. – In: Deutsche Literaturzeitung. 43 (1922), 664–666.

101 *Hermann Schmalenbach: Leibniz.* München 1921. – In: Deutsche Literaturzeitung. 45 (1924), 194–199.

102 *Friedrich Ueberweg: Grundriß der Geschichte der Philosophie.* T. 3: *Die Philosophie der Neuzeit bis zum Ende des 18. Jahrhunderts.* 12. Aufl., bearb. von M. Frischeisen-Köhler u. W. Moog. Berlin 1924. – In: Deutsche Literaturzeitung. 46 (1925), 963–964.

103 *Robert Reininger: Kant, seine Anhänger und seine Gegner.* München 1923. – In: Deutsche Literaturzeitung. 46 (1925), 1206–08.

104 *Erich Hochstetter: Studien zur Metaphysik und Erkenntnislehre Wilhelms von Ockham.* Berlin, Leipzig 1927. – In: Deutsche Literaturzeitung. 50 (1929), 1085–89.

105 *Friedrich Nietzsche: Werke und Briefe.* Historisch-kritische Gesamtausgabe. Briefe, Bd 1 u. 2. München 1938. – In: Blätter f. Deutsche Philosophie. 14 (1940/41), 315–317.

106 *Friedrich Nietzsche: Werke und Briefe.* Historisch-kritische Gesamtausgabe. Briefe, Bd 3. München 1939. – In: Blätter f. Deutsche Philosophie. 14 (1940/41), 419–420.

107 *Friedrich Nietzsche: Werke und Briefe.* Historisch-kritische Gesamtausgabe. Werke, Bd 4 u. 5. München 1937–40. – In: Blätter f. Deutsche Philosophie. 14 (1940/41), 420–422.

108 *Anneliese Maier: Die Impetustheorie der Scholastik.* Wien 1940. – In: Blätter f. Deutsche Philosophie. 15 (1941/42), 188–189.

109 *Max Wundt: Aufstieg und Niedergang der Völker.* München u. Berlin [1940]. – In: Blätter f. Deutsche Philosophie. 15 (1941/42), 199—201.

110 *Kants gesammelte Schriften.* Hrsg. von der Preußischen Akademie der Wissenschaften. Bd 20. Berlin 1942. – In: Blätter f. Deutsche Philosophie. 17 (1943/44), 246–249.

111 *Friedrich Nietzsche: Werke und Briefe.* Historisch-kritische Gesamtausgabe. Briefe, Bd 4. München 1942. – In: Blätter f. Deutsche Philosophie. 17 (1943/44), 251–252.

112 *Arthur Schopenhauers Sämtliche Werke.* Hrsg. von P. Deussen. Bd 16: Briefwechsel, hrsg. von A. Hübscher, Bd 3. München 1942. – In: Blätter f. Deutsche Philosophie. 18 (1944), 198–202.

113 *Felix Grayeff: Deutung und Darstellung der theoretischen Philosophie Kants.* Hamburg 1951. – In: Zeitschrift f. philosophische Forschung. 7 (1953), 460–464.

114 *Horst Fuhrmans: Schellings Philosophie der Weltalter.* Düsseldorf 1954. – In: Zeitschrift f. philosophische Forschung. 8 (1954), 462–467.

115 *Karl Vorländer: Geschichte der Philosophie.* 9. Aufl. Bd 2: *Die Philosophie der Neuzeit bis Kant.* Neu bearbeitet u. mit Literaturübersichten versehen. Von H. Knittermeyer. Hamburg 1955. – In: Zeitschrift f. philosophische Forschung. 9 (1955), 692–694.

116 *Richard Blunck: Friedrich Nietzsche.* Kindheit und Jugend. München, Basel 1953. – In: Zeitschrift f. philosophische Forschung. 9 (1955), 694–695.

117 *George Berkeley: Eine Abhandlung über die Prinzipien der menschlichen Erkenntnis.* Nach der Übersetzung von F. Ueberweg mit Einleitung, Anmerkungen u. Registern neu hrsg. von A. Klemmt. Hamburg 1957. – In: Kant-Studien. 49 (1957/58), 320–321.

Herausgeberschaft

118 *Beiträge zur Philosophie des Deutschen Idealismus.* Im Auftrage der Deutschen Philosophischen Gesellschaft unter Mitwirkung von ... Heinz Heimsoeth [u. a.] hrsg. von A. Hoffmann; [ab Bd 4 von:] B. Bauch u. H. Schwarz. Erfurt: Keyser; [ab Bd 3:] Stenger. 1 (1918/19) – 4, H 2 (1927). [Mehr nicht ersch.]

119 *Philosophischer Anzeiger.* Zeitschrift für die Zusammenarbeit von Philosophie und Einzelwissenschaft. In Verbindung mit ... H. Heimsoeth [u. a.] hrsg. von H. Plessner. – Bonn: Cohen. 1 (1925/26) – 4 (1930). [Mehr nicht ersch.]

120 *Blätter für Deutsche Philosophie.* Zeitschrift der Deutschen Philosophischen Gesellschaft. Unter Mitwirkung von ... H. Heimsoeth [u. a.] hrsg. von H. Fischer u. G. Ipsen. – Berlin: Junker u. Dünnhaupt. 1 (1927/28) – 7 (1933/34).

121 *Blätter für Deutsche Philosophie.* ... Unter Mitwirkung von ... hrsg. von Heinz Heimsoeth. – Berlin: Junker u. Dünnhaupt. 8 (1934/35) – 18, H. 2 (1944). [Mehr nicht ersch.]

122 *Gott, Seele, Geist.* Hermann Schwarz zum 70. Geburtstag. Hrsg. von Heinz Heimsoeth. – Berlin: Junker u. Dünnhaupt 1934. 90 S. (Blätter f. Deutsche Philosophie. Sonderausgabe.)

123 *Zeitschrift für Deutsche Kulturphilosophie.* Untér Mitwirkung von ... Heinz Heimsoeth [u. a.] hrsg. von H. Glockner u. K. Larenz. – Tübingen: Mohr (Siebeck). 1 (1934) – 10 (1944). [Mehr nicht ersch.]

124 *Wilhelm Windelband: Lehrbuch der Geschichte der Philosophie.* (13. Aufl.) Mit einem Schlußkapitel „Die Philosophie im 20. Jahrhundert" und einer Übersicht über den Stand der philosophiegeschichtlichen Forschung hrsg. von Heinz Heimsoeth. – Tübingen: Mohr (Siebeck) 1935. XXIX, 642 S. [Vgl. Nr 125]

125 *Wilhelm Windelband: Lehrbuch der Geschichte der Philosophie.* Mit einem Schlußkapitel ... und einer Übersicht über den Stand der philosophiegeschichtlichen Forschung hrsg. von Heinz Heimsoeth. 14., erg. Aufl. – Tübingen: Mohr (Siebeck) 1948. XLVII, 644 S. [Vgl. Nr 130, 131]

126 *Wilhelm Windelband: Lehrbuch der Geschichte der Philosophie.* Mit einem Schlußkapitel ... und einer Übersicht über den Stand der philosophiegeschichtlichen Forschung hrsg. von Heinz Heimsoeth. 14., erg. Aufl. [!] – Tübingen: Mohr (Siebeck) 1950. XLVII, 656 S. [Unveränd. Abdruck von Nr 125, jedoch Neusatz mit anderer Paginierung]

127 *Felsefe arkivi.* (Archiv für Philosophie.) Hrsg. von Heinz Heimsoeth, Takiyettin Mengüşoğlu [u. a.]. – Istanbul. 1 (1951) ff.

128 *Nicolai Hartmann. Der Denker und sein Werk.* Fünfzehn Abhandlungen mit einer Bibliographie hrsg. von Heinz Heimsoeth u. Robert Heiß. – Göttingen: Vandenhoeck u. Ruprecht 1952. 312 S.

129 *Zeitschrift für philosophische Forschung.* Hrsg. von G. Schischkoff in Zusammenarbeit mit ... H. Heimsoeth [u. a.]. – Meisenheim/Glan: Hain. 7 (1953) ff.

130 *Wilhelm Windelband: Povijest filozofije.* So dodatkom filozofija u 20. stoljecu od Heinza Heimsoetha. Bd 1. 2. – Zagreb: Kultura 1956–57. 494, 357 S. [= Nr 125, jugoslawisch]

131 *Wilhelm Windelband: Lehrbuch der Geschichte der Philosophie.* ... Hrsg. von Heinz Heimsoeth. 15., durchges. u. erg. Aufl. – Tübingen: Mohr (Siebeck) 1957. XLVI, 654 S. [Vgl. Nr 132]

132 *Wilhelm Windelband: Historia general de la filosofia.* Con un estudio sobre la filosofia del siglo XX, por Heinz Heimsoeth. Trad. de la 15. ed. alemana, por F. Larroyo. – Mexico: „El Ateneo" (1960). 693 S. [= Nr 131, spanisch]

133 *Hegel-Studien.* In Verbindung mit der Hegel-Kommission der Deutschen Forschungsgemeinschaft, Heinz Heimsoeth [u. a.] hrsg. von F. Nicolin u. O. Pöggeler. – Bonn: Bouvier. 1 (1961) ff.

FSC
www.fsc.org
MIX
Papier | Fördert gute Waldnutzung
FSC® C083411

Kolibri 360 GmbH
Ferdinand-Jühlke-Straße 7
99095 Erfurt, Deutschland
produktsicherheit@kolibri360.de